KB121329

유전자
임팩트

유전자 임팩트

—

2021년 5월 26일 초판 1쇄 발행
2021년 6월 11일 초판 2쇄 발행

—

지은이 케빈 데이비스
옮긴이 제효영
감수자 배상수
펴낸이 김정수, 강준규

—

책임편집 유형일
마케팅 추영대
마케팅지원 배진경, 임혜솔, 송지유, 이영선

—

펴낸곳 (주)로크미디어
출판등록 2003년 3월 24일
주소 서울시 마포구 성암로 330 DMC첨단산업센터 318호
전화 번호 02-3273-5135
팩스 번호 02-3273-5134
편집 070-7863-0333
홈페이지 https://blog.naver.com/rokmediabooks
이메일 rokmedia@empas.com

—

ISBN 979-11-354-6432-4 (03470)
책값은 표지 뒷면에 적혀 있습니다.

- 브론스테인은 로크미디어의 과학, 건강 도서 브랜드입니다.
- 잘못 만들어진 책은 구입하신 서점에서 교환해 드립니다.

유전자 임팩트

EDITING HUMANITY

케빈 데이비스 지음
제효영 옮김
배상수 감수

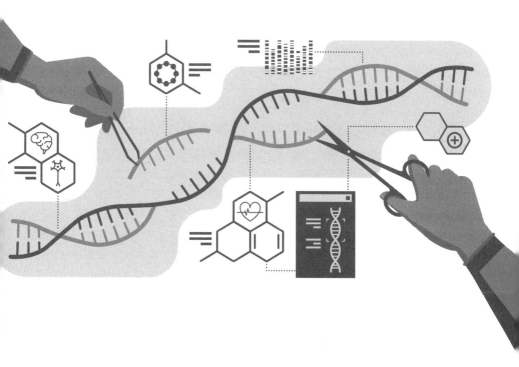

BRONSTEIN

부모님,
그리고

저술가이자 음악가, 나의 친구
마이클 화이트(1959~2018)를 기억하며.

저자 **케빈 데이비스**Kevin Davies

케빈 데이비스는 영국 옥스퍼드 대학에서 생화학으로 석사 학위를, 런던 대학에서 유전학으로 박사 학위를 받았으며, 당시 낭포성 섬유증이라고 하는 희소 유전병에 관한 주목할 만한 연구 성과를 저명한 학술지에 여러 번 발표한 뛰어난 연구자이기도 하다. 박사 학위 후, 미국 보스턴으로 건너와 하버드 대학에서 연구를 지속했으며, 1990년에 실험실을 떠나 〈네이처Nature〉의 편집장으로 합류하게 되었다. 1992년에는 〈네이처 제네틱스Nature Genetics〉를 직접 창간했고, 2017년부터 현재까지 〈크리스퍼 저널The CRISPR Journal〉에서 편집장을 역임하고 있으며, 그 외 여러 저명한 학술지인 〈커런트 바이올로지Current Biology〉, 〈케미스트리 앤드 바이올로지Chemistry & Biology〉, 〈캔서 셀Cancer Cell〉, 〈뉴 잉글랜드 저널 오브 메디슨The New England Journal of Medicine〉 등에 큰 영향을 끼치고 있다. 생명공학과 정보 산업이 어떤 접점을 가지고 있는지, 이를 통해 어떤 새로운 산업들이 세상에 나타나 변화를 이끌 것인지, 자신만의 독특하고 통찰력 있는 시각으로 글을 써오고 있으며, 특히 인간의 유전자에 관심이 많은데, 저서 《돌파구》, 《게놈 퍼즐 맞추기》 등을 통해 유전자라는 것이 인간의 삶에 진실로 중요하다는 철학을 전하기 위해 노력해왔다. 그중에서도 2000년에 출간한 《게놈 퍼즐 맞추기》는 무려 10년 이라는 시간과 3조 원이라는 비용이 소모되고 미국, 유럽, 일본 등 여러 선진국이 참여한 초거대 과학 프로젝트인 '인간 유전체 프로젝트'를 둘러싼 이야기를 흥미진진하게 풀어낸 책으로서, 15개 언어로 번역되어 선풍적인 인기를 끌기도 했다. 과학 분야의 학술지뿐 아니라 〈런던 타임스London Times〉, 〈보스턴 글로브Boston Globe〉, 〈뉴 사이언티스트New Scientist〉 등의 잡지에도 글을 기고하는 과학 전문 저널리스트로도 활동 중이다.

역자 제효영

성균관대학교 유전공학과를 졸업하였으며, 성균관대학교 번역대학원을 졸업하였다. 현재 번역 에이전시 엔터스코리아에서 출판 기획 및 전문 번역가로 활동하고 있다.

옮긴 책으로는 《메스를 잡다》, 《괴짜 과학자들의 별난 실험 100》, 《몸은 기억한다》, 《밥상의 미래》, 《세뇌: 무모한 신경과학의 매력적인 유혹》, 《브레인 바이블》, 《콜레스테롤 수치에 속지 마라》, 《약 없이 스스로 낫는 법》, 《독성프리》, 《100세 인생도 건강해야 축복이다》, 《신종 플루의 진실》, 《내 몸을 지키는 기술》, 《잔혹한 세계사》, 《아웃사이더》, 《잡동사니 정리의 기술》 등 다수가 있다.

감수자 **배상수**

현재 한양대학교 화학과에서 대학생들을 가르치며 연구하고 있다. 서울대학교 물리학과를 졸업했고, 서울대학교 물리천문학부에서 석사·박사 학위를 받았다. 그 후 서울대학교 화학부 박사후연구원으로 지냈다. 고등학교 시절 수학과 물리 과목을 좋아하여 물리학과에 입학했지만, 대학교 1학년 때 들었던 '생물학' 수업시간에 DNA 이중나선의 구조를 밝히는데 크게 기여한 프랜시스 크릭이 당시 '이론물리학'을 전공했다는 사실에 크게 감화되어 생물학, 유전학 분야에 새롭게 관심을 갖게 되었다. 20세기 초반 새로운 물리학 이론들과 법칙들이 만들어지고 정립되어 가는 시기와 비슷하게, 21세기 초반인 현재는 하루가 다르게 생명과학, 생명공학, 의과학 분야가 발전해 가고 있다는 것을 연구현장에서 직접 체감하고 있다. 모든 과학적 발견과 기술의 발전은 이전 연구자들의 업적 위에서 이루어진다는 말을 좋아하고, 우리가 가진 과학기술들이 인류사회에 공익적으로 널리 쓰일 수 있게 되기를 바라고 있다.

생명현상의 비밀을 간직한 DNA

'콩 심은 데 콩 나고, 팥 심은 데 팥 난다.'라는 우리 속담이 있듯이, 지구상에
존재하는 모든 생명체들은 각각의 고유한 유전정보를 DNA에 넣어두고 자
손에게 전달한다. 따라서 생명체의 모든 비밀이 담겨있는 DNA의 염기서열
즉, 문자 정보를 읽고 해석하는 것은 아주 중요한 일이다. 지난 1953년 왓슨
과 크릭에 의해 DNA의 구조가 밝혀진 이래로, 지금까지 많은 연구자들이
DNA의 신비를 밝히고자 노력해 왔다. 그 결과, 새로운 전기가 마련된 획기
적인 돌파구가 2000년에 와서 이루어졌다. 인간의 DNA 전체 서열을 처음
으로 다 읽게 된 것이다. 당시 국제적인 협력을 통해 '인간 유전체 프로젝트
Human genome project'가 진행되어, 약 13년간 20억 달러를 쏟아부은 끝에 총
4가지 문자(A, G, C, T)로 이루어진 32억 개의 서열이 처음으로 밝혀지게 되
었다.

하지만, DNA 서열을 모두 안다고 해서 곧바로 생명현상의 비밀을 이해할 수 있게 된 것은 아니었다. 이는 흡사 우리가 외국어를 처음 접하고, 문자들을 소리 내어 읽을 수 있다고 해서 그 뜻을 이해할 수 있게 된 것은 아니라는 것과 유사하다. DNA에 담긴 인간의 생명 정보를 이해하기 위해서는 궁극적으로 2만여 개에 달하는 인간의 유전자들이 가지고 있는 역할과 기능들을 모두 이해할 수 있어야 한다. 이를 위해서는 DNA 염기서열을 자유롭게 바꿀 수 있는 도구가 필수적이다. 우리가 문장구조를 이해하고 단어 등을 자유롭게 바꿀 수 있어야 외국어를 온전히 이해하게 되는 것과 같은 이치다. 하지만, 4개의 반복된 문자로 이루어진 32억 개의 문자서열 중에서 특정한두 군데만 정확히 찾아서 바꾸는 것은 여간 어려운 일이 아니다. 이에 대한 획기적인 돌파구는 2012년에 와서 이루어졌다. 바로 유전자 편집 도구인 '크리스퍼 유전자 가위'의 개발이다.

크리스퍼 유전자 가위의 탄생과 혁신

세균과 같은 미생물들은 때때로 인간을 공격하여 병을 유발하기도 하지만, 미생물 역시 외부의 박테리오파지와 같은 바이러스로부터 공격을 받는다. 이에 대한 방어기작으로 미생물들은 '크리스퍼-카스 시스템CRISPR-Cas system' 이라고 불리는 면역체계를 갖추고 있다. 미생물들은 외부의 바이러스가 공격해오면, 아주 낮은 확률로 바이러스의 일부 DNA 조각을 크리스퍼 영역에 저장해 둘 수 있다. 이는 일종의 정보저장 혹은 기억 시스템이다. 이후 같은 바이러스가 재차 공격해오면, 미생물들은 카스9과 같은 효소가 기억된 정보를 바탕으로 RNA와 결합하여, 침입한 바이러스를 제거한다. 이와 같은 미생물과 바이러스 간의 싸움은 인류가 지구상에 출현하기 이전부터 존재해 온 것으로, '가장 오래된 전쟁'으로 불린다.

지난 2012년, 프랑스 국적의 에마뉘엘 샤르팡티에 박사와 미국 국적의 제니퍼 다우드나 교수는 크리스퍼-카스 시스템의 마지막 단계의 구성요소들을 활용하여 최초로 특정 DNA 표적만을 정확하게 인식하여 잘라내는 크리스퍼 유전자 가위를 인공적으로 만드는 데 성공하였다. 이 연구 결과는 사이언스Science 저널에 실렸는데, 이 한 편의 논문이 세상을 바꾸고 있다고 해도 과언이 아니다. 혹자는 생명과학/생명공학/의과학 등의 분야는 크리스퍼 기술 이전과 이후로 구분될 것이라고 흥분하며 얘기하기도 한다. 실제로 크리스퍼 기술은 이제 생명과학/생명공학을 연구하는 대부분의 연구실들에서 활용하고 있고, 이전에는 상상에만 그쳤던 일들이 현실화되는 혁신이 곳곳에서 이루어지고 있다. 크리스퍼 기술을 활용하여, 특정 유전자의 기능과 역할을 밝히는 기초연구뿐 아니라, 털매머드와 같은 멸종 동물의 복원, 기후변화 및 병에 저항성을 지닌 식물 품종 개량, 인간의 선천적인 희소 질환에 대한 근본적인 유전자 치료, 유전자 드라이브 기술을 활용한 말라리아모기 박멸 등 공상과학 소설 속에서나 등장했던 내용들이 하나하나 이루어지고 있다. 급기야는 지난 2018년 중국에서 인류 역사상 최초로 (현재까지도 크게 논란이 되고 있는) 유전자 편집 아기가 태어나기도 했다. 이와 같은 혁신의 공로로, 샤르팡티에 박사와 다우드나 교수는 논문을 발표한 지 불과 8년 만인 2020년에 노벨화학상을 공동으로 수상하였다.

거인의 어깨에 올라서서 바라본 세상

크리스퍼 유전자 가위 기술은 어느 한순간, 어느 한두 사람의 뛰어난 천재들에 의해 갑자기 만들어진 것이 아니다. 역사적으로 많은 연구자들의 노력 속에 만들어졌다. 노벨화학상 수상 소감에서 밝혔듯이, 샤르팡티에 박사와 다우드나 교수는 크리스퍼 및 유전자 편집 분야에서 역사적으로 많은 위대한 연구자들을 대표해서 받았다고 할 수 있다. 반복된 염기서열을 처음으로 발견한 일본 오사카대 소우 이시노 박사, 'CRISPR'라는 이름을 붙인 스페인의 프란시스코 모히카 교수와 네덜란드의 얀센 박사, 크리스퍼의 면역기능을 최초로 증명한 덴마크 요구르트 회사 '다니스코' 연구자들, 2012년 거의 동시에 크리스퍼 유전자 가위 기능을 밝힌 리투아니아 빌니우스대 비르기니우스 식스니스 교수, 1세대 유전자 가위인 징크 핑거를 처음으로 도입한 다나 캐롤 미국 유타대 교수, 2세대 탈렌 개발 연구자들, 3세대 크리스퍼 유전자 가위를 이용한 인간 세포 편집을 최초로 성공한 MIT 브로드 연구소의 장펑 교수, 하버드 조지 처치 교수, 기초과학연구원IBS 김진수 단장, 그리고 현재 유전자 가위 기술을 획기적으로 발전시킨 하버드 대학교 데이비드 리우 교수 등 많은 연구자들의 노력이 밑거름이 되었다.

한편, '세상에 완벽한 기술은 없다.'라는 명제와 같이 크리스퍼 유전자 가위 또한 완전무결한 도구는 아니다. 현재 유전자 편집 효율은 100%가 아니며, 원하는 타깃 이외의 다른 타깃에 작동하는 표적이탈 효과off-target effect 또한 여전히 존재한다. 타깃 DNA를 절단함으로 인해 파생되는 DNA 구조 변화 및 세포 죽음과 같은 현상들이 계속해서 보고되고 있다. 하지만, 전 세계 연구자들의 많은 노력과 집단지성을 통해 하나하나 극복되어 가고 있다. 최근에는 DNA를 절단하지 않으면서 특정 서열만을 정확하게 바꿀 수 있는 염기편집 기술 및 프라임 편집 기술 등이 개발되었고, 효율이 더 높으면서도 정확도가 크게 향상된 유전자 가위들이 계속 개발되는 중이다.

인간을 편집하다 Editing Humanity

이 책은 유전학 박사이자, 〈네이처 제네틱스〉 저널의 편집장을 역임한 케빈 데이비스Kevin Davies 박사가 연구 현장 및 학회 등에서 경험한 풍부한 내용을 바탕으로 크리스퍼 기술이 가지고 온 새로운 시대에 대한 통찰을 깊이 있으면서도 흥미롭게 서술하고 있다. 특히, 경쟁적으로 크리스퍼 기술을 개발한 과정이나 중국에서 최초로 유전자 편집 아기가 태어난 과정 등에 대한 서술은 한 편의 영화를 보는 것과 같이 생생하고 손에 땀을 쥐게 한다. 이 책은 대중과학 서적이면서도, 현재 이 분야에서 직접 연구하고 있는 대학원생이나 연구자들이 보기에도 손색이 없을 정도로 통찰력이 있고 배울 점이 있다. 본 감수자 역시 이 책을 통해 그동안 몰랐던 새로운 사실들을 많이 알게 되었고, 현재 진행하고 있는 연구에도 큰 영감을 얻을 수 있었다. 이렇게 훌륭한 책을 감수할 기회를 갖게 되어 영광스럽고, 이러한 기회를 주신 분들께도 깊은 감사의 말씀을 드린다.

이제는 바야흐로 유전자 교정시대가 되고 있다. 크리스퍼 기술의 개발로 촉발된 이 흐름은 누구도 막을 수 없을 것이다. 새로운 혁신적인 기술은 인간의 삶을 그만큼 윤택하게도 하지만, 그 기술로 야기될 새로운 미래에 대한 두려움 또한 큰 것이 사실이다. 지난 1978년 처음으로 개발된 '시험관 아기' 기술과 같이(루이스 브라운이 영국에서 태어난 이후, 약 800만 명의 아이가 이 기술로 태어난 것으로 추정된다), '유전자 가위' 기술의 혜택이 인류사회 전반에 널리 퍼질 수 있기를 진심으로 바란다.

한양대학교 화학과 조교수
배상수

2018년 11월, 추수감사절이 있는 주에 나는 뉴욕에서 비행기를 타고 학술대회가 열리는 홍콩까지 15시간을 날아갔다. 생명윤리학 분야의 전문가들이 3일 동안 한 자리에 모이는 이 행사를 위해 먼 길을 나서긴 했지만, 흥미진진할 것이라는 기대는 전혀 없었다. 행사를 준비한 조직위원회 위원 중 한 사람인 알타 채로^{Alta Charo}도 "아주 지루한 회의"가 될까 봐 우려했다.[1]

비행기가 북극권에 가까울 쯤 나는 노트북을 정리하고 승무원에게 라면을 요청한 후 기내에서 제공되는 영화 메뉴를 열심히 뒤지기 시작했다. 그리고 〈램페이지^{Rampage}〉라는 액션 영화를 골랐다. 국제 우주정거장에서 폭발이 일어나 정체를 알 수 없는 화학물질이 담긴 통 여러 개가 지구로 떨어지고, 그중 하나가 샌디에이고 동물원

··· 13 ···

에 나타난다. 프로레슬링 선수 시절에 '더 락The Rock'이라는 별명으로 유명했던 배우 드웨인 존슨Dwayne Johnson이 동물원의 영장류 전문 동물학자로 등장한다. 사고가 일어난 날, 그가 애지중지 돌보던 조지라는 알비노 고릴라와 리지라는 악어, 늑대 랄프에 돌연변이가 일어나고 모두 시카고로 모인다. 재밌는 부분도 있었지만, 전체적으로 다소 우스꽝스러운 이야기였다. 하지만 내가 장시간 비행을 하게 된 계기가 이 영화에서 돌연변이를 일으킨 물질과 관련 있었다. 배우 나오미 해리스Naomie Harris가 우리의 멋진 주인공에게 바로 그 기술을 질문하는 대사가 나온다. "혹시 크리스퍼CRISPR가 뭔지 아시나요?"

영화 속 주인공에게 크리스퍼는 생소한 기술이었고 나 역시 비행기에 앉아 이 영화를 보기 몇 년 전까지만 해도 전혀 몰랐다. 2018년 홍콩에서 개최된 학술대회는 2015년 워싱턴 DC에서 열린 회의에 이어서 인간 유전체 편집 기술의 윤리성을 논의하는 자리였다. 논의가 처음 시작된 계기는 유전자를 고치거나 조정할 수 있는, 크리스퍼라는 혁신적 기술의 등장이었다. 2015년 초에는 중국 과학자들 손에서 인공 배양된 사람의 배아 유전자가 사상 최초로 변형되는 일이 일어났다. 생존이 불가능한 배아에 실시된(여성의 몸에 임신이 되는 단계는 진행되지 않았다는 의미다) 예비 연구였으나, 어디선가 누군가는 인간의 유전자 암호를 다시 쓰려는 시도를 감행할 수 있다는 두려움에 불을 지핀 사건이었다. 이에 모두가 유전자 편집 기술의 선구자로 인정하는 학자 제니퍼 다우드나Jennifer Doudna는 국제사회가 이 기술의 사용 방식을 논의하고 제한 조치의 필요성 또는 전면 금지 여부를 함께 고민하자고 요청했다. 워싱턴에서 열린 회의에서 의장을 맡은 노벨상 수상자 데이비드 볼티모어David Baltimore는 소설 《멋진 신세계》를 언급하며 우리가 "인류의 본질을 제어할 수 있는 새롭고 강력한 수단이 나타날 수 있는 상황"에 직면했다고 밝혔다. 그로부터 3년의 시간이 흐르고 다시 열리는 2018년 회의에서도 나는 당시에 목소리를 냈던 사람 중 많은 이가 또다시 그런 추상적 경고를 하겠거니 생각했다.

비행기는 홍콩 시각으로 11월 26일 월요일 이른 오후에 마침내 착륙했다. 휴대전화 전원을 켜고 피곤에 절어 멍하니 트위터를 훑어보느라, 눈으로 읽던 뉴스의 내용을 깨닫기까지 시간이 걸렸다. 안토니오 레갈라도Antonio Regalado라는 과학 기자가 쓴 최신 뉴스로, 어느 중국인 과학자의 손에서 유전자가 편집된 아기가 만들어졌고 임신까지 진행됐다는 내용이었다. 기자는 크리스퍼 기술로 유전자가 변형된 이 아기가 어쩌면 이미 세상에 태어났을 가능성이 있다는 의혹을 강력히 제기했다.[2] 최초 기사가 나오고 몇 시간 내로 이 일은 소문이 아닌 사실로 확인됐다. AP 통신에서도 몇 가지를 밝혀 냈다. 유전자가 편집된 쌍둥이가 실제로 세상에 태어났다는 내용도 포함되어 있었다.[3] #크리스퍼아기#CRISPRbabies라는 해시태그가 이미 일파만파 번진 상황이었다.

이뿐만이 아니었다. 허젠쿠이賀建奎, He Jiankui라는 34세 중국인 과학자가 직접 유튜브에 여러 편의 영상을 올리고 자신이 역사적 성취를 일궜다고 밝혔다. "너무나 예쁜 두 중국인 여자 아기 루루와 나나가 몇 주 전 세상에 나왔습니다." 그는 어설픈 영어로 이야기했다.

"현재 두 아기는 엄마 그레이스, 아빠 마크와 함께 집에 있습니다." 허젠쿠이라면 내가 참석할 홍콩 행사의 발표자 명단에서 본 이름이었다. 이런 일이 생겼는데도 주최 측이 예정대로 그가 발표를 하도록 할까?

이틀 뒤 허젠쿠이는 자신이 한 일과 더 중요한 문제인 그런 시도를 한 이유를 직접 설명하러 나타났다. 예정된 행사에는 유례없이 뜨거운 관심이 쏠렸다. 기자, 보도 사진을 촬영하러 온 사람 수백 명이 몰려들고 200만 명 가까운 사람이 웹 중계를 지켜보는 가운데 나는 행사장 앞쪽에 앉아 있었다. 인파로 꽉 들어찬 행사장에 마침내 모습을 드러낸 허젠쿠이가 무대 중앙으로 향하자 200여 대의 카메라에서 터져 나오는 셔터 소리가 장내를 가득 메웠다. 소셜미디어에서는 한 미국인 과학자가 이런 우스꽝스러운 비극을 저지른 자를 행사 주최자들이 과학계의 명사처럼 대접한다며 호통쳤다. 그러나 나는 꼭 사형수를 보는 기분이었다. 허젠쿠이가 발표를 마치고 무대를 내려가 중국 선전의 집에 도착할 무렵에는 온 나라를 떠들썩하게 할 만한 큰 명예와 영광을 쫓던 꿈이 무너지고 가택연금 처분과 엄청난 불명예가 그를 기다리고 있었다. 1년 뒤에는 감옥살이를 하는 처지가 되었다.[4]

이 '#크리스퍼아기' 사건은 인류 역사의 중대한 전환점이 되었다. 싯다르타 무커지Siddhartha Mukherjee가 쓴 역작 《유전자The Gene》를 토대로 켄 번스Ken Burns 감독이 제작한 동명의 다큐멘터리 영화 첫 장면에 허젠쿠이의 동료가 인체 배아에 크리스퍼를 조심스럽게 주입하는 모습이 나오는 것은 다 이유가 있다. '아기 편집자'라는 〈이

코노미스트)의 표현처럼[5], 허젠쿠이는 인간의 유전체를 구성하는 2만 여 개 유전자 중 최소 하나를 바꿔 자연적으로 정해지는 유전성을 바꾸려 했다.

전 세계 과학자의 협력 사업으로 진행된 '인간 유전체 프로젝트'로 총 4가지 알파벳 32억 자로 구성된 생명의 책 내용이 전부 밝혀지고 불과 15년 뒤에 벌어진 일이었다. 레스터 대학교의 한 연구진은 인간의 유전체 염기서열 전체를 종이에 인쇄해서 100권이 넘는 책으로 엮고 염색체마다 각기 다른 색 표지로 구분했다. 이 방대한 정보가 수조 개에 이르는 인체 세포마다에 있는 23쌍의 염색체에 담겨 있다는 사실이 기적처럼 느껴진다. 유전체의 염기서열이 모두 밝혀진 후 과학자들은 수천 가지 희귀 유전질환을 일으키는 유전자뿐만 아니라 당뇨, 심장 질환, 정신 질환 등 흔히 발생하는 질환의 원인이 되는 DNA 변이나 오류를 찾을 수 있게 되었다. 학계는 유전학적 혁명이라 할 수 있는 이 쾌거가 이루어지기 전부터 DNA의 특정 염기서열을 이용한 유전자 치료가 가능하리라 전망했다. 하지만 환자의 세포에 정상 유전자를 주입해서 결함 유전자의 영향을 상쇄시키는 방식은 실현될 수 있다고 보았지만, 환자의 유전체를 직접 오리고 붙여서 문제가 있는 유전자를 바로잡는 DNA 수술은 상상으로만 가능한 일이라고 여겨졌다.

2012년 여름, 크리스퍼 기술이 등장해 뜨거운 관심이 집중되면서 상황은 완전히 뒤집혔다. 프랑스의 미생물학자 에마뉘엘 샤르팡티에Emmanuelle Charpentier와 미국의 생화학자 제니퍼 다우드나가 발표한 결과는 그야말로 획기적인 발견이었다. 두 사람은 거인의 어깨에 선 난쟁이와 같은 전략으로, 즉 전 세계 수많은 학자들의 어깨를 딛고 올라서서 대중의 눈에 잘 띄지 않는 곳에서 크리스퍼의 생물학적 용도를 알아내는 연구에 매진했다. '규칙적인 간격으로 분포하는 회문 구조의 짧은 반복서열Clustered Regularly Interspaced Short Palindromic Repeats'을 뜻하는 영어 표현의 앞 글자를 딴 이름인 크리스퍼CRISPR 는 세균이 특정 바이러스로부터 공격 받을 때 그 영향을 약화시킬 수 있도록 자연적으로 발달한 일종의 방어망이며 세균 면역체계의 중요한 구성요소라는 사실이 밝혀졌다. 다우드나와 샤르팡티에가 이끈 연구진은 이 분자 수준의 장치를 재구성해서 유전자와 다른 DNA 표적을 정확히 찾아서 잘라 낼 수 있는 기발한 기술을 개발했다. 6개월 뒤에는 브로드 연구소의 장평Feng Zhang과 하버드 의과대학의 조지 처치George Church가 크리스퍼로 포유동물의 세포에 포함된 DNA를 편집하는 데 성공했다. 사람이든 세균이든 다른 어떤 생물이든 DNA의 거의 모든 염기서열을 정밀하게 편집할 수 있다는 경이로운 전망이 나왔다. 크리스퍼 기술은 이전에 나온 비슷한 그 어떤 기술보다 편리하다. 유전자 편집이라는 개념 자체는 새롭지 않지만, 이를 실현한다는 것은 과학과 의학을 변화시키고 인류의 기본 구조까지 바꿀 기술로 여겨진다.

이 과학자들과 세계 곳곳의 다른 여러 과학자들 덕분에 이제 우리는 유전 형질을 전례 없이 손쉽고 정확하게 통제할 수 있게 되었다. 개개인이 보유한, 또는 배아 하나하나에 포함된 질병 유전자를 없애거나 다시 쓸 수 있게 된 것이다. 가축과 식물, 기생충의 유전체를 바꿔서 수백 만 명의 삶을 향상시키는 성과는 기후 변화로 큰 타격을 입은 개발도상국에서 특히 큰 영향을 발휘한다. 멸종 위기에 처한 생물을 지키고 이미 이 세상에서 자취를 감춘 생물을 다시 만들어 내는 일도 가능할지 모른다. 아직까지는 우리의 행동과 성격, 지능을 형성하는 유전자나 당뇨, 심장 질환, 정신 질환에 영향을 주는 복잡한 유전자 네트워크가 그리 폭넓게 파악되지 못했지만, 언젠가는 이러한 특성까지 강화하거나 조작하리라고 상상할 수 있다.

이전에 개발된 유전체 편집 기술과 비교할 때 크리스퍼의 큰 장점은 쉽고 빠르고 훨씬 저렴하다는 것이다. 실제로 과일과 채소, 곤충과 기생충, 작물과 가축, 고양이와 개, 초파리와 열대어, 생쥐와 인간에 이르기까지 노아의 방주에 실릴 법한 모든 식물과 동물의 유전자 편집 연구가 완료됐다. 생명공학 기술을 직접 실험해 보는 일명 '바이오해커'들은 자신과 반려동물을 대상으로 크리스퍼 실험을 해 보기 시작했다. 과학자들은 이 유전자 가위를 닥치는 대로 적용하기 시작했고 세계적으로 명망 있는 학술지마다 이 기술과 관련된 연구 논문이 대거 쏟아졌다. "크리스퍼 열풍"이라는 〈사이언스〉의 표현처럼 이 열기는 대중매체까지 휩쓸었다.[6] 〈이코노미스트〉는 아직 기어 다니는 귀여운 아기 사진에 절대음감과 완벽한 시력, 평생 대머리 걱정 없는 형질 등 편집 가능한 여러 형질을 표시해 표지에 실었다.[7] 〈스펙테이터〉의 표지에는 한 술 더 떠 '우생학의 귀환'이라는 제목 아래 세포 배양접시에 앉아 있는 아기의 모습을 그린 만화가 등장했다(머리카락에는 "연한 적갈색은 제외해 주세요."라고 적혀 있다).[8] 〈MIT 기술 리뷰〉는 크리스퍼를 "생명공학 분야에서 나온 가장 엄청난 세기의 발견"이라고 보도했다.[9] 〈와이어드〉에 표제 기사로 실린

에이미 맥스멘Amy Maxmen의 글에는 이런 설명이 나온다. "이제 굶주림은 없다. 오염도 질병도 없다. 우리가 아는 삶은 끝났다."[10]

)(II)(II)(

유전학자가 되기 위해 공부하던 1980년대에 나는 사람의 유전체에서 듀셴형 근이영양증과 낭포성 섬유증을 유발하는 결함 유전자를 열심히 찾던 연구 팀의 일원이었다. 우리는 유전자 탐정이 된 것처럼, 인간의 삶을 불편하게 만들고 수명을 단축시키는 유전자와 돌연변이의 소재를 알려 줄 단서를 샅샅이 수색했다.*

런던 세인트메리 병원에 마련된 우리 연구소에서 환자들과 만나기도 했다. 그중에는 운이 좋아야 20세 생일을 맞이할 수 있는 10대 낭포성 섬유증 환자들도 있었다. 우리가 연구하던 두 가지 질환과 다른 병을 앓는 환자들로부터 돌연변이 유전자가 발견된 일은 이제 치료법이 코앞에 있다는 희망의 불씨로 여겨졌다. "유전자에서 치료제를", "실험대에서 병상으로" 같은 표현이 여기저기서 들려오고 분자 의학이 가져올 혁신을 예고했다. 의학의 미래를 책임질 새로운 용어가 몇 년 주기로 등장했다. 맞춤 의학, 정밀 의학, 유전체 의학, 개인 맞춤형 의학 등 이름 따라 미래도 바뀔 것 같은 분위기가 이어졌다.

---

*   1980년대 중반에는 한 신문에 커다란 건초더미 앞에 바늘을 들고 서 있는 프랜시스 콜린스Francis Collins의 사진이 실렸다. 유전체를 이루는 30억 개의 글자 중에서 딱 하나 틀린 글자를 찾는 DNA 탐정의 일이 건초더미에서 바늘 찾기나 다름없음을 보여 주는 사진이었다.

인간 유전체 프로젝트가 시작된 해인 1990년에 나는 실험복과 영원히 작별하기로 결심했다. 직종별 구인광고에서 〈네이처〉의 공고를 본 순간은 내 인생의 유레카였다. 그걸 보는 순간 나는 세계에서 가장 유명한 학술지에 내 이름을 싣는 방법이 한 가지만 있는 게 아니라고 생각했다. 나는 지원했고 당시 편집장이던 존 매덕스John Maddox 경을 통해 채용됐다. 2년 뒤에 매덕스 경은 내게 〈네이처〉의 이름을 그대로 쓰면서 세부 분야를 다룰 학술지로 처음 탄생한 〈네이처 제네틱스〉의 총 지휘를 맡겼다.[11] 1993년에 개최된 창간 1주년 학술회의에서는 프랜시스 콜린스와 크레이그 벤터Craig Venter 등 엄선된 유명한 초대 손님들과 함께 저녁 식사를 했다. 이 자리에서 만난 메리 글레어 킹Mary-Claire King은 내 첫 번째 저서에 영감을 준 인물이다.

세상을 떠난 내 친구 마이클 화이트Michael White와 함께 쓴 첫 저서 《돌파구Breakthrough》는 1990년에 미국 캘리포니아대학교 버클리 캠퍼스에서 유방암 유전자라고 불리는 BRCA1을 발견한 명석한 학자 메리 클레어 킹의 연구에 관한 이야기다. 1994년, 미리어드 제네틱스Myriad Genetics 사는 킹이 유방암 유전자를 찾기 위한 경쟁에서 우위를 점하고 있다는 소식을 대대적으로 전했고, 몇 주 뒤 몬트리올에서 개최된 유전학 분야의 대규모 학술대회에서 이 놀라운 성과를 축하하기 위한 전체 회의가 열렸다. 킹은 자신의 연구진이 여러 가족들로부터 발견한 BRCA1의 특정 돌연변이를 공개했고 모든 참석자의 주목을 받았다. 영국의 저널리스트 존 다이아몬드John Diamond의 표현을 빌리자면, 이들이 찾은 돌연변이는 "암과 죽음을 유발할 수 있는 세포의 무질서"였다.

이날 킹은 BRCA1의 정체를 밝히기 위한 경쟁에서 승리를 거머쥐는 사람이 누구인지는 관심 없다고 주장했다. 이기든 지든 상관없이 자신과 연구진은 사람에게 생긴 돌연변이를 실험실에서 분석할 것이며, 실제 현실과 언론의 광적인 보도 내용을 잘 구분할 필요가 있다고 강조했다. "〈뉴욕타임스〉에 소개되거나 〈60분〉 같은 프로그램에 출연하는 사람, 오토바이에 올라탄 모습이 〈타임〉에 실리는 사람은 굉장히 환상적인 일들을 이야기하죠." 킹은 한 때 동료였던 프랜시스 콜린스를 한 방 먹이려는 의도가 느껴지는 이런 발언과 함께, 실상은 이와 다르다고 설명했다.

> 유전자를 갖고는 있는데, 이 유전자가 무엇을 하는지는 모른다는 것이 현실입니다. 이 연구는 지난 20년간 이어졌지만, 100만 명이 넘는 여성이 유방암으로 세상을 떠났다는 것이 현실입니다. 다가오는 20년은 또 다른 100만 명의 여성이 같은 병으로 목숨을 잃지 않게끔 무엇이든 할 수 있게 되기를 진심으로 강력히 희망합니다.[12]

기립박수가 쏟아졌다. 그로부터 20년 뒤에는 BRCA1 유전자 검사를 둘러싼 분쟁과 유전자 특허권 소송이 제기됐고, 미국 연방 대법원은 만장일치로 유전자에 특허권을 부여할 수 없다는 판결을 내렸다.[13]

나의 두 번째 저서 《유전체 암호 풀기Cracking the Genome》에서는 생물학의 달 착륙 사업이라 할 수 있는 인간 유전체 프로젝트를 다루었다. 이 사업은 프랜시스 콜린스가 이끄는 국제 협력단과 크레이그 벤터가 나섰고, 결국 적대적 매수로 구성된 민간 업체 간의 치열한 당파적 갈등으로 번졌다.[14] 벤터가 세운 셀레라 지노믹스Celera Genomics 사의 지휘본부는 우주선 엔터프라이즈호 같은 느낌을 자아냈다. 거대한 스크린 두 대에서는 광자 어뢰 대신 DNA 염기서열이 계속 영상으로 흘러 나왔다. 인간의 염기서열 초안이 마련되고, 사람의 몸을 구성하는 유전자 암호의 일부가 드러나자, (멘델의 법칙에 따른) 우성과 열성 유전자로 발생하는 질병은 물론, 천식이나 우울증처럼 더 흔한 질병의 유전학적 원인도 찾을 수 있게 되었다.

인간 유전체 프로젝트가 완료되었다는 기사의 잉크가 채 마르기도 전에, 벤터가 "단돈 1,000달러에 유전체 하나를 분석할 수 있는" 새로운 고속 DNA 염기서열 분석 기술이 필요하다는 입장을 밝혔다. 사상 처음으로 완료된 인간 유전체의 초안이 나오는데 든 비용이 20억 달러였으니 그의 주장은 공상과학 소설에나 나올 법한 이야기처럼 느껴졌다. 그러나 2005년 2월의 어느 일요일 오후, 벤터의 생각이 현실로 바뀌는 씨앗이 뿌려졌다. 영국의 생명공학 업체 솔렉사Solexa에서 클라이브 브라운Clive Brown이 "해냈어!!!!"라는 제목으로 회사 동료에게 보낸 이메일에 그 씨앗이 담겨 있었다. 브라운의 연구진은 케임브리지 대학교의 두 화학교수*가 개발한 새로운 기술을 활용하여 파이엑스174$\Phi X174$로 불리는 가장 작은 바이러스의 유전

---

* 샨카르 발라수브라마니언Shankar Balasubramanian 교수와 데이비드 클레네만David Klenerman 교수. 두 사람 모두 나중에 기사 작위를 받았다.

체 염기서열을 분석하는 데 성공했다. 이듬해 또 다른 업체 일루미나Illumina가 솔렉사를 인수했고, 상상 속에서나 가능할 것 같던 유전체 분석 1,000달러 시대를 10년 안에 반드시 현실로 만들겠다는 도전에 나섰다.[15] 니콜라스 볼커Nicholas Volker라는 환자를 비롯해 원인을 알 수 없는 유전병으로 고통 받던 환자들이 유전체 염기서열 분석 덕분에 목숨을 건지는 사례들도 나타났다. 정확한 진단을 받으려고 병원을 떠돌던 고생을 끝낸 것이다. 염기서열 분석 비용이 뚝 떨어질 수 있었던 토대는 분석 속도의 향상이다. 한 예로 미국 샌디에이고 래디 아동병원의 스티븐 킹스모어Stephen Kingsmore는 최근 신생아의 유전체 전체 염기서열을 단 20시간 만에 분석하고 처리하는 데 성공하여 기네스북 신기록을 세웠다.[16]

이 모든 성취는 유전학이 DNA 염기서열 분석 기술의 발전에서 동력을 얻어 앞으로 성큼성큼 나아간 발자취로 남았다. 현재 우리는 DNA 고속 해독이 가능한 더욱 새롭고 놀라운 플랫폼과 함께 100달러면 모든 유전체를 분석할 수 있는 시대로 가고 있다.*[17] 그 중 하나인 나노포어 염기서열 분석은 스마트폰보다 작은 휴대용 장비로 가능해 국제 우주정거장에서 이 기술을 이용한 DNA 분석이 실시됐다.

DNA를 '읽는' 기술과 함께 DNA를 '쓰는' 기술, 혹은 합성하는 기

** 이 새로운 기술이란 나노포어nanopore를 이용한 염기서열 분석이다. 나노포어는 세균에서 발견되는 동그란 도넛 모양의 단백질로, DNA를 단일 가닥으로 분리한 뒤 이 단백질을 활용하여 염기서열을 분석하는 기술이다. 옥스퍼드 나노포어Oxford Nanopore 사에서는 DNA가 달리는 지하철처럼 나노포어를 통과하도록 하고 그 속도를 전류로 측정해서 구불구불한 선의 형태로 도출된 전류 측정값을 토대로 DNA 염기서열을 해독한다.

술에도 엄청난 진전이 이어지고 있다. 앞서 소개한 조지 처치를 비롯한 여러 과학자들은 책과 영화를 디지털로 암호화해서 DNA 염기서열에 저장하는 데 성공했고[18], 효모가 보유한 총 16개의 염색체를 부분적으로 짜깁기해 만든, 모자이크 염색체를 가진 효모 세포도 만들어 냈다.[19] 합성 생물학은 DNA 회로를 설계하고 생물에 필요한 특성을 각 개체에 맞게 부여할 수 있다는 흥미로운 기대를 모으고 있다. 생명공학 기술로 만든 향수, 석유화학물질부터 차세대 항생제, 말라리아 치료제까지 등장할 것으로 전망된다. 과학계는 총 4종류인 유전자의 알파벳에 국한되지 않고, DNA 이중나선을 구성하는 이 기본 글자를 대체할 수 있는 새로운 기초단위를 합성해 추가하는 연구에서도 성과를 거두었다. 이 기술은 이 새로운 기초단위가 포함된 합성 단백질이 탄생하는 초석이 될 것이다.[20]

읽고 쓰는 기술의 발전도 매우 중요하지만, 내가 글을 편집하거나 검색하고 대체할 줄은 모르고 그저 글을 읽고 쓰는 능력만으로 책을 쓴다면, 그런 책이 출판되는 일은 절대 없을 것이다. 유전체 공학, 즉 유전체 편집도 마찬가지다. 내가 컴퓨터로 타자를 치다가 '굴'을 '꿀'로, '우전체'를 '유전체'로 오자를 고쳐 쓰듯 과학자, 심지어 과학자가 아닌 사람도 유전체 편집 기술을 활용하여 유전 암호를 고쳐 쓸 수 있게 되었다.

)○(○○(○)(

2014년에 나는 노벨상 수상자인 제임스 왓슨James Watson에게서 10년 전에 앤드류 베리Andrew Berry와 함께 쓴 대중 과학서의 개정판 출간을 도와달라는 요청을 받았다. 《DNA》라는 아주 간단한 제목의 책이었다.[21] 유전학의 중대한 발전을 되짚어 볼 때 크리스퍼 기술은 절대 빼 놓을 수 없는 필수 항목이다. 2014년 11월 캘리포니아에서는 미국 항공우주국NASA이 개최한 연례 '과학 혁신상Breakthrough Prize' 시상식이 열렸다. 세계에서 가장 두둑한 상금이 주어지는 이 과학상 시상식은 텔레비전으로 중계됐고, 나는 배우 캐머런 디아즈Cameron Diaz가 다우드나와 샤르팡티에에게 각 300만 달러의 상금과 트로피를 건네는 모습을 지켜보았다.* 두 사람의 획기적인 연구 결과가 발표되고 채 3개월도 지나기 전에 이미 과학계의 저명인사들과 실리콘밸리의 사업가들은 이들을 과학계의 왕족처럼 떠받들었다.

다우드나와 샤르팡티에는 의사가 아니었지만, 크리스퍼에는 유전자 치료를 완전히 새로운 수준으로 끌어 올릴 수 있는 가능성이 담겨 있다. 이에 두 사람은 크리스퍼 기반 치료를 제공할 생명공학 회사를 설립했다. 겸상 적혈구 질환이나 시력 상실, 듀센형 근이영양증을 비롯한 여러 질환을 일으키는 돌연변이를 바로잡는 치료가 목표였다. "지난 10년간 나는 유전자 변형GMO 인간을 개발해 왔다." 다우드나의 유전체 편집 기술 개발을 지원했던 캘리포니아의 상가모 테라퓨틱스Sangamo Therapeutics 사의 표도르 우르노프Fyodor Urnov의 말이다. 라이너스 폴링Linus Pauling을 통해 겸상 적혈구 빈혈증이 '분자 질환'으로 처음 밝혀진 때로부터 70년이 지난 2019년, 미시시피

---

* 과학 혁신상 수상자가 받는 상금은 300만 달러다. 90만 달러인 노벨상 상금의 3분의 1보다 열 배 더 많은 금액이다.

에서 여러 자녀를 키우며 살던 빅토리아 그레이^{Victoria Gray}라는 흑인 여성은 유전자 편집 기술로 겸상 적혈구 질환의 치료를 받은 첫 미국인 환자가 되었다.[22] 치료를 받고 1년 후, 그레이는 다행히 아무런 합병증 없이 혈구 세포가 정상화돼 건강을 되찾았다. 지금도 다양한 유전체 편집 기술을 활용하기 위한 연구가 진행 중이며, 대부분 그 바탕에 크리스퍼가 있다. 정말로 의학에 새로운 시대가 임박했다.

그러나 유전체 편집 기술은 이미 훨씬 더 멀리 나아갔다. 허젠쿠이가 한 일은 사실상 모든 과학자들이 신성불가침의 영역으로 여기는, 과학계의 루비콘 강을 건넌 행위였다. 다음 세대로 유전되는 유전체(또는 생식세포)를 편집하는 것은 이제 더 이상 암울한 공상과학소설에서나 다루어지는 일이 아니다. 또한 '맞춤형 아기' 같은 당혹스러운 표현으로 묘사되는 이야기는 전부가 아니다. 이제 지니는 램프에서 완전히 빠져나왔고 다시 넣을 수가 없다. 생식세포 편집이 유전질환 치료의 새로운 가능성을 열까? 크리스퍼 기술로 유전학적 특정 기능을 강화한 아이를 낳는 사람들이 생길까? 유전질환을 바로잡을 수 있는 기술이라면 왜 더 활용하지 않고 멈춰야 할까? 크리스퍼 기술로 형질을 강화할 수 있다는 사실을 그냥 받아들일 수는 없을까? 유전자를 조정해서 수면 시간을 줄이거나 치매가 발병하지 않도록 조치하고 우주비행사의 방사능 노출 피해를 막을 수 있다면? 표도르 우르노프의 주장처럼 유전 가능한 유전체의 편집은 정말 '또 다른 문제를 만드는 해결책'일까?

크리스퍼는 "용도가 굉장히 많은 놀라운 기술이다." 브로드 연구소의 대표 에릭 랜더^{Eric Lander}의 설명이다. "하지만 생식세포를 고쳐 쓰는 중대한 일에는, 그래야만 하는 확실한 이유가 있어야 한다. 또한 사회 전체가 그러기로 결정해야 한다. 그런 광범위한 합의 없이는 절대 이루어질 수 없다."[23]

◇◇◇◇◇

이 책 《유전자 임팩트(원제 : 인간을 편집하다Editing Humanity)》는 지금까지 일어난 과학의 혁신 중에서도 가장 놀라운 일이라 할 수 있는 크리스퍼의 혁신에 관한 이야기다. 처음 구겐하임 재단의 과학저술 지원을 받아서 쓰기 시작했을 때는 크리스퍼 기술의 과학적 면과 이 분야의 과학자들 이야기에 초점을 맞출 계획이었다. 그러다 2017년에 〈크리스퍼 저널〉이라는 잡지를 창간하기로 마음먹고 이 흥미진진한 분야를 선도한 과학자들을 만나기 시작했다. 우리가 함께할 이 책의 여정은 별로 알려지지 않은 미생물학자들, 생화학자들의 이야기로 출발한다. '크리스퍼의 진정한 영웅'이라 할 수 있는 이들은 세균의 DNA에서 찾은 희한한 유전암호가 무슨 기능을 하는지 파헤쳤다. 크리스퍼는 기초 학문 그리고 연구자가 주도하는 연구 지원이 얼마나 엄청난 가치를 만들 수 있는지 강력히 보여 준 사례다. 인간 유전체 프로젝트 같은 대규모 과학 협력단이 훌륭한 일을 해낼 수 있는 것은 사실이다. 그러나 많은 관심을 얻지 못해도 소박한 지원을 겸허히 받아들이고 성실히 일하는 과학자들도 그에 못지않은 성과를 낼 수 있다. 세균이 자신을 괴롭히는 바이러스를 이겨 내는 기능이 사람의 질병을 치료하고 전 세계 기아 문제를 해소하는 데 도움이 되는, 수십억 달러 규모의 산업이 될 것이라 예측한 사람은 별로 없었을 것이다.

2부에서는 오랜 절망의 시기를 지나 르네상스를 맞이한 유전학적인 치료의 흥망성쇠를 정리해 본다. 유전체 편집으로 실현되리라 예상되는 큰 희망 중 하나는 근 위축증과 혈우병, 시력 상실, 겸상 세포 질환 등 심신을 쇠약하게 만드는 광범위한 질병의 치료다. '성배'라는 표현은 과학계에서 다소 과용되는 경향이 있지만, 인간의 유전자 암호에서 글자 하나를 고쳐 쓰는 것으로 사람을 구원할 수 있다면 이것이야말로 모두가 탐낼 진정한 성배라는 생각이 든다.

이 책의 나머지 절반은 크리스퍼 기술로 탄생한 아기와 이 무모한 실험의 뒷이야기를 소개한다. 허젠쿠이의 은밀한 야망이 무엇이었는지 밝히고 세상의 평가처럼 그가 정말 사기꾼 같은 과학자인지, 그가 한 일들이 어떤 결과를 낳았는지 살펴본다. 마지막에서는 크리스퍼 기술로 우리가 앞으로 나아 갈 수 있는 새롭고 흥미로운 방향을 제시한다. 유전자를 이용한 말라리아 퇴치부터 생물의 멸종 방지, 지구상에서 이미 멸종되고 없는 생물을 다시 깨우는 것까지 다양한 활용과 함께 맞춤형 아기에 관한 논란에서 흔히 제기되는 갖가지 주장의 진실과 허구를 따져 본다.

지금은 생물학의 세기다. 우르노프가 지적한 것처럼 비상한 아이디어와 그것을 실제 현실로 만드는 일 사이에는 엄청난 차이가 있다. 레오나르도 다빈치가 새처럼 날개를 상하로 움직이며 하늘을 나는 기계 오니숍터Ornithopter 모형을 설계한 때가 1505년이었다. 그로부터 거의 400년이 지난 1903년 12월에 오빌 라이트Orville Wright는 12

초간 중력을 거슬러 야구장 내야 정도의 거리(약 36 미터)를 날아가는 데 성공했다. 다시 수십 년이 흐른 뒤에야 비행 기술이 획기적으로 발전하여 상용 항공기로 여행하는 시대가 열렸다. 인간이 사상 처음으로 지구 궤도에 오르고 그 너머로 여행하게 된 일도 마찬가지다.

싯다르타 무커지는 저서 《유전자The Gene》에서 이런 상황을 다음과 같이 적절히 설명했다. "이 모든 기술이 해결해야 할 문제는 DNA가 그저 유전 암호일 뿐만 아니라, 어떤 면에서는 윤리적 암호라는 점이다. 이 기술로 우리가 '무엇이 될 것인지'를 생각해 보는 것이 다가 아니다. 이 도구를 갖게 된 현 시점에서, 우리는 '무엇이 될 수 있는지'를 생각해 봐야 한다."

이 책 〈유전자 임팩트〉는 지구상에 등장한 가장 오래된 일부 생물에서 얻어 낸 기술이자 우리를 인간의 편집이라는 벼랑 끝으로 몰고 간 기술인 크리스퍼의 기원과 발전, 활용, 오용에 관한 이야기다.

♦ 목차 ♦

3부

4부

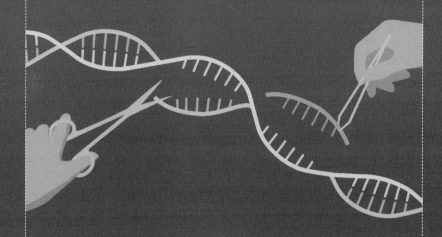

.....

1부

오, 놀라워라! 훌륭한 피조물이 여기에 이렇게나 많구나!
인간은 참으로 멋진 존재!
오, 멋진 신세계여,
그런 사람들이 사는 곳!
- 윌리엄 셰익스피어, 《템페스트》

"세균을 그렇게 마음대로 할 수는 없답니다." 헴스톡 부인이 말했다.
"그러면 싫어하거든요."
- 닐 게이먼Neil Gaiman, 《오솔길 끝 바다》

"과학의 발전은 새로운 기술과 새로운 발견, 새로운 아이디어에 달려 있다.
이 순서 그대로라고 생각한다."
- 시드니 브레너Sydney Brenner

1 장

크리스퍼 열풍

"이게 크리스퍼인가요?"

텔레비전 프로그램 〈60분〉의 기자 빌 휘태커Bill Whitaker는 작은 플라스틱 튜브에 몇 방울 정도 담긴 물인지 뭔지 모를 무색 액체를 가리키면서 의아하다는 듯 물었다. 사실 그 튜브에 있는 액체는 대부분이 물이다.

생물학의 혁신에 크게 일조한 30대 과학자 장평張鋒, Feng Zhang은 튜브를 다시 건네받아 환한 방송용 조명 아래에서 들어 보였다.

"이 안에 크리스퍼가 있어요." 그는 친절하게 설명했다.[1]

이 인터뷰는 미국에서 가장 우수한 생물의학 연구소로 꼽히는 매사추세츠 주 케임브리지 소재 브로드 연구소 내 장평의 연구실에서 이루어졌다. 브로드라는 이름(길이라는 뜻의 영어 단어 road와 운이 맞다)

은 자선사업가 엘리 브로드^{Eli Broad}와 그의 아내 에디스 브로드^{Edythe}
^{Broad}의 성에서 따온 것이다. 연구소 건물은 코흐 형제(암 연구소)를 비
롯해 출판가 패트릭 맥거번(뇌 연구소), 의료기기 개발자 잭 화이트헤
드(세포 생물학 연구소) 등 억만장자 사업가들이 세운 다른 상아탑들과
같은 부지에 있다. 1980년대 말에 내가 MIT 캠퍼스 끝자락에 자리한
화이트헤드 연구소에 일자리를 얻어 처음 미국으로 건너 왔을 때만
해도 주변에 문명의 흔적이라곤 '리걸 해산물 음식점'이 유일했다.
이제 이 일대는 켄들 스퀘어라는 이름이 붙은 생명공학의 중심지이
자 보스턴 레드삭스의 홈구장인 펜웨이 파크에 맞먹을 만큼 이 지역
의 대표 명소가 되었다. "지구상에서 가장 혁신적인 구역"이라고 떡
하니 적힌 명판도 걸려 있는데, 이 말에 반박할 사람은 거의 없다.

　방송에서 짧게 자른 까만 머리에 사람 좋아 보이는 순진한 얼굴
로 등장한 장평은 서른네 살이라고는 믿기지 않는 동안이었다. 스
무 명쯤 되는 학생들, 동료 연구자들과 함께 찍은 연구실 단체사진
을 보면 누가 봐도 대학원생으로 착각할 정도다. 하지만 2013년부
터 언론의 뜨거운 관심을 받아 왔기에 불쑥 찾아와서 들이대는 카
메라에도 이골이 난 사람이다. 이날의 인터뷰도 그에게 전혀 낯설지
않았다. 불과 몇 개월 전에 CBS 카메라 앞에서도 같은 질문을 받고
같은 대답을 했다. 하지만 당시 인터뷰를 맡았던 진행자 찰리 로즈
^{Charlie Rose}가 아주 합당한 이유로 해고되자[*] 〈60분〉의 프로듀서 니콜
마크스^{Nichole Marks}는 인터뷰를 새로 찍기로 했다.

---

　*　　미투(#MeToo) 운동

휘태커는 믿기 힘들다는 얼굴로 다시 그 작은 튜브를 들여다보았다. "그러니까 이게 과학과 생물의학에 혁신을 가져온 거죠? ······ 진짜 말도 안 되는 일인데요!"

'60분' 카메라는 줌을 바짝 당겨서 장평의 검지와 엄지 사이에 들린 작은 튜브의 내용물을 자세히 비추었다. 영화 〈마이크로 결사대〉의 한 장면처럼, 이것만 봐서는 대체 왜 이렇게 다들 소란을 떠는지 이해하기 힘든 것도 무리가 아니다. 그러나 크리스퍼가 아주 엄청난 성과임은 틀림없고, 이 작은 실험용 튜브 안에는 거센 폭풍이 담겨 있었다. 크리스퍼라는 용어는 과학적으로 명확하게 정의되어 있지만(이 내용은 나중에 자세히 설명한다), 긴 명칭의 앞 글자를 따서 만든 이 크리스퍼라는 단어는 불과 몇 년 사이에 생소한 축약어에서 보편적인 단어가 되었다. 영어에서는 명사로도 쓰이지만, 때때로 모든 생물의 특정 DNA 염기서열 중 필요한 부분을 변형시키는 유전체 편집 기술의 혁신을 의미하는 동사로 쓰이기도 한다.

휘태커는 잠자코 넘어가지 않았다. "크리스퍼가 액체가 아니라면, 이 안에 있다는 말은······?"

"이 액체에 용해되어 있습니다." 장평이 참을성 있게 설명했다. "아마 이 안에 크리스퍼 분자가 수십억 개 정도 있을 거예요."

"수십억 개요······?"

담당 프로듀서인 마크스는 1, 2년 전부터 크리스퍼를 취재했다. 브로드 연구소에 와서 장평은 물론 연구소의 초대 소장인 에릭 랜더와도 만나고 2015년 워싱턴 DC에서 유전체 편집을 주제로 열린 생명윤리학 분야의 대규모 학회에도 참석했다. 언론은 크리스퍼가 기적을 일으킬 차세대 생명공학 기술이라고 떠들어 댔지만, 의학적인 잠재력이 어떻든 당시에는 아직 의료시설에 실제로 도입되지 않았고, 이 기술로 병이 치유된 사례는 한 건도 없었다.

2017년 여름, 오리건 주에서 슈크라트 미탈리포프Shoukhrat Mitalipov가 미국 연구진 최초로 크리스퍼를 활용하여 사람의 배아 유전자 편집에 성공한 것이 마크스가 본격적인 취재에 나선 계기가 되었다. 미탈리포프는 유전자가 편집된 사람을 만드는 일에 이 기술을 활용할 계획이 없다고 주장했지만, 이 연구는 지구 종말 시계의 생물학적 버전이 나온 것처럼 여겨졌고 그런 가능성을 완전히 배제할 수 없었다. 맞춤형 아기라는 불길한 전망이 한층 가까워졌다.

크리스퍼의 과학적 가능성은 한계가 없는 것 같았다. 선사시대부터 세균이 보유한 면역계의 구성요소를 활용하여 사람의 유전체를 이룬 30억 개 글자 중 특정 염기서열을 찾는 분자 수준의 커서를 개발하고, 그 부분을 잘라서 고치거나 바꿀 수 있는 기술이 크리스퍼다. 인간 유전체 프로젝트는 사상 최초로 인간의 유전학적 구성을 밝혔다. 인체 구석구석을 구성하는 20,000개 이상의 유전자가 밝혀졌고 이 가운데 3분의 1에서 각종 유전질환을 일으키는 것으로 알려진 돌연변이가 발견됐다. 13년간 20억 달러에 달하는 돈을 쏟아부어서 A, C, T, G로 구성된, 그냥 봐서는 도대체 의미를 알 수 없는 줄줄이 이어진 염기서열을 밝힌 것이다.* 이 고된 노력의 결실로 암과

---

* 인간 유전체 프로젝트에서 쉬쉬하는 불편한 진실이 하나 있다. 바로 인간의 염기서열이 아직 완전히 다 밝혀지지 않았다는 점이다. 인간의 유전체에는 현재의 DNA 염기서열 분석 기술로는 도저히 해독할 수 없는 부분이 존재하는 것으로 밝혀졌다.

수많은 질병을 해결할 정밀 치료 기술의 개발에 속도가 붙었다.

크리스퍼는 연구자가 큰 비용을 들이지 않고도 유전자 암호에 생긴 결함을 수술하듯 손쉽게 고칠 수 있는 강력한 도구다. 인간이 '신 노릇'을 할 수 있게 된 것이다. 바이러스, 세균부터 식물(작물, 꽃, 나무), 벌레, 물고기, 설치류, 개, 원숭이, 인간에 이르기까지 크고 작은 생물의 DNA 염기서열을 설계하고 조작할 수 있는 기술이 크리스퍼다. B.C.Before CRISPR, 즉 크리스퍼가 개발되기 전에도 유전체를 편집하는 다른 여러 기술이 있었고 심지어 의료기관에서도 HIV 감염이나 희귀 유전질환 치료에 쓰인 적이 있다. 지금은 염기 편집 기술이나 프라임 편집 기술 등 한층 강화된 버전의 크리스퍼 기술까지 등장해 DNA 염기서열을 보다 안전하고 정확히 조절할 수 있는 성배가 우리 손에 더 가까워졌다.

지난 몇 세기 동안 의학계에는 기념비적 혁신이 몇 차례 일어났다. 위생 개선과 깨끗한 물, 마취, 백신, 항생제, 작은 분자 성분을 활용한 치료제, 생물의약품, 시험관 아기로 불리는 체외 수정, 출생 전 태아 진단검사 기술을 꼽을 수 있다. 기초과학 분야에서 등장한 새로운 도구와 기술은 과학 발전에 힘을 불어넣었다. 뉴런을 조절하고 세포의 핵 구조를 밝히는 도구, 혈류에 섞여 온 몸을 순환하는 DNA 절편을 분석하는 액체 생검 기술도 그런 사례다. 그러나 크리스퍼는 과학에 더 심층적인 변화를 가져왔다. 간단하고 유연하게, 저렴한 비용으로 이용할 수 있는 크리스퍼의 등장은 기술의 민주화라는 멋진 세상을 살고 있는 전 세계 과학자의 상상력에 뜨거운 불씨가 되었다.

크리스퍼는 공학 기술을 응용할 방법을 찾기 위한 노력에서 나온 결과가 아니다. 오히려 인기 없는 분야에 몸담은 일부 헌신적인 과학자들, 우리가 살고 있는 자연계를 더 자세히 이해하려는 연구에서 스릴을 느끼는 과학자들이 매진해 온 기초 생물의학 연구에서 나온, 수십 년의 투자가 축적된 성과다. 노벨상 수상자 빌 카엘린Bill Kaelin은 〈워싱턴 포스트〉 기사에서 암 치료의 바탕이 될 기초 연구가 온 세상을 시끌벅적하게 만든 달 탐사선보다 대단한 일이라고 했다. "유전자를 편집하는 크리스퍼 기술은 의학과 농업에 혁신을 가져올 것입니다. 이 기술은 세균과 세균의 바이러스 저항성에 관한 연구에서 나온 것이죠."[2] 처음에는 이만큼 인기 없는 주제도 찾기 힘들 정도였다. 크리스퍼가 돌파구를 만들기 전까지는 그랬다.

크리스퍼로 무엇을 할 수 있을까? 암과 수천 가지 유전질환을 치료할 수 있다. 또한 코로나19 같은 대유행병 등 치명적인 감염질환의 발생을 탐지하는 간단하고 저렴하면서도 휴대 가능한 진단 도구를 만들 수 있다. 전 세계인을 먹여 살릴 더 튼튼하고 영양소가 풍부한 작물을 개발할 수 있다. 병에 걸리지 않는 새로운 품종의 가축, 인체에 이식이 가능한 장기를 제공할 동물도 만들 수 있다. '멸종 생물 복원'이라는 개념을 현실화해 털매머드처럼 오래전 멸종한 생물을 되살리는 한편 환경보호 운동가들이 멸종 위기에 처한 동물을 구하는 데 도움이 될 수 있다. 맹위를 떨치는 감염질환을 통제하거나 아예 없애는 방향으로 진화를 유도할 수도 있다. 그리고 좋든 싫든 공상과학 소설의 한 장면이 현실로 튀어나온 것처럼 사람의 배아 DNA를 편집해서 인간 유전자의 종류가 바뀌는 일도 일어날 수 있다.

극작가, 소설가도 크리스퍼에 금세 매혹됐다. 2016년에 방영된 〈X 파일〉 최종 편에서는 면역 기능을 발휘하는 핵심 유전자의 활성을 없애 인류 전체를 위험에 빠뜨리는 생물무기 제작에 크리스퍼가 쓰이고 주인공 멀더와 스컬리가 이를 막는다. '크리스퍼[C.R.I.S.P.R.]'라는 가제로 제작 중인 텔레비전 파일럿 시리즈에 제니퍼 로페즈가 출연한다는 보도도 나왔다.[3] 멀지 않은 미래를 배경으로 펼쳐지는 경찰 스릴러라고 알려진 이 시리즈는 "인간 유전체의 통제권을 두고 스승과 제자가 벌이는 싸움, 인류가 맞닥뜨릴 수 있는 상황"을 다룰 것이라고 한다. 크리스퍼가 큰 영향을 발휘하는 미래를 제니퍼 로페즈가 나오는 드라마로 볼 수 있다는 기대는 아쉽게도 아직 실현되지 않았다. 작가 닐 베어[Neal Baer]는 키퍼 서덜랜드[Kiefer Sutherland]가 주연을 맡을 드라마 〈지정 생존자〉 시즌 3에서 크리스퍼로 만든 생물무기가 빚는 대혼란을 그릴 예정이다.[4]

다시 현실로 돌아와서, 랜더는 크리스퍼를 "가장 놀라운 발견, 아마도 이번 세기에서 지금까지 나온 가장 중대한 발견일 것"이라고 언급했다. 조금은 편향된 시각이 반영된 의견인지도 모른다. 장펑이 브로드 연구소의 스타 연구자 중 한 사람이기 때문이다. 그는 크리스퍼로 인체 세포의 유전자 편집이 가능하다는 사실을 처음 밝힌 연구를 주도했다. 지난 5년간 공동설립한 회사만 다섯 개다. 크리스퍼 연구는 엄청난 특권과 특허, 포상이 달린 중차대한 일이다. 나아가 과학계에서 불멸의 인물이 될 가능성, 즉 파스퇴르, 아인슈타인, 플레밍, 크릭, 프랭클린, 호킹과 어깨를 나란히 하며 과학과 의학의 위대한 발전을 이끈 인물이 되어 과학의 판테온에서 영원히 기억될 수 있다.

그러나 크리스퍼를 발견한 주인공이라는 국제 사회의 인정과 초창기에 주어진 포상은 대부분 2012년 6월에, 한 과학자의 표현을 빌리자면, "불멸의" 논문을 발표한 두 여성 과학자들에게 주어졌다. 에마뉘엘 샤르팡티에와 제니퍼 다우드나는 단기간 활동하고 해체되는 슈퍼그룹처럼, 어떠한 DNA 염기서열이라도 찾아내 자를 수 있는 세균의 효소를 만들기 위해 일정 기간 동안 협업했고, 이들의 연구는 그야말로 판세를 뒤집은 도구, 무한한 활용 가능성을 가진 유전체 편집 기술의 탄탄한 바탕이 되었다.

DNA 연구 분야의 원로인 제임스 왓슨은 다우드나와 샤르팡티에가 "이중 나선구조 발견 후 과학에 가장 큰 발전"을 가져왔다고 말했다. 그리고 이 기술의 공정한 사용이 중요하다고 지적했다. "최상위 10퍼센트의 문제와 욕구를 해결하는 목적으로만 활용된다면 정말 끔찍한 일이 될 것이다." 왓슨의 경고다. "지난 수십 년 동안 우리 사회는 점점 더 불공평한 세상이 되었는데, 이런 상황이 더욱 악화될 수 있다."[5]

메리 클레어 킹은 〈타임〉이 선정한 100인의 인물에도 포함된 에마뉘엘 샤르팡티에와 제니퍼 다우드나의 업적에 관해 "명쾌한 추론과 실험이 만든 역작"이며 과학자들에게 "유전물질을 마음대로 제거하거나 추가할 수 있는 능력"을 부여했다고 했다. 또한 크리스퍼는 "진정한 돌파구이며 이 기술로 가능해질 것들을 이제 떠올려볼 수 있다."라고 말했다.[6]

나는 지난 몇 년간 크리스퍼의 영향력이 전 세계에 들불처럼 번지며 과학계와 언론은 물론 특권층과 정치인, 심지어 교황의 관심까지 사로잡는 과정을 지켜보았다.

노르웨이의 수도에서는 2년에 한 번씩 카블리상Kavli Prize 시상식이 열린다. 노르웨이인 발명가 프레드 카블리Fred Kavli가 미국 캘리포니아 남부에서 모은 그리 많지 않은 재산으로 세운 비영리재단이 노르웨이 학술원과 함께 공동으로 수여하는 상이다. 카블리상은 과학계의 훌륭한 성과를 큰 분야(천체물리학), 작은 분야(나노과학), 복잡한 분야(신경과학)로 나누어서 각 100만 달러의 상금을 제공한다. 엄청난 명예가 따르는 노벨상이나 상금이 두둑한 실리콘밸리의 과학 혁신상과 비견하기 힘들다고 생각할 수 있지만, 카블리상 역시 과학자들이 가장 탐내는 상 중 하나이다.

2018년 9월에 카블리 재단은 크리스퍼 기술을 선도한 세 명의 인물을 나노과학 분야의 수상자로 선정했다. 샤르팡티에와 다우드나 그리고 리투아니아 출신 분자생물학자 비르기니유스 식스니스Virginijus Šikšnys이다. 두 사람은 놀랍지 않지만, 식스니스가 수상자 명단에 오른 것은 특별한 의미가 있었다. 2012년 여름에 샤르팡티에와 다우드나 팀이 훨씬 뛰어난 성과를 낸 것은 사실이지만, 이 리투아니아인 학자도 선구적 성과를 냈다는 사실이 뒤늦게나마 인정받은 것이다. 나는 수상자를 선정하는 평가위원회가 구체적으로 어떤 의견을 냈는지 확인해 보려고 했지만, 카블리상 운영위원회의 관계자는 "그런 내용은 50년 뒤에나 일반에 공개될 예정"이니 기다리라는 말로 단박에 거절했다.

시상식이 다가올 때면 오슬로는 거리마다 이 행사를 기념하는 배너로 화려하게 장식된다. 나는 오슬로 대학교로 가는 길에 우버 기사에게 이 상을 들어 본 적 있느냐고 물었다. 모르겠다고 고개를 가로젓던 기사는 잠시 후 뭔가를 기억해냈다. "아, 잠깐만요, 수상자 중 한 명이 기억납니다. 제 고향 출신이더라고요! 우리나라 사람이에요! 혹시 그분을 만나면 레이몬디아스가 모는 차를 예약하라고 좀 말해 주세요." 오슬로에서 우버를 모는 수많은 기사 중에서도 비리기니유스 식스니스의 수상 소식을 아는 사람의 차를 타고 시상식에 가는, 아주 드문 경험을 했다.

시상식 날 저녁에 수상자들은 노르웨이 학술원이 개최한 축하 행사에서 초대 손님들과 어울렸다. 미국 대사관에서 나온 젊은 직원이 내게 다우드나와 인사를 나누고 싶다며 소개를 부탁했다. 다우드나는 버클리 대학교의 동료 교수인 남편 제이미 케이트^{Jamie Cate} 그리고 10대 아들 앤드류와 함께 조금 늦게 도착했다. "이름을 어떻게 발음해야 하죠? 두드-나, 맞나요?" (물론 아니다) 대사관 직원의 말에 다우드나는 자상하게 미소 지었지만, 잠이 부족해 보였다. 나는 뷔페 음식을 가지고 오느라 줄을 서 있다가 노르웨이의 철학 교수와 잠시 이야기를 나누었다. 그는 내게 다음 날 저녁 예정된 공식 연회에서 엄청나게 긴 발표 시간을 견뎌야 할 것이라고 알려 주었다. 북유럽 식 농담이 가미된 그의 설명은 다음과 같았다. "덴마크 사람, 스웨덴 사람, 노르웨이 사람이 사형을 기다리고 있다고 합시다. 형이 집행되기 전 마지막으로 한 가지씩 부탁할 수 있다면, 덴마크인은 이렇게 말합니다. '나는 마음껏 포식하고 싶어. 구운 돼지고기랑 곁들여 먹을 음식이 풍성하게 차려진 식사 말이야.' 그러자 노르웨이 사람이 이야기하죠. '나는 길게 연설을 하고 싶어.' 그러면 스웨덴 사람은 그 노르웨이인이 연설을 시작하기 전에 자신부터 먼저 죽여달라고 할 겁니다." (이쯤 되면 무슨 소린지 이해했으리라)

다음 날 시상식이 열리는 노르웨이 극장에 수백 명이 모였다. 시끌벅적 떠드는 소리로 가득하던 객석은 노르웨이 국왕 하랄 5세가 무대에 오르자 조용해졌다. 오스카상 시상식과 유로비전 노래 콘테스트를 섞은 듯한 화려하면서도 다채로운 음악 공연이 시작됐다. 첫 무대는 '아코디언의 마법사'로 불리는 15세 음악가 마티아스 루그스빈Mathias Rugsveen이 등장해 오페라 〈세비야의 이발사〉 아리아 몇 곡을 들려주었다. 신경과학 분야 시상이 진행되기 전에는 모두가 "크레이지Crazy"를 흥겹게 따라 불렀다. 마침내 하랄 5세가 나노과학 분야 수상자로 선정된 샤르팡티에, 다우드나, 식스니스에게 상을 건넸다. 행사가 끝날 무렵이 되어서야 다우드나는 가족과 친구들을 향해 무대로 나오라고 손짓했다. 다른 수상자들도 그제야 긴장을 풀고 서로 인사와 포옹을 나누었다.

그날 저녁 수상자들은 오슬로 시청의 긴 대리석 계단 위에 있는 연회장으로 향했다. VIP 테이블에서 하랄 5세가 수상자들과 함께 앉아 식사를 했다. 연어와 광어가 회로 나오고, 뒤이어 사슴 고기 요리가 나왔다. 모두 푸짐하게 배를 채웠다. 내가 노르웨이 학생연합의 대표라는 사람에게 들은 믿을 만한 정보에 따르면, 사슴 고기는 순록 고기와 맛이 완전히 다르다고 한다. 그가 어릴 때 직접 사냥해 보고 깨달은 사실이다.

식사가 끝나고 예상대로 강연이 시작됐다. 발표자는 6명이었다. 기조연설은 미국 국립과학원 대표이자 해양과학자 마르시아 맥너트Marcia McNutt가 맡았다. 연단에 나온 맥너트는 그해 카블리상 수상자가 남성보다 여성이 많다고 언급했다. "치열한 과학적 성취를 꿈꾸는 어린 소녀들에게 밝은 미래가 기다리는 것 같군요."* 유럽집행위원회 연구총국 국장인 장 에릭 파케Jean-Eric Paquet는 수상자들의 호기심과 끈기, 위험을 감수한 의지를 칭찬했다. "행운은 대담한 사람에게 따릅니다." 파케는 이런 말과 함께 위험을 기꺼이 감수한 인물로 잘 알려진 극 지역 탐험가 어니스트 섀클턴Ernest Shackleton의 이야기를 소개했다. 남극으로 첫 번째 탐험에 나서기 전, 섀클턴은 이런 신문 광고를 냈다고 한다. "위험한 여행에 함께할 사람 구함. 급여 적음. 혹독하게 추운 날씨. 칠흑 같은 어둠 속에서 장시간 이동. 무사 귀환 보장 못 함."

섀클턴의 경우처럼 카블리상 수상자 중에도 단시간에 성공한 사람은 별로 없다. "오늘 밤에 우리가 보는 것은 결과일 뿐입니다. 이례적인 성취죠." 파케는 설명했다. "수년 동안 이들이 해 온 힘든 연구, 그 시간 동안 겪은 문제, 실패, 다시 일어나 노력한 시간들을 오늘 우리는 볼 수 없습니다. 그러한 과정을 거쳐 결국에는 이와 같은 성취를 이룬 것입니다. 그 힘든 시간을 겪고도 위험한 일을 피하지

---

*   2020년에는 이런 말을 하는 사람이 없었다. 이 해에는 총 7명의 카블리상 수상자 전원이 남성이었다.

않고, 호기심을 가이드 삼아 계속 나아갔기에 얻은 결과입니다. 새
클턴처럼 말이죠."[7]

파티는 코냑, 라이브 재즈 밴드와 함께 새벽까지 이어졌다. 일본
일왕, 스페인 국왕을 비롯한 여러 참석자들과 충분히 즐거운 시간을
보낸 다우드나는 다음 날 아침 일찍 일어나 학교에 가야 하는 아들
을 배웅해야 했다. 카블리상 수상자들에게는 노르웨이 북부 트론헤
임 시에 위치한 최고 명문 과학 대학에서 초청 연설을 하는 일정과
함께 다른 몇 가지 행사도 기다리고 있었다. 불과 수백 킬로미터 떨
어진 스톡홀름에서도 곧 크리스퍼 연구에 노벨상을 선사하리라는
기대도 한층 높아졌다. 다들 시간문제일 뿐이라고 이야기했지만, 일
단 그해는 아니었다. (다우드나와 샤르팡티에는 결국 2020년에 노벨화학상을
받았다-감수자)

다우드나는 2주간의 노르웨이 일정을 마치고 하와이 빅아일랜
드의 집으로 돌아왔다. 그곳에서도 성대한 기념식이 열렸고 무대에
올라 하와이의 빨간 레후아 꽃으로 장식된 전통 화환인 레이도 받았
다. 행사는 팬케이크 가게에서 다 함께 저녁 식사를 하면서 축하하
는 지극히 현실적인 수순으로 진행됐다.[8] 하지만 이름 철자에 'DNA'
가 들어 있는 과학자, 그래서 크리스퍼 기술이 누구보다 체화됐다고
도 할 수 있는 이 과학자에게는 이 일정 역시 잠시 머무르는 방문이
었다.

〉〈▯〉〈▯〉〈

2017년 여름, 미국 상원의원 라마 알렉산더Lamar Alexander는 캐나다에서 낚시를 즐기며 휴가를 보냈다. 세상 소식에서 잠시 벗어나 라디오로 일기예보 정도만 확인하며 지내던 어느 날, 우연히 크리스퍼에 관한 뉴스를 접한 그는 국회 공청회가 필요하다고 판단했다. 마침 상원 보건교육노동연금위원회 위원장을 맡고 있던 터라 특권을 발휘할 수 있었다.[9]

화창한 11월의 날, 나는 기자 자격으로 공청회에 참석하기 위해 상원 건물 이곳저곳을 열심히 방문해 신청을 마치고 제 시간에 공청회장에 도착했다. 알렉산더 상원의원은 크리스퍼를 "연방정부의 기초 연구 지원에서 나온 놀라운 발견 중 하나"라고 소개했다.[10] 그러나 "맞춤형 아기"라는 표현이 등장한 언론의 헤드라인과 과거 미국의 국가안보를 책임진 인물인 제임스 클래퍼James Clapper의 보고서에서 유전체 편집이 잠재적 대량학살 무기로 분류됐다는 사실에 경계심을 나타냈다.

이날 크리스퍼 전문가 세 명이 상원 보건교육노동연금위원회 소속 위원들이 지켜보는 가운데 증언했다. 한 명은 CEO, 한 명은 의사, 한 명은 생명윤리학자였다. "살면서 과학이 우리를 깜짝 놀라게 할 때가 있습니다. 이번 일도 그런 순간이라고 할 수 있어요." 크리스퍼 기술로 처음 공개 상장된 생명공학 업체 에디타스 메디슨Editas Medicine 사의 당시 CEO 캐트린 보슬리Katrine Bosley가 설명했다. 현재까지 알려진 유전질환이 6,000여 가지라고 덧붙였다. "그 망가진 유전자를 고칠 수 있다면 어떨까요? 우리는 환자와 가족을 돌볼 책임이 있습니다." 그러나 보슬리는 아직 갈 길이 멀다고 강조했다. '치유'라는 말에는 큰 의미가 담겨 있으며, 생명공학 산업의 대표자로서 과도한 희망을 주고 싶지는 않다고 했다.

대부분의 상원의원이 각자 준비한 질문을 할 차례가 올 때까지만 앉아 있다가 질문이 끝나면 더 시급한 일을 처리하기 위해 자리를 떴다. 메인 주 소속 상원의원인 수전 콜린스Susan Collins는 활기차게 말을 꺼냈다. "유전자 편집으로 지능이나 운동 기량에 영향을 줄 수도 있을 것 같군요. 우리는 세계화된 세상에서 살고 있습니다. 과학의 발전 속도가 정책이 만들어지는 속도를 앞서 간다는 생각이 듭니다. 이 유전자 편집이라는 흥미진진한 발견을 중국이나 러시아 그리고 우리나라 과학자들이 선한 일에 쓴다고 어떻게 보장할 수 있죠?"

나는 과학 저술가인 에밀리 뮬린Emily Mullin을 향해 눈짓을 보냈다. 이제 막 의견이 오가기 시작한 문제이고, 예상대로 "맞춤형 아기"라는 표현까지 등장한 상황이었다. 존스 홉킨스 대학교의 생명윤리학자 제프리 칸Jeffrey Kahn은 일반적으로 과학의 발전이 정책 속도를 앞서간다는 점에 동의했다. "이러한 기술이 의도한 목적대로 사용되는지 감시할 수 있는 탄탄한 체계가 마련되어 있습니다. 국제적인 논의도 진행되고 있고요." 그의 설명에서는 안심해도 된다는 확신이 느껴졌다. "국경 바깥으로 밀어 내기보다는 국경 내에서 과학을 신중하고 책임감 있게 발전시키도록 적당히 통제하는 것이 더욱 현명한 방법입니다."

사우스캐롤라이나의 흑인 상원의원 팀 스캇Tim Scott은 겸상 세포 질환의 치료에 어떤 영향을 줄 수 있는지 질문했다. 세 명의 증인

중 한 명인 스탠퍼드 대학교의 의사 겸 과학자 매튜 포투스Matthew Porteus는 새로운 차원의 임상시험이 될 것임에도 참가하겠다는 의사를 밝힌 "매우 용감한" 자원자들을 이미 확보했고 시험을 준비 중이라고 밝혔다. 포투스가 이끄는 연구진이 이 환자들로부터 줄기세포를 채취해서 크리스퍼로 겸상 세포의 원인이 된 돌연변이가 포함된 유전자를 편집할 예정이라는 설명이 이어졌다. 즉 사람의 유전체를 이룬 30억 개 글자 중 한 글자를 바로잡는 것이다. 이렇게 편집된 세포를 10억 개 정도로 만든 다음 세포를 채취한 환자의 정맥에 투여한다. 수정된 세포는 골수로 들어가고, 환자의 혈액은 재구성된다. 운이 따른다면 이 과정을 마친 환자는 겸상 세포 질환에서 벗어날 수 있다. "굉장히 멋진 일이군요." 스캇은 이렇게 말하고 자리를 떴다.

버지니아의 상원의원 팀 케인Tim Kaine은 크리스퍼가 알츠하이머병과 관련 있는지 물었다. 보슬리는 낙관적인 답을 내놓지 않았다. 겸상 세포 질환과 달리 알츠하이머병의 유전학적 특성은 아주 복잡하고 새로운 치료 방법이 계속 개발되어야 한다는 설명을 덧붙였다. 케인 의원은 규제를 통한 감시에 관해서도 질문했다. 칸은 영국의 경우 새로 개발한 생명공학 기술이 허가를 취득하는데 엄격한 관리 절차가 마련되어 있다고 지적했다. "법을 어겼다가 적발될 시 감옥에서 10년을 보내야 한다면, 이런 조치에 신경 쓰지 않는 사람이 거의 없을 것입니다." 칸이 설명했다. "과학을 숨어서 몰래 하는 일로 내몰면 여러 면에서 많은 것을 잃습니다." 유전자 편집 기술에서 미국이 리더십과 경쟁력 모두 뒤처지면 안 된다는 이야기도 나왔다.

이날 누구도 예상하지 못했겠지만, 어디까지나 가정에서 나온 칸의 경고는 1년 뒤 살아 숨 쉬는 현실이 되었다.

〉〈〉〈〉〈

세계 각지로 전해진 크리스퍼 기술의 소식은 이 공청회가 열리고 6개월 뒤인 2018년 4월에 가장 어울리지 않는 곳에서도 전해졌다. 바티칸이었다. 큐라 재단Cura Foundation의 대표 로빈 스미스Robin Smith가 교황청 문화 협의회와 함께 만든 '치료를 위한 연대' 컨퍼런스에 스미스가 선정한 독특한 조합의 초대 손님들이 모였다. 텔레비전 방송인으로 유명한 메흐메트 오즈Mehmet Oz 박사, CNN의 산제이 굽타Sanjay Gupta와 더불어 케이티 페리Katy Perry(명상의 힘)와 잭 니클라우스Jack Nicklaus(줄기세포) 같은 유명인사도 포함되어 있었다. 밤늦은 시각에 텔레비전에서 나오는, 정보 제공 프로그램을 빙자한 광고를 듣는 듯한 불편한 순서도 있었다. 가령 억만장자 에드 보사지Ed Bosarge는 바하마에서 병원 하나를 샀으며 그곳에서 혈액-뇌 장벽을 통과해 기억력 감소와 노화 방지에 도움이 된다는 실험적인 약물을 맞고 있다고 전했다. "제 목표는 120세에도 테니스를 칠 만큼 건강하고 튼튼하게 사는 것입니다." 그는 사뭇 진지한 말투로 이야기했다.

내가 태어나 처음 접한 록 음악(밴드 제네시스의 음반 〈돈에 팔리는 영국 [Selling England by the Pound]〉)의 주인공 피터 가브리엘Peter Gabriel도 참석자 명단에 있었다. 가브리엘은 전자 악기를 사용하지 않는 소규모 공연도 선사했는데, '솔즈베리 언덕'을 연주할 때는 도입부터 틀리는 것으로 보아 실력이 예전보다 녹슨 것 같았다. 하지만 그의 연주에는 아내 메아브가 공격적인 비호지킨 림프종을 앓다가 키메라 항원 수용체 T 세포CAR-T 요법으로 회복되기까지 그 모든 시간을 겪으며 느낀 감정이 고스란히 담겨 있었다. 나중에 가브리엘은 이런 말을 남겼다. "부자는 영원히 살고, 수십 억 명의 가난한 사람들은 죽습니다. 낙수 효과를 기대하는 경제 모형으로는 이런 상황이 바뀌지 않을 겁니다."

수많은 유명인사가 참석한 이날의 행사 마지막 순서에 크리스퍼 기술과 관련된 생명공학 업체 3곳의 CEO가 토의하는 시간이 마련되었다. 아마 서둘러 덧붙인 것이 분명해 보였다. 선정된 세 업체 모두 크리스퍼 개발의 중심에 있는 과학자들이 설립한 곳이었다. 에디타스 메디슨은 장평과 다우드나가 공동 창립한 곳이지만 다우드나는 특허권 분쟁으로 이곳과 연을 끊고 인텔리아 테라퓨틱스Intellia Therapeutics의 설립에 참여했다. 그 사이 샤르팡티에는 크리스퍼 테라퓨틱스CRISPR Therapeutics라는 회사를 세웠다. 이 자리에 참석한 캐트린 보슬리는 크리스퍼가 "한 세대에서 일어날 수 있는 가장 중대한 생물학적 사건"이며 이제는 유전질환의 치료가 공상과학 소설의 영역을 넘어 가능한 일이 되었다고 설명했다. 크리스퍼 테라퓨틱스의 CEO 샘 쿨카르니Sam Kulkarni는 크리스퍼 기술이 매우 간단해서 수백만 명의 상상력을 사로잡았다고 전했다. "(유전자 편집은) 전적으로 민주화가 이루어진 기술입니다." 인텔리아 테라퓨틱스의 CEO로 참석한 존 레오나드John Leonard는 크리스퍼 기술을 활용한 임상시험이 임박했으며 이 기술이 "머지않아 겸상 세포의 표준 치료법이 될 것"이라고 예견했다.

보슬리는 크리스퍼에 어두운 면도 있다는 점을 인정했다. 기술 자체는 선하지도 악하지도 않으며 "우리가 이 기술로 무엇을 하느냐"가 핵심이라고 전했다. 바티칸의 교황 알현실인 청중홀에서 컨퍼런스 참석자 수백 명과 비공개로 진행된 프란치스코 교황의 연설 주제와도 맞닿은 이야기였다. 실내 구조가 뱀의 얼굴을 떠올리게 했던 청중홀에서, 교황은 환경 보호의 필요성과 함께 유전자 편집 기술을 주의해서 활용해야 한다고 말했다. "새로운 치료법을 발견하고 활용할 수 있게 된 것은 과학 연구의 진일보"이며 특히 희귀한 자가 면역 질환과 신경퇴행성 질환에서 의미가 크다고 인정했다. 그러면서 다음과 같은 견해를 밝혔다.

> 과학은 우리의 DNA를 바꿀 수 있을 만큼 인체에 심층적으로, 정밀하게 개입할 수 있는 새로운 문을 열었습니다. 교회는 고통 받는 우리 형제자매를 치료하기 위한 모든 연구와 응용기술에 찬사를 보내지만, 항상 기본적인 원칙을 유념하고 있습니다. '기술적으로 가능한 것, 또는 할 수 있는 것이 전부 윤리적으로 수용되는 것은 아니다.'라는 원칙입니다.[11]

보슬리를 비롯한 다른 크리스퍼 업체의 경영진과 협의를 거쳐 작성된 잘 다듬어진 연설문이었다. 케이티 페리와 다른 VIP 손님들이 자리에서 일어나 교황의 반지에 입을 맞출 기회를 놓치지 않으려고 줄을 설 무렵에는 이미 다들 연설 내용을 잊은 것 같았다. 아마이 자리에 있던 누구도, 교황조차 그때 지구 반대편 중국에서 한 여성이 임신 첫 주를 맞이했다는 사실을 알지 못했으리라. 이 여성의 배에서 자라는 쌍둥이의 DNA는 신의 신성한 손이 아닌, 야망으로 가득한 어느 유전체 공학자와 발생학자의 결코 신성하지 않은 손으로 만들어졌다.

더럽혀진 잉태였다.

✕〔DNA〕✕

변절한 과학자가 신이 쓴 글과 같은 유전체를 고쳐 쓰는 대담한 짓을 할 수 있다는 우려는 수십 년 전부터 제기됐지만, 소설의 영역을 벗어나지는 않았다. 그러나 2015년에 중국의 한 연구진이 발표한 연구를 통해, 인공수정으로 사람의 배아를 만든 후 형성된 지 몇 시간도 안 된 배아에서 질병 유전자를 변형시킬 방법을 찾고 있다는 사실이 처음 알려졌다. 이것은 윤리적 관점에서 신이 정한 유전학적인 운명에 인간이 절대 손을 대면 안 된다는, 암묵적인 선을 훌쩍 뛰어넘은 행위였다. 이후 3년간 권위 있는 여러 의학계 단체와 위원회가 유전체 편집의 장단점을 상세히 기술한 보고서를 수십 편 발표했다.[12] 과학자, 윤리학자의 논쟁이 이어지는 가운데 호주의 유전학자 대니얼 맥아더Daniel MacArthur가 트위터로 의견을 밝혔다. "내 손자 세대는 배아 선별과 생식세포 편집을 거쳐 태어날 것이다. 그렇다고 해서 인간의 의미가 바뀌지는 않는다. 그냥 백신 접종과 같다."

몇몇 연구진이 사람의 배아를 대상으로 실시한 실험 결과를 공개했다. 대부분 중국에서 진행됐고 유전자가 편집된 배아를 착상시키는 과정은 전혀 포함되지 않았다. 그러나 미국에서 5년간 공부한 한 젊은 중국인 과학자가 그다음 단계로 과감히 넘어간다는 불길한 결단을 내렸다. 허젠쿠이는 자신이 하려는 이 혁신적인 연구가 중국은 물론 해외에서도 환영 받을 것이라고 생각했다. 세계에서 가장 우수한 학술지에 논문이 실리면 자신이 영웅 같은 존재로 여겨 온 노벨상 수상자이자 시험관 아기 기술의 공동 개발자 로버트 에드워드Robert Edwards와 같은 위치에 오를 것이라 기대했다.

그러나 그에게는 명성도 환호도 주어지지 않았다. 〈네이처〉에 논문이 실리지도 않았다. 극심한 분노와 공포, 거의 전 세계가 한 목소리로 퍼부은 비난만 주어졌다. 그의 연구는 너무 허술하고 무책임했으며 성급하고 비윤리적인 수준을 넘어 범죄가 될 수 있는 행위였다. 세상에 태어난 두 아기의 건강에도 많은 염려가 뒤따랐다. 가택에 연금되고 대학에서 파면되면서 허젠쿠이의 커리어는 하루아침에 무너졌다. 그리고 징역 3년이 구형됐다. 이런 상황에서도 러시아의 한 유전학자가 이런 연구를 계속할 것이며 크리스퍼를 이용한 유전자 편집으로 유전성 청력 상실 문제를 겪는 가족들을 도울 것이라고 밝혔다. "우리는 경계선을 어디에 그어야 하는지 계속 고민할 것이다. 그러나 사실 경계선은 없다." 레갈라도 기자는 이렇게 전했다.[13]

미국 국립보건원의 원장 프랜시스 콜린스Francis Collins는 사람의 배아 DNA에 어떤 식으로든 손을 대려는 시도에 반대한다는 입장을 꾸준히 고수했다. "인간의 유전체는 진화를 통해 38억 5,000만 년의 시간 동안 최적화되었습니다. 유전체에 어설프게 손대려는 일부 사람들이 의도치 않은 결과를 전혀 발생시키지 않고 더 나은 결과를 가져올 수 있다고 생각합니까?"[14] 여러 저명한 과학자들이 일단 모든 관련 연구를 중단하고 생식세포 편집이 승인 가능한 기술인지에 대해 과학자와 그 외 이해관계자가 근거와 정황을 따져 봐야 한다고 주장한다.[15] 반면 생식세포 편집을 별로 두려워하지 않는 사람들도 있다. 유전체 공학 분야의 베테랑인 하버드 대학교의 조지 처치George Church는 개방적인 입장이다. "파란 눈을 만들거나 IQ를 15 정도 높이는 것이 공중보건에 큰 위협이 된다고는 생각하지 않습니다." 그는 영국 신문과의 인터뷰에서 말했다. "인간의 도덕성에 해가 된다고도 생각하지 않고요."[16] 위대한 물리학자 스티븐 호킹Stephen Hawking이 남긴 마지막 저서에는 인간이 자체 설계한 진화의 시대를 향해 나아가고 있다는 예측이 나온다. "우리의 DNA를 우리가 직접 바꾸고 향상시킬 수 있게 될 것이다." 호킹은 말했다. "현재 우리는 DNA의 지도를 밝혀냈다. '생명의 책'을 해독할 수 있게 된 것이다. 그러니 고쳐 쓸 수도 있다."[17] 이와 함께 호킹은 일단 진입하면 멈추기 힘든 위험한 비탈길 같은 이런 상황이 그가 겪은, 진행 속도가 느린 근위축성 측색 경화증 같은 고통스러운 질병의 치료만으로 끝나지 않을 것이라고 전망했다. 과학자들이 크리스퍼와 같은 기술을 이용하여 지능, 기억력, 수명 같은 형질을 바꾸거나 강화할 것이고 필요하다면 법도 어길 것이라는 점이 호킹의 견해다. 부유한 엘리트 계층에서 이러한 '슈퍼인간'이 나올 수 있고, 평범한 인간과 갈등을 빚게 되리라는 점도 밝혔다. 이어 다음과 같이 설명했다.

슈퍼인간이 일단 생기고 나면, 형질이 개선되지 않아 이들과 경쟁할 수 없게 된 인간과 함께 살아야 하는 심각한 정치적 문제가 일어날 것이다. 그 결과 평범한 인간은 멸종하거나 중요하지 않은 존재가 되고, 인간이 직접 설계한 존재가 경쟁적으로 등장할 것이다. 그리고 그 속도는 갈수록 빨라질 것이다.

과학자가 크리스퍼와 다른 유전자 편집 기술을 활용해 아이와 성인의 유전자 치료에 무분별하게 활용할 것이라는 우려도 있다. 내 친구들 그리고 과학자들과 이에 관한 이야기를 나눠 보니 유전체 편집 분야의 권위자가 크리스퍼 기술로 탄생시킨 아기는 치료 목적의 유전체 편집 기술 전체의 "존재론적 위협 요소"가 될 것이라고 묘사하면서 여러 가지 우려를 제기했다.

다행히 이러한 걱정은 완전히 실현되지 않았다. 유전자 편집 기술은 아직 초기 단계임에도 불구하고 임상 현장에서 암과 혈액 질환, 유전성 시력 상실, 그 밖에 여러 질환을 겪는 환자들이 큰 희망을 품을 만한 결과가 나오고 있다. 표도르 우르노프는 이제 보조바퀴를 뗄 때가 됐다고 언급했다. "세계는 가장 긍정적인 관점에서, 크리스퍼로 세상을 위해 진짜 무엇을 할 수 있는지 깨달을 것이다."[18]

2000년 6월 26일, 빌 클린턴 대통령은 유명한 과학자 두 사람이 기다리고 있는 백악관 이스트룸에 들어섰다. 대통령의 양쪽에 나란히 선 이들은 프랜시스 콜린스와 크레이그 벤터였다. 클린턴은 이 자리에서 인간 유전체 프로젝트의 중대한 성과를 알렸다. 생명의 책, 사람의 유전체 염기서열을 분석한 대략적인 초안이 처음 완성됐다는 내용이었다. 저 멀리 다우닝가 10번지에서는 영국의 토니 블레어 총리가 이 사업에서 전체의 약 3분의 1을 분석한 영국 팀을 향해 깃발을 흔드는 모습이 위성으로 전해졌다.

팀이라기보다는 작은 군대라는 표현이 더 어울리는 두 그룹의 연구진이 이 역사적인 목표를 달성하기 위해 2년간 치열한 싸움을 벌였다. 한쪽에서는 콜린스가 전 세계 정부가 지원하는 연합군의 육군 원수 같은 역할을 맡아 인간의 DNA를 해독했다. 23쌍의 염색체에 빼곡히 들어간 30억 개의 DNA 알파벳(영문자 A, C, T, G로 표기하는 4가지 화학물질로 된 암호)을 순서대로 해독해 보물지도나 다름없는 인간 유전체 지도를 만드는 것이 최종 목표였다.

다른 한쪽에는 독자적으로 활동하는 과학자 겸 기업가 벤터가 적대적 매수라는 수단을 뻔뻔하게 활용하여 이 프로젝트에 발을 들였다. 벤터는 자신의 계획을 워싱턴 둘루스 공항의 유나이티드 항공 라운지에서 콜린스에게 통보한 데 이어 〈뉴욕타임스〉의 표지 기사로 전 세계에 알렸다. 벤터가 새로 세운 셀레라 지노믹스Celera Genomics 사는 자동화 방식의 최신 염기서열 분석 장비를 총동원하여 정부의 비효율성과 관료주의로 인해 지연된 시간을 앞당겨 더 빠르게, 적은 비용으로 분석을 마치겠다고 약속했다. 공상과학 소설 등 장인물의 이름을 붙인 분석 장비와 컴팩Compaq 사의 대형 슈퍼컴퓨터까지 활용해서 데이터를 파헤친다는 계획이었다. 벤터는 위로라도 하는 투로 콜린스가 사람 말고 마우스 유전체 염기서열을 분석하면 될 것이라는 의견도 밝혔다. 판세는 하룻밤 사이에 뒤집혔다. 유전체학 분야의 '다스베이더'가 무기와 추진력을 거머쥐었다. 콜린스가 앞장선 연합군은 대담한 공격으로 자신들을 능가한 반란군에 밀려 코너에 몰렸다.

내분과 서로를 향해 노골적인 적개심이 오가는 가운데 여론도 팽팽하게 맞섰다. 이대로 가다가는 유전체 분석 프로젝트를 책임지고 끌고 갈 리더들의 명성은 물론이고, 프로젝트의 전체적인 목표까지 오명을 쓸 위험도 있었다. 역사적 목표를 원활히 달성하기 위해 잠시 휴전하도록 백악관이 조정에 나섰다.[1] 클린턴은 유전체 지도의 초안이 완성된 것을 두고 "인류가 만든 가장 중요하고 가장 멋진 지도이며 (⋯⋯) 신이 생명을 창조한 언어"를 찾아낸 성과라고 묘사했다. 〈뉴욕타임스〉 1면에 "인간의 생명이 담긴 유전암호, 과학자들이 해독하다"라는 헤드라인이 실렸다.[2]

이 프로젝트에서 해독된 유전암호는 누구의 것이었을까? 1997년 3월에 분자 유전학자 피테르 데 용$^{Pieter\ de\ Jong}$(DNA 도서관 건립에 중요한 역할을 한 인물)이 〈버펄로 뉴스〉 신문에 실은 광고를 보고 자신의 DNA를 내놓겠다는 익명의 자원자가 수십 명 나타났고, 미국 국립 보건원의 유전체 분석 협력단은 이들의 DNA를 채취했다. 몇 년 뒤에는 유전학적 분석을 통해 RP11이라는 암호명으로만 알려진, 인간 유전체 분석 프로젝트 결과에 DNA가 가장 많이 반영된 사람이 흑인일 가능성이 높다는 결과가 나왔다.[3] 이 RP11을 포함한 DNA 공여자들은 다른 모든 사람들과 마찬가지로 희귀질환과 제1형 당뇨, 고혈압 등 여러 흔한 질병의 소인이 될 수 있는 수백 혹은 수천 가지 DNA 변이가 있는 것으로 확인됐다.[4] 셀레라에서는 다양한 인종의 자원자 5명에게서 DNA를 제공 받았다고 밝혔다. 나중에 벤터는 자신도 그 공여자 중 한 명이라고 인정했다.

클린턴이 초안의 완성 사실을 알린 시점에는 생명의 책에 누락되거나 찢기고 순서가 안 맞는 페이지가 아직 많았지만, 이 책을 읽었다는 사실 자체가 기념비적인 성취였다. 생물학에서는 달에 발을 디딘 것과 같은 일이고 1953년에 왓슨과 크릭이 DNA 이중나선 구조를 밝힌 이래로 생물학의 가장 큰 사건임에 틀림없다. 이로써 인간은 자신의 사용설명서를 번역한 최초의 생물이 되었다. 비록 실제로 기능이 발휘되는 부분이 어느 정도인지는 알 수 없었지만 말이다. 인간의 유전체에 포함된 유전자는 2만 개 정도에 그치는 것으로 드러나, 사람의 유전자는 10만 개가 넘는다는 주장이 담긴 교과서는 시대에 뒤처진 자료가 되었다.

〈네이처〉의 명예 편집장 존 매독스 경Sir John Maddox은 인간 유전체 프로젝트의 최고 수혜자 중 한 명이었다. 그는 1999년에《아직 발견되지 않은 것들What Remains to Be Discovered》이라는 저서에서 누구도 감히 입 밖에 꺼내지 못한 주장을 과감히 펼쳤다.

> 현재 진행 중인 연구를 통해 사람 유전체의 작용에 관한 지식이 심층적으로 확장되면, 450만 년에 걸쳐 자연 선택으로 호모 사피엔스가 만들어진 설계 방식이 유전자 조작의 적용으로 대폭 개선될 가능성이 있다. 사람들은 지금도 이미 식물 유전자의 유전학적 구조를 조작해 감염 저항성을 부여한다. 사람의 유전체도 그와 같이 조작하지 말라는 법이 있을까? 호모 사피엔스가 그런 기회를 절대 놓칠 리 없다고 보는 것이 합리적인 추론이리라[5]

매독스 경이 이 글을 쓸 무렵, 텔레비전 카메라나 대통령의 찬사와는 멀리 떨어진 세계 곳곳에서 10년간 20억 달러를 쏟아 밝힌 이 유전암호를 조작할 새로운 기술의 개발에 매진한 과학자들이 첫 성과에 다가가고 있었다. 유전체 편집의 형체가 마침내 드러나고 있었다.

편집은 문학, 음악, 미술 같은 창작 작업에 반드시 필요한 단계다. 블록버스터 영화만 해도 감독이 맨 처음 정한 제목 그대로 개봉했다면 흥행 성적이 크게 달라졌을지 모르는 경우가 많다. 가령 〈에일리언〉의 원래 제목은 '별에서 온 괴물'이었고 〈백 투 더 퓨처〉는 '명왕성에서 온 우주인'으로 개봉될 뻔했다. 영화 〈프리티 우먼〉의 가제는 '3000'이었다. 소설도 마찬가지다. 제인 오스틴의 《오만과 편견》은 '첫인상'에서 우리가 아는 이 제목으로 수정됐다. 마거릿 미첼의 소설에 등장하는 주인공 스칼렛 오하라도 수정 전 이름이 팬지였다. "편집은 글로 된 문학이든 유전자든 (거의 대부분) 더 나은 결과물을 만든다." 표도르 우르노프의 설명이다.[6]

우수한 데이터 처리량을 자랑하는 장비의 등장으로 DNA 염기서열 분석 기술이 빠르게 발전하던 2000년대의 과학자들은 생명의 책을 편집할 수 있는 분자 수준의 워드프로세서를 고안했다. 단어와 글자를 검색하고 잘라 내고 붙이는 기능과 함께 오자를 찾고, 철자가 잘못된 단어를 삭제한 뒤 올바른 단어를 채워 넣는 기능을 개발하기 위한 노력이 이어졌다. 자신의 유전자 암호를 해독한 최초의 생물이라는 성과가 나온 지 10년도 지나지 않아, 어떤 생물이든 변화시킬 수 있는 엔지니어로서 인간의 능력이 어느 정도인지 알아보기 위한 시험이 시작됐다. 현재 인간은 인류가 진화하는 방향을 조정하고 가속화시킬 수 있을 뿐만 아니라 지구상에 존재하는 거의 모든 생물에 그 같은 영향력을 발휘할 수 있다는 논리적 결론을 내릴 수 있다.

"이것이 발견의 본질이다." 프린스턴 대학교 전 총장이자 유전학자인 셜리 틸그먼Shirley Tilghman은 중대한 과학적 발견이 모두 이롭게 쓰일 수도 있지만, 악용될 수도 있다고 밝혔다. "이러한 발견이 올바른 방향으로 나아가려면 사회가 현명해져야 한다."[7] 유전체 편집 기술의 급속한 발전은 전례가 없고 위압적으로 느껴질 만큼 엄청난 일이며, 어떤 면에서는 두려울 정도로 막중한 책임감을 요한다. 이미 이 책임을 저버리는 일도 일어났다.

다음 내용으로 넘어가기 전에, 아이스크림 이름 같기도 하고 냉장고 이름 같기도 한 이 '크리스퍼'라는 재밌는 이름의 기술이 왜 아주 특별하고 혁신적인 기술인지 생각해 보자. 작가들은 크리스퍼를 단번에 떠올릴 수 있도록 다양한 은유를 활용해 왔다. 신의 손, 폭발물 처리반, 지우개, 수술용 메스, 망막 스캐너도 있었다. 그러나 가장 많이 쓰인 표현은 '분자 가위'다.[8] 웹 사이트 STAT에서 크리스퍼의 비유로 가장 많이 쓰인 표현 10가지를 추렸는데 1위가 '오피치에스메서Offiziersmesser' 스위스 군용 칼이었다. 하지만 크리스퍼는 DNA를 절단하는 날카로운 칼보다는 더욱 정교하고 유연하게 DNA를 편집하고 조작할 수 있으며 계속 확장되는 일련의 분자 장치로 보는 것이 정확하다.

크리스퍼는 과학의 활용 방식을 거의 하루아침에 바꾼 한 세대에 한 번 나올까 말까 한 큰 발견이다. 바이러스의 공격을 막기 위해 세균의 면역계로 발달한 기능을 활용하는 이 기술이 바이러스처럼 삽시간에 널리 알려졌으니 참 아이러니한 일이다. 하지만 크리스퍼가 최초의 유전체 편집 기술은 아니다. 그보다 일찍 2000년대 초에 다른 유전자 편집 기술이 발견되고 다듬어져서 크리스퍼가 등장하기도 전에 이미 병원에 도입됐다. '유전체 편집'이라는 표현도 우르노프와 상가모 테라퓨틱스의 동료 학자들이 '아연 손가락 핵산분해효소ZFN'라는 기술을 계속 발전시키던 2005년에 나온 단어다. 지금도 임상에서 계속 쓰는 기술이다. 크리스퍼가 주류 과학계에 등장하기 1년 전인 2011년에 학술지 〈네이처 메소드〉는 유전체 편집 기술을 '올해의 연구 방법'으로 선정했다. ZFN를 비롯해 탈렌TALENs이라는 축약어로 불리던 '전사 활성자 유사 효과기 핵산분해효소'라는 또 다른 유전자 편집 플랫폼이 가장 대표적인 기술로 꼽혔지만, 너무 복잡하고 비용이 많이 든다는 문제가 있었다. 크리스퍼가 틈새를 비집고 나올 수 있었던 것도 이런 점 때문이다.

크리스퍼는 기존 방식과 다른 형태의 유전체 편집 기술이다. 코미디 영화 〈이것이 스파이널 탭이다〉의 한 장면으로 유명해진 표현을 빌리자면 최대 10까지 올릴 수 있는 오디오 볼륨을 11까지 높일 수 있는 기술이다. 호주부터 자이르까지 세계 곳곳의 연구자들이 크리스퍼로 지구에 존재하는 거의 모든 생물의 유전자를 편집할 수 있게 되었다. 이토록 쓰기 쉬운 기술이 될 수 있었던 이유는, 이것이 수억 년이 넘는 시간 동안 생물의 진화로 만들어진 기능이기 때문이다. 100만 달러를 호가하는 최신식 DNA 염기서열 분석 장치 같은 비싼 장비도 필요 없다. 필요한 시약은 대부분 인터넷으로 주문 가능하고, 장펑이 〈60분〉 인터뷰에서 보여 준 것처럼 특별한 안전 대책이 없어도 실험이 가능하다. 고등학생도 생물 수업 시간에 크리스퍼의 기초를 배울 수 있다.[9] 보스턴에서는 애드진Addgene이라는 비영리단체가 크리스퍼에 필요한 시약을 제공하는 물류센터의 역할을 맡고 있다. 애드진의 총책임자 조안 케이멘스Joanne Kamens에 따르면 2020년 초까지 전 세계 4,000곳이 넘는 연구소에 18만 개 이상의 크리스퍼 구성요소가 배송됐다.[10]

2012년 여름, 샤르팡티에와 다우드나의 연구진은 세균이 보유한 크리스퍼 기능을 얻고 분자 수준에서 몇 가지 멋진 수정 작업을 거치면 DNA의 거의 모든 특정 부분을 잘라 낼 수 있는, 정교하면서도 필요에 따라 조정 가능한 유전학적 커서로 바꿀 수 있다는 사실을 발견했다. 〈크리스퍼 저널〉의 수석 편집자 로돌프 바랑고우Rodolphe Barrangou는 이들의 연구가 "세균이 보유한 이 멋지고 특이한, 혁신적인 면역 기능의 용도를 바꿔서 사람이 실험실에서 DNA를 자르는 데 활용할 수 있는 도구로 만들 수 있다."라는 사실을 입증한 결정적인 기점이 되었다고 설명했다.[11] 그로부터 6개월 뒤 장펑의 연구진은 록펠러 대학교의 루시아노 마라피니Luciano Marraffini와 협력하는 한편 조지 처치의 연구진과도 개별적으로 손을 잡고 크리스퍼-카스9CRISPR-Cas9이라는 도구로 포유동물의 DNA를 효과적으로 편집할 수 있다는 사실을 증명했다. "세상을 바꾼 일이었다." 바랑고우의 말이다.

전 세계 학자들이 이 간단하고 프로그램이 가능한 유전자 편집 툴에 매혹됐다. 곧 새로운 발견이 가장 뛰어난 과학계, 의학 학술지에 줄줄이 발표됐다. 스탠퍼드 대학교의 법학교수 행크 그릴리Hank Greely는 이런 상황을 아주 적절히 묘사했다. "포드의 모델 T 자동차는 저렴하고 믿음직한 자동차였다. 이 차가 출시되고 얼마 지나지 않아 모두가 차를 몰기 시작했고 세상이 바뀌었다. 크리스퍼는 저렴하고 쓰기 쉬우면서 접근성이 우수한 유전자 편집 기술이다. (······) 나는 이것이 세상을 바꿀 것이라고 생각한다. 이미 나부터 바뀌었다."[12]

)(D)((D)(

부에노스아이레스를 대표하는 두 라이벌 축구팀인 리버 플레이트와 보카 주니어스의 치열한 경쟁을 두고 사람들은 영원히 끝나지 않을 싸움이라고 이야기한다. 그러나 이 땅에 생명이 처음 생겼을 때부터 시작돼 지금까지 이어지고, 우리 주변의 모든 곳에서 뜨거운 격전이 벌어지는 싸움이 있다. 지구상에서 벌어지는 가장 중대한 싸움이라 할 수 있는 이 경쟁의 두 막강한 주인공, 미생물의 세계에서 핵무기를 보유한 두 초강대국은 세균과 바이러스(또는 박테리오파지)다. 오로지 적의 파괴만을 목표로 한 이 싸움은 무한히, 최소 10억 년간 이어졌다.

코로나19 대유행과 같은 일이 일어나기 전부터 우리는 바이러스가 보이지 않는 위협이며 질병과 죽음으로 이어질 수 있는 불길한 전조임을 잘 알고 있었다. "인간이 계속해서 지구를 지배하지 못하도록 막는 가장 강력한 단일 위협 요소는 바이러스다." 노벨상 수상자 조슈아 레더버그Joshua Lederberg가 남긴 유명한 말이다. 인류는 사회적 거리 두기를 할 줄 알고 타고난 면역 기능이 있을 뿐만 아니라 백신과 환자 맞춤형, 또는 용도를 바꾼 무수한 약과 치료제 같은 여러 대책을 보유하고 있다. 그러나 바이러스는 돌연변이가 일어나고, 진화하고, 숙주의 유전물질을 가로채 끊임없이 자신을 재창조하므로 절대 완전히 사라지지 않는다.

우리가 느끼는 기분은 아마 세균이 가장 잘 알 것이다. 세균은 세균에 감염되도록 특화된 바이러스인 박테리오파지로부터 쉴 없이 위협을 받는다. 지구상에 존재하는 박테리오파지의 수는 10에 10의 30제곱을 곱한 수준(10^{31})으로, 모래 한 알에만 1조 개가 존재한다.* "대체 어떻게 이런 계산이 나왔느냐고 묻지 말라. 나는 그 결과를 믿으니까." 록펠러 대학교의 루시아노 마라피니는 이렇게 말했다.[13] 일반적인 현미경으로는 보이지 않을 만큼 작은 이 박테리오파지를 전부 하나로 이으면 길이가 2억 광년에 이를 것으로 추정된다.[14] 전자현미경으로 들여다보면 달착륙선과 거미를 반씩 섞어 놓은 듯한 아주 위협적인 모습이 드러난다. 세포의 표면을 단단히 붙들 수 있도록 쩍 벌어진 여러 개의 다리와 꼭 사탕처럼 생겨서 무해할 것처럼 느껴지는 동그란 부분과 함께 기다란 꼬리도 있다. 박테리오파지는 일단 세균에 붙으면 자신의 유전물질을 주입한다. 짧은 DNA 가닥이나 DNA와 유사한 또 다른 화학물질인 RNA로 이루어진 박테리오파지의 유전물질은 세균 내부에서 단백질이 생산되는 장치를 가로챈다. 박테리오파지의 공격이 시작되면 단 20-30분 내에 숙주는 명을 다하고 속에서 갓 만들어진 바이러스의 자손이 무수히 방출된

---

* 세상을 떠난 저명한 미생물학자 로저 헨드릭스Roger Hendrix는 지구상에 존재하는 박테리오파지의 수를 10^{31}이라고 추정했다(10,000,000,000,000,000,000,000,000,000,000). 박테리오파지는 생물학적인 존재 중에서 수적으로 가장 우세하다.

다. 영화 〈에일리언〉에서 존 허트John Hurt의 배 속으로부터 1마리가 아닌 100마리의 에일리언이 나오는 장면을 떠올리면 된다.

이러한 적들에 둘러싸여 살아가는 동안, 세균은 이와 같은 위협을 감시하고 무찌를 수 있는 다양한 방어 기능이 발달했다. 내가 1980년대에 생화학을 공부할 때는 세균이 외부에서 유입된 모든 DNA의 특정 부분(모티프, 전사 인자가 붙은 짧은 DNA 서열을 모티프라고 한다-편집자)을 인식하고 공격하는 강력한 효소를 보유하고 있다고 배웠다. (세균의 DNA에서 이 효소가 암호화된 염기서열에는 우리가 아이들 손이 닿지 않도록 전기 콘센트에 꽂아 두는 안전 커버처럼, 이 효소가 세균의 DNA를 손상시키지 못하도록 보호하는 화학물질이 태그처럼 붙어 있다.) 과학자들이 제한효소라고 부르는 세균의 이 특별한 효소를 활용해 DNA를 절편으로 자르고, 바꾸고, 연결한다. 이런 방식으로 사람의 유전자를 세균의 유전자에 잘라 붙이는 기술은 생명공학 산업의 토대가 되었다. 그런데 나중에 자세히 살펴보겠지만, 세균에는 제한효소 말고 다른 면역 기능도 있는 것으로 밝혀졌다. 크리스퍼는 세균의 유전체에 포함된 아주 작은 부분이며, 세균이 바이러스에서 포착한 유전암호의 일부가 나중에 참고할 수 있도록 저장되어 있다. 바이러스의 각 절편(또는 '스페이서'라고 한다)은 사이사이에 동일하게 반복되는 DNA 염기서열이 끼어 들어가 있어서 서로 깔끔히 분리되어 있다. 미국 연방수사국FBI의 서류 캐비닛에 지명 수배자 파일이 잘 정돈되어 보관된 것과 같은 방식이다.

그러나 크리스퍼는 그저 사악한 바이러스의 정보를 모아 둔 저장고가 아니다. 가까운 곳에 초강력 지대공 미사일급 무기고도 마련되어 있다. 세균이 바이러스가 침입했다는 사실을 감지하면 가장 먼저 크리스퍼가 활성화되어 그곳에 보관되어 있던 바이러스 염기서열을 복사한 RNA 가닥이 만들어진다. 이 RNA 가닥은 끈처럼 길게 만들어진 후 여러 조각으로 쪼개진다. 조각 하나하나에 각기 다른 바이러스의 정보가 담겨 있어 마치 경찰이 유력한 용의자를 찾기 위해 활용하는 몽타주와 같은 기능을 한다. RNA 조각 자체는 아무런 해도 끼치지 못하지만, DNA를 절단하는 카스(크리스퍼 연관 염기서열을 뜻하는 CRISPR-associated-sequence의 축약어 CAS)라는 단백질과 결합하면

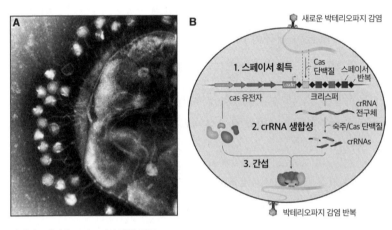

박테리오파지와 크리스퍼의 반응 경로.
(A) 공격 현장: 박테리오파지가 대장균의 표면에 자리잡고 공격을 시작하는 모습.
(B) 크리스퍼-카스 면역 기능.
1. 세균이 바이러스 DNA 중 일부를 붙잡아서 스페이서가 추가될수록 크리스퍼 배열이 확장된다.
2. 박테리오파지가 감염되면 크리스퍼 배열(crRNA 전구체)이 RNA로 전사되고 처리 과정을 거쳐 완전한 crRNA가 된다.
3. 간섭 단계에서는 crRNA와 카스 단백질이 복합체를 형성하고 암호화된 정보와 일치하는 박테리오파지의 염기서열을 표적으로 찾아 분해시킨다. 이 같은 크리스퍼 시스템 중 클래스 1로 분류되는 시스템은 카스 단백질이 여러 개로 구성되고, 이보다 단순한 구조의 클래스 2 시스템은 카스9과 같은 핵산분해효소 한 가지만 활용한다. (참고문헌 15에서 발췌)

리보핵단백질 복합체가 된다. GPS 같은 기능이 갖추어진 이 복합체가 전투에 투입되는 것이다.

미생물의 세계에 존재하는 크리스퍼 시스템은 6가지 종류로 나뉜다. 이 6가지는 시스템의 구성과 특징에 따라 크게 두 개의 클래스로 나눌 수 있다.[15] 가장 간단한 타입 II는 카스9[Cas9]이라는 효소가 활용된다는 특징이 있다. 핵산분해효소인 카스9은 한 쌍의 손톱깎이처럼 DNA의 이중나선 양쪽 가닥을 깨끗이 절단한다. 그냥 마구잡이로 잘라 내는 것이 아니라, 앞서 만들어진 RNA 몽타주를 꼭 쥐고 딱 맞는 DNA를 수색한다. 서열이 일치하는 바이러스 DNA가 발견되면 카스9이 그곳에 결합해 잘라 내 위협요소를 없앤다. 우르노프는 카스9의 기능이 "정말 놀랍다"고 설명했다. "카스9이 경찰관처럼 세포 내 침입자를 찾으러 나설 때는 지명 수배자 얼굴이 나온 전단지 같은 것을 갖고 다닌다. 그걸 들고 무엇인가와 마주칠 때마다 질문을 던진다. '실례합니다만 제가 수배자 사진을 갖고 있는데요. 혹시 이 사진과 일치하는지 확인해 보겠습니다. 완전히 같군요. 그럼 제가 당신을 절단 내야겠습니다.'"[16]

마라피니는 세균이 보유한 두 가지 방어 시스템이 서로 어떻게 보완하는지 알아냈다. 제한효소는 바이러스 공격 시 일차적 방어막 역할을 한다. 이 과정에서 바이러스의 DNA가 여러 조각으로 나뉘고, 이 조각은 세균의 크리스퍼 배열에 포함될 수 있다. 박테리오파지는 계속 진화하므로 이러한 일차 방어선을 금방 피할 수 있다. 이때 크리스퍼라는 또 다른 면역 기능이 가동된다. 마라피니는 크리스퍼가 백신과 비슷하다고 설명한다. "박테리오파지가 사멸하면 그

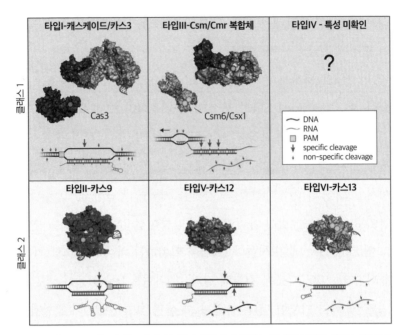

타입I-캐스케이드/카스3	타입III-Csm/Cmr 복합체	타입IV - 특성 미확인

클래스 1

Cas3

Csm6/Csx1

?

~ DNA
~ RNA
□ PAM
↓ specific cleavage
↓ non-specific cleavage

타입II-카스9	타입V-카스12	타입VI-카스13

클래스 2

크리스퍼의 분류. 크리스퍼에는 몇 가지 종류가 있고 크게 클래스 1과 2로 나뉜다. 클래스 1은 캐스케이드Cascade로 불리는 단백질 복합체가 DNA를 절단하는 것이 특징이다. 클래스 2에 해당하는 크리스퍼 시스템은 카스9, 카스12, 카스13 등 카스라는 핵산분해효소 한 가지가 작용한다(자세한 내용은 참고문헌 15에 나와 있다).

DNA가 스페이서가 되어 마치 세균이 예방접종을 받은 것처럼 숙주에 남습니다." 세균이 바이러스에 감염된 후 스페이서를 획득하는 경우는 1,000만 분의 1 정도로 매우 드물지만, 일단 획득하면 바이러스가 침입해도 증식하지 못하도록 완전히 막을 수 있는 능력이 생긴다.*

---

* 2020년에 이스라엘 바이츠만 과학연구소의 로템 소렉Rotem Sorek 연구진은 세균에서 레트론retron이라는 새로운 방어 체계를 발견했다. 레트론은 박테리오파지의 공격에 대비한 일종의 백업 시스템이다.

2019년에 공개된 애덤 볼트Adam Bolt 감독의 다큐멘터리 〈휴먼 네이처Human Nature〉에는 겸상 세포 질환을 앓고 있는 데이비드 산체스David Sanchez라는 멋진 소년이 나온다. 이 십대 소년은 크리스퍼로 병을 치료할 수 있다는 이야기를 듣고 예리한 질문을 던진다. "어떤 식으로 작용을 하나요? 그것이 머리카락을 만드는 유전자 같은 엉뚱한 유전자에 작용하지 않고 꼭 필요한 유전자에만 정확히 작용하는지는 어떻게 알 수 있죠?"

크리스퍼가 몰고 온 혁신적 변화의 핵심은, 카스9이 바이러스 유래 RNA와 결합하는 방식을 활용하여 연구자가 프로그래밍해서 만든 합성 RNA를 결합시키고 이것을 편집 가이드로 삼도록 함으로써 사실상 모든 생물의 모든 유전자에 포함된 어떠한 DNA 염기서열이든 표적으로 삼을 수 있다는 점이다. 세균이 10억 년 전부터 활용해 온 효소를 우리가 가로채서 21세기에 걸맞은 분자 수준의 메스로 용도를 변경한 후 정밀한 유전자 수술에 사용하는 셈이다. 햄스터, 사람, 모기, 쥐, 레드커런트, 삼나무 등 어떤 생물이건 원칙적으로 모두 같은 방식으로 유전체를 편집한다. 세상에 존재하는 모든 생물에는 전부 똑같은 네 글자 알파벳으로 작성된 불활성 DNA 암호가 있기에 가능한 일이다.

자연 상태에서 카스9은 DNA와 별로 관련이 없다. 무작위로 충돌하고 튕겨져 나가는 정도에 그친다. 그러나 사람의 손 모양을 닮은 이 효소가 마치 손으로 붙잡듯이 가이드 RNA와 결합하면 전체적인 단백질 구조가 미세하게 바뀌고, 손에 쥔 RNA와 일치하는 DNA 표적을 찾아내서 반응한다. 몬태나 주립대학교의 블레이크 위든헤프트Blake Wiedenheft 교수는 카스 단백질 복합체를 이렇게 설명한다. "세포 내 환경을 구석구석 순찰하면서 외부에서 유입된 (바이러스) DNA를 찾아 결합합니다. 찾아낸 후에는 몇 분 내로 파괴해야 할 DNA라고 표시하죠. (……) 정말 놀라운 기능입니다."[17]

표적으로 정한 염기서열을 찾고 결합하는 기능은 두 단계로 진행된다. 첫 단계로 카스9 효소가 DNA에서 팸PAM*으로 불리는 짧은 모티프를 찾아서 상호작용한다. 팸은 효소가 찾는 DNA와 살짝 접촉해 보도록 신호를 주는 불빛과 같다. "이 짧은 상호작용으로 DNA는 변형됩니다." 위든헤프트의 설명이다. 카스9 효소는 바이러스의 DNA가 구부러지도록 만들어서 이중나선 구조를 해체한다. 그러면 가이드 RNA가 그 틈으로 슬쩍 들어갈 수 있게 된다(전문적으로는 R 루프를 형성한다고 표현한다).[18] 이때 가이드 RNA는 이 DNA가 찾던 표적과 일치하는지 재빨리 점검을 실시하고, 20여 개 정도로 구성된 RNA 염기와 정확히 일치한다는 사실이 확인되면 파괴해야 할 DNA라는 딱지가 붙는다. 그러면 카스9 효소가 문제의 DNA 양쪽 팸 염기서열에서 염기 몇 개 정도 떨어진 부분을 날이 잘 드는 칼로 썬 것처럼 깔끔하게 절단해서** 이중나선 손상을 만든다.[19]

2017년에 도쿄 대학교의 히로시 니시마스Hiroshi Nishimasu와 오사

---

* 팸PAM은 프로토스페이서 인접 모티프Protospacer Adjacent Motif의 앞 글자를 딴 명칭이다. 팸은 3개에서 6개의 염기로 이루어지며 카스 효소의 종류마다 각기 다른 팸을 인식한다. 가장 많이 쓰이는 카스 효소는 화농성 연쇄상구균이 보유한 카스9이다. 이 효소의 경우 NCG 염기서열을 인식한다. 여기서 N은 4개의 염기 중 아무거나 하나가 들어갈 수 있다는 의미다.

** 카스9 효소에는 두 곳의 활성 부위가 있고 각각 개별적으로 절단 기능을 수행한다. 이중나선은 이 두 곳에서 한 가닥씩 잘린다.

무 누레키Osamu Nureki는 이 놀라운 과정을 굉장히 인상적인 영상으로 담아냈다. 두 사람은 고속 원자현미경을 활용해 카스9 효소가 표적 DNA를 붙드는 정확한 순간을 포착했다. 영상을 보면 금빛 바위처럼 생긴 카스9이 DNA 가닥 앞에서 몇 초간 잠시 멈추었다가 DNA를 반으로 싹둑 절단하는 모습을 볼 수 있다.[20] 니시마스가 자신의 트위터 계정에 공개한 영상의 일부가 급속히 퍼졌고 일본의 텔레비전 방송에도 소개됐다.

그러나 카스9 효소가 사람의 유전체에서 특정 염기서열을 찾도록 용도를 변경하는 일은 바이러스 DNA를 자르는 것보다 100만 배는 더 복잡하다. 일반적인 박테리오파지의 유전체는 염기가 수천 개 정도에 불과하지만 카스9 복합체가 인체 세포핵이라는 낯선 환경에 들어서면, 23쌍의 염색체에 60억 개의 글자로 이루어진 어마어마한 DNA 미로와 마주치게 된다. 게다가 핵 안으로 들어온 카스9 분자는 촘촘하게 돌돌 말려 있는 DNA에서 팸 부위부터 찾아야 하는데, 이 부위는 평균적으로 DNA의 이중나선 구조에서 360도를 한 번 완전히 돌 때마다 한 번씩 나타난다. 효소가 정확한 표적을 찾으려면 3억 개에서 4억 개의 염기를 붙들고 조사해야 한다는 의미다.

스웨덴 웁살라 대학교의 생물물리학자 요한 엘프Johan Elf는 카스9 효소가 세균의 유전체 전체에서 팸 염기서열을 모두 찾는 데 보통 6시간 정도 소요되며, 표적일 가능성이 높은 곳을 찾으면 올바른 표적이 맞는지 이중나선 내부를 살펴보는 시간이 겨우 20밀리초 정도라고 밝혔다.[21] 진핵생물의 핵에 꽁꽁 담겨 있는 DNA는 세균의 DNA보다 훨씬 복잡하다. 앤드류 우드Andrew Wood는 에든버러 대학교에서 수업할 때 학생들에게 세균의 세포와 감겨 있고 구부러진 포유동물 DNA를 비교한 도식을 보여 준다. "카스9 효소는 우리가 활용하고자 하는 환경에서 기능을 발휘하게끔 진화한 효소가 아닙니다. 그러니 이 효소가 단 몇 시간 만에 수억 개에 달하는 뉴클레오티드를 일일이 조사할 수 있다는 것은 믿기지 않을 만큼 놀라운 일입니다."[22]

카스9 효소가 DNA를 절단하면, 세포의 DNA 수선 효소가 나서서 끊어진 부분을 다시 붙인다. 전문가들은 이런 기능이 존재한다는 사실과 실제로 이런 작용이 일어난다는 사실이 모두 경이롭다고 말한다.[23] 카스9은 이전에 개발된 ZFN이나 탈렌TALENs 같은* 다른 유전자 편집 플랫폼보다 우수하다. "이 두 가지는 진핵생물의 DNA를 조절할 수 있도록 진화한 효소지만, 기능 면에서 카스9 효소가 더 뛰어납니다." 우드의 설명이다.

여기서 잠시 멈추고 팸 염기서열이 얼마나 중요한 역할을 하는지 짚어 보자. 이 염기서열 덕분에 카스9 효소는 유전체 전체를 해체하고 확인하는 대신 짤막한 팸 염기서열만 찾으면 되므로, 표적을 찾는 수고를 크게 덜 수 있다. 그뿐만 아니라 크리스퍼 배열에서 반복되는 부분을 카스9 효소가 실수로 전부 절단해서 벌집이 되는 사태가 벌어지지 않는 것도 팸 덕분이다. 세균이 바이러스의 DNA 절편을 크리스퍼 배열에 추가할 때 앞뒤에 이어진 팸 서열을 잘라 내고 결합시키기 때문이다. 유전체 공학에서는 자연계에 존재하는 팸

---

*   ZFN은 아연 손가락 핵산분해효소, 탈렌은 '전사 활성자 유사 효과기 핵산분해효소'의 줄임말이다(8장 참고).

염기서열만 활용하지 않고 카스9 등 각 효소가 인식하는 팸 서열의 범위를 확장시킨다.

이렇게 효과적인 방어 기능이 있다는 사실을 알고 나면 합리적인 의문이 생긴다. 바이러스는 어떻게 멸종하지 않았을까? 바이러스에는 곤경에서 슬쩍 빠져나갈 수 있는 다양한 탈출 메커니즘이 발달했다. 여러 가지 단백질로 구성된 바이러스의 항크리스퍼 단백질의 경우 카스 효소의 핵산분해 기능을 무력화시킨다. 세균과 바이러스는 영원히 벗어날 수 없는 전쟁터에 갇힌 것처럼, 그렇게 수억 년 동안 서로 쫓고 쫓기며 살아 왔다.[24] 크리스퍼는 전체 세균 중 40 퍼센트의 유전체에서 발견되고 고세균은 거의 전부 유전체에 크리스퍼 배열이 존재한다. 놀랍게도 그보다 고등한 생물의 유전체에는 크리스퍼 배열을 전혀 찾을 수 없다. 현재까지 크리스퍼 기술에 가장 많이 활용되는 효소인(나중에 다시 설명하겠지만, 같은 이유로 가장 치열한 특허권 분쟁의 대상이 되었다) 카스9에는 자연계의 다양한 크리스퍼 시스템에서 발생한 일시적인 변화가 반영되어 있다. 이를 토대로 지구상에 존재하는 다양한 생물에서 새로운 카스 계통의 단백질을 발굴하여 크리스퍼라는 도구 상자에 새로운 기능을 추가하고 더욱 확장시키기 위한 엄청난 노력이 이루어지고 있다.[25]

연구자가 표적으로 삼고 싶은 유전자 염기서열을 알면, 관련 서비스를 제공하는 수많은 웹 사이트 중 한 곳에 들어가서 원하는 염기서열로 만든 짧은 가이드 RNA를 얼마든지 주문할 수 있다. 크리스퍼가 분자 수준의 워드프로세서라면 이 가이드 RNA는 관심 있는 유전자 염기서열을 찾아낸다는 점에서 '찾기' 기능에 해당하는

'Ctrl-F'와 같다. 카스9 효소는 '자르기' 기능인 'Ctrl-X'로 볼 수 있다. 그러나 유전자 편집은 원하는 곳을 찾아서 오자를 제거하는 것으로 끝나지 않는다. 그 다음 순서, 즉 찾아낸 오자를 어떻게 수정할 것인지 정하고 관리하는 것도 유전자 편집이다.

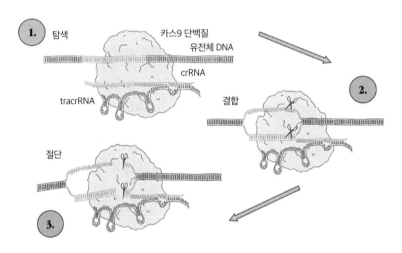

크리스퍼의 DNA 절단 기능.

1. 탐색: 카스9 핵산분해효소와 가이드 RNA가 결합하여 리보핵단백질 복합체가 형성된다. 가이드 RNA는 크리스퍼 RNA[crRNA]와 tracrRNA로 구성된다. 카스9 복합체는 DNA에서 팸[PAM] 염기서열을 찾는다. 팸 서열이 나타나면 찾고 있던 염기서열이 맞는지 점검한다.
2. 결합: 카스9 효소가 DNA와 결합하고 이중나선 구조를 해체하면 crRNA가 단일 가닥이 된 DNA와 나란히 정렬된다.
3. 절단: 찾고 있던 DNA와 정확히 일치하는 것으로 확인되면 카스9 효소의 형태가 바뀌고, DNA 양쪽 가닥도 그에 따라 위치가 바뀌면서 절단된다. (참고문헌 23에서 발췌)

세포에는 DNA가 끊어지거나 그 밖에 다른 돌연변이가 생겼을 때 수선하는 다양한 분자 반응 경로가 마련되어 있다. 이런 기능이 없었다면 지금 우리는 살아 있지도 못했을 것이다. 비상동 말단 연결과 상동 재조합은 가장 많이 쓰이는 두 가지 수선 기능이다. 비상동 말단 연결은 끊어진 DNA 말단을 꿰매는 기능이지만, 다소 허술해서 수선된 부위에 짧은 염기서열이 삽입되거나 소실되는 일이 빈번하다. 연구자는 바로 이런 특징을 활용한다. 즉 크리스퍼로 유전자를 절단하고 그 자리에 다양한 무작위 삽입과 결실이 일어나도록 유도해서 특정 유전자의 기능을 고의로 망가뜨릴 수 있다. 또 다른 수선 기능인 상동 재조합은 적절한 주형이 있으면 믿음직한 수선 기능이 발휘된다. 원래는 자매 염색분체에 있는 동일한 유전자가 주형으로 쓰이지만, 이를 크리스퍼 유전체 편집의 핵심 기술로 활용할 수 있다. 연구자가 원하는 염기서열이 포함된 주형을 공급하면 카스9 효소의 작용으로 끊어진 부분에 원하는 염기서열이 생기므로 원하는 대로 편집할 수 있다.*[26]

)(((((((

2020년 1월, 500여 명의 과학자가 캐나다 로키산맥에 자리한 스키 리조트가 있는 밴프 시에 모였다. 처음으로 열릴 대규모 연례 크리스퍼 학술대회에 참석하기 위해서였다(코로나19 대유행으로 국제학회를

---

* 더블린 트리니티 칼리지의 유전학자 패트릭 해리슨Patrick Harrison은 크리스퍼CRISPR가 이와 같은 편집/수선의 전 과정을 나타내는 약자로도 볼 수 있다는 의견을 제시했다. 절단Cut‑절제Resect‑침입Invade‑합성Synthesis‑교정Proofread‑수선Repair의 앞 글자를 딴 표현으로도 볼 수 있다고 한 해리슨의 아이디어는 이 복잡한 과정을 쉽게 떠올릴 수 있게 한다. 존 올리버John Oliver라는 코미디언은 〈라스트 위크 투나잇Last Week Tonight〉이라는 TV 프로그램에서 '핑크색 레이밴 선글라스를 쓴 사람의 바삭바삭한 장Crunchy‑Rectums‑In‑Sassy‑Pink‑Ray‑Bans'이라고, 크리스퍼 기술의 실제 의미와 무관한 자신만의 독특한 풀이를 제시했다.

위해 해외를 오가는 여행이 전면 중단되는 바람에 처음이자 마지막 학회가 되었다).
주최 측은 다우드나를 초청해서 일요일 오전의 기조연설을 요청했다. 그동안 이런 요청이 쇄도했으니 다우드나에게는 별로 특별할 것이 없는 일이었다. 다우드나는 바로 다음 날인 월요일 오전에 버클리에서 대학원생 600명을 상대로 강의를 해야 하므로 리조트에 머물며 며칠간 이어질 학회 일정을 함께할 수 없다는 진심 어린 사과를 전했다.

30년 이상 줄곧 과학의 길을 걸어 온 다우드나는 커리어를 막 쌓기 시작했을 때와 같은 겸손한 태도로 멋진 연설을 했다. 첫 마디부터 생물공학 분야의 국제연합 연설을 듣는 기분이 들었다. 다우드나 자신의 연구와 더불어 지난 25년간 수많은 연구자들이 거둔 성과에 보내는 간결한 찬사였다. "이제 어떤 유전체든 정밀하게 편집할 수 있는 날이 코앞에 다가왔습니다."[27]

기술과 과학은 가장 예상치 못했던 곳에서 위대한 순간을 맞이한다. X자 형태의 고유한 디자인으로 브래지어를 생산하던 플레이텍스 Playtex 사는 1966년에 미국 항공우주국이 인류 최초로 달에 발을 디딜 우주비행사를 위해 개최한 우주복 디자인 콘테스트에 참여했다. 압력과 극심한 온도 변화를 견디고 동시에 유연하게 잘 늘어나는 재질이어야 했다. 플레이텍스는 기술 전문가 한 명이 자신들이 고안한 우주복을 입고 몇 시간 동안 풋볼을 하는 모습을 영상으로 촬영해 요건을 충족한다는 사실을 멋지게 증명해 보였다. 닐 암스트롱은 플레이텍스의 전문 재봉사 4명의 손을 거쳐 21겹으로 완성된 우주복 A7L을 입고 달 위를 걸었다.[1]

이제 달 표면의 고요의 바다에서 지중해에 있는 스페인 산타폴라의 염전으로 가 보자. 나는 여행지로 유명한 블랑카 해안이 있는 스페인 남동부 알리칸테 주로 향했다. 지구상에서 생물이 서식하기에 가장 혹독한 환경이라는 점에서 어쩐지 관광지와는 가장 어울리지 않는 곳처럼 느껴졌다. 남쪽으로 25킬로미터 정도 내려가니 산타폴라 염전이 나왔다. 염전 혹은 소금 평원이라고 할 수 있는 이곳에는 이름에서도 알 수 있듯이 강렬한 태양과 바람이 만든 농도가 매우 짙은 염수로 채워진 직사각형 모양의 염수호가 길게 이어져 있다. 물과 육지가 만나는 가장자리에는 소금 결정이 보였다. 마가리타가 담긴 멋진 칵테일잔의 테두리처럼 바스락거리는 하얀 소금이 띠처럼 둘러져 있었다.

산타폴라의 소금 평원은 생태학, 역사, 상업적으로 모두 중요한 곳이다. 플라밍고와 수많은 야생동물이 서식하는 이곳에 16세기에 펠리페 2세가 무어인의 공격에 대비해 지은 감시탑이 그대로 남아 있다. 자연보존 구역처럼 보이지만, 사실 이곳은 산업화된 염전이다. 축구장 크기만 한 염수호마다 조금씩 다른 농도의 소금이 순차적으로 만들어진다. 현재 산타폴라 브라스 델 포트에서 지중해 바닷물로 만드는 소금의 양은 하루 평균 4,000톤이다. 그곳에서 출발해 곳곳으로 유통될 소금이 그야말로 산처럼 쌓여 있다. 생산된 소금의 60퍼센트는 물을 처리하는 데 쓰이고 나머지는 식품용으로 쓰인다.

알리칸테 대학교의 미생물학자 프란시스코 모히카Francisco Mojica는 염도가 높은 이런 독특한 환경에서 번성하는 호염성 생물에 열정을 쏟고 있다. 한때는 그저 열심히 일하는 무명 연구자였던 그가 이제 언론의 관심을 피하느라 고생 중이다. 2017년에 유력 언론인 스페인어 신문 〈엘 파이스El País〉에 모히카가 염전에서 노벨상을 캐낼 수 있다는 소식이 실린 후 일어난 변화다.

모히카는 친절하게도 자신의 소박한 폭스바겐 파사트 자동차를 직접 운전해 나를 산타폴라 염전까지 데려다 주었다. 보통은 여러 명의 사진사나 촬영기사와 함께 갈 때가 많다고 했다. 그들은 붉은 빛이 도는 때 묻지 않은 염수를 생전 처음 보는 신기한 것을 발견한 것처럼 유심히 살펴보라는 등 플라스크에 떠서 스페인의 뜨거운 태양 아래에 번쩍 치켜들고 리오하가 담긴 잔을 들고 감탄하듯 포즈를 취해 보라고 모히카에게 요청하곤 한단다. 한 가지 재미있는 사실은 모히카가 실제로 연구에 필요한 검체를 그렇게 직접 채취해 본 적이 한 번도 없다는 것이다. 젊은 대학원생 시절에 그가 공부하던 실험실에는 지도교수가 10년 전에 채취해 둔 검체가 이미 마련되어 있었다.

모히카는 군대를 제대하고 1989년에 처음 이곳으로 와서 연구자로 일할 수 있는 곳을 찾았다. 그러다 어느 지방 대학 미생물학과의 할로페락스Haloferax라는 미생물을 연구하는 실험실에서 박사 과정 연구원 자리를 얻었다. "당시에 저는 그 미생물에 그다지 관심이 없었습니다. 제 학위논문 주제도 지도교수가 정했죠." 함께 염전 주변을 거니는 동안 모히카는 이렇게 이야기했다.[2]

할로페락스는 세균이 아닌('할로박테리아'로 불린 적이 있어서 헷갈릴 수 있지만) 고세균이라는 독특한 단세포 그룹으로 분류된다. 육안으로 구분이 어렵지만, 세균과 고세균은 무려 30억 년에 걸쳐 각기 다른 방향으로 진화했다. 고세균이 원핵생물의 피상적인 한 갈래가 아니라 다른 생물들과 완전히 다른, 개별적인 '제3의 영역'이라는 사실은 진화생물학자 칼 우즈Carl Woese의 중요한 성과로 밝혀졌다. DNA 염기서열을 분석한 결과 고세균과 세균에서 유전학적으로 깜짝 놀랄 만한 차이가 드러난 것이다. 매킨토시 컴퓨터와 PC의 운영체제만큼이나 다른 차이였다. 에드 용Ed Yong은 이를 아주 점잖게 묘사했다. "다들 세계지도를 뚫어져라 보고 있을 때 우즈가 이제껏 접혀 있어서 보지 못했던 지도의 3분의 1을 예의바르게 펼쳐서 보여 준 것과 같다."[3]

분홍빛이 도는 해수처럼 소금이 버석거리는 염수호의 가장자리에도 분홍빛이 도는 붉은 띠가 둘러져 있었다. 그 안에 미생물이 살고 있으리라. 이 붉은색의 원천은 미생물이 소금과 태양빛을 견디기 위한 방어 메커니즘의 하나로 만드는 카로티노이드다. "우리가 선크림을 바르는 것과 같아요." 모히카가 웃으면서 설명했다. 색은 염도에 따라 변한다. 소금의 농도가 10퍼센트에서 30퍼센트로 높아지면 진한 붉은색이 분홍색으로 바뀐다. 플라밍고의 털에 고유한 분홍색이 도는 것도 같은 이유다. 플라밍고가 즐겨 먹는 작은 새우는 할로페락스처럼 염수에서 번성하며 같은 화학물질을 만든다.

이 소금을 사랑하는 알리칸테의 고세균은 극한 생물에 해당한다. 해저에서 화산분출물이 올라오는 통로인 화도나 메마른 사막, 꽁꽁 언 툰드라처럼 아주 혹독한 환경에 적응하고 살아가는 생물을 극한 생물이라고 한다. 할로페락스의 경우 염도가 일반적인 바닷물보다 10배 높은 물에서도 잘 자란다. 먼 친척뻘인 세균에 비해 밝혀진 것이 거의 없어서, 실험실에 비슷한 환경을 조성하기가 아주 까다롭다. 할로페락스의 두 가지 주요 종은 할로페락스 메디테라네이H. mediterranei와 할로페락스 볼카니H. volcanii다(후자에 볼카니라는 이름이 붙여진 것은 염수호를 화도로 착각해서가 아니라 이 균을 맨 처음 발견한 이스라엘 과학자의 이름이 벤자민 볼카니[Benjamin Volcani]이기 때문이다). 염수호 주변을 걷는 동안 나는 물 전체에서 퍼져 나오는 강한 황 냄새를 느낄 수 있었다. 그런 냄새의 성분을 만드는 혐기성 세균이 있다는 증거였다.

모히카가 산타폴라에 서식하는 호염성 미생물에 깊은 열정을 쏟기 시작하면서 기초 연구도 구체적 형태가 잡혔다. "지식이 지식을 낳고, 그렇게 지식이 계속 확장됐습니다." 모히카는 이렇게 전했다.[4] 그는 할로페락스가 가진 원형의 유전물질 속에 왜 이토록 소금을 좋아하는지 설명할 단서가 있을 것이라 추론했다. 그러나 정말 그런지 밝혀내기란 쉽지 않았다. 미생물의 유전체 염기서열은 1995년이 되어서야 클레어 프레이저Claire Fraser와 크레이크 벤터 연구진을 통해 처음으로 완전히 밝혀졌고, 고세균의 유전체 암호는 2년이 더 흐른 뒤에 최초로 모두 해독됐다. 모히카가 일하던 연구소에는 최신식 DNA 염기서열 분석 장비가 갖추어진 번드르르한 유전체 연구센터가 없었다. 1990년대 초에는 수많은 연구자들이 굉장히 수고스럽고 고된 방식으로 염기서열을 분석했다. 두 개의 유리판 사이에 커다란 젤을 만든 다음 방사성물질을 표지로 연결한 DNA 절편을 넣고 전류를 흘려서 크기별로 분리했다. 분리가 끝나고 X선으로 촬영하면 크기별로 띠가 사다리처럼 나뉜 이미지를 확인할 수 있다. 모히카도 이런 방식으로 원하는 DNA 염기서열을 찾아서 분석했다.

1992년 8월에 처음으로 이런 분석을 시도했을 때 모히카는 너무나 놀라운 결과를 받아들였다. 너무 이상해서 처음에는 실험을 망친 줄 알았다. 그가 발표한 첫 논문에서 밝힌 것처럼, 염기 30개 정도로 이루어진 어떤 염기서열이 자꾸 반복해 나타났다.[5] "전적으로 운이 좋아서 얻은 결과다." 할로페락스의 전체 유전체 중 1퍼센트에도 미치는 않는 이 부분의 염기서열을 분석한 후 모히카는 이렇게 밝혔다. "바로 그게 크리스퍼를 진지하게 분석한 최초의 논문이 된 겁니다!"* 모히카는 이 반복되는 부분이 RNA로 전사된다는 놀라운 사실도 밝혀냈다. 분명 정해진 기능이 있다는 의미였다.

"굉장히 희한한 것을 발견하면, 그게 뭔지 연구를 해보는 것 외에 다른 방법이 없습니다. 저도 이걸 계속 연구해 보면 좋겠다고 생각했어요." 염전을 따라 계속 걸으며 그가 이야기했다. 모히카는 정체를 알 수 없는 반복서열이 소금에 대한 적응력과 관련 있으리라 직감했다. 세포가 삼투압 변화를 감지하고, 그에 따라 구조와 유전자 활성이 바뀌면서 그런 적응 능력이 발휘될 것이라 추정한 것이다. "그때는 (DNA의) 초나선 구조가 유전자 발현을 전부 조절한다고들 생각했죠!" 그럴싸한 가설이었지만, 사실과는 달랐다.**

모히카는 학교 도서관에 몇 시간씩 틀어박혀서 자료를 찾았고, 마침내 1987년 일본 연구진이 발표한 논문을 찾아냈다. 오사카 대

---

* '크리스퍼'라는 용어는 2001년에 처음 등장했다. 1993년에 모히카가 이 중대한 사실을 처음 발견했을 때는 어떤 의미가 담긴 결과인지 제대로 밝혀지지 않았지만, 25년이 흘러 영화 〈램페이지〉에는 오프닝 크레디트에 이 발견이 이루어진 날짜가 명시되어 전 세계 아이맥스 영화관 스크린을 통해 널리 알려졌다.

** 크리스퍼의 반복서열은 염분에 대한 적응력과는 무관하다. "지금도 수수께끼입니다!" 모히카의 말이다. 이 의문을 계속 파헤치려면 연구비를 확보해야 하는 상황이다.

학교의 아트수 나가타^{Atsuo Nakata}와 요시즈미 이시노^{Yoshizumi Ishino}가 쓴 이 논문에는*, 대장균의 유전체에서 이렇게 반복되는 비슷한 모티프가 발견됐다는 내용이 나와 있었다. 일본 연구진은 어떤 유전자의 염기서열을 분석하던 중 그 유전자와 가까운 곳에 염기서열이 반복되는 독특한 패턴이 있다는 사실을 발견했다. 미스터리 서클이 DNA라는 평원에 나타난 것 같은 발견이었다. 회문 구조(어느 방향으로 읽어도 동일하다는 뜻)가 반복되는 짧은 서열이 연이어 나타나고(군집), 29개의 염기로 이루어진 동일한 부분 사이에는 32개의 염기로 된 독특한 염기서열이 끼어 있다(간격을 두고 분포). 그러나 전에 비슷한 것이 발견된 적이 없고 생물학적으로 기능이 있다는 근거를 찾지 못해서 두 사람의 연구는 여기서 끝났다. 관찰한 내용을 성실하게 기록해 논문으로 발표했지만, 거의 아무도 주목하지 않았다.[6]

그로부터 2년 뒤에[7] 모히카는 짧은 염기서열이 나란히 수백 회 반복해 나타나며, 총 길이는 염기 1,000개가 넘는다는 연구 결과를 발표했다. 반복되는 염기서열 사이에는 기능을 알 수 없는 독특한 DNA 염기서열이 끼어 있었다. 화산 환경에서 번성하는 또 다른 극한 생물의 일종인 고세균에서도 같은 특징이 관찰되자, 모히카의 지도교수는 연쇄적으로 반복되는 부분^{tandem repeats}이라는 의미로 트렙 ^{TREP}이라는 이름을 붙였다. 꽁꽁 압축된 원핵생물의 귀중한 DNA에 이 희한한 반복서열이 최대 2퍼센트까지 차지한다면, 분명 그럴 만한 이유가 있지 않을까? 모히카는 "미생물은 사치를 부릴 여유가 없

---

*   이시노는 현재 규슈 대학교에서 생화학 교수로 재직 중이다. 고온 환경에서 살아가는 고세균의 DNA 수선 기능을 연구하면서 새로운 크리스퍼를 찾고 있다.

으므로 중요한 기능이 있을 것"이라고 생각했다.[8]

　다른 과학자들도 이와 같은 반복서열을 발견했다. 독일의 미생물학자 베른트 마세폴Bernd Masepohl은 남세균에서 DNA 염기서열이 13회 반복되어 나타나는 부분을 발견하고 '긴 연쇄적 반복서열long tandemly repeated repetitive'이라는 뜻으로 LTRR이라는 이름을 붙였다. 그러나 마세폴은 똑같이 반복되는 부분에 주목하느라 그 사이에 끼어 있는 독특한 염기서열에는 큰 관심을 기울이지 않았다.[9] DNA 반복서열의 수수께끼에 더 가까이 다가간 연구진도 있었다. 러시아에서 미국으로 건너와 국립보건원 국가 생명공학 정보센터에서 컴퓨터 생명공학자로 일하던 유진 쿠닌Eugene Koonin과 동료 키라 마카로바Kira Makarova는 2002년에 세균에서 DNA 수선 기능의 한 부분으로 추정되는 유전자를 발견했다.[10] 그러나 두 사람은 이 여러 개의 유전자와 인접한 곳에 크리스퍼가 있다는 사실을 알아채지 못했다. 곧 다시 설명하겠지만, 이들이 찾은 유전자는 크리스퍼의 기능과 유전자 편집에 중요한 역할을 하는 유전자였다.

〉〈〉〈〉〈

모히카는 옥스퍼드에서 몇 년간 연구하고 1997년에 알리칸테로 돌아와 연구진을 꾸렸다. 지원금이 거의 없다시피 한 상황에서 아주 저렴한 비용으로 할 수 있는 몇 가지 실험을 시작했다. "생물정보학에 관해서는 전혀 아는 것이 없었어요." 스페이서 DNA의 기원과 이 반복서열 사이에 끼어 있는 염기서열에 관한 궁금증이 머릿속을 떠나지 않았다. "가장 손쉬운 방법은 데이터베이스를 뒤지면서 뭐라도 나오길 기대하는 것뿐이었습니다. 우리는 아무것도 얻지 못했어요. 2003년까지 그랬죠." 지금은 DNA 데이터베이스에 세균과 고세균의 유전체 정보가 넘치고 그중 상당수에 이러한 반복서열에 관한 정보도 포함되어 있다.

2000년에 모히카는 이토록 열정을 쏟기 시작한 반복서열에 SRSR이라는 새 이름을 붙였다(규칙적인 간격으로 반복되는 짧은 서열[short regularly spaced repeats]이라는 의미로). 그러나 이 이름은 오래가지 못했다. 네덜란드에서 이 수수께끼 같은 반복서열과 가까운 곳에 있는 유전자군을 연구하던 루드 얀센Ruud Jansen과 이메일을 주고받던 중, 모히카는 '크리스퍼'라는 이름을 새로 제안했다. 2001년 11월 21일에 얀센이 보낸 답장에는 전적으로 동의한다는 의견이 생생하게 담겨 있다.

> 프랜시스(프란시스코의 애칭—옮긴이) 씨,
> 크리스퍼는 정말 훌륭한 축약어라고 생각합니다. 여러 대안이 나왔지만 다 자취를 감춘 것은 이 이름만큼 산뜻하지 않아서겠죠. 저는 SRSR이나 SPIDR보다 짧고 명확한 크리스퍼가 더 좋습니다.[11]

이렇게 해서 마침내 크리스퍼라는 이름이 탄생했다. 크리스퍼와 함께 발견되는 여러 독특한 유전자에도 이름이 생겼다. 얀센이 '크리스퍼와 연관된CRISPR-associated' 유전자라는 뜻에서 Cas라고 칭한 것이다. 꼭 알맞지만 어떻게 보면 상상력이 부족한 작명이다. 이때부터 모히카의 관심은 크리스퍼의 스페이서 부분에 쏠려 있었다.

2003년 8월, 엽서에 담긴 그림처럼 눈부시게 아름다웠던 어느 오후에 마침내 중대한 돌파구가 생겼다. 모히카는 아내와 함께 집에서 멀지 않고 염전과 가까운 장소에서 휴가를 보내고 있었다. 그러다 더위에 지쳐 잠시 에어컨 바람을 쐴 겸 연구소에 들러서 컴퓨터로 몇 가지만 검색하고 오기로 했다. 검색은 거의 일상이 되어 비디오게임하듯 하던 시기였다. 연구소에 도착한 모히카는 알쏭달쏭한 스페이서 서열 하나를 복사해서 블라스트BLAST라는 프로그램에 붙여 넣었다. 대규모 DNA 데이터베이스인 진뱅크GenBank에 마련된 이 프로그램을 이용하면 특정 염기서열과 일치하는 서열을 검색할 수 있다. 그전에도 이 프로그램을 수백 번 돌려 봤지만 아무것도 얻지 못했고, 동료들은 시간 낭비일 뿐이라고 이야기했다. 그런데 이날, 검색결과에 일치하는 염기서열이 나타났고 모히카는 기겁했다. 대장균에서 발견된 스페이서 DNA 중 모히카가 검색한 특정 부분이 P1으로 불리는 바이러스 DNA의 일부와 일치하는 것으로 나왔다. 대장균에 감염되는 바이러스였다. 모히카는 이후 몇 주에 걸쳐 여러 바이러스의 염기서열이 일치하는 수십 가지 크리스퍼 스페이서 DNA를 찾아냈다.

10월이 되자, 그는 일생 최대의 성과가 된 논문을 학계에서 최고로 꼽히는 학술지 〈네이처〉에 제출했다. "논문 제목을 지금도 기억하고 있습니다. '면역계와 관련 있는 진핵생물의 반복서열'이었어요. 우리는 학술지 편집장과 심사위원들이 확신을 가질 수 있도록, 진핵생물에 후천성 면역 기능이 존재한다는 사실이 생물학과 임상

과학에 어마어마한 영향을 줄 것이라고 썼죠." 결과는? "아예 검토도 받지 못했습니다!"[12]

　번역 과정에서 누락된 것이 있었는지도 모르지만, 〈네이처〉 편집진은 이 연구 결과가 명망 있는 학술지에 마땅히 실릴 만큼 '전반적인 관심이 필요한' 개념적 발전에 해당한다고 보지 않았다. 모히카는 물러서지 않고 기억력이 필요한 면역 체계가 세균에 존재한다는 사실을 최초로 밝힌 결과라고 다시 설명했다. 그러자 〈네이처〉 측은 면역 기능이 발휘되는 메커니즘을 설명할 수 있다면 재고할 의향이 있다는 입장을 밝혔다. 모히카의 연구진은 가설을 뒷받침할 실험 증거, 이 염기서열의 의미를 보여 주는 확실한 근거를 제시하지 못했다. 나중에 드러났지만, 실험에 가장 많이 쓰이는 생물인 대장균에는 크리스퍼가 억제되어 있다는 것도 그 이유 중 하나였다.[13] 범죄 행위가 있었다는 물리적인 증거는 있지만, 감시 카메라에 찍힌 흔적은 없는 것과 같은 상황이었다.

　모히카는 좌절하지 않고 다른 학술지에 문을 두드렸다. 여기에 한 번…… 또 저기에 한 번, 〈미국 국립과학원 회보PNAS〉를 포함한 학술지 세 곳에 제출했지만, 모두 퇴짜 맞았다. 발표 시일이 늦춰질수록 연구 성과를 누가 가로챌 위험성도 커졌다. 마침내 2004년 10월, 모히카는 진화 연구를 전문으로 다루는 덜 유명한 학술지에 논문을 제출했다. 6개월을 꽉 채운 뒤에야 마침내 편집자로부터 긍정적인 의견을 들을 수 있었다. 그로부터 3개월이 더 지나서 마침내 논문을 싣겠다는 결정이 내려졌다. "정말 엄청난 결과를 찾아내서 훌륭한 학술지에 실어 달라고 보냈더니 다들 게재할 만큼 흥미로운 내용이 아니라고 한다면 어느 쪽이 이상한 걸까요? 내가 이상한가, 뭔가 잘못됐나 하는 생각이 들 수밖에 없죠."[14]

)∭(

학술 논문은 대부분 연구팀 전체의 노력으로 완성된다. 수개월 혹은 수년에 걸쳐 계획하고 검토하고 실험을 반복하고 학생과 지도교수가 계속 의견을 교환해 나오는 결실이 논문이다. 그러므로 팀원 중한 명이 집중적으로 주목 받으면 타당한 이유가 있든 없든 간에 다른 사람들은 마음이 상한다.

모히카가 발표한 혁신적인 논문에는 총 4명의 이름이 저자로 명시되어 있다. 두 번째 자리를 차지한 사람은 대학원생인 세사르 디에즈 비야세뇨르César Díez-Villaseñor였다. 그는 모히카를 향해 쏟아지는 찬사를 자부심과 질투심이 뒤섞인 감정으로 지켜보았다. 크리스퍼를 연구하던 초창기에는 "아무 기능도 없는 것 같았다"고 회상했다.[15] 스페이서 DNA는 염기서열이 제각기 달라서 공통적인 기능을 할 가능성이 거의 없다고 생각했기 때문이다. 그러면서도 이해할 수 없는 점이 있었다. "이 염기서열이 정말로 아무 의미가 없다면 왜 굳이 존재할까?" 디에즈 비야세뇨르는 스페이서 DNA마다 독특한 염기서열로 이루어진 것이, 이유는 알 수 없지만 비슷한 염기서열에 악영향을 준다는 의미일 수 있다고 추정했다. "이 의견은 금방 일축됐지만, 저는 그 생각을 버릴 수 없었습니다." 그의 말에서 아쉬움이 느껴졌다. "해답을 찾는 힌트였으니까요." 그가 떠올린 또 다른 가능성은 스페이서 DNA가 DNA 복제 과정에서 엉성하게 만들어진 특이한 부분일 수도 있다는 것이다. 그러나 서로 인접한 스페이서가 더 멀리 떨어진 스페이서보다 비슷한 점이 더 많은 것을 보면 이런 가능성은 배제해야 할 것 같았다. 디에즈 비야세뇨르는 대장균의 크리스퍼에 포함된 스페이서 DNA를 도표로 나타내고 돌연변이로 생긴 것이라는 의견을 제시했지만, 모히카는 받아들이지 않았다. 모히카에게 그 비밀을 푼, 유레카의 순간이 찾아온 바로 전날의 일이었다.

"저는 스페이서 DNA가 다른 염기서열에서 온 것이고, 이 염기서열은 세포 내부에 함께 존재해야 한다고 좀 자신 없게 이야기했습니다." 입 밖으로 꺼내 설명하고 보니 이것이 완벽하게 이치에 맞는다는 사실도 깨달았다. "그러니 면역계가 당연히 해답이었던 것이죠!" RNA 간섭이 면역 기능의 한 부분으로 활용되는 다른 예도 이미 알려져 있었다. "그동안 너무 희한하게만 보였던 것들이 갑자기 전부 딱딱 맞아떨어졌습니다." 디에즈 비야세뇨르는 모히카에게 스페이서와 일치하는 염기서열을 검색해서 찾아보겠다고 이야기했다. 그러나 무뚝뚝한 대답이 돌아왔다. "그건 내 일이야. 아무것도 하지 말게."

미생물의 면역계가 자신을 침입한 박테리오파지를 인식할 수 있다는 사실은 굉장한 발견이었다. 이 대화가 오간 바로 다음 날 비밀이 풀리기 시작했다. "프랜시스가 의기양양하게 연구실에 들어와서는 곧장 저에게로 왔어요. 그러고는 대장균의 스페이서와 일치하는 염기서열을 박테리오파지 P1에서 처음으로 찾았다고 이야기했죠."

나중에 디에즈 비야세뇨르는 다른 교수에게 크리스퍼가 과거에 찾아온 존재의 유전물질을 기념품처럼 모아 둔 것이라고 설명했다. "그 말을 듣던 순간은 제가 이 일을 하면서 가장 벅찬 기분을 느낀 기억으로 남아 있습니다."

XIXIX

모히카가 논문을 실어 줄 학술지를 찾아 헤매기 시작한 때부터 겨우 몇 주 후에[16, 17] 파리에서 질 베르나우드Gilles Vergnaud도 자신이 밝혀 낸 크리스퍼 연구 결과를 논문으로 정리해 학술지에 제출했고 비슷한 좌절을 겪었다. 베르나우드는 프랑스 국방부 소속 학자로, 사담 후세인이 생물학적 무기를 사용할 수 있다는 우려가 높아지자 미생물 탐지 기술을 향상시킬 방법을 찾는 과제를 맡았다. 2002년 말에는 1960년대 중반 베트남에 페스트가 발생했을 때 분리된 수십 종의 페스트균Yersinia pestis에서 추출한 DNA를 확보했다. 당시에 활용할 수 있는 최상의 유전학적 기술을 동원한 결과, 베르나우드는 이 여러 종류의 페스트균이 딱 한 곳만 빼고 동일하다는 사실을 알아내고 차이가 있는 부분에 6번 미소부수체MS06라는 이름을 붙였다. 그레고리 살비뇰Gregory Salvignol이라는 대학원생이 MS06의 염기서열을 더 상세히 분석한 결과 이 부분은 크리스퍼로 드러났다. 베르나우드 연구진은 MS06에 바이러스의 DNA에서 유래한 새로운 스페이서가 있다는 사실도 확인했다. 이들 역시 이 구조가 세균 면역계의 한 부분이라는 의견을 제시했다. 2003년 7월에 작성된 논문 초안에는 "과거의 유전학적 공격"을 기록한 "방어 메커니즘"이라는 표현이 나온다.

베르나우드도 모히카와 마찬가지로 여러 번 퇴짜를 맞는 우울한 상황을 견뎌야 했다. 〈미국 국립과학원 회보PNAS〉에 모히카가 논문을 제출하고 바로 이어서 사상 최초로 제목에 '크리스퍼'라는 용어가 들어간 논문을 제출했지만, 2003년 11월에 검토 절차도 없이 게재할 수 없다는 답변을 받았다. 〈세균학회지〉(2회), 〈핵산 연구〉, 〈유전체 연구〉에서도 같은 일이 반복됐다. 2004년 7월에 〈미생물학〉에 제출한 후에야 마침내 2005년에 발표됐다.[18]

두 사람이 문을 두드린 학술지 중 어느 한 곳이라도 게재를 결정했다면, 크리스퍼의 초기 역사는 크게 바뀌었을 것이다. 베르나우드는 프랑스 국립연구원에 연구비를 신청했지만, 3년을 내리 실패했다. 크리스퍼에 관한 세 번째 논문은 프랑스 농업부에서 일하던 러시아 출신 미생물학자 알렉산더 볼로틴Alexander Bolotin에게서 나왔다. 볼로틴은 스페이서 DNA의 수와 박테리오파지에 대한 민감도에 상관관계가 있다고 보고 "스페이서는 염색체 외에 다른 유전 요소가 과거에 침입한 흔적"이라고 추론했다.[19]

고세균의 경우 약 90 퍼센트가 크리스퍼를 갖고 있지만, 세균은 40퍼센트 정도에만 크리스퍼가 존재한다는 사실이 밝혀졌다. 모히카는 그 이유가 세균에는 크리스퍼 외에도 활용할 수 있는 방어 기능이 더 많기 때문이라고 설명한다. 크리스퍼는 유전자의 수평 이동을 저지하므로 미생물의 진화에서 유전학적인 방어막으로 기능한다. "유전물질의 이동을 막는 방어막과 바이러스의 침입을 막는 방어 기능 중에 어느 쪽이 더 나을까요?" 모히카의 말이다.

스페인에서 배출한 과학 분야 노벨상 수상자는 1906년 수상자인 산티아고 라몬 이 카할Santiago Ramón y Cajal과 1959년 수상자 세베로 오초아Severo Ochoa 두 명뿐이다. 모히카는 자신을 노벨상 후보로 점 치는 이야기를 들을 때면 그저 웃어넘기지만, 큰 부담을 느끼는 것 도 사실이다. "제가 그 상을 받을 자격이 있다고 생각하는 분들이 있 다는 건 기쁘고 너무나 감사한 일입니다. 하지만 그럴 가능성이 있 을까 생각해 보면, 뭐라고 해야 할까요. 그건 미친 일이죠! 노벨상은 함부로 기대할 수 있는 그런 상이 아니니까요."

알리칸테로 돌아가기 전, 아직 점심시간 전이었지만 나는 모히 카와 맥주를 한 잔씩 마셨다. 그는 호주에서 3주간 강의를 할 예정 이었다. 대부분의 학자들이 열망하는 커리어가 착착 이어지고 있었 다. 나는 '대부'라는 별명이 붙은 이 미생물학자가 갑자기 찾아온 유 명세에 어떻게 대처하고 있는지 궁금했다. 모히카는 올리브가 담긴 그릇을 뒤적이며 잠시 생각하더니, 텅 빈 레스토랑임에도 거의 속삭 이듯 작은 소리로 대답했다. "정말 싫어요……. 너무 싫습니다." 예 상과는 전혀 다른 반응이었다. "저는 조용히 살고 싶습니다." 머리를 가로저으면서 이야기했다. "연구하고, 아내가 있는 집으로 퇴근하 고, 그냥 그렇게 살고 싶어요."

✕⬤✕

크리스퍼의 발전 과정에 중대한 기점이 된 다음 단계가 무엇인지 혹시 내기를 거는 사람이 있다면, 덴마크의 요구르트 업체 다니스코Danisco가 등장한다는 사실만큼 희한하게 느껴지는 일도 없을 것이다. 그러나 이 회사의 과학자에게 발효유 제조에 필요한 종균을 배양할 때 박테리오파지에 오염될 가능성을 없애는 일은 상업적으로 가장 중요한 과제다. 크리스퍼 기술의 다음 도약은 지구상에서 치즈 생산을 가장 중요하게 여기는 두 곳인 프랑스와 위스콘신에서 이루어졌다.

필립 호바스Philippe Horvath는 프랑스 스트라스부르에서 남쪽으로 80킬로미터 정도 떨어진 독일 국경과 가까운 지역에서 태어났다. 내가 리투아니아 빌뉴스에서 그와 만나 어느 레스토랑으로 향하던 날은 건물 외부에 설치된 대형 스크린에 월드컵 경기가 중계되고 있었다. 호바스는 잠시 걸음을 멈추고 점수를 확인했다. 크로아티아가 준우승을 거두어 모두를 깜짝 놀라게 한 2018년, 결승 진출을 향해 나아가고 있었다. "제 이름이 헝가리어로 '크로아티아 출신'이라는 의미라는 걸 혹시 아셨나요?" 호바스가 내게 물었다.[20] (제가 그걸 왜 알아야 하죠?!)

그는 스트라스부르 대학교에서 박사 과정을 공부하던 시절에 락토바실러스 플란타룸Lactobacillus plantarum의 유전체를 연구했다. 발효된 빵 반죽이나 김치, 피클, 사워크라우트(양배추를 절여서 발효시킨 음식—옮긴이)와 같은 발효 식품에 전통적으로 활용되어 온 미생물이다. 과연 이 연구가 박사 학위에 필요한 논문 주제로 적합한가 하는 의구심이 들었다. 호바스가 내 표정을 힐끗 보고는 그런 생각을 읽었는지 단호히 말했다. "대장균처럼 흔해 빠진 미생물이 아닙니다." 알자스 지방에서 사워크라우트는 주요 산업이고, 여기에 고기와 소시지, 감자를 곁들인 슈크르트 가르니는 이 지역을 대표하는 음식으로 꼽힌다.

학업을 마칠 무렵 어느 업체에서 분자 생물학자를 구한다는 광고를 본 호바스는 딱 알맞은 일자리라 생각하고 처음 쓴 이력서를 보냈다. 그리하여 2000년 12월, 그는 로디아 푸드Rhodia Food의 일원이 되었다(과거 프랑스의 유명 화학회사 롱프랑[Rhone-Poulenc]에서 시작된 회사다).* 세균의 유전학적 특성에 관한 호바스의 전문 지식 덕분에 종균 배양액, 즉 요구르트와 치즈에 들어가는 발효유 제조에 쓰이는 균의 품질이 향상됐다. 로디아 푸드는 제네럴밀스와 다농, 네슬레 등 대형 식품업체에 종균을 판매했다. 식품 발효에 활용되는 균을 먹이로 삼는 박테리오파지는 우유에서 자연적으로 발견된다. "우유가 1만 리터 담긴 탱크가 있다고 합시다. 여기에 종균을 접종했는데 그 균이 박테리오파지에 쉽게 영향을 받는 균이라면 결과는 재앙입니다!" 호바스가 설명했다. "우유가 발효되지 않고 그대로 남아 있게 되니까요."

일반적인 종균 배양액에는 3가지에서 8가지의 균이 그램당 약 1조 마리에 달하는 높은 밀도로 포함되어 있다. 많이 쓰이는 균은 락토바실러스 아시도필루스Lactobacillus acidophilus, 락토코커스 락티스Lactococcus lactis, 스트렙토코커스 서모필러스Streptococcus thermophilus이

---

* 롱프랑은 1997년에 화학 산업과 제약 산업을 분리하고 로디아 푸드를 설립한 데 이어 2년 뒤에는 아벤티스(Aventis)를 설립했다. 로디아 푸드는 그대로 화학 분과의 한 부분으로 남았다.

다. 호바스는 우유 약 2,000리터에 파우치에 담거나 벽돌 형태로 동결 건조된 종균 배양액을 넣는다고 한다. 핵심은 이렇게 접종된 균이 세포분열을 최대한 적게 하면서 젖산을 충분히 만들어서 우유의 pH가 낮아지도록 만드는 것이다. 우유에 살모넬라나 리스테리아 같은 균이 오염되어 상하지 않도록 하려면 이 산성화 과정이 단시간에 완료되어야 한다. "접종되는 균이 많을수록 증식으로 생겨나는 균의 세대가 짧아지고 박테리오파지의 위험성도 낮아집니다." 호바스의 설명이다. 인류는 수천 년 전부터 분자 수준에서 무슨 일이 벌어지는지 세세히 다 알지 못하면서도 이와 같은 방식으로 발효유를 만들어 왔다.

종균 배양액을 구입하는 업체들은 산성화와 박테리오파지에 대한 저항성을 가장 중시하지만, 발효되는 식품의 질감이나 향과 같은 다른 특징도 중요하게 따진다. "산성화가 빨리 진행되도록 하는 동시에 질감에도 신경 써야 합니다. 액상 요구르트를 드셔 본 적 있죠?" 호바스는 레스토랑에 들어가 자리를 잡으면서 물었다. "질감에 영향을 주는 균을 사멸시키는 박테리오파지를 이용해서 그런 질감을 만듭니다." 호바스 연구진은 각종 발효식품에 알맞은 다양한 종균 배양액을 개발했다. 이들이 만든 배양액은 1,000종이 넘는 프랑스산 치즈에도 사용된다. 가령 피자치즈 생산에 사용되는 종균은 카망베르 치즈를 만들 때 사용되는 것과 큰 차이가 있다. 박테리오파지는 언제든 오염되어 증식할 수 있으므로 동일한 제품에 사용되는 종균 배양액도 박테리오파지에 대한 반응성이 제각기 다른 여러 종류로 개발해야 한다.

현재 호바스가 맡고 있는 업무의 상당 부분은 모세균을 공격한 박테리오파지에 저항성을 나타내는 딸세포를 선별하는 일이다. 이 작업에는 적자생존의 원칙이 적용된다. 박테리오파지에 영향을 받는 균을 실험실에서 배양한 뒤 박테리오파지를 넣고 그 속에서 살아남는 균, 즉 박테리오파지 비반응성 돌연변이가 자연적으로 발생하도록 유도하는 것이다. 저항성을 가진 세균은 세포 표면에 박테리오파지가 달라붙지 못하게 만드는 변이가 일어나는 것으로 추정된다.

2002년 9월에 네덜란드에서 개최된 젖산균 관련 심포지엄에 참석한 호바스는 우연히 알렉산더 볼로틴의 연구 내용이 담긴 포스터를 발견했다. 'SPIDR(간격을 두고 분포하는 직접 반복서열)'라고 이름 붙여진 반복적인 DNA 모티프에 관한 내용이었다. 나중에 크리스퍼로 불리게 된다. "우리가 발견한 반복서열이 포함된 부분은 미생물의 종류를 구분하는 데 매우 유용하게 쓰일 수 있다." 볼로틴의 포스터에는 이런 설명이 포함되어 있었다. 큰 호기심이 생긴 호바스는 사진으로 촬영해 두었다.

연구소로 돌아온 뒤, 호바스는 자신의 연구진이 사용하는 연쇄상구균의 균주 중 하나LMD-9를 볼로틴이 연구한 균주를 포함한 다른 균주와 비교해 보았다. 그리고 SPIDR 반복서열 부분 전체에 스페이서 DNA가 굉장히 다양하게 포함되어 있다는 흥미로운 사실을 확인했다. 균주마다 서로 비슷하지만 각기 다른 DNA 지문이 있음을 알게 된 것이다. 호바스는 또 다른 사실도 알아냈다. SPIDR에서 교대로 나타나는 일부 염기서열이 바이러스의 DNA와 일치한다는 점이다. 이는 스페이서 DNA와 박테리오파지의 DNA에 뭔가 연결고리가 있다는 단서였다. "우리 연구진은 스페이서 염기서열을 당시에 알려진 (바이러스) 염기서열과 비교해 보았고, 박테리오파지의 염기 서열과 일치하는 부분을 발견했습니다. 2003년에 말이죠!" 모히카 와 소수의 연구자만 크리스퍼 반복서열에 조금 관심을 기울이던 시 기였다. 호바스는 이 연구 사업을 'CRISPy-SPIDRs'로 명명하고 회사 의 윗사람들이 관심을 갖도록 열심히 노력해 봤지만 소용없었다. 화 학회사의 식품 분과에서 잘 알려지지도 않은 바이러스 생물학을 연 구한다는 계획에 손을 들어 줄 리 없었다. "그 연구는 그만하라는 소 리를 들었습니다." 호바스가 전했다. 그러나 그도 모히카처럼 컴퓨 터로 계속 검색하면서 크리스퍼 연구를 놓지 않고 이어 갔다.

다니스코가 로디아 푸드를 사들이고 식품 성분을 생산하던 이 덴마크 업체가 또 다른 덴마크 업체 크리산툼Chrysanthum에 이어 종 균 배양액 시장에서 2위 업체로 우뚝 서자 분위기는 바뀌었다. 2004 년에는 빵의 절반, 아이스크림의 3분의 1에 다니스코에서 생산한 색 소나 식품의 질감을 조정하는 첨가물, 유화제 성분이 사용됐다. 회 사의 재정이 급속히 좋아지자 호바스의 연구도 다시 힘을 얻었다. 그해 12월에는 마침내 DNA 염기서열 분석 장비를 들일 수 있게 되 었다. "그걸로 무엇을 했을까요? 크리스퍼 염기서열을 분석했습니 다! 분석을 할수록 더 확실하게 드러났어요!"

크리스퍼의 짧은 역사에서 중차대한 발견이 그의 목전에 다가왔 다. 프랑스에서 건너와 치즈의 땅이라 불리는 미국 위스콘신에서 연 구하던 다른 학자의 상황도 비슷했다.

"저는 원래 프랑스에서 살았어요."[21] 노스캐롤라이나 주립대학교의 식품공학과 교수 로돌프 바랑고우의 이야기다. 우리는 그곳 대학의 '21세기 헌트 도서관'에서 이야기를 나누었다. 시트콤 〈제슨 가족The Jetsons〉에서 튀어나온 것처럼 굉장히 인상적인 구조의 건물이었다. 바랑고우는 자칫 오만하다는 오해가 생길 만큼 자신감 넘치는 사람이었다. 농구를 하다가 큰 부상을 입고 허리에 통증이 생긴 후부터 카우보이 부츠를 즐겨 신게 되었다고 하는데, 그런 차림새도 인상에 한 몫 하는 것 같다. 지금도 검소하게 대학원 때 장만한 혼다 어코드를 몬다는 그의 자동차에는 '크리스퍼CRISPR'라고 적힌 맞춤 번호판이 달려 있다.

바랑고우는 파리에서 태어났지만, 박사 과정을 공부하러 노스캐롤라이나에 온 후로는 '타르 힐'이라고도 불리는 이 지역에 매료됐다. 다니스코 사로부터 학비 지원을 받으며 공부하면서 차세대 프로바이오틱스와 발효유에 쓰이는 종균 배양에 흥미를 느꼈다(그는 "파스퇴르의 정신이 이어진 것이 아닐까요."라며 다소 익살스럽게 이야기했다). 첫 번째 논문 주제는 사워크라우트의 발효와 관련된 세균과 발효 시 발생하는 바이러스였다. 여기에 SPIDR 반복서열에 관한 내용도 포함되어 있었다.

2005년 5월, 바랑고우는 아내와 함께 혼다를 몰고 위스콘신 매디슨으로 가서 다니스코의 일원이 되었다. 그해에 모히카를 비롯한 여러 학자들이 발표한 논문은 크리스퍼와 바이러스의 직접적인 연결 고리를 알리는 첫 신호탄이 되었다. 바랑고우는 종균의 유전체를 분석하면서 호바스와 계속 연락을 주고받았다. 특히 크리스퍼 반복서열의 특징을 토대로 스트렙토코커스 서모필러스Streptococcus thermophilus를 이용한 종균 배양액(요구르트 생산에 필요한 핵심 재료)을 분석해서 "그 독특한 염기서열을 기준으로 배양액에 어떤 균주가 포함되어 있고 어디에서 온 균인지" 파악했다. 그런데 호바스가 프랑스당제 생 로망의 냉동고에 오래전 얼려 둔 배양액의 균주와 새로 배양된 균주의 염기서열을 비교 분석한 결과를 통해, 크리스퍼 반복서열이 늘고 진화한다는 사실이 명확히 드러났다.

세 가지 실험이 하나의 접점에서 만났다. 먼저 바랑고우는 세균이 바이러스에 노출되면 벌어질 일을 생각해 보았다. "(세균의) 면역계가 자체적으로 활성화되고, 바이러스 유전체에 포함된 DNA 조각을 확보해 크리스퍼 부분에 특정 순서에 따라 추가한다는 사실을 확인했습니다." 스페이서와 박테리오파지에 대한 세균의 저항성에 연관성이 있다는 추정을 강력히 뒷받침하는 내용이었다.

이어 두 번째 실험을 실시했다. 위스콘신에 마련된 바랑고우의 연구실은 다니스코가 이와 같은 유전공학 실험을 허용한 유일한 곳이었다. 호바스는 DGCC7710라는 균과 1990년에 박테리오파지의 공격을 받은 후 생겨난 이 균의 (돌연변이) 후손인 7778의 염기서열을 비교했다. "갑자기 블랙박스가 열린 겁니다!" 그는 이렇게 묘사했다. 박테리오파지에 내성을 나타내는 이 돌연변이 균주를 분석한 결과, 스페이서 부분에 두 가지 스페이서가 추가로 포함되어 있다는 사실을 발견한 것이다. "우리는 1990년 실험에 사용된 박테리오파지의 염기서열을 알고 있었습니다. 스페이서 1과 2는 이 박테리오파지의 염기서열과 일치했어요. 다음 순서는 명확했죠. 이 부분이 세균에 내성을 부여한다는 것을 입증하기 위한 실험을 진행했습니다." 문제의 스페이서 두 개를 제거하자, 후손 균주에서 나타나던 박테리오파지 저항성도 사라졌다. "모균주에 이 두 스페이서를 추가하자 전에 박테리오파지의 공격을 한 번도 받은 적이 없는 균도 내성을 나타냈고요. 빙고!"

그가 이 실험을 지금까지 했던 모든 실험을 통틀어서 가장 좋아한다고 꼽을 만한 결과였다. "두 균주의 면역계가 바뀌면 바이러스에 대한 저항성의 민감도도 바뀝니다. 크리스퍼의 유전자형과 항바이러스 표현형에 직접적인 연관성이 있다는 증거였습니다."

바랑고우는 세 번째 실험에 운이 따랐다는 사실을 인정했다. 크리스퍼 모티프와 가까운 곳에는 '크리스퍼와 연관된' 이라는 뜻의 카스^{Cas} 유전자가 있다. 바이러스 DNA를 절단하는 핵산분해효소가 암호화되어 있는 부분이다. 가장 중요한 카스 유전자 두 가지를 불활성시키면 크리스퍼 시스템에 큰 타격이 발생하는 것으로 나타났다. 카스9 유전자의 활성을 없애자 면역 기능이 사라졌고, 또 다른 카스 유전자인 Csn2의 활성을 없애자 면역 기능은 유지됐지만, 크리스퍼 부분에 새로운 스페이서가 추가되는 기능이 사라졌다. "이런 경우야말로 진짜 뜻밖의 반가운 발견이 아닐까요?"

다니스코 사는 이 모든 결과를 유명한 학술지에 발표해서 널리 알리기보다 특허를 취득하는 일부터 서둘러 진행했다. 2005년 8월 26일에 처음 특허 신청서를 제출한 후 특허권을 뒷받침할 만한 추가 증거를 마련할 수 있는 1년의 시간이 주어졌다. 호바스 연구진은 숨죽인 채 누가 가로채지 않기만을 기다렸다. 발명자 명단에는 호바스와 바랑고우, 두 사람의 상사인 크리스토프 프레모Christophe Fremaux와 데니스 로메로Dennis Romero, 패트릭 보야발Patrick Boyaval(프레모와 로메로의 상사)이 포함됐다. 시간이 흐르기를 기다리는 동안 호바스와 프레모는 스트렙토코커스 서모필러스 전문가인 캐나다인 바이러스학자 실바인 모이노Sylvain Moineau에게 연락했다. 모이노는 다니스코 연구진이 확인한 결과를 재확인해 달라는 요청을 그리 반기지 않았다. 그런데 모이노 연구실에서 박사 후 연구원으로 일하던 엘렌 드보Hélène Deveau가 찾아왔다. "믿기 힘든 결과가 나왔어요." DNA 분석 결과 드보가 실험한 세균이 박테리오파지에 저항성을 갖게 되자 크리스퍼 부분도 확장된 것으로 확인되었다. 모이노는 "역사가 시작된 순간"이었다고 전했다.[22]

2006년 8월에는 특허권이 전환되어 연구 결과가 일반에 공개됐다. 다니스코 사의 혁신부 책임자로 박테리오파지의 생물학적 특징에 관한 연구로 박사 학위를 받은 에건 벡 한센Egan Beck Hansen은 이 발견에 담긴 가치를 인지하고 호바스가 논문을 발표하도록 허락했다. 호바스는 미생물학을 전문적으로 다루는 학술지를 선호했지만, 바랑고우는 〈사이언스〉에 내야 한다고 강력히 주장했다. 호바스의 동료들까지 전부 무슨 말도 안 되는 소리냐고 코웃음 쳤지만, 바랑고우는 물러서지 않았다. 설사 게재할 의향이 없다는 답이 돌아온다해도 몇 주 정도 늦어지는 것 뿐이고, 그때가서 다른 학술지의 문을 두드리면 된다고 설득했다.

논문의 주요 저자 명단에는 호바스의 이름도 들어가 있지만, 사실 바랑고우가 초안을 거의 다 작성했다. "바랑고우는 큰 그림을 잘 그리고 저는 세세한 부분에 더 강해요." 호바스가 내게 설명했다. 두 사람은 2006년 10월 〈사이언스〉에 논문을 제출했고 게재를 거절한다는 답변이 돌아왔다. 크리스퍼가 지금처럼 뜨거운 관심을 얻지 못하던 시기였다. 논문을 검토한 세 사람 중 한 명은 대장균이나 고초균Bacillus subtilus과 같은 전형적인 모형 미생물에서 확인된 결과가 아니라는 점을 거절 사유로 제시했다. 그러나 〈사이언스〉의 편집자 캐롤라인 애시Caroline Ash가 호바스에게 연락해 데이터를 보충한 후 다시 재출해 보라고 이야기했다. 바랑고우와 호바스는 더 많은 카스 유전자의 기능을 없애는 방식으로 이 유전자가 세균의 박테리오파지 저항성과 관련 있다는 사실을 보여 주고, 박테리오파지 비민감성 돌연변이와 스페이서 염기서열도 추가로 확인했다. 이렇게 수정된 논문은 마침내 채택되어 2007년 3월 〈사이언스〉에 실렸다. 수수께끼 같은 크리스퍼 염기서열에 관한 첫 번째 논문이 나온 뒤 20년 만의 성과였다. 이때부터 크리스퍼는 누구나 아는 단어가 되었다.[23]

다니스코의 연구진은 세균이 보유한 크리스퍼-카스 시스템의 생물학적 기능이 바이러스에 대항한 적응 면역이라는 사실을 실험으로 입증했고 이로써 크리스퍼에 관한 연구 결과가 〈사이언스〉라는 유명 학술지에 처음 실렸다. 그보다 중요한 것은 과거 모히카와 베르노, 볼로틴의 예측이 모두 정확했다는 사실이 확인됐다는 점이다. 요구르트의 승리다!

호바스는 당시의 일을 회상해 보면 그 논문은 "새로운 면역 체계를 밝힌 미생물학의 작은 혁신이었을 뿐 2012년에 발표된 성과만큼 엄청난 혁신은 아니었다"고 이야기했다. 호바스와 바랑고우의 논문은 발트 해부터 버클리까지 금세 전해졌고 생화학자들에게 깊은 인상을 주었다. 두 사람은 과학계 행사에서도 자신들의 연구 결과를 소개했다. 이후 몇 년간 크리스퍼는 시간이 갈수록 주목 받는 주제로 떠올랐다. "우리는 크리스퍼가 얼마나 멋진 기술인지 알고 있었어요. 유전자형 분석, 백신 생산, 바이러스 DNA 절단에 모두 활용할 수 있어요." 바랑고우의 설명이다. 그러나 문제도 있었다. "유제품 산업에서는 DNA 이야기가 나오는 순간 제품에 유전자 변형이나 유전공학 기술이 쓰인 것 아니냐는 의혹부터 불거집니다." 호바스가 설명했다. "민감한 문제예요."

2011년 5월에 듀폰 사는 다니스코를 63억 달러에 매입했다. 현재 듀폰에서 생산하는 상업용 종균 배양액은 전부 크리스퍼 선별을 거친다(다른 업체들에서 생산되는 것도 마찬가지다). "나초에 뿌리는 것이든 피자나 치즈버거에 들어가든 베이징, 파리, 런던, 뉴욕, 부에노스아이레스 어디에서든 여러분이 먹는 요구르트와 치즈는 크리스퍼로 강화된 종균 배양액으로 제조한 발효유 제품일 것입니다." 피자치즈용 종균으로 개발되어 현재 듀폰 사에서 가장 큰 성공을 거둔 종균 배양 제품인 '추짓 스위프트 600CHOOZIT SWIFT 600'에도 바랑고우와 호바스의 연구 결과가 반영됐다. 듀폰 사에서는 호바스가 정리한

7,000여 종의 박테리오파지 정보를 토대로 개발된 수백 가지 종균 배양 제품을 판매한다.

〈사이언스〉에 이 획기적인 논문이 발표되고 1년이 지났을 때, 호바스는 이 자료의 인용건수가 상당히 많은 이유가 무엇이라고 생각하느냐는 질문을 받았다. 그는 크리스퍼가 기능성 식품 성분의 품질 개선과 세균에 감염되어 악영향을 주는 바이러스와 큰 관련이 있기 때문이라고 답했다.[24] 연구가 더 넓은 차원에서 영향력을 발휘했다고 생각하느냐는 질문에 호바스는 답했다. "우리 연구가 사회적으로 정치적으로 발생시킨 영향은 없다고 생각한다."

그러나 요구르트 제조회사에 다니는 이 비상한 연구자도 나중에는 이렇게 말한 것을 아마 후회했을 것이다.

4 장

텔마와 루이스

클린턴 대통령이 2000년 6월에 백악관에서 인간 유전체의 분석이 완료됐다는 사실을 발표하고 15년쯤 지난 어느 날, 제니퍼 다우드나는 버클리에 있는 자신의 연구실로 찾아온 〈뉴욕타임스〉 사진기자 앞에서 포즈를 취했다. 사진 배경에는 실험대 아래에 있는 정육면체 모양의 냉동고, 벽에 걸린 피펫, 방사성 물질이니 주의하라는 낡은 노란색 경고 테이프 등 실험실의 전형적인 물건들이 가득하다. 시선을 옆으로 향하고 선 다우드나는 가느다란 선이 들어간 더블브레스티드 재킷 차림으로 손에는 새하얀(그러나 구김이 그대로 남아 있는) 실험 가운을 들고 있다.

이 사진을 보고 유전체 분석 전쟁이 한창이던 시절에 〈타임〉 표지를 장식한 크레이그 벤터가 떠올랐다. 짙은 색 정장 위에 실험 가운을 걸친 그의 모습에서는 지킬과 하이드 같은 독특한 면모가 느껴졌다. 벤터와 마찬가지로 다우드나 역시 생화학에서 별로 알려지지 않은 주제에 파고들던 헌신적인 학자에서 대대적인 변화를 일으킬 유전체학이라는 새로운 분야의 선봉에 선, 세계적인 과학계 유명인사로 급부상했다. 벤터가 유전체 염기서열 분석을 통한 생명공학 기술의 혁신에 불을 지핀 대표 주자라면 다우드나는 학교 교실부터 병원, 농장, 제약회사까지 전 세계 어디에서나 과학자가 DNA를 편집할 수 있는 보편적인 분자생물학 도구를 개발하여 크리스퍼 혁명을 일으킨 장본인이다. 무언가를 곰곰이 생각하는 것 같은 사진 속 눈빛에서 이 기술에 뒤따르는 윤리적인 논쟁과 두 어깨에 얹힌 묵직한 책임감이 그대로 느껴진다. 이 사진과 함께 실린 〈뉴욕타임스〉의 기사 제목은 "진퇴양난에 놓인 크리스퍼"였다.[1]

나는 다우드나와 1998년에 처음 만났다. 다우드나를 포함한 누구도 크리스퍼에 관해 들어본 적이 없던 때였지만, 이미 커리어는 상승세를 타고 있었다. 겨우 서른다섯이던 그해에 다우드나는 워싱턴 DC와 인접한 메릴랜드 주 체비 체이스의 깔끔하게 정돈된 20에이커 부지에 들어선 하워드 휴즈 의학연구소*에 첫발을 디뎠다. 예일 대학교의 교수였던 당시에 다우드나는 이곳 비영리 연구소가 미국 전역에서 가장 유능한 젊은 과학자를 뽑기 위해 전국적으로 실시

---

* 사업가이자 발명가, 비행사였던 하워드 휴즈Howard Hughes가 비영리 의학연구소로 설립한 곳이다. 처음에는 세금을 줄이기 위한 수단에 불과했지만, 오늘날에는 200억 달러에 달하는 기부금으로 수백 명의 연구자가 생명과학에 매진하는 곳이 되었다. 다우드나는 이곳에서 20년 넘게 연구했고, 앞으로도 20년 정도는 더 일하게 되기를 희망하고 있다. 장평, 루시아노 마라피니 같은 크리스퍼 분야의 다른 선구적 연구자도 여기 소속이다.

한 치열한 경쟁을 뚫고 신입 연구자로 선발됐다.

과학계의 혈통 면에서도 무려 두 명의 노벨상 수상자로부터 가르침을 받은 우수한 인재였다. 연간 거의 100만 달러에 달하는 풍족한 연구 지원금(당시 하워드 휴즈 의학연구소가 확보한 기부금 총액이 100억 달러였으니 그에 비하면 극히 작은 액수였다) 덕분에 다우드나는 과학적 호기심을 마음껏 채울 수 있었다. 나는 최종 합격 소식을 듣고 함께 와인으로 축배를 들었고, 그 자리에서 다우드나는 앞으로 어떤 연구를 할 계획인지 이야기했다. 구조 생물학에 관해서는 거의 아는 게 없다는 사실이 너무 티 나지 않기를 바라면서 나는 열심히 고개를 끄덕였다.

워싱턴 DC에서 태어난 다우드나는 일곱 살이 되던 해에 가족과 하와이 주도에 있는 힐로 시로 이사갔다. 아버지는 하와이 대학교에서 영어 교수로 일했고, 어머니는 지역 커뮤니티 칼리지에서 역사를 가르쳤다. 다우드나는 동식물이 가득한 힐로의 자연 환경을 벗 삼아 생물을 탐구하고 어떻게 진화했는지 관심을 갖기 시작했다. 열두 살쯤이던 어느 날 아버지가 침대에 책을 한 권 놓아두었다. 종이 귀퉁이가 여러 곳 접혀 있는 《이중나선》이라는 제목의 이 페이퍼백에는 짐 왓슨이 DNA의 구조를 발견하기까지 겪은 일들이 소상히 나와 있었다. 처음에는 탐정 소설인 줄 알고 별로 관심을 갖지 않았다. 어떤 면에서는 틀린 생각도 아니었다.

《이중나선》에는 과학을 향한 야망과 라이벌 간의 첨예한 대립이 고스란히 담겨 있다. 왓슨은 그가 전하는 로잘린드 프랭클린Rosalind Franklin에 관한 이야기에서 그대로 드러난 성차별적 태도로 큰 비난을 받았다. 그러나 '51번 사진'으로 알려진, 발표되지 않았던 프랭클린의 DNA 섬유 X선 사진은 크릭과 왓슨이 그 유명한 DNA 모형을 구축한 토대가 되었다. 왓슨은 아데닌(A)과 티민(T)이 쌍을 이루고 시토신(C)과 구아닌(G)이 쌍을 이루면서 이 4가지 DNA 염기가 서로 어떻게 결합되는지 밝혀냄으로써 3차원 퍼즐의 마지막 조각을 완성했다. 이 연구 결과는 800여 단어로 간단히 정리되어 〈네이처〉에 실렸다. 콜린 텃지Colin Tudge는 "소네트처럼 촘촘하게 압축된" 글이라고 묘사했다.[2] 1958년에 세상을 떠난 프랭클린은 노벨상을 받지 못했다. 수상의 영광은 1962년에 크릭과 왓슨 그리고 프랭클린의 전 동료였던 모리스 윌킨스Maurice Wilkins에게로 돌아갔다.

셀 수 없이 많은 여러 젊은 과학자들이 그랬듯 다우드나도《이중나선》에서 생물학자들이 DNA처럼 극히 작은 생물 분자의 구조를 밝히고 생명의 비밀을 풀어 나가는 과정을 보면서 상상의 나래를 펼쳐 나갔다. 교실만 벗어나면 늘 외톨이였다. 하와이 지역 사람들이 '하올리(원주민이 아닌 사람을 지칭하는 경멸적 표현)'라고 부르는 소수 주민이었기 때문이다. 도서관과 실험실이 도피처가 되었다. 반투명한 DNA 섬유를 유리 막대로 건져 올리는 실험도 기꺼이 맡았다. 가족들과 절친한 사이였던 돈 헴스Don Hemmes는 다우드나가 여름방학을 하와이 대학교에 있던 자신의 연구실에서 전자망원경으로 벌레와 버섯을 관찰하면서 보낼 수 있도록 해 주었다. 고등학교 때 상담교사는 "여자는 과학을 하지 않는다."라고 했지만, 그 말이 오히려 다우드나의 집념을 더 공고히 키웠다.

캘리포니아의 포모나 칼리지에서 화학을 전공하고 졸업 후 멘토이자 대학원 지도교수였던 섀런 파나젠코Sharon Panasenko의 지원을 받아 프랑스로 유학을 갈까 잠시 고민했다.[3] 그 대신 1985년에 보스턴으로 가서 하버드 의과대학에서 박사 과정을 밟기로 결정했다. 그곳에서 다우드나는 나중에 노벨상을 수상한 유능한 RNA 생화학자 잭 쇼스택Jack Szostak과 함께 연구했다. 1989년에는 쇼스택과 특정 RNA 분자가 수행하는 놀라운 효소 기능을 발견하고 유명 학술지에 논문을 발표했다. 다우드나는 RNA에 완전히 매료됐다. 당시에 인기가 많던 주제라서가 아니라 리보핵산의 다양한 특징과 기능이 알면 알수록 흥미로웠기 때문이다.

프랜시스 크릭이 처음 제시한 분자생물학의 중심 원리는 'DNA-RNA-단백질'이지만 RNA의 존재가 간과되는 경우도 있었다. 이중 나선으로 된 DNA처럼 멋진 대칭성이 있는 것도 아니고, 독특하고 복잡한 3차원 구조로 되어 있거나 생명의 필수 기능을 수행하는 다양한 단백질이 암호화된 것도 아닌 그저 유전체의 일회성 복사본 정도로만 여겨졌다. 1960년에 크릭과 시드니 브레너Sydney Brenner는 DNA라는 생명의 책에서 갓 복사된 정보를 세포핵을 넘어 단백질 생산 공장에 해당하는 리보솜으로 전달하는 전령 RNAmRNA가 존재할 것이라는 가설을 세웠다.

다우드나는 RNA를 중점적으로 연구하면서도 유전학의 다른 분야에서 새로운 길을 개척하던 동료들의 행보를 예의 주시했다. 헌팅턴 병이라는 불치병에 시달리는 환자를 돕고 싶어 하는 짐 구슬라Jim Gusella라는 학자도 그중 한 명이었다. 과녁의 정중앙을 정확히 조준하고 다트를 던지는 사람처럼, 구슬라는 1983년에 처음 실시한 실

험에서 헌팅턴 병의 원인 유전자가 있는 곳이 4번 염색체라고 집어
냈다. 그러나 운명의 장난이었을까. 구슬라의 연구진은 그로부터 10
년이 흐른 뒤에야 이 염색체에서 원인 유전자를 찾아낼 수 있었다.

다우드나는 다음 행보에서 또 다른 노벨상 수상자와 함께했다.
1989년에 노벨상을 수상한 톰 체크Tom Cech와 콜로라도에서 3년간
RNA 효소를 연구했다. "저는 제니퍼가 그 (노벨상 수상자) 두 사람의
연구에 분명 일조했으리라 생각합니다." 제니퍼의 동료 바버라 메
이어Barbara Meyer의 이야기다. 다우드나가 시간 여행을 할 줄 아는 사
람이라면 충분히 가능한 일이었으리라. 이후 다우드나는 예일 대학
교에 자신의 실험실을 꾸렸고, 금방 주목을 받았다. 유전자 편집 분
야의 유명한 연구자인 빅 마이어Vic Myer는 그때를 이렇게 회상했다.
"영리하고 활기차고 통찰력이 깊고 아주 좋은 질문을 던질 줄 아는
사람이었습니다. 과학에서 의욕을 얻고 과학에서 즐거움을 찾는 위
대한 사람입니다."4

2002년에는 예일을 떠나 집과 가족이 더 가까이에 있는 캘리포
니아 버클리로 연구실을 옮기고 대형 싱크로트론(입자 가속기의 일종-
편집자)을 활용한 구조 생물학 연구를 시작했다. 톰 체크의 연구실에
서 만나 부부가 된 남편 제이미 케이트Jamie Cate도 바로 옆방에 연구
실을 꾸렸다. 지구에 맨 처음 등장한 생명이 RNA 분자 형태였을 가
능성이 있다는 'RNA 세계 가설'에 과학계의 관심이 집중되던 시기
였다.

버클리의 미생물학자 질 밴필드Jill Banfield는 세균과 고세균의 새로운 종을 밝혀서 나뭇가지처럼 뻗어간 생물의 진화 경로에 관한 우리의 지식을 확장시킨 인물이다. 밴필드는 희귀한 미생물을 찾기 위해 고고학자처럼 고국인 호주에 형성된 염수호부터 콜로라도의 광산, 옐로스톤 국립공원의 간헐천, 단순한 형태의 지하수 우물까지 환경이 독특한 곳만 찾아다녔다. 밴필드의 연구진은 이처럼 극한 환경에 서식하는 새로운 미생물을 지금까지 수백 종 찾아냈다. TV 프로그램 〈서바이버〉에 출연했다면 10억 년쯤 생존했으니 무조건 1등을 차지했을 법한 미생물들이다.

그런데 2006년에 당혹스러운 상황을 맞이했다. 같은 장소에서 채취한 동일한 생물은 당연히 염기서열도 같을 것이라 생각했는데, 염기서열이 완전히 같은 생물은 하나도 없다는 사실을 알게 되었다. "정말 충격이었습니다." 밴필드는 당시를 회상하면서 이렇게 전했다. 밴필드가 우연히 찾아낸 것은 빠른 속도로 진화하는 크리스퍼 부분이었다. 그러던 중 미국 국립보건원의 키라 마라코바Kira Makarova와 유진 쿠닌Eugene Koonin이 과학계에서는 보기 드문 솔직한 고백을 했다는 뉴스를 접했다. 두 사람은 과거에 크리스퍼와 관련된 유전자가 DNA 수선을 담당할 것이라는 견해를 밝혔는데 그 생각이 틀렸다고 정정한 것이다. 마라코바와 쿠닌은 이전의 가설을 철회하고 크리스퍼는 유전학적 방어 체계이며 RNA 간섭RNAi으로 불리는 메커니즘을 통해 표적 바이러스가 결정된다고 설명했다. RNA 간섭을 발견한 스탠퍼드 대학교의 앤디 파이어Andy Fire와 매사추세츠 대학교의 크레이그 멜로Craig Mello는 노벨상을 수상했다.[5]

밴필드는 검색엔진에 'RNAi'와 'UC 버클리'를 동시에 입력해 보았다. 맨 처음 나온 이름이 다우드나였고, 밴필드는 연락해 보기로 마음먹었다. "제가 연구를 하다가 문제가 생겼는데, 지금 연구하시는 내용으로 볼 때 상당히 흥미를 느끼실 것 같습니다."[6] 이와 함께 밴필드는 당시 과학계에 새로 등장한 용어였던 크리스퍼를 언급했다. 연락을 받은 다우드나도 구글 검색 창에 밴필드의 이름을 넣고 검색했다. 그리고 며칠 후, 지질 미생물학자와 RNA 생화학자는 버클리 캠퍼스 중심에 있는 유명한 만남의 장소 '프리 스피치 무브먼트 카페'에서 만났다. 야외 테이블에 자리를 잡고, 밴필드는 세균의 유전체 염기서열을 분석했으며 새로 발견한 생물 중 일부에서 회문형으로 반복되는 희한한 염기서열이 모여 있는 부분이 나타났다고 설명했다.

밴필드는 노트를 꺼내 원형의 세균 유전체를 그렸고, 자신이 발견한 DNA의 그 독특한 부분을 도형으로 그려 보여 주었다.

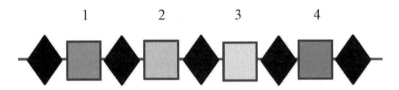

크리스퍼 배열: 질 밴필드는 다우드나와 처음 만난 자리에서 반복되는 염기서열(다이아몬드 모양)과 바이러스 DNA에서 유래한 스페이서(사각형)가 번갈아 배치된 크리스퍼 배열을 직접 그려서 보여 주었다.

염기 30개 정도의 길이로 된 동일한 모티프가 연이어 나타나고 그 사이사이에 제각기 다른 염기서열이 끼어 있는 크리스퍼 배열이었다. 밴필드는 사이에 낀 염기서열을 사각형으로 그리고 번호를 매겼다. 겉으로 봐서는 아무런 공통점도 찾을 수 없었지만, 밴필드는 이 스페이서 부분이 바이러스에서 유래했고 세균 유전체의 다른 부분보다 진화 속도가 더 빠르다는 사실까지 알고 있었다. 그런 다음, 크리스퍼가 RNAi와 관련 있는 항바이러스 방어 체계의 청사진일 수 있다는 견해를 밝혔다. RNA의 구조와 기능에 관한 한 세계 최고의 전문가 중 한 사람이던 다우드나에게 완벽한 동료가 나타난 순간이었다.

밴필드는 미생물의 방대한 다양성에서 "진화 역사의 무게"를 느낄 수 있다고 이야기한다. 이토록 방대한 미생물에 관한 밴필드의 전문적 지식이 크리스퍼라는 도구 상자에서 여러 가지 새로운 도구가 발굴되는 길을 열었다. 2013년에는 터프스 대학교의 킴 시드Kim Seed 연구진이 놀라운 결과를 발표했다. 암살자에게 붙들린 인질이 적의 무기를 몰래 빼돌리는 것처럼, 세균의 DNA에서 크리스퍼 반복서열을 조금씩 슬쩍 빼돌린 후 숙주 세포에서 발현시키는 박테리오파지가 발견됐다는 내용이었다.[7] 밴필드 연구진도 점보 파지로 불리는 박테리오파지를 발견했다. 유전체가 일부 세균보다 크고 생물과 무생물의 경계에 있는 점보 파지는 서구식 식생활을 접해 본 적 없는 방글라데시 사람들의 장내 미생물군에 은근슬쩍 끼어드는 것으로 나타났다. 또한 크리스퍼 시스템을 이용해 세균의 방어 메커니즘을 피할 뿐만 아니라 경쟁 관계인 다른 바이러스의 감염까지 방해할 수 있는 것으로 밝혀졌다.[8]

관심 있는 연구 분야와 전문 분야가 다르고 각자 대규모 연구진을 이끌던 이 두 여성 과학자가 협력해서 함께 논문 한 편을 내기까지는 몇 년이 걸렸지만, 밴필드가 다우드나의 흥미를 자극한 것은 엄연한 사실이다. 세계적으로 성공한 미생물학자로 꼽히는 밴필드는 크리스퍼가 발전해 온 모든 과정에서 자신이 얼마나 중추적인 역할을 했는지 떠올리면 그저 웃음만 나온다고 했다. "제가 죽은 뒤에 비석에 이런 글귀가 적히겠죠. '제니퍼 다우드나에게 크리스퍼-카스에 관해 이야기하다.' 마치 그게 제 삶의 한 줄 요약인 것처럼 말이에요!"[9]

2007년 새해가 시작되고 첫 몇 개월간 다우드나의 연구실에 박사 후 연구원 두 명이 새로 합류했다. 이곳 연구실에 크리스퍼를 도입한 블레이크 위든헤프트 그리고 다우드나 연구실이 해 온 고유한 연구를 공고히 이어 간 마틴 지넥Martin Jínek이다.

지넥은 폴란드와 국경이 맞닿은 체코 공화국의 도시 트르지네츠 출신이다. 서쪽으로 160킬로미터 정도 떨어진 곳에는 유전학의 탄생지인 브르노가 있다. 지넥은 몇 년 앞서 그곳에 강의를 하러 간 적이 있지만, 그레고어 멘델이 연구하던 수도원에는 가 볼 생각도 하지 않았다. 열여섯 살에 장학생으로 선발되어 영국의 사립 기숙학교에 다니고 졸업 후에는 케임브리지 대학교에 진학하여 4년간 화학을 공부했다. 그러나 관심은 늘 생물학으로 쏠려 있었다. 특히 RNA에 흥미를 느꼈는데 쇼스택, 체크와 더불어 다우드나가 줄줄이 거둔 성공도 이러한 흥미에 적지 않은 영향을 주었다. "RNA는 참 다재다능한 분자라고 생각합니다." 지넥은 내게 이야기했다. "촉매 작용을 하거나 3D 구조를 형성하기도 하고 정보를 전달하기도 하죠. 아주 만능이에요." 나는 이 말을 들으면서 지넥이 학창 시절에 자주 접했을 크리켓에서 이런 표현을 배웠으리라 생각했다.

독일로 건너가 박사 과정을 마친 지넥은 RNAi를 연구하기로 결심했다. 마침 다우드나 연구진이 RNA에 작용하는 다이서dicer라는 중요한 효소의 구조에 관한 논문을 발표한 직후였다. 다우드나는 다이서가 RNA 염기서열의 길이를 측정해서 정확한 길이로 자르는 "분자 수준의 자"와 같다고 설명했다. 당시 RNAi는 생명공학 분야에서 엄청난 관심을 끌던 주제였고, 앨라일람 파마슈티컬스Alnylam Pharmaceuticals나 모더나Moderna처럼 이 기술을 활용하기 위해 설립된 새로운 회사까지 등장했다. 지넥은 바랑고우 연구진의 논문이 〈사이언스〉에 실리기 직전에 버클리에 도착했다. 크리스퍼를 향한 관심이 절정에 달한 시기였다. 다우드나의 연구실에서도 다함께 논문을 검토하는 회의 시간에 이 논문에 관한 이야기가 오갔다. "다들 굉장히 들떠 있었습니다." 지넥은 회상했다. "우리는 RNA 간섭처럼 RNA 중심으로 이루어지는 메커니즘일 것이라고 판단했어요. 분명히 어딘가 연결고리가 있을 거라고 말이죠."

얼마 지나지 않아 몬태나 출신의 가무잡잡한 과학자가 다우드나와 면접을 보기 위해 연구실을 찾아와 크리스퍼 연구에 관해 이야기했다. "바랑고우 연구진의 논문을 다함께 검토한 직후라 모두 크리스퍼에 관해서는 잘 알고 있었죠. 제니퍼도 마찬가지였고요." 몬태나에서 온 이 과학자는 합격했고 다우드나의 연구실에서 처음으로 크리스퍼 실험을 진행했다. 위튼헤프트가 관심을 둔 것은 박테리오파지가 세균을 감염시키는 경로 그리고 세균이 박테리오파지의 감염을 물리치는 경로였다. 밴필드처럼 그 역시 옐로스톤 국립공원 같은 극한 환경에 서식하는 미생물 검체를 채취한 경력이 있었다. "블레이크의 합류는 다우드나의 연구 방향에 더없이 큰 추진력이 되었다고 생각합니다." 그로부터 2년 뒤에 들어온 로스 윌슨Ross Wilson의 말이다.[10]

지넥은 크리스퍼 연구에 참여하지 않았지만, 위튼헤프트와 각자 진행 중인 연구에 관해 자주 이야기를 나누며 친구가 되었다. 그러다 위튼헤프트가 카스1Cas1이라는 DNA 절단효소의 단백질 결정 구조를 관찰할 수 있도록 도우면서 처음으로 크리스퍼 연구에 본격적으로 참여하게 되었다. 이 연구 결과는 2009년에 발표됐다.[11] 오후가 되면 함께 버클리 힐에서 자전거를 타며 잠시 머리를 식히곤 했다. 윌슨은 두 사람이 쫄쫄이 바지를 입고 온몸이 땀에 절어 연구실로 들어서던 때를 떠올리며 고개를 가로저었다.

이처럼 크리스퍼에 흥미를 느끼고 연구로 순조롭게 진행되고 있었으니, 2009년에 생명공학 분야에서 가장 유명한 사람이 다우드나에게 거부하기 힘든 제안을 하자 관심이 쏠린 건 당연한 결과였다. 다우드나는 당시에 중년의 위기 비슷한 것을 겪던 참이라 과학적으로 도전할 만한 새로운 일을 찾았다고 인정했다. "커리어가 마무리될 때쯤 그래, 내가 어느 정도 멋진 일을 해냈고 재밌었고 사람들이 부러워하는 논문도 몇 편 냈어라고 생각할 수도 있지만, 과연 내가 어떤 문제를 해결하는 데 정말로 보탬이 됐다고 말할 수 있을까 하는 생각이 들었어요." 리사 자비스Lisa Jarvis라는 기자와의 인터뷰에서 다우드나는 말했다.[12]

다우드나에게 제안한 사람은 하워드 휴스 의학연구소 시절의 동료이자 전 세계적으로 가장 큰 성공을 거둔 최고의 생명공학 회사로 꼽히는 제넨텍Genentech에서 당시 연구개발부총괄자로 있던 리처드 쉘러Richard Scheller다.[13] 신약과 새로운 치료법 연구에 RNA에 관한 전문 지식을 활용해 볼 수 있는 기회를 제시한 것이다. 다우드나가 제넨텍의 신약 연구부에 새로운 부대표로 정해졌다는 소식이 언론에 발표되고, 지넥과 함께 〈네이처〉에 발표한 논문[14]에 기재된 저자의 주소를 바꿔 달라는 요청까지 해 둔 상태였다. 다우드나는 연구실 식구들이 샌프란시스코 남부에 있는 새 일터로 함께 가길 바랐지만 지넥은 산업체 일이 별로 끌리지 않아서 갈등했다. 함께 가지 않는다면 다우드나의 남편 연구실로 가서 박사 후 연구원 과정을 마칠 계획이었다.

그러나 얼마 못 가 다우드나의 생각이 바뀌었다. "지금까지 해 온 일이 내가 가장 잘하는 일이고 진정으로 좋아하는 일임을 깨달았습니다. 그것은 창의적이고, 무엇에도 매이지 않는 과학입니다." 다우드나는 이렇게 밝혔다. 제넨텍에서 두 달간 힘든 시간을 보내고 그 자리에서 물러난 다우드나는 버클리로 돌아와 하워드 휴스 의학연구소의 교수직을 되찾았다. 이제 대학의 행정 업무에서도 벗어나 "창의적이고 정신 나간 프로젝트"를 마음껏 추진할 수 있게 되었다. 임상적인 관련성과는 거리가 멀 수 있지만, 다우드나는 그런 과학이 좋았다. 그때 선택할 수 있었던 가장 정신 나간 프로젝트가 크리스퍼였다. "제넨텍에서 일해 보고 다시 버클리로 돌아온 그 시간이 없었다면 아마 크리스퍼와는 아무 상관없는 삶을 살았을 겁니다." 다우드나도 인정했다.[15]

2010년에 촬영된 연구실 단체 사진에는 위든헤프트와 지넥, 대학원생 레이첼 하울위츠Rachel Haurwitz, 그리고 오랜 세월 연구실의 관리를 맡은 카이홍 주Kaihong Zhou 등 크리스퍼 연구에 함께 매진한 식구들과 다우드나의 모습이 담겨 있다. 이후 인생이 어떻게 달라질 것인지 전혀 몰랐을 이들의 모습에서는 해맑은 분위기가 느껴진다. 그곳에서 4년을 보내는 동안 지넥이 개별적으로 받은 연구 지원금은 바닥이 났다. 하지만 다우드나는 기꺼이 한 식구로 받아 주었다. 2011년에는 유럽에서 교수로 일할 기회를 찾아보려고 했지만, 캘리포니아에서 지금껏 해 온 모험에 유종의 미를 거두기로 마음먹었다. 거의 알려지지 않았던 제2형 크리스퍼 시스템을 더 자세히 연구해 보기로 한 것이다. 다우드나는 곧 지넥에게 우량주와도 같은 절호의 기회를 선사했다.

✕◇◆◇✕

다니스코의 연구진이 거둔 크리스퍼 연구 성과가 발표됐을 때 다우드나 연구진만 충격을 받은 것이 아니었다. 〈사이언스〉에 논문이 발표되고 겨우 이틀 뒤인 2007년 5월 23일에 비르기니유스 식스니스는 호바스에게 이메일을 보내 함께 연구하고 싶다는 뜻을 전했다.

리투아니아에서 크리스퍼라는 새로운 항바이러스 방어 체계가 발견된 것은 소련이 붕괴된 것과 맞먹을 만큼 중대한 사건으로 여겨졌다. 식스니스는 세균이 바이러스의 공격에 어떻게 대항하는지 알아내는 연구에 수년간 매달렸다. 그런데 웬 요구르트 회사의 과학자들이 완전히 새로운 세균의 면역 기능을 밝혀낸 것이다. 식스니스와 호바스의 만남으로 유전체 편집의 발전에 지대한 영향을 준 중요한 파트너십이 결성됐다.

리투아니아의 수도 빌뉴스는 분자생물학의 메카로 보기 힘든 곳이다. 2017년 봄에 내가 처음 그곳을 방문했을 때 소개 받은 문화유적지 중에는 과거 KGB 본부로 쓰이던 건물도 있었다.* 진짜 벌꿀 술을 곁들인 비버 스튜를 맛볼 수 있었던 식당이 자리한 도심은 좁은 중세풍 거리와 유명 디자이너의 매장이 줄지어 선 거리가 공존하는 흥미로운 분위기였다.

빌뉴스 생명공학 연구소는 도심에서 몇 킬로미터 떨어진 곳에 있다. 식스니스는 화학을 전공하고 세균에서 발견되는 제한효소(전부 합하면 4,000가지쯤 된다)의 3차원 구조와 특성에 관한 연구 성과로 명성을 얻었다.** 크리스퍼는 흥미진진하고 새로운 연구를 해 볼 수 있는 기회였다. 그러려면 우선 크리스퍼 시스템을 스트렙토코커스

---

* 이 건물의 현재 명칭은 '점령과 자유를 위한 저항 박물관'이다.
** 1980년대부터 카탈로그를 뒤져서 이 수많은 효소 중 연구에 필요한 것을 주문하기만 하면 되는 사치를 부릴 수 있게 되었다. 그런 일이 처음으로 가능해졌을 때 나는 박사 과정 학생이었고 연구실 선배로부터 그런 일이 불가능했던 시절에는 얼마 되지도 않는 효소를 직접 정제해서 얻느라 냉동고에 몇 시간씩 틀어박혀 있어야 했다는 무시무시한 이야기를 전해 들었다.

서모필러스가 아닌 다른 세균으로 옮기는 일이 급선무였다. "우리는 치즈나 요구르트 만드는 법을 모르니까요!" 식스니스는 농담 삼아 이렇게 이야기했다.

실험실의 최고 일꾼인 대장균이 가장 확실한 대안으로 떠올랐다. 하지만 어떤 크리스퍼 시스템이어야 할까? 스트렙토코커스 서모필러스의 크리스퍼 시스템은 총 4가지로 밝혀졌다. 스페이서 DNA가 모여 있다는 특징은 동일하지만, 구조나 인접한 카스 유전자는 제각기 달랐다. 식스니스는 카스 유전자의 수가 가장 적고 전체적으로 가장 단순한 크리스퍼 시스템(타입 2)을 선택했다. 박테리오파지에 대한 저항성이 발휘되려면 반드시 필요한 구성요소로 밝혀진 카스9 유전자가 포함된 시스템이다. DNA 절단효소에 해박한 지식을 적극 활용해 연구한 결과, 식스니스는 카스9 유전자의 구조에 제한효소에서 나타나는 촉매 활성 부위와 비슷한 부분이 두 군데 있다는 사실을 알아냈다. DNA를 절단하는 흥미로운 특징이 바로 이 유전자에서 비롯될 수 있음을 알 수 있는 결과였다.

리투아니아에서 나온 연구 결과는 크리스퍼 연대기에 새로 추가된 여러 성과 중 하나였다. 그러나 요구르트와 피자치즈에 쓰인 종균 배양액에서 나온 결과가 보편적인 유전자 편집 기술로 탄생하기까지 5년이라는 시간이 걸렸다. 식스니스가 얻은 결과를 토대로, 이제 몇 가지 실질적인 의문을 해결해야 할 차례였다. 세균에 침입한 박테리오파지로부터 크리스퍼의 스페이서 DNA가 될 부분을 획득하고 그것이 세균의 유전체에 연결되는 과정은 어떻게 이루어질까? 그리고 이 부분은 이후 세균에 새로 침입한 박테리오파지를 표적으로 삼고 파괴하는 무기로 어떻게 활용될까?

모이노 연구진은 카스9과 DNA가 처음 접촉할 때 인식되는 핵심 염기서열을 최초로 밝혔다.[16] 또한 박테리오파지에 돌연변이가 생기거나 크리스퍼가 매개하는 이러한 파괴 기능으로부터 박테리오파지가 "벗어날 수" 있게 됐을 때 크리스퍼 반복서열과 더불어 모히카가 팸PAM이라고 칭한 이 프로토스페이서 인접 모티프Protospacer Adjacent Motif에 연속적으로 나타나는 단일 염기 돌연변이도 찾아서 정리했다.[17]

이후 세계 곳곳의 여러 연구자들이 수년간 크리스퍼 면역 시스템이 가동되는 세부적인 분자 메커니즘의 퍼즐을 맞춰 나갔다. 영국에서 아이들이 파티에서 즐겨 하는 게임인 '선물상자 전달하기'와 비슷한 양상이 나타났다. 음악이 흐르는 가운데 여러 겹의 포장지에 싸인 선물상자를 옆 사람에게 차례로 건네고 음악이 갑자기 중단됐을 때 상자를 들고 있는 사람이 포장지를 한 겹 벗기는 게임이다. 밴필드는 자신이 보유한 미생물 검체에서 찾아낸 크리스퍼를 모두 정리한 후[18] 바랑고우에게 연락해서 크리스퍼 연구에 매진하는 사람들을 한자리에 모아 보자고 제안했다. 그리하여 2008년 여름, 30여 명의 과학자가 캘리포니아 대학교 버클리 홀에 모였다. 같은 건물 7층에서 연구하던 다우드나 연구실 사람들도 참석했다. 바랑고우는 자신이 쓰는 법인카드로 와인과 맥주를 준비했다.

네덜란드에서도 또 다른 변화가 일어났다. 바헤닝언 대학교에서 대장균의 크리스퍼를 연구하던 미생물학자 존 반 데르 오스트John van der Oost와 스탠 브로운스Stan Brouns는 크리스퍼의 스페이서가 처음에 길고 연속적인 RNA로 전사되고 이것이 잘려서 각각의 스페이서 DNA와 일치하는 개별 크리스퍼 RNA가 된다는 사실을 밝혀냈다.[19] (대장균의 크리스퍼는 제1형에 해당한다. 카스9의 기능이 5가지 단백질로 구성되는 '캐스케이드 복합체'를 통해 발휘된다는 점이 제1형의 특징이다.) 크리스퍼 연구에 중요한 이정표가 된 연구 결과였다. 10년 뒤 반 데르 오스트는 네덜란드에서 가장 명망 있는 과학상인 스피노자상을 수상해 그 공로를 인정받았다. 크리스퍼 유전자의 발전 과정을 소상히 추적해 온 비공식 기록관이라 할 수 있는 쿠닌은 "존의 연구는 절대 잊히지 않을 것"이라고 이야기했다.[20]

시카고에서는 에릭 손테이머Erik Sontheimer가 당시 박사 후 연구원이던 아르헨티나인 루시아노 마라피니와 함께 표피 포도상구균 Staphylococcus epidermis을 활용해서 또 한 가지 중대한 문제를 해결하기 위한 영리한 실험을 설계했다. 크리스퍼-카스 시스템은 바이러스 RNA를 표적 삼아 RNAi와 비슷한 방식으로 공격해야 할까, 아니면 공격 대상이 DNA여야 할까? 마라피니는 세균의 관점에서 본다면 DNA를 절단하는 것이 바이러스 유전체를 단칼에 잘라 버릴 수 있으므로 감염을 막는 더 효율적일 방법일 것이라고 추정했다. 그의 생각이 옳았다.[21] 손테이머와 마라피니는 "DNA의 24-48개(의 염기)로 이루어진 표적 염기서열을 지정해서 파괴할 수 있는 능력은 기능적으로 상당히 유용하다. 특히 이러한 시스템이 세균이 가진 본연의 기능과 별개로 기능을 발휘할 수 있다면 더욱 그러한 가치가 있을 것"이라고 설명했다.

손테이머와 마라피니는 임상과도 연계시킬 수 있는 실마리를 발견했다. "포도상구균이나 다른 병원성 세균에서 항생제 내성 유전자와 병독성 원인 요소의 지속적인 확산을 지연시킬 수 있는" 가능성을 엿본 것이다. 비록 일종의 삭제 버튼을 누르는 방식만 적용하긴 했지만, 두 사람의 연구는 크리스퍼를 이용한 정밀한 유전체 편집으로 나아 간 작은 한 걸음이었다. "우리는 크리스퍼의 용도를 바꿔서 유전체 공학에 활용할 수 있다는 가능성을 최초로 인지하고 명확히 밝혔다."[22] 그러나 이렇게 자축하는 분위기는 그리 오래가지 못했다. 손테이머가 신청한 특허는 실험 근거가 부족하다는 이유로 기각됐고, 야심차게 신청한 연구비도 아직 시기상조라 역시 실패로 돌아갔다. (12장에서 설명하겠지만, 이때부터 누가 크리스퍼 기술의 최초 발명자인가를 두고 법적 다툼이 시작됐다.)

크리스퍼를 향한 관심이 증대되면서 다른 종류의 크리스퍼 시스템도 발견됐다. 조지아 대학교의 마이클 턴스Michael Terns는 DNA가 아닌 RNA를 표적화하는 제3형 크리스퍼 시스템을 찾았다. 그 사이 다우드나는 위든헤프트, 하울위츠와 함께 크리스퍼에 관한 첫 번째 논문을 발표했다.

전자현미경으로 박테리오파지를 처음 본 순간부터 이 바이러스에 매료된 모이노는 2010년에 큰 주목을 받기 시작했다. "바닷가에 가서 양손 가득 바닷물을 뜨면, 그 안에 지금 이 지구에 살고 있는 모든 인구보다 더 많은 바이러스가 있다." 모이노의 설명이다.[23] 모이노의 주력 연구 대상은 요구르트와 치즈 생산에 꼭 필요한 스트렙토코커스 서모필러스를 감염시키는 박테리오파지였다. 그는 우리가 1년 동안 먹는 스트렙토코커스 서모필러스의 양이 10 뒤에 영(0)

을 21개 붙인 숫자(10^{21})보다 많다고 밝혔다.

모이노는 박테리오파지와 세균이 서로 우월한 자리를 차지하기 위해 지속적으로 벌이는 경쟁에 관심을 기울였다. 그리고 호바스와 바랑고우, 다니스코 연구진과의 협력 관계를 유지하면서 크리스퍼 RNA가 표적 DNA를 직접 절단한다는 사실을 밝혀냈다. 원형 DNA 분자(세균이 보유한 플라스미드)의 한 지점을 잘라 선형으로 만든다는 점과 이 잘린 부위에서 평활 말단이 형성된다는 점 그리고 각 말단과 인접한 곳에 PAM 염기서열이 있다는 사실을 확인한 것이다.[24] 〈네이처〉에 실린 이 연구 결과는 모이노의 커리어를 크게 드높인 성과가 되었다.

그 사이 다른 연구자들은 지구에 살고 있는 미생물을 샅샅이 뒤졌고 점점 더 많은 종류의 카스 유전자가 계속 드러났다. 가장 큰 몫을 해낸 사람은 쿠닌과 마카로바였다. 크리스퍼의 종류와 하위 유형도 더 늘고 복잡해졌다. 2020년까지 밝혀진 크리스퍼의 종류는 6가지다. 호바스와 바랑고우가 연구하던 연쇄상구균은 우연히도 가장 기본적인 시스템인 제2형 크리스퍼로 드러났다. 매우 중요한 사실이었다.

〉〈

나는 2017년 초에 에마뉘엘 샤르팡티에게 처음 이메일을 보냈다. 답장은 바로 왔지만 "부재중"이라는 내용이었다.

시상식 참석 일정으로 이메일에 답장을 드리지 못합니다…….

　이후에도 이런 답장을 여러 번 받았다. 하지만 정말로 그럴 만한 사정이 있었다. 샤르팡티에는 2012년부터 수십 개에 달하는 저명한 상을 수상했다. 시상식마다 거의 반쯤 고정 멤버로 등장하게 된 것이 일에 방해가 되지 않느냐는 〈르 피가로〉의 질문에 샤르팡티에는 이렇게 답했다. "굉장히 독특한 경험입니다! 하지만 상 때문에 연구를 하는 건 아니에요. 저는 연구자라 우리 팀과 함께 연구실에서 조용히 지내는 것을 좋아합니다."[25] 샤르팡티에가 박사 과정을 공부하던 시절에 지도교수는 워낙 기지가 넘치는 사람이라 사막으로 된 섬에 갖다 놔도 연구실을 차릴 것이라 이야기했다고 한다.[26] 하지만 실제로는 미국에서 오스트리아로, 다시 스웨덴으로 20여 년을 이곳저곳 떠돌았으니 그 말대로 되지는 않았다. 그렇게 오랜 시간을 떠돈 뒤에 샤르팡티에는 이제 영국에 자리를 잡았다. 2012년에 나온 것만큼 큰 성과가 또 나올 것인지는 시간이 지나면 알게 되리라.

　미국에서는 샤르팡티에가 다우드나나 장펑에 비해 대중에게 크게 알려지지 않았지만, 유럽에서는 달랐다. 2015년에 〈르 몽드〉는 샤르팡티에를 유전공학 분야의 "매력적인 작은 괴물"이라고 소개하면서 "프랑스, 유럽, 미국의 가장 우수한 과학계 기관들로 이루어진 숲에 살포시 내려앉은 흉내 내기 대장 앵무새 같다."라고 묘사했다.[27] 호기심과 대담함, 자유로움까지 세 가지 뮤즈가 힘을 주는 "호전적이고 대담한" 사람으로도 여겨진다. 〈르 몽드〉는 위의 기사를 낸 이듬해에 "생물학계의 새로운 아이콘"이라는 제목의 기사에서 샤르팡티에와 다우드나를 생물의학 연구의 "델마와 루이스"라고 추켜세우며 두 사람이 개암나무 열매를 열심히 모으는 다람쥐처럼 과학계의 명예와 각종 상을 차곡차곡 모으고 있다고 전했다.[28]

오슬로에서 카블리상을 받고 겨우 몇 주 지난 2018년 9월에 샤르팡티에는 뉴욕으로 날아갔다. 컬럼비아 대학교에서 기념 강연이 예정되어 있었다.[29] 학생과 교수 수백 명이 빼곡히 들어찬 강당에서 샤르팡티에는 늘 그렇듯 좌중의 관심을 사로잡았다. 크고 호리호리한 체격이 눈에 띄는 노벨상 수상자 리처드 액셀Richard Axel도 참석했다. 조금 늦게 도착한 이 저명한 신경과학자는 맨 첫 줄에 마련된 의자에 얼른 착석했고 나중에 이 자그마한 프랑스 학자의 강연은 행사가 끝나고 스톡홀름으로 가는 동안에도 계속 떠오를 만큼 인상적이었다고 전했다. 진행자의 강연자 소개가 오늘 내로 끝나기나 할까싶을 만큼 주구장창 이어지다가 마침내 샤르팡티에의 순서가 돌아왔다. 샤르팡티에는 주최 측이 자신의 경력을 너무 과장한 것 같다며 공손하게 꾸짖었다. "제가 그렇게 많은 논문을 쓰진 않았어요! 저는 완벽주의자에 더 가까워요. 양보다는 질에 더 중점을 둡니다."

다우드나가 쓴 저서를 보면 샤르팡티에의 첫인상이 "말을 조곤조곤하게 하고 내성적인 사람" 같았다고 나와 있다. 이날 샤르팡티에의 강연을 보면서 나는 그 표현이 적절하다고 느꼈다. 크리스퍼의 연구 과정을 놀라울 정도로 차분하게 설명하고 자신의 연구를 프랑스의 전설적 분자 생물학자인 프랑수아 자코브François Jacob, 자크 모노Jacques Monod가 했던 연구와 연계시켜 소개했다. 모노가 1970년에 했던 말도 들려 주었다.

현대의 분자유전학은 고대부터 전해진 유산을 건드려서 유전학적인 '슈퍼맨'을 만드는 수단이 아니다. 오히려 그러한 희망이 얼마나 무의미한지 보여 준다. 유전체의 미세한 특성은 지금도 그리고 어쩌면 앞으로도 영원히 그러한 조작에서 배제되어야 한다.[30]

샤르팡티에는 강연을 하는 동안 청중을 거의 보지 않았다. 흐트러지지 않으려는 사람, 이야기를 공유하지 않으려는 방어적인 사람처럼 느껴지는 아주 인상적인 특징이었다. 맨 앞줄에서 액설이 꼼지락대는 모습이 보였다. 그런데 얼마 후 샤르팡티에는 자신의 이러한 태도를 두고 "세균이 움직이는 무언가와 맞닥뜨렸을 때 스스로를 어떤 식으로 방어하는지 이해하는 데 어쩌면 도움이 될지도 모른다."라고 이야기했다. 농담이기보다는 진지한 사실로 들렸다. 강연에 유머는 조금 부족했을지언정, 강연자의 겸손함은 전혀 부족하지 않았다. 운이 따라 준 것이 자신의 성과에 큰 몫을 했다는 사실도 인정했다. 샤르팡티에는 치명적인 감염을 일으킬 수 있는 화농성 연쇄상구균Streptococcus pyogenes을 연구실에서 몇 년간 배양했고 바로 이 균이 카스9의 원천이 되었다. "카스9은 화농성 연쇄상구균에서 매우 효율적으로 기능합니다." 샤르팡티에의 설명이다. "다른 세균의 카스9 단백질로도 실험해 봤고 효율성이 거의 비슷한 수준인 경우도 있었습니다. 하지만 다른 세균에서 이 단백질의 메커니즘을 발견했다면, 아마 지금 제가 이렇게 여러분 앞에 서 있는 일도 없었을 겁니다."

강연이 끝나고 청중들로부터 질문을 받는 순서가 이어졌다. 얼마 전 유럽 법원에서 GMO와 관련하여 내려진 판결에 관해서는 한

탄했고("유럽 과학자들에게는 매우 실망스러운 일") 크리스퍼의 안전성에 관한 우려는 일축했다. "크리스퍼의 메커니즘을 밝혀내는 일보다 이 기술을 설명하는 일이 더 힘든 과제입니다." 샤르팡티에는 자신감 넘치는 어조로 이야기했다. 학생들은 강연자와 함께 사진을 찍으려고 줄을 섰다. 그야말로 과학계의 진짜 유명인사라는 생각이 들었다. 나도 줄을 섰고 내 차례가 왔을 때 다른 대학 행사에 귀빈으로 참석하러 가기 전 가능하다면 인터뷰를 하고 싶다고 청했다.

다음 날 아침, 우리는 맨해튼 어퍼 이스트사이드에서 만났다. 50세 생일을 두 달 앞둔 샤르팡티에는 청바지에 재킷 차림으로 나타났다. 나는 흰색 셔츠를 말끔히 다려 입고 나왔지만, 센트럴 파크에서 비둘기 배설물에 맞는 바람에 그 흔적이 고스란히 남은 채로 마주했다. "행운이 온다는 의미 아닐까요, 저는 그런 것 같아요." 근처의 작은 프랑스 식당으로 향하면서 샤르팡티에는 미소와 함께 말했다.

〉〈

샤르팡티에는 1968년, 학생 시위와 시민의 불안이 확산된 5월 혁명이 터지고 6개월 뒤에, 파리에서 남쪽으로 25킬로미터 떨어진 곳에서 태어났다. 어릴 때부터 언니의 영향을 받아 반드시 대학에 진학하리라 결심했다. 아버지로부터 식물의 라틴어 이름을 배운 것이 생물학을 전공하고 싶은 마음이 싹튼 계기가 되었는지도 모른다. 열두 살이던 어느 날, 학교에서 돌아온 샤르팡티에는 엄마에게 나중에 파스퇴르 연구소에서 공부할 거라고 말했다. 10년 뒤에 이 다짐은 현실이 되었다. "(미생물학) 학점은 최악이었는데 전공과목이 된 거에요!" 샤르팡티에는 웃음을 터뜨리면서 전했다. 노트르담 성당이 내려다보이는 도서관에서 열심히 쓴 논문으로 미생물학 박사 학위를 딴 것은 1995년이었다.

샤르팡티에는 연구 과학자로 살아 온 삶에 관해 이렇게 밝혔다. "여러모로 제 성격에 맞는 것 같아요. 호기심이 많고, 지식을 쌓고 싶다는 지적인 욕구가 있고, 사람들과 서로 아는 것을 이야기하기 좋아하고, 팀으로 일하기를 즐기고, 복잡한 과학적 발견을 실용적인 것으로 만들어 사회에 이바지하고 싶은 열망이 있거든요."[31] 학위 과정을 마친 후에는 미국에서 6년을 보냈다. 처음에는 뉴욕 록펠러 대학교로 갔다. 그곳에서 마우스에 피부 감염을 일으키는 세균을 연구하며 생화학적인 새로운 반응 경로와 신약 표적물질을 찾는 일에 매진했다. 폐렴구균Streptococcus pneumoniae을 연구하다가 화농성 연쇄상구균으로 눈을 돌렸고, 그때부터 이 세균이 샤르팡티에가 즐겨 쓰는 생물이 되었다. 미국에서 일하는 동안 만난 재능 넘치는 여러 연구자들 중에는 기업가 정신이 강한 사람들이 많았다. 샤르팡티에는 이때 깨달은 것들을 잊지 않았다.

유럽으로 돌아가려고 했을 때는 파스퇴르 연구소에 지원할 수 있는 자리가 없었다. 대신 왓슨, 크릭과 동시대에 활동한 노벨상 수상자 막스 페루츠Max Perutz의 이름이 붙은* 비엔나 대학교의 연구소

---

*   페루츠는 1953년 초에 로잘린드 프랭클린이 왓슨, 크릭과 함께 연구한 DNA 결정에 관한 미발표 데이터를 영국 의학연구위원회 보고서에 첨부하여 공개했다. 이 데이터는 DNA 의 이중나선 구조를 밝히는 데 중추적인 역할을 한 것으로 입증됐다.

로 향했다. "독립적으로 일하는 것, 주변에 아무도 두지 않는 것이 중요했어요." 나는 자유와 연구비를 찾아 여러 곳을 찾아다닌 샤르팡티에의 의지에 놀랐다. 샤르팡티에는 주저하지 않은 건 아니라고 이야기했다. "27년 동안 5개 나라 7개 도시에 있는 10개 기관에서 일했습니다. 제 사무실은 14곳이었고, 소속된 과는 13개, 살아본 아파트는 14곳이었죠. 정말 엄청나게 돌아다닌 것 같아요!" 인센티브가 있는 곳이나 더 나은 자리가 제시되면 그렇게 매번 자리를 옮겼다.

샤르팡티에는 크리스퍼를 2006년에 처음 접했다. 데리고 있던 학생들 중 마리아 에케르트Maria Eckert와 카린 곤잘레스Karine Gonzales가 한 해 전 모히카가 했던 것과 비슷하게 컴퓨터 검색으로 DNA 염기서열을 서로 맞춰보던 때였다. 크리스퍼는 이제 미끼가 아닌 찾아야 할 목표가 되었다. 에케르트와 곤잘레스는 화농성 연쇄상구균의 유전체에서 작은 RNA가 만들어질 만한 부분이 있는지(즉 단백질이 아닌 RNA 분자가 암호화되어 있는 유전자) 열심히 찾았다. 검색 결과 가장 많이 발견된 것이 교차 활성 크리스퍼 RNAtracrRNA라는 새로운 부분이었다. tracrRNA가 암호화된 유전자는 크리스퍼 배열과 가까운 곳에 있었지만, 이런 위치의 의미를 아직 명확히 알 수 없었다. 샤르팡티에의 주된 관심사는 크리스퍼나 세균의 면역 기능이 아니었지만 이 tracrRNA에서 '주느세콰je ne sais quoi', 즉 뭔가 표현하기 힘든 매력을 느꼈다. 유전체 편집의 수수께끼를 풀 핵심 단서일 수 있다고 생각했다.

2008년 샤르팡티에는 역사가 가득한 도시 비엔나를 떠나 스웨덴 북부 내륙에 자리한 우메오 대학교로 옮겼다. 날씨는 우중충했지만, 스웨덴 분자감염의학 연구소의 분위기와 그곳 사람들은 따뜻했다. 샤르팡티에는 독일인 생화학자 요르그 포겔Jörg Vogel과 함께 tracrRNA 연구에 전념했다. 스위스와 독일을 오가는 비행기 안에서도 실험 계획을 세웠다.

이듬해 샤르팡티에 연구진은 크리스퍼-카스9 시스템과 tracrRNA의 연결 고리를 찾아냈다. "아주 간단한 실험이었어요." 샤르팡티에는 회상했다. tracrRNA 유전자의 활성을 없애자 크리스퍼 RNAcrRNA가 만들어지지 않고, crRNA의 활성이 사라지면 tracrRNA가 만들어지지 않는다는 사실을 확인한 것이다. 그러므로 카스9이 이 두 가지 RNA 분자와 물리적인 복합체를 형성한다는 논리적 결론을 얻을 수 있었다. 이와 함께 샤르팡티에 연구진은 여러 세균의 tracrRNA 염기서열을 비교 분석해 crRNA와 이중 구조를 형성하는 부분의 염기서열이 일치한다는 사실도 알아냈다. 다른 연구진들에 의해 더 복잡한 크리스퍼 시스템이 밝혀졌지만, 화농성 연쇄상구균의 제2형 크리스퍼 시스템은 바이러스 간섭에 꼭 필요한 요소가 단 하나의 유전자, 즉 카스9 유전자와 crRNA라는 것이 장점으로 여겨졌다. 여기에 세 번째 구성요소가 추가된 것이다. 샤르팡티에와 포겔의 연구에서 밝혀진 tracrRNA였다. "카스9은 이 두 가지 RNA의 가이드에 따라 작용하므로 tracrRNA는 반드시 필요한 요소입니다." 샤르팡티에의 설명이다.[32]

이러한 사실을 잘 정리해서 2010년 9월 〈네이처〉에 제출하고 한 달 뒤에는 연례 크리스퍼 학회에서 발표하기 위해 네덜란드로 향했다. 참석자가 200여 명에 이른 사실만 봐도 크리스퍼 연구에 전력을 쏟는 연구자가 그만큼 많아졌음을 알 수 있었다. 이들 중 스웨덴에서 오스트리아, 독일의 학자들과 공동 연구를 해 온 이 프랑스 과학자를 아는 사람은 거의 없었다. 샤르팡티에는 그때의 상황을 회상하며 미소 지었다. "하지만 tracrRNA 연구 결과에 큰 관심을 보였습니다." 이 연구로 샤르팡티에의 커리어는 정점에 이르렀다. "크리스퍼 연구를 선도해 온 분들이 전부 저에게 와서 악수를 청하고 '아주 중요한 걸 밝혀냈군요!'라고 말했어요." 이 행사에 참석하지 않은 주요 인사 중에는 다우드나도 포함되어 있었다. 그 때까지만 해도 크리스퍼 연구에 크게 매진하지 않을 때였다.

2011년 초에 〈네이처〉로부터 논문을 게재하겠다는 결정을 들은 샤르팡티에는 다가오는 학회를 준비하면서 연구의 다음 단계를 고민했다. 그리고 RNA 생화학과 구조 생물학 전문가가 필요하다는 사실을 깨달았다. "제니퍼에게 연락을 해 봐야겠다고 생각했어요. 혹시 카스9의 구조를 푸는 연구에 관심 있는지 물어 보기로 했죠."[33]

5 장

DNA 수술

다우드나와 샤르팡티에는 2011년 3월에 미국 미생물학회의 소규모 학회가 개최된 푸에르토리코 산후안의 인터콘티넨탈 호텔에서 처음 만났다. '세균의 RNA를 이용한 조절 기능'이라는 주제로 열린 학회였다. 각자 발표를 끝낸 뒤, 샤르팡티에는 다우드나에게 올드 산후안 지구로 산책을 가자고 제안했다. 두 사람은 정반대인 면이 많았다. 한 명은 금발에 키가 크고 다른 한 명은 흑갈색 머리에 체구가 자그마했다. 과학자로서는 샤르팡티에가 여러 면에서 후배였다. 나이도 다섯 살 어리고, 논문 경력도 적당한 수준이었으며 스웨덴 구석에 있는 대학에서 연구하고 있었던 반면, 다우드나는 두 명의 노벨상 수상자로부터 가르침을 받았고 대학 정교수인 데다 하워드 휴스 의학연구소에서 연구자로 일한 지도 15년이 되어 가던 때였다.

학계에서 최고로 꼽히는 학술지 세 곳에 낸 논문만 따져 봐도 샤르팡티에가 단 두 건인 데 반해 다우드나는 20여 편이었다.

자갈이 깔린 거리를 느긋하게 걷는 동안, 샤르팡티에는 곧 〈네이처〉에 연구팀 리더로서 처음으로 게재하게 된 연구 결과를 다우드나에게 설명했다. 실험은 석사 과정 학생인 엘릿자 델트체바Elitza Deltcheva와 폴란드 출신의 대학원생 크르지츠토프 칠린스키Krzysztof Chyliński가 주도했다.[1] 몇 년 동안 끈질기게 연구한 끝에 샤르팡티에는 tracrRNA가 크리스퍼의 항바이러스 방어 메커니즘에서 중요한 역할을 한다는 사실을 알아냈다. 이제 화농성 연쇄상구균의 카스9이 어떤 기능을 하는지 밝힐 차례였다. 그러려면 도움이 필요하다는 말과 함께 샤르팡티에는 다우드나에게 협업을 제안했다. 샤르팡티에가 여러 종류의 세균에서 찾아낸 다양한 카스9 단백질 모두 스페이서 염기서열에 해당하는 crRNA와 tracrRNA로 이루어진 이중 구조와 함께 작용한다는 사실까지 확인한 상황이었다. "크리스퍼 시스템을 실제로 활용할 수 있도록 축소시키려면 구조 생물학을 통해 단백질의 크기를 줄일 수 있는 단서를 찾고 단백질 공학에 해당하는 몇 가지 작업도 필요하므로" 먼저 이 카스9의 3차원 구조부터 밝혀내야 했다. 두말 할 것 없이 다우드나의 전문 분야였다.

두 과학자는 그 자리에서 손을 맞잡기로 결정했다. "저는 에마뉘엘이 정말 마음에 들었어요." 다우드나가 전했다. "특히 열정적인 면이 그랬어요. 저도 어떤 문제에 집중하면 그렇게 되거든요. 저와 뜻이 맞는 사람이라고 느꼈습니다."[2] 그때는 다우드나도 크리스퍼에 관한 첫 번째 논문을 발표한 뒤였다.

버클리로 돌아온 다우드나는 마틴 지넥을 설득해 샤르팡티에 연구진의 카스9 프로젝트에 참여하도록 했다. 지넥은 칠린스키와 스카이프로 통화하기 시작했다. 샤르팡티에가 비엔나에서 일하다 그곳에서 교수로 정년 보장을 받을 수가 없어 연구팀 리더의 기회가 주어진 스웨덴으로 자리를 옮긴 후에도 대학원생인 칠린스키는 비엔나에 머물렀다. 지넥이 어린 시절 텔레비전으로 폴란드 방송을 보면서 언어를 익힌 덕에 대충 폴란드어 비슷한 말로 대화를 나눌 수도 있었지만, 둘은 주로 영어로 소통했다.

지넥은 당시에 샤르팡티에의 연구진이 카스9을 정제하려고 했지만 "잘되지 않던 상황"이었다고 전했다. 푸에르토리코에서 형성된 다우드나와 샤르팡티에의 협력 관계는 그해 버클리에서 열린 크리스퍼 학회에 샤르팡티에가 참석하면서 공고해졌다. 두 연구팀의 당시 모습은 다우드나의 연구실이 있는 곳이기도 한 캘리포니아 대학교 캠퍼스 동쪽 끄트머리에 있는 스탠리 홀의 계단에서 촬영된 사진으로 남아 있다. 모두 청바지 차림이고 가운데 선 지넥의 오른쪽에는 다우드나와 샤르팡티에, 왼쪽에는 칠린스키와 이네스 폰파라Ines Fonfara(샤르팡티에 연구실의 박사 후 연구원)가 서 있다. 곧 플래티넘 앨범이 될 데뷔 음반 재킷에나 나올 법한 4인조 컨트리 뮤직 밴드의 분위기가 물씬 느껴지는 모습이다.[3]

이들에게 주어진 첫 번째 과제는 정제된 카스9 단백질을 충분히 확보해서 X선 회절 분석기로 구조를 분석할 수 있을 만큼의 결정을 얻는 일이었다. 이때까지만 해도 지넥은 유전체 편집에 큰 관심이 없었지만, 카스9이 분자 수준에서 어떤 메커니즘으로 작용하는지는 알고 있었다. "가이드 RNA가 활용되지만, 대부분의 DNA가 표적인 시스템입니다." 지넥이 설명했다. "RNA 간섭과 평행선상에 있지만 RNA가 표적이 아니라는 차이가 있죠." 이 연구는 지넥이 원래 관심이 많았던 기능, 즉 카스9 효소가 RNA를 가이드로 삼아 DNA를 절단하는 기능에 관한 흥미를 더 키웠을 뿐이다. 신문 1면 기사로 실릴 만한 성취까지는 아니더라도, 유럽으로 돌아가기 전 박사 후 연구원으로서 꽤 인상적인 마무리를 할 수 있으리라는 확신이 들었다. 지넥은 임시 실습생으로 연구실에 들어온 학생 한 명과 함께 유럽에서 보내 온 화농성 연쇄상구균 검체에서 카스9을 정제하기 시작했다. 윌슨은 그가 이 연구를 상당히 은밀하게 진행했다고 기억한다. 귀중한 카스9 플라스미드 DNA가 담긴 튜브에는 MJ923이라는 알쏭달쏭한 이름을 써 두었다. "지넥은 안심하고 이야기해도 될 때까지 늘 그렇게 연구했습니다." 윌슨의 설명이다. crRNA로만 표적 DNA를 찾는 첫 번째 실험은 실패로 돌아갔다. 그러나 지넥이 이 혼합물에 tracrRNA를 추가하자 완전히 다른 결과가 나왔다.

돌파구라고 표현한다면 너무 과장된 표현이라며 지넥이 굉장히 싫어하리라는 생각이 들지만, 유전자 표적을 찾는 데 꼭 필요한 crRNA와 tracrRNA를 융합해서 단일 키메라 RNA로 만든 것은 분명 돌파구였다. 지넥은 내게 이것이 매우 일반적인 방식임을 강조했다. 그는 생화학 연구에서 어떤 반응이나 시스템이든 필요한 요건을 최소화하고 환원주의 원칙에 따라 구성요소를 최대한 줄이는 방법을 찾으려고 노력했다. 그는 이 두 가지 RNA가 이중구조를 형성한다면 각 말단이 가까이에 위치할 가능성이 크다고 추정했다. "그렇다면 두 개를 하나로 연결해 볼 수 있겠다고 생각했습니다." 다우드나의 연구실에서는 이와 같은 시도가 드문 일이 아니었다. 예를 들어 어떤 RNA 분자의 말단에 염기 하나를 더하거나 빼면 결정이 형성되는 양상에 큰 변화가 생기기도 한다. 이러한 접근 방식으로 지넥은 crRNA의 한쪽 말단을 다듬고 마찬가지로 tracrRNA의 말단도 정리했다. 동시에 두 RNA가 연결되는 염기쌍을 어느 정도 유지되도록 남겨 두어야 했다.

지넥은 마침내 유레카의 순간이 찾아왔을 때를 겸손하게 표현했다. "우리는 제니퍼와 함께 브레인스토밍 방식으로 회의를 하고 있었습니다." '우리'라고 말했지만, 사실은 지넥 자신을 가리키는 말이다. 다우드나의 사무실에 있는 화이트보드에 크리스퍼의 각 부분을 그린 다음 함께 가만히 살펴보던 중, 두 사람은 필수요소인 두 RNA 분자를 하나로 합쳐서 단일 가이드 RNA[sgRNA]로 만들면 원칙적으로 가이드 역할을 할 염기서열을 무엇이든 미리 만들 수 있다는 사실을 깨달았다. 자연적으로 존재하는 바이러스의 염기서열뿐만 아니라 어떠한 유전자든 지정해서 표적화할 수 있음을 알게 된 것이다. 표적 염기서열과 일치하도록 염기 20개 정도 길이로 RNA 염기서열을 만들기만 하면 된다. 다우드나는 이 순간이 "모든 것을 바꿔 놓았다"고 기억한다. 그러나 버클리의 몇몇 동료들에게 처음 이런 발견을 이야기했을 때는 다들 뭐가 그렇게 대단하다는 것인지 인지하지 못했다.[4] 지넥은 "곧 크르지츠토프와 에마뉘엘에게도 알렸다."라고 이야기했다.

지넥이 키메라 RNA를 완성하기까지는 몇 주가 소요됐지만, 완성 후 얼마 지나지 않아 이 sgRNA가 예상대로 염기서열이 일치하는 DNA를 절단할 수 있다는 사실이 입증됐다. 크리스퍼가 탈렌, ZFN과 더불어 유전자 편집 기술의 도구상자에 갑자기 추가된 성과였다. 상황은 급변했다. 지넥은 다우드나의 연구실에서 매주 학생들, 박사 후 연구원들이 모여서 한 명씩 돌아가며 연구 진행 상황을 발표하는 내부 회의에서 이 결과를 발표했다. 윌슨은 그날 지넥이 sgRNA에 관한 결과를 설명했을 때 엄청난 환호가 터져 나오지는 않았지만, 이 기술을 RNA 간섭에 쓸 수 있느냐고 질문했다고 기억했다. 그때 다우드나는 이렇게 답했다고 한다. "더 괜찮은 용도로 쓸 수 있을 겁니다. 유전체 편집 같은 용도 말이죠."

지넥과 칠린스키는 2012년 6월에 열린 연례 크리스퍼 학회에서 이 결과를 발표했다. 마침 캘리포니아 대학교에서 개최된 학회였다. 식스니스도 아직 발표되지 않은 자신의 연구 결과를 공개했다. 마찬가지로 카스9이 DNA 절단 효소임을 입증한 결과였다. 윌슨은 유전자 편집이라는 표현이 명확히 언급되지 않아서인지, 전체적으로 "아주 놀라운" 반응은 없었다고 전했다. 그러나 지넥은 회의장 분위기가 점차 고조되는 것을 느꼈다. 분자 미생물학에서 애매한 입지였던 크리스퍼가 최신 생명공학 기술로 발돋움하고 있었다.

2012년 6월 8일, 다우드나는 〈사이언스〉에 논문을 제출했다. 저자 명단에 지넥과 칠린스키의 이름이 맨 앞에 나오고 다우드나, 샤르팡티에의 이름이 마지막을 장식했다(영화의 오프닝 크레디트와 마찬가지로 자연과학 분야에서도 투자자와 감독 이름이 맨 마지막에 나오는 것이 일반적인 관례다). 다우드나와 샤르팡티에는 공동 교신저자로 포함됐다. 두 사람의 기여도가 동등하다는 의미였다. 〈사이언스〉 편집진은 단 12일 만에 논문을 채택하고 제출 후 겨우 20일 만에 온라인으로 논문을 먼저 공개하며 발 빠르게 움직였다.[5]

〉◉�〈

〈사이언스〉에 실린 이 논문에는 필요에 따라 실험실에서 거의 모든 DNA 염기서열을 절단하는 맞춤형 도구로서 크리스퍼-카스9 시스템을 활용할 수 있다는 내용이 담겨 있다. sgRNA라는 유용한 도구로 어떤 연구자든 각자의 목적에 맞게 이 시스템을 손쉽게 바꿔서 활용할 수 있다. 다우드나와 샤르팡티에는 상당한 자제력을 발휘하여 다음과 같은 설명으로 논문을 마무리했다. "유전자 표적화와 유전체 편집에 응용될 수 있는 잠재성이 상당히 크다." 1953년에 왓슨과 크릭이 쓴 다음과 같은 절제된 표현이 최신 버전으로 다시 등장한 느낌마저 든다. "지금까지 우리가 제시한 특정 (염기) 쌍의 형성에 관한 사실을 토대로 유전물질의 복제 메커니즘이 밝혀질 수 있으리라 사료된다."

다우드나와 샤르팡티에가 말을 신중하게 골라 쓴 이유는 이 결과가 세균의 DNA로 국한됐기 때문이다. 크리스퍼-카스9 시스템이 식물이나 동물 세포는 물론 사람의 세포에서 작용하는지 여부는 아직 밝히지 못한 상황이었다. 대장균의 DNA도 호모 사피엔스의 DNA와 똑같이 꼬여 있는 형태의 불활성 분자이므로 형식적인 절차를 거치면 답이 나오는 문제인지, 아니면 인간과 그 밖에 고등생물의 세포핵이 생화학적으로 더 복잡하므로 기술적으로 해결해야 할 문제가 엄청나게 많은지는 알아내야 할 중요한 난제였다.

UC 버클리의 홍보 부서는 다우드나 논문의 중요성을 부각한 보도자료를 냈다. "더욱 발전된 생물연료와 치료제가 나올 가능성이 상당히 높다. 세균, 진균류 같은 유전자 변형 미생물로 이러한 화학 물질은 물론 다른 귀중한 화학 제품의 생산 방식을 친환경으로 만드는 데 핵심적인 역할을 할 것으로 전망된다"[6] 같은 자랑스러운 설명도 포함됐다. 그러나 임상학적 면에서 사람에게 어떤 영향을 줄 수 있는지는 이 논문의 범위를 한참 벗어나는 내용이므로 전혀 언급되지 않았다. "프로그램 가능한 DNA 가위"를 개발한 것과 관련하여 한마디 해 달라는 요청에 답한 다우드나의 말에는 이 연구 결과에 과도한 의미가 부여되지 않기를 바라는 솔직한 심정이 그대로 담겨 있다. "우리가 발견한 것은 RNA를 가이드로 삼아 이중나선 DNA가 절단되는 메커니즘과 이것이 세균의 획득 면역 시스템에서 중추적인 기능을 한다는 점입니다." 다우드나의 설명이다. "이 결과는 유전공학자가 세균과 다른 종류의 세포에서 유전자 표적화와 유전체 편집에 필요한 인공 효소를 만들 때 전도유망한 새로운 대안이 될 수 있습니다." 그리고 덧붙였다. "유전체 편집과의 관련성은 입증되지 않았으나, 우리가 밝힌 메커니즘을 보면 가능성이 상당히 높습니다."

언론을 통해서도 널리 알리려고 노력했지만, 이 논문은 과학계 밖에서 큰 호응을 얻지 못했다. 〈뉴욕타임스〉는 2014년까지 크리스퍼를 기사로 다룰 만한 주제로 여기지 않았다.[7] 다우드나의 고향에서 발행되는 신문인 〈샌프란시스코 크로니클〉도 마찬가지였다.[8] 그러나 학계 내부에서는 크리스퍼와 유전공학이 하나로 합쳐질 수 있다는 가능성에 뜨거운 관심이 쏠렸다. 스탠 브로운스는 카스9이 "면역계의 스위스 아미 나이프"라는 찬사를 보냈고[9] '유전체 편집'이라는 용어를 처음 만든 표도르 우르노프는 다우드나와 샤르팡티에의 논문이 과학계의 연보에서 중요한 자리를 차지할 것이라고 확신했다. "마지막 문단을 읽던 순간을 절대 잊지 못할 것이다." 가이드 RNA가 포함된 핵산분해효소를 어떻게 묘사해야 가장 적절할지 고민하느라 잠시 말을 멈추었던 우르노프가 이렇게 설명을 이어 갔다. "'불멸' 같은 강력한 단어는 신중히 사용해야 한다고 생각합니다. 〈사이언스〉에 실린 그 논문은 카스9의 방향을 지정할 수 있다고 밝힌 불멸의 논문입니다."[10]

그러나 중요한 문제가 남아 있었다. 수억 년의 역사를 가진 세균의 효소가 진핵생물의 세포핵이라는 낯선 환경에서도 DNA 표적을 찾아내는 진화적으로 대대적인 도약이 가능할까? 사람의 DNA도 세균이나 바이러스 DNA와 같은 네 글자로 이루어지지만, 진핵세포의 이중나선 DNA는 꽁꽁 싸여 있고 여러 다발로 묶여서 마당에서 쓰는 긴 호스처럼 단백질에 둘둘 감겨 염색질이라는 물질을 구성한다. 카스9이 이 염색질에서 얼마나 기능을 발휘할 것인지는 누구도 알지 못했다.

두 명의 전문가가 이 문제에 관한 의견을 제시했다. 바랑고우는, 크리스퍼-카스 시스템이 사람과 식물, 다른 복잡한 세포의 유전체 편집에 활용될 수 있는지 여부는 이 분자 가위가 염색질을 자를 수 있는지에 달려 있다고 밝혔다. "프로그램 가능한 이 분자 메스가 ZFN이나 탈렌을 능가하는 유전체의 정밀수술용 가위가 될 수 있는 지는 시간이 흘러야 알 수 있다."[11] 나중에 그는 내게 다음과 같은 입장을 전했다. "2012년은 유전체 편집의 해가 아니었습니다. (……) 크리스퍼-카스9 기술, 단일 가이드 기술이 더 주목 받은 해였죠."[12]

ZFN의 선구자인 다나 캐럴Dana Carroll도 그의 의견에 동의했다. 그 당시에 알려진 유전체 편집 기술은 진핵세포에서 활성이 나타나는 DNA 결합 단백질을 활용했다. "카스9이 염색질에서도 표적에 효과적으로 작용할 것인지는 보장할 수 없다." 캐럴은 이렇게 밝혔다. "진핵생물에 이 시스템을 적용해 봐야만 이러한 우려가 해결될 것이다."[13] 백문이 불여일견이라는 의미였다. 이어 캐럴은 다음과 같이 결론 내렸다. "크리스퍼 시스템이 표적 지정이 가능한 차세대 절단 도구가 될 것인지는 두고 봐야겠지만, 충분히 시도해 볼 만한 가치가 있다는 점은 분명하다. 계속 주목할 필요가 있다."

'주목할 필요가 있다'는 표현은 과학자들이 논문을 검토한 후에 밝히는 견해나 자신의 의견을 제시할 때 별 뜻 없이 습관처럼 쓰는 말이다. 정답을 제시하기보다 의문을 더 많이 던지는 것, 이것이 과학이 굴러가는 방식이다. 유타에서 활동 중이던 이 저명한 생화학자는 자신이 남긴 이 말을 몇 년 뒤에 동료 과학자들, 크리스퍼 유전자 편집 기술의 발명자가 누구인지를 놓고 다투던 특허권 변호사 군단이 일일이 쪼개고 분석하게 되리라고는 생각지도 못했으리라.

과학계에서 획기적인 결과를 누구보다 먼저 발표하는 일은 무엇보다 중요한 일로 여겨진다. 그래야 인정을 받고 연구비를 따고 승진을 하고 교수로 정년을 보장 받고 상도 받을 수 있다. 유명 생물의학 학술지인 〈네이처Nature〉, 〈사이언스Science〉, 〈셀Cell〉(줄여서 CNS 학술지로도 불린다)(CNS는 중추신경계의 영문 줄임말이기도 하다―옮긴이) 편집자들은 매일 연구자들이 제출한 연구 결과를 받아 본다. 이러한 학술지 편집 업무는 파트타임으로 일하는 학계 인사가 아닌 상근직 전문가가 담당한다. 모히카, 베르나우드를 비롯한 수많은 연구자들이 체감한 것처럼, 이해심이 부족하거나 우유부단한 사람, 또는 별로 아는 것이 없는 사람이 논문의 편집이나 검토를 맡으면 판단 착오가 일어나거나 게재 여부를 결정하기까지 끔찍하게 오랜 시간이 소요된다. 그래서 논문 저자가 수개월을 허비하고 나서야 연구 결과를 세상에 내놓게 되는 경우가 허다하다. 2012년에도 그런 일이 일어났다.

리투아니아의 생화학자 식스니스는 호바스, 바랑고우와 5년간 함께 연구했다. 스트렙토코커스 서모필러스의 크리스퍼 시스템을 친숙한 연구 재료인 대장균으로 옮기는 데 성공한 식스니스는 이 두 세균이 진화의 관점에서 상당히 먼 친척임에도 불구하고 대장균에서도 외부에서 침입한 DNA로부터 스스로를 방어하는 도구로 활용될 수 있다는 놀라운 사실을 확인했다.[14] 다음 단계로, 그는 크리스퍼 배열과 인접한 네 개의 카스 유전자를 하나씩 순차적으로 없애고 무슨 일이 벌어지는지 살펴보기로 했다. 그 결과 이 네 가지 유전자 중 세 개는 활성이 사라져도 박테리오파지에 대한 방어 기능에 아무런 영향이 나타나지 않았다. 그런데 카스9 유전자의 활성을 없애자 경보 시스템에 고장이 난 것처럼 방어 기능이 크게 망가졌다. 크리스퍼가 발휘하는 간섭 기능에 카스9이 핵심 요소임을 명확히 보여 준 결과였다. 식스니스 연구실의 기에드류스 개시우나스Giedrius Gasiunas라는 학생은 활성 카스9을 실험으로 분리하는 데 성공했다. "실험을 처음 성공하고 정말 기뻤던 기억이 아직 생생합니다." 식스니스는 정제된 카스9을 활용하여 프로그램 가능한 방식으로 DNA를 처음 절단했을 때를 상기하며 이렇게 전했다. 그동안 괜찮은 학술지에 수십 편의 논문을 발표했지만, 이 결과는 아주 큰 학술지에 도전해 볼 만한 성과였다.

〈네이처〉의 편집장을 지낸 벤저민 르윈Benjamin Lewin은 1974년에 '세포와 바이러스의 분자생물학' 연구에 중점을 둘 학술지로 〈셀〉을 창간했다. 〈네이처〉와 〈사이언스〉가 화장실용 두루마리 휴지만큼 얇은 종이에 인쇄되는 반면 〈셀〉은 두꺼운 표지에 매끄럽게 광이 나는 종이를 쓰고, 로고와 활자체도 학술지에는 쓰인 적 없는 헬베티카 서체를 적용하여 과학계의 패션 잡지 같은 분위기를 풍겼다. 또한 보통 논문의 분량을 1,000단어 미만으로 줄이라고 저자를 압박하는 〈네이처〉처럼 독단적인 지면 제한 요건을 두지 않고 과학자가 내용을 자유롭게 배치하고 자신이 찾은 결과도 원하는 만큼 설명할 수 있도록 했다. 유전학 분야의 유명한 교과서를 여러 권 쓴 저자이기도 한 르윈은 과학을 잘 아는 인물이었고 과학자들과도 친분이 두터웠다. 그가 하버드 광장에 〈셀〉 사무실을 열자 하버드, MIT에서 일하는 세계 정상급 과학자들이 자신이 쓴 최신 논문을 직접 가지고 오는 경우도 많았다. 경쟁이 엄청나게 치열한 분자생물학 분야에서 격주로 발행되는 학술지임에도 불구하고 경쟁사보다 먼저 중요한 결과를 발표하는 일이 빈번했다. 1990년에는 누군가가 〈셀〉을 패러디해 만든 〈쿨Cool〉*이 팩스로 배포된 적이 있다.[15] 르윈은 자신이 설립한 셀 프레스를 1999년에 네덜란드의 대형 출판사 엘스비어Elsevier에 1억 달러가 넘는 돈을 받고 매각했다.

식스니스는 카스9에 관한 자신의 연구 결과에 만족했다. 그리고 "RNA 가이드로 DNA를 수술할 수 있는 독특한 분자 도구가 개발되는 길이 열릴 것"이라는 결론이 담긴 논문에 바랑고우, 호바스를 공동 저자로 명시해 2012년 3월 〈셀〉에 제출했다. 그러나 곧 이 결정을 후회했다. 일주일도 지나지 않아 편집진이 "일반적으로 사람들이 관심을 가질 만한 결과"인지 잘 모르겠다면서 외부 전문가와 협의하는 절차도 거치지 않고 게재 거부 의사를 전해 온 것이다. 불쾌한 일이었다. "우리는 이 논문에서 카스9을 재프로그래밍하면 원칙적으로 모든 염기서열에 적용(절단)할 수 있다는 점을 밝혔고, 이건 엄청난 성과라고 생각했습니다." 〈셀〉의 자매 학술지이지만 명성으로 치면 한 단계 아래인 〈셀 리포트〉에 다시 제출했지만, 결과는 마찬가지였다. 시간은 덧없이 흘러갔다.[16]

5월이 되고, 식스니스는 〈미국 국립과학원 회보〉에 다시 도전했다. CNS로 통칭되는 세 학술지만큼 주목 받지는 못해도 유명한 학술지였다. 이때 식스니스는 편집진 중 논문의 진가를 가장 정확히 알

---

* 〈쿨〉이 밝힌 게재 자료의 범위는 다음과 같다. "〈쿨〉에는 믿을 수 없을 정도로 엄청나게 쿨하다고 판단되는 자료만 실립니다. 이상하고 후진 글을 보내면 즉각 우편요금 미지급으로 처리해서 저자에게 돌려보냅니다. 반들반들한 인쇄지가 사용되는 우리의 이 두툼하고 귀중한 잡지를 낭비하기에는 쿨한 자료가 넘치니까요(대부분 쿨한 분들이 제공함)."

아보리라고 판단한 전문가 앞으로 별도의 서신도 동봉했다. 바로 제니퍼 다우드나였다. 그러나 수정 작업을 거쳐 2012년 9월에 마침내 식스니스의 논문이 발표됐을 때는[17] 이미 더 이상 새로운 뉴스거리가 아니었다. 본질적으로 중요한 논문임에는 틀림없지만, 식스니스의 연구에는 지넥이 개발한 단일 가이드 RNA가 사용되지 않았다. 지넥과 거의 동시에(또는 더 일찍) 진행된 연구였지만, 한 발 늦은 데다 논문 발표까지 늦어지는 바람에 식스니스의 연구는 다우드나와 샤르팡티에가 만든 돌파구를 그저 재확인해 준 결과로 여겨졌다.

"이 두 편의 논문을 나란히 놓고 보면 거의 동일합니다." 식스니스가 내게 설명했다. "(우리 논문보다) 더 나은 딱 한 가지는 이 단일 가이드 RNA를 쓴 것이라고 생각해요." 〈미국 국립과학원 회보〉가 논문을 검토하고 최종 발표하기까지 3개월이 넘는 시간이 소요된 것은 참으로 안타까운 일이다. 호바스는 〈셀〉에서 게재를 거부한 것이 문제가 되지 않았다고 전했다. "그것보다 (지넥 연구진이라고) 명시된 〈사이언스〉 논문이 떡 하니 나타난 것이 문제였죠!" 식스니스 연구진의 논문이 〈셀〉에 실렸다면 역사가 바뀌었을까? 호바스는 어깨를 으쓱해 보였다. "그건 아무도 알 수 없어요. 앞으로도 알 수 없을 겁니다."

샤르팡티에와 다우드나의 파트너십으로 형성된 드림팀을 중심으로 지난 몇 년간 크리스퍼 이야기가 만들어졌다. 두 여성의 이름과 명성이 갈수록 드높아질 때 식스니스는 크리스퍼의 내부 사정을 잘 아는 사람들 외에는 생소한 인물로 남았다. 그러나 새라 장Sarah Zhang이 〈와이어드〉에 실린 기사에서 이 리투아니아 출신 과학자의 한탄 깊은 통찰력을 집중 조명하면서 분위기는 바뀌었다.[18] 좀 늦었지만 2018년에는 두 걸출한 동료와 함께 카블리상을 받는 것으로 식스니스도 국제 사회의 인정을 받았다.

◯◗◖◯

2012년에 나온 "불멸"의 연구 이후 대서양을 사이에 둔 샤르팡티에와 다우드나의 협력 관계는 자연스럽게 해체됐다. 지넥은 새로운 터전을 마련하기 위한 면접을 연구 활동과 병행하느라 바쁜 나날을 보냈다. 샤르팡티에는 스웨덴에서 베를린으로 옮겼다. 칠린스키는 박사 학위 논문을 쓰는 데 집중했다. 샤르팡티에는 버클리 연구진이 2014년에 후속 보고서를 쓸 때 참여했지만, 좋은 일에도 끝은 오기 마련이다. "협력 관계를 끝낸다는 결정은 없었습니다." 지넥은 당시를 이렇게 회상했다. "정말 좋은 관계였거든요. 우리는 아주 좋은 팀이었습니다."

다우드나와 거의 6년간 함께 한 지넥은 2013년 초에 교수직을 제안 받고 취리히로 떠났다. 그리고 그곳에서 카스9과 DNA를 절단하는 다른 효소를 세부적으로 밝히기 위한 연구를 계속했다. 2016년에는 DNA의 아버지라 불리는 물리학자 프리드리히 미셔Friedrich Miescher의 이름을 따서 젊은 생화학자에게 수여되는 스위스의 저명한 상을 수상했다. 미셔는 1868년 튀빙겐 성에 연구소를 마련하고, 근처 병원에서 수술을 할 때 나온 붕대를 수거한 후 거기서 고름을 얻어 백혈구를 연구했다. 1869년 2월에 쓴 편지에는 백혈구의 세포핵에서 추출한 어떤 물질에 관해 처음으로 기술했다. 그는 이 물질이 "지금까지 알려진 어떠한 종류의 단백질에도 속하지 않는다"고 추정하면서 '뉴클레인^{nuclein}'이라는 이름을 붙였다.[19] 그로부터 약 150년이 지나, 지넥은 뉴클레인을 편집할 수 있는 토대를 마련하는 데 크게 공헌한 연구로 미셔 상의 주인공이 되었다.

하지만 크리스퍼의 전체적인 이야기에서 지넥이 기여한 핵심적인 부분은 지금도 과소평가된 채 남아 있다. 그는 지나칠 정도로 겸손하고 주목 받으려고 애쓰지 않는다. 독일에서 했던 강연에서 그는 혁신적인 성과를 낼 수 있었던 핵심이 무엇이었냐는 질문에 세 가지를 이야기했다. 첫 번째로 언급한 것은 "우리는 거인의 어깨를 딛고 서 있다."라는 오래된 인용문이었다.* 주변에 아무도 없다면 누구도 과학을 할 수 없다는 설명도 덧붙였다. 두 번째로 지넥은 호기심의 가치와 기초 연구의 근본적 중요성, 그리고 예상치 못한 것도 파헤칠 수 있는 자유를 강조했다. 다우드나와 함께한 연구에서 지넥의 목표는 RNA를 표적으로 삼는 효소가 어떻게 작용하는지 알아내는 일이었다. "저는 구조 생물학을 전공했습니다. 그래서 분자가 어떤 식으로 작용하는지 아주 세세한 부분까지 생각합니다. 이런 분자를 알게 된 것은 정말 신나는 일일 수밖에 없었죠!" 지넥은 만화처럼 그려진 카스9을 가리키면서 좌중의 웃음을 이끌어 냈다.

국비가 지원된 연구 중에 낭비가 있다고 지적할 만한 연구('초파리

---

* 과학자들은 아이작 뉴턴이 과학계의 동료들 그리고 선대 과학자들이 남긴 공헌을 인정해야 한다는 의미로 "거인의 어깨 위에 서 있다고" 한 말을 무척이나 좋아하고 즐겨 쓴다. 그러나 뉴턴이 체구가 작았던 라이벌 로버트 훅$^{Robert Hooke}$을 놀리려고 이 말을 했다고 주장하는 의견도 있다.

의 성적 취향' 같은 연구)를 꼬집는 일에 즐거움을 느끼는 정치인들이 있다. 그러나 돈이나 수상의 영광 같은 유혹 때문이 아닌 무언가를 발견했을 때 찾아오는 짜릿함을 만끽하기 위해 미생물학자와 진화생물학자, 생화학자, 구조 생물학자가 인기 없는 연구 주제였음에도 불구하고 공공 지원을 받아 고집스럽게 크리스퍼 연구를 밀고 나가지 않았다면 크리스퍼 유전자 편집 기술의 발견과 이 기술에서 비롯된 과학과 의학, 경제적인 커다란 성취도 없었을 것이다. 컬럼비아 대학교의 스튜어트 파이어슈타인Stuart Firestein 교수는 기초 연구와 응용 연구가 "각기 따로 작동하는 수도꼭지"가 아니라고 말한다. "이 두 가지는 하나의 파이프로 되어 있습니다. 우리가 해야 할 일은 물이 계속 흘러나오도록 하는 것입니다."[20]

지넥이 성공의 열쇠로 제시한 세 번째는 알맞은 시점과 장소에서 벌어지는 뜻밖의 발견이다. "저는 학문적으로 훌륭한 환경에서 일하는 큰 특권을 누렸습니다. 추진 중인 연구에 관해 많이 생각해 보라는 이야기를 듣고, 올바른 질문을 하고, 고정된 틀에서 벗어난 관점에서 생각하고, 아이디어를 자유롭게 탐색하고, 다른 사람들과 함께 일하고, 생각을 교환하고, 우리가 하는 연구를 낙관적으로 보는 그런 환경이었어요." 더불어 지넥은 나머지를 채우는 게 묵묵한 성실함이라고 이야기했다. 10퍼센트의 영감과 90퍼센트의 노력이 필요하다는 의미였다.

2018년 12월에 지넥은 고향에서 모국어로 TED 같은 형식으로 강연해 달라는 초청을 받았다.[21] 이 강연에서 지넥은 DNA 염기서열 분석의 빠른 발전과 유전체를 1,000달러면 분석할 수 있는 기술

(이 부분을 더 강조해 줬다면 좋았을 텐데!), 유전질환의 진단에 관해 이야기했다. 지넥이 일조한 이 연구 덕분에 이제 우리는 유전자를 고쳐 쓸 수 있게 되었고 의학에 큰 변화가 일어났다. 지넥은 체코의 유명한 동요 '개가 밀밭을 달려가네Skakal pes pres oves'를 인용해 가며 유전자 편집을 설명했다. 또 세균이 바이러스의 특징을 포착해서 크리스퍼 배열에 남겨 두는 방식을 설명할 때는 국제공인 예방접종 증명서를 사진으로 보여 주었다. 다양한 예방접종 백신이 목록으로 나와 있고 도장을 찍어 확인할 수 있도록 만든 소책자 형태의 증명서다. 생식세포의 편집과 관련하여, 지넥은 개별 국가나 연구자 개인이 아닌 전 세계 인류 전체의 결정으로 규제가 마련되어야 한다고 밝혔다.

〈사이언스〉에 발표된 다우드나와 샤르팡티에의 논문은 뒤이어 여러 연구진이 살아 있는 세포에서 크리스퍼-카스 시스템의 유전자 편집이 가능한지 연구를 시작한 기폭제가 되었다. 처음에 다우드나는 불리한 입장이었다. 전문 분야가 세포 생리학이나 사람의 유전체학이 아닌 RNA와 구조 생리학이었기 때문이다. 다른 연구진은 필요한 전문 지식과 자료를 철저히 갖추었다. 그러나 지넥은 낙관적인 시각을 잃지 않았다. ZFN과 탈렌 시스템의 핵심도 세균의 DNA 절단 효소였고 이것으로 유전자 편집이 가능하다는 사실이 입증됐다. 물론 몇 가지 공학적인 조정이 필요했다. 카스9 복합체가 핵 내부로 들어가도록 핵 위치 신호를 추가하고, DNA 염기서열도 포유동물의 세포에 더 잘 맞도록 미세한 부분을 변경해야 한다(이 과정은 '코돈 최적화'로 불린다). 그러나 지넥은 연역적으로 추론할 때 "근본적 차이는 없으며 포유동물의 세포에서 작용하지 못할 만한 걸림돌이 없다"고 보았다.

10월 3일, 다우드나의 메일함에 지넥의 생각을 뒷받침하는 메시지가 도착했다. 발신인은 한국의 저명한 생화학자인 김진수 교수였다. 다우드나와 샤르팡티에의 '중대한 논문'이 발표된 후 김 교수의 연구실에서도 크리스퍼 편집 연구를 추진해 왔고 '포유동물 세포의 유전체 편집'이라는 논문을 준비 중이라는 내용이었다. 그는 관대하게도 다우드나(그리고 샤르팡티에)가 이 논문에 참여할 의사가 있는지 문의했다. "저는 두 분의 성과를 가로채고 싶지 않습니다. 두 분의 〈사이언스〉 논문 덕분에 우리가 이 연구를 시작할 수 있었으니까요." 김 교수는 설명했다. 물론 그 역시 자신의 연구를 누군가가 가로채는 것을 원치 않았다.[22]

6주 뒤에는 조지 처치도 다우드나와 샤르팡티에 앞으로 비슷한 내용의 이메일을 보냈다. "큰 영감과 도움을 얻었다는 점을 간단히 밝힙니다."라는 말과 함께, 크리스퍼 연구에 관한 자신의 논문 이야기를 꺼냈다. "아마 다른 여러 연구진도 저와 같은 감사 인사를 했으리라 확신합니다."[23] 처치는 현재 크리스퍼를 인체 줄기세포에 적용하기 위한 연구를 진행 중이라는 사실도 넌지시 알려 주었다. 그렇지 않아도 팽팽해진 경쟁에 한층 더 불을 붙이는 일이었다. 다우드나가 느끼는 의무감과 책임감은 점점 커졌다. "이메일이 넘쳐나고 학술지 편집자들이 전화를 걸어 왔어요." 다우드나는 그때를 이렇게 기억했다. "정말이지 난리였습니다. 파도가 다가오는 것이 눈에 보이는 것 같았어요."[24]

지넥은 다우드나의 연구진으로 일한 마지막 몇 달 동안 자신의 직감을 입증하기 위해 부지런히 노력했다. 2012년 12월 15일, 다우드나와 지넥은 하워드 휴스 의학연구소가 일부 지원하는 온라인 학술지 〈e라이프eLife〉에 최종 원고를 보냈다. 논문은 '세균의 카스9 시스템이 진핵세포에서도 작동할까?'라는 수사적인 질문으로 시작한다. 두 사람은 이에 대한 답이 긍정적이라는 사실을 확인했고, 처치와 김 교수, 그 밖에 얼마나 되는지 알 수 없는 많은 연구자들의 경쟁이 벌어지고 있는 만큼 다우드나는 게재 결정이 서둘러 내려지기를 희망했다. 그 소원은 이루어졌다. 〈e라이프eLife〉 편집진은 2013년 1월 3일에 게재가 결정됐다고 이메일로 알렸다. 두 명의 심사위원 모두 만족했고, 다나 캐럴은 자신이 그중 한 명이었다고 밝혔다. 이메일을 보낸 편집자는 다우드나의 논문이 "매우 훌륭하다"는 말과 함께 크리스퍼는 손쉽게 프로그래밍할 수 있다는 특징이 있으므로 ZFN과 탈렌을 대체하는 유전체 편집 기술이 될 수 있을 것이라 생각한다는 결론을 전했다. 또한 다우드나의 연구는 "사람과 그 외에 복잡한 유전체를 보유한 여러 생물의 유전체 공학에 큰 영향을 줄 것"이라고 밝혔다.[25]

그러나 다우드나의 기쁨은 그리 오래가지 못했다. 같은 날 오후에 또 다른 이메일이 한 통 도착했다.[26]

보스턴에서 인사를 전합니다. 새해 복 많이 받으세요!

저는 MIT에 부교수로 재직 중이며 크리스퍼 시스템의 응용 방법을 연구해 왔습니다. 2004년에 버클리에서 대학원 입학 면접 때 잠시 뵌 적이 있어요. 그때부터 지금까지 선생님의 연구에서 많은 영감을 얻었습니다.

저희 연구진은 록펠러의 루시아노 마라피니와 협업하여 최근에 제2형 크리스퍼 시스템으로 포유동물 세포의 유전체를 편집하는 여러 건의 연구를 완료했습니다. 논문은 얼마 전 〈사이언스〉에 채택됐고 내일 온라인에 먼저 발표될 예정입니다. 사본을 첨부하여 드리니 검토해 보시기 바랍니다.

카스9은 정말 강력한 시스템입니다. 언제 시간이 되시면 꼭 함께 이야기를 나누고 싶습니다. 함께 연구하면 큰 시너지가 생길 것이라 생각합니다. 힘을 모으면 좋을 일들이 많을 것 같아요!

그럼 안녕히 계십시오.

장펑.

브로드 연구소의 장펑이 투하한 보스턴 폭탄이었다. 크리스퍼 유전자 편집에 대한 이야기는 이중나선 구조처럼 상보적인 두 개의 구불구불한 가닥으로 이루어지고 지금도 그 비밀이 계속 밝혀지고 있다.

꿈의 구장

장평이 중국에서 미국 아이오와로 이민을 와 하버드에서 스탠퍼드를 거쳐 다시 하버드로, 그 후에 MIT에서 연구한 것이나 〈60분〉에 출연한 일, 과학계에서 쌓은 명성과 명예, 재산을 두고 아메리칸 드림이 실현된 전형적인 예라고 이야기하는 사람도 있을 것이다. 중국인 컴퓨터공학자 슈준 주Shujun Zhou는 열한 살 아들을 데리고 베이징에서 남서쪽으로 약 240킬로미터 떨어진 1,000만 명의 인구가 꽉 들어찬 도시 스자좡을 떠나 미국으로 향했다. 장평의 가족은 아이오와 주 디모인에 정착했다. 어딜 가나 인파로 북적이던 고향과는 사뭇 다른 세상이었다. 호크아이로도 불리는 아이오와 주 곳곳을 차로 돌아다니는 동안 장평의 눈앞에는 끝없이 이어진 옥수수 밭과 소 떼로 가득한 풍경, 고속도로변에 줄지어 세워진 "이 세상을 떠나면 하나님과 만날 것입니다." 같은 희망적이고 종교적인 색채가 짙은 광고판이 펼쳐졌다. 라디오를 켜면 24시간 운영되는 기독교 방송국에서 〈바이블 버스〉 같은 프로그램이 흘러나왔다. 장펑은 새 집이 "하도 고요해서 선종에 어울리는 분위기"였다고 농담 삼아 말했다. 떠나 온 집에 비하면 디모인은 "텅 빈" 느낌이었다.

캘러넌 중학교에 입학한 장펑은 곧 영어를 유창하게 구사했다. 그리고 8학년 어느 토요일 오후에 참여한 심화학습 프로그램에서 처음으로 분자생물학에 흥미를 느꼈다. 에드 필킹턴Ed Pilkington이 만든, 따분한 괴짜 중학생들로 구성된 'STING'이라는 동아리에도 들어갔다. 〈스타트렉〉에서 영감을 얻어 '차세대 과학과 기술Science and Technology in the Next Generation'이라는 의미로 지어진 이름이었다. 장펑은 스티븐 스필버그 감독의 〈쥬라기 공원〉에 등장하는, 호박 안에 공룡의 DNA가 보존되어 있다는 마이클 크라이튼Michael Crichton의 동명 원작을 수정주의의 시각에서 비판한 다큐멘터리가 태어나 처음 본 다큐멘터리라고 농담 섞어 이야기했다. 생물계를 조작하거나 프로그래밍하는 상상을 떠올리게 한 인상적인 영화였다.

그때는 알지 못했지만, 크라이튼의 이 작품은 유전체 편집을 다룬 최초의 자료 중 하나였다. 영화의 원작 소설에는 공룡의 DNA로 밝혀진 실제 DNA 염기서열의 일부가 나온다. 하지만 마크 보거스키Mark Boguski라는 생물 정보학자가 소설에 나온 염기서열을 직접 컴퓨터에 입력하고 검색해 본 결과 공룡의 DNA가 아닌 어느 세균의 DNA로 밝혀졌다. 보거스키가 이 내용을 짤막한 글로 폭로하자[1] 크라이튼은 그에게 연락해서 사과하고 영화 속편에 넣을 정확한 염기서열을 찾아 달라고 요청했다. 보거스키는 현존하는 공룡의 후손인 닭의 DNA 중 일부를 골라서 알려주었고, 속편 〈쥐라기 공원 2—잃어버린 세계〉에 이 염기서열이 나온다. 하지만 보거스키가 제공한 염기서열에 암호가 숨어 있다는 사실은 알아채지 못했다. 그가 보낸 유전암호를 아미노산 코드로 바꿔 보면[*] 다음과 같은 짧은 문장이 나온다.

마크는 이곳 국립보건원에 있었다.

장평은 대학교 2학년 때 아이오와 감리교 병원의 유전자 치료 연구실에서 자원봉사를 했다. 이 경험이 과학 연구에 처음 매료된 계기가 되었다. 이곳에서 장평은 바이러스를 이용해 형광녹색을 띠는 단백질이 암호화된 해파리 유전자를 사람의 암 세포로 옮기는 실험을 했다. 그의 손에서 다루어진 암 세포가 신비한 초록색 빛을 발한 걸 보면 일찍부터 실험에 소질이 있었음을 알 수 있다. 연구실의 지도교수였던 존 리바이John Levy는 "실용적인 것에서 섹시한 면을 찾으려고 노력해 보라."[2]라는 조언 등 장평이 늘 잊지 않고 마음에 새겨 둔 여러 가지 말을 해주었다. 이때부터 생물학 연구자의 길을 걷겠다는 결심이 거의 확고해졌다. 그 과정을 지켜본 필킹턴은 이렇게 전했다. "실험을 20번이나 연달아 실패하고도 다시 일어나서 도전하고 놀라

---

[*]   아미노산은 20가지이고 각 아미노산을 의미하는 알파벳이 정해져 있다. 또한 아미노산은 DNA 염기 3개로 구성된 코돈으로 결정된다. 예를 들어 메티오닌-알라닌-아르기닌-라이신을 알파벳으로 나타내면 M-A-R-K가 된다.

운 결과를 얻고야 마는 것은 아무나 할 수 있는 일이 아니다."[3]

열아홉 살이 된 장펑은 '인텔 과학 영재 발굴 대회'라는 저명한 대회에 참여해 3등을 차지하고 5만 달러의 장학금을 받았다. 결승전에 따라온 어머니는 아들을 향해 연신 "잔 치Zhan zhi(똑바로 서야지)!"라고 외쳤다. 마크 저커버그Mark Zuckerberg보다 한 해 먼저 하버드 생이 된 장펑은 우수한 성적으로 화학('과학의 중심')과 물리학 학위를 취득했다. 기초과학의 토대부터 쌓는 것이 그의 목표였다. 자신에게 잘 맞는 분야라고도 생각했다. 실리콘밸리에서 일해 보고 싶다는 열망으로 박사 과정은 스탠퍼드 대학교에서 밟기로 결정했다. 장펑이 1순위로 원한 지도 교수는 노벨상 수상자 스티븐 추Steven Chu였지만 그는 이미 다른 곳으로 옮긴 후였다. 추 교수가 쓰던 사무실에 새로 들어온 사람은 칼 다이서로스Karl Deisseroth였다.

정신의학을 전공한 다이서로스는 수많은 조현병, 우울증 환자를 치료했지만, 이러한 병을 제대로 파악하지 못하는 현실을 깨닫고 큰 좌절감을 느꼈다. 광유전학이라는 새로운 기술을 개발해서 신경 활성과 신경학적인 질환 연구에 도입하기도 했다. 빛에 반응하는 옵신이라는 단백질을 설치류의 뉴런에 적용하면 뉴런의 활성을 자극하고 조절할 수 있다는 것이 그가 떠올린 아이디어였다.*

장펑이 다이서로스의 연구실에서 처음 맡은 연구는 유전자 치료에 친숙하다는 장점을 적극 살릴 수 있는 일로, 재조합 바이러스를

---

* 이 아이디어는 프랜시스 크릭이 처음 제시했다. 크릭은 생애 마지막 30년 동안 솔크 연구소에서 뇌와 의식을 연구했다. 이때 단일 세포 수준에서 뇌 기능을 탐지할 수 있는 새로운 기술이 필요하며 빛을 활용할 수 있을 것이라고 했다.

이용하여 연못에 서식하는 녹조의 옵신 유전자를 배양 접시에 키운 레트 뇌 조직의 개별 신경 세포로 옮기는 연구였다. 이렇게 만든 세포를 빛으로 자극하면 새로운 단백질이 도입된 뉴런에서 전기 신호가 방출된다. 다이서로스와 장펑, 또 한 명의 대학원생 에드 보이든 Ed Boyden은 이후 몇 년에 걸쳐 실험의 범위를 배양접시의 뉴런에서 미로 속을 돌아다니는 실험용 쥐 래트로 발전시켰다. 어느 일요일, 〈뉴욕타임스〉 기자가 이들의 연구실을 방문한 날 장펑은 눈길을 사로잡을 실험을 준비해 두었다. 하얀 플라스틱 통 안에 특정 뉴런에서 옵신 유전자가 발현되도록 형질이 전환된 갈색 마우스를 한 마리 넣어 둔 것이다. 마우스의 머리에 삽입된 작은 금속관으로 가느다란 광섬유 케이블을 집어넣고 빛이 나도록 스위치를 켜자, 갑자기 마우스가 원을 그리며 뱅글뱅글 돌기 시작했다. 스위치를 끄면 움직이지 않았다.[4] 광유전학이 만들어 낼 큰 변화를 예감할 수 있는 실험이었다. 뇌에 전극을 넣는 방식이나 흐릿해서 뭐가 뭔지 구분하기 힘든 MRI 영상보다 뇌 기능을 훨씬 더 정밀하게 연구할 수 있는 도구이기도 했다.

다이서로스는 제자에게 "5년 혹은 10년에 한 번 정도 나올 법한 성과"라고 이야기했다.[5] 그의 말은 사실이었다. 2015년에 다이서로스는 '과학 혁신상'을 수상했고 버락 오바마 대통령이 추진한 3억 달러 규모의 뇌 과학 연구사업인 '브레인 이니셔티브'의 기틀을 마련하는 일에도 참여했다. 그도 장펑의 실력이 "광유전학의 탄생에 절대적인 역할을 했다"고 인정했다.[6] 박사 과정 학생의 연구가 〈뉴욕타임스〉에 실리거나 과학계의 중요한 상을 받는 데 일조했다고 인정받는 일은 흔치 않다. 그가 범상치 않은 일을 해낼 사람임을 엿볼 수 있는 징조였다.

장평은 아직 20대였던 2010년에 보스턴으로 돌아와서 하버드 대학교 조지 처치의 연구실에 연구원으로 합류했다. 유전학과 뇌 연구에 활용할 수 있는 새로운 도구를 개발하겠다는 목표를 세운 재능 넘치는 연구자에게 이곳만큼 큰 영감을 주는 곳도 없었다. 25년간 유전체학에 매진해 온 처치는 장평 같은 영재가 이끌릴 만한 과감하고 겁 없는 연구에 도전했다. 수십 명의 제자들과 함께 DNA를 해독할 수 있는 새로운 염기서열 분석 기술도 개발했다. 그러나 처치가 더 큰 흥미를 느낀 것은 유전체 전체를 직접 쓰는 기술이었다. 장평은 처치의 연구실에 새로 들어온 박사 과정 학생 르 콩Le Cong 그리고 줄기세포 연구자인 파올라 아를로타Paola Arlotta와 함께 유전자 편집이라는 신생 분야로 뛰어들었다. 염기서열에 맞게 표적 유전자에 작용하여 유전자의 활성을 조절할 수 있는 새로운 방식의 탈렌을 개발하는 것이 이들의 목표였다.[7] 하버드 와이스 연구소에서 박사 후 연구원으로 일하던 프라샨트 말리Prashant Mali와 케빈 에스펠트Kevin Esvelt도 이 연구에 참여했다.

베이징에서 태어난 르 콩도 장평과 마찬가지로 공학을 사랑했다. 어릴 때는 라디오를 분해하거나 컴퓨터 게임을 직접 설계하던 아이였다. 칭화 대학교에서 전자공학을 공부하던 중 가까운 친척 몇 명이 세상을 떠나는 일을 겪고 그때부터 의학에 관심을 가졌다. "현대 의학은 엄청나게 발전했지만, 아직 우리가 모르는 것이 너무나 많습니다." 르 콩은 내게 말했다.[8] 제1형 당뇨 같은 단순한 병으로도 목숨을 잃을 수 있다.

장학생 자격으로 하버드에 온 르 콩은 장펑과 급속히 친해졌고 연구실 사람들이 유전체학의 혁신적 발전에 관해 떠드는 이야기에 금세 매료됐다. 그리고 자폐증, 조현병, 경계성 인격 장애 같은 대표적인 뇌 질환과 관련된 사람의 유전체를 조작할 수 있는 도구를 개발한다는 목표를 세웠다. 공식적으로는 처치의 제자였지만, 2010년 1월에 다음과 같이 밝혔다. "장펑이 내 조언자이자 멘토가 되었다. 유전자 편집에 쓸 수 있는 새로운 도구를 개발하는 연구에 관심을 갖는 사람은 우리 둘밖에 없다." 어려운 연구였다. 세균의 염색체를 인위적으로 만드는 기술도 아직 초기 단계이던 시기라, 규모가 더 큰 포유동물의 유전체를 다루는 데 필요한 기술을 찾기란 더더욱 힘든 일이었다.

케임브리지의 찰스 강변에 자리한 MIT 맥거번 뇌 연구소에서는 연구소 총책임자인 밥 데시몬Bob Desimone이 새로운 교수진을 물색 중이었다. 맥거번 뇌 연구소는 세상을 떠난 팻 맥거번Pat McGovern이 설립한 곳이다. 그가 MIT를 중퇴하고 집 지하실에 세운 출판사는 〈컴퓨터 월드〉, 〈맥 월드〉, 〈바이오-IT 월드〉를 발행한 세계적인 출판사 '국제 데이터그룹IDG'으로 성장했고, 팻 맥거번은 억만장자가 되었다. 그럼에도 사업체가 가족처럼 친근한 분위기로 유지되도록 관리했다.* 맥거번과 아내 로어는 자신의 이름이 들어간 연구소 설립

---

* 맥거번은 매년 크리스마스에 IDG 사무소 전체를 일일이 방문해서 직원 한 사람 한 사람과 직접 만나고 선물로 현금을 건넸다. 그리고 눈에 잘 띄지 않는 직원 개인의 기여를 언급하면서 감사 인사를 전했다.

에 쓰라고 3억 5,000만 달러를 쾌척했다.

장펑의 이름이 거론되기 전까지는 맥거번 뇌 연구소에 적합한 교수진을 찾기가 순조롭지 않았다. 학자로서 자격 요건은 흠 잡을 데가 없었고, 다만 유전체 조작을 향한 장펑의 깊은 관심이 연구소와 잘 맞는지에 관한 판단만 남았다. 데시몬은 줄기세포 분야에서 최고로 꼽히는 MIT의 루디 예니쉬Rudy Jaenisch에게 평가를 요청했다. 그러자 이런 답변이 돌아왔다. "장펑은 틀림없이 아주 영민한 사람입니다. 그가 제안하는 일 중에 10퍼센트만 달성되어도 아마 스타가 될걸요."

장펑은 지리적으로 가까운 브로드 연구소에 공동 소속되는 조건으로 2011년 1월 맥거번 연구소의 일원이 됐다. 목표는 전과 같이 탈렌과 그 외 시스템으로 유전체 돌연변이를 조작해서 자폐증과 알츠하이머병, 조현병의 치료 모형을 구축하고 치료법을 찾는 일이었다. 장펑은 당시에 자신이 '가면 증후군'(자신의 성공이 실력보다는 외부 요인이나 운이 따라 준 것으로 여기는 불안감—옮긴이)을 살짝 겪은 것 같다고 인정했다. 하지만 그런 상태는 오래 지속되지 않았다. 르 콩도 장펑과 함께하기로 했다. "그동안 함께 연구한 동료였으니 계속 힘을 합치면 좋겠다고 생각했습니다." 르 콩의 말이다. 공식적으로는 아직 처치 연구실의 대학원생이었지만, 두 사람은 함께 택시에 올라 하버드 브리지를 건너 새로운 모험을 펼칠 MIT로 향했다.

2011년 초에 장평은 하버드 의과대학을 다시 찾았다. 예전에 몸담았던 연구소와 한 블록 떨어진 조셉 마틴 강당에서 브로드 연구소의 연례 과학 자문단 회의가 개최될 예정이었다. 이날 뜻밖의 인물이 연단에 올라 장평의 삶을 바꿔 놓았다.

마이클 길모어Michael Gilmore는 세균의 항생제 내성을 연구해 온 전문가다. 2007년 이탈리아 피사에서 열린 미생물학회에서 박테리오파지에 대한 세균의 면역 기능이 크리스퍼라는 희한한 이름의 DNA 반복서열과 관련 있다는 다니스코 사의 포스터를 보고 깊은 인상을 받은 길모어는 자신의 연구실에 새로 들어온 박사 후 연구원 중 한 명에게 크리스퍼 연구를 맡겨 볼 생각이었다. 그가 적임자로 떠올린 사람은 루시아노 마라피니였지만, 그는 시카고에 일자리가 생겨 떠날 예정이었고, 대신 켈리 팔머Kelli Palmer가 브로드 연구소의 동료들과 함께 다제내성균(슈퍼박테리아라고도 불리며 여러 종류의 항생제에 대한 내성을 동시에 가지고 있는 세균을 일컫는다-편집자)의 염기서열과 더 오래전에 발견된 세균의 염기서열 비교 분석을 시작했다. 그 결과 충격적인 사실이 발견됐다. 1970년대에 임상 환경에서 발견된 다제내성균은 유전체가 더 크고 전반적으로 크리스퍼가 없는 데 반해 다른 내성균에서는 크리스퍼가 발견됐다.

"1940년대부터 다양한 항생제가 도입되면서 그러한 항생제에 내성을 갖는 세균이 선별되어 남게 되었고, 동시에 위생이 강화된 환경에서 (약제) 내성을 획득하는 능력에도 선별이 일어났다." 길모어는 이렇게 추정했다. 세균이 크리스퍼라는 방어 시스템을 잃는 것이 자연선택에 유리한 요소로 작용했다는 의미다. 이로 인해 박테리오파지의 공격에는 취약해지지만, 항생제에 내성을 갖는 새로운 유전학적 요소는 더 쉽게 획득할 가능성이 있다(수평적 유전자 이동이라고 불리는 메커니즘을 통해). 한마디로 항생제 과용은 세균의 고유한 방어 기기능을 약화하고 대신 다른 미생물로부터 항생제 내성에 필요한 요소를 더 쉽게 확보하는 결과를 초래했다.[9] 실제로 임상 환경에서 분리된 일부 세균은 공생균보다 유전체의 크기가 25퍼센트까지 더 큰 것으로 확인됐다.[10]

장평은 크리스퍼가 포함된 세균과 그러한 세균에서 발견되는 핵산분해효소에 관해 느긋하게 설명하는 길모어의 이야기에 큰 흥미를 느꼈다. 크리스퍼라는 축약어가 얼마 전부터 몇몇 최상급 학술지에 등장한 기억이 떠올랐지만, 정확히 무엇이었는지 몰라서 검색했다. 다음 날 장평은 다른 학회에 참석하기 위해* 마이애미로 날아갔지만, 호텔 방에 틀어박혀서 크리스퍼와 관련된 논문을 샅샅이 뒤졌다. 읽을수록 주체하기 힘들 만큼 가슴이 벅차올랐다. 〈사이언스〉에 실린 호바스와 바랑고우의 크리스퍼 연구 성과들에 관한 검토 논문을 읽고[11] 2010년 〈네이처〉에 게재된 모이노의 "놀라운" 논문도 찾아서 읽었다. 제2형 크리스퍼-카스 시스템으로 박테리오파지 DNA를 절단할 수 있다는 사실을 밝힌 연구였다.[12] 하지만 세균의 면역 기능이나 좀 더 쫄깃한 피자치즈를 만드는 방법은 장평의 관심사가 아니었다. 그가 알고 싶은 건 실험동물, 궁극적으로는 인체에도 적용할 수 있는 유전체 편집 기술이었다. 모이노의 논문에

---

* 　네이처 출판그룹의 공동 주최로 열린 2011년도 마이애미 동계 심포지엄, '발달과 질병의 후생유전학'.

나온 내용처럼, RNA와 크리스퍼를 이용하여 DNA 표적을 정할 수 있다면 ZFN이나 탈렌보다 훨씬 쉬운 편집 기술이 될 것이라는 생각이 들었다.

2월 5일 토요일, 장펑은 르 콩에게 이메일을 보냈다. "이 자료를 좀 보세요."라는 말과 함께 호바스와 바랑고우의 검토 논문을 읽을 수 있는 링크를 첨부했다. "우리가 포유동물에서 실험해 볼 수도 있겠는데요." 르 콩이 답변했다. "분명 굉장한 일이 될 겁니다." 이틀 뒤에 장펑은 다시 이메일을 보냈다. "이 일은 비밀로 하기로 해요. 이건 지금까지 나온 (아연 손가락 핵산분해효소) 시스템을 완전히 대체할 수 있는 기술입니다. 내가 카스 유전자를 합성해 달라고 일단 주문을 넣어 놨어요. 실험을 해 봐야 해요. (……) 특허권에 대한 검색도 이미 끝냈습니다."

장펑은 2월 13일에 브로드 연구소의 내부 문서 양식 중 하나인 '발명 각서'를 작성해서 제출했다. 이 문서에서 장펑은 다중 유전체 공학 기술이라는 자신의 새로운 발명을 요약해 설명했다. 9일 전에 길모어의 강연을 듣다가 떠올린 아이디어라는 사실을 분명히 밝히고, 크리스퍼가 현재 사용되는 ZFN, 탈렌과 같은 유전자 편집 기술을 보완하거나 대체할 수 있으리라 판단된다는 점도 명시했다.[13] 또한 크리스퍼는 거의 모든 DNA 염기서열을 표적화하도록 프로그래밍이 가능한 유전자 편집 기술이라는 평가도 밝혔다.

2011년 연말에 촬영된 맥거번 연구소의 짤막한 영상에는 장펑이 연구 목표를 설명하는 모습도 담겨 있다. 자신은 공학 전공자라 "분해하고 다시 결합해서 고칠 수 있는 방법을 늘 생각한다"는 설명과 함께, 이와 같은 접근 방식으로 "질병의 메커니즘을 이해하고 뇌에 생긴 문제를 고칠 수 있기를" 희망한다고 이야기했다. 그가 생각하는 핵심 도구는 탈렌 단백질이었다.[14] 영상 속 장펑에게서는 침착하면서도 해내지 못할 일이 없다는 대범한 면모가 고스란히 느껴진다. 그러나 크리스퍼나 인간 DNA의 편집 가능성에 관해서는 한마디도 하지 않았다.

장펑과 르 콩은 카스9을 활용할 수 있는 방법을 연구하기 시작했지만, 처음에는 계획대로 되지 않았다. 인체 세포에서 카스9이 기능하려면, 앞서도 설명한 두 가지 변형이 반드시 필요했다. 하나는 코돈 최적화로 카스9의 유전자가 인체 세포에 너무 낯선 물질로 인식되지 않도록 만드는 것이고, 다른 하나는 DNA가 세포핵 내부로 이동할 수 있도록 핵 위치 신호로 작용할 모티프를 추가하는 것이다 (세균은 핵이 없으므로 이런 기능이 필요하지 않다). 하지만 무슨 이유에선지 스트렙토코커스 서모필러스의 카스9 단백질은 다루기가 쉽지 않았다. 장펑에게는 새로운 시스템과 카스 단백질 전문가가 필요했다. 그가 찾던 인물, 길모어 연구진이 될 뻔했던 그 주인공은 가까운 뉴욕 시에 살고 있었다.

✕❂✕

장펑은 2012년 1월 2일 밤 10시 직전에 록펠러 대학교의 마라피니에게 짧은 이메일을 보냈다. 아르헨티나 출신의 이 연구자는 MIT와 예일 대학교에서도 꽤 좋은 조건으로 영입 제안을 받았지만, 뉴욕이라는 세계적 도시에서 살아 볼 기회만큼 매력적이지는 않았다. 록펠러 대학교가 미생물학과 유전학 분야에서 전통이 깊은 곳이라는 점도 마음에 들었다. 장펑은 돌려 말하지 않고 바로 용건을 꺼냈다.

> 루시아노 씨께,
>
> 새해 복 많이 받으세요! 저는 MIT에서 연구하고 있는 장펑이라는 사람입니다. 포도상구균의 크리스퍼 시스템에 관한 선생님의 여러 논문을 읽고 굉장한 흥미를 느꼈습니다. 혹시 포유동물 세포에 적용할 수 있는 크리스퍼 시스템 개발에 동참하실 의향이 있으신지 궁금합니다.
>
> 며칠 내로 전화 통화를 하고 싶은데, 언제가 편하신지 알 수 있을까요?[15]

마라피니는 장펑이라는 이름을 처음 들었다. 하지만 간단한 구글 검색으로 금방 그의 연구에 깊은 인상을 받았다. 메일을 읽고 9분 뒤에 그는 함께하겠다는 답장을 보냈다. "저희 연구진은 유용하게 쓰일 만한 '초소형' 크리스퍼 시스템 연구를 해 왔습니다. (……) 행복한 새해 되세요!" 다음 날 두 사람은 전화로 대화를 나누고 협력하기로 확정했다. 일주일 뒤에 마라피니는 장펑의 요청에 따라 화농성 연쇄상구균의 크리스퍼 DNA 염기서열과 그 밖에 중요한 정보를 요약한 8쪽 분량의 문서를 이메일로 보냈다. 이 자료의 마지막 부분에는 그가 사람의 유전자 편집에 활용할 수 있다고 판단한 '초소형' 카스 시스템을 만들기 위한 5단계 계획이 나와 있었다. 카스9과

tracrRNA 주형 유전자를 포함한 다른 자료도 함께 첨부했다.

장평은 마음이 급했다. 소속되어 있는 연구소의 일과 병행해야 하는 데다 손에 쥔 무기라곤 'FENG'이라는 이름표가 일일이 붙은 피펫 몇 개가 전부였다. 그럼에도 1월 12일, 장평은 마라피니에게 인체 유전자에서 두 곳의 표적 부위를 찾았고[AAVS1] 포유동물 세포에 세균의 유전자를 발현시킬 준비를 하고 있다고 전했다. 당시에 장평은 브로드 연구소의 데이비드 알츌러[David Altshuler] 부소장이 신청한 총 1,100만 달러 규모의 국립보건원 지원 연구단에도 이름이 들어가 있었다.[16] 유전체 편집 기술로 제2형 당뇨와 다른 질병의 줄기세포 모형을 만드는 것이 주된 목표인 연구 사업이었다. 장평은 샤르팡티에가 제시한 4가지 구성요소, 즉 크리스퍼 배열과 카스9, tracrRNA, 리보핵산 분해효소 III[RNase III]로 인체 세포에서 활성이 나타나는 크리스퍼 복합체를 재구축하는 방식을 제안했다.

장평은 몇 개월 만에 크리스퍼-카스9 시스템을 마우스나 사람의 세포핵에 도입하고(카스9에 핵 위치 신호를 추가해서) 원하는 유전자를 표적화할 수 있다는 사실을 충분히 입증할 데이터를 확보했다. 마라피니도 카스9으로 사람의 유전자 염기서열을 표적화할 수 있음을 증명한 예비 실험 결과를 얻었다. 이와 함께 두 사람은 인체 세포에서 발현되는 동형 tracrRNA도 발견했다. 장평은 이러한 예비 결과를 모아서 자료를 만들까 하고 잠시 고민했다. 동물 세포에서 크리스퍼 유전자 편집이 가능하다는 것을 입증한 최초의 자료가 될 터였다. 하지만 그러지 않기로 했다. "그저 최초라는 사실만 알리는 것을 넘어서 큰 차이를 보여 줄 논문을 발표할 수 있을 때까지 기다리기로 했습니다."[17]

그해 6월 말, 장펑은 〈사이언스〉에 발표된 크리스퍼 논문에서 다우드나와 샤르팡티에의 이름을 보았다. 획기적인 결과라는 점에는 동의하지만, 평소 그답지 않게 무시하는 태도를 드러냈다. "별 감흥이 없었습니다." 그는 〈와이어드〉와의 인터뷰에서 이렇게 말했다. "우리의 목표는 유전체 편집입니다. 이 논문에는 그런 내용이 없어요."[18] 그러나 다우드나와 샤르팡티에의 논문은 최소 두 가지 면에서 장펑의 연구진에 중요한 영향을 주었다. 첫 번째는 크리스퍼 연구 경쟁이 뜨거워지고 있음을 보여 주었다는 점이다. "우리 연구가 한 발 늦었다고 생각하지는 않았습니다. 하지만 너도나도 이 연구에 뛰어들 것이라는 점은 분명한 사실이었고 속도를 더 내야 했죠."[19] 르 콩이 내게 말했다. 두 번째는 단일 가이드 RNA[sgRNA]를 도입했다는 점이다. 장펑과 르 콩은 새로 합류한 연구원의 도움을 받아 이 아이디어가 활용할 만한지 당장 확인해 보기로 했다.

중국 쓰촨성에서 태어난 페이 앤 랜[Fei Ann Ran]은 열 살 때 가족들과 함께 캘리포니아 패서디나로 왔다. 동부 해안의 대학에서 공부를 마치고 보스턴 아동병원에서 박사 과정을 시작했다. 그러나 학위 과정이 절반쯤 남았을 때 큰 문제와 맞닥뜨렸다. 지도교수인 유전학자 로리 잭슨 그러스비[Laurie Jackson-Grusby]가 연구비가 부족해 연구실 문을 닫기로 결정한 것이다. "교수님은 떠났어요." 하버드 의과대학 캠퍼스를 관통하는 롱우드 애비뉴의 한 카페에서 만났을 때 랜은 내게 이렇게 말했다. "우리가 해 온 연구는 하나도 발표하지 않기로 결정하셨죠. 저는 대학원에서 5년째 공부하던 때였고요. 정말 끔찍한 일이었습니다."[20]

랜의 박사학위 심사위원 중 한 명이었던 하버드 대학의 화학 교수 그렉 버딘Greg Verdine은 유명한 학생으로 기억에 남아 있는 장펑을 언급하면서 한번 연락해 보라고 권했다. 랜은 유전체 편집도 장펑도 잘 알지 못했다. 한 친구가 탈렌 연구로 잘 알려진 사람이라고 말했지만, 탈렌이 뭔지도 모르던 때라 '탤런트'로 잘못 알아들을 정도였다. 하지만 운 좋게도 타이밍이 딱 맞아떨어졌다. 장펑의 연구실에서 박사 후 연구원으로 일하던 네빌 산자나Neville Sanjana가 비활성 유전자를 활성화시키는 탈렌 활성인자로 엔젤만 증후군이라는 선천성 뇌질환을 치료하는 방법을 연구 중이었고*, 랜은 이 연구에 합류하기로 했다. 그러나 탈렌 하나를 만든 후, 곧 더 쉬운 크리스퍼 연구에 참여하게 되었다.

7월에 장펑은 브로드 연구소에서 '뇌 엔지니어링'이라는 제목으로 공공 강연을 했다. 이 자리에서 장펑은 유전체 편집 기술에 뇌를 이해하고 치료 방법이 없는 뇌 질환을 치료할 수 있는 잠재성이 있다고 설명했다. 그러나 이때도 크리스퍼는 언급하지 않았다. 랜은 크리스퍼 관련 문헌 자료를 열심히 읽었다. 무엇보다 박사 과정을 무사히 마칠 수 있기를 바라는 마음이 가장 간절했다. "포유동물 세포에서 이 시스템이 작용하게 만들어야 한다는 생각밖에 없었어요." 랜의 설명이다. "장펑과 르 콩은 포유동물 세포에서 이미 이 실험을

---

* 엔젤만 증후군은 유전자 각인 질환으로 불리는 유전질환의 한 예다. 각인 질환에서는 모친과 부친에게 물려받는 돌연변이가 유전자에 따라 한 벌의 유전자 중 한쪽에 불활성 돌연변이가 나타난다.

수차례 진행했고, 가능하다는 점에는 의심의 여지가 없었습니다. 문제는 어떻게 해야 확실하게 작용할 수 있을까 하는 것이었죠." 르 콩과 랜은 새로 등장한 sgRNA 기술에 큰 흥미를 느끼고 시도해 보았지만 잘 되지 않았다. crRNA와 tracrRNA를 각각 따로 추가하는 일도 쉽지 않았다. 그러다 두 사람은 tracrRNA의 말단을 점진적으로 늘리면 유전자 편집의 효율성을 높일 수 있다는 사실을 알아냈다.

매일 장시간 연구하고 구성원 모두가 교대로 거의 쉬지 않고 일하는 상황에서도, 랜이 느끼기에 연구실은 늘 신나는 분위기였다. 르 콩은 그때도 공식적으로는 조지 처치 연구실 소속이었지만, "거의 부자 관계"로 보일 만큼 장평과 끈끈한 관계였다. 모두 조금 이른 시각에 저녁을 함께 먹고 밤늦은 시각이면 연구실과 가까운 주방에 모여서 주로 포장해 온 중국 음식을 밤참으로 먹었다. 랜은 브로드 연구소 10층에서 창문 너머로 내려다보이는 찰스 강과 보스턴의 스카이라인을 바라보며 감탄하던 기억을 떠올렸다. 핸콕 센터와 프루덴셜 센터가 쌍둥이처럼 똑같이 솟아 있고, 펜웨이 파크를 환하게 밝힌 조명도 보였다. 하지만 밤 시간에도 연구실에서 하는 일이 가장 중요했다. "저는 저녁 당번이었고 장평은 종일반이었어요." 랜이 전했다. "누구보다 일찍 출근하고 모두 퇴근하고 나면 퇴근했어요." 장평과 스탠퍼드에서 만나 2011년에 결혼한 아내 위펜 시^{Yufen Shi}가 찾아와서 사무실에서 오래 기다리는 날도 많았다.

가끔 연구실을 벗어나서 쉴 때도 있었다. 랜은 장평의 연구실에 합류하고 얼마 지나지 않아 팀원들과 함께 가까운 하버 섬으로 여름 캠핑을 떠났다. 대부분 20인용 텐트에서 잠을 잤다. 팀 활동이 담긴 연구실 단체 사진을 보면, 장평은 워낙 어려 보이는 외모라 학생들이나 박사 후 연구원들과 자연스럽게 어우러진다. 누가 누군지 잘 모르는 사람은 교수를 집어 내지 못할 정도다. 장평은 어린아이처럼 들뜬 기분을 그대로 드러냈고 연구실의 모든 구성원에게 최근에 나온 연구 결과를 얼른 보여 달라고 조르듯 재촉하곤 했다. "애들을 데리고 사탕 가게에 간 것 같았다니까요." 랜의 이야기다. 랜은 유전자 편집의 효율성을 계속 향상시켰고, 한 번에 한 가지 이상의 유전자를 편집할 수 있다는 사실을 입증했다. 탈렌 실험은 실패가 이어졌지만, 크리스퍼 실험은 성공 빈도가 높아졌다.

이제 마지막 의문이 남았다. 크리스퍼-카스9 시스템으로 사람의 세포 안에 있는 유전자도 편집할 수 있을까? 랜과 르 콩은 카스9과 새로운 가이드 RNA를 준비하고 배양접시에 키운 인체 세포에 도입했다. "그리고 기다렸습니다. (……) 기다리고, 또 기다렸어요."[21] 며칠 뒤 두 사람은 유전체 염기서열을 분석했다. "DNA가 손상되고 복구된 흔적이 나타났어요. 그러니까, 돌연변이가 일어난 겁니다. 우리가 의도한 대로 정확히요. 정말 너무 신나는 일이었어요!"[22] 신이 난 건 장평도 마찬가지였다. "나도 보고 싶어!" 장평이 랜에게 말했다. "지금 이걸 눈으로 확인한 사람이 세상에서 자네 한 사람이라는 사실이 너무 멋지지 않아?"

)I(XI(

앞서도 언급했듯이 많은 연구진이 크리스퍼 기술을 유전체 편집에 적용할 방법을 찾는 연구에 매달렸다. 조지 처치의 연구실도 마찬가지였다. 장평이 떠나기 전부터 프라샨트 말리는 탈렌과 그 외 여러 유전자 편집 기술을 시도해 보았다. "크리스퍼는 핵산분해효소 목록에 갓 추가된 항목이었습니다." 처치가 내게 설명했다. "우리는 늘 정밀한 편집 기술을 찾고 있었어요. 동시에 사람의 세포에 적용할 수 있는 기술을 원했죠."[23] 케빈 에스벨트도 하버드 대학의 화학자 데이비드 리우David Liu와 함께 박사 과정을 성공적으로 마치고 처치의 연구실에 합류해서 기초 버전의 크리스퍼를 활용하여 연구를 진행했다. 아직은 백신 프로그램으로 컴퓨터 바이러스 감염을 막는 정도의 수준이었다. 말리는 에스펠트가 세균의 카스9을 연구해 본 적이 있다는 점에 주목하고, 크리스퍼를 포유동물 세포에 적용해 볼 계획이니 도와달라고 요청했다. 다우드나의 연구가 이미 따라잡기에는 너무 멀리 앞서간 상황이었던 만큼 에스벨트는 선뜻 반기지 않았다. 그러나 말리는 물러서지 않았다. "다른 연구진이 놓친 아주 작은 부분을 우리가 발견한다면, 정말 엄청난 일이 될 겁니다. 충분히 해 볼 만한 가치가 있어요."[24]

그 '아주 작은 부분'을 찾기 위해서는 sgRNA가 통째로 필요하다는 사실이 나중에야 드러났다. 이 부분의 길이가 줄면 활성이 감소했다. 재능 많은 또 한 명의 대학원생 루한 양Luhan Yang도 합세했다. 처치는 10월 말 〈사이언스〉에 논문을 제출했다. "사람의 유전체를 손쉽고 확실하게, 다중 방식으로 조작할 수 있다"는 사실과 더불어 크리스퍼를 이용하면 인간 유전자 염기서열의 40퍼센트 이상에 유전체 편집 기술을 적용할 수 있다는 전망을 밝혔다. 처치는 예의상 다우드나에게도 이메일을 보내 자신의 연구진이 다우드나의 연구 내용을 사람의 정상 세포를 편집하는 기술로 확장했다는 사실을 알렸다. 그때는 자신의 연구 결과가 최초인 줄 알았다.

그러나 실제 상황은 달랐다. 3주 전에 장펑도 〈사이언스〉에 논문을 제출했다. 르 콩과 랜이 제1공동저자로 등재되고 마라피니와 그의 제자 원옌 지앙Wenyan Jiang도 저자 명단에 포함됐다. 바랑고우는 이 논문과 다른 연구진들이 제출한 비슷한 결과를 평가한 〈사이언스〉의 심사위원 중 한 사람이다. 그는 여러 연구 결과 중에서도 처치와 장펑이 입증한, 인체 세포의 크리스퍼 편집에 관한 논문이 단연 중요한 의미가 있다고 판단했다. 바랑고우는 장펑의 논문이 더 낫다고 생각했지만, "학술지 측은 두 편을 나란히 싣기로 결정했다"고 전했다. "단일 가이드 RNA 기술이 결정적인 요소입니다. 제대로 성과를 부여한다면, 조지 처치와 장펑 두 사람 모두 인체 세포의 유전체 편집을 입증했다고 이야기하는 것이 맞습니다."[25]

2013년 1월 3일, 〈사이언스〉에는 장펑과 처치의 논문이 함께 실렸다.[26, 27] 4주 뒤에는 〈네이처 바이오테크놀로지〉에 인체 세포의 크리스퍼 유전자 편집에 관한 김진수 교수의 논문이 발표됐다.[28] 지넥과 다우드나는 〈e라이프〉에 인체 세포에서 거둔 성공적인 연구 결과를 공개했다. 제브라피시로 연구한 키스 정Keith Joung(메사추세츠 종합병원)의 논문[29]과 〈사이언스〉에서 퇴짜를 맞은 마라피니의 세균 연구 결과가 담긴 논문[30]도 3월에 발표됐다.

대형 학술지에 실릴 논문에 처음으로 이름을 올리고 박사 과정을 무사히 마칠 수 있게 됐다는 소식을 전해 들었을 때 랜은 휴가 중이었다. 6개월간 과학계의 최신 기술을 익히기 위해 열심히 노력해 얻은 이 성과로 성실히 일하고도 아무 보상도 없이 좌절만 느꼈던 5년의 세월을 전부 보상 받은 기분이었다. 그래서인지 처음 소식을 접했을 때 뛸 듯이 기쁘기보다는 안도감부터 느꼈다. 랜은 장펑의 연구실에서 1년 더 일한 후 논문을 쓰기 위해 떠났다. "내가 좋은 것 하나 알려 줄게요." 어느 날 장펑이 이렇게 제안했다고 한다. "아르노 프로Arno Pro라는 서체인데 이걸 다운로드 받아서 써 봐요. 진짜 멋진 서체거든요!" 랜은 지금도 컴퓨터에 그 서체가 저장되어 있다고 이야기했다. "장펑이 알려 준 서체로 박사 학위 논문을 썼어요." 랜은 웃으면서 전했다. 연구실을 나온 뒤에는 장펑과 그리 자주 만나지 못했지만, 뜻밖의 사람에게서 그의 첫아이가 태어났다는 소식을 전해 들었다. 어떤 학술지에 논문을 제출하고 편집자로부터 심사 보고서를 이메일로 받았는데, 거기에 장펑의 출산을 축하한다는 인사가 적혀 있었다. "학술지 편집자를 통해서 알게 된 거예요!"

장펑과 조지 처치의 연구는 다우드나와 샤르팡티에가 세균에서 얻은 결과가 인체 DNA에도 적용된다는 명확한 사실을 확인한 것뿐이라고 주장하는 사람들도 있다. 두 사람의 논문이 나오고 2개월간 여러 연구진이 동일한 결과를 논문으로 발표한 것도 사실이다. 그러나 유전학적인 새로운 치료법 개발에서는 인체 세포에 적용할 수 있는 시스템을 만드는 일이 커다란 한 발을 내딛을 수 있는 중대한 과정이다. 동시에 이 성과는 유전체 편집 기술을 누가 발명했느냐를 놓고 벌어진 대대적인 법적 다툼의 불씨가 되었다(13장 참고). 일단 이 시점에 이르자 카스9이 사람과 다른 동물 세포에서도 충분히 기능할 수 있느냐는 의혹은 완전히 해소됐다.

영국 케임브리지에서 운영되는 〈e라이프〉가 다우드나의 후속 논문을 좀 더 신속히 검토해서 해가 바뀌기 전에 발표했다면 상황이 어떻게 바뀌었을까? 그러나 다들 마음이 한껏 들뜬 연휴 기간에 검토 담당자들이 서둘러 업무를 처리하도록 설득하기란 쉬운 일이 아니다. 더욱이 영국인들은 크리스마스부터 새해까지 대체로 일에서 손을 떼고 지낸다. 몇 년 뒤에 다우드나는 장평과 조지 처치가 인체 세포의 크리스퍼 유전자 편집 가능성을 먼저 입증할 수 있었던 이유가 무엇이라고 생각하느냐는 질문을 받았다. "그분들은 그러한 종류의 실험을 완벽하게 준비했으니까요." 다우드나도 인정했다. "필요한 도구를 모두 갖추고, 세포도 키우고, 다 마련되어 있었어요. 우리에게는 어려운 실험이었습니다. 우리가 원래 하던 과학 분야가 아니었어요. 크리스퍼가 우리 연구실 같은 곳에서도 실험에 성공할 만큼 다루기 쉬운 시스템임을 알 수 있는 대목이죠."[31]

〉〈IXIIX〈

언론은 장평과 처치의 유전체 편집에 관한 연구 결과에 어떤 의미가 담겨 있는지 아직 충분히 인지하지 못했다.* 저술가이자 칼럼니스트 맷 리들리Matt Ridley가 〈월 스트리트 저널〉에 쓴 기사가 처음 나온 의

---

* 산업계 간행물 두 곳은 보도자료를 토대로 소식을 전했다. 〈유전공학 & 생명공학 기술 뉴스GEN〉는 장평의 논문을 소개했고 〈지놈웹Genomeweb〉은 처치의 보고서를 집중 보도했다.

견 중 하나였다. 그는 이 글에서 염기 하나를 정밀하게 편집하는 기술을 발견한 과학자들의 능력에 찬사를 보냈다.[32] 두 달 뒤 〈포브스〉의 과학부 기자 매튜 허퍼Matthew Herper는 "(카스9) 단백질이 생명공학에 영구적인 변화를 일으킬 수 있을 것"이라 전망했다. 허퍼의 기사에서는 장평보다 경력이 훨씬 화려한 처치의 연구가 더 집중적으로 다루어졌다. 크리스퍼가 "들불처럼 번지고 있다"는 표현도 나온다. 장평의 말은 한 마디도 인용되지 않았고 이름을 "Zheng"으로 잘못 기재하는 실수도 저질렀다.[33]

그러나 과학계와 언론에서 모두 확실히 느낄 만큼 크리스퍼를 향한 관심은 계속 확산됐다. 유전학자 콘래드 카르체프스키Konrad Karczewski는 2013년에 학회에서 가장 많이 등장하고 이목을 집중시킨 문구와 표현을 정리했는데, 여기에 나노포어, 빅데이터, '미리어드Myriad(대법원의 유전자 특허 금지 판결이 엄청난 화제가 됐다. 미리어드는 유전자 특허 소송을 제기한 미리어드 제네틱스 사를 가리킨다―옮긴이)'와 함께 크리스퍼도 포함됐다.[34] 하버드에서는 채드 코완Chad Cowan과 키란 무수누루Kiran Musunuru가 크리스퍼와 탈렌을 나란히 비교하고 크리스퍼가 우세하다고 밝힌 설득력 있는 분석 결과를 발표했다.[35] 크리스퍼 테라퓨틱스 사의 유전체 편집부 총괄인 T. J. 크래딕T. J. Cradick은 이 자료가 "굉장히 중요한 논문"이라고 설명했다.[36] 벤처 투자자들에게 크리스퍼의 상업적 잠재성이 긍정적임을 알리는 신호탄이 되었다는 점에서도 중요한 자료임에 분명하다.[37] 〈보스턴 글로브〉 신문은 에디타스 메디슨이라는 지역 생명공학 회사가 설립됐으며 장평과 다우드나, 처치가 공동 설립자로 참여했다는 소식을 전하면서 크리스퍼에 관한 기사를 처음 게재했다. 〈사이언스〉가 매년 선정하는 '올해의 혁신'에도 크리스퍼가 포함됐다. 순위는 암 면역요법에 이은 2위였다.[38] 2년 뒤에는 "분자 수준에서 경이로운 일을 해내는 기술로 발전했다."라는 평가와 함께 1위를 차지했다.[39]

7 장

수상 경쟁

1994년, 필라델피아에서 우리 학술지 〈네이처 제네틱스〉의 학술 대회가 개최됐다. 휴식 시간에 데니스 드레이나Dennis Drayna라는 유전학자가 나를 한쪽으로 데리고 가더니, 자신이 머카토 제네틱스 Mercator Genetics 소속이며 놀라운 발견을 했다고 조용히 알려 주었다. 유럽인 혈통에서 가장 많이 발생하는 유전질환 중 하나인 혈색소 침착증의 유전자 돌연변이를 찾았다는 이야기였다. 나는 논문을 제출하면 기쁜 마음으로 검토할 것이며 신속하게 처리할 수 있을 것이라고 말했다. 논문이 도착하자 나는 철저히 검증된 결과인지 확인하기 위해 4명의 심사위원에게 우편으로 사본을 보냈다. 그런데 일주일 뒤 팩스로 도착한 검토 의견은 내가 생각했던 최악의 악몽이었다. 의견이 팽팽히 엇갈린 것이다. 검토자 두 명은 마음에 드는 결과라고 한 반면 다른 두 명은 우려를 나타냈다. 다급히 판단을 내려야 하는 상황에서 나는 이 일을 가장 잘해 낼 사람에게 연락했다. 에릭 랜더였다. 그는 주말 동안 논문을 읽어 보고는 시원하게 찬성 의견을 냈다. 그리하여 1995년, 우리는 드레이나의 논문을 자랑스럽게 실었다.*

랜더는 수학을 전공하고 하버드에서 경제학을 가르친 경력이 있다. 로즈 장학생이자 맥아더 영재 기금도 제공 받은 그는 1980년대 말부터 생물학에서 능력을 발휘해 보기로 마음먹었다. 형제 중에 유능한 신경과학자가 있었던 영향도 있다. 그리하여 MIT 캠퍼스 끄트머리에 주력 연구센터로 새로 들어선 케임브리지 화이트헤드 연구소에 연구원 자리를 얻었다. 인체 유전자 지도 작성에 필요한 이론적 틀을 구축하는 일에 참여하고, 인간 유전체 프로젝트를 추진한 국제 연구단이 셀레라의 위협적인 경쟁에 대응할 수 있도록 힘을 보태면서 1990년대 전반에 걸쳐 랜더의 명성은 급속히 높아졌다. 2001년 〈네이처〉에 발표된 인간 유전체 프로젝트의 획기적인 초안 보고서 중 상당 부분을 작성한 당사자이기도 하다.

여러분이라면 사람의 유전체 염기서열을 분석하는 연구에 성공적으로 일조하고, 잘나가는 생명공학 회사 여러 곳을 공동으로 세운

---

* 당시에 이 혈색소 침착증 유전자 논문에 첨부된 내 편집자 의견의 제목은 '물론이지, 어쩌면 말이야Definitely Maybe'였다. 밴드 오아시스의 데뷔 앨범 제목이자, 시트콤 〈치어스 Cheers〉에서 배우 테드 댄슨Ted Danson이 커스티 앨리Kirstie Alley의 이마에 처음 입을 맞췄을 때 앨리가 한 말을 토시 하나 바꾸지 않고 쓴 아주 영리한 아이디어였다. 하지만 우리 학술지 편집진 손에서 "A Definitely Maybe"로 수정되고 말았다(25년도 더 지난 일이지만 나는 지금도 분이 풀리지 않는다).

다음에는 어떤 계획을 떠올릴 것 같은가? 랜더의 선택은 하버드와 MIT와 모두 협력하는 생물의학 연구소를 새로 설립하는 일이었다 (화이트헤드 연구소를 넘어서겠다는 의지도 분명히 느낄 수 있었다). 랜더는 이 곳을 세계 최상급 유전체 센터로 만들고 암 생물학과 신경과학, 세포 생물학, 화학과 함께 크리스퍼, 유전체 편집 분야까지 포괄하겠다는 계획을 세웠다. 자선사업가 엘리 브로드는 아내 에디스와 함께 랜더가 세울 연구소에 7억 달러를 기부했다. 예술품 수집가이기도 한 이 억만장자는 랜더의 연구소가 자신의 가장 귀중한 보물이라고 이야기한다. 2008년에 오바마 대통령은 백악관 과학위원회 공동 대표 중 한 명으로 랜더를 지명하고 인간 유전체 프로젝트에서 랜더가 펼친 활약이 "역사상 가장 훌륭한 과학적 성취 중 하나"라고 칭찬했다.[1]

랜더는 국가대표 야구팀의 총 책임자가 된 것처럼, 수년에 걸쳐 최고의 과학자들을 한 곳에 모으기 위해 분주히 노력했다. 하버드의 걸출한 화학자 스튜어트 슈라이버Stuart Schreiber와 데이비드 리우, 하버드에서 학장을 지낸 스티브 하이먼Steve Hyman, 머크 사에서 연구소장을 지낸 에드워드 스콜닉Edward Scolnick도 그 대상에 포함됐다. 장평은 크리스퍼가 과학계의 가장 거대한 게임이 되기 전부터 잠재력이 많은 학자로 눈여겨보았다. 새로 설립될 브로드 연구소가 새롭게 떠오른 이 천재 학자의 보금자리가 된다면 개인적으로도 자부심을 느낄 만한 성과가 되리라 생각했다.

성과를 인정받고 상을 거머쥐기 위한 경쟁이 갈수록 치열해지자, 맥거번 연구소의 경영진 중 한 사람인 찰스 제닝스Charles Jennings

는 장평이 마땅히 받아야 하는 수준으로 인정받지 못하는 일이 생길 수 있다는 우려를 나타냈다. 언론은 다우드나와 샤르팡티에의 협력 관계가 올드 산후안 지구에서 처음 형성됐다는 훈훈한 소식을 전했다. 제닝스는 자신이 느끼는 불안감을 직접 해결하기로 하고, 장평이 생애 첫 수상의 영광을 얻을 수 있도록 후보로 추천했다. 〈파퓰러 사이언스〉가 매년 과학자와 공학자 중에서 선정하는 '10인의 우수한 인물' 상은, 세계 최고로 명망 있는 과학상은 아니지만, 어쨌든 2013년 수상자 명단에 장평의 이름이 포함됐다.[2] 제닝스는 추천사에서 유전자 편집 도구를 개발한 성과를 알리고, 그가 이 기술을 다른 과학자들과 널리 공유했다는 점을 강조하며 칭찬했다. "매우 기본적인 기술이므로 최대한 개방하는 것이 가장 좋다고 생각합니다." 장평의 설명이다. "웹 페이지를 만드는 데 필요한 HTML 언어가 누군가의 소유 재산으로 보호받았다면 월드와이드웹도 없었을 것입니다." 3년 뒤 MIT는 장평에게 정년을 보장한다는 결정을 내렸다. 데시몬은 종신 재직권을 결정하는 위원회에 보낸 추천서에서 아마 위원회가 지금까지 논의한 어떤 사안보다 쉽게 결정할 수 있는 일일 것이라는 의견을 남겼다.

2013년 1월에 발표되어 과학계에 신기원을 이룩한 장평의 논문이 크리스퍼 분야에 얼마나 폭발적인 영향을 주었는지는 아무리 강조해도 과장이 아닐 것이다. 그전까지 매년 수십 편 정도 나오던 크리스퍼 관련 논문은 장평의 논문이 나온 뒤 3년간 발표된 건수만 무려 3,000여 건으로 급증했다. 세계 곳곳에서 이 기술에 관심을 갖는 학자들이 나타났고, 그만큼 상과 특허권을 먼저 얻기 위한 경쟁이 더 치열해졌다.

2016년 1월에 〈셀〉은 랜더의 견해가 담긴 인상적인 글을 게재했다. 랜더는 '크리스퍼의 영웅들'이라는 제목을 붙인 이 장문의 글이 교육 목적의 에세이이며, 이 글을 크리스퍼 유전자 편집 연구에 매진하고 이 분야의 발전에 크게 일조하고도 제대로 인정받지 못한 영웅들에게 바친다고 밝혔다.[3] 보통 과학 분야의 글은 복잡하고 따분하기 마련인 데 반해, 랜더의 글은 〈뉴요커〉에 실려도 손색없을 만큼 문체가 유려하다.

랜더가 자신이 아끼는 후배를 치켜세우기 위해 쓴 글 아니냐고 의심하는 사람들도 있다. 실제로 요약문의 첫 부분에서 그러한 낌새가 뚜렷이 느껴진다. "3년 전(2013년)에 과학자들은 살아 있는 진핵세포에서 크리스퍼 기술을 정밀하고 효율적인 유전체 편집 도구로 활용할 수 있다고 밝힌 연구 결과를 보고했다." 글의 서두부터 크리스퍼 혁명이 장평이 발표한 획기적인 논문과 함께 시작됐다고 못 박은 셈이다. 다른 학자들의 성취도 적정 수준으로 인정했지만, 샤르팡티에와 다우드나의 기여도는 그리 대단하지 않다고 여겼다. 이 두 사람에 관한 설명은 고작 몇 문단으로 끝나, 한 쪽 반을 할애하여 장평의 생애와 연구를 열정적으로 소개한 것과 대조된다.

랜더의 글에는 크리스퍼의 선구자들이 활동하는 곳을 다채로운 색의 점으로 표시한 세계 지도도 포함되어 있다. 일본, 리투아니아, 독일, 스페인을 비롯해 미국 보스턴과 버클리도 보이는데, 자세히 보면 지도가 어딘가 균형이 맞지 않는 느낌이 든다. 마술이라도 부린 것처럼 대서양을 작게 줄이고 그린란드와 아이슬란드를 아예 지워 버렸기 때문이다.* 그렇게 완성된 지도의 중심은 브로드 연구소가 자리한 미국 매사추세츠 주 케임브리지다.

랜더는 자신이 쓴 글의 내용과 이해관계가 상충되는 부분이 전혀 없다고 주장했지만, 그렇게 생각하지 않는 사람도 충분히 나올 법하다. 장평의 연구를 그가 직접 경제적으로 지원하지는 않았지만, 브로드 연구소는 다우드나, 샤르팡티에의 연구소와 특허권을 놓고 치열한 분쟁을 벌이고 있었다(13장 참고). 이 글을 게재한 셀 프레스 측은 논설의 경우 저자가 이해관계가 상충되는지 여부를 밝힐 의무가 없지만, 설사 상충되더라도 편집부나 저자에게 문제가 되지 않는다고 밝혔다.

곧 비판하는 목소리가 쏟아졌다. 거침없는 발언으로 유명한 유전학자이자 다우드나의 친구 마이클 아이젠Michael Eisen은 신랄한 반박문을 게시하고 랜더를 "크리스퍼 분야의 악한"이라 칭했다. "악마의 솜씨가 최고조에 이르면 그 악랄한 손짓에 넋을 빼앗기게 마련이다."[4] 또한 랜더가 쓴 이 역작은 "너무나 사악하지만, 그가 켄들 스퀘어의 집에 우리가 특허권을 얼른 내놓지 않을 경우를 대비해서 전부다 폭파시키려고 거대한 레이저 무기를 설치해 놓고 큰 소리로 낄낄대며 웃는 모습이 눈에 선한 데도 불구하고, 이 글에 경탄을 금할 수가 없을 정도로 너무나도 영악하다."라고 평했다. 더불어 아이젠은

---

* 랜더가 판 구조론을 적용해 장난을 친 것 같은 이 지도에서 영국도 사라질 뻔했다. 영국은 다윈, 플레밍, 크릭, 로잘린드 프랭클린, 시드니 브레너, 프레드 생어, 알렉 제프리스 Alec Jeffreys, 폴 너스Paul Nurse 등 진화와 분자생물학 분야에서 수많은 학자들이 너무나 많은 업적을 이룬 곳이지만, 크리스퍼의 초창기 혁명에는 놀라울 정도로 아무런 성과가 없었다.

"지구상에서 가장 영향력 있는 과학자"가 노벨상이 장평에게 돌아가도록 손을 써서 브로드 연구소가 "특허권을 비상식적일 만큼 순탄하게 확보할 수 있는" 길을 트려는 계획일 수 있다는 의혹을 제기했다.

저명한 과학자들이 이와 비슷하게 반발하고 나섰다. 보기 드문 일인 동시에 대단히 흥미로운 일이었다. 아이젠은 랜더가 남들을 가르치려는 듯한 태도로 정리한 크리스퍼의 역사에 반대 의견을 냈을 뿐 장평에게 개인적인 악감정은 전혀 없었다. 그의 반발은 크리스퍼가 발전해 온 지난 역사에서 가장 중대한 발견이라고 생각하는 일과 관련이 있었다. 2012년에 다우드나와 샤르팡티에가 10년에 걸쳐 일군 영웅적인 기초 연구 끝에 크리스퍼를 분자 가위로 활용할 수 있다고 밝힌 연구야말로 크리스퍼가 유전체 편집 기술이 될 수 있었던 가장 중추적인 계기였다는 것이 아이젠의 생각이었다. "그 성과 덕분에, 물론 결코 쉬운 일이 아닌 것은 맞지만, 사람의 세포에 크리스퍼 기술을 적용하는 일이 분명해지고 간단하게 해결된 것이다." 아이젠은 이렇게 주장했다.

역사가 너새니얼 컴포트Nathaniel Comfort도 목소리를 보탰다. 그는 랜더의 에세이가 크리스퍼의 "불량한 역사"라고 평했다. 현상 유지를 합리화하고 권위 있는 기관들의 관점을 다른 곳으로 돌리게 만들려는 시도라는 의미였다. 더불어 컴포트는 모히카를 비롯한 다른 연구자들이 다소 뒤늦게라도 공을 인정받은 것은 기쁜 일이라고 밝혔다. "덜 유명한 대학교에서 연구한 초기 주자들과 과학자들이 이 역사에서 통째로 누락되는 경우가 너무나도 많다. 하지만 우리는 랜더가 다우드나와 샤르팡티에가 묻히도록 만들기 위해 이러한 공헌자들을 어떻게 이용했는지 알아 둘 필요가 있다."[5]

다우드나와 샤르팡티에도 당연히 랜더의 견해가 반가울 리 없었다. "내 연구실의 연구와 다른 연구자들과의 상호관계에 관한 내용은 사실과 다르다. 저자는 사실 여부를 직접 확인하지 않았으며 그 내용을 공개적인 글에 쓰겠다고 내게 동의를 구하지도 않았다." 다우드나는 이렇게 전했다.[6] 샤르팡티에도 자신의 연구진이 거둔 성과에 관한 내용이 "불완전하고 부정확하다"고 밝혔다.[*] 그나마 다행인 것은 다우드나와 샤르팡티에가 크리스퍼의 역사를 직접 들려줄 기회가 많았다는 점이다.

조지 처치에게도 랜더의 글이 썩 유쾌하지 않았다. 무엇보다 처치의 논문은 〈사이언스〉에 장펑의 논문과 나란히 실렸지만, 노벨상은 같은 부문에서 최대 3명까지 공동 수상할 수 있고, 따라서 시상식 시즌이 되면 이 한정된 수상자 명단에 들어갈 방법을 찾으려고 애쓰는 경향이 나타난다는 점에서 더욱 달갑지 않았다. 크리스퍼 연구자들 사이에서는 샤르팡티에와 다우드나, 장펑이 그 3인이 될 것이라는 전망이 공공연히 돌았다. 처치는 2년 뒤에 〈더 사이언티스트〉를 통해 당시에 느낀 절망감을 전했다. 처치도 크리스퍼 연구의 두 선구자인 다우드나와 샤르팡티에가 유전자 편집 연구에서 이룩한 성과를 충분히 인정받을 자격이 있다고 생각했다. "두 사람은 크

---

* 랜더가 크리스퍼 이야기의 중심이 된 여성 학자들의 기여를 축소시켜 남성 라이벌들을 부각시킨 게 아니냐고 의혹을 제기한 사람들도 있지만, 이건 유치한 비난이다. 랜더는 스테이시 가브리엘Stacey Gabriel을 비롯해 질 메시로프Jill Mesirov, 파디스 사베티Pardis Sabeti, 앤 카펜터Anne Carpenter, 그리고 2020년에 제넨텍의 R&D 부분 책임자로 채용된 아비브 레게브Aviv Regev까지 여러 뛰어난 여성 과학자의 멘토로 활약해 왔다.

리스퍼가 프로그래밍 가능한 절단 도구가 될 수 있음을 세상에 알린 스파크를 만들어 냈다." 그러나 이것을 정밀 편집 기술로 만드는 것은 다른 문제라고 보았다. 처치는 장평 연구진이 사용한 비정상적인 배양세포보다 자신이 사용한 인체 세포가 더욱 정확한 시스템이라고 주장했다.* 연구 성과의 인정과 관련하여, 처치는 다음과 같은 견해를 밝혔다. "2명 더하기 2명이라고 할 수 있다. 그런데 기여한 사람을 3명으로 과도하게 축소해 언급하는 것은 노골적으로 한 명을 배제하겠다는 의도가 아닌가."[7]

나중에 처치는 내게 크리스퍼의 역사에서 자신도 입지를 공고히 세우지 못했지만, 자신을 비롯해 다른 연구자들과 함께 일한 박사 후 연구원들이 언급되지 않은 것은 "터무니없는 일"이라고 이야기했다. "마틴 지넥도 이 이야기에서 누락됐다고 생각합니다. 프라샨트 말리, 루한 양, 르 콩도요. 아마 이들의 이름은 들어본 적도 없을 겁니다."[8]

)(◍(◍)(

원래 다우드나는 "지금은 부재중입니다"라는 메시지가 자동 회신되는 이메일 설정을 많이 쓰는 편이 아니었지만, 곧 시상식이며 언론 인터뷰, 기조 강연 요청이 줄줄이 이어져서 이 설정을 반드시 써야 할 만큼 일정표가 출장으로 빼곡히 채워졌다. 정갈하고 귀에 쏙

---

*   장평은 신장 세포주인 293세포를 배양해 사용했다.

쏙 들어오는 다우드나의 강연에는 샤르팡티에를 포함한 동료들이 해낸 성과를 언급하는 내용도 넉넉하게 포함됐다. 명성이 급속히 높아져도 직접 책을 쓰겠다는 생각은 해 본 적이 없었다. 그래서 뉴욕의 유명한 출판 에이전트인 존 브록만John Brockman의 아들 맥스 브록만Max Brockman이 저서를 내 보라고 제안하자 다우드나는 깜짝 놀랐다. 토머스 쿤Thomas Kuhn의 저서 《과학 혁명의 구조》를 참고해 가며 새뮤얼 스턴버그Samuel Sternberg라는 대학원생과 함께 쓴 초기 원고는 다소 건조했다. 나중에 스턴버그도 그 점을 인정했다. "길 가는 사람을 아무나 붙잡고 물어 보면, 이걸 읽겠다고 하는 사람이 과연 있었을까 싶다."[9]

하지만 대중의 관심은 뜨거웠다. 스턴버그는 모르는 사람이 자신에게 연락해 와서는 의논할 일이 있으니 버클리의 멕시코 음식점에서 아침 식사를 함께하자고 제안했을 때 상황을 확실히 깨달았다. 식사에 초대한 여성은 스턴버그에게 예비 부모들을 위한 서비스를 제공하는 크리스퍼 유전자 편집 회사를 차려 보면 어떻겠느냐고 제안했다. 벤처 사업에는 전혀 흥미가 없었지만, 이 일은 오히려 다른 도전에 원동력으로 작용했다. 2017년 봄에 출판된 스턴버그와 다우드나의 책 《크리스퍼가 온다A Crack in Creation》가 바로 그 결과다. 이 책에서 두 사람은 다우드나의 개인적인 이야기를 담았지만, 특허권 분쟁에 관한 의견이나 논란이 될 만한 내용은 교묘히 피했다.[10]

샤르팡티에와 다우드나, 장펑은 서로 다양하게 번갈아 가며 과학계의 주요 상을 거의 다 휩쓸었다. 그 목록에 포함되지 않은 두 개의 상이 있었다. 하나는 미국의 노벨상으로도 불리는 래스커상 그리고 다른 하나는 노벨상이었다. 세 사람이 받게 될 것은 명확해 보였지만, 누가 어떤 상을 받을 것인지 수많은 추측이 돌았다.

구체적인 수상 내역을 몇 가지만 살펴보면, 일본과 스페인, 이스라엘의 '노벨상'은 두 여성이 받았고 캐나다에서 비슷하게 인정받는 상은 장펑도 함께 받았다. 상금이 가장 두둑했던 상은 페이스북의 프리실라 챈Priscilla Chan과 마크 저커버그, 구글의 세르게이 브린Sergey Brin과 그의 전처이자 '23앤미23andMe' 창립자 앤 워치츠키Anne Wojcicki, 트위터의 딕 코스톨로Dick Costolo 등 실리콘밸리 억만장자들이 함께 만든 과학 혁신상이었다. 참석자 모두 정장을 말쑥하게 차려입은 2014년 11월의 시상식에서 할리우드 배우 캐머런 디아즈Cameron Diaz 가 다우드나와 샤르팡티에에게 상을 건넸다. 샤르팡티에는 수상 소감에서도 프랑스인 특유의 유머를 잃지 않았다. "캐머런에게 상을 받다니 꿈인지 현실인지 실감이 안 난다."라고 하더니, 함께 시상하러 무대에 오른 딕 코스톨로를 보면서 말했다. "지금 여기에 강력한 여자 세 명이 모여 있으니까…… 혹시 찰리 아니신가요?"(캐머런 디아즈가 주연을 맡은 영화 〈미녀 삼총사〉에서 세 명의 여성 첩보원이 소속된 탐정 사무소의 대표 이름이 찰리다. 이 영화의 영어 원제는 '찰리의 천사들'[Charlie's Angels]이다—옮긴이)

2년 뒤 샤르팡티에와 다우드나는 바랑고우, 호바스, 장펑과 함께 캐나다의 가장 명망 있는 과학상인 가드너상을 수상했다. 저녁 만찬과 함께 진행되는 가드너상 시상식에서는 수상자가 무대로 나올 때 직접 고른 음악을 틀어 주는 전통이 있다. 장펑은 자연스럽게 존 윌리엄스John Williams가 작곡한 영화 〈쥐라기 공원〉의 엄숙한 주제곡을 선택했다. 그리고 자신을 위해 희생한 부모님과 늦은 밤까지 일하는 날도 연구실에서 함께 기다려 준 아내, 딸아이에게 감사하다는 소감을 밝혔다. 호바스는 영화 〈미션 임파서블〉에 삽입된 재즈 느낌이 물씬 나는 음악을 골랐다. 호바스는 농담을 섞어 사워크라우트와 함께 과학자로서의 커리어가 시작됐다는 이야기와 함께 "내 사전에 불가능은 없다."라는 프랑스의 유명한 말을 인용했다. 바랑고우는 퍼렐 윌리엄스Pharrell Williams의 곡 '해피Happy'가 흘러나오는 가운데 그의 트레이드마크인 카우보이 부츠 차림으로 무대에 오르면서 카메라를 향해 신나게 어깨를 흔들었다. 샤르팡티에는 프랑스 그룹 다프트 펑크Daft Punk의 분위기 있는 일렉트로닉 뮤직을 골랐다.

가장 인상적인 소감을 남긴 사람은 다우드나였다. 빌리 홀리데이Billie Holiday가 부른 '길가의 양지 바른 쪽으로On the Sunny Side of the Street'를 들으며 무대에 오른 다우드나는 학생들과 동료들, 조언을 해준 분들에게 감사하다는 말과 함께 이날 시상식에 참석한 특별한 두 사람을 언급했다. 하버드 의과대학의 조지 처치 교수와 그의 아내 팅 우Ting Wu였다. 다우드나는 하버드 재학 시절에 처치로부터 영감을 얻었으며, 제대로 평가 받지 못한 처치의 크리스퍼 연구에 찬사를 보낸다고 밝혔다. "처치의 연구는 크리스퍼-카스 시스템을 포유동물 세포의 유전자 편집에 도입한 연구를 비롯해 지난 수년간 유전자 편집 분야에 엄청난 영향을 주었습니다."11 (이날 시상식에는 장펑과 랜더도 참석했다. 다우드나가 이 말을 하면서 그 두 사람 쪽을 슬쩍 쳐다봤는지 궁금해하는 분들도 있으리라) 다우드나는 우와 처치가 함께 세운 비영리 유전체학 교육 기관에 이날 상금으로 받은 10만 달러를 기부하겠다고 밝혔다.

시상식 날 저녁에 촬영된 크리스퍼 연구자 네 명의 모습이 담긴 사진에서 중앙에 우뚝 선 바랑고우는 부츠 때문인지 양옆의 동료들보다 큰 키가 더욱 두드러진다(전 세계 보건 분야에 기여한 공으로 이날 가드너상을 함께 수상한 앤서니 파우치[Anthony Fauci]도 함께 사진을 찍었다). 크리스퍼 혁명에 자극제가 된 바랑고우의 중요한 연구가 가드너상 수상으로 주목 받고 큰 관심을 얻은 것은 분명한 사실이다. 그는 다우드나와 샤르팡티에가 개발한 단일 가이드 RNA 기술이 결정적 계기가 되었으므로 두 사람의 수상도 당연한 일이라고 밝혔다.[12] "단일 가이드 RNA는 발명품입니다. 뻔하지 않고 자연에 존재하는 것도 아닌 새로운 것입니다. 식스니스가 원래 있던 것을 재정비했다면, 두 사람은 직접 조작하고 설계했습니다." 바랑고우는 유전체 편집 기술이 "조지와 장평, 루시아노, 김진수, 제니퍼의 연구 결과가 발표된" 2013년이 되어서야 제대로 알려졌다는 의견을 밝혔다.

호바스는 2015년에 다우드나, 샤르팡티에와 함께 매스리상을 받은 데 이어 바랑고우, 샤르팡티에, 다우드나, 식스니스와 함께 하버드 대학교에서 수여하는 앨퍼트상 수상자로도 선정됐다. "원래 저는 샤르팡티에와 다우드나의 그늘에 거의 가려지는 편인데, 바우어상을 받을 때는 그렇지 않았습니다." 호바스가 내게 한 말이다. 2018년에 바우어 과학상을 수상한 것은 아마도 호바스의 일생에 가장 영광스러운 일이었을 것이다. 1824년에 만들어진 이 상은 그동안 테슬라, 에디슨, 아인슈타인, 호킹, 처치, 빌 게이츠를 비롯한 2,000명 이상의 과학자, 발명가들에게 수여됐다. 주최 측이 밝힌 호바스의 업적에는 다음과 같은 설명이 포함됐다.

크리스퍼-카스 시스템이 미생물의 적응 면역 시스템임을 발견함
으로써 다양한 유전체의 정밀한 편집에 활용할 수 있는 강력한 도
구가 탄생하는 기초를 마련했다.

호바스는 동료들 사이에서 이 상을 누가 받을 것인지를 두고 "긴
장감이 흐른 것 같다."라고 말했지만, 나는 그가 자신의 성과를 충분
히 인정받지 못했다고 생각한다는 느낌을 받았다. "사람들이 진짜
관심을 두는 쪽은 유전자 편집입니다. 그래서 자연계의 세균에 존재
하는 시스템을 발견한 사람은 지워지고 그런 혁신을 일으킨 도구를
최종적으로 개발한 사람들만 기억합니다." 그가 내게 말했다. 2012
년에 크리스퍼 분야에 큰 변화를 이끈 연구를 해낸 지넥과 칠린스키
의 업적도 생각해 봐야 한다고 언급했다. "그 두 사람이 여자가 아니
라는 것이 불리하게 작용한 게 아닐까요." 비합리적인 정치적 판단
이 엿보이는 말이었다. "현재 과학계는 여성을 필요로 합니다. 과학
계에는 여성에게 유리한 차별이 존재하고요. 그건 좋은 일입니다."
그는 빠르게 말을 이어 갔다. "하지만 이러한 흐름이 문제가 될 수도
있습니다. 이만큼 인정받는 자리에 오르는 여성이 나타나면 그런 문
제가 명확히 드러납니다."

해마다 9월이 되면 이번에는 누가 노벨상을 수상할까 너도 나도
예상해 보는 흥미로운 분위기가 형성된다. 크리스퍼 연구자가 상을
받을 것이라는 점은 너무나 명백한 사실이었다. 수상 여부가 아니라

언제 받을지가 관건이었다. 노벨상의 각 부문 수상자는 최대 3명이다. 그리고 살아 있는 사람에게만 상이 주어진다.* 2007년에 마리오 카페키Mario Capecchi와 올리버 스미시스Oliver Smithies, 마틴 에번스Martin Evans가 유전체 편집 기술의 전신에 해당하는 유전자 표적(적중) 기술로("마우스의 특정 유전자를 변형시키는 기술") 이미 이 분야 연구에 노벨상이 돌아갔다고 생각하는 사람도 있을 것이다. 또는 다음 장에서 소개할, '크리스퍼 이전 시대'에 유전체 편집의 원리를 밝힌 사람에게로 수상의 영광이 돌아갈 수도 있다는 예측도 나왔다.

바랑고우는 사람들의 질문이 잘못됐다고 이야기했다. 언제 또는 누가 노벨상을 받을 것인지가 아닌 어떤 발견에 상이 주어질 것인지를 생각해야 한다는 의미였다. 구체적으로 어느 부문의 노벨상을 받게 될까? 화학일까, 의학상일까? 노벨 화학상이 수여된다면 sgRNA를 개발한 다우드나와 샤르팡티에가 강력한 후보지만, 카블리상을 함께 수상한 식스니스나 sgRNA가 탄생한 핵심 연구를 수행한 지넥도 유력한 후보가 될 수 있다. 카스9의 발견이 중점적으로 부각될 경우 모이노가 받을 수도 있다. 또 노벨 생리학상이나 의학상이 주어질 경우 초점은 분명 유전체 편집 기술에 맞춰질 것이므로 장평과 처치가 가장 유력하다. "조지도 분명히 일조했습니다!" 바랑고우의 말이다. "하지만 크리스퍼의 역사에서 아무 이유 없이 배제됐어요. 조지를 그런 식으로 모른 척할 수는 없어요. 그건 정신 나간 짓입니

---

* 한 번 예외가 있었다. 수상자가 발표된 시점에 노벨상 선정위원 중 누구도 수상자의 사망 사실을 알지 못한 경우에는 상을 받을 수 있다. 2011년에 수상자가 공개되기 3일 전 세상을 떠난 랠프 스타인먼Ralph Steinman에게 실제로 이런 일이 일어났다.

다."[13] 이 모든 가능성에도 불구하고, 크리스퍼-카스 시스템, 더 크게는 유전체 편집 분야 전체에 기존의 판도를 뒤엎고 사람의 생명을 구할 수 있는 치료법이 될 수 있다는 사실을 입증해야 하는 과제가 아직 남아 있다.

랜더가 쓴 '영웅들'에 관한 글에는 2012년 장평이 크리스퍼 연구를 시작할 때 루시아노 마라피니가 핵심적 역할을 했다는 사실이 쏙 빠져 있다. 이 상냥한 아르헨티나 출신의 기술 전문가는 유전자 편집 기술의 발견에 중추적 역할을 했음에도 불구하고 2017년 올버니상을 수상한 것 외에는 거의 주목 받지 못했다. 당시 올버니상 시상식에서 모히카와 함께 무대에 오른 마라피니는 크리스퍼 연구의 할아버지 같은 존재로서 소감이 어떠냐는 질문을 받았다. 크리스퍼는 그에게 입양한 자식과 같았다. "크리스퍼라는 멋진 이름을 지어 주었죠. 저에게는 너무나 자랑스러운 아이입니다. 꼭 저의 일부처럼 느껴져요. 사실은 그렇지 않은데 말이죠. 열심히 돌보고 키웠습니다." 10년의 시간이 흐르고 아이는 "아주 영리한 사람"이 되었고 이어서 "굉장히 중요한 인물"이 되었다. 마라피니는 "충만한 기쁨을 느낍니다. 행복하고 자랑스러워요."라고 말했다.[14]

모히카는 노벨상에 관한 갖가지 추측이 좀 잠잠해졌으면 좋겠다고 밝혔다. "만약에 제가 받는다면 이 지구에서 사라질 겁니다."[15] 하지만 그가 받는다고 해도 정말로 그럴 가능성은 없다.

XIXIXIX

유전체 편집 기술을 개발한 사람들이 점점 더 많은 포상을 받는 동안에도 기본적인 크리스퍼 시스템을 개선하고 이 기술의 도구 상자를 확장하기 위한 노력은 바쁘게 이어졌다. 크리스퍼의 잠재성이 알려지자 전 세계 수천 명의 새로운 연구자들이 크리스퍼의 생물학적 기초 지식을 공부하고 새로운 형태의 치료법 등 다양한 분야에 응용하기 시작했다.[16]

크리스퍼 연구자들 사이에서는 지금도 카스9이 가장 큰 관심을 얻고 있다. 그러나 밴필드나 쿠닌처럼 이 지구상에 살고 있는 엄청나게 다양한 미생물 중에 아직까지 밝혀진 적 없는 생물을 찾고 그러한 생물이 보유한 크리스퍼라는 면역 시스템과 카스 유전자의 다양성을 연구하는 학자들도 있다. 또한 크리스퍼 시스템을 새로운 연구와 진단법 개발에 활용하기 위한 연구도 쉴 틈 없이 진행되어 왔다.

크리스퍼 기술의 도구상자에서 초창기에 추가된 중대한 기술 중에는 분자 가위를 이용하여 카스9 단백질의 DNA 절단 기능을 곧바로 둔화시키는 기술도 있다. 언뜻 납득이 안 될 수도 있지만, RNA 프로그래밍이 가능한 카스9은 DNA 절단을 넘어 다른 여러 용도로 쓰일 수 있다. 유전체의 특정 지점으로 다양한 분자를 싣고 가서 유전자 발현을 증대시키거나 약화시키는 조절자로도 활용할 수 있다 (이를 크리스퍼 활성화 또는 간섭이라고 한다). 스탠리 치Stanley Qi 연구진은 이처럼 절단 외에 다른 기능을 수행하는 카스9 단백질을 '죽은 카스9'이라고 칭했다.[17] 이 기술을 응용할 수 있는 분야 중 하나가 염기 편집이다.[18] 크리스퍼 유전체 편집의 새로운 갈래에 해당하는 염기 편집에서 카스9은 DNA 절단에 쓰이는 대신 여러 가지 효소를 전달하여 DNA를 손상시키고 특정 염기에 정확한 화학 반응을 일으킨다 (22장에서 다시 설명할 예정이다).

화농성 연쇄상구균에서 처음 발견된 카스9^{SpCas9} 단백질은 기본 단위인 아미노산이 최대 1,366개다. 유전자 치료에 가장 많이 쓰이는 운반체인 아데노 연관 바이러스에는 화물을 실을 수 있는 공간이 한정되어 있고, 카스9과 같은 크기라면 구겨 넣어야 겨우 실을 수 있다. 다른 미생물에서도 여러 가지 다양한 Cas9이 발견됐다. SpCas9보다 크기가 훨씬 작은 것도 있고 인식하는 팸^{PAM} 부위가 다른 것도 있다. 이 중 상당수가 크리스퍼 기술의 선택 가능성을 확대시키는 새로운 도구로 쓰인다. 다우드나 연구진은 카스9 단백질의 활성을 묶어 두는 방법을 발견했다. 분자 수준의 케이블 타이를 적용해서 단백질을 묶인 상태로 두었다가 필요할 때 타이를 잘라서 핵산분해효소가 방출되도록 만든 것이다.[19] 카스9의 기능이 나타나는 위치 또는 시점을 연구자가 더욱 정확히 조절할 수 있으므로 의도하지 않은 부적절한 영향이 발생할 확률을 줄일 수 있다.

다우드나와 밴필드는 함께 커피를 마시며 크리스퍼에 관해 처음 이야기를 나눈 때로부터 거의 10년 뒤인 2016년에 아직 실험실에서 배양된 적 없는 미생물군유전체에서 여러 가지 새로운 크리스퍼 도구를 발견했다.[20] 카스X^{CasX}와 카스Y^{CasY}로 각각 명명된 작은 카스 핵산분해효소도 포함되어 있었다. 카스X는 크기가 SpCas9의 60퍼센트에 불과하지만 거의 동일한 방식으로 DNA를 절단한다. 이 두 단백질의 염기서열에 비슷한 부분이 없는 것으로 볼 때 개별적으로 진화한 것으로 추정된다. 또한 카스X는 SpCas9과 달리 자연적인 방식으로는 인체에 감염되지 않는 세균의 단백질이므로, 인체 면역 반응을 자극할 수 있다는 우려도 피할 수 있다.

또 한 가지 흥미로운 카스 단백질로 장평 연구진이 발견한 카스12(원래 Cpf1로 불리던 단백질), 그중에서도 카스12a를 꼽을 수 있다.[21] 카스9과 달리 이 효소가 DNA 이중나선의 두 가닥을 잘랐을 때 생기는 단면은 일자로 매끈한 형태가 아닌 지그재그 형태가 된다. 또한 크기가 작고 tracrRNA가 없어도 작용한다는 특징이 있다. 장평과 다우드나의 연구실은 카스12a의 특성을 각각 조사한 결과 이 효소가 단일 가닥 DNA에 이중 가닥 DNA와는 상당히 다른 방식으로 작용한다는 사실을 발견하고 깜짝 놀랐다. 단일 가닥에서는 DNA를 자른다기보다 마구 난도질한다는 표현이 더 어울리는 양상이 나타났다.[22] 크리스퍼 도구상자에 추가된 또 하나의 효소인 카스13은 RNA에 그와 비슷한 방식으로 작용했다. 특정 DNA나 RNA 분자를 탐지하고 이를 화학적 신호와 연계시킬 수 있는 방법을 찾으면 간단한 진단법으로 활용할 수 있다.

다우드나와 장평의 연구진은 바로 그 방법을 찾아 나섰다. 다우드나 연구실의 학생 중 재니스 챈Janice Chan과 루카스 해링턴Lucas Harrington은 다우드나가 '디텍터DETECTR'로 이름 붙인 진단 시스템을 상업화하기 위해 세운 매머드 바이오사이언스를 설립할 때 힘을 보탰다(피겨스케이팅 세계 챔피언인 네이선 챈[Nathan Chen]이 재니스 챈의 남동생이다). 그 사이 장평의 제자 오마르 아부다예Omar Abudayyeh와 조너선 구텐베르크Jonathan Gootenberg는 장평, 파디스 사베티와 공동으로 '설록 바이오사이언스Sherlock Biosciences'를 설립했다. 파이프를 입에 문 탐정의 모습부터 떠오르겠지만, 이 업체 이름인 셜록은 그 탐정과 무관하다.*

예를 들어 카스12를 코로나19 대유행의 원인 바이러스인 SARS-CoV-2를 탐지할 수 있도록 프로그래밍한다고 하자. 먼저 찾고자 하는 코로나바이러스의 유전체에서 증폭시킬 특정 염기서열을 인식할 가이드 RNA를 제작한다. 카스12가 정해진 염기서열을 찾으면 효소 기능이 활성화되어 주변에 있는 단일 가닥 DNA 분자를 전부 자른다(이 절단 활성은 지속된다). 여기에 효소의 절단 활성이 나타날 때 빛을 내는 리포터 분자를 추가하면, 찾으려는 바이러스가 극히 미세한 양만 존재해도 종이 띠를 이용하는 것과 같은 간단한 색깔 분석으로 바이러스를 탐지할 수 있다.[23]

카스13 효소군도 이와 비슷한 방식으로 독감 바이러스와 뎅기열 바이러스, 지카 바이러스는 물론 코로나19 바이러스의 감염 여부를 탐지하는 데 활용할 수 있다.[24] 카스13이 활성화되면 장펑이 "부수적인 RNA 분해효소 활성"이라고 표현한 기능이 나타난다. 즉 RNA를 계속해서 자른다. 이때 화학적인 태그가 적정량 결합된 RNA 리포터 분자를 추가하면 소변, 혈액, 타액에서 바이러스를 검출할 수 있는 간단하고 휴대 가능한 검출 시스템을 만들 수 있다. 바이러스가 존재하면 카스13의 활성이 나타나고 RNA 리포터 분자가 절단되면서 형광 표지물질이 방출되므로 임신 테스트기와 흡사하게 단순

---

* 여기서 셜록SHERLOCK은 '특이적 과민성 효소 리포터 해제Specific Hypersensitive Enzymatic Reporter unLOCKing'의 줄임말이다.

한 형태의 종이 띠로 감염 여부를 확인할 수 있다.

　실리콘밸리의 유니콘으로 불리던 엘리자베스 홈즈Elizabeth Holmes의 회사 테라노스Theranos의 사업이 엄청난 과대 포장을 했다는 사실이 드러난 후 간단하면서도 저렴한 비용으로 한 방에 결과를 얻을 수 있는 진단 검사의 신뢰도는 크게 떨어뜨렸다. 한때 가치가 90억 달러까지 급등했던 테라노스는 존 캐리루John Carreyrou 기자의 탐사 보도 후 파산했다.[25] 그러나 테라노스의 기술이 전문가 검토 방식으로 뒤늦게 나온 단 한 편의 논문으로만 소개된 반면[26] 다우드나 연구진과 장펑의 연구진이 각각 발견한 진단 검사법의 과학적인 원리와 기술은 이미 여러 편의 최상급 학술지에 실렸다.

　다우드나와 장펑이 개발한 진단 키트는 둘 다 휴대가 가능하다는 점에서 엄청난 시장 가치가 있다. 집에서 독감 검사를 하고, 병원에서는 환자의 항생제 내성 여부를 확인하고, 코로나바이러스나 다른 유행성 바이러스의 감염 여부를 현장에서 바로 진단할 수 있다. 재니스 챈의 연구진은 디텍터 시스템으로 일반적인 진단 검사에 소요되는 시간보다 훨씬 짧게 HPV(인유듀종 바이러스, 인체 감염 시 사마귀, 자궁경부암의 원인이 된다-편집자)를 정확히 탐지할 수 있다는 사실을 입증했다. 하버드의 사베티 연구진은 셜록 검사법을 이용하여 나이지리아에서 나사열, 세네갈에서 뎅기열, 온두라스에서 지카 바이러스 감염 여부를 탐지했다는 전도유망한 결과를 발표했다. 두 회사 모두 현재 코로나19 바이러스 검출에 이 기술을 적용하기 위해 적극적으로 노력 중이다. 질병 진단 외에 식량안보, 농업, 생물테러 분야에서도 활용 가능하다. 장펑의 연구실에서는 이미 셜록 기술을 식물에 적용하

여 병원균이나 해충을 탐지하는 유전자 탐지 기술로 전환했다.[27]

토론토에서는 앨런 데이비슨Alan Davidson이 박사 과정 학생인 조셉 본디 데노미Joseph Bondy-Denomy가 "누구도 예상치 못한 놀라운 발견을 했다"고 밝혔다.[28] 바로 항크리스퍼 단백질이다. 세균이 보유한 방어 시스템인 크리스퍼를 무장 해제시키거나 중화시킬 수 있는 바이러스 단백질의 일종이다. 크리스퍼가 가위라면 바위 혹은 보자기에 비유할 수 있는 이 물질은 점점 더 많은 종류가 발견되고 있다. 에릭 손테이머는 이 항크리스퍼 단백질을 이용하면 유전체 편집이 원하는 조직에서만 일어나도록 제한할 수 있다고 설명했다. 하버드 의과대학의 아밋 차우다리Amit Choudhary는 카스 효소의 활성을 미세 조정할 수 있는 작은 화학물질을 찾고 있다. 미국 국방성 방위고등연구계획국은 '안전한 유전자Safe Genes'라는 이름의 사업을 통해 항크리스퍼 단백질 연구를 지원한다. 조셉 본디 데노미는 지체 없이 '아크리젠 바이오사이언스Acrigen Biosciences'를 설립하고 보다 안전하고 효율적인 유전자 편집 기술을 만들기 위한 연구에 전념하고 있다.

파쇄기처럼 작용하여 DNA에 큰 결실 부위를 만드는 카스3도 크리스퍼 도구상자에 추가됐다. 돌연변이를 일으키고 특정 표적 부위를 진화시키는 이볼브알EvolvR이라는 시스템과 표적 부위에 프로그래밍된 DNA가 삽입되도록 하는 시스템도 마찬가지다. 컬럼비아 대학교의 새뮤얼 스턴버그 연구진과 장펑의 연구진도 비슷한 아이디어를 제시했다. 스턴버그는 비브리오 콜레라Vibrio cholera 균이 보유한 크리스퍼 시스템을 이용하여 트랜스포존(이동성이 있는 기생성 유전자)

을 바탕으로 프로그래밍 가능한 시스템을 구축해 유전체의 특정 위치에 원하는 DNA 염기서열을 삽입하는 기술을 개발했다.[29] DNA를 절단하거나 DNA 손상 시 세포에서 일어나는 반응을 촉발하지 않고도 유전체를 조작할 수 있다는 점에서 좋은 대안이 될 수 있다.

과학계는 이 같은 새로운 도구 중 일부를 이제 거우 알아보기 시작했다. 아직은 빙산의 일각에 불과하다. 장펑에 따르면 지금까지 약 15만 종의 세균 유전체 염기서열이 완료됐지만, 방어 시스템이 파악된 것은 3분의 1에 지나지 않는다. 인류의 선조이자 10억 년간 계속 발전하고 진화해 온 미생물의 염기서열에는 아직까지 드러나지 않은 더 많은 비밀이 숨어 있을 것이다.

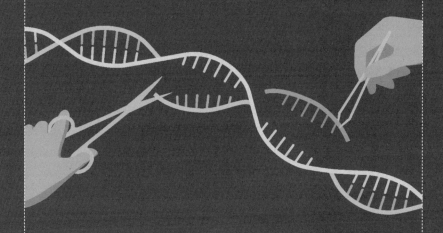

2부

.....

"사람은 사는 동안 자신을 향상시켜야 하는 의무와 함께
인류 전체의 개선을 도울 의무가 있다고 생각합니다."
- 에이브러햄 링컨Abraham Lincoln

"유전공학의 발전으로, 우리는 인류의 진화 과정을
우리가 직접 설계할 수 있다는 상상을 할 수 있게 되었다."
- 아이작 아시모프Isaac Asimov

"당신 같은 과학자들은 무언가를 할 수 있는지, 없는지를
알아내는 일에 몰두하느라,
그것이 꼭 필요한 일인지는 생각하지 않죠."
- 영화 〈쥬라기 공원〉의 등장인물 이안 말콤Ian Malcolm

8 장

유전체 편집 이전 시대

"유전자 편집의 장래성에 관한 이야기를 들을 때마다 1루블씩 받았다면 지금쯤 저는 재벌이 됐을 겁니다!" 표도르 우르노프의 주장이다. "지금까지 나온 전망은 다 어떻게 됐을까요? 거의 10년째 병원마다 붙어 있는데 말이죠!"[1] 하지만 우르노프도 반드시 인정해야 하는 사실이 있다. 10년이 넘는 세월 동안 그 역시 상가모라는 생명공학 회사에서 유전체 편집 기술의 발전을 이끌고, 임상 현장으로 가져와서 HIV 치료법을 개발하기 위해 고투를 벌였다는 점이다. 명백한 성공은 없었지만, 이러한 노력은 크리스퍼 시대를 열고 새로운 치료법이 무수히 등장하는 바탕이 되었다. 그중 일부는 효과적인 치료법으로 바뀔 가능성이 있다. "제니퍼 로페즈가 (크리스퍼에 관한) 드라마를 만든다니 반가운 일입니다. 하지만 저는 다른 제니퍼가 하고 있는 일이 훨씬 흥미롭다고 생각해요." 2018년에 우르노프의 강연을 처음 들었을 때 그는 농담 삼아 이렇게 이야기했다. 말이 빠른 편인 그는 미국 서부 해안에서 20년 넘게 살았지만, 러시아어 억양이 여전히 배어 있는 말투로 활기차게 이야기를 이어 갔다. 유전체 편집 분야에 권위자가 있다면 바로 우르노프일 것이다. 크리스퍼 기술이 인류의 현재와 미래에 어떤 의미가 있는지 살펴보기 전에, 먼저 뒷이야기를 조금 해 볼까 한다.

유전체 편집은 아테네 여신처럼 어느 날 갑자기 다 완성된 상태로 세상에 짠 하고 등장한 기술이 아니다. 우르노프가 "불멸"의 발견이라고 표현했던 2012년 샤르팡티에와 다우드나의 발견은 그런 식으로 이루어지지 않았다. 한 해 전 학술지 〈네이처 메소드〉는 크리스퍼의 전신인 아연 손가락 핵산분해효소ZFN와 탈렌TALEN(전사 활성자 유사 효과기 핵산분해효소) 기술의 장래성을 보고 유전자 편집을 '올해의 기술'로 지정했다.[2] 둘 다 비용이 많이 들고 도입이 까다로운 기술이지만, 크리스퍼보다 몇 년 앞서 임상 현장에서도 활용됐다. ZFN의 상업적 개발은 상가모가 이끌었고, 탈렌은 프랑스 파리의 셀렉틱스 Cellectis 사가 주도했다.

우르노프는 2012년에 다우드나와 샤르팡티에의 협업으로 개발된 기술을 현대 유전체 편집의 기둥 혹은 신약성서에 비유한다면 이 기술이 탄생하기 전을 "유전체 편집 전 시대", 즉 크리스퍼 이전 시대Before CRISPR, B.C.라고 이야기한다.

XIXIX

노벨상 수상자 중에 마리오 카페키만큼 개인사가 독특한 사람은 찾기 힘들다. 과학에서 창의성을 발휘하고 성공하기 위해서는 "거칠고 고유한 삶의 경험이 나란히 함께 흘러가야 하며, 이러한 경험은 너무 복잡해서 일부러 만들 수도 없다."[3] 카페키는 제2차 세계대전에서 믿기 힘들 만큼 낮은 확률을 뚫고 살아남았고 포유동물 세포에 일종의 유전자 편집 기술을 도입한 최초의 과학자가 되었다. 그는 이탈리아 전역에 파시즘이 휘몰아치던 1937년 10월에 베로나에서 태어났다. 이탈리아 공군 장교였던 아버지와 파리 소르본 대학에서 강의하던 아름다운 시인인 어머니 사이에서 태어났다. 그러나 어머니는 카페키가 태어난 후 "그와 결혼하지 않겠다는 현명한 선택을 했다."[4] 보헤미안이던 어머니는 파시즘에 강력히 반대했고 아기와 함께 이탈리아 알프스 지역으로 갔다. 그러나 1941년 나치 비밀경찰의 수색은 티롤(오스트리아 서부에 있는 지역-편집자)까지 뻗치고 말았다. 카페키는 어머니가 체포돼 독일 다하우의 수용소에 감금되던 날을 기억한다.

그 후 1년간 카페키는 이웃집에서 사람들이 직접 구운 빵을 먹으며 살았다. 갓 딴 포도가 가득 담긴 통에 발가벗고 뛰어든 기억도 있다. 하지만 어머니가 체포되기 전에 준 돈이 바닥나자 버려진 아이는 먹고살 방법을 스스로 찾아야 했다. 겨우 네 살이던 카페키는 남쪽으로 향했다. "길에서 살기도 하고, 집 없는 다른 아이들과 무리지어 지내기도 하고, 고아원에서도 살았습니다. 늘 배가 고팠어요." 그는 그 시절에 "형용할 수 없을 만큼 끔찍한" 기억이 많다고 이야기했다. 1945년에 다하우에서 풀려 난 카페키의 어머니는 이탈리아로 와서 아들을 찾았다. 그리고 기적적으로 영양실조에 걸려 레조에밀리아라는 도시의 병원에서 치료 받던 아이를 찾았다. 카페키는 로마에서 6년 만에 처음으로 목욕했다. 시간이 흐르고 카페키는 미국으로 향하는 배에 올랐다. "그곳에 가면 금이 깔린 길을 볼 수 있으리라 기대했다. 실제로 본 것은 그 이상이었다. 그곳에는 기회가 있었다." 그가 쓴 글이다. 필라델피아 인접 외곽 지역에 있던 물리학자 에드워드 삼촌의 집에서 살게 된 카페키는 레슬링을 즐겼다. 체격조건도 그 운동을 즐기기에 적합했다.

안티오치 대학을 졸업한 후 그는 하버드 대학의 제임스 왓슨을 만나 면접을 봤다. 그 자리에서 카페키는 왓슨에게 박사 공부를 하려면 어디로 가야 하냐고 물어 보았다. 그러자 왓슨은 콧방귀를 뀌면서 대답했다. "제정신 박힌 사람이라면 여기서 해야지." 그가 시작한 연구는 유전암호를 조각조각 모으는 일이었다. 허세와 냉정할 정도로 솔직한 성격에 공정한 왓슨은 그에게 존경심을 불러일으켰다. "그는 우리에게 사소한 궁금증에 너무 신경 쓰지 말라고 가르쳤습니다. 그러면 사소한 답만 찾을 가능성이 높다고 했죠." 몇 년 뒤에 카페키는 유타 대학교에서 직접 연구진을 이끌게 되었다. 살아 있는 세포의 핵에 DNA를 미세 주입하는 방식으로 유전자 하나를 거의 비슷한 다른 유전자로 바꾸는 방법을 개발했다. 1980년대 초, 미국 국립보건원 평가단은 카페키의 연구 제안서에 퇴짜를 놓았지만, 그는 훨씬 더 어려운 일도 다 이겨 낸 사람이었다.

카페키가 당시 위스콘신 대학교에서 활동하던 영국인 유전학자 올리버 스미시스 그리고 마틴 에번스와 함께 완성한 기초 연구는 상동 재조합으로 마우스 유전자의 '불활성'을 유도하는 기술의 바탕이 되었다. 배아 줄기세포의 유전자 활성을 없애고 이렇게 변형된 세포를 주입해 키메라 배아를 만들면, 과거 수십 년간 효모와 세균을 대상으로 실시하던 실험을 털 많고 작은 포유동물에서도 할 수 있다. 까다롭고 비효율적이고 시간이 몇 개월씩 필요한 기법이었지만, 특정 유전자가 발현되지 않는 동물 모형을 만들 수 있게 된 것은 유전학자와 발달생물학자에게 하늘이 내린 선물 같았다. 유전학적인 금광이 발견된 것처럼 학술지마다 마우스의 특정 유전자를 불활성시킨 후 무슨 일이 벌어졌는지 밝힌 논문들이 넘쳐났다. 대부분 사람의 유전질환 연구에 중요한 역할을 할 수 있는 동물 모형이었다. 카페키와 에반스, 스미시스는 이 업적으로 2007년 노벨 생리·의학상을 수상했다.

특정 유전자를 표적화할 수 있는 상동 재조합 방식은 생물학에 큰 발전을 일으켰지만, 포유동물 세포에서는 효율이 겨우 0.01퍼센트에 머물 정도로 굉장히 낮았다. 뉴욕 슬로언 케터링 기념 암센터의 분자생물학자 마리아 재신Maria Jasin은 같은 기술을 효모에 적용하면 효율이 훨씬 높다는 사실을 알고 있었다. 1994년에 재신 연구진은 이를 제대로 확인해 보기로 하고, DNA 양쪽 가닥을 절단시켜 세포의 수선 반응을 유도했다. I-SceI이라는 제한효소를 사용하여 같은 실험을 실시한 결과, DNA를 절단하면 재조합이 더 높은 비율로 이루어진다는 것을 발견했다. 나아가 외부에서 유입된 DNA 조각으로도 이러한 손상을 수선할 수 있는 것으로 나타났다. 또한 DNA 수선이 두 가지 방식으로 이루어진다는 사실을 알아냈다. 하나는 상동 재조합이고 다른 하나는 비상동 재조합이다. 전자는 손상된 부분이 깔끔히 수선되는 반면 후자는 손상을 발생시킨 표적 부위 측면에 짧은 결실 부위가 연이어 발생한다. 이중나선에 발생한 손상에서 "편집 기능이 발생한다"는 것을 입증한 재신의 연구는 획기적이고 중대한 발견이었다. 10년간 가치를 제대로 인정받지 못했지만, 분명 최초의 유전자 편집 실험이었다. 우르노프는 유전자 편집 기술의 구약성서 시대에 나온 이 연구를 "재신의 복음"이라고 칭했다.[5]

><))(((><

"딱 맞는 장소, 딱 맞는 타이밍의 중요성을 보여주는 교과서 같은 예가 바로 접니다. 제 삶이 전부 다 그래요!"[6] 나는 이탈리아 피렌체의 호텔 로비에서 우르노프를 붙들고 한 시간 동안 유전체 편집의 구약 시대 이야기를 경청했다.

우르노프는 평온했던 1970년대 소련에서 태어났다. 사회주의가 어느 정도 돌아가고 모스크바는 문화의 메카였던 시기다. 친구들, 가족들은 부엌 식탁에 모여 앉아 삶의 의미에 관해 토론했다. 아버지는 문학 교수, 어머니는 언어학자였다. 두 분 다 책을 낸 경력이 있는 전기 작가이기도 했다. 할아버지는 찰스 디킨스Charles Dickens의 작품을 편집했다. 우르노프는 루이스 캐럴과 디킨스, 마크 트웨인의 작품을 읽으면서 자랐지만, 가장 뜨겁게 열정을 쏟은 대상은 비틀스였다. 우르노프의 집안은 과학과 거리가 멀었지만, 아버지의 친구들 중에 러시아의 위대한 분자생물학자 블라디미르 엥겔가르트Vladimir

Engelhardt의 가족과 절친하게 지내는 사람들이 있었다. 우르노프는 이들을 통해 제임스 왓슨의 저서《이중나선》을 빌려 읽었다. 14세이던 우르노프에게 이 책은 엄청난 영향을 주었다. 특히 "비밀을 찾아내는, 무엇과도 비할 수 없는 즐거움"을 알게 됐다. 책 한 권이 우르노프가 꿈꾸던 다른 장래 희망을 모두 지웠다. 한마디로 DNA에 완전히 낚였다.

미하일 고르바초프Mikhail Gorbachev가 권력을 쥔 1985년에 모스크바 국립대학에 입학한 우르노프는 생물학을 공부하기 시작했다. 1학년 때는 고르바초프가 내세운 개방 정책이, 2학년 때는 개혁 정책이 확립됐다. 1986년에 체르노빌에서 일어난 재앙도 그에게 큰 영향을 주었다. 대학을 졸업할 쯤에는 소련도 완전히 붕괴된 상황이었다. 서구 지역으로 가려면 여행용 가방에 몸을 숨기거나 이스라엘을 거쳐 돌아가야 했던 번거로운 시절도 끝났다. 부모님의 지원으로 우르노프는 미국 브라운 대학교에 입학했다. 박사 과정 지도교수였던 수 거비Sue Gerby는 자신의 연구실에 새로 들어온 소비에트 출신 학생이 적응할 수 있도록 참을성 있게 도와주었다. 우르노프는 그곳에서 6년간 유전자가 발현되고 활성이 사라지는 방식을 공부했다. 한 학회에서 만난 앨런 울프Alan Wolffe에게 "푹 빠진" 우르노프는 그에게 혹시 박사 후 연구생으로 받아 줄 의향이 있는지 물어 보았다. 당시 국립 보건원 산하 연구소에 기관 역사상 최연소 대표자로 지명된 울프는 활기와 카리스마가 넘치는 인물이었다. 그는 우르노프를 받아주었다.

그리하여 우르노프는 유전학 연구의 프리미어 리그에 훌쩍 들어

왔다. 울프는 신생 분야였던 후생 유전학의 전문가였다. DNA에 화학적 변화를 유도하여 유전자의 활성을 조절하는 연구였다. 울프의 연구실은《거울 나라의 앨리스》에 나오는 붉은 여왕과 앨리스의 대화 중 이 정도 속도로 달리면 보통 다른 어딘가로 가게 된다는 앨리스의 말을 떠올리게 하는 곳이었다. 최고의 실력자들만 모인 연구실에서 모두가 쉼 없이 연구에 매진했다. 우르노프도 더 나은 성과를 얻기 위해 더 바짝 노력해야 했다. 울프가 느긋하게 실험대로 다가와서 "아, 우르노프 박사, 뭘 찾아냈나요?"라고 물어보면 얼른 대답할 수 있도록 늘 만반의 준비를 해야 했다.

분자생물학을 맨 처음 일군 학자들 중 한 명인 알프레드 허시 Alfred Hershey는 실험실에서 열심히 실험하고 매일 제대로 된 결과가 나오는 것을 "허시의 천국"이라고 표현했다. 우르노프는 그 시절에 자신이 "허시의 천국을 제대로 맛보았다"고 말했다. 그러나 2000년에 울프는 캘리포니아의 신생 생명공학 회사로부터 연구부 총책임자를 맡아 달라는 제안을 받고 수락했다. 뜻밖의 행보였다. 마흔 살이던 해에 다시 새로운 도전에 나선 것이다. 우르노프는 함께 서부로 가자는 울프의 제안을 곧바로 수락했다. 그때 처음으로 상가모라는 이름을 접했다.

〉〈◍◍〉〈

상가모 바이오사이언스 사의 초대 CEO를 지내고 지금은 은퇴한 에드워드 랜피어Edward Lanphier는 샌프란시스코에서 북쪽으로 약 15킬로미터 떨어진 마린 카운티에 살고 있다. 마구간을 개조해 만든 자그마한 집에는 그의 홈 오피스가 마련되어 있다. 나는 생명공학 분야에서 크게 성공한 인물의 이야기를 듣기 위해 그곳을 찾았다. "제넨텍, 월 스트리트를 뒤흔들다"라는 헤드라인이 선명하게 찍힌 1981년 〈샌프란시스코 이그제미너〉 표지가 액자에 담겨 있고 책장에는 아마도 의례적으로 만들었을 맞춤 번호판("상가모"라고 적혀 있다)이 차에서 분리돼 세워져 있었다. 상가모의 주식이 상장된 날, 나스닥 주식거래소 바깥에 자신의 이름이 번쩍이며 나오던 네온사인 아래에서 딸아이와 나란히 서서 찍은 사진도 액자에 담겨 있었다.

상가모라는 이름이 어디에서 처음 나온 것인지도 금방 알 수 있었다. '상가모 전기'에서 만든 계량기가 램프 밑받침으로 재활용되어 탁자 위에 놓여 있었다. 랜피어의 증조부 로버트 랜피어^{Robert Lanphier}는 예일 대학교에서 전기공학을 공부하고 1890년대에 일리노이 주 상가몬^{Sangamon} 카운티에 한 업체를 공동 설립했다. 그곳에서 로버트 랜피어는 와트와 시 단위로 작동하는, 우리에게 친숙한 회전 휠이 달린 전기 계량기를 설계하여 특허를 취득했다.[7] 공개기업으로 전환된 상가모 전기는 1975년에 슐룸베르거^{Schlumberger} 사로 소유권이 넘어갔다. 에드워드 랜피어는 1990년대 중반에 스타트업을 만들면서 아버지에게 증조부 회사의 이름과 로고를 사용해도 되느냐고 물었다.

랜피어는 1980년대 초, 제넨텍과 인체 재조합 인슐린 생산을 위한 라이선스를 막 체결한 일라이 릴리에서 제약 업계에 처음 발을 들였다. 1992년에는 '1세대' 유전자 치료 업체로 불리는 소마틱스

Somatix에 합류했다. 그리고 3년 후에는 상가모를 설립하고 유전자 치료에 활용할 수 있는 유전자 조절의 잠재성을 파헤치는 일에 매달렸다.

아연 집게로 불리는 단백질은 다양한 종류로 분류되는* 유전자 활성물질이다. 10년 앞서 노벨상 수상자인 아론 클루그^Aaron Klug가 발견한 것으로, 리투아니아 출신의 유대인 학자인 클루그는 박사 학위를 따기 위해 영국으로 이주해서 로잘린드 프랭클린이 1958년에 세상을 떠나기 직전에 만나 함께 연구했다. 전사 인자에 해당하는 아연 집게는 손가락과 비슷하게 생긴 돌출부가 여러 개 있는 독특한 구조로 되어 있고 이 부분이 DNA와 직접 접촉한다. 손가락마다 30개 정도의 아미노산으로 구성되고 아미노산 4개와 연결된 아연 원자 하나가 관절처럼 이 부분을 고정한다. '아연 구조 영역'이라고 이름을 붙이면 별로 기억에 남지 않을 것 같다고 판단한 클루그는 손가락처럼 생긴 각 단위를 '아연 집게'로 칭했다. 추가 연구를 통해 이 각각의 손가락은 시각장애인이 점자를 읽는 것처럼 DNA에서 특정 염기 3개로 이루어진 서열을 인식한다는 사실이 밝혀졌다. 아연 집게가 3개 연결된 DNA 결합 단백질을 이용하면 총 9개의 염기로 이루어진 특정 DNA 염기서열을 인식할 수 있다.

상가모의 첫 번째 목표는 아연 집게 단백질을 이용하여 특정 유전자를 발현시키는 것(또는 불활성시키는 것)이었다. 이를 위해 랜피어는 MIT의 칼 파보^Carl Pabo를 비롯한 관련 분야의 대표적인 학자들에

---

* 사람의 유전체에서 아연 집게 단백질이 암호화된 유전자는 700여 개로, 전체 유전자의 3퍼센트에 이른다.

게 연락했다. 클루그의 사무실이 있는 런던에도 찾아가 당시 왕립학회 대표였던 그의 사무실 밖에서 마치 교장 선생님과의 면담을 앞둔 학생처럼 차례를 기다렸다. 3시간 동안 이어진 그날 점심식사에서 랜피어는 클루그와 파트너십을 체결하는 데 성공했다. 이후 클루그는 2001년에 자신의 업체 젠닥Gendaq을 랜피어에게 팔고 상가모의 핵심 자문가가 되었다. 카이론Chiron 사의 공동 설립자 빌 루터Bill Rutter, 제넨텍의 공동 설립자 허브 보이어Herb Boyer까지 생명공학 분야의 다른 전문가들도 상가모의 일원이 되었다.

2000년, 랜피어는 주식 시장이 무시무시한 성장세를 달릴 때 회사 주식을 상장하기로 결정했다. 생명공학 붐이 최고조에 이른 시기에 회사 가치는 무려 1억 5,000만 달러까지 치솟았다. 새로운 시대를 맞이하면서 그가 연구부 대표로 영입한 사람이 울프였다. "정말 어마어마한 성공이었습니다." 랜피어는 울프가 백과사전 같은 지식을 보유한 진짜 스타였다고 전했다. "제가 알고 지낸 모든 사람을 통틀어서 가장 비상한 인물이었습니다. 박사 과정을 마친 똑똑한 20대 젊은 연구원이라면 누구나 그와 함께 일하고 싶어 했죠."[8] 우르노프 외에 또 한 명의 러시아 출신 학자가 앨런 울프의 새로운 도전에 동참했다. 드미트리 구시친Dmitry Guschin이었다. 아연 집게를 설계한 에드 리바Ed Rebar(파보 연구실 출신), 마이클 홈스Michael Holmes(샌프란시스코 대학교의 로버트 티잔[Bob Tijan] 연구실 출신), 제프리 밀러Jeffrey Miller, 앤드류 제이미슨Andrew Jamieson까지, 상가모는 겁 없고 젊고 재능 있는 젊은이들의 열기로 가득했다. 랜피어는 "증기엔진의 개념에서 출발하여 내연기관을 개발한 다음 끝내주는 페라리를 만들어 내는 것"이

이들의 미션이었다고 전했다. 박사 후 연구원으로 합류한 영국인 필립 그레고리Philip Gregory는 가장 중추적인 구성원이었다. "하나같이 비상한 재능을 가진 사람들 중에서도 필립은 누구보다 두각을 드러낸 꽃이었습니다." 랜피어의 설명이다.

특정한 DNA 모티프에 결합해서 유전자 발현을 켜고 끄는 스위치 역할을 할 전사 인자 제작에 울프의 전문 지식이 발휘됐다. 세포의 발달 과정을 조절할 수 있는 방법이다. 파보는 아연 집게에 해당하는 각 부분을 섞어서 조합하면 DNA 특정 염기서열을 인식하는 새로운 혼합 전사 인자를 설계할 수 있다는 사실을 입증했다. 우르노프가 합류할 때쯤 상가모는 이를 실현하기 위해 아연 집게 단백질을 설계하고 인체 세포에서 어느 정도 효율이 나타나는지 시험할 준비를 마친 상태였다.

그러나 2001년 5월에 비극이 들이닥쳤다. 울프가 학회 참석을 위해 방문한 리우데자네이루에서 버스에 치여 하루아침에 목숨을 잃은 것이다. "앨런은 소통의 중심이었는데······ 그가 없어진 겁니다." 상가모의 과학 자문위원회 대표였던 파보는 2년 뒤 그레고리가 후임자로 올 때까지 연구 팀 리더로 일했다.

아연 집게를 이용하여 VEGF 유전자를 활성화시켜 당뇨 환자에 발생한 신경 손상을 치료하는 새로운 방법을 임상 현장에 도입하려고 준비하던 중, 상가모에 또 다른 문제가 발생했다. 알랭 피셔Alain Fischer 연구진이 유전자 치료법에 관한 흥미로운 연구 결과를 발표하고[9] 겨우 한 달 지난 2002년 여름에 환자 중 한 명이 백혈병에 걸렸다는 소식이 전해진 것이다. 치료에 필요한 유전자를 옮기는 데 쓴 바이러스 전달체가 환자의 유전체에 삽입되면서 생긴 일이었다. 1999년 제시 젤싱거Jesse Gelsinger라는 환자에게 일어난 비극에 이어 이 같은 일이 생기자 유전자 치료 연구는 보류되거나 철회됐다.

그러나 아연 집게 단백질 기술에 희미한 빛이 찾아왔다. 병을 유발하는 유전자를 건강한 복제 유전자로 대체하거나 활성을 없애는 유전자를 발현시키는 수준을 넘어, DNA를 직접 편집해서 잘못된 부분을 바로잡을 수 있는 가능성이 열렸다. 존스 홉킨스 대학교의 연구진이 아연 집게를 변형시켜 특정 유전자를 표적화하는 방법을 고안한 것이다.

XIIXIIIX

키가 2미터에 가까운 장신의 존스 홉킨스대 생화학자 해밀턴 스미스Hamilton Smith는 1978년에 과학자라면 거의 대부분이 꿈꾸는 전화를 한 통 받았다. '햄'으로도 불리던 그에게 걸려온 전화는 노벨상 수상자로 선정됐다는 소식이었다. 사회성을 발휘해야 하는 상황마다 편안하게 넘겨 본 적이 없는 스미스에게 서로 밀치며 연신 셔터를 눌러 대는 사진기자들과 수많은 지지자들의 존재는 고역이었다. 정말 스스로 얻은 성취가 맞는지 의심하는 가면 증후군 증상도 약하게 나타났다. 수상 소식에 스미스의 어머니도 깜짝 놀랐다. 차를 타고 가다가 라디오에서 뉴스를 접한 어머니는 남편에게 이렇게 말했다고 한다. "존스 홉킨스에 내가 모르는 해밀턴 스미스가 또 있나 봐."[10]

스미스는 핵산 중간 분해효소라는 제한효소를 발견한 연구로 노벨상을 수상했다. 세균에서 매우 다양한 종류가 발견되는 이 효소는 특정 DNA 염기서열이나 모티프를 인식해 절단한다. 유전공학자들은 이러한 효소를 활용하여 재조합 DNA라는 혁신을 일으켰다. "DNA 염기서열을 파악하는 것부터 재조합 DNA, DNA 염기서열 분석까지, 현대 생물학의 모든 것은 제한효소로부터 시작된다." 유전학자 데이비드 보트스타인David Botstein의 말이다.[11] 1990년대 중반부터는 카탈로그에 잘 정리된 수천 종의 제한효소를 찾아 주문하면 드라이아이스가 담긴 폴리스티렌 통에 담겨 세계 곳곳으로 배송됐다. 그러나 유전자를 정밀하게 편집하는 메스로서는 제한효소의 활용성에 한계가 있었다. 효소가 인식하는 DNA 부위가 보통 염기 4개에서 6개에 불과할 정도로 굉장히 짧다는 점이다. 바이러스는 유전체가 워낙 작아서 이러한 모티프가 몇 군데밖에 없지만, 사람의 유전체에는 수천 곳에 분산되어 나타난다.

스미스는 학생들과 DNA를 좀 더 선택적으로 절단할 수 있는 인공 효소를 공학적으로 제작하는 방법에 관해 자주 토론했다. 1986년 '찬드라'로 불리던 화학자 스리니바산 찬드라세가란Srinivasan Chandrasegaran을 만났을 때도 같은 주제의 이야기가 오갔다. 몇 년 뒤 찬드라는 키메라 제한효소라는 새로운 종류의 핵산분해효소를 만드는 일에 착수했다. 동료인 제레미 버그Jeremy Berg와 함께 뉴잉글랜드 바이오랩New England Biolabs이라는 회사가 제공한 효소 카탈로그를 뒤적이던 어느 날, 찬드라는 플라보박테륨 오케아노코이테스Flavobacterium okeanokoites에서 유래한 FokI이라는 멋진 이름의 제한효소를 발견했다. FokI은 영화 〈스타워즈〉에 등장하는 타이 전투기처럼 DNA에서 특정 목적지를 찾아낸다. 바로 염기 5개로 이루어진 GGATG 서열이다. 일치하는 염기서열을 찾으면, 염기 10개 정도 떨어진 효소의 다른 부위에서 절단 활성이 나타난다. 염기서열을 찾는 부위와 자르는 부위가 서로 분리되어 있으므로, 찬드라는 효소가 DNA에서 인식하는 부분을 다른 것으로 바꾸면 절단될 표적을 바꿀 수 있다고 판단했다.

찬드라의 '하이브리드 제한효소'는 1996년에 발표됐다.[12] 그의 연구진이 찾아낸 방법은 FokI의 DNA 절단 부위와 아연 손가락 단백질을 결합시켜서 특이성을 부여하는 것이다. "이론상 염기 3개로 이루어지는 코돈은 64가지가 나올 수 있으므로 아연 손가락 단백질도 이 각각에 맞게 설계할 수 있다. 그리고 이러한 손가락 단백질을 조합하면 DNA의 어떤 부분이든 염기서열을 특이적으로 인식하는 단백질을 만들 수 있다." 찬드라는 이렇게 설명했다. 이 방법대로 완성된 아연 손가락 핵산분해효소[ZFN]는 어떤 DNA 염기서열과도 결합할 수 있도록 프로그래밍이 가능하고 어떤 용도로든 활용할 수 있다. 이 기술이 오랜 시간이 지난 지금까지 남아 있다는 점도 흥미롭다. "90분으로 정해진 (축구) 경기 시간, Q로 시작되는 쿼티 키보드 배열처럼 이 기술은 광범위하게 수용됐습니다. 사람들이 더 발전시키고 바꿔야 할 필요성을 못 느끼는 것이죠." 우르노프의 설명이다.

찬드라는 자신이 개발한 "새로운 유형의 분자 가위", 즉 키메라 핵산분해효소가 유전자 치료에 변화를 가져올 수 있으리라 확신했다. 1999년에는 돌연변이 유전자를 잘라 내고 정상 유전자로 깔끔하게 대체하는 것이 목표라고 밝혔다. 윤리적 문제에 관해서는 다음과 같이 설명했다. "유전자 치료는 임상에서 일상적으로 활용되는 치료법이 되고 인체 질병 치료의 패러다임 변화를 나타내는 상징이 될 것이다."[13]

찬드라는 초파리 같은 전통적인 동물 모형에 돌연변이를 인위적으로 만드는 용도로 ZFN을 활용한다는 계획을 수립한 유타 대학교의 생화학자 다나 캐럴Dana Carroll과 손잡았다. 계획대로 된다면 초파리의 세포가 갈색에서 황색으로 변해야 한다. 얼마 후 캐럴이 데리고 있던 연구자가 현미경으로 노란색 털이 자라난 것을 확인하고 캐럴에게 전했다.[14] "저라면 엄청 기쁠 것 같은데요." 이들은 2002년에[15] 살아 있는 생물의 DNA를 조작하는 것이 가능하다는 사실을 입증했다. ZFN을 특정 유전자의 발현을 조절하는 용도를 넘어 DNA 염기서열 자체를 바꾸는 용도로 처음 활용한 사례였다. 캐럴의 손에서 이루어진 ZFN의 발전, 그리고 재신 연구진이 발견한 편집 기능의 발생은 인체 유전체 편집의 토대가 되었다.[16]

)◁I▷I◁I▷(

상가모 본사는 1997년부터 캘리포니아 포인트 리치몬드에 자리한 빌딩에 자리잡았다. 같은 건물에 영화 〈토이 스토리〉와 〈벅스 라이프〉를 만든 애니메이션 스튜디오 픽사의 사무실도 있었다. 나중에 픽사 스튜디오가 디즈니 소유가 되고 캘리포니아 에머리빌의 더 큰 건물로 이전하자 상가모는 사용 면적을 늘렸다. 우르노프와 홈즈는 픽사에서 스크리닝 작업을 하던 공간에 공동 사무실을 마련하고 3년간 함께 지냈다. 우르노프는 홈즈와의 파트너십이 존 레논과 폴 매카트니의 관계와 비슷했다고 말하더니 좀 과장된 표현이라고 바로 인정했다. 스탠퍼드 대학교의 의학자 겸 과학자 매튜 포투스도 상가모 연구진에 합류했다. 데이비드 볼티모어와 함께 연구한 경험이 있는 그는 캐럴이 발표한 ZFN 논문에 깊은 인상을 받고 인체 세포 연구를 함께 하자고 제안했다. 포투스는 녹색 형광 단백질을 활용한 분석법을 개발했는데, 이를 적용하면 ZFN이 표적 유전자에 성공적으로 작용했는지 확인할 수 있다.[17]

상가모에 모인 젊은 병사들은 이제 본격적인 작전에 돌입했다. 더 이상 지체할 시간이 없었다. "주식 거래소에서 느낄 수 있는 그런 종류의 다급함은 아니었습니다." 우르노프가 전했다. 이후 몇 년간 상가모는 ZFN을 효과적인 유전자 편집 기술로 활용할 방법을 연구했다. 겸상 세포 질환, 혈우병, 중증 합병성 면역결핍 장애SCID 등 다양한 질환이 목표가 되었다. (우르노프와 홈즈는 심지어 CCR5 유전자[백혈구 표면 단백질이 암호화된 유전자. 에이즈 바이러스가 백혈구와 결합할 때 수용체가 되는 단백질이다―옮긴이]를 편집하기 위한 방법도 고민했다) 프랑스에서 유전자 치료 중에 발생한 문제를 모두가 유념하면서, 상가모 연구진은 SCID 환자에서 발견되는 유전학적 문제를 살펴보기 시작했다. 인터류킨-2 감마 수용체IL2Rγ 유전자의 돌연변이가 원인으로 작용하는 질병이다.

어느 날 우르노프는 포스포 이미지 분석기phosphorimager라는 실험 장비로 분석한 결과를 살펴보다가 한 가지 사실을 깨달았다. "유전자 편집의 효율성이 5분의 1이었습니다. 자연적으로는 세포 100만 개당 하나 꼴로 일어날 수 있는 일이 이 정도 효율성으로 일어나게 만든 것이죠." 우르노프는 홈즈에게도 알렸다. "이것이 진짜면, 우린 새로운 시대에 들어선 겁니다!" 홈즈도 이 결과가 어떤 의미인지 공감했다. 우르노프가 잔뜩 신이 나서 방 안을 이리저리 서성이는 동안 홈즈는 이것이 정확한 결과인지 확인하기 위한 실험 계획을 얼른 세웠다. "깜짝 놀랄 만한 주장에는 깜짝 놀랄 만한 근거가 있어야 합니다. 우리 둘 다 사람들이 믿지 못할 거라고 생각했어요!" 우르노프는 당시의 일을 회상하며 전했다. 연구진은 결과를 외부에 알리지 않고 떠올릴 수 있는 모든 통제 시험을 조용히 실시했다. 상가모 연구진이 보유한 전문 지식이 마침내 성과를 내기 시작했다. "빠른 엔진과 훌륭한 타이어, 공기역학을 고려한 우수한 몸체로 구성된 자동차를 완성해서 넓게 펼쳐진 매끄러운 레이싱 트랙 위를 시원하게 달리게 된 겁니다."

우르노프와 홈즈는 유전자 교정 기술에도 잠시 관심을 기울였다. ZFN으로 DNA를 절단하고 특정한 유전 정보가 담긴 조각으로 대체하는 방법을 떠올렸다. 그레고리, 리바, 밀러의 합류로 5명이 한 팀이 되어, 검체 오염으로 허위 결과가 나올 가능성을 배제할 수 있는 확실한 실험을 설계했다. 우르노프는 편집하려는 유전자가 동형 접합인 세포를 선정했다. 오염이 발생하면 같은 유전자가 반드시 한 벌로 존재하고, 인위적으로 도입한 염기서열이 하나만 확인되면 원래 있던 유전자가 교체, 즉 편집된 것으로 볼 수 있다. 우르노프는 어느 주말에 오랜 시간을 들여 여러 개의 세포를 편집했다. 처음 시도에서는 아무 변화가 없는 세포만 지루하게 나왔지만, 곧 이형 접합체가 나타났다. 한쪽은 기존과 같고 다른 한쪽은 변형된 유전자를 가진 세포가 나온 것이다. "환희의 송가"가 울려 퍼지는 기분이 들 정도로 이런 반가운 결과가 계속 확인됐다. 그런데 양쪽 유전자 모두 변형된 세포 하나가 나타났다. 우르노프는 홈즈에게 황급히 이메일을 보냈다. "동형 접합체가 나왔습니다!!!" 먼저 이렇게 보내고는, 얼른 또 다른 메일을 한 통 더 보냈다. "그 동형 접합체 말고 다른 동형 접합체요!!!"

러시아 속담 중에 '밧줄을 잡았으면 수레가 너무 무겁다고 불평하지 말라'는 말이 있다. 이제 꽁꽁 닫아 둔 커튼을 젖히고 아주 중요한 성과가 될 논문의 마무리 작업을 할 때가 왔다. 우르노프는 생애 가장 중요한 실험이 될 연구를 시작했다. 1970년대에 에드 서던 Ed Southern이 고안한, 놀라울 만큼 단순한 서던 블랏Southern blot 실험이다. 4인치 두께로 쌓은 종이 타월의 흡수력을 활용하여 젤에 포함된 DNA 절편을 나일론 막으로 옮기는 방법이다. 홈즈는 편집된 유전자의 변화를 다시 되돌릴 수 있다는 사실을 입증하는 한편, 암세포에서 확인된 결과가 임상에 활용할 수 있는 백혈구에서도 동일하게 나타난다는 사실을 확인했다.

〈네이처〉에 논문을 제출하기 전, 상가모의 주요 자문가 중 한 명인 아론 클루그가 우르노프와 동료들에게 변형이라는 표현보다는 "고효율 유전자 교정"이라는 표현을 쓰라고 제안했다. (우르노프는 당시 클루그가 자필로 작성한 의견이 그대로 남아 있는 사본을 소중히 보관해 두었다) 〈네이처〉는 두 차례에 걸친 검토 끝에 2005년 4월, 유전자 치료를 완전히 바꿔 놓은 이들의 연구 논문을 발표했다.[18] 상가모 연구진은 인체 유전자 돌연변이를 교정할 수 있다는 사실을 입증했다. 또한 이들이 제시한 방법은 프랑스에서 앞서 진행된 유전자 치료 실험에서 문제가 된, 염기서열이 삽입되어 돌연변이가 발생하는 일을 피할 수 있다. "ZFN은 '치고 빠지는' 메커니즘으로 작용하므로 외인성 DNA를 유전체에 삽입하지 않고 질병 치료 관점에서의 긍정적인 변화를 얻을 수 있으며, 세포에 영구적인 변화를 일으킬 수 있다." 우르노프는 논문에서 이렇게 밝혔다.

〈네이처〉 편집자가 표지에 헤드라인으로 어떤 문구를 쓰면 좋겠냐고 묻자 우르노프는 "유전체 편집"이라는 표현을 제안했다. (마침 아버지가 러시아의 한 문학비평지 편집장이 된 시기였다) 사람의 유전체 염기서열을 분석한 첫 번째 초안이 나오고 5년 만에, 생명의 언어를 고쳐 쓰면 유전질환을 고칠 수 있다는 사실이 입증됐다.

〈와이어드〉의 샘 자페Sam Jaffe는 이 혁신적인 "나노 수술" 기법을 헤드라인 기사로 보도했다. 기사 제목은 "유전질환, 손가락으로 치료한다"로 정하고 이 정도면 교열 담당자가 보너스 점수를 주지 않을까 기대했다.[19] 데이비드 볼티모어의 말도 인용했다. "단순히 외래 유전자를 세포에 전달하는 것에 그치지 않고, 코돈이 잘못된 부분을 잘라 내서 문제를 바로잡는 기술입니다." 유전체에 포함된 어떤 유전자든 표적이 될 수 있어 확실한 잠재성이 있는 기술이었다. 찬드라는 〈네이처 바이오테크놀로지〉에 "유전체 수술을 위한 마법 가위"라는 제목으로 이 논문을 검토한 결과를 게재했다.[20]

다음 단계는 SCID 치료였다. 줄기세포의 유전자를 편집한 결과는 절망적이었다. 정밀한 수선이 일어나지 않고 작은 DNA 절편이 삽입되거나 결실되고 유전자 활성이 사라졌다. "완곡하게 표현하면, 이건 우리가 원하는 병사들이 아니었습니다." 우르노프의 설명이다. 교착 상태를 해결한 사람은 상가모에 새 식구로 들어온 의료부 총책임자 데일 앤도Dale Ando였다.

"제가 뭘 해야 하는지 정확히 알고 있습니다. 이 기술을 적용해야 하는 유전자와 질병이 무엇인지도요. 버블보이 병(SCID에 걸린 아이들은 아주 사소한 병에도 목숨을 잃을 수 있어서 특수 제작된 플라스틱 구조물 안에서 생활하거나 헬멧처럼 만들어진 보호막을 항상 쓰고 생활해야 했다. 이러한 구조물은 '버블'로 불렸다―옮긴이)이 아니라 HIV가 적합합니다."

"음, 좋습니다." 우르노프가 앤도의 말에 답했다.

"T세포의 CCR5 단백질을 연구해야 합니다."

"알겠습니다."

"그리고 칼 준Carl June과 협업해야 합니다."

"그게 누구죠?"

그러자 앤도가 웃음을 터뜨렸다. 출근 첫날부터 꽤 좋은 인상을 남긴 대화였다.

✕▥▥✕

1990년대 중반에 의학계의 HIV 연구만큼 긴박하게, 또는 치열한 경쟁이 벌어진 분야는 별로 없다. 1981년에 일부 환자에서 나타난 후천성면역결핍증후군AIDS으로 처음 알려진 이 질병은 전염병처럼 번

져갔다. 샌프란시스코 베이 주변 지역의 과학자들은 원인 바이러스인 HIV에 선천적인 면역을 갖는 사람들도 있다는 사실을 알아냈다. 그 사이 몇몇 연구진을 통해 HIV가 단백질 수용체 CD4와 보조 수용체 CXCR4를 통해 백혈구로 들어올 수 있다는 것이 밝혀졌다.

1996년 6월에는 백혈구의 또 다른 막 단백질인 CCR5('C-C 케모카인 수용체 5'의 줄임말)가 HIV 감염의 원인이라고 밝힌 5건의 논문이 발표됐다. 새로운 공동 수용체에 관한 이러한 연구 결과는 최고 권위를 자랑하는 학술지 세 곳을 통해 일주일간 앞 다퉈 공개됐다. HIV가 사람들을 싣고 나르는 소형 비행선이라면, 어쩌다 엠파이어스테이트 빌딩CD4에 걸려 버렸을 때 승객에 해당하는 HIV의 유전물질을 지상으로 안전하게 옮기는 케이블카 역할을 하는 것이 CCR5다. 세계 최고로 꼽히는 과학계 학술지들도 특종 기사를 먼저 실으려고 경쟁하는 타블로이드 신문처럼 중대한 연구 결과를 먼저 발표하려고 치열한 경쟁을 벌인다. 〈셀〉에 실린 CCR5 논문 중 한 편은 너무 급하게 인쇄하느라 몇 쪽은 위아래가 뒤집힌 채로 나오는 일까지 벌어졌다.[21]

그 논문의 책임 저자 중 한 명인 벨기에의 의학자 겸 과학자 마크 파르망티에Marc Parmentier는 HIV에 노출되어도 병이 천천히 진행되는 사람이 CCR5에 이상이 있을 수 있다는 가설을 세웠다. 파르망티에 연구진이 실제로 감염 후 병의 진행 속도가 느린 3명에게서 검체를 얻어 분석한 결과, CCR5 유전자의 중앙에서 염기 32개가 사라지고 없는 부분(Δ32 또는 '델타 32'라고 표기한다)이 확연히 드러났다.[22] 이렇게 결실이 생긴 유전자로 만들어진 짤막한 단백질이 제 기능을 할리 없다는 건 누구나 알 수 있는 사실이었다. 파르망티에는 수백 건의 검체와 여러 자원자들을 대상으로 검사를 실시하고, 이처럼 염기 32개가 결실된 변이 유전자가 유럽인들에게 굉장히 높은 빈도로 나타난다는 사실을 알아냈다. 유럽인의 보인자(한 벌의 유전자 중 한쪽에만 돌연변이가 있는 사람) 빈도는 약 10퍼센트에 달했다. HIV 환자 중 유전자 한 벌에 모두 이 결실이 생긴 사람은 한 명도 없었다. 이러한 결과를 토대로 파르망티에 연구진은 Δ32 돌연변이 유전자가 있는 백혈구 세포는 HIV 감염에 저항성이 나타난다는 사실을 입증했다. 이 결과가 담긴 논문을 〈네이처〉에 제출한 7월에[23] 이미 다른 연구진이 대규모 환자군을 대상으로 동일한 사실을 확인했다.

1980년대에 미국 국립보건원 소속 연구실의 책임자였던 스티븐 오브라이언Stephen O'Brien은 HIV 취약성 및 병의 진행과 관련된 유전학적 요소를 찾아 나섰다. 오브라이언과 유전학자 마이클 딘Michael Dean은 HIV 환자군을 대상으로 후보가 될 만한 유전자가 있는지 찾기 위해 체계적인 스크리닝을 실시했다. 12년의 세월 동안 연구진은 수천 명의 HIV 환자에서 100건이 넘는 돌연변이를 후보로 찾아냈지만, 원하는 답을 얻지 못했다. CCR5에 관한 논문이 쏟아져 나오자 이것이 오랫동안 찾던 가장 유력한 후보임을 깨달았다.[24] 영화 〈인디펜던스 데이〉의 개봉 첫날인 7월 4일, 오브라이언이 영화관에 앉아 있는 동안 팀원들은 분주히 검체 염기서열 분석을 이어 갔다. 이들이 보유한 검체에서도 Δ32 돌연변이 유전자가 발견됐지만, 1,300명이 넘는 HIV 환자 검체 중 Δ32 돌연변이가 동형 접합으로 발견된 경우는 한 건도 없었다. 미국 전체 인구 중 Δ32 동형 접합 돌연변이가 나타나는 비율은 1~2 퍼센트 정도에 불과하고, 이들 중 HIV 환자는 거의 없다. 백혈구로 들어서는 관문이 없으니 HIV가 접근하더라도 침입할 수가 없는 것이다.*

CCR5에 Δ32 돌연변이가 있는 사람의 지리적 분포를 살펴보면 흥미로운 사실이 나타난다. 발생 빈도가 가장 높은 북유럽은 5~15 퍼센트이고 남쪽과 동쪽으로 가면 돌연변이 빈도가 뚝 떨어진다. 아프리카와 아시아인에서는 Δ32 돌연변이가 거의 없다. HIV는 20세기 초가 되어서야 사람에게 감염된 사례가 나타났으므로, 이러한 패턴은 HIV와 무관한 다른 이유로 양성 선택이 일어났음을 의미한다. 오브라이언은 "에이즈처럼 폭발적인 영향력을 가진, 치명적인 미지의 감염 질환이 덮쳐서 사망자가 대규모로 발생했을 때 CCR5에 Δ32 돌연변이가 있는 사람이 저항성을 가질 것"으로 추정하는 것이 가장 합리적인 설명이라고 전했다. 이 가설에서 가장 유력한 후보는 중세 시대에 유럽 전역을 휩쓴 흑사병이다. 페스트가 돌기 시작한 초창기에 영향을 받은 북유럽 지역에서 Δ32 돌연변이가 나타났을지도 모른다.

CCR5에 관한 연구 결과가 연이어 발표되기 1년 전에 시애틀 출신인 티모시 레이 브라운Timothy Ray Brown이라는 남성이 베를린에서 공부하다가 HIV 감염 진단을 받았다. 여러 종류의 항바이러스제로 치료를 받고 간신히 회복했지만, 2006년에 결혼식 참석차 뉴욕을 방문했다가 집으로 돌아오는 길에 쓰러졌다. 담당 의사는 빈혈

---

* 이후 실시된 여러 연구에서 Δ32 동형 접합 돌연변이가 있는 사람 중 일부는 공동 수용체 CXCR4를 입구로 삼는 다른 종류의 HIV에 감염될 수 있는 것으로 밝혀졌다.

이라고 진단했지만, 고통스러운 생검 결과 급성 골수성 백혈병이라는 사실이 드러났다. 골수 이식 외에 달리 치료법이 없었다. 의료진은 공여자를 찾아 나섰고 다행히 브라운의 골수와 일치하는 공여자가 250명 이상인 것으로 확인됐다. 치료를 맡은 혈액학자는 이 중 CCR5 유전자에 결함이 있는 공여자의 골수를 이식하기로 결정했다. 61번 공여자에서 Δ32 돌연변이를 발견했다.

브라운은 기니피그가 되고 싶진 않았지만[25] 이식을 받기로 했다. 이식 수술은 2007년 2월에 실시됐다. 3개월 뒤 브라운의 혈액에서 더 이상 바이러스가 검출되지 않았고 HIV 치료제 복용을 중단했다. 백혈병이 한 차례 재발해 2008년 2월에 두 번째 이식 수술을 받았다. 그리고 마침내 의사들은 브라운이 HIV에서 벗어났고 T세포 수도 정상이 되었다고 밝혔다.[26] "내 이름은 티모시 레이 브라운이다. 나는 세상에서 처음으로 HIV 감염에서 치유된 사람이다." 그는 자랑스럽게 글을 남겼다.

상가모 연구진은 브라운의 사례에서 많은 것을 깨달았다. 돌연변이를 정상으로 바꾸는 방식이 수많은 질환에서 꼭 찾아야 할 성배처럼 여겨졌지만, 질병의 핵심이 되는 유전자의 활성을 없애는 방식이 특정한 경우에는 의학적으로 중대한 효과를 발휘할 가능성이 있다고 보았다. 앤도의 제안도 그러한 경우에 해당했다. 우르노프는 "HIV 양성 환자의 세포를 HIV 보호 기능이 나타나는 유전형으로 만들어서 HIV 감염으로부터 인체를 보호하는 면역계의 한 부분을 만드는 것"을 목표로 정했다.[27]

상가모는 HIV 연구 사업을 주도한 홈즈 그리고 (앤도가 제시한 대로) 펜실베이니아 대학교에서 유전자 치료를 이끌던 의사 칼 준과 협력하여 2009년, 마침내 임상 현장에 첫발을 들였다. 5년 뒤 상가모는 CCR5 유전자가 편집된 T세포를 이용하여 치료를 실시한 첫 12명의 HIV 환자에서 나온 결과를 발표했다.[28] 결과는 엇갈렸다. 그러나 이 치료법이 안전하다는 사실과 일부 환자에서는 항바이러스 효과가 나타나 표준 항바이러스 치료를 그만둘 수 있게 되었다는 점이 입증됐다. 2015년에 상가모는 미국 식품의약국FDA으로부터 이 치료법에 적용된 개념을 T세포에서 줄기세포로 확장하는 연구를 실시해도 좋다는 승인을 받았다. 세포에서 면역 기능을 담당하는 다른 부분에도 HIV가 몰래 숨어 있지 못하도록 만들기 위한 연구였다. 현재까지 상가모가 개발한 방법으로 HIV가 치료된 환자는 100명이 넘는다.

상가모가 아연 손가락 단백질의 전문가라면 또 다른 유전자 편집 기술인 탈렌을 임상과 연계시킨 곳은 프랑스의 셀렉티스Cellectis 사다. 이 회사의 CEO 안드레 쇼리카André Choulika는 크리스퍼를 처음 접했을 때 "끝내주게 멋진 기술"이라고 느꼈지만, 계속 탈렌을 밀고 나가기로 결정했다. 탈렌은 대부분 면역요법에 활용된다. "탈렌이 좀 더 정확하고 정밀하면서 강력하다고 판단했습니다. 그리고 환자들에게 더 안전한 방법이라 생각하고요."[29]

〉〈〈〈〉〈

랜피어는 상가모에서 21년을 일하고 2016년 6월에 은퇴했다. 건강 문제도 있었지만, "진짜 전문가가 필요하다"고 느꼈기 때문이다. CNBC의 〈매드 머니Mad Money〉라는 프로그램에서 진행자 짐 크래머Jim Cramer가 그에게 크리스퍼 기술과 상가모의 ZFN을 향한 신념에 관해 질문한 적이 있다. 이에 랜피어는 다음과 같이 답했다. "인체 질병의 치료에서 핵심은 특이성입니다. 원하는 유전자를 정확히 찾는 것, 그 유전자에만 작용하는 기능이죠. 아연 손가락 핵산분해효소의 고유한 특징입니다."[30] 그로부터 몇 년 지난 뒤에 나는 랜피어에게 그 생각에 변함이 없는지 물었다. "크리스퍼는 세균이 가진 기능입니다. 특이성이 없고 면역 반응을 일으키죠." 그의 대답이다. "훌륭한 연구 도구라고 생각합니다. 유전체 편집을 가시화하는 데 큰 도움이 될 겁니다. 하지만 치료법으로 활용하고자 한다면, 결국 우리 기술로 돌아설 수밖에 없어요." 회사 이름이 적힌 맞춤 번호판을 차에서 떼어 낸 건 그에게 분명 힘든 일이었으리라는 생각이 들었다. "누구도 상가모와 같은 방식으로, 그 정도 규모로, 그만큼 정확한 성과를 낼 수는 없습니다."

랜피어는 은퇴 전에 겸상 세포 질환과 베타 지중해 빈혈, 혈우병을 포함한 혈액 질환의 치료 프로그램을 시작했다. 에드 리바는 간에서 유전자를 활성화시키는 영리한 전략을 발견했다. 인체 혈액에 가장 풍부하게 함유된 단백질인 알부민은 간에서 극도로 강한 활성이 나타나는 한 유전자에서 생산된다. '특정 유전자를 트로이 목마처럼 슬쩍 가져다 놓는 방식은 접고 이 강력한 알부민 유전자의 프로모터를 활용하면 어떨까?' 리바는 이런 아이디어를 떠올렸다. 생체 내 단백질 대체 또는 '보이지 않는 수선'으로 불리는 이 방법은 알부민 유전자의 첫 번째 인트론을 절단하고 전이 유전자를 이 '피난 처'에 끼워 넣은 뒤 알부민 유전자의 프로모터가 발휘하는 강력한 힘을 활용하여 삽입한 유전자를 발현시킨다. 이 기술이 나오자 제1형, 2형 뮤코다당질 축적증(각각 헐러 증후군, 헌터 증후군으로도 불린다), B형 혈우병과 같이 보통 간에서 발현되는 유전자에 생긴 선천적 문제가 원인인 희귀질환을 해결하기 위한 연구 프로그램이 시작됐다.

2017년 11월 13일, 44세의 브라이언 머두Brian Madeux는 오클랜드 UCSF 베니오프 아동병원 1037호 병실에 마련된 주사실 침대에 누웠다. 회색 스웨트셔츠와 카키색 반바지 차림으로 누워, 간호사가 정맥주사를 놓을 준비를 하는 과정을 초조한 마음으로 지켜보았다. 헌터 증후군 때문에 생긴 탈장과 무지외반증, 그 밖에 척추, 눈, 귀에 생긴 문제로 그동안 20회 이상 수술을 받은 만큼 머두에게 병원은 전혀 낯선 곳이 아니었다. 이날 의사와 간호사, 촬영 기사까지 가득 모인 병실에 누운 머두는 유전자 편집 치료제를 체내에 직접 투여 받은 최초의 환자가 됐다. "영광스러운 경험이었습니다." 그는 AP 통신과의 인터뷰에서 밝혔다.[31]

이날은 헌터 증후군이 최초로 밝혀진 지 100년째 되는 날이기도 했다. 스코틀랜드에서 태어나 캐나다 위니펙으로 이주한 의사 찰스 헌터Charles Hunter가 각 열 살과 여덟 살이던 형제에게서 의학적으로 비정상적인 증후군을 발견하고 사례 보고서를 발표하면서 알려진 질병이다. 나중에 이 증후군의 병명에 그의 이름이 붙었다.[32] 헌터가 발견한 두 소년에서는 키가 평균보다 작고 머리는 크면서 목이 짧고 가슴 부위가 넓은 점, 걸핏하면 숨이 차는 증상이라는 몇 가지 공통점이 나타났다. 나중에 밝혀졌듯이 헌터 증후군은 이두로네이트 2-설파타제iduronate-2-sulfatase라는 효소가 결핍돼 생기는 병이다. 헌터 증후군 환자는 두 가지 특정 탄수화물을 분해하지 못해서 인체 여러 조직에 축적된다. 효소 대체요법으로 치료를 받을 경우 매주 효소를 투여해야 하고 1년간 치료비가 10만 달러 이상 들 수 있다. 마두의 담당 의사는 이 새로운 치료법으로 병이 더 진행되지 못하도록 막고, 다른 환자들에게도 가능성이 열리기를 기대했다. 치료 후 첫 몇 주간 마두는 몸에 힘이 없고 어지러웠다. 나중에는 폐 일부에서 무기폐 증상이 나타났다(이것은 유전자 치료와 무관한 것으로 보인다). 다행히 간 기능은 정상으로 유지됐다. 뒤이어 다른 환자들도 치료에 참여했고 마두보다 많은 용량을 투여 받은 사람들도 있었다. 그러나 초기 결과는 애매했다.

랜피어의 자리를 이어 받은 스코틀랜드 출신 의사 샌디 맥리 Sandy Macrae는 1990년대에 훌륭한 과학자로 꼽히는 시드니 브레너 Sydney Brenner와 함께 분자생물학을 공부했다. "아내 말마따나 저한테는 아무 도움이 안 되는 공부였는데 이 자리를 얻게 됐습니다." 맥리는 농담 삼아 이렇게 말했다. 회사명을 상가모 테라퓨틱스로 바꾼 맥리는 대형 제약회사들과 협력하여 다양한 질병의 치료법을 찾기 시작했다. 수십 년간 축적된 ZFN의 전문성을 다 폐기하지는 않겠지만 더 이상 아연 손가락 단백질 업체로만 남지 않기로 했다. "다시 박사 후 연구원으로 돌아간다면, 저는 크리스퍼를 연구할 겁니다." 맥리는 이렇게 고백했다.

생명공학 업체의 CEO가 실수나 실패를 인정하는 경우는 드물지만 그는 예외다. 임상에서 활용 가능한 유전체 편집 기술의 성패는 세 가지로 압축된다. 편집, 전달, 생물학이다. 헌터 증후군의 사례를 보면 알부민 유전자의 프로모터를 이용하는 전략이 세포와 동물 모형에서 멋지게 통하고 사람 환자에게도 안전하게 적용할 수 있음을 알 수 있다. 임상시험에서 나타난 문제는 모두 벡터(전달체)로 사용된 아데노 연관 바이러스가 원인인 것으로 밝혀졌다. 그러나 맥리는 시험에서 "놀라울 정도로 아무런 성과도 얻지 못했다"고 밝혔다.[33] 최고 용량을 투여 받은 환자에서만 체내에 필요한 효소 농도가 유의미한 수준으로 증가했다. 그마저도 아미노전이효소 농도가 증가하는 부작용이 발생해 효소 생산이 중단됐다. "편집에는 성공했지만, 생물학적 면에서는 충분하지 않았습니다." 맥리의 설명이다. 현재는 개선된 벡터를 이용하여 임상에서 활용할 수 있는 새로운 치료법을 찾는 시도가 진행 중이다.

HIV에서는 더 나은 성과가 나올 가능성이 있다. "우리 회사는 생물학적 면을 충분히 감안하지 않았습니다. 그래서 우리가 바라던 극적인 치료법이 나오지 않았어요." 맥리의 설명이다. "우리는 HIV 회사가 아닙니다." 아직까지는 마우스 실험에서만 입증됐지만, 아연 단백질이 헌팅턴 병의 원인이 되는 확장된 버전의 결함 유전자를 구분하고 활성을 차단할 수 있다는 긍정적인 데이터가 나왔다.[34] 환자가 충분히 감당할 수 있는 가격으로 이러한 치료제를 제공하는 일은 업계 전체가 해결해야 할 숙제다. 맥리는 상가모의 대표적인 유전자 치료제가 발상부터 임상시험을 거쳐 FDA 승인을 받기까지 약 3억 달러의 비용이 들었다고 했다.

선두를 이끌던 선구자가 아무런 수확도 거두지 못하는 경우도 있다. 상가모의 R&D 팀을 잠시 이끌고 2020년에 사나 바이오테크놀로지Sana Biotechnology의 일원이 된 이 분야의 베테랑 에드 리바는 아연 손가락의 힘을 지금도 굳게 믿고 있다. "ZFN은 치료 목적으로 활용하기 위해 필요한 모든 특성을 갖춘 기술입니다." 리바는 유전체 공학 전문가들이 모인 자리에서 이렇게 밝혔다.[35]

"정밀성, 어떠한 염기에도 적용 가능한 점, 높은 특이성이 그러한 특성입니다." 크리스퍼는 기초 연구에 활용할 수 있는 훌륭한 도구이며 광범위하게 수용됐지만, "치료는 다른 종류의 응용 분야"라는 것이 그의 생각이다.

리바가 그날 모인 사람들을 가르치려고 한 것은 아니다. 그러나 임상에서 활용되는 유전체 편집 기술의 대부분은 신약성서에 해당하는 크리스퍼 기반 치료법이다. 그리고 환자와 환자 가족들은 간절한 기도가 응답 받아 병이 나을 수만 있다면 둘 중에 어떤 기술이 쓰이든 상관없을 것이다.

유전공학의 개념이 처음 등장한 때는 멀리 20세기 초로 거슬러 올라간다. 이중나선 구조가 밝혀진 때로부터 20년 전, 단백질이 아닌 DNA가 유전물질이라는 사실이 입증된 때로부터 10년도 전의 일이다.

1932년, 전 세계에서 500여 명의 과학자가 제6차 국제 유전학회에 참석하기 위해 뉴욕 이타카로 왔다. 학회 등록비는 10달러, 기숙사 방 하나를 빌려 쓰는 비용은 1달러 75센트였다. 학회 참가자들은 당일치기로 나이아가라 폭포를 구경하거나 단체 소풍을 즐기고 코넬 대학교 캠퍼스 안에 있는 사가 예배당에서 열린 오르간 연주회에 참석하기도 했다. 학술 행사는 당시 최정상급 스타로 여겨지던 학자들이 주도했다. '초파리 방'으로 명성이 자자한 컬럼비아 대학교의 토머스 헌트 모건Thomas Hunt Morgan과 그의 동료 헤르만 뮐러Hermann Muller, A. H. 스터티번트A. H. Sturtevant, 커트 스턴Curt Stern이 그 주인공이었다. 초파리는 썩은 바나나 냄새가 진동하는 연구실에서 모건 연구진의 손을 거쳐 '유전에 관한 염색체 이론'을 입증할 수 있는 이상적 생물 모형이 되었다. 모건이 밝혀 낸 여러 중대한 결과는 보편적 사실로 수용됐다. 염색체를 나타낸 유전학적 지도도 모건 연구진의 손에서 처음 나왔다. 이들은 X선이 유전자에 돌연변이를 일으킨다는 사실도 입증했고 이듬해 모건은 노벨상을 수상했다. 그러나 '유전자란 무엇인가?'라는 존재론적인 의문의 답은 21년이 더 지나서야 크릭과 왓슨, 로잘린드 프랭클린의 연구로 밝혀졌다.

매사추세츠 북서부 끄트머리에 자리한 마운트 홉 팜에서 수석 유전학자로 활동하던 허버트 구달Hubert Goodale의 발표는 토요일에 열린 워크숍 형태의 세션으로 순서가 밀렸다. 그에게는 모건에 비견될 만한 능력이 없었다. 초파리 방 대신 그에게는 '마우스 집'과 유전학적 원리를 동물 사육에 적용해 본 멋진 경험이 있을 뿐이었다. 마운틴 홉은 미국의 주요 유전학 센터로 꼽힌다. 구달은 이곳에서 가금류와 소, 돼지, 그 밖에 다른 동물의 번식을 꼼꼼히 관리해 달걀의 크기와 우유, 돼지고기 생산량을 크게 향상시켰다. 마운틴 홉의 대표적인 소에게는 '만족'이라는 이름이 붙여졌다. 사람들의 예상과 달리 이런 이름이 붙은 이유는 따로 있었다. 이 소의 자손으로 태어난 소는 우유 생산량이 다른 젖소보다 평균 3배나 더 많았다.[1] 뉴욕 학회에서 구달이 '유전학적인 공학 기술'이라는 제목으로 준비한 발표로 유전공학의 개념이 공개 석상에서 처음으로 언급됐다.[2]

1932년은 올더스 헉슬리Aldous Huxley가 《멋진 신세계》를 발표한 해이기도 하다.[3] 약 20년 뒤에는 유전공학이 공상과학 소설에 처음 등장했다. 잭 윌리엄슨Jack Williamson의 1951년 소설 《용의 섬Dragon's Island》에는 다음과 같은 내용이 나온다.

이제 인간은 스스로 인간을 만들 수 있게 되었다. 생명의 강이 흐르고 흘러 공룡, 삼엽충처럼 시간의 둑에 꼼짝없이 갇히는 신세가 되기 전에 인간이라는 불완전한 생물의 결함을 없앨 수 있게 되었다. 유전공학이라는 새로운 과학을 받아들이기만 한다면.

이중나선 구조가 밝혀지기 2년 전에 쓴 이 글에서 윌리엄슨은 분명 놀라운 예지력을 발휘했다. 1949년에 옥스퍼드 영어사전에는 이 책에 나온 문장이 예문에 활용되기도 했다. "누구나 유명한 사람이다. 그 시간이 15분 정도라면."[4]

✕◉✕

1953년 3월 19일에 프랜시스 크릭은 기숙학교에 있는 열두 살 아들에게 긴 편지를 썼다. 그 내용을 슬쩍 보면 아주 특별한 편지임을 알 수 있다. "사랑하는 마이클에게. 짐 왓슨과 내가 아주 놀라운 발견을 했단다. 데옥시리보핵산D.N.A의 구조를 발견했거든……." 크릭은 다음 장에 이중나선 구조를 직접 스케치하고 C는 G와, A는 T와 각각 결합한다는 것도 표시해서 네 가지 염기가 어떻게 쌍을 이루는지 보여 주었다. 몇 장에 걸쳐 거의 교과서라고 해도 좋을 만큼 상세히 내용을 설명한 후, 크릭은 학기 중간 방학에 꼭 집에 와서 모형을 보면 좋겠다고 이야기한다. 그리고 "큰 사랑을 담아서, 아빠가"라는 말로 편지를 끝맺었다.[5] 또래보다 성숙했던 마이클은 아버지의 편지를 잘 간직해 두었다. 아주 현명한 판단이었다. 60년 후에 크릭의 편지는 무려 630만 달러라는 세계 최고 수준의 경매 가격에 팔렸다. 경매 수익의 절반은 크릭이 세상을 떠나기 전까지 일생을 보낸 샌디에이고의 소크 연구소에 전달됐다.*

왓슨도 그보다 일주일 앞서 과학계의 우상으로 여기던 캘리포니아 공과대학의 바이러스 학자 막스 델브뤼크Max Delbrück에게 비슷한 내용의 편지를 보냈다. 이 편지에서 왓슨은 자신과 크릭이 DNA 모형을 만들었으며 하나로 얽힌 두 개의 가닥이 그 사이를 연결하는 염기쌍으로 묶여 있다는 사실을 전했다. 곧 〈네이처〉에 논문을 제출할 예정이라는 소식도 덧붙였다. 이 편지에서는 왓슨답지 않은 겸손한 태도가 느껴진다. 이 모형이 틀렸을 수도 있다고 인정한 것이다 (이전에도 그런 적이 있었다). 그러나 곧바로 이런 내용이 이어진다. "만약 우리의 모형이 정확하다면, DNA가 자체적으로 복제되는 방식을 조금은 밝혀 낼 수 있으리라 생각합니다."[6]

크릭과 왓슨의 역사적 성공은 런던 킹스 칼리지에서 로잘린드

---

* 크릭의 편지가 경매에 나와 뜻밖의 횡재가 됐다는 소식에 영향을 받았는지 왓슨도 자신의 노벨상 메달을 경매에 내놓았고 러시아의 재벌 (아스널의 주요 주주이기도 한) 알리셰르 우스마노프Alisher Usmanov가 사들였다. 모스크바에서 왓슨과 만난 우스마노프는 그가 경매로 얻은 수익을 기부할 것이라는 이야기를 듣고 메달을 다시 왓슨에게 빌려 주기로 했다. 왓슨의 메달은 무장 트럭에 실려 콜드 스프링 하버로 돌아왔다.

프랭클린이 수집한 데이터가 있었기에 가능했다. 레이먼드 고슬링 Raymond Gosling이라는 제자와 함께 연구했던 프랭클린은 유능한 실험 연구자였다. 그러나 모형 제작 같은 시시한 목적으로 DNA 결정을 X선으로 촬영하는 일에는 관심이 없었다. 왓슨과 크릭은 케임브리지 대학교에서 만나 연구 동료가 되었고 왓슨이 수학적인 두뇌를 담당했다. 작고한 프랭클린의 전기 작가 브렌다 매독스Brenda Maddox는 프랭클린이 "시카고에서 온 젊은 동료가 계속 밀어붙이고 재촉하지 않았다면 목표를 달성하지 못했을" 것이라 생각했다고 전했다.[7]

1953년 초, 모리스 윌킨스Maurice Wilkins는 왓슨에게 X선으로 촬영한 DNA의 미공개 이미지 한 장을 원본 그대로 보여 주었다. 고슬링이 6개월 전에 촬영한 51번 사진이었다. 전문가의 눈으로 본 이 '51번 사진'의 'X'자 패턴은 분명 DNA가 이중나선이라는 증거였다. 왓슨은 퍼즐의 마지막 부분을 완성해 갔다. DNA를 구성하는 네 가지 염기를 직접 종이를 잘라서 만든 모형으로 아데닌(A)은 티민(T)과, 시토신(C)은 구아닌(G)과 결합한다는 사실을 밝혀냈다. 스물다섯 번째 생일이 두 달 남았을 때 생명의 분자 DNA의 구조를 최종 완성한 것이다.

몇 주 뒤인 1953년 4월 25일에 DNA의 이중나선 구조가 세상에, 구체적으로는 〈네이처〉 구독자들에게 처음으로 공개됐다. 최종 결과물이 나올 수 있도록 가족들도 힘을 보탰다. 약 800자 분량으로 작성된 논문은 왓슨의 누이 엘리자베스가 타이핑했고 이중나선을 나타낸 스케치는 크릭의 아내 오딜이 솜씨를 발휘했다. 논문의 서두를 장식한 절제된 표현은 이후 오랜 세월 길이 남은 문장이 되었다.

우리는 데옥시리보핵산DNA 염의 구조를 제시하고자 한다. 이 구조에는 생물학적으로 상당히 흥미로운 새로운 특징이 나타난다.[8]

세상이 천천히 흘러가는 시절이었다. 〈뉴욕타임스〉가 이중나선 구조를 밝힌 이 연구 결과가 1면에 실을 만한 소식이라고 판단하기까지 6주가 걸렸다. 왓슨과 크릭은 후속 논문에서 "염기로 이루어진 정밀한 서열은 유전학적인 정보가 담긴 암호"라는 의견을 밝혔다. 이후 10년간 생명과학 분야에서 가장 비상한 두뇌를 가진 사람들은 이 암호를 해독하고 유전질환과 어떤 관련성이 있는지 밝혀내고자 애썼다. 그것부터 밝혀야 병을 낫게 하는 방법도 찾을 수 있다고 보았다.

크릭의 만류에도 불구하고, 왓슨은 1968년에 발표한 저서 《이중나선》에서 프랭클린에 관해 성차별적인 견해를 드러냈고("끔찍한 로지") 그에 마땅한 비난을 받고 있다. 그도 이 책의 개정판에서나 다른 자리에서는 로잘린드 프랭클린이 과학적으로 기여한 부분이 중요하다는 점을 인정했다. 프랭클린의 전기를 쓴 매독스는 왓슨을 다음과 같이 두둔했다. "왓슨이 아니었다면 로잘린드 프랭클린이라는 이름은 알려지지도 않았을 것이다. 그는 20세기 최고의 작가로 꼽힐 만하다."[9] 프랭클린은 1958년에 난소암으로 세상을 떠났다. 생을 마감할 때까지 프랭클린은 자신이 당연히 노벨상을 받아야 한다고 생각하지 않는다고 말했다. 프랭클린의 업적이 이제 널리 인정받고 있다. 2015년에는 런던 웨스트엔드에서 공연된 〈51번 사진〉이라는 제목의 연극에서 니콜 키드먼Nicole Kidman이 프랭클린 역을 맡았다.

크릭과 왓슨이 노벨상을 수상하고 6개월 뒤에 살바도르 루리아 Salvador Luria는 다음과 같이 선언했다. "지식이 힘이라면, 유전학은 지난 수십 년간 인간에게 막강한 힘을 부여했다."[10] 새롭고 거대한 문제도 제기됐다. "유전물질과 그 기능에 관한 새로운 지식으로 인간의 유전성을 더욱 직접적으로 공격할 수 있는 가능성도 열리지 않았을까?"[11] 루리아는 원자를 쪼개던 물리학자가 원자폭탄을 개발한 것처럼 유전학자는 "인간의 생식질을 직접 공격할 방법"을 고민할 수 있는 힘을 얻게 될 것이라고 확신했다.

세균 분야에서 유명한 학자인 롤린 호치키스Rollin Hotchkiss는 사람에게 유전공학 기술을 적용하는 것이 위험하다는 사실을 처음으로 명확히 밝힌 과학자 중 한 명이다. 1920년대에 고등학교를 우수한 성적으로 졸업하고 예일 대학교에서 유기화학으로 단 3년 만에 박사 학위를 딴 호치키스는 미생물학으로 눈을 돌려 항생물질을 발견하고 DNA에서 일어나는 화학적 변형을 처음으로 찾아냈다.[12] 그는 인간의 고유한 특성을 조작하는 것에 "본능적인 거부감"이 드는 것은 자연스러운 반응이나, 그러한 조작은 반드시 일어날 것이라고 보았다. 호치키스는 "인간이 행한 모든 모험이나 해악과 마찬가지로, 이타주의와 사적인 이익, 무지가 한데 얽혀서 그러한 일로 향하는 길이 만들어질 것"이라고 설명했다.[13] 인간은 아주 오래전부터 자연을 향상시킬 수 있는 방법을 찾았다. 쉴 곳과 먹을 것을 찾고, 병을 물리칠 수 있는 방법을 강구했다. 아이가 페닐케톤뇨증 진단을 받으면 식단을 조정하고 암 환자에게는 DNA 복제를 교란시키는 화학요법을 실시하는 것도 그런 고민에서 나온 결과다. 호치키스는 "기회가 생기면 인간은 굴복할 것"이라고 경고했다. 그리고 "이러한 과정이 우리에게 가져올 위험성을 줄이려는 노력"을 당장 시작해도 성급하지 않다고 밝혔다.

2018년에 세상을 떠난 로버트 신샤이머Robert Sinsheimer는 잘 알려진 것처럼 인간 유전체 프로젝트를 처음 구축한 사람 중 한 명이다. 산타크루즈 캘리포니아 대학교의 총장을 맡았던 1985년 5월에는 사람의 유전체 염기서열 분석이라는 '거대 과학' 사업을 논의하기 위한 (그리고 자신의 대학이 그 사업에 참여할 발판을 마련하기 위한)* 워크숍을 개최했다. 유전체 염기서열 분석 프로젝트는 그가 분자생물학 분야에서 40년 넘게 애쓴 결실이었다. 1953년에는 막스 델브뤼크의 연구실에 6개월간 머물며 박테리오파지를 연구했다. (당시에 가장 걸출한 학자들은 모두 박테리오파지와 세균을 연구했는데도 크리스퍼에 관해서는 전혀 몰랐으니 참 아이러니한 일이다.)

이때 신샤이머가 연구한 박테리오파지는 크기가 가장 작다고 알려진 파이엑스174ΦX174다. 이 연구는 1977년 케임브리지에서 프레드 생어가 사상 처음으로 생물의 유전체 염기서열 전체를 분석할

---

* 신샤이머는 UCSC에 자신의 족적을 남기고 싶은 소망과 더불어, 우주망원경 개발에 필요한 비용을 켁 재단Keck Foundation이 전액 지원하기로 결정하면서 호프먼 재단Hoffman Foundation이 같은 목적으로 제공한 3,600만 달러의 지원금을 유용하게 활용할 방법을 찾다가 이러한 아이디어를 떠올렸다. 그의 계획대로 유전체 연구소가 설립되지는 않았지만, UCSC는 인간 유전체 염기서열의 초안이 처음으로 완성되는 과정에서 중요한 역할을 했다.

수 있었던 토대가 되었다. 바이러스의 유전체가 DNA 한 가닥으로만 구성되어 있다는 사실을 입증한 사람도 신샤이머였다. 그전까지 6년간 정설로 여겨지던, DNA는 이중나선 구조밖에 없다는 생각을 완전히 뒤집은 충격적인 결과였다. 그도 "반추동물을 따로 모아 놓은 동물원의 한 구역에서 유니콘을 발견한 것" 같은 기분이라고 언급했다. 이뿐만이 아니다. 파이엑스174의 DNA가 끈처럼 생긴 선형 분자가 아니라 동그란 고리 모양이라는 사실도 신샤이머가 밝힌 또 하나의 반전이었다. DNA를 연결해 이렇게 닫힌 고리 형태로 만드는 DNA 연결효소는 바이러스의 복제 기능에 관한 연구에서 그동안 놓치고 있던 중요한 단서로 확인됐다. 1967년에 신샤이머는 노벨상 수상자인 아서 콘버그Arthur Kornberg와 손잡고 세균을 감염시키는 기능을 가진 파이엑스174의 복제에 성공했다. 린든 존슨 대통령이 텔레비전에서 언급할 정도로 놀라운 성취였다. "스탠퍼드 대학교의 천재들이 시험관에서 생물을 만들어 냈습니다!"

그즈음에 신샤이머는 유전학의 발전이 가져올 광범위한 영향을 진지하게 고민했다. 한 해 앞서 캘리포니아 공과대학 설립 75주년을 기념하는 행사에서 분자생물학의 미래를 주제로 강연했는데, 그는 인간이 자신의 유전성을 여는 열쇠를 손에 쥘 때 인류에 발생할 수 있는 영향을 심사숙고하며 이 강연을 수 개월간 준비했다. 1966년 10월 26일, 환영의 박수가 터져 나오는 가운데 나비넥타이를 맨 차림으로 연단에 걸어 나온 신샤이머는 객석을 "우리 동료 선지자들"이라 일컬으며 강연을 시작했다. 제목은 '시작의 끝'이었다.

첫머리는 애리조나와 유타를 여행하던 시절을 회상하며 장대한 협곡과 풍경에 경탄했던 이야기로 열었다. 강물이 흐르는 협곡을 따라 유구한 세월 동안 모래가 겹겹이 쌓여 형성된 바위의 횡단면에 10억여 년의 지리학적 역사가 담겨 있다는 설명이 이어졌다. "이 어마어마한 척도에서 인간의 한 걸음은 10만 년 정도에 해당할 것입니다. 인류의 기록된 역사 전체는 대략 퇴적물이 1인치 정도 쌓인 것에 해당하고 체계화된 과학은 그 두께가 1밀리미터입니다. 우리가 알고 있는 유전학은 수십 미크론 정도나 될까요. 시간의 척도가 이와 같다는 사실을 기억한다면, 어떤 비전도 너무 먼 얘기로 느껴지지 않습니다."[14]

그리고 다음과 같이 말했다.

지난 수십 년간 이루어진 극적인 발전으로 DNA가 발견되고 살아 있는 세포에 담긴 옛 언어, 공통적인 유전암호가 해독됐습니다. 이 지식은 20억 년간 자연 선택의 무심한 규칙으로만 이루어지던 과정을 통제하게 될 것입니다. 이제 과학의 영향은 우리 인간을 포함한 생물의 세계에 직격탄이 될 것입니다. 인간이 자신의 유전자를 특이적으로 의식적으로 바꾸는 능력을 갖게 되는 때가 반드시 올 것임을 확신할 수 있습니다. 그것은 이 세상에서 일어나는 새로운 사건이 될 것입니다. 저는 그것이 인간을 구제할 수도 있고 똑같이 재앙에 빠뜨릴 수도 있다는 생각에 경외감이 듭니다.

신샤이머는 참석자 모두가 집중해 경청하도록 이끈 이 강연에서 인간의 유전학적 변화가 만들 미래를 전망했다. 재조합 DNA가 일으킨 혁명이나 유전공학의 더 큰 발전이 시작되기 전이고 DNA 염기서열 분석 기술은 아직 개발되지도 않은 때였다. 인간 유전체 프로젝트는 더 말할 것도 없다. 그는 인간이 스스로 유전자를 어떤 식으로 바꿀 것이라 생각하느냐는 수사적인 의문을 던졌다. 어쩌면 "균형이 쉽게 깨지는 우리의 감정을 바꿀 수도 있겠죠. 인간은 전쟁을 덜 선호하고, 더 자신감 있게, 더 평온하게 살게 될까요?" 그리고 이것은 어떤 면에서 20억 년이 지난 시점에 일어난 "시작의 끝"이라고 말했다.

이날 강연에 이어 신샤이머는 〈아메리칸 사이언티스트〉에 실린 '유전자의 계획적 변화에 관한 전망'이라는 제목의 인상적인 에세이로도 자신의 견해를 밝혔다.[15] "인간 유전자가 변형될 가능성을 두고 많은 이야기가 나오고 있다." '새로운 우생학'은 인류 역사에서 등장한 가장 중요한 개념 중 하나가 될 것이라는 말과 함께, 그는 "인류의 미래에 그보다 더 오랜 시간, 광범위한 영향력을 발휘할 만한 다른 개념은 떠오르지 않는다"고 밝혔다. 1966년은 〈스타트렉〉이 텔레비전에 처음 방영된 해였지만, 멋진 공간이동 장치나 순간이동 장치 같은 것이 없어도 이전까지 어떤 손길도 닿지 않은 영역에 인류가 과감히 발을 디디는 모습을 쉽게 떠올릴 수 있었다.

희망적인 가능성도 제시했다. 가령 인슐린 유전자는 췌장의 일부 특화된 세포에서만 활성화되고 인체 다른 세포에 있는 인슐린 유전자는 일종의 동면 상태이므로, 이러한 유전자의 활성을 깨우면 당뇨를 치료할 수 있으리라는 견해였다. 과학자들이 염기서열을 분석하고 재합성할 수 있게 되면 바이러스를 활용하여 필요한 세포에 인슐린 유전자를 전달할 수 있을 것이라고도 설명했다. 그러나 신샤이머는 탁월한 능력을 지닌 인종이 등장하는 세상을 유토피아라고 생각하지 않으며, 기회는 평등하게 주어져야 한다고 밝혔다. 프랜시스 골튼이 주장한 것처럼 우생학적 원칙에 따라 국가의 강제력이 동원되는 일이 일어나서는 안 된다고 말했다. 미국인 중에 지능지수IQ가 90 미만인 인구가 5,000만 명이라는 설명과 함께, 인지 능력에 문제가 있는 사람의 개선 여부는 자발적으로 선택할 수 있어야 한다고 했다. "주사위를 던지는 식으로 무심하게 이루어지는 옛 방식을 그대로 지켜서 셀 수 없이 많은 사람이 비극을 물려받더라도 그냥 두어야 할까요? 지능을 발휘하고 유전학적으로 개입해야 할 책임이 있다고 보고 그 책임을 받아들여야 할까요?" 신샤이머는 만약 후자를 택한다면 그에 대한 대가는 어마어마할 것이라고 주장했다.

코페르니쿠스와 다윈은 인간을 우주의 중심이라는 찬란하고 영광스러운 자리에서 별 볼일 없는 어느 행성의 동물들 중에 지금은 가장 앞서 있는 존재로 강등시켰다. 인간은 새로 얻은 지식을 토대로, 우리가 실제로는 연쇄적인 진화 과정에 잠시 머무르는 존재를 크게 넘어선 존재임을 깨닫기 시작했다. 인간은 역사적 혁신이며, 완전히 새로운 진화의 경로를 만들 변화의 주체가 될 수 있다. 이것은 엄청난 사건이다.

신샤이머가 전망한 "유전학적인 변화, 특히 인류에 일어날 변화"는 인간의 공통적인 유전암호가 성공적으로 해독되면서 실제로 한층 더 강화됐다. 이중나선 구조가 밝혀지자 곧바로 DNA가 어떻게 스스로 복제되는지도 밝혀졌다. 두 개의 가닥이 분리되고 각각 새로운 가닥이 만들어지는 주형이 된다는 사실이 드러난 것이다. 콘버그는 이 과정에 꼭 필요한 DNA 중합효소를 발견하여 노벨상을 수상했다. 유전물질이 세세한 부분까지 밝혀지자 생물학이 풀어야 할 중대한 의문이 떠올랐다. DNA에 새겨진 지시가 전달되고 단백질로 번역되는 과정을 모두 통제하는 암호는 무엇일까?

1950년대에는 크릭과 왓슨, 시드니 브레너 등의 연구를 토대로 생물학의 중심 원리가 확립됐다. DNA의 복사본인 메신저 RNA가 세포의 데이터 센터(핵)에서 나온 지시를 활동의 중심지(세포질)에 있는 단백질 생산 기관으로 전달한다는 내용이다. 하지만 유전암호는 어떻게 만들어질까? 단백질은 20가지 아미노산으로 구성되는데 DNA의 알파벳은 고작 네 글자다. 염기 2개가 암호의 기본 단위였다면 단백질을 만드는 기초 단위는 최대 16가지였겠지만(4×4) 실제로는 염기 3개가 암호의 기본 단위이고 따라서 단백질의 기초 단위는 총 64종이다(4×4×4).

1959년에 미국 국립보건원의 생화학자 마셜 니렌버그[Marshall Nirenberg]는 시험관에 원재료를 혼합해서 세포 없이 단백질을 합성하는 방법을 개발했다. 그가 사용한 원재료는 DNA와 RNA, 효소, 방사성 물질로 표지된 아미노산이다. 니렌버그의 동료 브루스 에임스[Bruce Ames]는 이 연구가 "자살 행위" 같다고 느꼈다. 니렌버그가 캘리포니아에 간 사이 그의 제자였던 독일인 학생 하인리히 마테이[Heinrich Matthaei]는 연구실에서 밤을 새고 토요일 아침을 맞이했다(1961

년 5월 27일)다. 우주 비행사 앨런 셰퍼드Alan Shepard가 우주에 도달한 최초의 미국인이 된 것을 기뻐하며 존 케네디 대통령이 의회에 "인간이 달에 도달하고 다시 안전하게 지구로 돌아오는" 일을 추진하도록 요청한 후 36시간이 지났을 때였다.

마테이는 밤늦은 시각 고요함이 내려앉은 텅 빈 연구실에서 지구상 모든 생물을 통제하는 유전암호의 첫 번째 단서를 찾느라 여념이 없었다. 그 단서를 찾는다면, 유전공학이 정상 궤도에 오르는 큰 원동력이 될 것이다. 마테이는 한 가지 염기(U로 표기하는 우라실)로만 합성한 RNA 가닥을 피펫을 이용해 세포가 없는 용액으로 옮겼다. 그러면 아미노산 중에서도 페닐알라닌 한 가지로만 구성된 단백질이 만들어진다. 우라실 여러 개가 결합해야 페닐알라닌이 만들어진다는 사실은 분명해졌다. 64칸으로 된 유전암호 빙고 카드의 첫 번째 칸은 UUU로 채워졌다. 곧이어 두 번째 칸은 프롤린에 해당하는 CCC로 채워졌다.

같은 해 여름에 니렌버그는 모스크바에서 열린 대규모 학회에서 강연을 했다. 그의 강연을 들으러 온 과학자는 별로 많지 않았는데, 크릭이 나서서 학회 본회의에서 니렌버그가 다시 강연할 수 있도록 힘을 썼다. 이 두 번째 강연이 끝나자 크릭을 비롯한 과학계의 전설적인 인물들이 진심 어린 축하를 전했고 니렌버그는 록스타가 된 것 같은 기분이 들었다. 당시에 미술관을 견학하느라 모스크바에 머무르고 있던 한 미국인 문학도는 룸메이트로부터 니렌버그가 학회에서 발표했다는 연구 결과를 전해 듣고 아주 깊은 인상을 받았다. 해럴드 바머스Harold Varmus라는 이름의 이 학생은 나중에 암 연구에 뛰어들어 노벨상을 받고 미국 국립보건원의 총책임자가 되었다.

이듬해 크릭과 왓슨은 노벨상을 받았다. 그즈음에 크릭은 유전 암호가 염기 3개가 한 쌍이 되어 만들어지는 총 64가지 조합으로 구성된다는 사실을 증명했다. "우리는 분자생물학 시대의 끝에 도달했습니다." 크릭은 노벨상 수상 연설에서 이렇게 전했다. "DNA 구조가 시작의 끝이라면, 니렌버그와 마테이의 발견은 끝의 시작입니다."

1967년 8월, 〈사이언스〉에는 '사회는 준비가 됐을까?'라는 제목으로 니렌버그가 작성한 객원 사설이 실렸다. 이 글에서 니렌버그는 생화학적 유전학이라 칭한 분야가 일으킬 혁신의 영향과 '유전자 수술'의 전망이 무거운 짐처럼 느껴진다고 밝혔다. 앞으로 과학자들은 세포를 재프로그래밍할 수 있게 될 것이며, 처음에는 그 대상이 미생물이겠지만, 최종적으로는 인간이 될 것이라 생각한다고 전했다. 그는 이런 생각을 하면 마음이 초조해진다는 심경을 전하면서 다음과 같이 설명했다.

인간은 합성된 정보로 자신의 세포를 프로그래밍할 수 있게 될 것이고, 그러한 변화가 가져올 장기적인 결과는 오랜 시간이 지난 뒤에야 충분히 평가할 수 있을 것이다. (……) 그 변화로 빚어질 윤리적, 도덕적인 문제도 긴 시간이 흘러야 해결할 수 있을 것이다. 인간이 자신의 세포에 직접 지시를 내릴 수 있게 되더라도, 인류 전체의 이익을 위해 지혜롭게 활용할 수 있을 때까지는 그 지식을 쓰지 말아야 한다. 아직 문제가 생기지도 않았고 해결이 시급한 때도 아닌데 이 문제를 이렇게 미리 언급하는 이유는, 이와 같은 지식의 활용에 관한 결정을 궁극적으로 사회가 내려야 하며 충분한 정보를 갖춘 사회만이 현명한 결정을 내릴 수 있기 때문이다.[16]

다음 해에 니렌버그는 노벨상 수상자로 선정되어 여정에 필요한 비용까지 모두 제공 받고 스웨덴으로 떠났다. 그의 제자 중에 유독 포부가 큰 학생이던 의사 출신 윌리엄 프렌치 앤더슨William French Anderson은 연구실에 "UUU, 우리의 위대한 대장"이라고 적힌 현수막을 걸었다(UUU는 니렌버그 연구실에서 처음 밝혀낸 코돈을 의미하는 동시에 '당신'을 뜻하는 You를 소리 나는 대로 줄여서 쓴 U를 의미한다—옮긴이). 반면 마테이는 고향으로 돌아와 스톡홀름이 안겨 준 치욕의 쓴맛을 곱씹었다. 로잘린드 프랭클린과 달리 수상 소식이 전해졌을 때 마테이는 멀쩡히 살아 있었으니 사망자라서 상을 못 받은 것도 아니었다. 니렌버그는 마테이가 아닌 다른 두 수상자와 함께 시상식 무대에 올랐다. 노벨상의 계산 방식으로 3명까지는 공동 수상이 가능하지만, 4명은 불가능했다.

이 시기에 일부 과학자들은 유전공학의 새로운 가능성을 보기 시작했다. 바로 유전자 치료였다. 노벨상 수상자인 조슈아 레더버그Joshua Lederberg도 그중 하나였다. 랍비의 아들로 태어난 레더버그는 열다섯 살에 뉴욕 스타이브슨트 고등학교를 졸업하고 서른 살도 안 된 1958년에 노벨상을 받았다. 세균 간에 유전물질이 전달되는 과정과 박테리오파지의 형질도입 과정을 밝혀낸 성과로 거머쥔 상이었다. 레더버그의 지도교수였던 에드워드 테이텀Edward Tatum과 조지 비들George Beadle도 같은 해에 노벨상을 수상했다. (레더버그의 아내 에스더는 중요한 실험의 상당 부분을 실시했고 논문도 남편과 공동으로 집필했지만, 전혀 언급되지 않았다) 이후 레더버그는 록펠러 대학교의 총장을 지내고 미 항공우주국NASA 컨설턴트로도 활약하면서 '우주생물학exobiology'이라는 용어를 만들어 냈다. 마이클 크라이튼Michael Crichton의 데뷔 소설 《안드로메다의 위기The Andromeda Strain》에 등장하는 영웅의 모델이 레더버그라고 생각하는 사람들도 있다.

1962년 '인간의 미래'라는 제목으로 런던에서 개최된 심포지엄에서 레더버그는 우생학의 '고귀한 목표'에 공감한다는 말과 함께, 우생학이 "생각할 수도 없을 만큼 비인간적인 것을 정당화하는 학문으로 왜곡됐다"는 견해를 밝혔다. 더불어 생물학이 발전하면 "이상적인 인간을 정의하고, 이어서 그러한 인간의 DNA가 어떻게 구성되어 있는지 밝힐 수 있어야 한다"고 이야기했다. 이 자리에서 레더버그는 생식세포에 유전공학 기술을 적용하는 것과 달리 발달 중인 장기를 조작하는 분야를 가리키는 새로운 용어로 '우형학euphenics'을 제시했다.[17]

테이텀은 1966년에 "유전자 치료"에 바이러스를 활용할 수 있을 것이라고 예견했다. 특정 장기에서 결함이 있는 세포에 바이러스로 새로운 유전자를 도입할 수 있다는 의미였다. 현재 우리가 생체 외 유전자 치료로 부르는 기술에 관해서도 설명했다. 그리고 "유전공학의 첫 번째 성공은 환자 자신의 세포에서 이루어질 것"이라고 주장했다. 건강한 공여자로부터 원하는 새 유전자를 얻어서 환자 세포에 옮기는 것이 테이텀이 제시한 방법이었다. "그런 다음 필요한 변화가 생긴 세포를 선별하고 대량으로 증식시킨 후에 환자의 간에 다시 이식한다."[18]

레더버그는 1968년 1월부터 〈워싱턴 포스트〉에 논평을 싣기 시작했다. 그는 이 소통 창구를 통해 자신이 떠올린 유전자 치료, 백신처럼 바이러스를 활용하는 방안을 소개하고 사람들의 반응을 살폈다. 콘버그가 시험관에서 DNA 복제가 가능하다는 사실을 증명한 것에서 영감을 받아, 레더버그는 자연계의 바이러스를 충분히 확보하고 선별하면 인슐린 유전자나 페닐케톤뇨증 환자들의 몸에서 만들어지지 않는 효소가 암호화된 유전자처럼 의학적으로 중요한 사람의 유전자를 자연적으로 빼앗는 바이러스를 찾아서 분리할 수 있을 것이라고 설명했다.[19] 심지어 다음과 같은 가능성도 제시했다. "가령 인슐린이 암호화된 DNA 분자를 추출해서 미리 선별해 둔 바이러스 DNA로 옮기는 화학적 이식 기술"이 바이러스 유전자를 이용한 치료법의 기초가 될 수 있다는 설명이었다. 레더버그는 이와 같은 체세포 유전자 치료가 유전공학 또는 "생식세포를 직접 건드리는" 방식보다 현실적이고 더 알맞다고 보았다.[20]

1968년에 의학을 전공한 니렌버그의 제자 프렌치 앤더슨도 유전자 치료를 옹호하는 의견을 냈다. "돌연변이 유전자가 있는 세포에 정상 유전자를 삽입하려면, 먼저 정상 염색체에서 원하는 유전자를 분리해야 한다. 그런 다음 그 유전자를 복제시켜 수를 늘려야 한다. 마지막 단계로, 복제된 정상 유전자가 결함 유전자가 있는 세포의 유전체에 통합되도록 해야 한다."[21] 〈뉴잉글랜드 의학저널〉은 다소 열띤 내부 논쟁이 벌어졌지만, 앤더슨의 아이디어가 상상력이 지나치게 풍부하다고 판단하고 결국 싣지 않기로 했다. 편집위원 중 한 명은 앤더슨의 제안이 "처음부터 끝까지 추측이지만, 충분히 가치 있는 모험"이라고 평가했다.

10 장

유전자 치료의 흥망성쇠

프렌치 앤더슨의 가치 있는 추측이 임상 현장에서 실현되기까지는 20년 이상 걸렸다. 그러나 첫 시도는 이 주장이 퇴짜를 맞고 얼마 지나지 않았을 때 이루어졌다. 방향이 잘못되고 애매하긴 했지만. 테네시 주 오크리지 국립 연구소의 의사 스탠필드 로저스Stanfield Rogers는 바이러스를 이용해 유전 정보를 옮기는 방식을 오래전부터 지지했다. 그는 토끼에 감염되는 쇼프 유두종바이러스를* 취급하는 연구자의 체내 아르기닌 농도가 일반인보다 낮다는 사실을 발견하고, 이것이 연구 과정에서 문제의 바이러스에 감염된 후 바이러스의 아르

---

* 쇼프라는 명칭은 1918년 돼지독감이 발생했을 때 이를 연구한 학자로 잘 알려진 록펠러 대학교의 병리학자 리처드 쇼프Richard Shope의 이름을 딴 것이다. 쇼프는 돼지독감이 세균이 아닌 바이러스로 발생하는 병임을 밝히는 데 일조했고 1933년에는 쇼프 유두종바이러스를 자신의 몸에 직접 주사했다.

기닌 분해효소가 체내에서 활성화돼 아르기닌을 분해한 결과라고 보았다. 또한 쇼프 유두종바이러스에 감염된 토끼는 피부에 생긴 유두종에서 아르기닌 분해효소가 고농도로 발견됐다는 사실을 보고하고, 이 바이러스를 치료 목적으로 활용할 수 있을 것이라 추정했다. 로저스는 "전달체로 이용할 바이러스의 유전체에 합성된 DNA 정보를 연결해서 이 바이러스를 매개체로 이용할 수 있게 된다면 유용한 기술이 될 것"이라고 밝혔다.[1]

로저스는 〈랜싯〉에서 독일의 어느 젊은 지적 장애 자매에 관한 논문을 읽은 것을 계기로 이와 같은 연구를 시작했다. 두 여성은 아르기닌 분해효소가 결핍되어 혈액에 아르기닌이 과량 존재하는 아르기닌혈증이라는 유전성 희귀질환을 앓았다. 쇼프 유두종바이러스를 이용하여 이들에게 부족한 효소를 공급할 수 있다고 판단한 로저스는 두 환자를 치료해 온 소아과 전문의를 만나서 지금 우리가 보기에 터무니없을 정도로 어설픈 실험 치료를 한번 시도해 보자고 설득했다. 사람을 대상으로 실시한 최초의 유전공학 실험이었다. 1970년, 독일로 날아간 로저스는 두 환자에게 소량의 바이러스를 주사하고 체내 아르기닌 분해효소의 농도가 증가하기를 기다렸다. 그러나 아무 반응도 나타나지 않았다. 나중에는 두 자매의 다른 자매에게도 바이러스를 주사했는데 알레르기 반응이 일어나고 말았다. 이로써 무모한 유전자 치료 시도는 끝났고, 로저스는 원래 하던 식물 바이러스 연구로 돌아갔다.

2년 뒤 〈사이언스〉에는 테드로도 불리던 시어도어 프리드만Theodore Friedmann과 리처드 로블린Richard Roblin이 쓴 '유전질환을 유전자 치료로 해결할 수 있을까?'[2]라는 제목의 논평이 실렸다. 의사인 프리드만은 '유전자 치료'라는 용어를 처음 만든 인물로 널리 알려졌다. 비엔나에서 태어난 그는 1938년 나치를 피해 가족과 미국으로 건너왔다. 펜실베이니아 대학교에 다니던 시절에는 1944년에 오스월드 에이버리Oswald Avery와 함께 DNA가 유전물질이라는 사실을 입증한 콜린 맥레오드Colin MacLeod와 함께 강의를 들었다. 이후 케임브리지에서 프레드 생어와 함께 공부하고 국립 보건원에 들어왔다.

프리드만이 관심을 가진 질병은 레쉬 니한 증후군이다. 심신을 쇠약하게 만드는 이 병은 성 연관 유전질환이고 남성에게 발생한다. 환자는 발달 지체를 겪고 정상적인 거동이 힘들어지며 자해 증상도 나타난다. 프리드만은 레쉬 니한 증후군 환자로부터 세포를 확보하고, 유전자 전달 방식을 활용하여 이 질병과 관련된 핵심 효소가 암호화된 DNA로 교체하는 원리를 통해 문제를 바로잡았다. 그러나 이 실험은 세포 100만 개 중 정상으로 바뀌는 세포가 겨우 하나에 불과할 정도로 효율이 크게 떨어졌다. 프리드만이 유전체 전체 DNA를 사용했기 때문이다(특정 유전자만 분리하는 기술은 몇 년 뒤에 등장했다).

프리드만은 종양 바이러스가 유전자 치료 전문가들이 꼭 필요하다고 보는 특성, 즉 "유전 정보가 담긴 외인성 DNA를 취해서 그것을 세포 내부로 삽입해서 세포에 영구적 변화를 일으킬 수 있다"[3]는 사실을 갓 발견한 레나토 둘베코Renato Dulbecco의 성과에 큰 감명을 받았다. 실제로 바이러스는 정상 유전자의 복사본을 결함이 있는 같은 유전자가 있는 세포 내부로 옮길 수 있다. 프리드만은 변형된 바이러스를 유전자 치료에 활용할 수 있다는 개념이 널리 알려지도록 노력하면서도, 너무 서두르면 윤리적으로 문제가 생길 위험이 있다고 경고했다. "미래에는 유전자 치료로 인간의 일부 유전질환을 개선할 수 있을지도 모른다." 그는 이런 글을 남겼다. 바이러스를 매개체로 활용하여 유전자를 교체하는 치료에 강한 추진력이 생겼다.

분명 흥미로운 접근 방식이다. 그런데 망가진 염기서열을 고치는 것이 아니라 그냥 정상 유전자를 추가로 제공해서 유전체에 생긴 결함을 가리는 정도로 만족할 수 없는 이유는 무엇일까?

데이비드 볼티모어는 노벨상을 수상한 해인 1978년에 의학계에 이정표가 된 방식을 제시했다. 혈우병이나 겸상 세포 질환 같은 혈액 질환을 혈액 세포가 최종적으로 만들어지는 환자의 골수에 정상 유전자를 전달하는 방식으로 치료할 수 있다는 의견이었다. 이렇게 하면 정상 단백질이 결함 단백질을 대체하므로(또는 두 가지가 다 만들어지므로) 병이 해결될 수 있다. "인간에게 시도되는 최초의 유전공학 기술이 될 가능성이 매우 높다. 앞으로 5년 내에 그러한 시도가 나올 것으로 전망한다."[4] 볼티모어가 말했다.

그러나 한 의사는 다음과 같은 견해를 전했다. "겸상 글로빈 유전자 같은 결함 유전자를 수선한다는 개념은 솔깃하지만, 현재 기술로는 특정 부위에서 유전자 재조합이 일어나도록 만들 수 없다. 그러므로 인간만큼이나 복잡한 인간의 유전체 안에서 특정 유전자를 수선하는 방식은 현 시점에서 현실성이 없다."[5] 이 의사는 UCLA의 혈액학자 마틴 클라인Martin Cline이다.

클라인은 1979년에 베타 지중해 빈혈의 유전자 치료를 제안했지만, UCLA 검토 위원회는 동물실험을 추가로 실시해야 한다는 입장을 굽히지 않았다. 크게 좌절한 클라인은 해외로 눈을 돌렸고, 6월에는 두 명의 젊은 여성 환자를 자신이 제안한 방법으로 치료했다. 예루살렘 하닷사 병원에서 치료 받던 21세 여성에게 먼저 치료를 실시하고, 며칠 뒤에는 이탈리아 나폴리에서 16세 여성에게 같은 치료를 실시했다. 클라인의 치료법은 환자의 골수를 일부 채취해 형질주입 방식으로 베타글로빈 유전자를 골수 세포 내로 전달한 뒤 이렇게 처리한 약 10억 개의 세포를 다시 환자에게 주입하고 대퇴골에 방사선을 조사하는 방식이었다. 클라인은 두 환자에게 성공 확률이 희박하지만 꼭 필요한 방법이라고 했다. "동물실험 결과를 보고 충분하다고 판단하는 기준은 무엇입니까?" 사람들이 묻자 클라인은 이렇게 되물었다. "이 정도면 (사람에게) 적용해도 된다고 판단하는 기준은 뭔가요? 치명적인 병에 걸려 수명이 단축되고 얼마 남지 않은 환자가 있고 현재 치료법이 없다면 실험적 치료를 시도해도 될까요?"[6]

국립보건원과 클라인의 동료 대부분에게 이 질문의 답은 명확히 '아니요'였다. 클라인은 사람을 대상으로 한 최초의 재조합 유전공학 실험을 자신이 해야 할 일로 생각했다. UCLA 의과대학 학장은 국립보건원의 질책에 따라 1981년 2월, 클라인을 종양학과 학과장 자리에서 물러나도록 했다. 더불어 반드시 거쳐야 하는 제도적 승인 절차 없이 환자 두 명에게 전례 없는 실험을 실시한 것에 관해 크게 꾸짖었다. 의학적으로 위험한 일이 발생하지는 않았지만, 학장은 "정해진 규정에 따르지 않는 행위로 인류에게 도움이 될 수 있는 실험을 실행할 자유를 저해했다"고 보았다.[7]

혈액학자 어니스트 뷰틀러Ernest Beutler는 클라인의 시도가 비극이라고 밝혔다. 그 이유는 "현대 분자생물학의 경이로운 발전이 환자에게 어떤 도움을 줄 수 있는지 얼른 확인해 보고 싶어서 마음 졸이는, 아주 유능하고 생산성 높은 과학자들의 노고를 해친 행위"이기 때문이라고 설명했다.[8] 이어 뷰틀러는 비난의 목소리를 낮추고, 치료 자체보다 300라드rad의 이온화 방사선을 조사한 것이 두 환자에게 더 위험한 일이었다는 의견을 밝혔다.

클라인 사건이 벌어지고 2년 뒤에는 당시 런던에서 유전자 분석가로 명성이 높던(내 박사 학위 지도교수이기도 하다) 밥 윌리엄슨Bob Williamson이 〈네이처〉를 통해 유전자 치료가 단시간 내에 실현될 가능성이 없지만 "미래에는 가능한 일이며, 헤드라인에 그 소식이 실리기 전에 지금부터 고민해 봐야 한다"고 주장했다.[9] 이러한 경고에도 불구하고 앤더슨은 안전성 문제가 해결된다면 인체 시험을 시작하지 '않는 것'이 오히려 비윤리적인 일이라고 보았다. 그가 1984년에 쓴 글에는 다음과 같은 내용이 포함되어 있다.

유전공학이 향후 오용될 수 있다는 주장은 치료법으로서 강력한 잠재력이 있는 이 기술이 임상에 적용되는 시점을 불필요하게 지연시키고 인류가 괜한 고통에 영구히 시달리도록 내버려 둘 만큼 정당한 근거라고 볼 수 없다.[10]

제레미 리프킨Jeremy Rifkin 등 생명공학 기술에 반대하는 운동가들의 목소리가 갈수록 커졌지만, 유전자 치료의 실현 문제는 '가능한가'에서 '언제 시작될 것인가'로 초점이 바뀌었다. 제프 라이언Jeff Lyon과 피터 고너Peter Gorner는 저서 《바뀐 운명Altered Fates》에서 "유전자를 절단하는 기술이 너무나 빠른 속도로 계속 휘몰아치고 이 모든 것에 담긴 의미를 두고 윤리적 논쟁이 이어지는 가운데, 자아와 전문 지식이 심벌즈처럼 부딪힐 것"이라고 전망했다."[11]

꼬꼬꼬

1990년은 인간 유전학에 참으로 다사다난했던 해였다. 무엇보다 바로 이 해에 제임스 왓슨의 진두지휘 아래 가장 위협적인 유전질환의 원인 유전자를 포함한 인체 모든 유전자의 위치와 특성을 총체적으로 밝힌 지도를 구축하기 위한 노력이 시작됐다. 15년간 30억 달러의 비용을 들인 인간 유전체 프로젝트다. 1990년 10월, 인간 유전학 연례 학술대회가 열린 오하이오 주 신시내티로 수천 명의 과학자들이 모여들 때쯤 나는 뭔가 범상치 않은 일이 일어나리라는 조짐을 느꼈다. 호텔 바마다 신시내티 레즈의 월드시리즈 경기가 중계되던 어느 늦은 저녁, UC 버클리의 매리 클레어 킹도 이 학회에서 끝내기 홈런을 날렸다. 만석이라 남는 공간마다 서서 듣는 사람들이 꽉 들어찬 청중 앞에서, 킹은 BRCA1이라는 유전자에 돌연변이가 생기면 여성의 유방암 발생 위험률이 높아진다는 사실을 알아냈다고 발표했다.*

인체 질환과 관련된 유전자를 찾았다는 소식은 특종이 되었고 킹과 콜린스, 랜더 등 같은 목표를 위해 탐험에 나선 유전학 탐정들은 과학계의 유명인사가 되었다. 낭포성 섬유증, 듀센형 근이영양증, 유전성 유방암 환자에서 돌연변이가 생긴 유전자가 발견된 후에는 의학적 진단에 큰 변화가 일어났다. 약물이나 유전자 치료로 병을 해결할 수 있으리라는 희망도 피어나기 시작했다. 유전체학은 금광으로 여겨지고 그 영향력이 월 스트리트까지 전해질 정도였다. 하지만 질병 유전자의 발견은 시작일 뿐이다. 치료제 하나가 시장에 나오기까지는 평균 10년의 시간과 약 13억 달러의 비용이 필요하고 이만한 시간과 돈을 쏟아붓는다고 해도 반드시 성공한다는 보장도 없다.[12] 분자 수준에서 겸상 세포 질환이 발생하는 과정은 1950년대에 밝혀졌지만, 60여 년이 지난 지금도 치료법은 없다. 낭포성 섬유증도 1989년에 원인 유전자가 밝혀지고 25년이 넘는 세월이 지나서야 버텍스 파마슈티컬Vertex Pharmaceuticals 사가 특정 유전자 돌연변이가 있는 일부 환자에 한하여 효과를 얻을 수 있는 치료제를 개발했다.

신시내티에서 킹이 홈런을 날린 직후, 국립보건원에서 여러 임

---

* 내 첫 번째 저서 《돌파구(Breakthrough)》에서도 설명했지만 BRCA1 유전자를 분리하려고 했던 킹의 연구는 미리어드 제네틱 사에 의해 좌절됐다. 이 일이 있고 20년이 지난 후 나는 북미 대륙에서 BRCA1 유전자 검사를 최초로 받은 실제 여성의 이야기를 다룬 영화 〈애니를 위하여〉의 기술 고문을 맡았다. 배우 헬렌 헌트(Helen Hunt)가 메리 클레어 킹의 역할을 맡은 영화였는데, 안타깝게도 내가 제안한 내용은 거의 반영되지 않았다. 당시에 작가는 내게 이건 영화지 다큐멘터리가 아니라고 말한 적이 있다. 영화가 끝나고 올라가는 자막에도 내 이름은 한구석에 묻혀서 배우 애런 폴(Aaron Paul)의 기타 선생 다음에야 나온다.

상의로 구성된 연구진이 희귀 유전질환에 걸린 어린 소녀를 성공적으로 치료하고 유전자 치료를 한 단계 크게 발전시켰다. 유전암호 중 글자 하나가 잘못되어 병이 생긴다면, 염기서열이 동일한 정상 유전자의 복사본을 공급하는 것이 가장 논리적인 치료법일 것이다. 그렇다면 유전자가 제 기능을 하지 못해서 병이 생기는 경우에는 문제의 유전자를 다른 것으로 바꾸면 되지 않을까? 유전자 이식이라고도 부를 수 있는 방식이다. 20년간 첫 단추를 잘못 끼운 사례들과 신중한 고민 끝에, 유전자 치료가 제대로 실현될 때가 다가왔다. 물론 여러 세대의 유전자 치료 전문가들을 통해 입증된 것처럼 결코 쉬운 일은 아니다.

〉〈XEXEX〉〈

프렌치 앤더슨은 3년간 치열한 공방을 벌인 끝에 마침내 미국에서 처음으로 공식적인 유전자 치료를 실시해도 된다는 승인을 얻었다. 국립보건원 워런 그랜트 맥너슨 임상센터 내 소아 중환자실로 여러 명의 의사, 간호사가 모였다. 당일 아침에 서류 작업은 모두 끝났고 역사를 바꿀 첫 치료는 28분 만에 완료됐다.

1990년 9월 14일, 정확히는 오후 12시 52분에 케네스 컬버Kenneth Culver는 작은 주사기를 들고 클리블랜드에서 온 네 살배기 환자 아샨티 드 실바Ashanthi de Silva의 왼쪽 팔에 액체를 주입했다. 표본 환자였던 아샨티는 흰색 상의에 청록색 바지 차림으로 누워 주치의 가운에 붙어 있는 만화 스티커만 주시했다. 유전자 변형 T세포 약 10억 개가 아샨티의 몸으로 천천히 흘러 들어갔다. "아샨티는 멋지게 해냈어요. 저보다 훨씬 침착하더라고요." 총괄 연구자 마이클 블레즈 Michael Blaese는 이렇게 전했다.[13] 아샨티는 아데노신 탈아미노화 효소ADA의 결핍으로 발생하는 희귀질환인 중증 합병성 면역결핍 장애 SCID를 앓고 있었다. 미국에서 이 염색체 열성질환을 갖고 태어나는 아이는 한 해에 열두 명 정도에 불과하다. 아샨티의 생애는 거의 다 아파하다가 흘러갔다. 이 유전자 치료를 둘러싼 관련 기관의 갈등도 아이가 버틴 기간만큼이나 길게 이어졌다.

앤더슨에게는 에베레스트 등반과도 같은 시도였다. 20년 전에 그가 밝힌 대담한 견해를 의학계 권위자들이 일축할 때부터 반드시 정복하고 싶었던 과학의 정상이 바로 이 연구였다. 학생 시절, DNA 의 이중나선 구조를 밝힌 연구와 세계 최초로 1마일을 4분 이내로 주파한 로저 배니스터Roger Bannister의 성취에 큰 영향을 받은 앤더슨은 두 가지 인생 목표를 세웠다. "올림픽에 가는 것, 그리고 결함이 있는 분자로 생기는 병을 치료하는 것"이었다.[14] 미국 올림픽 대표팀의 담당 의사로 1988년 서울 올림픽을 함께한 것으로 첫 번째 목표는 이미 달성했다.[15] 아샨티의 치료가 끝나자 앤더슨과 블레즈, 컬버까지 모두 숨을 크게 내쉬었다. 앤더슨의 머릿속에는 지난 25년간 간직했던 희망과 꿈이 떠올랐다. "오랜 시간이 지나 마침내 거대한 모험이 시작된 것입니다."[16]

4개월 뒤에 앤더슨 연구진은 선구적 사례가 될 또 한 명의 환자를 치료했다. 10세 소녀 신시아 컷쉘Cynthia Cutshall이었다. 블레즈와 앤더슨은 두 환자가 실험동물처럼 취급되지 않도록 PEG-ADA 효소를 이용한 표준 치료도 계속 병행했다. 이들이 시도한 유전자 치료는 효과가 있었을까? 그렇다고 볼 수도 있고 아니라고 볼 수도 있다. 아샨티를 12년간 추적 조사한 결과, 체내 T세포의 약 20퍼센트에서 ADA 효소가 만들어지는 것으로 확인됐다.[17] 치료 후 25년 이상 경과한 시점에 블레즈가 밝힌 결과에 따르면 치료를 위해 주입된 세포에서 생산되는 ADA의 양은 연구진이 기대했던 양의 15퍼센트 정도에 그쳤다. 그러나 두 환자 모두 '아름다운 여성'으로 성장했고[18] 둘 다 결혼식에 블레즈를 초대했다. 앤더슨의 사기도 한껏 고조됐다. "저는 밥 먹을 때도 잘 때도 숨 쉴 때도 하루 24시간 내내 유전자 치료를 생각합니다." 〈뉴욕타임스〉 기자에게 이렇게 이야기하기도 했다.

국립보건원의 이 시험 후 몇 년간 더 많은 질병 유전자가 발견됐고 그중 상당수가 유전자 치료로 바로잡을 수 있다는 사실이 알려지면서 축제 분위기가 이어졌다. 〈네이처 제네틱스〉의 창립 편집장인 나도 그 흐름을 생생히 느낄 수 있었다. 워싱턴 DC의 우리 사무실로 오는 원고 중에 유전자 치료법의 놀라운 발전을 소개하는 자료가 계속 늘어났다. 호레이스 프리랜드 저드슨Horace Freeland Judson이 "유전자 치료의 가장 열렬한 지지자"라고 칭한 시어도어 프리드만도 검토 논문을 한 편 썼다. 내가 '유전자 치료법의 간략한 역사'라는 제목을 붙인 이 논문에서, 프리드만은 인체 유전자 치료의 첫 단계인 전반적 개념의 등장과 수용은 완료됐다고 주장했다. "이제 우리는 기술 실행에 해당하는 폭발적인 2단계에 진입했다."[19]

1994년 3월, 나는 이 분야의 떠오르는 스타가 기자회견을 연다는 소식을 듣고 필라델피아행 기차에 올랐다. 펜실베이니아 대학교의 제임스 윌슨James Wilson은 새하얀 실험 가운 차림으로 기자회견을 위해 임시로 만든 무대에 등장했다. 양옆에는 두 명의 동료가 서 있었다. 이 자리에서 윌슨은 다음 날 〈네이처 제네틱스〉에 실릴 최신 연구 결과를 공개했다. 윌슨의 팀은 유전성 관상동맥 질환을 앓던 환자 한 명에게서 간의 일부를 제거하고 재조합 바이러스를 처리한 후 간을 다시 복구하는 치료를 실시했다. 이후 이 여성 환자의 LDL 콜레스테롤 수치는 25퍼센트까지 떨어졌다. 이날 회견장에는 퓰리처상을 수상한 〈뉴욕타임스〉 기자 나탈리 앤지어Natalie Angier도 있었다. 1면에 실린 앤지어의 기사에는 윌슨의 연구가 "인체 유전자 치료의 치료 효과가 처음으로 보고된 사례"라는 설명이 포함되어 있었다.[20] 이 기사는 만우절에 나왔다.

유전자 치료에 관한 연구 결과가 엄청난 속도로 쏟아지자 불안감을 드러내는 사람들도 있었다. 당시 국립보건원 원장이던 해럴드 바머스는 유전자 치료의 현황 보고서를 의뢰했다. "(질병) 유전자가 발견되면 마치 그 질병을 치료할 수 있는 유전자 치료법도 있다고 믿는 실정이다. 희망에 추측이 더해져 과도한 광고가 되는 사태가 벌어지고 있다. 장기적인 관점에서 이러한 상황은 기초 임상과학에 악영향을 줄 것이다." 바머스는 이같이 단호한 입장을 밝혔다. 완성된 보고서에는 병리학적으로 충분한 이해 없이 임상시험부터 서두르는 분위기와 유전자 전달 빈도가 낮다는 점을 비판하는 내용이 담겨 있었다. 또한 연구 결과를 과대 포장하여 "유전자 치료가 실제보다 더 발전된 기술, 더 성공적인 방법이라는 잘못된 인식이 널리 확

산됐다"는 점도 지적했다.[21]

그럼에도 프리드만을 비롯해 유전자 치료에 나선 사람들은 1999년까지 장밋빛 미래를 전망했다. 프리드만은 "유전자 치료의 목표와 기술에 불신과 오해를 조장하려는" 비판 의견들이 있었지만, "충분히 신뢰할 만한 임상 효과과 나오기 훨씬 전부터" 유전자 치료의 불가피성은 이미 입증됐다는 견해를 밝히고[22] 다음과 같이 설명했다. "유전자 치료라는 개념이 성공을 거둔 것은 경탄할 만한 일이며 의학이 진정으로 혁신적인 새 방향을 향해 나아가고 있음을 보여 준다."

그러나 이런 생각은 이 글의 잉크가 채 마르기도 전에 공허한 외침이 되고 말았다.

✕✕✕✕

1984년, 제시 젤싱거Jesse Gelsinger는 세 살 생일을 몇 달 앞둔 토요일 아침에 텔레비전 만화를 보다가 혼수상태에 빠졌다. 아이는 병원에서 오랜 시간을 보낸 후에야 X염색체로 유전되는 희귀 질환인 오르니틴 카르마빌 전달효소 결핍Ornithine transcarbamylase deficency이라는 진단을 받았다. 오르니틴 카르마빌 전달효소OTC가 없으면 체내에서 질소가 처리되지 않고(질소는 모든 단백질과 다른 여러 생물분자에 포함되어 있다), 결국 암모니아가 위험한 수준까지 축적된다. 미국에서 OTC 결핍 환자로 태어나는 아기는 매년 50명 정도고 그중에 다섯 살을 무사히 넘기는 경우는 절반에 불과하다.

제시의 아버지 폴은 아내와 함께 아이에게 저단백질 식단을 먹이면서 병을 관리하기로 했다. 다행히 제시는 병세가 심하지 않은 편이었지만, 깜빡하고 제때 약을 챙겨 먹이지 않으면(하루 복용 횟수가 최대 50회에 이른다) 또다시 혼수상태가 될 수 있는 상황이었다. 그러다 1998년 9월, 폴은 펜실베이니아에서 OTC 결핍의 임상시험이 진행된다는 소식을 접했다. 그해 크리스마스에 제시는 혼수상태에 빠져 죽을 고비를 넘겼다. 고등학교를 졸업하고 참가 자격에 부합하는 나이가 되자마자 제시는 그 임상시험에 자원하기로 했다. 이듬해 6월, 제시의 열여덟 살 생일날 온 가족이 필라델피아로 날아갔다. 유명한 관광지를 함께 둘러보고, 제시는 미네소타 트윈스 야구팀 로고가 선명하게 찍힌 티셔츠 차림으로 록키 동상 앞에서 두 팔을 번쩍 치켜들고 사진도 찍었다.

펜실베이니아 의과대학의 의사들은 제1상 연구가 안전성을 확인하는 것이 목적이므로, 임상 효과는 기대하지 말아야 한다고 설명했다. 바이러스가 주입되면 제시의 체내 면역계가 활성화되어 독감과 유사한 증상이 나타나는 등 부작용이 따를 가능성이 있다는 점도 전달했다. 이와 함께 의사들은 OTC 결핍은 8만 명당 한 명 꼴로 발생하는 희귀 질환이나, 이 병과 비슷한 간 대사 질환은 최소 20가지 이상이며 이러한 병까지 전부 합하면 환자 발생 비율은 500명당 한 명이라고 이야기했다. 제시는 수천 명의 환자를 대신할 선구자가 될 것이라는 말도 들었다. 그로부터 3개월 후, 제시는 공항까지 함께 온 아버지 폴의 배웅을 받으며 애리조나에서 필라델피아로 향하는 비행기에 올랐다. "그날 아이가 얼마나 자랑스러웠는지 말로 다 설명할 수 없다. 겨우 열여덟 밖에 안 된 아이가 세상을 도우러 나서다니."[23] 폴은 이렇게 말했다.

OTC 임상시험을 총괄한 사람은 펜실베이니아 인체 유전자 치료 연구소의 초대 소장인 제임스 윌슨이었다. 그러나 윌슨은 생명공학 회사 제노보Genovo의 창립자이기도 해서 환자들과 직접 접촉할 수 없었다. 1999년 9월 13일 월요일에 제시의 몸에 OTC 정상 유전자의 복사본이 포함된 재조합 아데노바이러스가 처음 공급됐다. 사전 계획대로 제시에게는 총 18명의 자원자 중 가장 높은 용량이 투여됐다. 얼마 지나지 않아 발열 증상이 나타났지만, 예견된 일이었다. 제시는 그날 저녁에 아버지와 전화 통화를 했다. 하지만 이것이 두 사람이 나눈 마지막 대화가 되고 말았다. 다음 날 아침, 제시는 황달 증상을 보였고 암모니아 수치가 치솟았다. 연구진은 폴과 윌슨에게 연락했다. 이후 이틀간 제시의 신장과 간은 망가지기 시작했다. 호흡을 돕기 위해 인공 폐도 동원됐다. 겨우 제시의 병상에 도착한 폴은 알아보기 힘들 정도로 부어 오른 아이의 얼굴을 마주했다. 회복 불가능한 뇌 손상도 발생한 상태였다.

폴의 형제자매 7명과 이들의 배우자들이 참석한 가운데, 폴은 아들을 위해 병상에서 간단한 작별 의식을 치렀다. 9월 17일 오후 2시 30분, 의사 스티브 레이퍼Steve Raper가 인공호흡기를 제거하고 제시가 사망했다고 공표했다. "잘 가, 제시. 우리가 반드시 이유를 찾아낼게." 그는 말했다. 이 암울한 소식은 2주 뒤 언론에 전해졌다. 〈워싱턴 포스트〉에는 '유전자 치료 시험 중 10대 사망'이라는 헤드라인 기사가 실렸다.[24] 윌슨은 폴, 제시와 한 번도 만나지 않았다.

11월 초, 폴은 20여 명의 추도객과 함께 제시가 좋아했던 장소로 향했다. 멕시코 국경과 가까운 라이트슨 산이었다. 폴이 아들과의 기억을 몇 가지 이야기하고, 레이퍼는 토머스 그레이Thomas Gray의 시를 낭독했다.

부귀와 명예를 모르는 젊은이가
대지의 무릎에 머리를 누이고 여기 잠들다.
온당한 학문은 비천한 그의 태생을 비웃지 않았고,
비애는 그에게 흔적을 남겼다.

잠시 후 폴과 이 자리에 함께한 사람들이 흩어져 재가 된 제시를 애리조나의 공기에 뿌렸다.[25]

얼마 지나지 않아 윌슨이 폴 젤싱거를 찾아왔고 두 사람은 처음으로 만났다. 뒷마당에 자리를 잡고, 윌슨은 제시의 부검 결과를 알려주었다. 그리고 폴에게 자신은 제노보의 무급 컨설턴트라고 이야기했다. 처음에는 폴도 연구진에게 협조적인 태도를 보였지만, 제시가 임상시험 자원자로 등록하기 전 동물실험에서 폐사 사례가 나온 결과가 있었고(바이러스 투여량이 훨씬 많긴 했지만) 일부 다른 환자에서도 유해 반응이 나타난 적이 있었다는 사실을 알게 됐다. 결국 폴은 윌슨과 이 임상시험의 두 선임 연구자를 상대로 소송을 제기했고 재판 없이 합의가 이루어졌다. 윌슨의 유전자 치료 센터는 해체되고 2010년까지 어떠한 임상시험도 할 수 없게 되었다. 레이퍼와 윌슨이 다른 연구자들과 함께 발표한 공식 논문에는 제시의 목숨을 앗아간 사이토카인 폭풍(인체에 바이러스가 침투하였을 때 면역 물질인 사이토카인이 과다하게 분비되어 정상 세포를 공격하는 현상-편집자)의 원인을 매개체로 사용된 바이러스 탓으로 돌리는 내용이 상당 부분을 차지했다.[26]

제시가 겪은 비극이 발생한 직후, 분자생물학자 피터 리틀[Peter Little]은 참담한 심정으로 자신의 진단 결과를 밝혔다.

> 오만한 태도로 인간을 거의 실험동물처럼 취급하는 위험천만한 방식이 문제라고 생각한다. 아는 것은 거의 없으면서 너무나 많은 것을 기대한다. 그리고 성공할 것이라는 기대가 반대하는 목소리를 잠재우는 수단이 된다.[27]

싯다르타 무커지도 저서 《유전자》에서 OTC 임상시험을 규탄했다. "하나부터 열까지 불쾌하기 짝이 없다. 연구 설계는 성급히 마무리했고, 계획은 엉성했으며, 모니터링도 제대로 하지 않았다. 실행 방식이 그야말로 최악이었다. 금전적 이익이 상충되는 문제까지 부가됐으니 두 배는 더 끔찍한 사태가 되었다. 이익을 노릴 때부터 예견된 일이다."[28] 윌슨은 〈유전자[The Gene]〉라는 다큐멘터리 인터뷰에서 다음과 같이 밝혔다. "제가 죽는 날까지 (이 비극을) 잊지 못할 것입니다. 달리 무슨 말을 해야 할지 모르겠습니다."[29]

대서양 너머에서도 비슷한 비극이 일어났다는 소식이 들려왔다. 2000년, 파리 네케흐 병원의 프랑스인 의사 알랭 피셔[Alain Fischer]는 기자회견을 열고 X염색체 연관 중증 합병성 면역결핍장애[SCID]를 겪던 두 명의 아기에게 유전자 치료를 실시했으며, 예비 결과는 성공이라고 전했다. 피셔는 레트로바이러스(역전사효소를 가지는 RNA 바이러스-편집자)를 매개체로 삼아 건강한 유전자를 환자의 혈액 줄기세포로 전달했다. 그러나 2년 뒤에 두 아이 모두 백혈병 진단을 받았고 추적 결과 이 유전자 치료가 원인으로 드러났다. 결국 한 명은 사망했다. 레트로바이러스는 카드 한 벌에 감춰진 조커 카드처럼 숙주의 유전체에 끼어 들어가서 작용한다. 대부분 아무런 해가 발생하지 않지만, 드물게 암과 같은 영향이 촉발될 수 있다. 피셔가 매개체로 사용한 바이러스는 숙주의 DNA에 안정적으로 정착했지만, 이로 인해 근처에 있던 종양 유전자가 활성화되면서 파괴적인 결과가 빚어진 것으로 확인됐다. FDA는 이 사태에 대한 반응으로 2003년 미국에서 레트로바이러스 사용을 금지한다고 밝혔다.

저드슨의 표현을 빌리자면, 수백 건의 유전자 치료 시험에 수억 달러를 들이붓고 수천 명의 환자와 자원자가 참여했지만, "새로운 희망은 돌고 돌아 재로 변하고, 극적인 주장은 서글픈 웃음거리가 되었다."[30] 유전자 치료는 절체절명의 위기에 봉착했다.

침착하게 되짚어보면 무엇이 문제였는지 많은 부분을 파악할 수 있다. 무엇보다 바이러스는 우리가 배달용 드론처럼 마음대로 활용하게끔 진화하지 않았다. 한 유전자 치료 전문가는 이렇게 설명했다. "우리는 바이러스가 인간의 몸속에서 살아갈 방법을 터득하는 데 수십억 년이 걸렸다는 사실을 간과했다. 그러면서 연구비가 지급되는

기간인 5년 내로 그런 일이 일어나기를 기대했다."[31] 인체 면역계의
복잡한 특성도 고려해야 한다. 면역계는 바이러스 같은 외래 물질과
맞서 싸우도록 설계되었고, 수십 억 개의 재조합 바이러스가 유입되
면 아무리 좋은 뜻으로 공급된 것이라 해도 인체가 모른 척 가만히
내버려 두지 않는다.

　유전자의 양을 늘리는 방식의 유전자 치료가 체면을 되찾고 성
공적인 결과를 얻기까지는 오랜 시간이 걸렸다. 롤러코스터처럼 뒤
바뀐 전체 흐름은 가트너Gartner 사가 제시한 '과대광고 주기'와 일치
한다. 즉 1990년대까지 기대감이 한껏 부풀어 올랐다가 새로운 세
기로 바뀌자 환상이 깨지면서 끝없는 추락 혹은 구렁텅이 같은 구간
이 찾아왔고, 새로운 깨우침으로 다시 상승 가도가 이어졌다. 유전
자 치료가 제자리에 발목이 묶인 이유는 적절한 표적이 없어서가 아
니다. 멘델의 유전 법칙에 따라 발생하는 유전질환은 수천 가지나
된다. 문제는 치료 효과를 발휘할 유전자를 안전하게 그리고 효과적
으로 전달하는 기능이다. 학계는 다시 칠판 앞에 서서 바이러스의
전달과 안전성을 중점적으로 고민했다. 꽤 많은 종류의 유전자 치료
(그리고 유전체 편집)에 적용할 수 있는 믿음직하고 조정이 가능한 동시
에 효과가 우수한 전달체로 새로운 두 후보가 등장했다. 아데노 연
관 바이러스AAV와 렌티바이러스다.

　AAV는 1960년대 중반에 아데노바이러스 실험에서 오염물질로
서 우연히 발견됐다. 이 바이러스의 특징은 기본 구조에 있다. 이 바
이러스에는 조그마한 집처럼 생긴 단백질 외피가 있어서 작은 유전
자를 화물처럼 싣고 옮길 수 있다. 안전성도 매우 우수하다. 인간의

약 90퍼센트가 자신도 모르는 사이 AAV에 노출되어 감염된 적이 있다. 글락소스미스클라인 사로부터 구명 밧줄이나 다름없는 연구 지원금을 확보한 윌슨 연구진은 본격적으로 개발에 착수했다. 연구진의 일원이던 구아핑 가오Guangping Gao가 처음 조사를 시작했을 때 AAV의 종류는 여섯 가지에 그쳤다.[32] 그러나 2001년 말에 가오는 원숭이에서 무수히 많은 새로운 AAV가 발견했고, 윌슨에게 자신이 찾아낸 결과를 보고했다. 현재까지 알려진 AAV는 100종이 넘는다. "펜실베이니아의 바이러스 매개체 센터는 AAV의 아마존이 되었다." 과학 기자 라이언 크로스Ryan Cross는 이렇게 묘사했다.[33]

왜 이 작은 바이러스에 이렇게나 큰 관심이 쏠릴까? AAV의 유전자는 REP와 CAP 두 가지가 전부다. 둘 다 캡시드로 불리는 바이러스의 20면체 외피를 구성하는 단백질이 암호화되어 있다. 완전히 성숙한 상태에서 AAV의 크기는 지름이 고작 25나노미터에 불과한데, 그 속에 염기 약 5,000개 길이에 해당하는 단일 가닥 DNA를 실을 수 있다. 치료에 필요한 유전자를 담기에 충분한 공간이다. 또한 레트로바이러스와 달리 AAV는 숙주의 유전체로 끼어 들어가지 않는다. 시간이 지나 감염된 세포가 분열되면 점차 사라진다.

UC 버클리의 데이비드 셰퍼David Schaffer는 이처럼 인기가 많은 AAV도 개선할 부분이 있다고 밝혔다. "우리에게는 더 나은 바이러스가 필요합니다. 자연에서 바이러스는 인간의 치료에 활용하게끔 진화하지 않습니다."[34] 예를 들어 척수성 근 위축증을 치료하려면, 현재까지 환자 한 명에게 적용된 적이 있는 최대 용량만큼 AAV를 투여해야 한다. 셰퍼의 팀은 AAV의 외피 아미노산을 조절해 망막 등 인체의 적합한 세포에 보다 정확히 작용할 수 있는 새로운 매개체로 만들기 위한 연구를 진행 중이다.[35] 진 베넷Jean Bennett은 눈의 유리체까지 이동하지 않는 AAV2의 단점을 극복할 방법을 찾았다고 밝혔다. 망막을 곧장 관통해서 전달하는 방법이었다. 셰퍼 연구진은 유리체로 주입하여 망막 표면 전체를 관통하는 새로운 AAV를 만들었다.

또 하나의 매개체로 떠오른 렌티바이러스는 HIV와 함께 레트로바이러스의 하위 유형에 해당한다. HIV는 환자 몸에서 T세포 내부에 몰래 숨어서 끈질기게 버티는데, 이는 치료를 위해 변형된 유전자의 전달체로 이용하기에 적합한 특징이다. 렌티바이러스는 분열 중인 세포와 그렇지 않은 세포에 모두 감염되며 실을 수 있는 화물의 양이 AAV의 두 배에 달한다. 렌티바이러스를 매개체로 활용한 첫 번째 임상시험은 2005년에 실시됐다.

제시가 세상을 떠나고 10년이 지났을 때 〈네이처〉는 사설을 통해 유전자 치료 분야에 다시 불기 시작한 낙관적인 분위기를 전했다. "환멸감이 만연한 상태가 지속되는 것은 잘못된 일이다."[36] 더불어 연구자, 생명공학 회사가 "실패만큼 성공에도 중점을 기울일 필요가 있다"고 밝혔다. 윌슨은 자신이 얻은 교훈을 다음과 같이 말했다. "현재 제가 아는 것을 기준으로 생각하면, 그때 그 임상시험은 진행하지 말았어야 한다고 생각합니다. 우리는 단순한 개념에 이끌렸습니다. 그냥 유전자를 주입한 것이죠."[37] 〈와이어드〉에 실린 칼 짐머Carl Zimmer의 글에는 두 가지 바이러스를 나란히 그린 이미지 하나가 눈길을 끈다. 왼쪽은 윌슨의 커리어를 "파멸시킨" 아데노바이러스이고 오른쪽은 유전자 치료에 새로운 희망을 불어넣은 바이러스이자 윌슨을 "구원"할 수도 있는 AAV다.[38]

2015년, 프리드만과 피셔는 일본에서 유전자 치료의 공로를 인정받아 수상자로 선정됐다. 도쿄에서 열린 시상식 연설에서 프리드만은 뱀이 칭칭 감긴 아스클레피오스의 지팡이 그림을 보여 주는 것으로 서두를 열었다. 고대 그리스에서 의학의 상징으로 여겨지던 지팡이다. 이어 이 지팡이의 뱀을 유전 정보가 저장된 DNA 이중나선으로 바꾼 그림이 등장했다. "우리는 이 분자에 관한 지식이 질병을 이해하는 방식 그리고 질병을 치료하는 방식에 커다란 변화를 가져올 것이라고 생각합니다."[39] 이어 프리드만은 필라델피아의 한 여성 의사가 시력을 잃는 희귀 유전질환을 망막에 직접 유전자를 전달하는 방식으로 치료하여 유전자 치료를 선도한 사례를 전했다. 그리고 이 초창기 성과는 "엄청나게 대단한 일"이라고 말했다.

실제로 기적에 가까운 일이었다.

2017년에 방영된 미국의 텔레비전 쇼 〈아메리카 갓 탤런트〉는 유전자 치료의 전 세계적인 르네상스를 알린 예고편이었다. 정감 가는 외모의 열여섯 살 참가자가 등장해 잭슨 파이브의 히트곡 '누가 당신을 사랑하는지Who's Lovin' You'로 사이먼 코웰Siman Cowell을 비롯한 심사위원을 기겁하게 만들고 청중도 도저히 십대라고는 믿기지 않는 이 참가자의 멋진 목소리에 일제히 찬사를 보냈다. 그런데 뉴욕 롱아일랜드에서 온 크리스티안 가르디노Christian Guardino라는 이 소년에게는 더 놀라운 사연이 있었다. 유아기에 선천성 레베르 흑암시(제2형 LCA)라는 유전질환을 진단 받은 것이다. 가르디노가 망막 세포가 퇴행하는 병을 앓고 있다는 사실은 폭스 뉴스를 통해 세상에 알려졌다. "크리스티안 가르디노는 어릴 때 자신이 시력을 잃게 된다는 사실을 알았지만, 다행히 유전자 치료 덕분에 시력을 되찾았다. 그 사이 음악에 관심을 갖게 되었고 매혹됐다." 이 보도에는 《영원한 치유The Forever Fix》의 저자이기도 한 유전학자 리키 루이스Ricki Lewis의 짜증스러운 인터뷰가 나온다. "크리스티안이 무슨 감자튀김 주문하듯이 유전자 치료를 주문한 건 아닙니다."[1]

당연히 그런 일은 불가능하다. 크리스티안의 부모가 윌슨의 동료이자 같은 펜실베이니아 대학교에서 연구해 온 진 베넷이 유전자 치료를 개발했고 임상시험이 진행된다는 소식을 접했을 때 아이는 열두 살이었다. 그리고 예상을 훌쩍 뛰어 넘는 결과를 얻었다. 데이비드 돕스David Dobbs는 크리스티안이 겪은 변화를 다음과 같이 말했다. "가르디노는 볼 수 있게 되었다. 빛과 어둠, 강철과 유리, 움직이는 것과 움직이지 못하는 것 등 이전까지 생활에 방해가 되던 모든 것이 이제는 즐거움이 되었다. 세상이 눈앞에 펼쳐진 것이다."[2] 수백 만 명의 시청자도 가르디노가 방송에서 심사위원의 합격 신호인 '골든 버저'를 받는 모습을 보며 기쁨을 함께 느꼈다. 베넷은 가르디노가 이날 무대에서 모습이 안 보일 정도로 가득 흩날리는 색종이에 둘러싸인 장면을 자신의 강연에서 자랑스럽게 보여 주곤 한다.

베넷은 연구자로서의 커리어를 모두 레베르 흑암시 치료법을 찾는 연구에 바쳤다. 1980년대 초에는 프랜치 앤더슨의 연구실에서 일했는데, 당시 앤더슨은 베넷에게 "하버드 의과대학에 들어가서 앞으로 치료하고 싶은 질병에 관해 배우고 다시 연구실로 와서 해결 방법을 찾아보라"고 조언했다.[3] 베넷은 그 말을 따르기로 했다. 그리고 하버드에서 나중에 남편이 된 망막 수술 전문 외과의사 알 맥과

이어Al Maguire를 만났다. 1990년에 앤더슨이 실시한 역사적인 유전자 치료 시험에 깊은 인상을 받은 베넷은 맥과이어와 망막으로 유전자를 전달하는 방식에 관해 이야기를 나누었다. 하지만 해결해야 할 문제는 한두 가지가 아니었다. 그때는 알려진 유전자도 없고, 동물 모형도 없고, 병이 시작되고 소멸되는 자연적인 과정도 밝혀지지 않았으며 매개체, 수술 방법, 결과를 측정할 수 있는 방법도 없었다.

하지만 특유의 단순함이 베넷에게는 축복이 되었다. 1990년대 초 펜실베이니아 대학교로 자리를 옮긴 후, 베넷은 "망막은 아주 멋진 기관이니까 망막을 이용한 유전자 치료를 연구해 보면 재미있겠다"[4]고 생각했다. 당시에 윌슨과 동료들은 새로운 시설을 만들고 기존에 없던 매개체를 개발하던 중이었다. 눈은 '분열을 마친' 기관, 즉 분화가 다 끝난 기관이라 세포가 더 이상 분열하지 않으므로 전이 유전자가 전달되어도 농도가 감소하지 않는 특징이 있다. 또한 면역 반응이 촉발될 위험성도 매우 낮다. (그래서 눈은 '면역의 관점에서 특권을 가진 기관'으로 여겨진다. 혈액 장벽이 있고 림프계는 없어서 따로 격리된 작은 공간과 같다)[5] 유전자 치료 효과도 다양한 방법으로 시험해 볼 수 있고, 치료가 실시되지 않은 환자의 다른 쪽 눈만큼 이상적인 대조군은 없다.

1997년에 여러 종류의 레베르 흑암시 중 하나와 관련된 돌연변이 유전자가 발견되면서 흩어진 조각들이 마침내 하나로 모이기 시작했다. PRE65는 유전성 시력 상실과 관련된 수백 가지 돌연변이 유전자 중 하나다. 미국 인구 중 시력을 상실한 사람은 약 700만 명이고 그중 아동은 70만 명이지만, 미국 전체에서 레베르 흑암시 환자는 겨우 1,000명에 불과하다. 이 병을 해결하더라도 큰 통에 담긴 물에 한 방울이 더해지는 정도로 그치겠지만, 그럼에도 베넷은 치료법을 찾아 나섰다. 마침 펜실베이니아 수의과대학에서 동일한 돌연변이 유전자를 가진 여러 마리 개가 사육되고 있다는 사실을 알아냈다. 그리하여 랜슬롯이라는 양치기 개의 일종인 브리아르 종 개가 레베르 흑암시 치료법을 찾는 여정에 동참했다. 태어난 지 4년 된 랜슬롯은 시력을 잃은 상태였다. (베넷이 매개체로 사용한 바이러스가 마우스에서는 작용하지 않았으므로 랜슬롯이 꼭 필요했다)

사람과 마찬가지로 개에서도 문제의 돌연변이 유전자가 있으면 망막이 천천히 퇴행하는 특징이 나타난다. 그러므로 연구진은 치료 효과를 평가할 수 있는 시간을 벌 수 있었다. 맥과이어는 정상 RPE65 유전자가 포함된 AAV를 랜슬롯과 다른 개 두 마리의 망막에 주사했다. 몇 주 후 랜슬롯의 행동에 변화가 생겼다. 눈이 보이기 시작한 것이다. 수의과대학의 직원을 눈으로 보고 따라가기도 했다.[6] 유명인사가 된 랜슬롯은 미국 의회에도 초청받았다. 랜슬롯과 같은 어미에게서 태어난 개 귀네비어와 새끼도 많이 낳고, 나중에는 베넷의 가족이 되었다.

하지만 제시 젤싱거가 겪은 비극적인 사건으로 유전자 치료 분야 전체가 큰 타격을 입은 후라 이런 긍정적인 조짐도 큰 힘을 얻지는 못할 것 같았다. 그러나 2005년 7월, 필라델피아 아동병원의 캐서린 하이Katherine High가 베넷의 사무실로 찾아와 거부할 수 없는 제안을 했다. "우리 병원에서 임상시험을 해 보지 않겠어요?" 5개월 뒤, 베넷과 하이는 국립보건원의 재조합 DNA 자문위원회 회의에 참석했다. 이 자리에서 두 사람이 치료 대상으로 정한 환자는 아동이었고, 유전자 치료에서 문제가 된 과거 사례들로 논란이 일어날 수밖에 없었다. 하지만 베넷과 하이가 제시한 치료법을 환자의 부모가 지지하면서 상황은 반전됐다. 벳시 브린트Betsy Brint와 데이비드 브린트David Brint는 막내아들 앨런이 레베르 흑암시 환자이며 아이가 학교에 무사히 다녀오려면 총 12명이 도와야 하는 등 매일 얼마나 힘든 시간을 보내고 있는지 토로했다. 유전자 치료는 앨런이 기댈 수 있는 유일한 희망이고 이건 과도한 기대가 아닌 현실이라고 전했다. 자문위원회는 무기명 투표를 거쳐 임상시험을 승인했다.

제2형 레베르 흑암시 치료를 위한 1상 시험은 2007년 10월 나폴리에서 실시됐다. 프란체스카 시모넬리Francesca Simonelli의 지휘로 환자 12명이 치료를 받았다. 치료는 유전자 변형 바이러스를 망막 전문 외과의가 속눈썹 한 올과 비슷한 굵기의 삽입 관을 통해 망막에 전달하는 방식으로 실시되었다. 이 과정에서 망막에 국소 박리가 일어나지만, 시간이 지나면 대부분 정상으로 돌아온다.

맥과이어는 아내에게 초기 결과에 너무 많은 의미를 두지 말라고 경고했다. 그러나 한 가지 검사에서 희망을 걸 만한 결과가 나왔다. 바이러스 주입 후 한 달이 지났을 때 환자 한 명을 대상으로 빛에 따라 반사 반응이 나타나는 동공의 크기 변화를 측정한 결과였다. 당시 상황을 베넷은 이렇게 전했다. "망막이 제 기능을 하면 신호가 시신경을 통해 뇌로 전달되고, 다시 홍채를 조절하는 근육으로 신호가 돌아와서 수축이 일어납니다. 동공을 마음대로 수축할 수 있는 사람은 아무도 없어요. 그러므로 너무나 분명한 결과였죠. 기쁜 마음을 감출 수가 없었습니다."[7] 베넷은 동공 크기 검사가 큰 골칫거리가 된 것도 사실이라고 전했다. 동공의 지름을 측정하고, 측정이 끝나고 나면 식탁에 스프레드시트를 잔뜩 펼쳐 놓고 분석하는 데 몇 시간씩 소요되곤 했다. 검사가 처음 실시된 환자 3명에게서 뚜렷한 결과가 확인됐다. 〈뉴잉글랜드 의학저널〉에 게재될 정도로 유효성이 검증된 결과였다.[8]

코리 하스Corey Haas는 베넷이 치료한 최연소 환자였다. 2008년에 처음 만났을 때 코리는 부모님 손을 잡고 지팡이에 기대어 걸었다. 치료를 실시한 후, 베넷은 자신의 집 지하실에서 골라온 갖가지 물건들을 장애물로 배치한 길을 만들고 코리에게 지나가 보라고 했다. 치료한 눈을 가리면 장애물에 계속 부딪혔지만, 안대를 다른 쪽 눈으로 바꿔 씌우자 문제없이 장애물을 피해 걸었다. 이 모습이 담긴 영상은 의학계 여러 학술회의에서도 공개됐다. 얼마 지나지 않아 코리는 여느 건강한 아홉 살 아이들처럼 자전거도 타고 비디오게임도 즐기고 야구도 할 수 있게 되었다. 또 다른 환자는 이제껏 볼 수 없었던 달과 별, 자신의 얼굴을 갑자기 볼 수 있게 되었다. ("맘마미아!" 베넷과 함께 지내던 이탈리아인 환자는 태어나 처음으로 자신의 모습을 거울에 비춰보고 이렇게 울부짖었다고 한다) 환자의 부모들은 어서 다른 쪽 눈에도 주사를 놓아 달라고 강력히 요구했다.

실험동물이 부족해지자 베넷은 수의안과학자 크리스티나 나프스트롬Kristina Narfstrom의 연구실에 1만 달러를 기부하고 돌연변이 유전자가 있는 개들을 새로 마련해 달라고 요청했다. 베넷은 그중 비너스와 머큐리를 식구로 맞았다. 이 두 마리 개를 대상으로 실험한 결과 양쪽 눈을 모두 치료하면 면역 반응이 발생할 위험이 약간 있는 것으로 나타났지만, 베넷과 맥과이어는 이 결과를 토대로 3상 시험에서 환자의 양쪽 눈을 모두 치료해도 된다는 허가를 받았다. 12개월 후에는 임상시험에 대조군으로 참가한 환자들도 약물 치료를 받을 수 있게 되었다. 치료 후 1년이 경과했을 때 나온 결과는 모든 면에서 첫 환자군에서 확인된 것만큼 긍정적이었다.[9]

하이는 2013년에 스파크 테라퓨틱스Spark Therapeutics 사를 공동 설립하고 베넷과 맥과이어가 보유한 특허권의 라이선스를 취득했다. 4년 뒤 FDA 자문위원회는 무기명으로 럭스터나Luxturna로 명명된 치료제의 승인을 권고하기로 결정했다. FDA가 최초로 승인한 생체 내 유전자 치료제는* 그로부터 4개월 뒤에 나왔다. 노바티스 사가 급성 림프모구 백혈병 치료제로 개발한 CAR-T 세포 치료제 킴리아Kymriah였다. 럭스터나는 2018년 3월에 보스턴과 마이애미, 로스앤젤레스의 여러 병원에서 처방약으로 처음 투여됐다. 한쪽 눈을 치료하는 데 드는 비용이 무려 42만 5,000달러에 이른 만큼 대형 제약사들이 스파크 테라퓨틱스에 구애의 손짓을 한 것도 당연한 수순이었다. 결국 로슈Roche가 43억 달러에 스파크를 인수했다.

2018년 학회 기조 강연에 나온 베넷은 발표를 마무리할 무렵 한 가지 소식을 전하면서 사람들의 관심을 모았다. 유전자 치료 분야의 아버지로 불리는 프렌치 앤더슨으로부터 얼마 전 전화가 걸려 왔다

---

* 유전자 치료는 '생체 내' 치료와 '생체 외' 치료로 나눌 수 있다. 생체 내 치료란 환자의 체내로 치료제를 직접 투여하는 방식이고 생체 외 치료는 몸에서 세포를 채취해서 실험적으로 처리한 뒤 다시 환자의 몸에 투여하는 방식이다.

는 이야기였다. 앤더슨은 연구실 선임 관리자의 십대 딸을 성추행한 혐의로 14년 형을 받고 12년간 감옥에 있다가 가석방으로 막 풀려났다.[10] 베넷은 "무죄를 말해 주는 증거가 아주 많다"고 주장하면서, 앤더슨이 거의 30년 전 유전자 치료가 처음 발돋움할 때 자신도 한몫을 한 만큼 이 분야 연구를 다시 시작하고 싶어 한다고 말했다. 그리고 이렇게 전했다. "여러분도 복귀를 환영했으면 합니다."

이 요청은 뜻대로 될 가능성이 희박했지만, 베넷이 개척한 치료는 확고히 뿌리를 내렸다. 레베르 흑암시 임상시험 후 수백 명의 안질환 환자가 유전자 치료를 받았다. 베넷은 자신이 구축한 치료 모형이 카를 스타가르트Karl Stargardt, 프리드리히 베스트Friedrich Best, 찰스 어셔Charles Usher 같은 저명한 안과 전문의의 이름이 붙은 스타가르트병, 베스트병, 어셔 증후군 등 시력 상실을 초래할 수 있는 다른 안질환 치료법의 개발에도 도움이 되기를 희망했다. 베넷과 맥과이어는 새로 설립한 '망막·안질환 치료센터(영문명을 줄이면 CAROT)'에서 연구 활동을 이어 가고 있다.

럭스터나는 수많은 난제를 해결하고 최종 승인을 받은 첫 번째 유전자 치료제가 아니다. 맨 처음 승인 받은 치료제는 글리베라Glybera다. 글리베라는 지질단백 지질분해효소 결핍으로 인해 혈류가 뻑뻑한 크림 같은 상태가 되는 매우 희귀한 질환의 치료제로 개발되어 유럽에서 승인 받았다. 유니큐어UniQure가 제조한 이 치료제는 "세계에서 가장 비싼 약"이라는 불명예스러운 타이틀을 얻었다. 유럽 시장에 무려 150만 달러로 출시된 이 치료제의 가격을 감당할 수 있는 사람은 없었다. 결국 글리베라는 베를린에서 딱 한 명의 환자에게 투여된 것을 끝으로 시장에서 사라졌다.

　그러나 중증 합병성 면역결핍장애 치료제로 개발된 스트림벨리스Strimvelis와 척수성 근 위축증 치료제인 졸겐스마Zolgensma는 CAR-T 세포 면역요법제(킴리아, 예스카타[Yescarta])와 함께 큰 성공을 거두고 유전자 치료와 세포 치료의 새 시대를 열었다. 2020년 초까지 FDA에 등록된 유전자 치료제는 900가지가 넘는다. UC 버클리의 데이비드 셰퍼는 이 상황을 아주 적절히 표현했다. "20년의 세월을 지나, 유전자 치료는 하룻밤 사이 큰 성공을 거두었다."[11]

2017년 말, 나는 크리스퍼 기술에 관한 연구만 집중적으로 다룰 새로운 학술지 창간호에 실을 글을 쓰기 위해 흑인 환자들을 위한 시민운동을 벌여 온 샤키르 캐논Shakir Cannon과 만나 보기로 했다.* 내가 전해 듣기로 캐논은 버클리에서 개최된 첫 번째 크리스퍼 학회에서 겸상 세포 질환을 앓는 환자로서 겪은 고충을 말하고, 크리스퍼가 언젠가 완치가 아니더라도 병을 효과적으로 치료할 수 있는 기술로 입증되기를 바란다고 말했다. "고통이 없는 날은 모두 좋은 날"이 캐논의 개인적 모토였다. 만나고 싶다는 내 요청에 그는 "감사하는 마음"이라는 서명이 붙은 이메일로 그러자는 답변을 보내 왔다. 하지만 몇 주 뒤로 잡힌 인터뷰 일정을 재확인하고자 다시 연락했을

---

*　〈크리스퍼 저널〉은 2018년 메이랜리버트 출판사가 처음 발행했다. 편집장은 로돌프 바랑고우가 맡았다.

때는 내가 보낸 이메일이 읽지 않음 상태로 계속 남아 있었다.

그러다 끔찍한 소식을 들었다. 그가 2017년 12월 5일에 폐렴으로 겨우 서른네 살의 젊은 생을 마감했다는 것이다. 캐논은 미국에서 10만 명으로 추정되는 겸상 세포 질환 환자 중 한 명이었다. 전세계 환자 수는 2,000만 명으로 추정된다. 환자는 주로 아프리카와 아시아 일부 지역에 분포하고 베타글로빈 유전자의 돌연변이가 원인인 베타 지중해 빈혈과 더불어 지구상에서 가장 많이 발생하는 유전질환으로 꼽힌다. 매년 30만 명의 아기가 겸상 세포 질환을 갖고 태어난다.

겸상 세포 질환은 양친으로부터 결함 유전자를 물려받을 때 생기는 열성 유전질환이다. 우리 몸에 산소를 운반하는 단백질인 헤모글로빈은 총 4개의 펩타이드 사슬로 이루어진다. 두 개는 알파 사슬, 두 개는 베타 사슬이다. 베타글로빈 유전자의 염기 중 T 하나가 A로 바뀌는 아주 작은 돌연변이가 일어나면 기형 단백질이 만들어져 한 덩어리가 된다. 이로 인해 원래는 양면이 오목하고 유연한 적혈구 세포가 딱딱한 낫 모양이 된다. 이 비정상적인 적혈구는 쉽게 뭉쳐져서 혈류의 흐름을 차단한다. 아프리카에서 이러한 겸상 세포 질환은 아후투투오Ahututuo, 츠웨치츠웨Chwecheechwe, 누이두두이 Nuidudui, 느위위Nwiiwii 등 다양한 이름으로 불린다. '얻어맞다', '몸을 물어뜯는 병', '몸을 잘근잘근 씹는 병'이라는 의미로 해석되는 표현이다. 성인 환자의 약 30퍼센트가 매일 온몸의 기운을 다 빼놓는 통증을 겪고, 일부 경우에는 처방약으로 받을 수 있는 진통제를 잔뜩 복용해야 한다. "차 문에 손가락을 찧었을 때 느끼는 통증이 몇 초가 아닌 몇 주간 지속되는 것과 같다." 한 환자는 이렇게 묘사했다.

짧게 끝나 버린 샤키르의 생애도 다르지 않았다. 세 살 때 뇌졸중이 찾아왔고, 수년간 물리치료를 받으며 겨우겨우 견뎠다. 한 달에 한 번은 학교에 못 가고 혈액 투석을 받았다. 매일 밤 데스페랄Desferal이라는 약을 피하주사로 투여 받았다. 약을 수월하게 투약하기 위해 가슴에는 중심정맥 포트를 이식 받았다(학창시절 같은 반 아이들은 이것을 보고 젖꼭지가 세 개냐고 놀렸다). 키가 충분히 자라지 않아 성장호르몬 주사도 맞았다. 친구와 농구 경기를 보러 갔다가 갑자기 통증이 몰아쳐서 숨을 거의 쉬지 못하고 말도 못하는 상태가 된 적도 있다. 부모님이 다급히 올버니 의료센터 응급실로 데려갔고 일주일간 입원 치료를 받았다.[12] 이렇게 살면서도 샤키르는 '정밀의학을 위한 소수자 연맹'을 공동 창립하고 오바마 정부의 백악관 초청에 응했다.[13]

미국에서는 겸상 세포 질환 환자의 평균 수명이 약 40세지만, 아프리카에서는 아동 환자 대부분이 열 살이 되기도 전에 세상을 떠난다. 이토록 치명적인 병이 만연하는 이유는 무엇일까? 겸상 세포 질환의 보인자(베타글로빈 유전자 중 하나는 돌연변이, 하나는 정상인 사람)는 아프리카에서 매년 50만 명의 목숨을 앗아가는 말라리아에 선천적인 저항성이 나타난다. '이형접합성의 이점'이라 할 수 있는 이러한 특징은 몸에 백신을 갖고 태어난 것처럼 생명을 보존하는 선택적 장점으로 작용한다. 이것이 말라리아가 횡행하는 지역에서 겸상 세포 질환을 유발하는 유전자가 계속해서 다수에 남게 된 이유다.

"인체에서 세포가 가장 많은 곳은 혈액이다. 따라서 생물이 피를 먹이로 삼는 것도 놀라운 일이 아니다." 호주 뉴사우스웨일스 대학교의 유전학자 멀린 크로슬리Merlin Crossley의 말이다. 지구에서 사람이 살고 있는 거의 모든 지역에 약 100조 마리에 달하는 모기가 서식한다. 그러나 이 중에 병을 퍼뜨리는 종류는 일부에 불과하며, 병을 옮기는 종류 중에서도 암컷 모기만 사람의 피를 먹는다. 크로슬리가 이야기한 피를 먹이로 삼는 생물 중에서 말라리아의 원인인 열대열원충Plasmodium falciparum 같은 기생충을 옮기는 것은 주로 감비아학질모기Anopheles gambiae다.

최근에는 겸상 세포 돌연변이가 지금으로부터 약 7,300년 전 아프리카에 우기가 찾아온 시기에 서아프리카의 신생아에게서 처음 등장했다는 분석 결과가 발표됐다.[14] 아무도 몰랐겠지만, 이 아기는 말라리아에 걸리지 않는 엄청난 이점을 갖고 있었고, 덕분에 생식 활동이 가능한 나이까지 살았을 가능성이 매우 높다. 이 아이가 어른이 되어 자녀에게 같은 형질을 물려 줄 확률은 50:50이다. 그때부터 지금까지 대략 250세대가 지나는 동안 이 단일 돌연변이는 말라리아가 번진 아프리카와 지중해 지역, 아시아를 중심으로 전 세계에 확산됐다.* 현재 전 세계 인구의 5퍼센트가 이러한 겸상 세포 질환의 형질을 가졌거나 베타글로빈 유전자에 다른 돌연변이가 있는 것으로 추정된다.

겸상 세포 질환은 현재까지 알려진 총 6,000여 종 이상의 유전질환을 통틀어 가장 많은 특징이 밝혀진 병으로 꼽힌다. 이 병을 처음

---

*   겸상 세포 질환의 원인 돌연변이가 각기 다른 인구군에서 총 네 차례 각각 자연발생적으로 생겨났다는 증거가 상당수 확보됐다.

보고한 사람은 1910년에 시카고에서 의사로 활동하던 제임스 헤릭 James Herrick이다.[15] 헤릭은 "지적 능력을 갖춘 20대 흑인"으로부터 채취한 혈액 검체에서 "기이한" 세포를 발견했다고 보고했다. 그가 언급한 환자는 그레나다 출신의 치의학 전공생 월터 노엘Walter Noel이다. 이후 사례 보고가 이어졌고 같은 부모에게서 태어난 형제 중에 여러 명이 환자인 경우가 많아 유전질환일 것으로 추정됐다. 1947년 〈미국 의학협회지〉에는 편집부가 작성한 충격적인 글이 실렸다.

> 겸상 세포 빈혈에서 나타나는 가장 중요한 특징은 적혈구가 특이한 기형을 띤다는 점이 아니라, 현재까지 알려진 질병 중에서는 유일하게 한 인종에 국한되어 발생하는 병이라는 점이다. (……) (겸상 세포 질환은) 지리적 요소나 관습, 습관과 무관하다. 비율은 극히 낮지만, 전적으로 흑인의 혈액에서만 발견된다.[16]

2년 뒤 노벨상 수상자인 라이너스 폴링은 겸상 세포 질환 환자의 적혈구 세포에서 추출한 단백질을 건강한 사람의 검체와 함께 분석했다. 그 결과 젤에서 이동하는 속도가 다른 것으로 볼 때 환자의 헤모글로빈 분자HbS에 양전하 단위가 두 개 더 있을 것으로 추정된다고 밝혔다(정확한 내용이다). 폴링은 그러므로 겸상 세포 질환이 "헤모글로빈 분자로 인한 질환"이라는 의견을 제시했다. 최초로 밝혀진 분자 질환이었다. 이후 남아프리카 공화국의 의과학자 앤소니 앨리슨Anthony Allison을 통해 겸상 세포 질환의 보인자가 말라리아의 원인 기생충에 저항성을 갖는다는 사실이 밝혀지면서 폴링의 예측은 사

실로 입증됐다.[17]

버논 잉그램Vernon Ingram*은 제2차 세계대전이 발발하기 1년 전, 십대 시절에 미국으로 이주한 독일인이다. 1957년에 잉그램은 글로빈 단백질을 구성하는 사슬의 아미노산 서열을 분석하고, 폴링이 예측한 겸상 세포 질환을 일으키는 분자 수준의 원인을 찾아냈다. 즉 베타글로빈 사슬의 아미노산 하나가 바뀌는 것(글루탐산이 발린으로)이 병의 원인임을 밝혔다. 이 혁신적인 연구 결과가 나온 곳은 4년 전 크릭과 왓슨이 이중나선 구조를 밝힌 케임브리지의 캐번디시 연구소였다. 잉그램이 쓰던 연구실은 나중에 자전거 보관소가 되었다.[18] 10년 뒤 마키오 무라야마Makio Murayama가 글루탐산이 발린으로 바뀌면 단백질의 표면이 소수성이 되고 이로 인해 사슬이 서로 엉켜 딱딱한 중합체가 형성된다는 사실을 알아냈다.

DNA 염기서열 분석 기술은 20년이 더 지난 후에 개발됐지만, 역시나 캐번디시에서 활동하던 생화학자 프레드 생어가 자신의 이름이 붙은 염기서열 분석법을 개발하고 이 기술로 노벨상을 수상하자 자연히 돌연변이가 있는 HbS 유전자의 염기서열 분석도 시작됐다. 1977년에 문제의 돌연변이 유전자의 염기서열이 밝혀지고 1년 뒤 유엣 칸Yuet Kan과 앙드레 도지Andrée Dozy가 베타글로빈 유전자와 가까운 곳에 자리한 다형 DNA 표지를 이용하여 겸상 세포 질환 가족력이 있는 여성이 임신했을 때 태아의 유전자를 검사하는 진단법을 보고했다.

---

* 잉그램의 원래 이름은 베르너 아돌프 마틴 임머바르Werner Adolf Martin Immerwahr다.

겸상 세포 질환이 발생하는 분자 수준의 원인이 밝혀진 지 60년이 넘었지만, 치료법은 여전히 뚜렷하지 않고, 치유의 꿈은 지금도 신기루와 같다. 그런데 이런 상황이 달라질 조짐이 나타났다. 2019년 샌프란시스코 베이 지역의 '글로벌 블러드 테라퓨틱스Global Blood Therapeutics'라는 생명공학 회사가 FDA로부터 치료제 복셀로토르 voxelotor의 승인을 받았다. 돌연변이 유전자로 만들어진 헤모글로빈에 결합하여 산소 친화력을 높이는 효과가 있는 것으로 확인된 치료제다. 그러나 이 약으로 환자들이 겪는 극심한 통증을 크게 줄일 수 있는지 확인하는 연구가 추가로 진행되어야 한다.

겸상 세포 질환과 베타 지중해 빈혈의 유전자 치료법을 찾고자 하는 생명공학 회사는 몇 군데가 있다. 베타 지중해 빈혈의 경우 체내에서 베타글로빈이 전혀 생산되지 않는 환자가 많으므로 유전자 치료법은 크게 두 가지 전략으로 나뉜다. 가장 단순한 방법은 결함 유전자를 건강한 베타글로빈 유전자로 대체하는 것이다. 2017년, 28세 흑인 여성 제넬 스티븐슨Jennelle Stephenson은 크리스마스 바로 다음 날 대규모 임상시험이 시작될 국립보건원 임상센터에 도착했다. 통증의 강도를 1부터 10까지 척도로 알려달라는 질문에 스티븐슨은 10 이상이라고 답했다. 어깨와 허리, 팔꿈치, 팔, 광대뼈까지 온몸이 날카롭게 찌르는 듯한 통증에 시달렸다.[19] 병원 응급실에서 쓰러졌다가 병원 직원으로부터 마약성 진통제를 얻으려고 쇼를 벌인 것 아니냐는 의심을 받기도 했다.

존 티스데일John Tisdale이 이끄는 연구 팀은 스티븐슨의 줄기세포를 채취하고 정제한 후 정상 베타글로빈 유전자를 삽입했다. 정상 유전자를 세포에 전달하는 과정에는 켄들 스퀘어에 있는 블루버드 바이오Bluebird Bio 사가 협력했다. 매개체는 변형된 렌티바이러스가 활용됐다. 면역기능을 약화시키는 화학요법이 실시된 후, 변형된 줄기세포가 다시 스티븐슨에게 투여됐다. (블루버드 바이오가 치료한 첫 번째 겸상 세포 질환 환자는 십대의 프랑스인 환자였고 이 회사의 '렌티글로빈'으로 3년 전에 치료받았다)[20]

몇 개월 후 티스데일은 스티븐슨의 혈액을 확대해 비교 분석했다. 전에는 생물학 교과서에 실린 사진처럼 또렷한 낫 모양의 세포가 나타났는데, 새로 채취한 분석 검체는 아무리 꼼꼼하게 들여다봐도 그런 세포가 보이지 않았다. "정상 혈액과 같다." 티스데일이 말했다. 이제 스티븐슨은 달리기를 하고 수영, 유도도 즐길 수 있다. 난생처음 엔도르핀이 솟구치는 기분도 느꼈다. 국립보건원 원장인 프랜시스 콜린스는 젊은 의학도였던 1970년대에 겸상 세포 질환 환자와 만났을 때부터 혈액 질환의 유전학적 특징에 깊은 관심을 기울였다. 그는 〈60분〉 프로그램과의 인터뷰에서 말했다. "조심스러운 이야기이나, 제가 보기에 이 기술은 모든 면에서 치료법이라 할 수 있습니다."[21]

그 밖에도 몇 가지 다른 전략이 겸상 세포 질환 치료법으로 개발되어 현재 시험이 진행되고 있다. 글로빈 단백질의 생산을 조절하는 스위치의 기능을 조작하는 것도 그중 한 가지다. 임신하면 태아의 몸에서 특수한 종류의 헤모글로빈이 만들어진다. 태아 혈색소HbF라는 아주 적절한 이름의 이 헤모글로빈은 성인의 헤모글로빈보다 산소 친화도가 높아서 모체의 혈류에서 산소를 수월하게 끌어 올 수 있다. HbF 역시 4개의 글로빈 사슬로 구성된다. 한 쌍은 성인의 헤모글로빈에도 있는 알파 사슬이고, 나머지 두 개는 감마 사슬이다. 출생 후 며칠이 지나면 감마글로빈의 생산이 중단되고 그 자리는 베타글로빈으로 대체된다. 그러므로 겸상 세포 질환과 베타 지중해 빈혈 환자의 몸에서 태아 혈색소가 만들어지는 유전자를 다시 활성화할 수 있다면 좋은 효과를 기대할 수 있다. 그러려면 활성을 바꿀 스위치를 찾아야 한다.

브루클린에서 소아과 전문의로 활동하던 자넷 왓슨Janet Watson은 1948년에 실시한 연구에서 겸상 세포를 앓는 "흑인 신생아" 200명을 조사해 본 결과 나이가 더 많은 환자들보다 겸상 세포의 수가 적었다고 밝혔다. 그리고 다음과 같은 결론을 내렸다. "그러므로 태아 혈색소에는 성인의 헤모글로빈에서 나타나는 겸상 세포의 특성이 나타나지 않는 것으로 보인다."[22] 1950년대에 리처드 페린Richard Perrine이라는 의사는 사우디아라비아의 석유회사 아람코Aramco에 다니는 겸상 세포 환자 중에 빈혈의 강도가 낮고 통증도 경미한 수준에 그치는 경우가 있다는 사실을 깨달았다.[23] 그 역시 환자의 체내에서 태아 혈색소 농도가 증가한 것이 병의 영향이 약화된 이유로 보인다는 추정을 내놓았다. 수십 년 뒤에 콜린스는 '태아 혈색소의 유전성 지속 현상'으로 불리는 양성 유전질환을 연구하기 시작했다. 이름에서 알 수 있듯이 태아의 몸에서 만들어지는 글로빈이 출생 후 성인이 되어도 계속 만들어지는 신기한 현상이다. 콜린스는 이러한 현상이 나타나는 환자가 염색체에서 감마글로빈 유전자가 시작되는 위치, 즉 상류라고 표현하는 유전자의 바로 앞부분에 한 쌍의 돌연변이가 있다는 사실을 알아냈다. 감마글로빈 유전자의 활성을 차단하는 신호를 조절하는 스위치가 어디에 있는지 찾아낸 것이다. 이 차단 신호가 제대로 만들어지지 않으면 감마글로빈이 계속 생산된다. 베타 지중해 빈혈과 겸상 세포 질환 환자에게는 이것이 구명 밧줄이 될 수 있다.

감마글로빈 스위치가 작동하는 유전학적 회로를 찾기까지는 20년 넘게 걸렸다. 2008년에 비제이 산카란Vijay Sankaran, 스튜어트 오킨Stuart Orkin이 포함된 보스턴 아동병원의 연구진은 태아 혈색소의 농도가 높아지는 현상과 관련된 유전자 변이를 찾기 위해 유전체 전체의 연관 분석을 실시했다. 이 분석에서 나온 가장 큰 성과 중 하나는 BCL11A라는 아연 손가락 전사 인자가 DNA에서 20년 전 콜린스가 찾아낸 부분에 결합되어 태아 혈색소의 생산을 중단시키는 '태아의 체내 스위치'로 작용한다는 사실이다. 산카란과 오킨은 BCL11A가 훌륭한 치료제 표적이 될 수 있다고 보고, "환자의 체내에서 BCL11A의 작용을 약화시키면 태아 혈색소가 증가하고, 이는 베타 글로빈과 관련된 주요 질환 개선에 도움이 될 수 있다"고 밝혔다.[24]

BCL11A의 작용은 어떻게 억제할 수 있을까? 유전자가 발현되지 않도록 하는 것이 가장 간단한 방법이지만, 그럴 수는 없다. BCL11A는 감마글로빈 외에 다른 수많은 유전자의 발현을 조절하고, 그중 뇌에서 발현되는 유전자도 포함되어 있기 때문이다. 가령 자폐 스펙트럼 환자는 BCL11A 유전자에 선천적 돌연변이가 나타난다. 오킨과 산카라는 다른 전략을 떠올렸다. BCL11A의 활성을 강화하는 핵심 조절 요소를 찾은 것이다. 이 요소가 제 기능을 못 하면 적혈구 세포의 전구체에서만 BCL11A의 활성이 사라진다. 오킨의 연구진은 이 요소가 암호화된 염기서열을 조작하여 적혈구로 발달하게 될 세포에서만 BCL11A의 발현을 선택적으로 차단하는 데 성공했다. 이렇게 하면 태아 혈색소의 생산을 차단하는 브레이크가 사라지고 겸상 글로빈의 생산량도 자연적으로 줄어든다.

2018년 5월에 '매니'로도 불리던 스물한 살 에마뉘엘 존슨 주니어Emmanuel Johnson Jr.는 다나 파버 암 연구소에서 오킨의 동료 데이비드 윌리엄스David Williams와 에리카 에스릭Erica Esrick이 이끈 임상시험에 첫 번째 겸상 세포 질환 환자로 참여했다. 연구진은 매니의 혈액에서 줄기세포를 분리하고 변형된 렌티바이러스를 이용하여 적혈구가 될 조혈모세포에서만 BCL11A의 발현을 억제하는 스위치가 자동으로 켜지도록 조작했다. 이 과정에서 윌리엄스 연구진은 노벨상을 받은 RNA 간섭 기술을 활용했다. 교체된 세포가 환자의 몸에 정착할 수 있도록 화학요법을 실시한 후, 연구진은 변형된 세포를 다시 매니의 정맥에 투여했다. 새로운 세포가 골수에 자리를 잡으면 건강한 적혈구가 생산된다.

매니는 17년간 매달 혈액투석을 받으며 살았다. 네 살 때는 뇌졸중도 겪었다. 그는 이 치료법이 자신은 물론이고 같은 병을 앓고 있는 남동생 에이든에게도 도움이 되기를 바란다고 말했다. "제가 이 임상시험에 참여한 이유는, 지금까지 제가 받아야 했던 그 모든 치료를 동생이 받을 필요가 없게 되길 바라기 때문입니다." 6개월 뒤 윌리엄스는 치료 전후 혈액을 확대한 사진을 매니에게 보여 주었다. 치료 후 사진에는 건강한 둥근 모양의 혈구가 나타났다. "와, 이런 상태는 한 번도 본 적이 없어요. 환상적인데요."[25] 매니는 말했다. 치료 후 매니는 9개월간 혈액투석을 받지 않아도 되는 상태가 유지됐다. 윌리엄스는 다른 환자들에서도 비슷한 결과가 나오기를 바란다. 슈퍼볼 경기를 관람하고 곧바로 화학요법을 시작한 스물여섯 살 환자 브루넬 에티엔 주니어Brunel Etienne Jr.도 그중 한 명이다. 브루넬이 관람한 경기의 티켓은 친척 중에 겸상 세포 질환 환자가 있다는 뉴잉글랜드 패트리어츠 팀의 스타 선수 데빈 맥코티Devin McCourty가 선물했다.

보스턴, 스탠퍼드, 국립보건원까지 여러 의학센터에서 이처럼 초기 성공 사례가 속속 생긴 것은 분명 기쁜 일이지만, 겸상 세포 질환의 영향이 가장 혹독하게 나타나는 아프리카에서 고통 받는 수백만 명의 환자들에게는 너무나 먼 이야기다. 국립보건원과 게이츠 재단은 2019년 10월에 아프리카 환자들이 이용할 수 있는 치료법을 마련하기 위해 향후 4년간 2억 달러 규모의 사업을 진행할 것이라고 발표했다. 콜린스는 "고소득 국가의 환자들뿐만 아니라, 사는 곳과 상관없이 누구나 치료 받을 기회를 만드는 것"이 목표라고 전했다. 그리고 "이것은 대담한 목표입니다."라는 말로 쉽지 않은 일임을 인정했다.[26]

✀❧✀

샤니 코헨Shani Cohen은 대학교 졸업반일 때 첫 아이를 출산했다. 예뿐 딸이었고 엘리아나라는 이름을 지어 주었다(히브리어로 '신이 응답하셨다'라는 뜻이다). 딸이 생후 8개월쯤 됐을 때 샤니는 엘리아나가 또래의 아기들과 달리 아기침대를 붙잡고 일어서지 못한다는 사실을 알아챘다. 엘리아나는 제2형 척수성 근 위축증이라는 진단을 받았다. '축 늘어지는 아기'로도 불리는 이 병은 SMN이라는 유전자의 돌연변이가 원인이다. 샤니는 절망했다. 그나마 제2형이면 가장 심각한 유형이 아니라는 사실이 유일한 위안이 되었다. 척수성 근 위축증 환자는 운동 신경이 소실되어 몸이 마비되고 호흡 부전으로 사망하는 경우가 많다. 상당수 환자가 첫돌도 맞지 못한다. "루게릭병(근위축성 측삭경화증)이 아기에게 생긴 것으로 생각하면 됩니다." 당시 아벡시스^{AveXis} 사의 CEO였던 션 놀란^{Sean Nolan}의 설명이다.[27]

제리 멘델^{Jerry Mendell}은 20년간 끈질기게 노력한 끝에 척수성 근 위축증과 다른 형태의 근 위축증을 성공적으로 치료하는 방법을 마침내 찾아냈다. 제시 젤싱거가 겪은 비극적인 사건 후, 멘델은 오하이오 주 콜럼버스의 전국아동병원에서 연구진을 꾸리고 새로운 매개체로 활용할 아데노 연관 바이러스 연구에 착수했다. 2008년 멘델의 동료 브라이언 카스파^{Brian Kaspar}는 마우스 실험에서 혈관-뇌 장벽을 통과하는 AAV9 바이러스를 새로 만들어 냈다고 발표했다.[28] 원숭이 연구에서 더욱 긍정적인 결과가 잇따라 확인됐고, 멘델은 임상시험을 시작할 때가 왔다고 판단했지만, 위험을 감수하려는 제약회사는 없었다. 카스파는 직접 '바이오라이프^{BioLife}'라는 회사를 공동 설립하고(나중에 아벡시스로 명칭이 변경된 곳) 멘델이 개발한 척수성 근 위축증 치료법의 라이선스를 취득했다. 그러나 전문가들은 병의 영향이 발생한 인체 모든 조직에 AAV를 과량으로 전달해야 하고 횡격막, 심장도 대상 조직에 포함되어 있다는 점에 우려를 나타냈다. "그러다 사람이 죽을 수도 있습니다. 제시 젤싱거에게 생긴 일이 또 일어날 수 있어요." 이렇게 경고한 사람도 있었다. 하지만 멘델은 멈출 생각이 없었다. "아이들이 병으로 죽어 나가는 것을 더는 못 보겠다"는 이유 때문이었다.

멘델의 임상시험은 2014년에 열다섯 명의 아이들을 대상으로 시작됐다. 치료를 시작하고 몇 주 지나지 않아 첫 번째 환자에서 간 효소 수치가 급증했다. 반갑지 않은 이 변화는 염증이 생겼거나 간이 손상됐음을 알리는 징후였다. 멘델은 FDA와 협의한 끝에 임상시험 계획을 변경하고, 유전자 치료를 실시하기 전 환자에게 스테로이드를 투여했다. 그러자 대부분의 합병증이 사라졌다. 2017년에는 임상시험에 참가한 모든 환자에게서 SMN 단백질의 농도가 상승하여 운동 기능이 급속히 향상됐다는 결과가 나왔다.[29] 이제 대부분의 아이들은 다른 도움 없이 혼자 앉을 수 있다. 전례를 찾기 힘든 놀라운 결과다. "과학 실험의 하나라고 여겨지던 유전자 치료는 이제 현실이 되고 있습니다." 척추성 근 위축증에 걸린 아이가 스파이더맨이 커다랗게 그려진 책가방을 메고 아무런 도움 없이 혼자 병원 밖으로 나가는 모습이 담긴 영상에서 나오는 놀란의 설명이다. 멘델이 치료한 첫 환자 중 한 명인 에블린 비야레알Evelyn Villarreal은 이 치료법이 나오기 전에 여동생 조세핀을 잃었다. 세 살이 된 에블린은 미 의회 상원의원들과 직원들 앞에서 춤도 추고 팔굽혀펴기도 거뜬히 해내 시선을 사로잡았다.

이것이 얼마나 매력적인 성공 사례인지는 2018년 스위스의 대형 제약업체 노바티스가 87억 달러에 아벡시스를 인수한 것으로도 분명히 입증됐다. 졸겐스마Zolgensma는 2019년 5월 FDA 승인을 받은 두 번째 유전자 치료제가 되었다. 과연 노바티스는 졸겐스마의 1회 치료비를 얼마로 책정할 것인지 관심이 집중됐다. CEO 바스 나라시만Vas Narasimhan은 최대 500만 달러가 될 수도 있다는 정보를 슬쩍 흘린 적도 있다. 그러므로 "책임감을 고려하여" 최종 확정된 표시 가격 210만 달러는 예상된 가격에 비하면 상당한 절충안이었다고 볼 수 있다. 하지만 이 가격으로 졸겐스마는 역사상 나온 치료제를 통틀어 '세계에서 가장 비싼 약'이라는 썩 달갑지 않은 타이틀을 얻었다. 척수성 근 위축증과 관련된 업계 정보를 제공하는 신문도 다음과 같이 보도한 것을 보면 엄청난 가격에 놀란 건 마찬가지인 것 같다. "졸겐스마를 60분간 정맥에 투여 받으려면 212만 5,000달러가 드는데, 이 돈이면 파리 시내에서 에펠탑이 보이는 2,000제곱피트 면적의 아파트를 한 채 얻고 현재까지 나온 자동차 중에 가장 빠른 편인 2019년형 최신 애스턴 마틴 원-77 한 대나 개인 전용기로 쓸 사이러스 비전 SF50 한 대를 사고도 남는다."[30] 노바티스는 환자가 내야 하는 약값을 5년간 나누어 낼 수 있도록 하고, 환자가 사망하는 등 일부 특정한 경우에는 비용을 환불해 주는 정책을 마련할 예정이라고 한다.

상상을 초월하는 가격이지만, 대부분의 전문가는 마땅하다고 생각한다. 치료제 가격을 평가하는 임상경제검토 연구소가 정한 지침을 준수했고, 5년에서 10년까지 이어질 수 있는 치료 기간을 감안할 때 총 비용은 경쟁 제품인 바이오젠Biogen의 스핀라자Spinraza보다 저럼할 수 있다는 이유에서다. 노바티스는 5억 5,000만 달러로 추정되는 치료제 개발 비용은 물론 아벡시스 인수에 들인 수십 억 달러의 비용을 회수할 수 있는 수준으로 가격을 정했다. 미국의 척수성 근위축증 환자는 1만 명에서 2만 명이지만 졸겐스마 치료가 승인된 2세 미만 환자는 700여 명에 불과하다.

환자들은 치료제가 허가받은 것이 값으로 매길 수 없을 만큼 기쁜 일이라는 입장이다. 경제학 교수이자 척수성 근 위축증 환자인 네이선 예이츠Nathan Yates는 목숨에 가격표를 붙여서는 안 된다고 주장했다. 자신이 이런 병을 앓고 있고, 치료 방법이 없다는 사실을 부모님이 처음 알게 됐을 때 얼마나 절망했을지도 떠올렸다. "졸겐스마의 가격은 중요하지 않습니다 그렇지 않은가요?"[31] 엘리아나 코헨의 부모인 샤니와 남편 에리얼의 생각은 다르다. 이들은 건강보험사에 보험금 지급을 신청했지만, 졸겐스마는 보장 범위에 포함되지 않는다며 퇴짜를 놓자 크게 절망했다. 엘리아나의 두 번째 생일이 일주일 앞으로 다가왔을 때 두 사람은 절박한 마음에 크라우드소싱 방식으로 치료비 모금을 시작했고 단 5일 만에 200만 달러가 모이는 기적이 일어났다.

2019년 4월 1일 목요일에 학술지 〈뉴잉글랜드 의학저널〉에는 테네시 주 멤피스의 세인트주드 아동연구병원에서 '버블보이' 병(X염색체 연관 중증 합병성 면역결핍장애)을 앓던 유아 환자 8명이 성공적으로 치료받은 연구 결과가 발표됐다. 알랭 피셔가 치료를 시도한 후 20년 만에 나온 결과였다.[32] "우리는 환자들이 치유됐다고 생각합니다." 연구팀 리더인 에웰리나 맘카르츠Ewelina Mamcarz는 이렇게 밝혔다. "현재 정상적으로 생활하고 있고, 면역 기능도 정상적으로 기능합니다." 이들이 치료한 아이들은 모두 집으로 돌아갔고 보육 시설에도 다니기 시작했다. 아이들의 몸에서는 백신 반응으로 항체가 만들어졌다.[33] 환자의 부모들은 아이가 완치됐다고 뛸 듯이 기뻐했지만, 연구팀은 부작용이 없는지 계속 모니터링할 예정이다. 이 치료법의 라이선스를 취득한 업체 머스탱 바이오Mustang Bio의 CEO 매니 릭트먼Manny Lichtman은 "환자 한 명 한 명마다 놀라운 데이터가 나왔다"고 밝혔다. 1회성 치료제로 개발된 이 MB-107을 이용하려면 환자는 얼마를 부담해야 할까? 릭트먼은 치료 비용을 10년간 분할 납부할 수 있도록 할 계획이라고 전했다(치료 효과가 나타나는 경우).

유전자 치료법을 개발하고 치료제를 생산하려면 많은 비용이 든다. 또한 이러한 치료제를 개발하기 위해 생명공학 업체들이 감수하는 위험은 상당하다. 그러므로 투자 비용을 회수할 수 있는 방법을 강구할 자격이 충분히 있다. 또한 치료제 가격이 어마어마하게 치솟는 사례는 유전자 치료뿐만 아니라 제약업계 전반에서 찾을 수 있다. 일부 경제학자들은 희귀질환 치료제의 엄청난 가격에 대처하는 방안으로 의료보건 대출 혹은 '치료비 융자'를 제안한다.[34] 현재의 경제 수준으로 유전자 치료와 유전체 편집 치료 비용을 감당할 수 있을지는 불분명하다. 이전보다 향상된 새로운 치료법이 나오면 경쟁이 치열해지고 그만큼 가격도 내려갈 수 있지만, 실제로는 정밀의학과 조성을 바꾼 복제약에 당연한 일처럼 전보다 비싼 가격이 매겨지는 경우가 많다. "이 정도면 과하다고 여겨지는 가격 기준이 반드시 있어야 합니다." 자선사업가 존 아놀드John Arnold의 말이다. 그 기준은 얼마가 되어야 할까? 500만 달러? 아니면 2,000만 달러? 1억 달러? "사회는 이 문제에 어떤 답을 제시해야 할까요?"

"역사상 가장 비싼 약에 힘을 보탠 사람으로 남고 싶지는 않습니다." 조지 처치는 내게 말했다. "유전체 분석에 드는 비용은 30억 달러에서 '0달러'로 내려갔어요. 정말 자랑스럽게 생각하는 일입니다. 값비싼 치료법이 마련되는 데 내가 일조했다는 사실보다 이 점이 제게는 훨씬 더 기쁜 일이에요."[35] 함부로 평가할 수 있는 일도 아니다. 멘델의 유전 법칙에 따라 유전질환을 갖고 태어나는 아기는 전체 인구의 5퍼센트다. 수천 명의 아이들이 희귀병을 앓는다는 소리다. "태어나는 아이들 중에 5퍼센트가 200만 달러를 써야만 하는 상황을 그냥 두어서는 안 됩니다!" 처치는 말했다. 기회손실과 환자 간호에 드는 비용 등 총 비용을 합하면, 치료에 전 세계적으로 1조 달러라는 실로 엄청난 돈이 들 것으로 추정된다. 이들이 겪는 총체적인 통증과 고통도 배제할 수 없다는 설명도 덧붙였다.

노바티스 경영진은 졸겐스마 가격에 기겁하는 분위기를 가라앉히기 위해 복권 추첨 이벤트를 시작했다. 2019년 12월, 해마다 투여량 100회 분량의 졸겐스마를 무료로 제공할 것이며, 2주에 한 번씩 미국 외에 다른 지역에서 무료로 치료 받을 4명의 환자를 추첨하겠다고 밝힌 것이다. 당첨자는 반드시 AAV9 항체 검사를 받아야 하고 이 단계를 마치면 아벡시스가 환자가 치료를 받을 병원으로 치료제를 보낸다. "아이를 추첨 상자에 넣고 2주마다 목숨을 구제받을 수 있을지 초조하게 기다린다고 생각해 보세요." 척수성 근 위축증을 앓는 아이의 엄마 루시 프로스트Lucy Frost는 한숨을 쉬고 말했다. "저는 그것보다 훨씬 나은 방법이 많다고 생각합니다."[36]

)XIIDXIX(

암과 유전질환을 물리치기 위한 분자 수준의 무기고는 유전자 치료 외에도 범위가 훨씬 넓다. 세포 치료, RNA 간섭, 박테리오파지 치료법 모두 전망이 밝은 상황이다. 미국의 전 대통령 지미 카터[Jimmy] [Carter]는 CAR-T 세포 치료를 받은 대표적인 인물이다. FDA 승인을 받은 킴리아와 예스카타는 효과가 단기간에 그친 환자가 많지만, 일부 환자에게는 거의 기적에 가까운 효과가 나타났다.

최근에는 100년도 더 전에 등장한 치료법이 헤드라인을 장식했다. 앞서 설명했지만, 크리스퍼는 박테리오파지의 공격을 무력화하기 위해 세균에서 발달한 방어 기능이다. 항생제 내성균으로 발생하는 질병에 이 원리를 활용하면 박테리오파지가 정밀의학의 새로운 무기가 될 수 있다.

1915년에 프레데릭 트워트[Frederick Twort]라는 의사는 세균을 사멸시키는 추출물을 발견하고 그 안에 "일반 현미경으로는 보이지 않는 바이러스"가 있다고 밝혔다.[37] 비슷한 시기에 파스퇴르 연구소의 펠릭스 데렐[Félix d'Hérelle]은 프랑스 기병대에 발생한 이질을 연구하던 중 배양하던 세균이 "물에 설탕이 녹듯 녹아서 없어졌다"는 사실을 발견했다. 데렐은 눈에 보이지 않는 미생물이 "세균에 기생하는 바이러스"일 것이라 추정하고[38] 박테리오파지라는 표현을 새로 만들었다('먹다'를 의미하는 그리스어 phagin을 활용했다). 나중에 데렐은 이질

환자에게 다른 환자의 분변 검체에서 분리한 박테리오파지를 적용하는 박테리오파지 치료 실험을 실시했고 처음으로 성공을 거두었다. 그러나 동료 의사들 대부분이 아예 관심을 보이지 않거나 비난했다. 이에 데렐은 당시 조지아공화국 트빌리시에서 활동하던 조지 엘리아바George Eliava와 손을 잡았다. 엘리아바는 콜레라 검체에서 균을 사멸시키는 박테리오파지를 발견한 인물이다. 1923년 트빌리시에 설립된 엘리아바 연구소는 수십 년간 박테리오파지 치료 전문가들이 활동할 수 있는 최후의 피난처가 되었다.[39]

2017년 9월, 런던 그레이트 오몬드 스트리트 병원에서 낭포성 섬유증을 앓던 15세 환자 이사벨 홀더웨이Isabelle Holdaway가 폐 이식 수술을 받았다. 수술은 잘 끝났지만, 항생제 내성균이 간과 수술 부위를 장악했다. 세균이 만들어 낸 결절이 피부에 나타나기 시작하고, 이사벨의 건강은 점점 악화됐다. 담당 의사인 헬렌 스펜서Helen Spencer도 최악의 상황이 올 수 있다고 보았다. 이사벨의 어머니는 마지막 승부수를 던져 보자고 제안했다. 박테리오파지 치료를 해 보자고 한 것이다. 의료진은 1.8미터 높이의 냉동고 두 대에 15,000종의 박테리오파지를 보유한, 미국 피츠버그 대학교의 그레이엄 해트풀Graham Hatfull에게 연락했다.[40] 해트풀은 냉동고에 쌓인 박테리오파지 중 머디Muddy(썩은 가지에서 분리한 것)*와 BPs(빗물 배수관에서 얻은 것),

---

* 과학자들은 특정 생물(특히 초파리)의 유전자나 새로 발견된 바이러스에 이름을 붙일 때 독특한 유머감각을 한껏 드러내고 싶어 하는 경향이 있다. (어멘다 워[Amanda Warr]가 알려 준) 몇 가지 예를 들면 캡틴뮤리카CaptnMurica, 아이스워리어IceWarrior, 헤팔럼프Heffalump, 퍼피에고PuppyEggo, 비비에이트BeeBee8, 메가트론Megatron이 있다. 중요한 규칙도 있다. "박테리오파지 이름을 니콜라스 케이지라고 짓지 말 것."

조이즈Zoe](토양 검체에서 얻은 것)라고 이름 붙인 세 종류를 골랐다.[41]
2018년 6월에 이사벨은 10억 마리의 박테리오파지를 처음 투여 받았다. 6주 내로 간의 감염이 사라지고, 피부의 병소도 가라앉았다. 샌디에이고에서도 중증 다제내성균 감염에 시달리던 존 스트래스디Tom Strathdee가 여러 종류의 박테리오파지를 투여 받고 이와 비슷한 기적 같은 결과를 얻었다.

현재 유전자 치료는 21세기 의학의 주류로 자리 잡고 있다. 노바티스는 졸겐스마를 비롯해 다른 치료제에 쓰이는, 공학적으로 변형된 바이러스를 대량 생산하기 위해 여러 시설을 매입했다. 신경근육 장애의 경우 눈에 국소적으로 발생하는 병과 비교할 때 치료에 10배는 더 많은 매개체가 필요하다. 사렙타 테라퓨틱스Sarepta Therapeutics는 제리 멘델 연구진이 개발한 다른 두 종류의 근 위축증 유전자 치료법 라이선스를 취득했다. "콜럼버스를 유전자 치료의 중심지로 만드는 것이 우리의 목표입니다." 사렙타의 CEO 에드 케이Ed Kaye는 이렇게 말했다.[42] 한편 CEO 존 크로울리John Crowley가 이끄는(해리슨 포드가 주연을 맡은 영화 〈특별 조치〉에서 배우 브렌든 프레이저가 연기한 실제 인물) 아미커스 테라퓨틱스Amicus Therapeutics는 리소좀 축적 질환의 10가지 치료 프로그램 라이선스를 취득했다. 스파크 테라퓨틱스는 혈우병의 유전자 치료법을 개발 중인 몇몇 업체 중 한 곳이다. 또 오덴테스 테라퓨틱스Audentes Therapeutics의 대표 풀비오 마빌리오Fulvio Mavilio는 불치병으로 여겨지던 X 연관 근세관성 근육병증에 걸린 어린 환자들에게 유전자 치료법을 적용했고 초기 결과가 성공적이라고 발표했다. 이전까지 앉지도 못하고 혼자 걷지도 못하던 아이들이 이제는 아무 도움 없이 혼자 첫 걸음을 떼고, 산소호흡기 없이 말할 수 있게 되었다.

매사추세츠 의과대학의 테리 플로트Terry Flotte 학장은 아슈케나즈 유대인에게서 가장 많이 발생하는 병인 테이-삭스병의 치료법 효과를 시험 중이다. 연구진은 두 아동 환자를 대상으로 유전자 치료법을 활용하여 이들의 몸에서 만들어지지 않는 효소를 공급한다. 매개체 바이러스를 뇌에 직접 주사하거나 척수로 주입한다. 뉴욕에서는 유전자 치료의 베테랑으로 불리는 론 크리스털Ron Crystal이 20여 년 전 앨런 로지즈Allen Roses가 개척한 연구를 바탕으로 알츠하이머병을 치료하기 위한 야심찬 연구를 진행 중이다. 로지즈는 희귀하게 변형된 아포지질단백 E 유전자APOE4가 알츠하이머병 발생 위험과 연관성이 있다는 사실을 발견했다. 이에 크리스털은 다른 형태의 ApoE 유전자를 세포에 전달한다는 전략을 세웠다. 원칙적으로는 해로운 변형 유전자의 영향을 없앨 수 있는 방법이다. "마우스에 아밀로이드 플라크가 생긴 경우에는 우리가 치료할 수 있습니다." 크리스털은 내게 이렇게 전했다. 샌프란시스코에서는 애드베럼 바이오테크놀로지Adverum Biotechnologies에서 데이비드 셰퍼가 직접 진화의 원리로 새로 개발한 보다 개선된 AAV 매개체의 라이선스를 취득하여 노화와 관련된 습성 황반변성 치료에 활용할 계획이다.

유전자 치료 분야에 찾아온 르네상스는 〈화학·공학 뉴스〉가 제시 젤싱거의 사망 20주기를 맞아 2019년 표지 기사로 낸 제임스 월슨 관련 기사에 잘 정리되어 있다. 기사에는 '제임스 월슨의 구원'이라는 제목이 붙여졌다.[43] 펜실베이니아 대학교의 여러 건물에 월슨의 지휘로 200여 명의 직원이 일하고 있으며, 이곳의 풍경은 학문 연구가 목적인 연구실보다는 공장의 생산라인에 더 가깝다는 설명이 나온다. "10년 전까지 그에게 투자하려는 사람은 한 명도 없었다. 이제는 모두가 그와 기꺼이 함께 일하려고 하고, 많은 돈을 투자한다." 한 생명공학 업체 CEO의 말이다.[44] 윌슨은 제시의 사망 16주기가 되던 해에 리젠엑스바이오RegenXbio 사를 공개 상장하고 AAV의 상업적 생산을 시작했다. 말쑥하게 차려입은 윌슨이 경영진과 함께 꽃가루가 흩날리는 나스닥 증권거래소 앞에서 웃으며 서 있는 사진을 본 폴 젤싱거는 경악했다. "다 돈 때문이겠죠." 그는 말했다.

이처럼 괄목할 만한 변화를 겪고 있는 것은 사실이지만, 유전자를 보강하는 방식의 치료법은 완벽하지 않다. 환자의 세포에 결함 유전자가 그대로 남아 있기 때문이다. 이보다 더 중요한 사실은 이와 같은 치료법의 안전성이 전반적으로 매우 우수하지만, 윌슨을 비롯한 다른 업체에서 매개체로 사용하는 AAV를 과량 투여할 경우 안전에 우려할 만한 문제가 생길 수 있다는 사실도 밝혀지고 있다는 점이다.[45] 2018년에 윌슨은 AAV의 고용량 투여와 관련된 독성 반응의 우려가 제기되자 솔리드 바이오사이언스Solid Biosciences 사의 과학 고문 자리에서 사임했다. 오덴테스 테라퓨틱스에서는 일본 아스텔라스 제약Astellas Pharma이 30억 달러에 인수한 지 6개월 만에 X 연관 근세관성 근병증을 앓던 두 어린 소년 환자가 AAV8을 최고 용량으로 투여 받고 숨지는 일이 벌어졌다. 두 아이의 사인은 패혈증이었고 원래 간의 건강 상태가 좋지 않던 것이 원인일 수 있으나, FDA는 임상시험을 중단하라는 결정을 내렸다.[46] 이 비극적인 사건은 자연이 정한, 인간이 할 수 있는 일과 할 수 없는 일을 상기하고 겸허한 태도를 잃지 말아야 한다는 사실을 깨닫게 한다. UCSF의 유전자 치료 전문가 니콜 폴크Nicole Paulk는 그와 같이 극도로 많은 용량을 투여할 필요가 없게끔 바이러스를 다시 설계해야 한다고 설명했다. (당시 임상시험에서 사망한 두 아이가 각각 투여 받은 양은 약 4,000조 마리에 달한다) "과학자, 임상의 모두가 이 아이들에게 빚을 진 심정으로 다시는 이런 일이 생기지 않도록 해야 합니다."[47]

그러므로 유전자 치료법의 르네상스는 아직 완전하지 않다고 볼 수 있다. 하지만 기술은 멈추지 않고 계속 발전할 것이다. 이 책 초반에 중점적으로 소개한 유전자 편집 기술의 가능성이 실현되고 세포에 직접 접근해서 잘못된 유전암호를 바로잡을 수 있다면 어떨까? 분자 가위로 유전질환을 일으키는 7만 5,000가지 이상의 돌연변이나 결실, 염기서열 재배치 문제를 고칠 수 있다면? 크리스 마틴Chris Martin이 부른 노랫말처럼 "당신을 고쳐줄게요."라는 말이 유전학적으로 가능해진다면?

영화 〈소셜네트워크〉에서 저스틴 팀버레이크가 연기한 실존 인물이자 냅스터Napster의 공동 설립자인 억만장자 션 파커Sean Parker는 2016년 4월, 플레이보이 맨션과 나란히 자리한 자신의 5,500만 달러짜리 로스앤젤레스 집에서 스타들이 대거 참석한 파티를 열었다. 톰 행크스, 피터 잭슨, 숀 펜을 비롯해 영화 〈왕좌의 게임〉에 '용들의 어머니'로 출연한 에밀리아 클라크 같은 영화계 유명 인사들과 더불어 케이티 페리, 존 레전드, 록 밴드 레드 핫 칠리 페퍼스를 비롯한 음악계 유명인들도 참석했다. 레이디 가가가 준비한 '라비앙 로즈' 공연[1]을 본 브래들리 쿠퍼는 "과거 카세트테이프 음반 광고 같다"고 평가했다. 가가는 이 공연을 계기로 나중에 쿠퍼가 리메이크한 영화 〈스타 이즈 본〉에도 출연했다.

선 파커의 파티는 그가 기부한 2억 5,000만 달러로 탄생한 '파커 암 면역치료 연구소PICI'의 설립을 기념하는 자리였다. 이러한 취지에 맞게 LA와 샌프란시스코, 뉴욕, 필라델피아, 휴스턴 암 연구소에 속한 의학계의 재능 있는 인사들도 파티에 초대됐다. 이 축하 파티가 열리고 2년 뒤에 PICI는 펜실베이니아 애브램슨 암 센터의 칼 준 Carl June 연구진의 임상시험을 지원했다. 크리스퍼 기술로 암 환자를 치료하는 첫 번째 시험이었다.[2] 1상 시험은 안전성 확인이 목표지만, 칼 준은 중국의 의사들이 이미 훨씬 앞서고 있다는 사실을 잘 알고 있었다. "현재 우리는 생물의료 분야의 선두 자리를 빼앗길 위기에 처했습니다." 그는 〈월 스트리트 저널〉과의 인터뷰에서 말했다.[3]

'시나트라SINATRA 시험'*으로 명명된 이 연구는 칼 준이 선구적 역할을 한 CAR-T세포 치료법을 확대 적용한 것이다. 환자의 T세포로 종양 세포를 잡는 방식이다. 이러한 1세대 면역요법 덕분에 지금까지 살아 있는 암 환자들이 많지만, 개선할 부분이 남아 있다. 준의 연구진이 시도한 크리스퍼 유전자 편집 방식은 세 단계로 이루어진다. 암 세포를 찾도록 조작된 단백질이 암호화된 유전자를 환자의 T세포에 삽입하는 것, 동시에 이 과정에 방해가 되는 유전자를 제거하는 것, 마지막으로 암 세포가 면역 세포의 작용을 무효화하지 못하도록 T세포를 면역 세포로 표시하는 유전자를 제거하는 편집이 실시된다. 이와 같은 조작이 완료된 세포를 환자에게 다시 투여한다.

---

* PICI에서는 유명한 음악가의 이름을 임상시험 이름에 자주 붙인다. 프린스Prince, 구스타프 말러Gustav Mahler, 콜 포터Cole Porter, 모차르트("아마데우스")와 더불어 오랫동안 암 연구를 지지해온 컨트리뮤직 스타 팀 맥그로Tim McGraw의 이름을 딴 임상시험도 있다.

2020년 2월에 준 연구진은 화학요법을 수차례 받고 골수 이식까지 받은 중증 환자 3명에게 실시한 초기 치료 결과를 발표했다.[4] 크리스퍼 치료는 독성이나 사이토카인 폭풍, 신경 독성이 없는 안전한 방법인 것으로 나타났다. 준은 세균 유래 단백질인 카스9으로 인한 해로운 면역 반응이 일어나지 않은 사실에 안도했다. 염색체 재배열이 낮은 수준으로 일어났으나, 준은 우주에서 몇 개월을 보낸 우주비행사에서 나타나는 정도와 비슷하다고 설명했다.[5]

〈사이언스〉는 이 논문이 또 하나의 중대한 이정표가 되었다고 보고 '인체의 크리스퍼'라는 헤드라인으로 발표했다.

유전체 편집 기술은 환자 입장에서 마음이 끌릴 만한 두 가지 장점이 있다. 첫째는 DNA 염기서열의 잘못된 부분을 고쳐서 유전 암호 자체를 바로잡는 방식이므로 병의 근본 원인이 사라진다는 점이다. 일반적인 치료제는 보통 증상을 치료할 뿐, 병의 근본 원인은 해결하지 못한다. 전통적인 유전자 보강 치료(앞서 두 장에 걸쳐서 소개한 방법)로도 그 한계가 어느 정도는 채워지지만, 병의 원인이 되는 돌연변이는 그대로 남아 있다. 두 번째 장점은 수정하고 나면 원칙적으로 영원히 그 상태가 유지된다는 것이다. 즉 만성적인 질병 관리가 아닌, 한 번 고치면 그걸로 끝이다. 그러려면 크리스퍼 시스템의 구성요소가 환자의 면역 기능을 자극하거나 DNA의 총체적인 손상을 일으키지 않고 필요한 조직에 정확하고 안전하게 전달되어야 한다.

아직 이 요건 중 어느 것도 완전히 해결되지는 않았지만, 여러 임상 시험에서 도출된 초기 결과에서 일부 확인됐듯이 크리스퍼의 정확성과 안전성은 계속 향상되고 있다.

10년 전까지만 해도 겸상 세포 질환의 보편적인 치료법이 나오리라는 희망은 없었다. 그러나 지금은 현재 앞 장에서 소개한 동종 유래 줄기세포 이식과 유전자 치료, 발현이 억제된 감마글로빈 유전자를 재활성화하는 치료법과 더불어 유전자 편집도 최소한 미국과 서유럽권 환자들에게 도움이 될 유망한 기술로 여겨진다.

2019년 4월에 상가모는 생체 외 유전자 편집 세포 치료를 실시하고 첫 번째 환자에게서 나온 결과를 발표했다. ZFN으로 환자의 조혈모세포에서 BCL11A 유전자의 전사를 강화하는 인자의 기능을 저해하여 감마글로빈의 생산을 촉진하는 방식이다. "HbF의 수치가 가장 과감한 상상에서도 꿈꿔 본 적 없을 만큼 증가했다." 한때 상가모의 일원이었던 표도르 우르노프는 자신의 트위터로 전했다. "HbF가 31퍼센트까지 증가한 것은 정말 엄청난 결과다." 한편 호주 시드니에서는 멀린 크로슬리 연구진이 직접 '유기적 유전자 치료'라고 칭한 방식을 개발 중이다. 크리스퍼-카스9 시스템을 이용하여 태아 혈색소의 유전성 지속을 유발하는 특정 돌연변이를 일으켜서 HbF의 발현율을 높이는 것이 이들의 전략이다.[6]

스탠퍼드 대학교의 매튜 포투스는 2000년대 초부터 유전체 편집 기술을 임상 현장에 활용할 수 있는 방법을 강구해 왔다.[7] 그는 크리스퍼-카스9 시스템으로 먼저 DNA를 절단한 후에 염기서열을 수정하는 방식이 자동차의 헤드라이트가 고장 났을 때 망치를 꺼내서 일단 고장 난 헤드라이트를 부순 다음에 고치려는 것과 같다고 설명했다. 포투스는 유전학적인 기술로 고쳐진 세포가 골수 줄기세포의 약 20퍼센트를 차지하도록 만든다는 목표를 세웠다. 그러려면 환자 한 명당 약 5억 개의 줄기세포를 채취해야 한다. 그리고 특화된 시설에서 이 세포에 카스9과 매개체가 될 AAV를 적용한 뒤, 새로운 형태의 줄기세포가 기능을 발휘할 수 있도록 화학요법을 받은 환자의 몸에 다시 주입한다. 가장 까다로운 과제는 카스 핵산분해효소가 세포에 적절히 전달되는 효율을 높이는 것이다.

"우리는 겸상 세포 질환 환자를 치료할 것입니다. 이 환자들의 유전자에 결함이 있어서가 아니라, 그들도 모두 인간이고 모든 인간에게 주어지는 권리와 책임, 가치를 누릴 자격이 있기 때문입니다."[8] 포투스는 유전체 편집을 우생학을 뒤집는 "반우생학 프로그램"이라고 부른다. 20세기에 등장한 우생학의 목적은 유전학적으로 결함이 있는 사람을 불임으로 만들거나 없애서 인류가 갖게 되는 유전자의 원천을 향상시키는 것이었다. 포투스는 "원래 아동기를 넘기지 못하고 세상을 떠났던 환자가 성인기까지 살고 가족을 꾸릴 수 있도록 할 것"이라고 밝혔다. 그러면 전체 인구 중에 겸상 세포 질환의 원인 돌연변이를 가진 사람의 비율도 늘어나겠지만, 이건 공정한 일이라고 설명했다. "우리는 그러한 결과를 받아들여야 합니다."

포투스가 치료한 환자 중에는 입담 좋고 유머 감각이 뛰어난 데이비드 산체스David Sanchez라는 십대 환자가 있다. "제 피가 저를 별로 좋아하지 않는 것 같아요."[9] 산체스는 결함이 생긴 적혈구를 양면이 오목한 모양의 건강한 혈액 세포로 교체하기 위해 매달 3시간씩 성분 채집기에 잠자코 붙들려 있어야 하는 치료를 받으면서 이런 말을 한 적이 있다. 담당 간호사는 자동차오일을 교체하러 오는 것과 같다고 말하곤 한다. 견딜 수 없을 만큼 큰 통증에 시달린 적이 많고 뇌수술까지 받은 적이 있지만, 자기 연민의 기색은 전혀 엿볼 수 없다. "농구는 못하겠죠. 하지만 안 하는 것이 아닙니다. 농구를 안 한다는 건 불가능한 일이니까요." 다큐멘터리 영화 〈휴먼 네이처Human Nature〉에서 산체스는 말했다.

크리스퍼로 병을 고칠 수 있다면 어떨지, 겸상 세포가 다 사라진다면 어떤 기분이 들 것 같으냐는 질문이 주어지자 이렇게 답했다. "음…… 정말 멋진 일이네요." 잠시 말을 멈춘 후 그는 "겸상 세포 병을 앓으면서 배운 것이 많다"는 이야기와 함께 인내심과 낙관적인 시각도 병으로 얻은 것이라고 했다. "이 병이 없었다면 제가 지금과 같은 사람이 되지는 않았으리라 생각합니다."

〉〈

유전체 편집 기술은 정밀의학의 완전히 새로운 무기가 되리라는 믿음으로 생명공학 업계에서 빠르게 성장하고 있다. 크리스퍼 유전체 편집 기술을 취급하는 업체들 중에서도 가장 먼저 공개 상장된 에디타스 메디슨과 크리스퍼 테라퓨틱스, 인텔리아 테라퓨틱스Intellia Therapeutics 세 업체가 자리한 켄들 스퀘어가 그 중심지다. 이곳에서 혁신적인 기술을 보유한 생명공학 회사와 유전자 치료 회사 수십 곳이 더 많은 면적과 연구 역량을 차지하기 위해 치열한 경쟁을 벌이고 있다.

크리스퍼 테라퓨틱스는 2019년 7월에 (버텍스 제약과 함께) 미국에서 발생한 유전질환을 크리스퍼 기반 치료법으로 치료하는 임상시험을 처음 시작한 회사다. 미시시피에서 네 아이를 키우던 서른네 살의 환자 빅토리아 그레이Victoria Gray는 이 임상시험에 자원한 수십 명 중 한 사람이다. 유아일 때 겸상 세포 질환 진단을 받고 신앙의 힘에 기대어 힘든 삶을 버텼다. "저는 뭔가가 찾아올 것이고 하나님이 저에게 중요한 일을 마련해 두셨으리라 생각하면서 살았어요." 그레이는 공영 라디오National Public Radio 방송 인터뷰에서 진행자 롭 스테인Rob Stein에게 말했다.[10] 테네시 주 내슈빌의 한 병원에서 그레이의 골수를 채취한 후 화학요법을 실시했다. 2019년 7월 2일에 혈액학자 헤이다 프랭골Haydar Frangoul은 유전자가 편집된 '슈퍼 세포' 약 20억 개를 그레이에게 주사했다.

몇 주간 병원에서 치료를 받고 마침내 퇴원하는 날, 그레이는 '나는 중요한 사람'이라는 문구가 핏빛 붉은색 잉크로 찍힌 티셔츠를 입고 육안으로 확인할 수 없는 변형된 유전자를 가진 사람이 되었음을 당당히 드러냈다. "저는 GMO예요. 그렇게들 부르지 않나요?"[11] 한 달 후 그레이는 예비 결과를 확인하러 다시 내슈빌로 향했다. 이번에는 '전사'라고 적힌 검은색 스웨트셔츠를 입었다. 프랭골은 기쁜 마음을 감추지 못했다.[12] 그레이의 헤모글로빈 중 거의 절반이 태아 혈색소로 바뀐 것으로 확인되었다. 엄청난 결과였다. 9개월 후에는 골수 세포의 80퍼센트가 계획한 대로 편집이 이루어졌다는 더욱 반가운 결과가 나왔다. 독일에서 온 베타 지중해 빈혈 환자는 혈액 투석 없이 15개월을 보낼 수 있을 정도로 호전됐다.[13] 하지만 완치라고 하기에는 이르다.

크리스퍼 테라퓨틱스는 에마뉘엘 샤르팡티에의 아이디어로 설립된 회사다. "제가 하는 연구가 감염질환을 해결할 수 있는 전략의 바탕이 되면 좋겠다고 늘 생각했지만, 저에게 잘 맞는 응용 분야는 인체 유전자 치료였습니다."[14] 샤르팡티에는 내게 말했다. 베를린으로 자리를 옮기고 연구실을 새로 꾸리던 중, 샤르팡티에는 사노피 사의 경영진이자 1990년대 중반 록펠러에서 박사 후 연구원으로 함께 일했던 오랜 친구 로저 노박Rodger Novak에게 연락했다. "크리스퍼에 대해서 어떻게 생각해요?" 샤르팡티에의 질문에 노박은 샤르팡티에의 의중을 곧바로 알아듣지 못했다. 그래서 기술적인 평가가 필요하다면 자신의 친구 중에 숀 포이Shaun Foy라는 투자자가 있으니 이야기해 보라고 권했다. 샤르팡티에는 그렇게 했고, 포이에게 자신의 아이디어를 밝힌 후 말했다. "제가 제정신이 아니라고 생각하시죠?" 한 달 후 포이는 노박에게 전화를 걸어 간단히 용건을 전했다. "자네 지금 하고 있는 일 당장 그만둬!"

샤르팡티에는 노박, 포이와 손을 잡고 2013년 11월에 크리스퍼 테라퓨틱스의 전신인 '인셉션 지노믹스Inception Genomics'를 설립했다. 세 사람은 처음에 제약 산업이 발달한 스위스 바젤을 본사 소재지로 정했다가 투자자와 재능 넘치는 인재들이 더 가까이에 있는 켄들 스퀘어로 옮겼다. (샤르팡티에가 보유한 특허권을 관리하기 위해 'ERS 지노믹스'라는 회사도 설립했다. ERS는 세 사람의 이름 첫 글자를 하나씩 따서 만든 이름이다) 처음에 샤르팡티에는 다우드나와 장펑에게 먼저 연락해 크리스퍼 회사를 함께 설립하자고 제안했다. 하지만 다우드나는 이 제안을 거절하고 조지 처치, 장펑과 한 팀이 되었다. 보스턴에서 활동하던 이 분야의 다른 유명 인사 2명도 다우드나의 회사에 합류했다. 아연 손가락 기술 분야의 오랜 경력자인 매사추세츠 종합병원의 병리학자 키스 정Keith Joung과 하버드 대학교 화학과 교수이자 장펑이 브로드 연구소에서 일하던 시절에 만난 친구였던 데이비드 리우다. 이들이 세운 업체명은 처음에 젠진Gengine이 될 뻔했지만, 다행히 후보에서 제외되고 좀 더, 뭐랄까 조금은 진지한 이름으로 변경됐다. 바로 에디타스 메디슨이다.

보스턴에서 뭉친 5명의 스타 군단은 단체 사진으로 남아 있지만, 에디타스의 설립이 공표될 때부터 뭔가 심상치 않은 조짐이 흘러 나왔다. 한 기자는 회사의 공식 사진에 다우드나가 없다는 사실을 알아챘다. 한 사진에는 적갈색 머리카락이 포착되어 다우드나가 그곳에 있었다는 흔적만 남았다. 이유는 곧 밝혀졌다. 브로드 연구소가 다우드나와 샤르팡티에의 뒤통수를 치고 장펑과 특허권 신청 절차에 돌입했다는 사실이 드러난 것이다. 2014년 5월, 장펑은 크리스퍼-카스9이라는 중대한 기술의 특허권을 취득했다. 다우드나는 서둘러 에디타스와 연을 끊었다. 가족과 관련된 사적인 사정과 더불어 회사를 오가기가 불편해 내린 결정이라고 밝혔지만, 특허권을 뺏긴 일은 너무나 쓰디쓴 경험이었다. 그러나 이 일은 오랜 분쟁의 시작에 불과했다.

폴라리스Polaris, 플래그십Flagship, 서드록Third Rock까지 초대형 벤처캐피털 세 곳이 처음으로 힘을 모아 에디타스의 뒤를 든든하게 받쳐 주었다. 두 번째 투자자 모집에는 빌 게이츠도 합류하여 1억 달러가 넘는 돈을 제공했다. 그가 큰 흥미를 갖게 된 이유는 유전체 편집 기술이 유전질환의 치료뿐만 아니라 말라리아 같은 감염질환을 해결하고 개발도상국의 식량 생산을 개선하는 일에도 도움이 될 수 있다는 점이었다.[15] 에디타스의 CEO로 지명된 캐트린 보슬리는 25년간 생명공학 업계에 몸담았던 인물이다.* 에디타스로 옮기기 직전에는 항암제 개발 업체인 아빌라 테라퓨틱스Avila therapeutics에서 일했다. 나는 보슬리가 아빌라에서 일할 때 처음 만났다.[16] 보슬리는 유전체 편집 기술을 처음 접했을 때 공상과학 소설에나 나올 법한 이야기로 느꼈다고 이야기했다. 그러나 초빙 기업가의 자격으로 브로드 연구소에 몇 달간 머무르는 동안 장펑과 만나고 크리스퍼 기술의 잠재성을 알게 되었다. 특히 기술적 용이성과 폭넓은 응용 가능성이 보슬리에게 아주 인상적인 특징이었다. 아빌라에서 보슬리의 팀이 만든 새로운 화학물질과도 닮은 구석이 있었다.**

에디타스의 주력 사업은 다른 종류의 선천성 레베르 흑암시다(제10형 LCA). 이 병이 연구 목표로 적합하다고 판단한 이유는 진 베넷이 처음 찾아낸 여러 가지 이유와 동일하다. 즉 눈은 크기가 작고 필요한 물질을 전달하기에 접근성이 좋다. 게다가 이 병을 치료하려면 작은 결실 돌연변이를 일으키는 유전자 편집이 필요한데, 이 과정은 난이도가 낮다는 것도 장점이다. 제10형 LCA는 CEP290이라는

---

*   부친 리처드 보슬리Richard Bosley는 1950년대의 대표적인 스포츠카 '보슬리 GT MK I'을 설계하고 제작했다.

**   아빌라 테라퓨틱스는 표적물질과 공유결합하는 치료제를 개발했다. 제약 분야에서 처음 등장한 방법이다.

유전자의 염기 하나에 돌연변이가 생긴 경우 발생한다. 친족 결혼이 이루어지던 어느 프랑스계 캐나다인 가족에서 처음 발견된 병이다. CEP290 유전자는 망막 뒤편에 자리한 광 수용체에서 발현된다. LCA10 환자는 이 단백질이 만들어지지 않아 이 광 수용체의 바깥쪽 부분이 제대로 형성되지 않는다. 문제가 되는 돌연변이는 유전자가 전사될 때 잘려 나가는 인트론 부분에 생기고, 이 돌연변이로 인해 원래는 제거되어야 하는 염기서열이 메신저 RNA에 추가된다. 이렇게 여분의 엑손이 포함되면 종결코돈이 제 기능을 하지 못하므로 이런 형태의 메신저 RNA는 모두 정상적인 단백질을 만들어 내지 못한다.

에디타스는 크리스퍼-카스9 기술을 활용하여 돌연변이가 생긴 부분을 정밀하게 제거하여 유전자 스플라이싱이 정상적으로 이루어지고 단백질과 광 수용체가 모두 정상적으로 형성되도록 만든다는 계획을 수립했다. 스파크 테라퓨틱스와 마찬가지로 이들 역시 EDIT-101로 명명된 크리스퍼 장치를 세포 내로 전달할 매개체로 AAV를 선택했다. 2019년 7월, 에디타스는 엘러간Allergan 사와 함께 진행할 '브릴리언스 임상시험'의 참여 환자를 모집한다고 발표했다.[17] 첫 번째 수술은 2020년 초 포틀랜드 소재 오리건 보건과학대학교 케이시 눈 연구소에서 한 시간에 걸쳐 실시됐다. 빅토리아 그레이가 받은 생체 외 치료 방식과 달리 환자의 몸에 크리스퍼를 직접 주입하는 첫 사례인 만큼 의학에 새로운 시대가 열렸다는 소식이 전해졌다.[18]

보슬리는 2019년 초 에디타스의 CEO 자리에서 물러난다는 놀라운 결정을 내렸다. 치료제가 환자의 삶을 변화시키는 것을 지켜보면서 큰 기쁨을 느끼는 일이 보슬리의 지나온 커리어에 큰 부분을 차지했지만, 에디타스에서 일하는 동안에는 그런 기회를 포기해야 했다. (나중에 한 인터뷰에서 보슬리는 회사의 책임자로 일한 5년이 천 년처럼 느껴졌다고 고백했다) CEO 자리에서 내려올 때, 보슬리는 자신의 트위터에 메시지를 남겼다. "우리가 함께 이루고 만든 모든 것들이 자랑스럽다. 이제는 에디타스에서 일했던 직원으로서 늘 응원할 것이다."

아틀라스 벤처라는 회사에서 뭐든 마음대로 해야 직성에 풀리는 벤처 투자자로 일하던 네산 버밍엄Nessan Bermingham은 2013년 말 유전자 편집 업체를 설립했다. 아일랜드 킬데어 주의 육군부대에서 태어난 버밍엄은 런던 세인트메리 병원 의과대학에서 박사 과정을 마치고 미국 베일러 의과대학에서 박사 후 연구원으로 일한 후 금융계로 향했다. 아틀라스 벤처에서 일하던 시절, 마이애미에서 휴가를 보내던 중 어느 샐러드 바에서 나눈 대화가 그를 완전히 사로잡았다. 얼마 전까지 대형 제약회사에서 멋진 커리어를 쌓고 은퇴한 지 얼마 안 됐다는 존 레너드John Leonard라는 의사와 나눈 대화였다.

레너드는 의사가 되고 얼마 되지 않아 아내가 다발성 경화증 진단을 받자 곧 산업계로 갔다. 에이즈 확산세가 심각했던 1990년대 초에는 애보트 래버러토리Abbott Laboratories의 항바이러스제 개발 프로그램을 이끌었다. "우리에게 주어진 미션은 무조건 해내야만 하는 일이었다. 그때 나는 믿음이 얼마나 큰 힘을 발휘하는지 깨달았다." 레너드의 말이다.[19] 레너드의 팀은 최초로 개발된 HIV 단백질분해효소 억제제 중 하나인 리토나비르Ritonavir에 이어 휴미라Humira도 개발했다. 2013년에 레너드는 애브비AbbVie 사의 R&D 총괄책임자 자리에서 은퇴한 후 기업 투자에 살짝 발을 담갔다. 미시건 주의 어느 수제 사과주 업체를 비롯해 두어 곳에 소소하게 투자하는 정도였다. 그리고 인맥을 쌓을 기회가 될 수도 있다는 생각으로 여행을 온 곳이 마이애미였다. 그와 만나고 몇 달 후에 버밍엄은 레너드가 있는 시카고로 날아가 함께 점심 식사를 하면서 인텔리아 테라퓨틱스의 설립 계획을 이야기했다. (인텔리아라는 명칭은 본연의 우수함을 뜻하는 그리스어 entelia에서 나왔다) "크리스퍼만큼 유망하고 흥미로운 기술은 생각할 수도 없었다." 나중에 레너드는 이렇게 말했다. 버밍엄은 다우드나가 보유한 지적재산권의 라이선스를 확보할 수 있으리라 자신했다. 레너드가 의료부 최고책임자로 합류하기로 결심을 굳히기에 충분한 계획이었다.[20]

2014년 5월, 버밍엄은 인텔리아를 공식 설립하고 CEO가 되었다. 그리고 다우드나가 처음 설립한 업체이자 지적재산권 보유 업체인 카리부Caribou*와 파트너십을 맺었다. 바랑고우, 손테이머, 마라피니가 인텔리아의 공동 창립자로 참여했다. 카리부의 대표는 다우드나가 크리스퍼 기술을 처음 연구할 때 학생이었던 레이첼 하울위츠였다. 학위 과정을 다 마치기도 전에 생명공학 회사를 설립하기로 마음먹은 하울위츠는 지넥 그리고 (현재 존스 홉킨스에서 일하는) 제임스 버거James Berger와 함께 카리부의 공동 설립자가 되었다.

---

* 카리부는 '크리스퍼 연관 리보핵산CRISPR-associated ribonucleic acid'의 줄임말이다. 업체 로고는 사슴 머리에 단일 가이드 RNA 모양의 뿔이 양쪽으로 뻗은 모양이다(카리부는 순록을 뜻하는 영어 단어다—옮긴이).

카리부가 설립되고 6개월 뒤 노바티스의 지원을 받아 슬며시 등장한 인텔리아는 투자자 모집으로 7,000만 달러를 확보했다. 2015년 5월에는 에디타스와 공식적으로 결별한 다우드나와 세포 생물학자 데릭 로시Derrick Rossi도 인텔리아의 공동 설립자로 합류했다. 1년 뒤 공개 상장된 인텔리아의 회사 가치는 에디타스보다 무려 1억 1,000만 달러가 높았다. 보스턴의 생명공학 회사에 그해 신규 상장된 모든 기업을 통틀어 가장 큰 가치가 매겨진 것이다. 나스닥 상장을 알리는 공식 행사에는 버밍엄과 함께 하울위츠와 바랑고우도 팀원들과 함께 참석했다.

버밍엄은 울트라마라톤과 복싱, 산악자전거 등 치열하고 힘든 운동을 좋아한다. 2017년 워싱턴 DC에서 열린 의학계 학술대회에서 저녁 식사 후 연설에 나선 버밍엄은 익스트림스포츠와 정밀 의학의 공통점을 설명하고 "유전질환을 앓지 않는 것이 더 이상 타고난 특권으로 여겨지지 않도록" 확실한 치료법을 개발하는 것이 자신의 비전이라고 밝혔다. 그리고 반드시 완치되기를 바라는 여러 환자들과 만난 후 이러한 결심을 굳혔다고 설명했다.

마라톤이 막바지에 이르렀을 때 언덕이 나타나면, 저는 어떻게는 밀고 나갑니다. 제 폐가 알파1 항트립신 결핍 폐질환을 안고 사는 환자들처럼 몸에 산소를 공급하려고 고생할 일이 없음을 잘 알기 때문입니다. 복싱 링에 올라도 겁이 나지 않는 이유는 겸상 세포 질환을 앓는 아이들이 매일 느끼는 것보다 더 큰 고통은 없을 것임을 알기 때문입니다. 힘든 경기에 출전할 때마다 저는 이것이 내가 선택한 일이고, 나는 유방암을 예방하기 위해 양쪽 가슴을 절제하는 수술을 받거나 유방암이 언제 찾아올지 몰라 두려워하며 살지 않아도 된다는 사실을 계속 상기합니다.[21]

이 연설을 마치고 6개월 뒤, 파타고니아에서 개최된 달리기 대회에 처음 출전한 버밍엄은 이날 언급한 에너지의 원천을 모두 동원해야 했다. 4일 연속으로 40킬로미터를 달리고 바로 이어서 밤새 80킬로미터를 달린 후 마지막 날은 장비를 전부 짊어지고 약 9.6킬로미터를 달리는 경기였다.[22] 300명이 넘는 참가자 중(이 중 수십 명은 결승선까지 오지 못했다) 버밍엄은 39시간 만에 완주하여 절반 이상의 순위를 기록했다. 우승자와의 격차는 19시간에 불과했다. 사업가로서는 그에게 뒤처지지 않는 바랑고우도 경의를 표했다. "네산은 정말 무서운 사람입니다! 나도 달리기를 할 줄 알지만, 이 사람들은 판이 아예 다른 것 같아요." 그는 웃으면서 말했다.

녹초가 된 탓일까, 그로부터 얼마 지나지 않아 버밍엄은 인텔리아의 CEO에서 사임하고* 레너드에게 바통을 넘겼다. 바랑고우는 레너드가 이상적인 CEO라고 전했다. "이전에도 대표로 일한 적이 있는 사람입니다. 임상 현장에서는 최초가 되는 것보다 최고가 되는 것이 중요합니다."[23]

인텔리아는 전 세계적으로 약 5만 명이 앓고 있는 트랜스티레

---

* 이후 버밍엄은 트리플릿 테라퓨틱스Triplet Therapeutics라는 새 회사를 차렸다. 스타트업으로 시작한 이 회사의 목표는 헌팅턴병처럼 DNA 염기서열에 염기 3개로 이루어진 단위가 반복되는 것이 원인인 질환을 치료하는 것이다.

틴 아밀로이드증이라는 간 질환에 사활을 걸었다. (2016년에 리제네론 [Regeneron] 사는 인텔리아에 7,500만 달러를 지불하고 10가지 치료 기술의 사용권을 획득했다. 트랜스티레틴 아밀로이드증도 그중 하나였다) 성인이 된 후 발병하는 이 병은 해로운 아밀로이드 단백질이 축적되어 심부전과 신부전이 발생하고 결국 환자 대부분이 목숨을 잃는다. 일반적으로 진단 후 환자의 생존 기간은 몇 년 정도에 불과하다. 인텔리아의 계획은 지질 나노입자를 전달체로 활용하여 크리스퍼-카스9으로 TTR 유전자의 활성을 없애는 것이다. 바이러스를 이용하지 않으므로 인체 면역 반응을 자극하지 않는 방식이다. 또한 카스9 단백질이 지나치게 오랫동안 작용하지 않으므로 표적 외에 다른 곳에 영향이 발생할 위험성도 최소화할 수 있다. 비인간 영장류에서 효과가 확인되면 트랜스티레틴 아밀로이드증 환자의 치료법으로 제시할 수 있을 것으로 전망된다.

)◊X◊(◊X◊(

텍사스 대학교의 에릭 올슨Eric Olson 교수는 유전체 편집 전문가가 아니지만, 근육에 관해서는 남부럽지 않은 지식을 보유한 사람이다.[24] 1980년대 초 이 대학 MD 앤더슨 암 센터에 연구실을 차린 올슨은 독학으로 분자생물학을 공부했다. 연구비를 받기 위한 첫 두 번의 시도는 심사위원들로부터 불합격 통보를 받았지만, 세 번째는 운이 따랐다. 근 위축증을 앓는 자녀를 둔 부모들은 꼭 치료법이 아니더라도 치료의 희망이나마 얻고 싶은 심정으로 거의 매일같

··· 323 ···

이 올슨에게로 편지와 이메일을 보냈다. 올슨이 만든 회사 엑소닉스 Exonics는 그러한 변화를 만들고 있다.

듀센형 근이영양증DMD은 선천성 근 위축증 가운데 가장 흔한 동시에 가장 심각한 종류에 해당한다. 사람의 유전체에서 가장 큰 유전자에 발생하는 수천 가지 돌연변이 중 하나가 DMD의 원인이다. X 연관 질환이라 대부분 환자가 남성이며 전 세계의 환자 수는 약 30만 명으로 추정된다. 문제가 되는 유전자는 디스트로핀이라는 단백질이 암호화된 유전자다. 근육 세포막 아래에 자리한 디스트로핀은 거대한 충격 흡수 장치와 같은 기능을 수행한다. 이 단백질이 없으면 세포막에 새는 곳이 생기고 근육이 허약해진다. 디스트로핀을 대체하는 일은 대단히 어려운 과제이므로 '미니' 디스트로핀 유전자를 공급하거나 활성이 없는 유트로핀이라는 관련 단백질을 활성화해 발현시키는 방법이 차선책으로 나왔다. 그러나 효과는 미미한 수준에 그쳤다.

디스트로핀 유전자에는 엑손으로 불리는, 염기서열에서 유전암호가 담긴 부분이 79개다. X염색체에는 이 유전자에 해당하는 260만 개의 염기가 포함되어 있다. DMD와 관련된 돌연변이는 4,000가지가 밝혀졌고, 그중 상당수는 유전자 중심부인 45-50번 엑손 사이에서 발생한다. 이러한 돌연변이는 51번 엑손이 틀 바깥으로 벗어나는 '틀 이동' 돌연변이를 일으켜 디스트로핀이 제대로 만들어지지 못한다. 흥미로운 점은 이 거대한 단백질의 스프링이라 할 수 있는 중간 부분보다 양쪽 말단 부분이 더 중요한 기능을 한다는 것이다. DMD 중에서도 증세가 경미한 베커형 근이영양증 환자의 경우 스프링 부분이 짧은 특징이 나타나지만, 디스트로핀의 기능이 부분적으로 나타나고 다른 DMD 환자들보다 기대수명이 더 길다는 것이 알려지면서 밝혀진 사실이다.

올슨이 수립한 계획의 핵심은 크리스퍼로 유전자 중심부 엑손에 발생한 DMD 돌연변이의 일부를 조작하여 베커형 근이영양증으로 바꾸는 것이다. 즉 크리스퍼-카스9으로 51번 엑손을 잘라서 특정 돌연변이 하나를 없애면 최종적으로 만들어지는 단백질은 정상 단백질과 비슷한 기능을 발휘할 수 있다. 진 베넷이 선천성 레베르 흑암시의 유전자 치료법을 개를 대상으로 시험한 것과 마찬가지로 올슨 연구진도 개에서 어떤 효과가 나타나는지 시험하기로 했다. 런던 근처 왕립 수의학대학교에 실험동물로 마련된 비글은, 겉으로 봐서는 정상 개체와 똑같이 즐겁고 건강해 보였다. 세 가지 색으로 이루어진 털 색깔이나 특유의 짖는 소리도 같았다. 그러나 DMD 질병 모형으로 마련된 이 개들은 뒷다리를 눈에 띄게 절었다.*

엑소닉스의 연구진은 몰도바에서 온 레오넬라 아모아시Leonela Amoasii의 지휘로 연구를 이어갔다. 2018년에는 모두가 흡족할 만한 초기 결과가 나왔다.[25] 생후 1개월 된 강아지 여러 마리에 치료를 실시하고 2개월 뒤 대조군과 비교한 결과, 치료 받은 개의 근섬유에서 디스트로핀 단백질이 새로 만들어졌고 정상 수준의 최대 80퍼센트까지 복원된 것으로 나타났다. 하지만 그런 데이터보다 치료군에 속한 개들이 건강한 개들과 똑같이 실제로 달리고 점프하고 신나게 노

---

* 개의 디스트로핀 돌연변이는 카발리에 킹 찰스 스패니얼 종에서 처음 발견됐다. 그러나 인체와 생리학적 면에서 일치하는 부분이 더 많은 비글이 실험동물로 쓰였다.

는 모습만큼 더 확실하고 인상적인 근거는 없었다. "우리 모두 진심으로 기뻤습니다." 아모아시의 말이다. 2019년 6월에 10억 달러에 엑소닉스를 인수한 버텍스 제약도 같은 마음이었던 것 같다. 설립된 지 3년도 안 된 회사의 인수 가격으로는 썩 나쁘지 않은 금액이었다.

크리스퍼 기술을 이용한 유전체 편집으로 환자의 병을 치료하려는 모든 업체가 가장 우려하는 문제는 안전성일 것이다. 무엇보다 이 기술은 DNA를 절단하고 잘게 자르는 세균 효소에 의존한다. 실제로 연구자와 때때로 투자자까지 하던 일을 중단하게 만든 안전 문제가 부각된 적이 몇 번 있다. 가장 큰 문제는 표적 유전자를 정확히 찾기 위해 유전체를 돌아다니는 카스9 단백질이 표적과 매우 밀접한, 가령 염기가 딱 하나 다른 엉뚱한 염기서열에 결합하여 그곳을 절단하는 일이 벌어지는 것이다. 분자 수준에서 표적을 착각하는 이러한 문제가 일어나면 DNA 수선 네트워크가 가동돼 말끔하게 연결되는 것으로 아무 문제없이 해결될 수도 있지만, 중요한 유전자가 활성을 잃거나 암을 유발하는 유전자가 활성화되는 재앙이 일어날 수도 있다. 이런 사태가 벌어지면 큰 기대를 모았던 임상시험이 종결되는 정도로 끝나지 않고 관련 분야 전체가 큰 타격을 입는다.

이러한 우려가 크리스퍼 기술에만 제기되는 것은 아니다. 프로그래밍이 가능한 유전체 편집 기술은 전부 염기서열을 잘못 건드릴 가능성이 조금씩 존재한다. 크리스퍼의 경우 활용 범위가 넓고 기대가 그야말로 하늘을 찌르는 수준인 만큼 그러한 일이 생겼을 때 생기는 타격도 더 클 수밖에 없다. 표적이 빗나갈 위험성이 과도하게 부풀려지는 경우도 있다. 2018년에 스탠퍼드 대학교 연구진은 표적이 빗나갈 가능성과 관련된 여러 문제를 분석하고 그 결과를 발표했다. 근거로 제시한 결과는 실험용 마우스 단 세 마리에서 나온 데이터였지만, 이들의 주장은 불안감을 키웠다. 산업계 과학자들을 비롯해 학계 단체들이 서둘러 나서서 크리스퍼-카스9의 안전성 의혹은 사실이 아니라고 반박했다.[26] 뒤이어 실시된 여러 연구에서 이 기술로 의도치 않은 편집이 일어날 확률은 자연 방사선으로 불가피하게 동일한 일이 일어나는 확률이나 DNA 복제와 세포 분열 과정에서 자연적으로 누적되는 오류로 문제가 생길 확률보다 크지 않다는 사실이 확인됐다.

학계는 가이드 RNA를 설계하는 단계부터 카스9 핵산분해효소를 만드는 단계까지 여러 방면에서 표적의 특이성을 개선할 방법을 고심해 왔다.[27] 표적을 정확히 찾은 다음에 발생하는 영향도 우려가 제기되는 부분이다. 마우스 연구 분야의 저명한 유전학자이자 생어 연구소의 전 소장인 앨런 브래들리Allen Bradley가 크리스퍼-카스9이 표적 부위에서 예상보다 큰 결실 돌연변이를 일으킬 수 있다는 내용의 연구 결과를 공개하자, 앞서보다 규모는 작았지만 또 한 번 크리스퍼 기술에 위기가 찾아왔다.[28] 바랑고우는 일련의 사태에서 느낀 소감을 전했다. "제발 다들 진정하고, 크리스퍼는 계속되어야 한다!"

세균 유래 단백질을 환자에게 공급할 때 생길 수 있는 영향은 또 다른 안전성 문제에 해당한다. 포투스 연구진은 카스9 항체를 보유한 사람이 많은 것으로 볼 때, 이러한 사람들은 카스9 단백질이 발현되는 세균에 노출된 적이 있음을 알 수 있다고 설명했다.[29] 어쩌면 당연한 결과다. 면역 기능의 목적은 무엇보다 외인성 단백질을 감지하는 것이기 때문이다. 각기 다른 세균에서 얻은 카스9 효소를 선별해서 사용하는 것, 단백질 표면을 변형시켜 면역 반응을 덜 유발하도록 만드는 등 다양한 방법으로 원치 않는 면역 반응이 발생할 위험성을 최소화할 수 있을 것으로 전망된다.[30]

그러나 2018년에 위기감이 다시 가열됐다. 영향력 있는 학술지에 크리스퍼를 이용한 유전자 편집 시 유전체의 불안정성이 높아지고 종양 억제 유전자이자 암 환자에게서 돌연변이가 가장 빈번하게 발견되는 유전자인 p53의 기능에 부정적 영향이 발생하여 암이 생길 위험성이 커질 수 있다는 내용의 논문 두 편이 발표되었다. 이러한 분석 결과에 얼마나 무게를 두어야 하는가를 두고 많은 의견이 오갔다. p53을 "유전체 수호자"라고 칭한 데이비드 레인David Lane은 테레사 호Teresa Ho와 함께 "이제 다 끝났다는 결론을 내리기보다는 경고로 받아들여야 한다"는 견해를 밝혔다. "과거에도 치료법을 찾으려는 모든 노력에 이러한 우려가 제기됐고, 앞으로도 그럴 것"이라는 의견도 덧붙였다.[31] 75세 암 환자를 대상으로 환자의 목숨을 구하기 위해 T세포를 이식하는 유전체 편집 기술을 적용하는 것과 멘델의 유전 법칙에 따라 결함 유전자를 갖고 태어난 아기의 세포를 유전체 편집으로 바로잡는 것에는 상당한 차이가 있다.

크리스퍼 업계는 이와 같은 우려에 원만하게 대처했다. 2020년 7월 기준으로 대형 생명공학 회사 세 곳의 시가총액은 모두 합쳐 100

억 달러로 추산됐다. 하지만 혁신적인 크리스퍼 기술의 진짜 주인이 누구인지는 여전히 풀어야 할 숙제로 남았다.

"몇 년 전에 나는 동료 에마뉘엘 샤르팡티에와 함께 새로운 유전체 편집 기술을 개발했습니다. 크리스퍼-카스9이라는 기술입니다."[1] 2015년 런던에서 열린 TED 강연에서 다우드나는 눈썹을 여러 번 추켜올리며 이 말을 무심히 던졌다. 다른 여러 연구자들의 치열한 노력은 물론 10억 년에 걸쳐 일어난 진화까지 가볍게 정리한 말이었다. 이 말은 대중문화계에 꽤 깊은 인상을 남긴 것 같다. 2019년 11월, 방송인 알렉스 트레벡Alex Trebeck이 진행을 맡은 퀴즈쇼 〈제퍼디 Jeopardy〉에는 다음과 같은 질문이 퀴즈로 등장했다.

제니퍼 다우드나와 에마뉘엘 샤르팡티에는 인체의 이것을 편집하는 혁신적인 도구인 크리스퍼의 공동 발명자다.*

여러분이 혹시 잊었을까 봐 다시 한 번 이야기하자면 크리스퍼
는 수억 년 전에 세균이 만들어 낸 것이다. 하지만 유전체를 편집하
는 기술로서 크리스퍼를 발명한 사람이 법적으로 누구인가라는 질
문은 아주 현실적이고 중요한 문제다. 잠재적 가치가 수십 억 달러
인 기술의 상업적 권리가 달린 일이기 때문이다. 법학 교수인 제이
콥 셔코우Jacob Sherkow는 "지난 수십 년간 벌어진 생명공학 기술의 특
허권 분쟁 중에서 가장 큰 분쟁"이라고 언급했다.[2] 이 갈등의 중심에
는 장평의 본거지인 브로드 연구소와 버클리에서 다우드나가 샤르
팡티에와 협력 연구를 진행한 곳이자 그 연구의 주최 기관이었던 캘
리포니아 대학교가 있다.

크리스퍼 유전자 편집이라는 획기적인 기술은 누가 '발명'했을까?
단일 가닥 RNA를 고안하고 카스9을 프로그래밍하면 DNA의 맞춤형
절단이 가능하다는 사실을 대서양 너머로 협력하여 2012년 6월에 밝
힌 두 연구진일까? 아니면 그로부터 7개월 뒤에 크리스퍼-카스9으로
인간 DNA의 편집이 가능하다는 사실을 최초로 입증한 연구진? 이들
만큼 이름이 알려지지 않은 다른 도전자들은 어떤가? 가령 2012년 3
월에 특허 신청서를 제출한 비르기니유스 식스니스는? 셔코우는 트
라이베카에 자리한 뉴욕 대학교 법학대학의 작은 사무실에서 이 장
대한 이야기의 굵직굵직한 핵심을 내게 열심히 짚어 주었다.

---

* 정답은 '유전자'다.

다우드나와 샤르팡티에 팀이 발표한 연구 논문에 크리스퍼-카스9의 유전자 표적화에 관한 설명이 처음 등장하므로 발명자는 이 두 사람이라고 생각하는 사람도 있을 것이다. 크리스퍼의 발명자를 밝히기 위한 일련의 사건이 12개월만 늦게 시작됐다면 이야기는 그렇게 끝이 났을 것이다. 2013년 4월부터 미국의 특허권 기준은 '최초 신청자'로 변경됐다. 그전까지는 '최초 발명자'가 기준이었다. 크리스퍼 기술에 관한 핵심 연구 결과가 처음 발표되고 8년이 지난 지금까지도 최초 발명자에 관한 확실한 답은 나오지 않았다. 다우드나와 샤르팡티에는 지넥, 칠린스키와 함께 〈사이언스〉에 논문을 제출하기 얼마 전인 2012년 5월에 미국 특허의 임시 출원을 신청했다.[3] 이 서류에 명시된 특허권의 공동 소유자는 캘리포니아 대학교와 비엔나 대학교, 그리고 흥미롭게도 샤르팡티에였다. 샤르팡티에의 활동 중심지인 스웨덴은 연구자가 자신이 발명한 것에 관한 모든 권리를 갖는 일명 '교수의 특권'이 보장된다. (따라서 샤르팡티에는 자신이 만든 기술의 공동 발명자이자 공동 소유자가 되었다) 서류에 명시된 세 명의 소유자는 CVC라는 영문 약자로도 불린다.

이것이 크리스퍼 기술을 언급한 최초의 특허 신청은 아니었다. 2004년 4월, 바랑고우와 호바스가 속한 다니스코 연구진은 크리스퍼 부위의 염기서열을 분석하고 유제품 검체에 락토바실러스 아시도필루스의 변종이 존재하는지 확인하는 방법을 발표했다. "특허권이 걸린 크리스퍼 기술은 서로 맞붙는 과정에서 생겨난 것이 아니라 서로 멀찍이 떨어져 있는 큰 통에서 뭉근하게 배양됐다." 서코우는 이렇게 묘사했다.[4] 에릭 손테이머와 루시아노 마라피니가 제출한 신청서도 주목해야 한다. 손테이머는 "지금까지 내가 쓴 것 중에 가장 잘 쓴 신청서"라는 그 신청서를 찾느라 매사추세츠 의과대학교의 사무실에서 컴퓨터에 저장된 파일들을 열심히 뒤졌다.

2009년 1월에 손테이머는 '진핵세포의 RNA 기반 DNA 표적화'라는 제목으로 국립보건원에 총 5년간 180만 달러를 지원해 달라는 신청서를 제출했다. "크리스퍼를 진핵세포로 옮길 수 있다면 크리스퍼 간섭이라는 독특한 기능을 활용할 수 있을 것이다." 당시 손테이머가 쓴 설명이다. "작은 RNA 분자를 도입해서 손쉽게 프로그래밍할 수 있다(또한 원할 경우 재프로그램도 가능할 수 있다)." 왓슨과 크릭이 밝혀내 잘 알려진 염기쌍의 규칙을 적용하여, 표적 DNA를 인식하는 RNA로 고등생물의 유전체 구조와 활성을 조작하는 것이 연구 목표였다. 그는 이 기술이 "생명공학과 의학에 큰 변화를 일으키고 획기적인 잠재력이 될 가능성이 있다"고 밝혔다.[5] 손테이머가 연구하던 곳과 멀지 않은 곳에서 노벨상 수상자 크레이그 멜로가 공동 개발한 RNA 간섭 기술과 평행선상에 있는 이 '크리스퍼 간섭' 기술은 24개에서 48개의 염기로 구성된 스페이서 부분이 염기서열에 특이성을 부여한다는 흥미로운 특징이 있다. 손테이머와 마라피니는 "세균에 자연적으로 존재하고 매우 특이적으로 작용하는 RNA 기반 DNA 표적화 기능"을 찾아냈고, 이 발견으로 "진핵세포에서 재프로그래밍이 가능한 유전체 표적화 시스템"으로 향하는 길이 열렸다.

손테이머가 제출한 연구 계획서에는 크리스퍼를 진핵세포로 옮겨서 특정 유전자를 표적으로 찾는 기능을 시험할 예정이라고 나와 있다. 처음에는 효모를 대상으로 소규모 실험을 실시한 후 초파리 연구로 확장했고 연구 지원금이 제공된 마지막 두 해인 2012년과 2013년에는 포유동물 세포에서 실험을 진행한다는 계획이었다. RNA 기반 유전체 표적화는 "생물의학 연구와 생명공학, 유전의학, 줄기세포 치료에 변화를 가져올 잠재성이 있다"는 견해도 밝혔다. 현 시점에서 보면 지나치게 성급한 전망이었다. 그가 쓴 이 제안서는 "계란으로 바위 치기"였고 지원 대상에서 탈락했다. 함께 신청한 특허도 마찬가지였다. "비전과 아이디어는 있었지만, 실행 가능한 형태로 정리하지 못했다." 손테이머는 애석함이 느껴지는 말투로 전했다.[6]

CVC가 〈사이언스〉에 논문을 제출하기에 앞서 특허를 신청하고 (신청번호 '772) 6개월 뒤인 2012년 12월, 장펑이 진핵세포의 크리스퍼 편집 기술에 특허를 신청함으로써 브로드 연구소도 경쟁에 합류했다. 브로드 연구소의 변호인단은 미드홀이라는 유명한 술집에서 단돈 70달러로 칵테일을 한 잔씩 돌리는 훌륭한 수완을 발휘한 덕분에 특허권 '신속 심사' 과정을 밟게 되었고, 캘리포니아 대학교가 제출한 신청서보다 먼저 처리됐다. 그러나 2014년 1월, 미국 특허청은 CVC의 신청 건이 "선행 기술"이라고 언급하며 장펑의 신청을 잠정 기각했다. 장펑은 재빨리 40쪽 분량의 '개인 진술서'로 반박했고, 결과는 성공이었다. 3개월 뒤인 4월에 특허청은 브로드 연구소에 특허번호 8,697,359를 부여했다. 이 결정이 알려지자 생명공학 분야 전체가 큰 충격에 빠졌다. 다우드나는 장펑을 비롯한 스타 군단과 함께 세운 회사인 에디타스의 자문위원에서 사임했다. CVC는 이 기술을 발명한 주체를 특허청이 가려 줄 것을 요청하는 저촉심사를 신청했다.

브로드 연구소 측은 2016년 5월 특허청에 '우선권 진술서'를 제출하는 것으로 대응했다. 장펑이 2011년 2월에 서명한 '기밀 발명 기록'이라는 제목의 브로드 연구소 내부 문건이 증거물로 제시됐다. 이 문서에서 장펑은 2011년 2월 4일, 길모어의 강연을 들은 직후에 크리스퍼 유전자 편집에 관한 아이디어를 처음 떠올렸고 4일 뒤에 그 아이디어를 처음 문서로 기록했다고 밝혔다.[7] 이와 함께 장펑은 다음과 같이 설명했다.

> 본 발명의 기반이 된 핵심 개념은 수많은 미생물에서 발견되는 크리스퍼 (반복서열)이다. 크리스퍼 복합체와 연관된 효소는 짧은 RNA 염기서열을 이용하여 숙주 유전체에서 특정 표적 부위를 인식하고 특정 부위를 절단한다. 본 발명의 중심이 되는 새로운 특징은 결합 부위별로 DNA 결합 단백질(즉 아연 손가락 핵산분해효소나 전사 활성자 유사 효과기 핵산분해효소)을 설계하는 방식에 의존하지 않고 다양한 염기서열에 특이적으로 결합하는 크리스퍼 스페이서 단위를 활용하여 여러 부위를 손쉽게 표적화할 수 있다는 점이다.

브로드 연구소는 여론을 자극할 만한 효과적인 캠페인도 시작했다. 연구소의 커뮤니케이션 부서장 리 맥과이어Lee McGuire의 의견으로 "크리스퍼 자체는 특허를 낼 수 없다"는 주장을 펼친 것이다. "카스9은 자연적으로 존재하는 단백질이며 세균에서 자연적으로 일어나는 과정의 일부분이다. 포유동물 세포에서는 이 과정이 자연적으로 일어나지 않는다. (장펑이) 특허를 출원한 것은 자연적으로 존재하는 것을 살아 있는 포유동물 세포의 유전체 편집에 활용할 수 있도록 특이적으로 변형한 구성 요소와 조성이다."[8] CVC나 그보다 먼저 제출된 식스니스의 신청서에는 결점이 있었다. 브로드 연구소는 이 두 건의 신청이 "정제된 카스9 단백질과 정제된 특정 RNA가 시험관에 담긴 수용액에서 짧은 DNA 조각을 자를 수 있다"는 사실을 입증한 것에 불과하다고 주장했다. 그리고 큰 일격을 가했다. 두 신청 건 모두 "세포나 유전체, 편집에 관한 연구 결과는 포함되어 있지 않다"고 밝힌 것이다.[9]

세포, 유전체, 편집 중 어느 것도 없다는 말은 CVC의 항소에 대한 강력한 반박이었다. 이 주장은 법정에서 어떤 영향을 발휘했을까?

❊❊❊❊

2016년 12월, 비가 내리던 어느 토요일 오전에 드디어 결전이 시작됐다. 셔코우와 로버트 쿡 디건Robert Cook-Deegan을 포함한 법률학자와 법률 대리인, 기자들은 버지니아 주 알렉산드리아의 특허청 본사 문이 열리기 한 시간도 더 전부터 질서정연하게 줄을 서서 기다렸다. 이제는 특허권에 '최초 신청자' 규정이 적용되는 만큼 이와 같은 법정 드라마도 지나간 과거의 일로 남을 것이므로 그 역사적인 순간을 목격하고자 찾아온 사람들이었다.[10] 이토록 많은 사람들이 찾아와 방청석을 금방 가득 채우고 못 들어간 사람들을 위해 마련된 대기실 두 곳까지 채워지는 상황은 특허 심판원들도 예상하지 못했다. "미국 특허청 역사상 아마도 방청객이 가장 많이 찾아온 저촉심사였을 것입니다." 서코우의 설명이다.

이날 열린 청문회는 크리스퍼 유전체 편집 기술을 누가 발명했는지 판단하는 것이 아니라 특허 심판관 세 명이 서코우의 표현을 빌리자면 "사태 파악"을 하는 것이 목적이었다. 즉 심판관이 각기 다른 시점에 각기 다른 두 가지 발명이 이루어졌다는 결론을 내리면 누가 먼저 특허를 신청했는지 따질 필요가 없게 된다. 그러나 동일한 발명을 두고 양쪽의 분쟁이 벌어졌다고 판단하면 모든 것이 백지화된다. 서코우는 예를 들어 벨 연구소가 바로 이런 이유로 저촉심사에 휘말릴 때를 대비해 문서화된 증거를 확보해 두기 위해 매일 자사 엔지니어 전원에게 그날 작성한 노트의 모든 페이지에 날짜를 기입하고 서명한 후에 퇴근하도록 하는 요건을 적용한다고 설명했다.

분자생물학 박사학위 소지자인 데보라 카츠Deborah Katz가 중심이 된 세 명의 특허 심판관은 CVC 변호인을 향해 날카로운 질문을 쏟아냈다. 변호인은 다우드나의 발견이 시험관에 담긴 DNA에 국한되지만, 사람을 비롯한 모든 생물에 적용할 수 있다는 사실을 추정할 수 있는 결과라고 주장했다.[11] 캘리포니아 대학교가 제출한 연구 논문과 이메일, PDF 문서, 특허, 그 밖에 다른 서류들로 구성된 수백 장의 자료 중에는 두 명의 전문가가 작성한 목격자 진술서가 포함되어 있었다. 한 명은 노벨상 수상자이자 버클리 졸업생으로 말단 소립(염색체 말단이 닳지 않도록 보호하는 DNA 보호 장치)을 발견한 캐럴 그레이더Carol Greider였고, 다른 한 명은 유전자 편집 기술의 선구자인 다나 캐럴이었다. 캐럴은 시간당 500달러를 받고 거의 200쪽 분량의 정리 자료를 작성했다.

청문회에서는 크리스퍼를 이용한 인체 세포의 유전자 표적화 기술이 등장한 초창기에 캐럴과 다른 전문가들이 제시한 여러 전망을 집중적으로 검토했다. 캐럴이 2012년 9월에 낸 의견에는 크리스퍼 유전체 편집 기술이 사람의 세포에 쓰일 것이라는 예상이 나와 있다. 이 자료의 결론에서 캐럴은 다음과 같이 언급했다. "크리스퍼 시스템이 차세대를 넘어 더욱 새로운, 표적화가 가능한 절단 시약이 될 것인지는 지켜봐야 할 일이지만, 시도해 볼 만한 가치는 충분하다. 계속 주목해 보자."[12]

날짜별로 정리한 크리스퍼-카스9 특허 분쟁

2012	3월 20일	식스니스의 특허권 신청('739)
	5월 25일	CVC의 특허권 신청('772)
	12월 6일	밀리포어시그마MilliporeSigma 사의 특허권 신청
	12월 12일	브로드 연구소, 첫 번째 특허 신청('527)
2013	3월 15일	CVC의 특허권 신청('859)
2014	4월 15일	브로드 연구소, '527 특허권 취득
	7월 7일	록펠러 연구소, 크리스퍼 특허권 신청
2015	4월 13일	CVC의 "저촉심사 제안서" 제출
2016	1월 11일	특허청, 저촉심사 공표
	12월 6일	특허심판원 저촉심사 구두 청문회 실시
2017	2월 15일	특허심판원 저촉심사 결과 발표, 브로드 연구소 승
	3월 23일	유럽특허청EPO CVC 특허권 인정
	4월 12일	CVC, 미국 연방법원에 저촉심사 항소
2018	1월 18일	EPO, 브로드 연구소의 유럽 특허('468) 취소

2018	4월 30일	저촉심사 구두 청문회 실시
	6월 19일	특허청, CVC의 첫 번째 특허권('772) 인정
	9월 10일	법원, 특허심판원의 저촉심사 결정 인정
2019	2월 8일	특허청, CVC의 '859 특허권 인정
	6월 24일	특허청, 저촉심사 공표
2020	1월 16일	EPO, 브로드 연구소의 유럽 특허('468) 항소 기각
	2월 7일	EPO, CVC의 특허권 인정
	5월 18일	특허심판원 청문회

* CVC: 캘리포니아 대학교, 비엔나 대학교, 샤르팡티에

놀라운 사실은, 특허 심판관들이 "계속 주목해 보자"라는 캐럴의 말이 어떤 의미인지 분석을 시도했다는 점이다. 크리스퍼가 인체 세포에서도 기능할 것인지는 알 수 없다는 회의적인 의미였을까 아니면 시간문제일 뿐 반드시 가능하다는 의미였을까? 심판관들은 캐럴이 작성한 다른 논문의 일부도 발췌했다. "카스9이 염색질 표적에서 효과적으로 작용하리라고 보장할 수 없다"는 내용이었다. 이를 종합하여, 특허 심판관들은 다음과 같이 밝혔다. "'보장할 수 없다'는 표현은 성공이 예상된다는 의미로 볼 수 없다." 특히 해당 기술 분야에서 통상의 지식을 가진 사람의 견해라면 더욱 그러하며, 따라서 캐럴은 "해당 시스템이 기능하리라는 합리적인 기대를 하지 않았다"고 단호히 결론 내렸다. 그저 형식적인 표현이었다면, 〈사이언스〉 편집부가 다우드나와 샤르팡티에의 위대한 연구 결과를 게재하고 6개월 뒤에 장펑과 처치의 논문을 또 싣기로 결정한 이유가 무엇인지도 생각해 봐야 한다.

브로드 연구소와 CVC의 특허권 분쟁을 통해 일반에 공개된 수백 건의 문서와 증거물 중에는 다우드나가 2015년 2월에 받은 흥미로운 이메일도 포함되었다. 2011년 10월부터 2012년 6월까지 9개월간 브로드 연구소에서 머물렀던 중국인 학생이자 〈사이언스〉에 발표된 장펑의 논문에 공동 저자로 포함된 린 슈알리앙Lin Shuailiang이 보낸 이메일이었다. 린은 장펑의 연구실에서 나온 크리스퍼 연구 결과의 출처에 의혹을 제기했다. 특허청의 결정은 "말도 안 되는 일"이라고 언급하면서 "장펑은 저뿐만 아니라 과학의 역사에도 부당한 일을 저질렀다"고 주장했다.

> 저는 2011년 장펑의 연구실에 방문 연구생으로 왔고, 그곳에서는 부수적인 프로젝트였던 크리스퍼 연구를 첫날부터 단독으로 진행했습니다. 당시에 저를 제외한 모든 연구원이 중점적으로 진행한 것은 탈렌 연구입니다. 2012년 6월에 박사 과정을 밟기 위해 중국에 돌아갈 때까지 크리스퍼 연구는 제가 계속 맡았습니다. (……) (〈사이언스〉에 실린) 선생님의 논문을 본 후, 장펑과 르 콩이 저에게는 알리지도 않고 곧장 크리스퍼 연구에 뛰어들었어요. 제가 작성한 실험노트, 이메일, 그 밖에 다른 문서들…… 실험하면서 실패한 과정을 단계별로 전부 기록해 둔 것들까지…… 선생님의 논문을 보기 전까지는 생각하지도 못한 연구였어요. 참으로 유감스러운 일입니다. 하지만 우리는 진실을 밝혀야 할 책임이 있다고 생각합니다. 그게 과학이니까요.[13]

브로드 연구소는 린의 주장이 사실이 아니며, 린은 비자가 만료되어 연구소에서 더 이상 일하지 못하고 떠났다고 밝혔다. 나중에 린은 샌프란시스코의 나노의학 분야 생명공학 회사 리간달Ligandal에 입사했다. 이 회사의 웹 사이트에는 린이 "세계 최초로 크리스퍼를 연구한 과학자"라는 설명이 있다.

)(●)(

2017년 2월 15일, 특허심판원은 '저촉 사실'이 발견되지 않았고, 브로드 연구소의 특허와 CVC가 신청한 특허권에 유의미하게 중복되는 내용은 없다는 판결을 발표했다. 장평과 브로드 연구소의 손을 들어 준 것이다.[14] 또한 장평이 발명한 크리스퍼 유전체 편집 기술은 "해당 분야에 관한 통상의 지식을 가진 사람도 크리스퍼-카스9 시스템이 진핵생물의 환경에서 성공적으로 기능하리라는 합당한 기대를 하지 '못했다'는 점"에서 "자명한 결과가 아니다."라고 밝혔다. 브로드 연구소에 부여된 특허권은 상대측의 특허권 신청 내용과 중복되지 않으므로 계속 유지된다는 의미였다. 서코우는 "양측의 연구가 동시에 이루어졌고 거의 동일한 지역에서 연구가 실시되었지만, 적어도 특허권을 신청한 내용은 저촉되지 않는다고 본 것"이라고 요약했다.[15] 판결 이후 에디타스의 주식 가격은 30퍼센트가 치솟고 시가 총액도 10억 달러를 돌파했다.

그로부터 3개월 뒤에 나는 빌뉴스에서 식스니스와 처음 만났다. 그의 책상 위에는 갓 도착한 페덱스 우편물이 놓여 있었다. 내가 떠나기 전에 식스닉스는 우편물을 열어 보았다. 2012년 3월에 신청한 '카스9-crRNA 복합체를 통한 RNA 기반 DNA 절단' 기술의 미국 특허권이 승인됐다는 공식 문서였다. 다우듀폰(현재 코르테바) 사는 곧바로 식스닉스의 지적재산권에 대한 라이선스를 확보했다.

CVC는 '알렉산드리아 전투'에서 패배했지만, 이 전쟁에서 반드시 승리하리라는 단호한 결심은 꺾이지 않았다. 다우드나는 평결이 나온 후 이 점을 분명히 밝혔다. "그 사람들은 녹색으로 만든 테니스공에 특허권을 준 겁니다. 우리는 모든 테니스공의 특허를 갖게 될 것이고요."[16] 선수들은 다시 뭉쳐서 격전이 예고된 다음 경기를 준비했다.

두 달 뒤에 CVC는 미국 연방법원에 항소하고 다우드나와 샤르팡티에가 인체 세포를 포함한 "모든 환경에서 활용할 수 있는 크리스퍼-카스9 시스템을 최초로 개발했다"는 사실이 명확히 밝혀질 것이라고 자신했다.[17] 그러나 힘겨운 전투였다. 연방법원이 할 수 있는 역할은 사건 자체를 다시 평가하는 것이 아니라 특허심판원의 결정에 법률적인 오류가 없는지 평가하는 것에 불과하기 때문이다. 2018년 4월에 열린 항소 청문회에서 캘리포니아 대학교 측 변호인으로 참석한 도널드 베릴Donald Verrilli 전 법무차관은 다우드나와 동료 연구자들이 고등생물에 유전체 편집 기술을 적용할 수 있다는 사실을 입증하지 않았다면 2013년 초에 발표된 여러 관련 연구에 다른 기술이 사용됐을 것이라고 주장했다. "캘리포니아 금광에 너도나도 몰려든 상황과 같습니다." 경쟁 연구를 시작한 연구자들은 모두 유전체 편집 기술의 기능을 증명하는 것부터 시작했다. "이 기술에

변화가 필요하다고 판단했다면, 다들 그때 바꾸려고 했을 겁니다." 베릴의 설명이다.[18]

그러나 세 명의 판사에게 이런 주장은 먹히지 않았다. "공통 기술부터 시작해 봅시다." 킴벌리 무어Kimberly Moore 판사는 이렇게 선언하고, 다우드나와 동료 연구자들이 크리스퍼 기술을 인체 세포에 적용하는 일에 좌절감을 표출한 점을 주목했다. 예를 들어 버클리 화학대학 잡지에 실린 인물 소개 기사에서 다우드나는 다음과 같이 공개적으로 인정한 적이 있다. "2012년에 나온 우리 논문은 매우 성공적인 일이었지만, 한 가지 문제가 있었습니다. 크리스퍼-카스9이 진핵생물에서 기능할 것인지는 확신하지 못했다는 것입니다."[19] 이들이 밝힌 기술을 시작으로 2013년 초에 인체 세포에서도 유전체 편집이 비교적 쉽게 이루어질 수 있다고 밝힌 연구 결과가 봇물처럼 쏟아진 것은 사실이다. 그러나 무어 판사는 "알고 보니 쉽게 적용할 수 있는 것으로 드러났는가?"가 아닌 "그 당시에 숙련된 기술을 보유한 사람들의 인식은 어떠했나?"가 핵심이라고 보았다.

2018년 9월 10일, 연방법원은 특허심판원의 결정을 그대로 인정한다는 판결을 내렸다. 서코우는 법적으로 보면 올바른 판결이나, 생물의학 분야에서 실제로 연구가 이루어지는 방식이 제대로 반영된 판단인지는 확신할 수 없다고 밝혔다. 그리고 "캘리포니아 대학교는 다른 연구들이 자신들의 기술을 응용한 것이라고 계속 고발했지만, 특허심판원의 판결과 식스니스의 특허권으로 진퇴양난에 빠졌다."라고 설명했다.[20] 법원의 판결로 게임은 끝났다고 본 기자들도 있었다. NPR은 "동부해안 과학자들"이 승리를 거두었다고 선언했다.[21]

하지만 너무 성급한 판단이었다. 2019년 2월에 미국 특허청이 6년간 잊혔던 CVC의 '859 특허 신청을 승인하면서 또 한 번 놀라운 반전이 일어났다. 특허청에 새로 합류한 심사위원은 별다른 의견 없이 이 특허권을 즉각 인정했다.[22] 2019년 말까지 CVC는 20여 건의 크리스퍼 관련 특허권을 인정받았고, 승인 결정이 나올 때마다 보도자료를 내며 그 상황을 의기양양하게 전했다. 하지만 의문은 남았다. CVC에 부여된 주요한 특허권이 과도하게 브로드(광범위)한 것은 아닐까(일부러 말장난을 한 것은 아니다)? 이 특허권은 실행 가능성이 있어야 한다는 요건을 충족하는가? 다른 사람들도 유전체를 편집할 수 있을 만큼 상세한 정보가 담겨 있었나?

미국 특허청은 2019년 6월에 이 분쟁을 해결하기 위해 자체적인 저촉심사를 실시한다고 발표했다. 브로드 연구소(선순위 권리자)가 보유한 12건의 특허, 그리고 CVC에 부여된 10건의 특허가 맞붙은 상황이었다.[23] 후순위 권리자인 CVC에게는 여전히 쉽지 않은 싸움이었다. 서코우는 단일 가이드 RNA의 우선권이 누구에게 있느냐가 이 갈등의 핵심이라고 설명했다.

캘리포니아 대학교와 브로드 연구소가 수백만 달러를 쏟아부어가며 이렇게 진 빠지는 특허 분쟁을 벌이는 이유가 무엇인지 많은 사람들이 의아하게 생각한다. 비용은 회사에서 나왔다. 즉 에디타스가 브로드 연구소를 대신해 수천 만 달러에 달하는 수임료를 부담했다. 행크 그릴리Hank Greely는 크리스퍼에 노벨상이 주어질 것이 분명한 상황에서, 노벨 위원회가 특허권 싸움에서 진 쪽에 상을 줄 가능성은 낮다고 판단한 것이 "브로드 측이 소송에 매달린 이유 중 하나일 수 있다"고 밝혔다.[24] 브로드 연구소는 수년간 합의할 의사를 내비쳤지만 캘리포니아 대학교가 타협에 전혀 관심을 보이지 않았다고 주장했다. 실제로 CVC는 다우드나의 논문이 발표되기 전까지 장펑이 tracrRNA를 사용하지 않았다는 의혹을 제기하는 문서를 제출하는 한편, 브로드 연구소가 미국과 유럽에서 취득한 특허권 중 일부는 저작권이 다르다는 사실을 지적했다.[25]

가장 최근인 2020년 5월에 열린 특허심판원 청문회에 대비하여, 브로드 연구소는 노스웨스턴 대학교의 화학과 교수 채드 머킨Chad Mirkin이 작성한 전문가 보고서를 제출했다. 구성원이 70명이나 되는 대형 연구실을 이끌고 있는 머킨은 자신의 기본 컨설팅 요금에 해당하는 시간당 1,600달러의 어마어마한 비용을 받고 브로드 연구소 측 주장을 뒷받침하는 견해를 밝혔다. 그는 CVC가 먼저 발표한 연구 내용으로는 "해당 분야에서 통상의 지식을 가진 사람"으로 볼 수 있는 누구도 포유동물 세포에서 유전체 편집을 성공적으로 해낼 수 없었을 것이라고 주장했다. 그러나 캘리포니아 대학의 변호인단은 2020년 초에 작성한 증언조서에서 머킨이 크리스퍼 기술을 논할 자격이 있는지 따져 물었고, 결국 머킨은 2016년 전에는 크리스퍼 실험을 한 번도 한 적이 없다는 사실을 인정해야 했다.

이러한 법적인 다툼이 실질적인 영향을 일으켰는지는 불분명하다. 2020년 5월에 두 번째로 열린 특허심판원 공청회에서 심판관들은 속내를 드러내지 않았다. 어느 쪽이 이기든 진 쪽이 다시 시비를 걸 가능성이 크다.

유럽에서는 CVC가 좀 더 유리한 위치였다. 부분적으로는 이 다사다 난한 법정 다툼의 초반에 일어난 흥미로운 사건 덕분이었다. 2012 년에 브로드 연구소가 맨 처음 제출한 특허권 신청서에는 공동 발명 자로 4명의 이름이 포함되어 있었다. 장펑과 르 콩, 페이 앤 랜 그리 고 마라피니다. 모두 2013년 〈사이언스〉 논문에 공동저자로 명시된 사람들이다. 그러나 이후에 제출한 '359 특허권 신청서에는 장펑의 이름만 있었다. 2014년 7월에는 록펠러 대학교가 브로드 연구소의 신청 내용과 거의 같은 내용으로 특허권을 신청했고, 여기에는 마라 피니의 이름만 다시 등장한다.[26] 장펑의 이름도 포함되어 있었지만, 그에게 이런 사실을 통지하거나 허락받지 않았고 이는 미국 특허청 이 정한 규정을 위반한 이례적인 일이었다.

이 분쟁을 해결하기 위한 구속력 있는 중재 절차가 비공개로 진 행됐다. 2018년 1월 15일, 브로드 연구소는 자신들이 이겼다고 발표 했다. 2012년 내내 장펑과 협업한 미생물학자 마라피니가 진핵세포 의 편집에 관한 브로드 연구소의 주요 특허권에 공동 발명가로 등재 되지 않았다는 의미다.[27] 브로드 연구소는 보도자료에서 양측의 "어 긋난 견해가 합의점을 찾았다"고 밝혀 문제가 원만히 해결된 것 같 은 인상을 주었다. 하지만 몇 개월 후에 내가 마라피니의 사무실로 찾아갔을 때, 그는 이 일을 언급하기만 해도 나를 무섭게 쏘아보면 서 이 사안에 관하여 '한 마디도 하지 않을 것'임을 대번에 알 수 있 는 반응을 보였다.

그러나 브로드 연구소에게 찾아온 승리의 기쁨은 채 72시간도 가지 못했다. 유럽에서 추진하던 일에 큰 차질이 생긴 것이다. 2017년 3월에 유럽 특허청은 CVC에 미생물, 식물, 동물까지 모든 생물을 포괄하는 광범위한 특허권을 부여했다.[28] 또한 브로드 연구소와 록펠러 대학교의 중재 결과가 나오고 바로 며칠 뒤에 브로드 연구소에 부여했던 특허를 철회한다는 유럽 특허청의 결정이 발표됐다. 아이러니하게도 마라피니가 제기한 이의가 근거였다. 즉 브로드 연구소가 2012년 12월에 제출한 신청서의 발명가 명단이 변경되었으므로, 이 신청 건 자체가 유효하지 않다고 간주한 것이다. 유럽 특허청은 이 확고한 결정과 함께 브로드 연구소가 CVC보다 특허권을 먼저 신청한 것이 아니라는 점도 언급했다. 2020년 1월에 유럽 특허청은 이 결정을 그대로 유지한다고 판결하고, 3주 뒤에는 CVC에 부여된 특허권을 재차 인정했다.[29]

특허권 분쟁은 크리스퍼 분야의 두 대형 기관과 산업계 출신 연구자들을 갈라놓았다. 다우드나는 이 문제에 관한 언급을 피하면서 "과학자로서, 한 명의 사람으로서 매우 실망스러운 일"이라고만 전했다.[30] 이들의 틈에서 기회를 노리는 사람들도 있었다. 2012년 12월 6일에 밀리포어시그마 사의 연구진이 제출한 특허권 신청도 그중 하나로, 자신들이 진핵세포의 크리스퍼 편집을 최초로 실시했다는 주장이 담겨 있다. 아이러니한 사실은 미국 특허청이 이 신청 건에 대해 "CVC의 연구 결과를 토대로 할 때 밀리포어시그마 연구진의 발명은 자명한 결과"라고 판단했다는 것이다. 브로드 연구소의 신청 건에 관한 의견과 정반대되는 내용이다. 밀리포어시그마는

특허청에 CVC 특허권과의 저촉심사를 요구하는 신청서를 제출했다.[31]

앞으로 크리스퍼 기술이 더욱 발전하더라도 이런 사태는 반복되지 않기를 바란다. 보다 최근에 등장한 염기 편집이나 프라임 편집 기술(22장에서 설명한다)의 경우 특허권이 훨씬 명확해 보인다. 이제는 최초 신청자에게 특허권이 부여되므로 최초 발명자가 기준이었던 때보다 다툼이 벌어질 가능성은 낮아졌다. 특허 변호사인 조 스탠가넬리Joe Stanganelli는 이렇게 말했다. "크리스퍼의 특허권을 둘러싼 모든 싸움에서 모두에게 희소식이 하나 있다면, 이런 일이 또 생길 가능성은 희박하다는 것입니다."[32]

이 모든 특허권 분쟁은 무엇을 위한 것일까? 크리스퍼 기술을 취급하는 생명공학 회사들은 앞으로 수년간 유전자 편집을 토대로 한 몇 가지 치료법을 시장에 내놓을 가능성이 높다. 모두 다양한 카스9 단백질을 활용할 것이다. "권리를 침해 받지 않고 이러한 치료제가 환자에게 공급되도록 하려고 돈이 여기저기로 분주히 오갈 것입니다." 현재 일리노이 대학교에 법학교수로 재직 중인 셔코우의 설명이다. 2040년이 되면 어떨까? "크리스퍼 치료법이 시중에 무수히 나올 겁니다. 핵산분해효소, RNA 편집기술을 비롯해 선택지가 어마어마하게 다양해질 것입니다. 그때 지금을 돌아보면 '쓸데없이 돈만 갖다 버렸다'고 이야기하지 않을까요? 분명히 그럴 겁니다. 이건 말도 안 되는 일이에요."[33]

말이 되건 안 되건 지금의 특허권 전쟁은 "내부자들만 아는" 싸움이 되었고 언젠가는 누가 누구에게 기술료를 내야 하는지 중대한 결정이 내려질 것이다. 그러나 2018년에 새로운 위협이 나타났다. 과학자들, 상황을 지켜보던 사람들 중에는 이제 막 피어나기 시작한 크리스퍼 산업 전체가 뿌리째 흔들릴 수 있는 위협이 될 수 있다고 본 사람들도 있었다. 바로 크리스퍼가 임상 현장에 마침내 초조한 첫발을 디딘 사건이다.

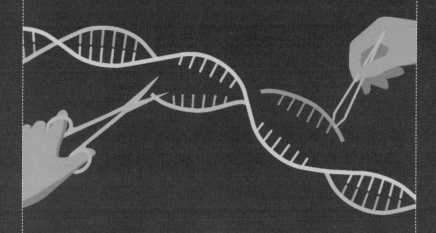

3부

·····

"인류에 관한 연구 중에 인간의 사용 설명서를 해독하는 것보다
더 강력한 연구가 있을까?"
- 프랜시스 콜린스

"인류는 너무나 빠른 속도로 생태계 맨 꼭대기에 올랐고
생태계는 미처 적응할 시간이 없었다.
인간도 마찬가지다."
- 유발 노아 하라리Yuval. Noah Harari

리타: 콜레스테롤, 폐암, 뱃살 걱정은 안 해요?
필: 전 이제 아무것도 걱정하지 않아요.
리타: 비결이 뭐예요? 누구나 뭔가 걱정거리는 있잖아요.
필: 그래서 제가 특별한 거예요. 이제 전 치실도 쓸 필요가 없답니다.
- 영화 〈사랑의 블랙홀〉에서

2018년 4월, 1만 5,000명이 넘는 과학자와 의사들이 미국 암 연구협회의 연례 학술대회가 열리는 시카고에 도착했다. AP 통신의 수석 의학기자 매릴린 마치온Marilynn Marchione은 호텔 로비에서 아는 얼굴과 마주쳤다. 라이언 페렐Ryan Ferrell이었다. 상가모의 홍보 대행사 소속인 페렐은 한 해 전에 상가모가 미국 최초로 생체 외 유전자 편집 임상시험을 시작한다는 소식을 마치온이 독점 보도할 수 있도록 주선해 주었다.[1] 마치온의 기사에는 이 획기적인 기술로 처음 치료를 받은 애리조나의 헌팅턴 증후군 환자 브라이언 마두의 이야기가 나온다.

페렐이 마치온의 보도를 그렇게 주선한 이유는 당연히 상가모가 뉴스 헤드라인을 장식하게 만드는 것이었지만, 동시에 만일의 사태를 대비하려는 목적도 있었다. 믿을 만한 의학기자와 친분을 쌓아 두면 임상시험 중에 혹시 심각한 유해 사례가 발생할 경우 연구진의 입장에서 그에 관한 기사를 써 줄 수도 있다. 시카고에서 마주친 날 페렐은 마치온에게 유전자 편집에 관한 독점 취재 거리가 하나 더 있는데 혹시 관심 있느냐고 물었다. 이번에는 상가모와 관련 없는 뉴스라고 했다. 그러면서 큰 뉴스라고 덧붙였지만, 무슨 내용인지 다 밝히지는 않았다. 무엇보다 두 달 전에 예전에 함께 일했던 중국인 과학자와 저녁 식사를 함께 했다는 사실, 그리고 그 과학자가 임상에 활용할 수 있는 유전체 편집 기술 연구 분야로 옮겨 온 허젠쿠이라는 사실은 전혀 언급하지 않았다. 얼마 전에 허젠쿠이가 페렐에게 보낸 사람 이름을 'JK'라고 쓴 이메일을 한 통 보냈고, 그 안에 폭탄 같은 내용이 담겨 있었다는 사실은 더더욱 이야기하지 않았다.* 페렐이 받은 이메일에는, JK가 지금까지 누구도 감히 시도하지 않았던 일을 했다는 내용이 담겨 있었다. 한 여성이 임신했고, 유전자가 편집된 태아가 배 속에서 자라고 있다는 내용이었다.

페렐은 의학계의 이정표가 될 이 연구 결과를 일반에 공개하는 일을 맡아 달라는 요청을 받았다. 인체 배아의 유전체를 최초로 편집했고, 임신까지 이루어져서 쌍둥이가 태어날 것이라는 소식이 알려지면 상가모의 임상시험은 세상의 관심에서 멀어질 것이 분명했다. 마침 그전부터 시카고의 PR 회사를 그만두려는 마음이 있던 페렐은 7월에 사직 의사를 밝히고 몇 주 뒤 중국 선전 시로 날아갔다.

---

* 허젠쿠이는 'JK'로도 널리 알려졌다. 나도 편의상 이 책에서 그의 이름을 이 약자로도 썼다 (친숙한 느낌을 주려는 의도는 없다). 중국에서는 성을 먼저 쓰고 이름을 쓰는 것이 관습이다.

그리고 JK 연구진의 자문가로 단기 계약을 체결했다.* 크리스퍼 아기에 관한 소식이 알려지면 전 세계 언론이 뒤집힐 것은 불 보듯 뻔한 일이지만, 페렐은 마치온이라면 정확하고 충실히 보도하리라는 믿음이 있었다. 중국의 큰 명절이 지난 뒤인 10월 둘째 주, AP 통신의 중국 특파원 4명이 선전 시 남부과학기술대학에 마련된 JK 연구실을 방문했다. 이들이 JK와 인터뷰하는 동안 사진기자는 발생학자인 친진저우Qin Jinzhou가 PCSK9이라는 유전자에 표적 작용할 크리스퍼를 인체 배아에 주입하는 모습을 카메라에 담았다. JK는 기자들에게 쌍둥이가 아직 태어나지 않았지만, 임신은 성공적이었다고 설명했다. 그리고 카메라를 응시하면서 당당하게 이야기했다. "세상은 배아 유전자 편집의 단계로 넘어갔습니다. 어딘가에서 누군가는 하게 될 일입니다. 제가 아니라도 반드시 누군가 할 것입니다."[2]

마치온은 이 일과 관련된 모든 것을 기밀로 유지하면서 독점 기사의 초안을 쓰기 시작했다. 기사를 공개할 타이밍은 아직 정하지 않았다. JK의 연구에서 마치온이 가장 의미 있다고 생각한 부분은 "인류가 이룩한 도약이라는 부분에서 그 폭이 엄청나다는 점"이었다. 한 과학자가 사상 처음으로 생명의 암호를 고쳐 쓰는 과감한 시도를 했고, 이는 현 세대와 미래 세대의 유전암호에 변화를 일으킬

---

* 이와 같은 의학 분야의 보도가 퓰리처상을 수상한 사례도 있다. 2011년에 〈밀워키 저널 센티널〉의 두 기자는 원인을 알 수 없는 자가 면역 질환을 앓던 니콜라스 볼커Nicholas Volker라는 소년이 유전학적 치료로 목숨을 건졌다는 소식을 단독 보도하고 함께 퓰리처상을 받았다. 하워드 제이콥Howard Jacob과 리즈 워디Liz Worthey가 볼커의 유전체 염기서열을 분석한 후 희귀한 돌연변이를 발견하고 골수 이식을 실시한 결과 볼커는 목숨을 건지고 병의 원인을 찾기 위해 병원을 수없이 헤매던 고생스러운 생활에도 종지부를 찍었다.

것이다.[3] 마치온은 쌍둥이가 태어났다는 소식을 접했지만, 아이들이 정말로 태어났고 JK가 주장한 일들이 진짜로 일어났는지 증거를 확인해 볼 필요가 있었다. 흔치는 않지만, 과학자가 사기 행각을 벌이기도 하니까. 만약 이 모든 일이 터무니없이 허황된 거짓말이라면?

JK는 세계 최초로 탄생한 유전자 편집 아기의 유전자 편집과 출생 과정을 상세히 밝힌 논문을 〈네이처〉에 제출할 계획이었다. 그가 쓴 원고의 맨 앞 장에는 10명의 공동 저자가 나열됐다. 미국에서 박사 공부를 할 때 지도교수였던 텍사스 주 휴스턴의 라이스 대학교 교수 마이클 딤Michael Deem도 포함되어 있었다. JK는 〈네이처〉가 "선전 시의 발전 속도만큼 눈부신 속도"로 검토를 끝내고 게재 결정을 내려 주리라 기대했다. 페렐은 2018년 11월 말 홍콩에서 개최된 유전체 윤리학 정상회의 직전에 JK의 논문 초안을 마치온에게 보냈다. 배양접시에서 수정된 시험관 아기, 루루와 나나의 유전자는 10억여 년의 역사를 가진 세균의 효소를 이용한 서투른 유전자 편집 기술로 인간의 손에 의해 조작됐다. 이 내용이 전부 사실이라면 마치온의 손에 들어온 건 그야말로 세기의 특종이었다.

쌍둥이의 출생 사실을 개별적으로 확인해 볼 방법은 전혀 없었다. 두 아이들과 가족, 이들이 사는 곳은 전부 엄중한 기밀 정보였다. 그럼에도 마치온은 JK가 직접 쓴 논문에 담긴 결과가 사실인지 확인해야 한다고 생각했다. 마치온도 AP 통신의 편집진도 정해진 원칙은 반드시 지키는 방식을 고수했다. "우리는 (JK의) 주장이 충분한 근거를 바탕으로 타당하다는 판단이 내려진 후에만 또는 그가 직접 어떤 식으로든 먼저 일반에 알린 후에만 기사를 내보낸다는 계획을 세웠습니다." 마치온은 내게 이렇게 전했다.[4] JK는 홍콩 정상회의에서 연설할 예정이었으니 전 세계의 관심을 단번에 모을 절호의 기회였다. 발표가 다 끝난 줄 알았을 때 "그리고 한 가지가 더 있습니다……"라는 말로 모두의 관심을 단번에 끌어 모은 스티브 잡스만큼, JK도 세상의 주목을 받을 수 있는 기회를 절대 놓칠 리 없었다.

마치온은 자신이 받은 초안의 요약본을 의학계와 과학계 전문가 세 명에게 극비리에 보냈다. 조지 처치와 펜실베이니아 대학교의 심장 전문의 키란 무수누루Kiran Musunuru 그리고 스크립스 연구소의 심장 전문의 에릭 토폴Eric Topol이었다. 무수누루는 첨부된 파일을 여는 순간 심장이 내려앉는 기분이었다고 전했다. 그때의 일을 "영혼이 무너지는 순간"이라고도 표현했다.[5] 사기보다 더 나쁜 일이었다.

상황은 속수무책으로 돌아갔다. 마치온은 홍콩에 도착하자마자 〈MIT 테크놀로지 리뷰〉에 실린 속보를 접했다. 뉴스를 전한 기자는 아이들이 태어났는지 여부는 알아내지 못했지만, JK가 유전자가 편집된 배아로 임신을 시도했으며, 이 연구로 역사를 바꾸려 한다는 사실은 알아냈다. 정상회의 전날 내가 홍콩에 도착했을 때 세상은 이미 변해 있었다. 택시를 타고 호텔로 가는 동안 #크리스퍼아기#CRISPRbabies라는 해시태그가 이미 널리 퍼졌다는 것을 보았고 나는 평정심을 유지하려고 애썼다.

〈MIT 테크놀로지 리뷰〉의 집요하고 끈질긴 과학기자 안토니오 레갈라도는 키가 크고 마른 몸에 볼이 쑥 들어간 모습에 두 눈에서 특종을 위해서라면 밤새우는 것도 마다하지 않는 열정적인 기자의 면모가 느껴진다. 예일 대학교에서 물리학을 전공한 후 뉴욕 대학교 언론학부에서 공부하고 〈월 스트리트 저널〉에서 9년간 일했다. 흠잡을 곳 없는 경력이었지만, 레갈라도는 슈퍼마켓에 진열된 타블로이드 신문에서 많은 영감을 얻는다고 털어놓았다. "저는 이런 생각을 합니다. 내가 쓰는 기사가 〈MIT 테크놀로지 리뷰〉와 〈위클리 월드 뉴스〉에 동시에 실릴 만한 이야기일까?" 물론 그도 독자가 방금 읽은 내용이 사실인지 아닌지도 확실하게 알 수 없는 기사는 없어지기를 바란다. "하지만 그런 생각을 하는 것도 사실이에요. 저에게는 가장 큰 만족감을 주는 부분입니다."[6] 스탠퍼드 대학교의 행크 그릴리는 우스갯소리로 이렇게 표현했다. "우드워드와 번스타인을 합친 것 같은 기자가 되고 싶은가 봅니다(워터게이트 사건을 함께 보도한 밥 우드워드[Bob Woodword]와 칼 번스타인[Carl Bernstein]을 가리킨 말이다—옮긴이)."[7]

인간 배아의 편집이라는 엄청난 기사를 준비하면서, 레갈라도는 월터 그레츠키[Walter Gretzky]가 어릴 때부터 큰 재능을 뽐내던 아들 웨인에게 했던 조언을 따르기로 했다(월터 그레츠키는 아이스하키의 전설로 불리는 웨인 그레츠키의 아버지다—옮긴이). "하키 퍽이 가는 곳으로 가면 된단다." 인간 배아의 유전체를 편집한 연구 결과를 처음으로 밝힌 10편의 논문 중 8편은 중국의 연구소에서 나왔다. 중국은 서양의 여러 국가들에 비하면 법적 제약이나 감시가 덜하다고 여겨지는 만큼,[8] 레갈라도는 유전자가 편집된 아이를 만들려는 시도도 당연히 중국에서 가장 먼저 나오리라 확신했다. 홍콩 학회가 열리기 한 달 전인 2018년 10월에 이 직감을 본격적으로 확인해 볼 기회가 찾아왔다.

레갈라도는 다큐멘터리 영화를 제작할 예정이라는 두 사람과 함께 중국을 방문했다. 코디 쉬히Cody Sheehy 감독과 이란에서 건너와 피츠버그 대학교에서 연구 중인 의사 겸 과학자 사미라 키아니Samira Kiani가 그의 동행이었다. 레갈라도는 이들이 만들 〈인간 게임The Human Game〉이라는 제목의 다큐멘터리에서 조지 처치, 바이오해커 조시아 제이너Josiah Zayner와 함께 주요 인물로 소개될 예정이었다.[9] 쉬히와 사돈 지간인 니콜라스 샤딧Nicholas Shadid이 이들의 여정에 필요한 기본적인 지원을 제공했다. 중국에서 컨설턴트로 일하는 샤딧은 중국어도 할 줄 알아서 상하이와 중국 남부의 인구 1,300만 명 도시 광저우에서 활동 중인 과학자들과의 인터뷰 일정을 잡는 일도 맡았다. 중산 대학교의 준쥬 황Junjiu Huang이라는 연구자와 인터뷰를 하는 일정도 포함되었다.[10]

황 연구진은 2015년에 크리스퍼로 인간 배아의 유전체 편집을 최초로 시도하고 그 결과를 발표했다. 황은 자신이 태어난 도시에서 지중해 빈혈이 공중보건에 큰 위협 요소라는 점 때문에 이 연구를 시작했다. 황의 유전체 편집 실험은 원리를 검증하는 수준에 그쳤다. 시험관 아기 시술을 실시하는 병원에서 이 분야 전문 용어로 '삼핵 접합자'로 판명된 배아, 즉 착상을 시도할 수 없다고 분류되는 기형 배아를 확보하여 진행한 실험이었고 결과에 흥미로운 점은 전혀 없었다. 사용하기 쉽다고 알려진 크리스퍼 기술로도 황 연구진은 표적으로 정한 베타글로빈 유전자의 편집에 부분적으로만 성공했다고 밝혔다. 오히려 유전체에서 표적이 아닌 다른 곳에 무작위 편집이 일어난 증거가 확인되어 이 연구에는 나쁜 쪽으로 더 많은 의미가 부여됐다.

그럼에도 세계 최초의 시도였으니 〈네이처〉와 〈사이언스〉에 이 논문을 제출한 일도 너그럽게 넘어갈 수 있다. 두 학술지 모두 게재 거부 의사를 밝혔다. 중국에서 이러한 연구가 확산되고 있다는 소문이 퍼지자 〈네이처〉는 상가모의 CEO 에드워드 랜피어와 동료 연구자들이 쓴 논평을 실었다. '인간의 생식세포를 편집하지 말 것'이라는 제목이 붙은 이 글에서 랜피어와 표도르 우르노프, 그 외 많은 연구자들은 인체 배아의 편집을 금지해야 하며, 이는 윤리와 도덕적 이유 때문이기도 하지만, 무엇보다 체세포 유전자 편집 기술의 미래에 악영향을 줄 수 있기 때문이라고 설명했다.[11] 황의 논문은 결국 중국에서 나온 연구 결과를 중점적으로 싣는 〈단백질 & 세포〉라는 학술지에 실렸다.[12] 논문 제출 후 채 48시간도 지나지 않아 게재 결정이 내려진 것을 보면 과연 전문가 검토 절차가 엄격히 진행됐는지 확신할 수 없다.

2015년에 이름이 반짝 알려진 후로 거의 주목 받지 못했던 황은 레갈라도 팀의 인터뷰 요청에 적극적으로 응했다. 그러나 취재 팀이 광저우에 잡아 둔 에어비앤비 숙소에 도착할 무렵, 키아니는 페렐로부터 깜짝 놀랄 만한 내용이 담긴 이메일을 받았다. 그해 초에 키아니는 페렐에게 상가모의 유전자 치료를 받은 환자를 취재하고 싶은

데 가능한지 문의했었다. 이날 보낸 이메일에서 페렐은 다큐멘터리 일을 이제 도울 수 없게 되었고 미안하다는 말부터 꺼냈다. 하지만 다 끝난 건 아니었다.

> 저는 배아가 수정되는 시점에 실시하는 크리스퍼 유전자 편집의 안전성을 연구하고 있는 중국의 한 연구소로 자리를 옮겼습니다. 이러한 연구는 특성상 논란이 되고 있고 체세포로 치료법을 개발하려는 다른 학자들의 연구에 방해가 될 수도 있는 만큼, 저는 이곳 연구소가 과학과 윤리관을 세상과 직접 소통하도록 권장하고 있습니다. 혹시 이런 일에 관해 다시 이야기를 나눌 수 있을까요?[13]

이런 행운이 굴러 들어오다니, 키아니는 믿을 수가 없었다. 페렐의 새 직장이라는 중국의 연구소는 광저우에서 기차로 60분 거리인 선전 시에 있었다. "지금 우리는 중국에 있습니다! 만나서 얘기하면 어떨까요?" 키아니는 이렇게 답장을 보냈고, 페렐은 다음 날 바로 만나자는 요청에 동의했다. 그리고 중국인 동료와 함께 가겠다고 덧붙였다. 레갈라도는 적극적인 기자라면 누구나 하는 일을 했다. 페렐이 함께 온다고 한 그 동료의 이름을 이메일에서 복사해 구글 검색창에 넣어 본 것이다.

바로 허젠쿠이었다.

다음 날 오후, 취재 팀은 광저우의 주요 기차역과 가까운 웨스틴 호텔에서 이들과 만났다. 샤딧은 어둑한 호텔 로비로 팀을 안내하고, 호텔 직원에게 이들은 아주 중요한 중국인 학자와 만나기로 한 손님들이라고 설명했다. 페렐은 대화 내용을 공개하지 않는다는 조건으로 레갈라도도 동석할 수 있도록 허락했다.

JK는 노트에 뭔가를 열심히 휘갈겨 쓰는 미국인 기자의 기세에 놀라 처음에는 말을 아꼈다. 미국에서 4년간 공부를 한 만큼 영어는 그럭저럭 괜찮은 수준으로 구사했다. 얼마간 이야기가 오간 뒤에 레갈라도는 자신의 말을 샤딧에게 중국어로 물어 봐 달라고 요청했다. 샤딧은 JK에게 이들이 제작하는 다큐멘터리에 출연해서 삶을 공개하고 "자신은 한 명의 사람이고 그다음으로 과학자라는 사실을 세상에 보여 주면서 꿈과 윤리관을 전하면 어떻겠느냐"고 물었다. 레갈라도는 사람들에게 중국 과학자가 "개성이나 도덕률이라고는 없는 비인격적인 실험 중독자"라는 고정관념을 깨고 서구 사회의 연구자들과 비슷하다는 사실을 보여 주고 싶다는 뜻도 전했다.

JK와 페렐은 "비도덕적인 일을 하는 악마 같은 과학자"로 비춰지는 것을 원치 않는다는 의사를 굽히지 않았다. 중국의 유전자 편집 연구에 관한 서구 사회의 인식이 바뀌고 적법성을 얻으면 좋겠다고도 말했다. 키아니와 샤딧은 새해에 다시 찾아와서 JK와 가족들을 촬영하면 어떻겠느냐고 제안했다. JK도 괜찮은 아이디어라고 생각하는 눈치였다. "눈에서 광채가 났습니다." 레갈라도의 이야기다. 이자리에서 레갈라도는 취재 팀이 실시한 여론 조사 결과도 전했다. 중국 국민들은 대체로 유전자 편집 기술에 긍정적인 반응을 보인다는 내용이었다. 그러자 페렐은 키아니에게 종이 한 장을 건넸다. JK가 인간 배아의 유전체 편집 기술 분야에서 앞으로 반드시 지켜져야 한다고 생각하는 다섯 가지 윤리 원칙이 적혀 있었다. 두 사람은 이

지침이 홍콩 정상회의 직전에 공개되면 좋겠다고 전했다.

1. 환자의 입장에서 생각할 것. 조기 유전자 수술이 병을 치료할 수 있는 유일무이한 방법인 경우도 있다.
2. 중증 질환에만 적용할 것. 허영심은 금물.
3. 아이의 생명을 통제할 수 있는 사람은 아무도 없다. 유전자가 편집된 아이는 '일반' 아이와 동일한 권리를 갖는다.
4. 유전자는 인간을 정의하지 않는다. DNA는 인간을 좌우하지 않는다.
5. 재산과 상관없이 모두가 유전질환에서 벗어날 자격이 있다.

가령 어떤 경우에 위의 원칙을 적용할 수 있는지 묻자, JK는 CCR5 유전자를 편집해서 태어날 아기가 HIV에 면역력을 갖게 하는 것도 자신의 윤리적 기준에 부합한다고 말했다. 중국에서는 HIV 감염이 엄청난 공중보건 문제이고, 중국 서부에서 특히 심각하다. 그는 가지고 온 노트북을 열어 슬라이드를 몇 장 보여 주었다. 수백 개의 인간 배아를 대상으로 실시한 유전자 편집 전임상시험(임상시험 전단계로 실시하는 동물실험을 의미한다—옮긴이)의 내용이 담겨 있었다. 그러나 CCR5 유전자를 표적화하는 것이 치료법으로 볼 수 있는 일인지, 아니면 예방하는 차원에 그치는지는 의견이 엇갈렸다. 그 자리에서 바로 밝히진 않았지만, 레갈라도는 너무 설득력이 없다고 느꼈다.

JK는 이 유전자를 편집하면 건강에 중요한 이점이 생긴다고 보았지만, 우선 안전이 보장되어야 한다. 그의 전문 분야는 유전체 염

기서열 분석이고, 따라서 편집이 잘못된 경우 선별할 수 있는 능력
은 어느 정도 갖추었다고 볼 수 있다. 또 한 가지 지속적으로 제기되
는 문제는 배아가 발달하는 과정에서 생기는 모든 세포에 특정 유전
자 또는 편집된 유전자가 포함되지 않는 모자이크 현상이다. JK도
우려할 일이라고 인정했지만, 연구를 중단할 요소로는 생각하지 않
았다. 그보다는 레갈라도가 쓴 기사 하나를 언급하며 짜증스러운 반
응을 보였다. 잡지 한 페이지 가득 아기 한 명이 수많은 당구공 혹은
원자로 구성된 것으로 나타낸 일러스트와 함께 나온 기사였다. JK
는 아기가 산산조각 난 것처럼 보여서 혐오스럽다고 말했다.

　"인체 실험도 진행 중인가요?" 키아니가 물었다. "인체 실험은 하
지 않습니다." JK는 이렇게 대답하고, 앞으로의 계획은 몇 주 뒤에
있을 홍콩 정상회의에서 자신이 발표할 내용의 반응에 달려 있다는
암시를 주었다. 이야기를 더 나누는 동안, 그는 유전자가 편집된 원
숭이의 태아가 지금 어딘가에서 자라고 있다고 밝혔다. 그럼 같은
방식으로 사람의 아기를 만드는 연구는 어느 정도로 진행됐을까?
"거의 다 왔습니다." JK의 말에 레갈라도는 온몸이 오싹해졌다. '거
의 다 왔다……'

)O((I()(

JK와 페렐이 선전 시로 돌아가기 위해 호텔을 나서자 모두 숨을 몰
아쉬며 인터뷰 내용을 정리했다. 쉬히는 카메라를 켰다. "방금 무슨
일이 있었던 거죠?" 키아니는 머리가 빙글빙글 도는 것 같은 기분으

로 물었다. "우리가 찾던, 은밀히 진행되는 배아 편집 프로젝트를 찾아낸 것 같아요." 레갈라도는 믿기지 않는다는 투로 말했다. "정말 끔찍한 회의였어요." 지구 반 바퀴를 돌아 찾아온 이곳 중국에서, 최대 규모의 인체 배아 편집 연구를 진행 중인 야심 찬 젊은 과학자와 만나 우연히 '약속의 땅'을 알게 된 것이다. 게다가 그 과학자의 연구 대상이 원숭이에서 사람으로 옮겨 갈 것이라는 조짐을 느꼈다. 그 시기는 언제일까?

2015년에 황 연구진의 배아 편집 연구 결과가 발표된 후, 다우드나를 중심으로 전 세계에서 이를 심각한 문제로 보는 반응이 나왔다. 그러한 목소리가 계속 커지자 워싱턴 DC에서 대규모 국제 윤리학 정상회의가 개최됐다. "생각할 수도 없는 일이 생각해 볼 수 있는 일로 변했습니다." 데이비드 볼티모어는 이 회의에서 밝혔다. 이런 능력이 생겼다면 사회 전체로서 우리는 어떤 선택을 해야 할까? 중국은 이 문제에서 다소 뒷걸음질 쳤다. "과학을 선도하겠다는 사람들이 윤리적인 대화에서는 맨 뒤로 빠진 겁니다." 레갈라도의 설명이다. 그는 JK가 사람의 생식세포 편집 연구에 적용되어야 한다고 밝힌, 그 다섯 가지 윤리 지침이 적힌 종이를 집어 들었다. "이 윤리 원칙도 배아 편집 실험을 한 '후에' 쓴 겁니다! 이 기술로 아이를 만들기 위한 필수적인 준비 작업이었습니다." JK는 자신이 정한 '원칙'을 먼저 제시함으로써 윤리성에 관한 반발을 피하려고 했다.

레갈라도는 유전체가 편집된 태아가 누군가의 자궁에서 자라고 있다는 소식이 들려오는 건 시간문제일 뿐이라고 느꼈다. "원숭이는 진짜 실험을 위한 테스트예요. 머지않아 그런 이야기가 나올 겁니다." 샤딧도 동의했다. 그리고 중국 정부가 정한 규정이 있지만, 집행은 임의로 이루어진다고 설명했다. "정부는 원할 때만 개입해서 그게 무엇이든 중단시키거나 일단 두고 보자는 식으로 처리하니까요."

샤딧은 JK가 중국의 과학과 의학을 대표하는 얼굴이 될 수 있다고 말했다. "사상 최초로 태어난 유전자 편집 아기의 배후 인물이죠." 샤딧의 표현을 빌리자면 '아기를 최초로 편집한 사람이 자신의 어린 딸아이를 안고 있는' 모습을 볼 수도 있다. 호기심을 불러일으키는 장면이 아닐 수 없다. 샤딧은 자신이 기준치가 별로 높지 않은데도 "중국에서 이렇게 붙임성 있고 표현력이 풍부한 과학자는 본 적이 없다"고 이야기했다. CCR5는 안전한 표적이고, HIV가 중국에서 만연한 질병인 것은 사실이다. JK가 중국 중앙위원회 승인을 얻으려면 먼저 생물윤리학자들과 정부 관료들, 병원 행정 담당자들로부터 임상시험 승인부터 받아야 한다. "그러려면 이 일이 왜 필요한지 설득할 만한 근거가 있어야 합니다. 말이 되게 만들어야 해요."

다음 날 레갈라도는 정해진 일정대로 황과 만나서 인터뷰를 하고 기사도 작성했지만, 이미 하키 픽은 다른 방향으로 향했다. 선전시에서 대체 무슨 일이 벌어지고 있는지 알아내고 싶었다. 미국으로 돌아온 뒤에도 레갈라도는 JK의 소식을 계속 파헤쳤다. 그 이야기를 중심으로 기사를 써 홍콩 정상회의가 열리기 전에 훌륭한 개막극이 되기를 바라는 마음도 있었다. 홍콩 회의를 일주일 앞두고 레갈라도는 키아니에게 연락했다. 그리고 페렐로부터 JK가 새해에 CCR5와 PCSK9 두 유전자의 편집 연구에 참여할 여성들을 모집할 계획이라는 이야기를 들었다는 소식을 접했다.

추수감사절이 낀 주말이었던 11월 25일 일요일 아침, 홍콩 회의가 열리기 이틀 전에 레갈라도는 마침내 노다지를 발견했다. 구글 검색창에 '허젠쿠이'와 'CCR5'를 입력하고 검색해 본 결과 중국 임상시험 등록 사이트의 한 페이지가 나왔다. 다행히 중국어와 영어로 병기되어 있던 이 웹 페이지에 적힌 날짜는 11월 8일, 연구 책임자는 허젠쿠이였다. 그리고 연구 제목은 '인간 배아의 CCR5 유전자 편집 안전성과 효능 평가'였다.

임상시험 개시일은 2017년 3월로 나와 있었다. 신청자의 이름은 JK 연구진인 발생학자 친진저우였다. 연구 이유에는 베를린의 HIV 환자 치료 사례에 관한 이야기와 함께 "HIV를 없애기 위한 새로운 의학 모형"을 만드는 것이라고 명시되어 있었다. JK가 불임인 HIV 양성 환자를 모집해서 피험자 동의를 받고 윤리적 사항에 대한 병원의 승인 절차를 밟은 것으로 추정할 수 있었다. "포괄적인 검사 시스템을 통해 인간 배아의 CCR5 유전자를 편집함으로써 HIV를 피할 수 있는 건강한 아이를 얻기 위한 본 연구는 인간의 초기 배아에서부터 중대한 유전질환을 없애는 것에 관한 새로운 이해를 제공할 것"이라는 설명도 나와 있었다.[14]

이것이 끝이 아니었다. 이 사이트에 링크된 두 건의 문서가 있었다. 하나는 선전 하모니케어 여성·아동병원에 제출된 2017년 3월 7일자 연구 윤리 준수 서약서(중국어로 작성)로 "CCR5 유전자 편집"이라는 간단한 제목이 붙어 있는 문서였다. JK는 미국 과학원이 바로 직전에 발표한 유전체 편집에 관한 보고서 중 "중대 질환에 대한 배아 편집 연구의 윤리심의 신청을 최초로 승인한다"는 부분을 중점적으로 소개하면서 자신의 연구 계획은 HIV 발생 위험이 있는 배아의 CCR5를 표적화하는 것이라고 밝혔다. 크리스퍼 편집 기술을 활용하면 "셀 수 없이 많은 중증 유전질환 환자의 치료에 새로운 길이 열릴 것"이라는 말과 함께 다음과 같이 설명했다.

> 우리는 (본 프로젝트로) 유전자 편집 기술 분야 전체를 향상시키는 일에 앞장설 수 있기를 간곡히 기대한다. 본 프로젝트는 유전자 편집 기술을 둘러싸고 전 세계에서 점차 치열해지는 경쟁 속에 자루에서 삐져나온 송곳의 끄트머리처럼 선명한 두각을 나타낼 것이다. 이 혁신적인 연구는 2010년에 노벨상이 주어진 시험관 아기 기술보다 더 큰 의미가 있으며, 중증 유전질환자의 치료에 새로운 길이 열릴 것이다.[15]

그러나 레갈라도는 함께 링크된 엑셀 문서에서 명백한 증거를 찾아냈다. 중국어로 작성됐지만, 제목에 그도 잘 아는 용어가 있었다. "cfDNA"라는 글자를 본 순간, 레갈라도는 온몸에 소름이 돋는 것을 느꼈다. 세포 유리 DNA를 뜻하는 cfDNA는 임산부가 받는 유전자 검사의 새로운 표준 시험법으로 자리를 잡은 비침습 산전 검사(임신 중에 태아나 산모의 상태를 살피는 검사-편집자) 쓰이는 재료다. 이 문서에는 12주, 19주, 24주차에 산모 혈액의 DNA 분석을 실시한 결과가 나와 있었다. 이 비침습적 산전 검사법은 홍콩의 데니스 로Dennis Lo와 JK가 박사 후 연구원으로 일한 스탠퍼드 대학교의 지도교수 스티븐 퀘이크Stephen Quake가 독자적으로 개발했다. JK가 공부한 전문 분야도 정확히 이러한 산전 검사에 필요한 차세대 유전자 염기서열 분석이다. 레갈라도는 JK가 유전체 편집 시험의 일환으로 어느 임산부를 모니터링하고 있다는 결론을 내렸다. 이것이 의미하는 것은 하나밖에 없었다.

레갈라도는 중국에 있는 샤딧에게 전화를 걸었다. 상하이는 한밤중이었지만, 그런 걸 따질 틈이 없었다. "제가 생각한 것이 맞을까요?" 레갈라도의 물음에 샤딧은 그렇다고 답했다. 이후 몇 시간 동안 샤딧은 레갈라도가 찾은 연구 윤리 준수 서약서를 번역했다. 레갈라도는 JK에게 전화를 걸어 유전자가 편집된 아기가 태어난 적이 있느냐고 물었다. JK는 대답을 피했고 페렐에게로 떠넘겼다. 샤딧은 키아니에게 레갈라도가 폭탄이 될 기사를 낼 계획이며 "중국 사람들이 아침에 일어나자마자" 보게 될 것이라고 알렸다. 키아니는 자고 있던 페렐에게 전화를 걸었다. 그제야 페렐은 레갈라도가 보낸 여러 통의 문자를 확인했다. 마침내 통화가 됐을 때, 페렐은 아무것도 분명하게 말하지 않았지만, 레갈라도에게 JK와 좀 더 이야기를 나눌 수 있게 해줄 테니 기사 발표를 연기해 달라고 요청했다.

하지만 레갈라도는 그럴 생각이 없었다. 약 4시간 동안 그는 세상에서 유일하게 JK가 지금까지 무슨 일을 했는지 아는 사람이었고, 이제는 그 사실을 공개할 준비가 됐다. 레갈라도는 완성된 기사를 마지막으로 검토하면서 생각했다. '지금껏 내가 쓴 기사를 전부 통틀어서 최고가 되거나 최악이 되겠지!' 하지만 〈위클리 월드 뉴스〉와 〈MIT 테크놀로지 리뷰〉에 동시에 실릴 만한 뉴스임에는 틀림없었다.

중국이 잠에서 깨어날 시각이 되었을 때 레갈라도는 발행 버튼을 클릭했다.

＞Ю①①✕

'독점'이라는 용어는 대중매체에서 더 이상 손을 쓸 수 없을 만큼 과용되는 경향이 있다. 나오는 기사나 뉴스마다 속보를 달고 나오는 것처럼 느껴질 정도다. 레갈라도는 그런 의혹을 반드시 피하고 말겠다는 듯 폭탄 투하가 될 자신의 기사 첫 머리를 전부 대문자로 쓰고 기사 URL에도 그렇게 나오도록 했다.

독점: 중국 과학자, 크리스퍼 아기를 만드는 중[16]

일요일 오후 7시 15분(동부 표준시), 레갈라도는 트위터로도 "속보: 중국 과학자, 크리스퍼 아기를 만드는 중"이라고 전했다. 뉴스는 엄청난 파장을 일으켰다. 레갈라도는 유전자가 편집된 아기가 이미 태어났는지는 확실히 말할 수 없었지만, 한 명 또는 그 이상의 아기가 잉태됐을 가능성이 매우 높다고 보았다.

레갈라도가 먼저 치고 나온 바람에 마치온과 AP 통신은 예기치 못한 딜레마에 빠졌다. 그동안 마치온은 은밀하게 독점 기사를 준비해 왔고 세상에 공개할 적절한 시점을 기다리고 있었다. JK가 홍콩 회의에서 발표를 마친 뒤 또는 〈네이처〉에 제출한 그의 논문이 게재됐을 때가 적당하리라고 생각했다. 마치온은 편집부와 상의한 끝에 레갈라도의 기사가 나온 지 몇 시간 만에 자신이 써 둔 기사를 공개했다. AP 통신의 기사에는 두 가지 중요한 세부 정보가 독점으로 포함되어 있었다. 루루와 나나라는 아이가 태어났다는 것 그리고 이 아이들이 유전자가 편집된 쌍둥이라는 사실이다.[17]

두 기자의 기사를 읽은 사람들 중에 JK가 누구인지 아는 사람은 거의 없었다. 그러나 오래 기다릴 것 없이 JK를 직접 보고 들을 수 있게 되었다. 아이러니하게도 중국에서 금지된 사이트인 유튜브에 그가 직접 5건의 짤막한 영상을 업로드한 것이다. 그는 이 영상을 통해 쌍둥이의 이름을 공개하고, 생식세포 편집을 출산까지 이어 가기로 결정한 나름의 이유를 밝혔다. 이 영상에서 JK는 자기 아이를 자랑하고 싶어서 안달이 난 여느 부모들처럼 눈을 반짝이며 "두 명의 중국인 여자아이 루루와 나나"가 태어났다고 말했다.[18] 두 아이는 안전하고 건강하며, 유전자 수술은 표적 외에 다른 영향 없이 완료됐다고 밝혔다. "두 아이의 아버지로서, 저는 다른 부부들도 가족을 꾸릴 수 있는 기회를 얻는 것만큼 사회에 더 멋지고 완전한 선물은 없다고 생각합니다." 그는 말했다.

그리고 유전자 수술은 병을 완화하는 용도로만 사용해야 한다고 주장했다. 이 기술을 미용 목적으로 활용하거나 아이의 IQ를 향상시키려고 활용하는 시도는 금지해야 하며 "아이를 아끼는 부모라면 그렇게 하지 않을 것"이라고 언급했다. 그리고 대단히 절제된 말로 마무리했다. "제 연구가 논란이 될 것임을 알고 있습니다. 하지만 저는 사람들이 필요로 하는 기술이라 믿고, 이들을 위해 비판을 기꺼이 감수하겠습니다."

다우드나는 온 세상을 놀라게 한 이 헤드라인에 별로 충격을 받지 않은 소수 중 한 명이었다. 2015년부터 다우드나는 크리스퍼와 관련된 윤리적 문제와 이 기술이 인체 배아에 오용될 가능성에 관한 과학계의 논의를 촉진하는 일에 앞장서 왔다. 인체 생식세포 편집은 거의 불가피한 일이라고 생각했지만, 이 분야 연구 전체에 제약이 될 수 있다는 염려로 연구 중단 요청에는 거부 의사를 밝혔다. 이와 같은 크리스퍼 아기 사건이 터질 것이라는 사실은 거의 정확히 예상했다. 2017년 어느 비공식 인터뷰에서 윤리적 논의가 필요하다는 사실을 재차 강조하면서, 다우드나는 다음과 같이 언급했다. "크리스퍼 아기'가 태어나고, 그런 일을 한 사람들이 유명해지고, 아기의 건강에 온갖 문제가 생긴 다음에야 반발이 일어나는 상황은 보고 싶지 않습니다." 그리고 덧붙였다. "아마 여러분도 그런 일이 일어날 수 있다는 것을 충분히 상상할 수 있으리라 생각합니다."[19]

이런 상황이 벌어지면 국민과 입법기관의 매서운 반발을 살 것이다. 1998년에 복제 양 돌리가 태어나자 연방정부의 줄기세포 연구 지원은 엄격히 관리되고 복제 인간이 나타날 수 있다는 두려움이 확산됐다. 그때와 크게 다르지 않은 영향이 발생할 가능성이 있다. 우려해야 할 다른 이유도 제기됐다. UCLA의 세포 생물학자 폴 노플러Paul Knoepfler는 2015년 테드엑스Tedx 강연에서 당시 중국에서 처음으로 나온 인간 배아 편집 연구 결과에 관해 다음과 같이 예견했다. "누군가는 여기서 한 발 더 나아간 시도를 할 것이라 생각합니다. 인간 배아의 유전자를 변형시키고, 맞춤형 아기를 만들지도 모릅니다."[20]

다우드나가 가장 크게 우려한 것은 크리스퍼 기술의 안전성이 아니라 부적절한 생식세포 편집 시도에 뒤따를 부정적 여론이었다. 정부의 통제가 더 엄격해지고, 환자에게 도움을 줄 수 있는 단계가 되기 전에 이 새로운 기술이 전면 폐지될 위험이 있다는 것도 두말할 것 없이 중요한 문제다. 버클리에서 진행된 NPR 라디오 방송의 조 팔카Joe Palca와의 토론에서 다우드나는 2015년 1월에 나파에서 크리스퍼와 생식세포 편집에 관한 논의를 시작했다고 밝혔다. 팔카는 윤리적 논의는 계속할 수 있겠지만, "그런 일이 일어나지 않도록 연구실 정책을 마련해 실행하는 것 외에" 당장 눈앞에 없는 사람이 그러한 행위를 하지 못하도록 막을 방법이 있느냐고 물었다. 그러자 다우드나는 "그런 연구실 정책이라도 있는지 모르겠다"고 대답해서 방청석에서 웃음이 터져 나왔다.[21]

하지만 웃을 수도 없는 일이 벌어지고 말았다. 추수감사절 연휴가 끝나고 찾아온 블랙 프라이데이에 다우드나는 허젠쿠이로부터 아주 짧은 이메일을 한 통 받고 속이 울렁거렸다. 제목도 간단했다. "아기들이 태어났습니다."[22]

다우드나는 런던에서 가족들과 휴가를 보내고 있던 바랑고우를 비롯해 가까운 동료 몇 명에게만 이 소식을 전하고 곧장 공항으로 향했다. 그리고 홍콩에서의 마지막 결전을 준비했다.

언론은 #크리스퍼아기라는 거대한 불길을 일으킨 무명의 과학자를 현대판 빅터 프랑켄슈타인에 가장 많이 비유했다. 형형색색의 액체에서 거품이 끓어오르는 플라스크, 강력한 전기 스파크가 튀는 지하 실험실에서 인간의 배아로 은밀한 실험을 해 온 부도덕한 악한의 모습으로 그린 것이다. 허젠쿠이를 21세기에 등장한 마법사의 견습생처럼 묘사한 기사도 있었다. 이런 글에서는 그를 멍청할 정도로 순진하지만 야망이 크고 무모하며 자신의 능력을 넘어선 일을 가망 없이 시도하는 사람으로 그렸다. 그러나 JK가 2018년까지 살면서 만난 친구들과 지나 온 행적에 관한 정보가 자세히 밝혀질수록 실제 이야기는 더욱 복잡하고 미묘하다는 사실이 드러났다. 한 중국인 평론가는 "프랑켄슈타인보다 엘리자베스 홈즈 쪽에 더 가까운 것 같

다"고 말했다. 테라노스 사를 설립한 불명예스러운 이름을 가리키는 말이다.[1]

허젠쿠이는 대체 누구이고 어디에서 왔을까?

허젠쿠이는 1984년에 중국 남부 후난성 중심부에 있는 신화라는 작은 동네에서 태어났다. 주민의 평균 소득이 일주일에 겨우 2달러인 곳이었다. 부모님은 두 분 다 양쯔강과 맞닿은 곳에 있던 땅에서 농사를 지었다. 여름이면 JK도 다리에 달라붙는 거머리를 떼어내며 일손을 보탰다. 성적이 특출했던 그는 지역에서 최고로 꼽히는 고등학교에 입학했다.[2] 가난한 집안에 정치적인 인맥이라곤 없는 그가 이 생활에서 벗어날 수 있는 유일한 방법은 매년 6월에 이틀간 치러지는 중국의 혹독한 대학 입시에서 월등한 성적을 얻는 것뿐이었다. 이 시험에서 그는 목표를 달성했다. '중국의 캘리포니아 공과대학'으로 불리는 허페이 중국 과학기술대학USTC에 입학할 성적을 얻은 것이다. 졸업생의 30퍼센트가 해외로 유학을 떠난다고 알려진 USTC에는 또 다른 별명이 있었다. 바로 '미국 훈련센터'다.

JK는 2002년 여름 USTC에 입학했다. 인간 유전체 염기서열의 초안이 발표되고 1년이 지난 때였다. 1지망으로 원했던 학과에 바로 들어가지는 못했지만, 정밀기계·정밀계측학과에서 대학 첫 해를 보낸 뒤 현대 물리학과로 전공을 변경했다. JK의 부친은 중국의 한 언론에 아들이 학과에서 성적이 가장 우수한 학생이라고 자랑했다(정확한 사실은 아니다). JK가 집에 올 때마다 "다들 찾아와서 성적을 잘 받는 비결이 무엇인지 듣고 싶어 했다"고도 전했다.[3]

2006년에 학사 졸업장을 쥔 JK는 USTC 졸업생 여러 명과 함께 미국으로 향했다. 휴스턴 라이스 대학교에서 생명공학 박사 학위를 딸 수 있는 기회가 찾아왔다. 물리학의 황금시대는 지나갔다고 판단한 그는 생명공학 쪽으로 관심을 돌렸다. 중국의 캘리포니아 공과대학을 나온 JK는 미국에서 진짜 캘리포니아 공과대학 출신인 마이클 딤의 연구실에 합류했다. 뉴턴의 유명한 법칙 F=ma를 생물학에 적용하는 것이 딤의 연구 목표였다. 유전공학, 수학, 생물학, 천문학까지 연구 범위가 여러 방면으로 넓다는 점도 JK와 잘 맞았다. 두 사람은 물리학과 생물학 분야의 여러 학술지에 다섯 편의 논문을 공저자로 발표했다. 이들이 다룬 주제는 동물 몸 체계의 계층적 진화부터 세계화와 불경기가 전 세계 무역 네트워크에 끼친 영향 그리고 딤의 주요 관심사 중 하나였던 백신 개발에 활용할 수 있는 새로운 독감 바이러스 균주의 컴퓨터 분석까지 굉장히 다양했다.

JK가 크리스퍼를 처음 접한 것도 이곳에서 박사 과정을 공부할 때였다. 딤과 JK는 2010년에 저명한 물리학 분야 학술지에 크리스퍼 배열의 수학 모형을 발표했다. 유전자 편집과 아무 관련성이 없어 보이는 이 논문에는 레보비츠-길레스피 알고리즘이며 라틴 하이퍼큐브 표본 추출법, 섀넌 엔트로피 등 나는 읽어 봐도 무슨 말인지 알 수 없는 고등수학의 내용이 상당 부분을 차지한다.[4] 3개월 뒤에는 축하할 일이 두 가지 생겼다. 하나는 JK가 '생물학적 시스템의 자연발생적인 계층 발생'이라는 제목의 논문으로 아주 짧은 기간에 박사 학위를 딴 것이고, 다른 하나는 라이스 대학교 부속 교회에서 얀 중Yan Zeng과 결혼식을 올린 일이었다. 중국어로 발행되는 지역 신문 〈사우스 차이니즈 데일리 뉴스〉는 두 사람의 결혼 소식을 헤드라인으로 전했다. "품위 있는 사람들, 훌륭한 석학들과 무한한 가능성이 기다리는 가운데 외모도 준수하고 학자로서 재능도 뛰어난 두 사람의 인생이 하나로 결합되었다."

그로부터 얼마 지나지 않아 JK는 새 신부와 함께 샌프란시스코 베이 지역으로 이사갔다. 그곳에서 스탠퍼드 대학교의 유명 생물물리학자 스티븐 퀘이크 밑에서 박사 후 연구원으로 일할 기회를 얻었다. 퀘이크는 공개상장 기업인 플루다임Fluidigm과 비침습적 산전 검사 업체 베리나타 헬스Verinata Health, 차세대 염기서열 분석 업체 헬리코스Helicos까지 여러 생명공학 회사를 공동 성립한 기업가이기도 했다.[5] 퀘이크의 동료 중 한 사람은 그가 "죽음과 만나도 끝까지 쫓아가서 얼굴에 주먹을 날릴 사람"이라고 묘사했다.[6] 퀘이크는 헬리코스로 이름 붙인 새로운 차세대 염기서열 분석 장비의 기술 개발이 완료되자 자진해서 약 5만 달러의 비용을 들여 자신의 유전체를 전부 분석했고 유전체가 분석된 최초의 인간 중 한 명이 되었다.[7] 생명공학 잡지에 최첨단 장비 앞에서 포즈를 취한 그의 모습이 표지에 실린 적도 있다.[8] 학술지 〈랜싯〉에는 '0번 환자'로 명명된 퀘이크의 유전체 분석에 관한 논문이 실렸다.[9] 동료인 유안 애슐리Euan Ashley는 분석 결과 심근병증의 소인이 될 수 있는 유전자가 있다고 알려 주었지만, 퀘이크는 좋은 의도에서 나온 충고라고 해서 고분고분하게 따르는 사람이 아니었다. "말 잘 듣는 유전자는 아직 못 찾았습니다." 그의 다른 동료 아툴 버트Atul Butte가 농담 삼아 이렇게 이야기했다.[10]

퀘이크는 차세대 염기서열 분석 장비를 두고 현미경과 세탁기가 결합된 것과 같다고 설명했다. 그는 2003년에 DNA 단일 분자에서 "말도 안 될 정도로 짧은" 길이도 염기서열을 분석할 수 있는 방법을 밝혔고, 헬리코스는 이 원리를 토대로 탄생한 장비다. 이때 그가 말한 짧은 길이란 염기 4개를 가리킨다. 생명공학 회사를 운영하던 스탠리 래피두스Stanley Lapidus는 이 논문에 주목하고 샌프란시스코로 찾아와 퀘이크에게 회사를 만들어서 이제 싹이 트는 단계였던 이 단일 분자 염기서열 분석 기술을 함께 키워 보자고 설득했다.

5년 뒤, 래피두스의 회사는 'DNA 현미경'의 원형을 개발하고 이 분야에서 시장의 주도권을 쥐고 있던 일루미나를 따라 잡을 발판을 마련했다. 하지만 헬리코스는 어마어마하게 큰 기계 장치라 기계를 들이기 위해 연구실 바닥부터 강화해야 하는 고객도 있었다. 100만 달러라는 엄청난 가격도 그에 못지않게 부담스러운 요소였다. 분석 정확성을 떨어뜨리는 화학적인 문제도 있었다. 2007년에 공개상장을 시도한 것도 잘못 계산된 계획으로 드러났다. "신규 상장 후에 수익은 전혀 없었습니다. 그대로 끝난 겁니다!" 래피두스에 이어 CEO 자리에 오른 스티브 롬바르디Steve Lombardi는 당시를 이렇게 회상했다.[11] JK가 스탠퍼드 대학교로 온 무렵에는 헬리코스의 나스닥 상장 폐지가 결정되고 회사는 감축에 들어간 상황이었다. 퀘이크에게는 낯선 패배였다.

퀘이크가 일으킨 또 하나의 혁신이 JK가 향후 나아간 방향에 직접적인 영향을 준 것으로 보인다. 2008년에 대학원생이던 크리스티나 팬Christina Fan은 차세대 염기서열 분석 기술로 임신한 여성의 체내 혈액에서 세포 유리cf DNA를 분석하여 염색체의 수를 측정하는 연구를 이끌었다. 혈액 속을 자유롭게 떠다니는 DNA 절편 수백 만 개를 검체로 채취하여 21번 염색체가 3개인 경우(다운증후군)와 다른 염색체 질환, 염색체 이수성을 진단할 수 있는 방법을 알아낸 것이다.[12] 이 획기적인 성과와 홍콩에서 데니스 로 연구진이 발표한 비슷한 연구 결과를 토대로 비침습적 산전 검사법이 탄생했다. 퀘이크가 스핀오프 기업으로 설립한 베리나타 헬스는 나중에 일루미나가 인수했다.

JK는 퀘이크의 연구실에 12개월간 머물렀고, 대체로 컴퓨터 생물학자로 일하면서 면역계에 속한 유전자의 염기서열 분석에 관한 논문을 한 편 발표했다.[13] 그러다 좋은 기회로 고향에 돌아갈 기회가 찾아왔다. 2011년 말, 인재를 모으기 위해 여러 곳을 방문 중이던 USTC 전 총장 주 칭시Zhu Qingshi와 만난 것이다. 주 칭시는 선전 시에 스탠퍼드 대학교를 본 딴 교육기관이 새로 설립될 예정이며, 야심차게 출발할 이 사립학교의 초대 총장으로 지명된 상태였다. 바로 선전 시 남부 과학기술대학교였다.

JK는 재능 있는 인재를 선전 시로 모으기 위해 수백 만 달러 규모로 진행된 일명 '공작 계획'의 지원을 받기로 하고 고향으로 돌아왔다. ("공작은 동남쪽으로 난다"는 중국의 옛 속담에서 유래한 사업명이다.) 스탠퍼드를 떠나기 전에 그는 자신의 블로그에 "허젠쿠이와 마이클 딤의 합동 연구실"이 설립될 것임을 알리고 선전 시 남부 과학기술대학교의 유전자 염기서열 분석 센터가 "세계 정상급 차세대 DNA 염기서열 분석 플랫폼"이 될 것이라고 소개했다.

남부 과학기술대학교의 지리적인 위치가 홍콩과 가까운 선전 시라는 사실에는 중요한 의미가 있다. 불과 25년 전까지 어촌 지역이었던 선전은 1980년 중국 정부가 경제 번영 구역으로 선포한 후 놀라운 성장세가 이어졌다. 현재는 인구가 2,000만 명에 달하고 면적이 계속 사방으로 뻗어 가는 대도시가 되었다. 주력 사업은 최첨단 기술 산업과 제조업이다. 중국 최대 유전체학 관련 업체인 BGI(공식 명칭은 베이징 유전체 연구소)도 선전 시에 있다.

BGI가 공식 설립된 시기는 1999년 9월이다. 몇 년 전 초대 회장인 양 후안밍Yang Huanming으로부터 내가 직접 들은 설명에 따르면 정확히 "20세기 99번째 해, 9번째 달의 9번째 날 9시 9분 9초"가 설립일이라고 한다.[14] 양은 BGI의 미국 지사 설립을 축하하기 위해 보스턴의 관광 명소인 치어스 펍에서 열린 파티에서 만났다. 축하 행사로 프로젝터 아래에서 빅뱅부터 시작해 BGI가 처음 탄생하기까지 지난 역사를 모래로 멋지게 그려 내는 샌드 페인팅도 진행됐다. BGI는 인간 유전체 프로젝트에서 전체 유전체의 약 1퍼센트를 분석한, 크게 두드러지지는 않았던 조직으로 출발하여, 이제는 세계에서 가장 강력한 유전체 회사로 등극했다. 2002년에는 벼의 유전체를 분석했고, 6년 뒤에는 아시아인으로서 최초로 Y. H. 라는 익명으로만 알려진 사람의 유전체 분석을 완료했다. ("저라고 이야기하는 사람들도 있지만 그건 소문일 뿐입니다." 양은 웃으면서 말했다)

양의 리더십과 회사 대표 겸 공동 창립자 왕 지안Wang Jian, 재능

많은 젊은 생물정보학자 왕 준Wang Jun의 진두지휘 아래 BGI는 2011년, 홍콩에 일루미나의 차세대 염기서열 분석 장비 130대를 구비한 세계 최대 규모의 유전체 염기서열 분석 센터를 설립했다.[15] 이후 BGI는 벼, 오이, 대두와 같은 식물과 꿀벌, 누에, 그리고 중국인들이 사랑하는 자이언트 판다를 비롯한 동물의 유전체를 분석하고 그 정보를 보유한 일종의 '유전자 동물원'이 되었다.[16] 품질과 속도, 가격과 더불어 BGI가 큰 성공을 거둘 수 있었던 비결은 규모였다. "우리는 무조건 세상에서 가장 큰 회사가 되어야 한다고 생각했습니다." 양의 설명이다.

2013년에 BGI는 중국 기업 중에는 최초로 미국의 공개상장 업체를 매입했다. 자체적인 차세대 염기서열 분석 기술을 보유한 샌프란시스코의 회사 '컴플릿 지노믹스Complete Genomics'를 인수한 것이다. 현재 MGI라는 새로운 스핀오프 기업이 된 이 업체는 실험대 위에 올려놓을 수 있을 만큼 작은 염기서열 분석기를 출시하여 시장 점유율 50퍼센트에 바짝 다가가고 있다. 2020년에는 "유전체 분석 비용 100달러"를 달성했다고 밝혔다.[17]

BGI는 임상 분야의 시장 진출을 계속 추진하는 한편, 미시건 대학교의 물리학자 스티븐 수Stephen Hsu와 협력하여 인지 기능과 지능을 유전학적으로 분석하는 '인지 유전체학 프로젝트'를 시작했다. 처음 알려질 때부터 논란이 끊이지 않은 이 프로젝트에는 유전학 시장을 바라보는 왕 지안의 시각이 고스란히 담겨 있다. 서구 사회에서는 "특정한 방식이 정해져 있고, 자신들이 앞서 나가고 있으며 최고라고 이러니저러니 떠듭니다." 왕은 이렇게 이야기했다. 자신은 미국 기관과 두뇌 집단이 정한 그런 복잡하기만 한 규칙이나 규정에는 관심이 없으며 "이런 상황을 바꾸고 날려 버릴 사람이 있어야 한다"고 밝혔다. "지난 500년 동안 그들이 만든 혁신이 길을 이끌었습니다. 이제 더 이상은 그대로 따르고 싶지 않습니다."[18]

이러한 정신과 결의는 다른 사람들에게도 전염되어, 중국인 과학자들은 지능의 유전학적인 기반을 연구하든, 임상시험을 진행하든, 인간 배아의 편집을 연구하든 정해진 틀에서 벗어나기로 다짐했다. 문화와 윤리, 규제를 통한 제약이 어쩌면 그간 서구 사회가 기울인 노력의 골자였을지도 모른다는 점은 별로 생각하지 않았다.

><))))(><

BGI가 중국의 유전학을 지배할 때, 선전 시는 학계에서나 산업계에서 큰 발자취를 남기고픈 젊고 야망 넘치는 연구자들에게 꼭 맞는 활기찬 환경이었다. JK도 정부로부터 수백 만 달러에 달하는 풍족한 지원을 받았다. 2016년에 받은 돈만 500만 달러에 이른다.[19] "선전은 노동집약적인 산업 도시에서 최첨단 산업 도시로 변모하고 있습니다." 그는 2015년에 내 예전 동료가 일하는 〈바이오-IT 월드〉와의 인터뷰에서 이렇게 설명했다. "정부도 의욕적으로 돕고 있습니다. '중국산 제품'을 '중국에서 개발한 제품'으로 바꾸기 위해 노력하고 있죠."[20]

2012년 실패 이후 묻혀 있던 헬리코스의 염기서열 분석 기술을 다시 발전시키려는 노력도 이루어졌다. 보스턴에 있는 시크LL[SeqLL]

이 재고 처분으로 나온 헬리코스의 하드웨어를 사 들이고, JK는 퀘이크가 보유한 지적 재산권의 라이선스를 확보하여 새로운 회사를 차리기로 했다. BGI가 지나온 경로를 본받아 중국 내 병원에 설치할 수 있는 내수용 DNA 분석 장비를 출시해서 세계에서 인구가 가장 많은 중국 국민들의 건강 문제부터 해결하는 것이 목표였다.

JK는 회사 설립을 준비하면서 HDMZ라는 미국 홍보업체에 연락했다. 〈네이처〉에 게재된 염기서열 분석 기술을 잡지 기사로 낸 적이 있는 업체였다. 이 업체에서 과학 커뮤니케이션 부문을 총괄하던 라이언 페렐은 2015년에 선전으로 왔다. JK는 새 회사의 명칭을 중국 국민을 위해 일한다는 의미가 담긴 '퍼블릭 지노믹스Public Genomics'로 할 생각이었지만, 경영진 투표를 거쳐 다이렉트 지노믹스Direct Genomics, 중국어로는 '한하이Hanhai'가 업체 명으로 최종 결정됐다. "우리는 신세대 기업가들입니다. 중국 식품약품관리총국과도 많은 대화를 나누었고 (……) 정부는 우리가 만든 중국 브랜드 상품이 병원에 쓰일 수 있기를 진심으로 기대한다는 뜻을 전했습니다."21

JK는 박사 시절 지도교수였던 딤을 과학 고문가로 초청했다. 딤은 헬리코스 플랫폼을 재설계하여 DNA 염기서열 분석이 실시될 때 동일한 순환 세포를 이용해 표적선별로 간단한 진단검사를 실시할 수 있도록 만들었다. 개선된 광학기기와 렌즈, 카메라 덕분에 크기가 업체용 냉장고만 하던 염기서열 분석 장비를 휴대용 제습기 정도 크기로 대폭 줄일 수 있게 되었다. 이 장비에는 '지노케어GenoCare'라는 이름이 붙여졌다.

2015년 12월에 JK는 중국인들이 두루 사용하는 소셜미디어 플랫폼 위챗WeChat에 사진 한 장을 게시했다. 원형 장비 한 대를 중심으로 딤, 쿼이크와 함께 찍은 사진으로, 모두 실험 가운을 입고 일회용 신발 커버를 신고 있었다. JK의 설득으로 과거 헬리코스에서 최고 과학 책임자로 일했던 빌 에프카비치Bill Efcavitch도 자문단에 합류했다. JK와 딤은 함께 중국 전역을 돌아다니면서 확장세를 이어 가던 임상 시장 현황을 조사했다. 지노케어 분석기는 아직 해결해야 할 문제가 몇 가지 있었지만, JK는 암을 일으키는 유전자 돌연변이나 간염 검사 같은 특정 목적에 충분히 사용할 수 있는 수준이라고 자신했다. 하지만 회의적인 견해도 나왔다. "업체는 지노케어가 염기서열 분석 장비로서 가진 단점과 무관한 임상학적 목표를 내세워 자사 장비에 그러한 결함이 있다는 사실을 덮으려고 한다." 〈바이오-IT 월드〉가 내린 결론이다.[22]

나중에 쿼이크는 헬리코스 사업을 접은 후 코네티컷에서 컨설팅 사업을 시작한 롬바르디에게 연락해 혹시 JK의 사업적 멘토가 되어 줄 수 있느냐고 물었다. 롬바르디는 JK가 회사를 키울 수 있도록 2년간 재정적, 전략적 면에서 힘을 보탰다. 월 스트리트에서 일하는 몇몇 유명 분석가들 중 유전체학을 잘 아는 사람들에게 JK를 소개하기도 했다. "제게 명함꽂이를 선물로 주더군요." 롬바르디는 내게 이렇게 말했다.[23] 2017년 7월에 JK는 선전 시에서 시험용 지노케어의 공식 출시 기념행사에 참석해 사진기자들 앞에서 당당히 포즈를 취했다. 다양한 정부 고위관리들, 중국의 중진 과학자들이 연단에 올라 세계 최초로 탄생한 "3세대 염기서열 분석기"의 출시를 기념하며 축사를 했다. 2018년까지 JK의 회사는 3,500만 달러의 자금을 확보하고 급성장 중인 시장 수요를 맞추기 위해 매년 1,000대를 생산할 것이라고 밝혔다.

JK가 액체 생검 업체 '비에노믹스Vienomics'를 포함한 몇몇 다른 벤처 사업에 관여했다는 점도 매우 흥미로운 사실이다. 하지만 그 정도로는 성에 차지 않았던 모양이다. 손재주가 뛰어난 장인의 아들 이카루스처럼, 신화에서 나고 자란 소년은 태양에 너무 위험할 정도로 가까이 다가갔다.

⟩⟨⟩⟨⟩⟨

2015년 중국에서 세계 최초로 인간 배아 편집 연구 결과가 발표되어 큰 소동이 벌어진 후 몇 개월이 지났을 때 영국 정부는 '미토콘드리아 대체요법'이라는 매우 특수한 생식세포 편집 연구를 승인했다. 뉴캐슬 대학교의 더글러스 턴불Douglas Turnbull이 선도한 이 기술은 '세 부모 체외수정'으로도 불린다. 선덜랜드 근방에 사는 샤린 버나디Sharon Bernardi라는 여성은 리 증후군이라는 미토콘드리아 질환으로 묘지 세 곳에 일곱 명이나 되는 아이를 묻어야만 했고, 턴불은 버나디의 사연을 접한 후 이 기술을 개발했다. 버나디의 넷째 아들 에드워드는 스물한 살까지 살았지만, 수시로 극심한 통증에 시달렸다. "내 아이가 허무하게 죽지 않기를 바랍니다. 또다시 아이들에게 병이 전달되지 않았으면 합니다. 미래 세대는 더 나은 삶을 살았으면 좋겠어요." 버나디의 말이다.

미토콘드리아는 우리 몸의 세포에서 발전소 역할을 하는 캡슐 모양의 기관이다. 이곳에서 만들어지는 아데노신삼인산ATP은 수많은 세포 기능이 발휘되는 에너지가 된다. 미토콘드리아에는 아주 작은 원형 DNA가 포함되어 있다. 유전자 몇 십 개 정도가 암호화된 미토콘드리아 DNA는 세포핵의 유전체와 비교하면 거의 보이지도 않을 만큼 작고 인체의 모든 유전체 중 0.2퍼센트에도 미치지 않는다. 그러나 세포핵 속 23쌍의 염색체에 있는 2만 여개 이상의 유전자와 마찬가지로 이 미토콘드리아 유전자에도 돌연변이가 생길 수 있다. 이 미토콘드리아 유전자의 돌연변이는 건강을 크게 해치고 때로는 진단하기도 힘든 다양한 유전질환을 일으킨다. 리 증후군도 그러한 질병 중 하나로 5,000명당 한 명꼴로 이 병을 갖고 태어난다. 여기서 중요한 사실은 미토콘드리아 DNA가 모계를 통해서만 유전된다는 것이다. 즉 엄마가 미토콘드리아 질환 환자면 딸이든 아들이든 상관없이 그 병이 무조건 자식에게 전달된다.

미토콘드리아 대체요법은 이와 같은 위험성을 없애기 위해 체외 수정을 변형시킨 기술이다. 미토콘드리아 유전자에 아무 이상이 없는 공여자의 난자에서 핵을 제거하고 미토콘드리아 질환이 있는 엄마의 난자 핵으로 대체한 후 체외 수정을 실시한다. 따라서 이렇게 형성된 배아는 부모가 총 세 명이 된다. 엄마와 아빠의 염색체, 그리고 핵을 제외한 난자 공여자의 미토콘드리아 DNA에 포함된 아주 적은 양의 염색체가 합쳐져 23쌍의 완전한 염색체가 되는 것이다. (수학적으로 정확한 비율을 알고 싶다면, 사실 '세 부모'보다는 '2.001명의 부모'라고 하는 것이 더 정확한 표현이다)

2015년 10월에 영국 의회에서는 '인간 수정과 배아에 관한 법률'이 통과됐다. 이로써 영국은 미토콘드리아 대체요법을 법으로 허용한 첫 번째 국가가 되었다. 하원에서 이 법안을 두고 투표가 진행될 때, 자신의 앞날을 전혀 예상할 수 없는 상황에서 15년 가까이 이 연구를 이어 온 턴불이 방청석에서 얼마나 초조했을지 충분히 짐작할 수 있다. 득표수가 통과가 확실시되는 수준을 넘어섰다는 사실이 알려지자 턴불과 함께 온 사람들, 환자들과 그 가족들의 즐거운 환호 소리가 일제히 터져 나왔다. 뒤이어 모두가 안도의 눈물을 흘렸다. 법안은 상원에서도 통과됐다. 매트 리들리Matt Ridley 자작도 지지한다는 뜻을 밝혔다. "영국이 생물학적으로 가장 혁신적인 일을 처음으로 시도하는 것이다. 지난 사례들을 살펴보면 단점보다 장점이 더 많다는 것을 알 수 있다." 그는 이렇게 설명하고, 환자의 고통을 막을 수 있는 일이 실현되도록 의원들이 양심을 걸고 노력해야 한다는 말도 덧붙였다. "미끄러운 비탈길처럼 작은 것을 허용하면 얼결에 심각한 일까지 허용하게 되는 경우도 있지만, 이 사안은 그럴 일이 없다."[24]

그러나 임상시험에 착수하려면 넘어야 할 규제 절차가 남아 있었다. 세계 최초의 '세 부모' 남자 아기는 2016년 4월, 멕시코시티에 사는 요르단인 부모에게서 태어났다. 아기의 엄마는 리 증후군으로 두 아이를 잃고 네 번이나 유산한 경험이 있었다. 중국에서 태어나 영국에서 학업을 마치고 뉴욕에서 불임 전문가로 활동해 온 존 장John Zhang은 방추 핵 이식법으로 5개의 배아를 만들었다. 그리고 그중 유일하게 정상적으로 발달한 배아를 모체에 이식했다. 멕시코에서 이 모든 과정을 치르게 된 경위에 관해, 장은 "생명을 살리는 것이 윤리적인 일"이라는 말로 자신의 선택을 변호했다.[25]

장은 자신이 설립한 스핀오프 업체 '다윈 라이프Darwin Life'를 통해 이와 비슷한 방식으로 여성의 난자 핵을 나이가 더 어린 여성의 난자 세포로 옮기는 서비스를 제공하려고 했으나 미국 FDA가 서둘러 나서서 제지했다. 2015년 의회에서 개정된 법률에 마련된, 사람의 배아에 유전 가능한 유전학적인 변화를 고의로 만들거나 그러한 변화가 생기도록 고의로 변형시키는 행위를 금지한다는 조항을 토대로 내려진 조치였다. 장의 업체는 법을 따르기로 했지만, 생식세포 편집이 미래에 유용하게 쓰이리라는 기대는 놓지 않았다. 장은 〈워싱턴 포스트〉와의 인터뷰에서 궁극적으로 인류에 유익한 기술을 모두 허용해야 한다고 이야기했다. "과거를 돌아보세요. 사람들은 항생제, 전신마취, 백신을 전부 반대했습니다."[26] 현재 장은 우크라이나인 의사 발레리 주킨Valery Zukin과 손을 잡았고 우크라이나, 그리스에서 미토콘드리아 대체요법으로 아기가 태어났다는 소식이 계속 이어지고 있다.[27, 28]

장이 이렇게 냉큼 앞서가고 있다는 소식에도 턴불과 동료들은 크게 당황하지 않았다. "미토콘드리아 공여 기술을 임상에 적용하는 일은 경쟁이 아니라 안전성과 재현성이 모두 보장되도록 주의 깊게 이루어야 할 목표입니다." 앨리슨 머독Alison Murdoch의 말이다.[29] 2018년 영국 정부기관인 인간 수정·배아 관리청은 두 명의 여성을 대상으로 한 미토콘드리아 대체요법을 처음으로 승인했다. 이후 12개월간 12건의 신청이 추가로 승인받았다. 우리는 첫 번째 임신 소식을 기다리면 된다.

한편 컬럼비아 대학교의 디터 에글리Dieter Egli는 자선기금을 활용하여 미토콘드리아 질환을 앓는 몇몇 여성을 위해 미토콘드리아 대체요법으로 '세 부모' 배아를 만들었다. 그가 만든 배아는 법의 사각지대에 걸려 있고, 입법 절차를 거치든 소송을 통해서든 미국의 규정이 바뀔 때까지 냉동고에 보관될 예정이다.[30] 미토콘드리아 대체요법이 체외 수정의 자연스러운 확대 버전인지, 돌아올 수 없는 강을 건너 버린 기술인지는 여전히 논쟁이 이어지고 있다. 그러나 미토콘드리아 질환에 시달리는 가족들은 멋진 맞춤형 아기를 만들려는 것도 아니고 신 노릇을 하려는 시도도 아니며 그저 부모와 생물학적으로 관계가 있는, 건강한 자녀를 낳고 싶을 뿐이라고 주장한다.

><((((°>

"팔을 쭉 펴세요. 혈관이 보이게요. 주먹 쥐시고요. 자, 여기 50위안입니다."

1990년대 초, 중국 허난성 시골 지역은 혈액 암거래가 횡행하는 중심지였다. '혈액 모집 대장'이 곳곳에 사무소를 설치하고 가난한 소작농들의 혈액을 사들였다. 이렇게 확보한 혈액에서 혈장을 분리해 해외에 팔았다. 농민들에게 이 '혈장 경제'는 뜻밖의 선물과도 같았다. 50위안에서 70위안까지 꽤 짭짤한 돈을 벌 수 있는 기회였기 때문이다. 쌀을 몇 킬로그램 사거나 휴대용 텔레비전을 구입할 돈으로 아껴 두고, 학교 등록금을 내거나 심지어 작은 집을 지을 수도 있는 금액이었다. 그러나 충분히 예견할 수 있었던 비극이 일어났다. 멸균되지 않은 주삿바늘을 사용하고 다른 사람의 혈액이 묻은 바늘을 또 다른 사람에게 재사용하다가 HIV가 퍼진 것이다. 사람들 사이에서 '원인을 알 수 없는 열'이 번지고 지역 당국은 모르쇠로 일관했다. 왕수핑Shuping Wang이라는 한 지역 의사가 나서서 베이징 정부가 이 문제에 관심을 갖도록 만드는 데 겨우 성공하면서* 2003년부터 HIV 치료제가 무료로 공급됐다.

JK는 2016년에 베이징에서 남쪽으로 약 640킬로미터 떨어진 '에이즈 마을' 웬루를 방문했다.[31] 혈액을 공급했던 사람들 중 거의 절반에 해당하는 마을 주민 수백 명이 에이즈에 걸린 곳이다. 2015년 말까지 집계된 결과를 보면 이 마을에서 나온 사망자 수만 200명이 넘는다. 허난성에서는 마을 수십 곳에서 이와 비슷한 비극이 일어났다. JK가 찾아갔을 때 전국적으로 확산된 에이즈 사태의 흔적은 거의 남아 있지 않았다. 비쩍 야윈 환자가 거리를 돌아다니지도 않았다. 부모를 잃은 아이들 중 상당수는 이미 다른 곳으로 떠나거나 멀리 보내져서 새로운 삶을 시작했고 차별을 피하려고 가짜 신분을 쓰는 경우도 있었다. 마을에 남아 있는 노인들의 얼굴을 보면서 JK는

---

* 왕수핑은 미국에 귀화했고 2019년 솔트레이크 시티 외곽에서 등산 중 심장발작이 일어나 세상을 떠났다. 그가 내부 고발자로 활약한 일은 〈지옥 궁전의 왕The King of Hell's Palace〉이라는 연극으로 만들어져 런던에서 초연됐다. 왕수핑은 중국에 사는 가족들이 정부 당국으로부터 이 연극을 취소시키라는 압박을 받는다고 공개적으로 알렸다. 25년이 지난 뒤, 중국은 코로나바이러스 대유행을 알린 의학계 내부 고발자의 의견을 또다시 묵살했다.

자신의 가족과 어린 시절을 떠올렸다.

　에이즈 위기가 닥쳤을 때 중국 정부의 대응은 25년 뒤 코로나 사태가 터졌을 때의 초기 대응과 비슷했다. 그런 일이 일어났다는 사실을 부인하고 무능하게 대응했다. 그래도 최근에는 영부인인 펑리위안Peng Liyuan의 영향으로 HIV에 대한 인식이 크게 바뀌었다. 펑리위안은 2017년 UN 에이즈공동계획UNAIDS으로부터 HIV 환자의 차별 문제를 해결하기 위해 노력해 온 공로로 상을 받았다. 이처럼 중국 정부의 최고위급 인사가 나선 것이 HIV 퇴치를 위한 강력하고 새로운 전략을 마련하는 데 분명 큰 힘이 되었을 것이다.

　중국의 과학자들이 인간의 배아를 이용하여 처음 유전자 편집 실험을 시작할 때, JK는 자신의 이름을 더 크게 드높일 수 있는 기회를 발견했다. 그가 떠올린 아이디어에 가장 큰 영감을 준 사람은 나이가 그보다 거의 60세 많은 영국인으로, 체외수정의 아버지라 불리는 노벨상 수상자 로버트 에드워즈Robert Edwards다. 2013년 에드워즈가 여든여덟의 나이로 세상을 떠났을 때 〈네이처〉에는 이런 글이 실렸다. "새로운 발견으로 수백 만 명의 목숨을 구한 과학자가 몇몇 있다. 로버트 에드워즈는 그런 과학자가 나오는 데 기여한 사람이다."[32]

　에드워즈는 1968년 런던의 한 학회에서 맨체스터 근처 올드햄 종합병원의 산부인과 전문의 패트릭 스텝토Patrick Steptoe를 만났다. 같은 해에 에드워즈는 런던 북부 에드퀘어 종합병원에서* 한 여성으

＊　내가 태어난 곳이기도 하다. 꼭 짚고 넘어가고 싶었다.

로부터 난모세포를 채취하고 처음으로 체외수정을 실시했다. 그와 스텝토가 얻은 초기 결과는 1969년 〈네이처〉에 발표됐다. 서문은 영국인 (그리고 이 학술지) 특유의 절제된 표현으로 시작한다.

사람의 난모세포를 시험관 내에서 성숙되도록 한 뒤 성숙한 정자로 수정이 이루어졌다. 이와 같은 방식으로 만들어지는 인간의 수정란은 임상적으로 또한 과학적으로 활용될 수 있을 것이다.[33]

이 연구에는 '시험관 아기'라는 표현이 나오지 않는다. 그러나 〈네이처〉의 눈치 빠른 편집자 존 매독스John Maddox는 밸런타인데이에 이 연구에 관한 소식이 〈타임〉에 실리도록 했다. 뒤이어 "인간 시한폭탄"이니 "시험관 아기 공장", "야생종 인간의 종말" 등 사람들의 우려가 담긴 헤드라인이 등장했다. 제3세계 국가들이 "지적인 거인 종 인간"을 만들어서 자국의 영향력과 부를 높이려고 할 수도 있다는 의견도 나왔다. 나는 이 모든 소란이 매독스에게 큰 즐거움을 안겨 주었으리라 생각한다. 에드워즈와 스텝토의 다음 연구는 언론뿐만 아니라 교회와 정부의 뜨거운 관심까지 받았다.

1971년 에드워즈는 사람의 배반포를 배양하는 데 처음으로 성공했다고 보고했다. "(불임) 부부들이 자식을 갖는 것에는 어떠한 비난도 가하지 말아야 한다. 그러한 혜택을 누리지 못하는 소수의 사람들에게 인구 과잉을 거론하는 것은 매우 부당한 일이다."[34] 그는 이렇게 설명했다. 연구비 신청이 받아들여지지 않는 상황에서도 에드워즈와 스텝토는 연구를 계속 이어 갔다. 1976년에는 체외 수정된 배아의 이식을 처음으로 시도했지만, 자궁 외 임신으로 끝났다. 그러나 1978년 7월 25일, 몸무게 2.3킬로그램의 아기 루이스 브라운 Louise Brown이 스텝토의 손에서 제왕절개로 세상에 태어났다. 에드워즈와 스텝토는 앞으로 수많은 부부들에게 이와 같은 기쁨을 안겨 줄 것이라는 의미로 루이스의 부모에게 중간 이름을 '조이'로 지어 달라고 제안했다. 영국 여왕의 전속 산부인과 전문의를 비롯해 전 세계에서 이들을 지지하는 목소리가 나왔다.[35] 브라운이 태어나고 2년이 지난 뒤에 체외 수정된 아기가 두 명 더 태어났다. 미국에서는 1983년이 되어서야 첫 번째 사례가 나왔다. 영국은 1990년에 비로소 체외 수정이 법으로 허용됐다. 시작은 이토록 미미했지만, 기술은 꽃을 피웠다. 루이스 브라운을 시작으로 이후 40년간 태어난 시험관 아기는 800만 명으로 추정된다.[36]

에드워즈는 2010년에 마침내 노벨 생리·의학상을 수상했다. 스텝토는 이미 세상을 떠난 후였고, 에드워즈는 치매 환자라 스톡홀름까지 갈 수가 없었다. 여러모로 너무 늦게 찾아온 명예였다. 바티칸에서는 강력히 비난했지만, 에드워즈의 친구들은 그가 무척 기뻐했다고 전했다. 에즈워즈의 성과에 고마워하는 수많은 팬들에게도 기쁜 일이었다. 노벨상 위원회 웹 사이트에 사람들이 남긴 의견 중에는 이런 글도 있었다. "에드워즈 박사님, 저에게 생명을 주셔서 감사합니다."[37]

JK는 에드워즈를 의학계의 롤 모델로 삼았다. JK의 연구실에는 그가 존경하는 사람들의 이름과 그들이 세상의 인정을 받기까지 얼마나 오랜 시간이 걸렸는지 직접 정리한 글이 모니터에 떠 있었다.[38]

크리스티안 바나드Christiaan Barnard: 자국에서 3년, 해외에서 1년

로버트 에드워즈: 7년

에드워드 제너Edward Jenner: 1년.

이 과학계 인사들이 새로운 길을 개척한 이야기에서 용기를 얻으며, JK는 자신의 미래도 이들의 모습과 같으리라 상상했다. 처음에는 논란이 될 수 있지만, 결국에는 선봉에 우뚝 섰다는 인정을 받을 것이라고. 그러니 논란이 되는 그 첫 단계, 되돌릴 수 없는 첫걸음을 뗄 용기가 있다면 과학과 인류를 더 발전시킬 수 있다고 생각했다.

16 장

되돌릴 수 없는 첫걸음

2016년 3월에 마이클 딤은 '생체역학 시스템'이라는 제목으로 열린 소규모 심포지엄에서 발표하기 위해 선전 시를 찾았다. 행사 공식 사진에는 키가 큰 딤이 중앙에 우뚝 서 있는 모습이 남아 있다. 웃으며 함께 서 있는 허젠쿠이도 쉽게 알아볼 수 있다. 이날 딤의 강연 주제는 JK와 함께 쓴 논문에서도 다루었던 크리스퍼였다. 딤은 논문이 나온 이후에 크리스퍼 기술이 얼마나 발전했는지 설명하고 이제는 보편적인 유전체 편집 도구가 되었다고 전했다. 또한 암과 유전질환 치료의 길이 열리리라는 희망으로 이 기술을 활용하는 생명공학 회사도 여러 곳이 생겼다고 이야기했다.

6개월 뒤, 선전 시 남부과학기술대학은 딤이 생물학과에 합류했다고 발표했다. 더불어 선전 시가 허젠쿠이와 딤의 염기서열 분석

시스템을 더욱 발전시킬 수 있도록 '공작 계획'에 따라 570만 달러를 지원하기로 했다는 사실도 알려졌다. 다이렉트 지노믹스 사와 같은 업체를 설립하고 중국의 임상 시장에 진출하는 성과는 생명공학 분야의 기업가라면 모두가 부러워하고 꿈꿀 만큼 대단한 일이다. 그러나 이때, JK는 크리스퍼 기술을 직접 활용해 본 경력이 전무한 상황에서도 더욱 대담한 시도를 준비하고 있었다.

그가 인간 배아를 편집하려고 한다는 생각을 처음 비공개로 의논한 사람은 스탠퍼드 시절 지도 교수였던 퀘이크다. 2016년에 퀘이크에게 처음 생각을 밝힌 JK는 예상치 못한 반응과 마주했다. "그건 끔찍한 생각이야. 왜 그걸 하려고 하나?" 퀘이크의 대답이었다.[1] JK는 마지못해 퀘이크의 조언을 수긍했다. 최소한 윤리 심의와 환자 동의서를 받는 적절한 수순을 거쳐야 할 수 있는 일이었다. 나중에 퀘이크에게 쓴 이메일에서도 그렇게 하겠다고 약속했다. "최초로 유전자가 편집된 사람의 아기를 만드는 이 일을 더 추진하기 전에, 선생님의 제안대로 지역 윤리위원회의 승인부터 받도록 하겠습니다. 이 사안은 비밀로 해 주시기 바랍니다." 퀘이크는, 규모는 작지만, 영향력은 결코 작다고 할 수 없는 인물들로 구성된 JK의 '신뢰 집단'에 첫 구성원이 되었다. 그가 자신의 계획을 털어놓고 조언을 구한 과학자들, 윤리학자들 중 한 명이 된 것이다. JK의 의견을 듣고 이들이 보인 반응은 다 달랐지만, 외부에 공개하거나 내부 고발자를 자처한 사람은 한 명도 없었다.

그해 여름 JK는 뉴욕으로 떠났다. 롱아일랜드 콜드 스프링 하버 연구소에서 크리스퍼와 유전체 편집 분야에서는 최대 규모로 열린 학술대회에 참석하기 위해서였다. 행사 도중 휴식시간에 그는 공동 주최자 중 한 명이던 다우드나를 찾아가 자신을 소개했다. 그레이스 홀 맨 앞줄에 나란히 앉아서 찍은 사진을 위챗에 올리기도 했다.[2] 다우드나는 그런 요청을 침착하게 받아들였다. 테일러 스위프트Taylor Swift 못지않은 유명인사가 된 터라, 행사가 있을 때마다 존경을 표하는 학생들, 과학자들과 만나면 함께 사진을 찍고 싶다는 요청에 고마운 마음으로 응했다.

2016년 말에 JK는 마크 드윗Mark DeWitt에게 연락했다. 다우드나가 설립한 '이노베이티브 지노믹스 연구소IGI'에서 겸상 세포 질환을 해결하기 위해 세포를 유전학적으로 편집하고 얼마 전 이 연구의 결과를 발표한, 그리 널리 알려지지 않은 과학자였다.[3] 점심 식사를 함께한 후 JK는 드윗에게 중국에 와서 선전 시 남부과학기술대학에서 강의를 해 달라고 요청했다. 드윗은 이 깜짝 초청을 받아들였지만, 인체 배아 실험을 돕는 일에는 관심이 없다는 입장을 재차 밝혔다. "주저 없이 제 뜻을 이야기했습니다." 그는 전화로 내게 말했다. "중요한 일이라고 생각하지만, 내 이름을 알리고 싶은 연구는 아니라고요."[4]

2017년 1월에 JK는 다우드나와 스탠퍼드 대학교의 생물윤리학자 윌리엄 헐벗William Hurlbut이 개최한 IGI의 소규모 워크숍에 초청받았다. 주제는 인간 유전체 편집에 관한 대중 교육과 참여였다. 이 행사의 최연소 참석자였던 JK는 크리스퍼 기술의 안전성에 초점을 맞춰 인간 배아 편집 연구의 예비 데이터를 간략하게 발표했고, 크게 두드러질 만한 일은 없었다. 개인 블로그에는 이날 발표한 내용이 요약되어 있는데, 주로 안전성에서 쟁점이 되는 다섯 가지 문제가 나와 있다. 그중에는 표적 외에 발생하는 영향과 모자이크 현상도 포함되었고 추가 연구가 필요하다는 설명도 있다. JK는 이 중요한 안전성 문제가 해결되지 않는 한, 즉 이 쟁점이 해결되기 전에 생식세포 편집을 실행하는 것은 "극히 무책임한" 행위라는 말로 끝을 맺었다. 그리고 또 한 가지 흥미로운 사실을 언급했다. 미국 과학원에서 밸런타인데이에 발표한 생식세포 편집에 관한 보고서(나중에 다시 살펴볼 예정이다)에 관하여, 인체 생식세포 편집에 "노란 불"이 켜진 것 같다는 견해를 밝힌 것이다.[5]

워크숍은 시작부터 강렬했다. 조지 처치가 '미래, 인간 자연: 읽기, 쓰기, 혁신'이라는 자극적인 제목으로 첫 발표를 맡았다.[6] 그는 생식세포를 이용한 치료를 터놓고 언급하면서, 생식세포의 미토콘드리아를 활용하는 기술이 불임 치료법으로 쓰일 것이라 전망했다. 선조들과 비교하면 "우리는 이미 향상되었고", 이 영향은 대부분 유전학보다 물리학과 화학에서 비롯됐다고 설명했다. 또한 인류는 선조들이 꿈꾸던 것보다 훨씬 더 많이 보고 듣고 날고 높은 곳에 도달하고 바다의 깊이를 정확히 파악하는 능력을 갖게 되었다고 덧붙였다. 그러나 유전학도 기회를 잡을 것이라고 언급했다. 발표가 마무리되어 갈 때쯤, 처치는 변이형 유전자가 인간에게 유익한 형질을 제공할 수 있는 것 중에서 지금까지 알려진 문제가 없거나 문제가 있더라도 심각하지 않은 것들을 정리한 '보호 기능성 유전자' 목록을 제시했다. CCR5도 이 목록에 포함되어 있었다. "와, 멋진 발표였습니다." 처치를 초청한 다우드나의 반응도 JK에게 깊은 인상을 주었을 것이다.

이날 워크숍에서 JK는 윌리엄 헐벗과 애리조나 주립대학교의 과학 역사가인 그의 아들 벤과 만났다. 벤 헐벗Ben Hurlbut은 현 시점에서 돌아볼 때, JK가 그러한 연구를 하게 된 동기는 친숙했고 특별할 것이 없었다고 밝혔다.

> 미국과 중국의 현대 생명공학은 활기가 가득했고 그러한 환경에서 자극을 받았다. 자신의 연구가 전 세계 과학 공동체에서 자신의 지위를 높여 줄 것이고, 중국이 과학과 기술의 치열한 경쟁에서 유리한 고지를 점할 것이며 보수적인 윤리관과 대중의 두려움이라는 역풍을 이겨내고 과학을 더욱 발전시킬 것이라는 믿음이 그의 내면에서 확고히 형성됐다.[7]

2년 후 JK는 벤 헐벗에게, 이 IGI 워크숍에서 들은 어떤 말이 자신에게 큰 영향을 주었다고 말했다. "중대한 돌파구는 한두 명의 과학자가 시작한 (……) 무모한 과학에서 나오는 경우가 많다"는 말, 그리고 "되돌릴 수 없는 첫걸음을 떼는 사람이 필요하다"는 이야기였다.[8]

✕✕✕

이후 JK는 크리스퍼 유전자 편집 분야에서 그동안 이루어진 발전을 그대로 쫓았다. 중국은 '법에 구애받지 않고' 수십 명의 암 환자에게 크리스퍼 기반 체세포 치료를 실시하며 선두에 나섰다. 다만 이 초

기의 시도가 얼마나 성공을 거두었는지는 불분명하다.[9]

하지만 JK의 관심은 그보다 훨씬 멀리 나아가는 것, '되돌릴 수 없는 첫걸음을 떼는' 일이었다. 사람의 DNA에 다음 세대로도 전해질 영구적 변화를 만들어서 환자는 물론 환자의 자식까지 병에서 완전히 벗어나게 하는 것 또는 병을 예방하는 것이 그의 목표였다. 2015년에 광저우에서 획기적인 인간 배아 실험이 실시된 후 3년 동안[10] 인간 배아 편집에 관한 연구 논문 9편이 추가로 발표됐다. 2건을 제외하고 모두 중국에서 실시된 연구였다.[11, 12, 13, 14, 15, 16, 17] 2017년 3월, 광저우 의과대학의 한 연구진은 인체 배아에서 질병 유전자 한 쌍을 편집했다고 보고했다. 편집된 배아를 이식하는 단계까지 감안해서 설계된 연구는 아니었지만, 이제 시간문제일 뿐임을 느낄 수 있는 결과였다. 〈네이처 바이오테크놀로지〉는 다우드나, 다나 캐럴, 행크 그릴리, 로빈 로벨 배지Robin Lovell-Badge, 크레이그 벤터를 비롯한 유전체학 분야의 대표적인 인물들에게 생식세포 편집이 불가피한 일이냐고 물었고 모두가 그렇다고 답했다.[18]

유럽과 미국에서 각각 한 편씩 나온 나머지 두 건의 연구 결과는 중국에서 나온 연구들과 달리 〈네이처〉에 대대적으로 발표됐다. 그중 하나는 런던 중심부에 자리한 프랜시스 크릭 연구소의 캐시 니아칸Kathy Niakan 연구진이 실시했다. 설립에 10억 달러가 들어간 프랜시스 크릭 연구소는 영국 분자생물학 연구의 가장 빛나는 보석과도 같은 곳이다. 2016년에 공식적으로 문을 연 정부 기관인 이 연구소에는 제임스 왓슨의 의뢰로 완성된 프랜시스 크릭의 초상화가 걸려 있다. 니아칸은 수정란이 형성된 직후 첫 며칠과 몇 주에 해당하는 중대한 기간에 배아가 어떻게 발달하는지 근본적인 메커니즘을 연구해 온 저명한 발달 생물학자다. 세포의 성장과 발달에 영향을 주는 특정 유전자가 밝혀지면 유산과 그 밖에 여러 임신 합병증의 위험 요인을 파악하고 체외 수정의 성공률을 높이는 데 도움이 될 수 있다.

영국 인간 수정·배아관리청은 2016년에 크리스퍼-카스9으로 인간 배아의 DNA를 변형시키는 니아칸의 연구를 부분적으로 허용했다.[19] 니아칸은 체외 수정 과정에서 생기는 여분의 배아 중에서 환자가 연구 목적으로 기부한 배아를 확보하여 최대 14일까지 배양했다. "여성의 몸에 그 배아를 이식할 계획은 전혀 없었다는 점을 제가 보장할 수 있습니다." 니아칸의 동료인 러브 배지는 이렇게 주장했다. 2017년 9월, 니아칸 연구진은 크리스퍼를 이용하여 발달 중인 인간 배아에서 OCT4라는 유전자가 담당하는 주요 기능을 밝혀냈고, 이 결과는 〈네이처〉에 게재됐다.[20]

그보다 겨우 한 달 앞서 더 큰 관심을 모은 뉴스도 전해졌다. 영국의 한 타블로이드지 1면에 '맞춤형 아기에 성큼 다가가다'라는 헤드라인이 독점 기사로 실린 것이다. 스티브 코너Steve Connor라는 과학 기자가 가로챈 소식으로, 코너는 나중에 〈MIT 기술 리뷰〉에도 '미국에서 인간 배아가 최초로 편집되다'라는 좀 더 진지한 제목을 붙여 같은 소식을 전했다.[21] 그는 미국의 유명한 체외 수정 센터에서 나온 논문 한 편이 곧 〈네이처〉에 게재될 것이라는 정보를 몇 주 전에 입수하고 이 기사를 썼다. 〈네이처〉 편집진은 "천둥을 도둑맞아 크게 분노했다."라고 전해졌지만, 과학 기자들에게는 그저 뿌듯한 일일 뿐이었다.*

코너의 기사로 알려진 논문의 제1저자인 슈크라트 미탈리포프 Shoukhrat Mitalipov는 포틀랜드 오리건 보건과학대학교가 제공한 민간 지원금을 이용했으므로 인간 배아 연구를 금지한다는 연방 기금의 요건을 지킬 필요가 없었다. 카자흐스탄 출신인 미탈리포프는 모스크바에서 공부하고 1990년대 중반에 미국으로 이주했다. 복제 원숭이와 개인 맞춤형 줄기세포(환자의 피부 세포를 유전학적으로 다시 프로그래밍하는 방식) 기술을 처음 밝힌 줄기세포와 배아 연구 분야의 전문가다. 2013년에는 미토콘드리아를 이용한 대체요법 연구로 〈네이처〉가 선정한 최고의 인물 10인에 포함되기도 했다.

미탈리포프보다 먼저 인간 배아 연구를 시도하고 결과를 발표한 중국인 과학자도 많았는데 왜 〈네이처〉가 게재를 결정한 것은 미탈리포프의 논문이었을까? 논란이 되는 인간 배아 편집 연구가 미국 땅에서 이루어졌기 때문만은 아니다.[22] 미탈리포프는 두 가지 면에서 두드러진 성과를 냈다. 하나는 기술적으로 매우 인상적인 결과가 나왔다는 점이다. 미탈리포프 연구진은 공여 받은 난자와 비후성 심근증을 앓는 남성 환자의 정자를 수정시켜 수십 개의 배아를 만들었다. (비후성 심근증은 갑작스러운 심장발작으로 사망에 이를 수 있는 병이다. 주로 젊은 운동선수들에게서 많이 나타나며 미국의 프로 농구팀 보스턴 셀틱스의 스타 선수였던 레지 루이스[Reggie Lewis]도 이 병을 앓았다). 이후 연구진은 크리스퍼를 이용하여 염기 4개가 결실된 MYBPC3 유전자를 수선했다. 치

---

* 코너는 전립선암을 앓다가 몇 달 후 예순두 살의 나이로 세상을 떠났다. 안타깝게도 이 기사는 그의 마지막 특종이 되었다.

료를 실시한 58개의 배아 중 42개는 MYBPC3 유전자 한 쌍이 모두 정상으로 확인됐고, 표적 외에 발생한 다른 중대한 영향도 없었다.

미탈리포프 연구진이 얻은 또 한 가지 참신한 결과는 돌연변이 유전자를 고친 방식이었다. 처음에 미탈리포프는 크리스퍼 시스템을 투입해서 MYBPC3 유전자가 절단되면, 크리스퍼와 함께 투입된 가이드 염기서열이 절단된 부위에 결합되는 방식으로 유전자 편집이 일어날 것이라 예상했다. 그러나 실제로 해 보니, 한 벌로 존재하는 다른 염색체의 동일한 유전자에 포함된 염기서열이 수선에 이용된 것으로 나타났다. 이것은 유전자 편집이 아닌 유전자 대체라는 새로운 DNA 수선 메커니즘이 있다는 의미였다. 이에 따라 미탈리포프는 논문 제목에 '편집' 대신 '교정'이라는 단어를 사용했다. "다들 유전자 편집에 관해서만 이야기하지만, 저는 '편집'이라는 단어를 좋아하지 않습니다. 우리는 아무것도 편집하거나 바꾸지 않았습니다. 우리가 한 일이라곤 모체의 돌연변이 유전자의 변형된 부분을 원래 있던 야생형 유전자로 없앤 것이 전부입니다."[23] 이 결과에 확신을 갖지 못하는 사람들도 있었다. 발생학자 토니 페리Tony Perry는 이러한 메커니즘이 일어나기에는 난자와 정자의 유전체가 너무 멀리 떨어져 있다고 주장했다. "세포 수준에서 두 유전체의 거리는, 비유하자면 은하계와 다른 은하계만큼 멀다고 할 수 있다."[24]

그러나 한 걸음 더 발전시킨 중요한 연구라는 평가가 대다수였다. 다우드나는 "'한 인간에게는 작은 한 걸음이지만 인류에게는 거대한 도약'이라는 말이 떠오른다"고 밝혔다(닐 암스트롱이 달에 첫걸음을 디디고 했던 말이다—옮긴이).[25] 이와 함께 다우드나는 미탈리포프의 성과가 "연구 목적으로, 궁극적으로는 임상에 활용할 목적으로 사람의 배아를 편집하고자 하는 사람들에게 힘이 될 것"이라고 정확히 예견했다.* 미탈리포프는 연구하면서 어떤 부분이 가장 어려웠느냐는 질문에 기술적으로는 전혀 문제가 없었지만, 향후 임상시험의 전단계가 될 수도 있는 연구라 연구 심사를 맡은 위원회 세 곳에, 위원회마다 제각기 다른 절차대로 연구 승인을 받는 과정이 가장 힘들었다고 밝혔다. 그리고 자신의 일차적인 연구 목표는 우성 유전으로 발생하는 질병이라고 말했다. BRCA1, BRCA2처럼 돌연변이가 일어나면 유방암이나 난소암 발생 위험성이 높아지는 것으로 나타나 암의 원인으로 유전자가 그 대상에 포함되는 것들이다.

미탈리포프가 스포트라이트를 즐기는 사람이 아니라는 사실은 찰리 로즈가 진행하는 텔레비전 쇼에서 생방송으로 인터뷰할 때 드러난 불편한 기색으로도 분명히 알 수 있었다. 그는 "인류에게 큰 도약이 된" 자신의 연구가 유전질환으로 고통 받는 사람들 그리고 중증 유전질환의 원인 유전자가 자식에게 전달될까 봐 걱정을 놓지 못하는 수백만 명의 사람들에게 희망을 줄 수 있으리라 믿는다고 전했다. "이제 우리에게는 생명의 가장 첫 단계부터 병을 예방할 수 있는 기회가 생겼습니다."[26] 그러나 2015년에 사람의 배아를 어설프게 건드린 최초의 시도가 큰 반발을 샀으니, 과연 다음 단계에 감히 도전하려는 사람이 나타날까?

---

* 미탈리포프가 발견한 DNA 수선 메커니즘이 사실로 밝혀진다면, 염색체 한 쌍에 있는 유전자 두 개에 전부 돌연변이가 일어난 경우는 어떻게 되는지 밝혀 낼 연구가 필요하다. 이 경우에는 배아가 외부에서 공급된 수선용 염기서열을 받아들이도록 구슬리는 방법을 찾아야 할 것이다.

선전에서 미탈리포프의 연구 결과를 전하는 헤드라인과 열광적인 반응을 지켜본 JK는 혐오감과 불신을 느꼈다. 미국의 과학자들은 2년 전 중국에서 생존이 불가능한 배아를 활용하여 인간 배아를 편집한 연구 결과가 처음 나왔을 때 전부 달려들어서 비난을 퍼부었다. 그런데 지금은 생존이 가능한 배아로 연구한 결과가 〈네이처〉에 실린 데다 그때와 같은 비난은 전혀 찾아볼 수 없고 오히려 언론의 엄청난 주목을 받고 있었다. JK는 이것이야말로 이중 잣대이며 "중국인에 대한 과학적인 인종차별주의"라고 보았다.[27] 애국적인 의무감까지 느낀 그는 더욱 대담하게 밀고 나갔다.

✕‖Ⅱ‖✕

JK는 2017년 중반에 롬바르디와 유전자 편집 업체 설립에 관해 이야기를 나누었다. 자신은 유전자 편집의 과학적 연구에 집중할 시간이 필요하므로 새로 설립할 '다이렉트 지노믹스'에는 CEO를 따로 고용하는 편이 낫다고 판단했다. JK는 롬바르디에게 "새 회사"가 세계적인 업체가 될 수 있도록 필요한 자금을 모으는 일에 힘을 보태 달라고 요청했다. "어떤 일을 하려고 하십니까?" 롬바르디가 묻자 "사람 유전자를 편집할 겁니다."라는 대답이 돌아왔다. 잠시 할 말을 잃은 롬바르디는 다시 물었다. "연구 중단 서약이 나온 건 알고 계시죠?"[28]

JK는 롬바르디가 우려하는 문제에 관심이 없었다. 2017년에 미국 국립과학원에서 발표한 생식세포 편집 연구 관련 보고서에 놀란 수많은 사람들이 특정한 요건을 따르는 경우에 한하여 생식세포 편집을 허용하자고 제안한 것을 두고 하는 말이었다. JK는 롬바르디에게 기본적인 사업 계획을 정리해서 보냈다. HIV로 인한 동남아시아 지역의 건강 위기를 해결하는 것에 중점을 둔 이 사업 계획에는 유전자 편집으로 중국에 의료 관광 지구를 만든다는 내용도 포함됐다. "제 연구도 일부가 될 것입니다." JK는 롬바르디에게 전했다. 이후 12개월간 롬바르디는 투자에 관심이 있는 사람들에게 JK가 사업 계획을 소개할 수 있는 자리를 여러 차례 마련했다. 그러나 회의가 열리기 직전에 JK가 갑자기 일정을 취소하는 일이 반복됐다.

그 이유 중 하나는 당시에 그가 임상시험에 참여할 사람들을 모집하고 있었기 때문이다. 베이징의 한 단체와 손잡고 중국인 HIV 환자를 모집했고, 그중 자녀의 부친이 될 남성이 HIV 양성 판정을 받은 여덟 쌍의 커플이 시험에 참여하기로 했다. 나중에 이들 중 한 쌍은 참여 의사를 철회했다. 2017년 6월의 어느 토요일에는 시험에 자발적으로 참여하겠다는 의사를 밝힌 이들 중 시험에 적합하다고 판단된 두 커플을 JK가 직접 만났다. 그리고 한 시간 만에 임상시험의 위험성이 나와 있는 사전 동의서에 서명까지 받았다. 연구 제목은 '에이즈 백신 개발 프로젝트'였다. JK가 연구단장을 맡고 연구비를 선전 시 남부과학기술대학이 제공한 이 프로젝트는 CCR5 유전자를 불활성화하여 "CCR5 유전자가 편집된 아이들이 HIV-1 바이러스에 선천적 면역력을 보유한 북유럽인과 동일한 유전자형을 갖도록 돕는 것"이 목적이라고 밝혔다. 임상시험에 참가한 각 커플에게는 체외 수정과 유전체 편집, 병원 진료에 필요한 의료비로 약 4만 달러

를 지급하기로 했다.[29]

사전 동의서에 유전체 편집의 위험성이 대략적으로 나와 있었지만, JK는 표적 외에 발생하는 모든 영향은 "현재의 의과학과 기술의 범위를 벗어나므로" 연구진의 책임이 아니라고 설명했다. 또한 임상시험에 관한 정보를 일반에 알릴 수 있는 권한은 연구진에게만 있다고 밝혔다. JK가 새로운 역사를 쓰게 될 커플들을 상대로 이러한 설명을 하는 모습을 회의실 맞은편에 앉아서 지켜본 사람이 두명 있었다는 점에 주목할 필요가 있다.[30] 한 명은 5킬로미터 달리기라도 하고 온 사람처럼 파란색 티셔츠를 걸친 캐주얼한 차림으로 앉아 있었던 마이클 딤, 다른 한 명은 중국에서 아주 유명한 과학자이자 BGI의 공동 설립자 4명 중 한 명인 유 준Yu Jun이었다. 유는 자신이 보유한 BGI 지분을 팔고 미국 국립보건원에 상응하는 중국 기관인 베이징 중국 과학원에 교수로 재직 중이었다.[31] 중국 유전체학회가 발행하는 이 분야의 공식 학술지 편집장도 맡고 있었다.

두 달 뒤에 JK는 콜드 스프링 하버 연구소를 다시 방문했다. 이번에는 초빙 강연자의 자격으로 와 분자생물학 분야의 전설로 불리는 수많은 인물들이 지켜보는 가운데 연단에 올랐다. 제임스 왓슨의 커다란 초상화도 그를 내려다보고 있었다.* JK는 유전자 편집의 효율 개선과 원숭이와 사람 배아의 유전체 염기서열 분석으로 표적 외에 발생한 돌연변이를 평가하는 방법에 관해 설명했다. 준비한 슬라

---

* 그로부터 18개월 뒤 PBS 다큐멘터리에서 왓슨이 인종차별적 발언을 한 뒤에 이 초상화는 철거됐다. 콜드 스프링 하버 연구소는 전 대표이자 총장이었던 그와의 모든 관계를 끊고 연구소 산하 대학원명에서도 그의 이름을 삭제했다.

이드의 마지막 두 장이 남을 때까지만 해도, 그가 생식세포 편집 기술을 임상에 적용하려고 한다는 조짐은 전혀 느낄 수 없었다. 문제의 슬라이드가 열리고, 제시 젤싱거의 사망 소식을 전한 〈뉴욕타임스〉의 헤드라인이 나타났다. JK는 사람의 생식세포 편집은 "가까운 미래에" 일어날 일이지만, "천천히 조심스럽게 접근해야 한다"고 말했다. 이어 유전자 치료로 인한 '제시 젤싱거의 사망으로 생명공학도 죽음을 맞이했던' 일처럼 단 한 번의 실패가 이 분야 전체를 죽일 수 있다고 말했다.[32]

마지막 슬라이드에는 보통 협력 연구자들과 지원 기관에 감사 인사를 전하는 전통에 맞게 딤과 드윗, 윌리엄 헐벗에게 감사한다는 내용이 나왔다. 청중들로부터 몇 가지 기술적인 질문을 받고 답하는 시간도 가졌다. 그러나 강당을 꽉 채운 사람들 중에 이 젊은 중국인 과학자가 생식세포 편집에 관한 국제사회의 합의를 깨뜨릴 수도 있다고 진지하게 생각한 사람은 아무도 없었다. (나를 포함한) 많은 참석자들은 그저 저녁 세션이 제 시간에 끝나고 바에 내려가서 맥주를 마실 수 있길 바랄 뿐이었다.

석 달 뒤에 열린 '다이렉트 지노믹스' 자문단 회의를 맞아 JK는 얼마 전 영입한 귀중한 인물을 선전으로 초대했다. 노벨상 수상자 크레이그 멜로였다. 그는 멜로에게 크리스퍼로 사람의 배아로 HIV가 옮겨 가는 것을 막을 수 있는지 문의했지만, 멜로는 JK가 정말로 그 일을 하려고 묻는다고 생각하지 않았다. 그 사이 JK가 데리고 있던 박사 과정 학생인 페이페이 쳉Feifei Cheng은 펜실베이니아 대학교의 심장학자 키란 무수누루에게 크리스퍼 PCSK9이라는 유전자를 표적화하는 방법과 관련해 조언을 구한다는 내용의 이메일을 여러 통 보냈다. PCSK9에 희귀한 돌연변이가 생기면 체내 콜레스테롤 농도가 대폭 낮아진다. 무수누루는 쳉이 보낸 첫 번째 이메일에만 답장을 보냈고, 이후로는 답을 하지 않았다. 12개월 뒤, 마치온이 JK가 작성한 논문 초안을 이메일로 보낼 때까지 이 일은 까맣게 잊고 있었다.[33]

중국에서 JK의 인지도와 명성은 급속히 높아졌다. 중국 정부는 세계에서 가장 명망 있는 과학상이라고 소개해 온 주요 과학 분야 개발 사업인 '천인 재능 계획'의 대상자로 JK를 선정했다. 중국 국영 방송국에서 제작하는 중국 최대 뉴스 채널 CCTV-13에서는 "뒤에서 오는 파도가 앞선 파도를 밀어 준다."라는 중국의 관용 표현과 함께 JK를 소개하는 4분짜리 영상이 방영됐다. 그가 동료들과 농담을 주고받는 모습, 사람의 유전체 염기서열 전체가 들어간 방대한 분량의 저서를 자랑스럽게 보여 주는 모습과 수십 권의 책을 이중나선 모양으로 쌓아놓은 광경도 담겼다. 아내와 아기가 지켜보는 가운데 5인 실내축구에 나서 열심히 뛰는 모습도 나왔다.[34]

2018년 초, JK는 샌프란시스코로 왔다. 드윗과 저녁 식사를 함께하는 자리에서 그는 연구윤리 심의위원회로부터 연구 승인을 받았다고 전했다. 스탠퍼드 대학교의 매튜 포투스와도 만나서 유전자가 편집된 사람의 배아를 이식하는 연구를 시작했다고 비밀리에 알렸다. 포투스는 기겁하며 끔찍한 아이디어라고 질책했다. "그런 무모한 행동은 이 분야 전체를 위험에 빠뜨리는 일이라고 이야기했다." 그는 당시의 일을 떠올리며 더 많은 전문가들에게 이야기했어야 한다고 말했다.[35] JK는 자신을 지지해 주는 반응이 나오기를 기대했지만, 아무런 내색도 하지 않았다. 포투스는 그때 자신이 이런 상황을 좀 더 공개적으로 알렸어야 했다고 이야기했다. 스탠퍼드 교수 딤과 멜로, 드윗과 벤 헐벗 등 상당수의 미국인 과학자가 페렐이 '신뢰 집단'이라고 표현한 그룹의 일원이었다.[36] 레갈라도는 JK가 젤리그처럼 곳곳에서 튀어나왔다고 묘사했다(젤리그는 1983년에 우디 앨런 감독이 다큐멘터리처럼 만든 코미디 영화의 주인공이다. 이 영화에서 젤리그는 주위 모든 사람을 흉내 낼 줄 아는 1920년대 유명인사로 등장한다—옮긴이).

JK는 2017년과 2018년에 윌리엄 헐벗과 여러 차례 만나 윤리적 문제에 관해 꽤 길고 심도 있는 토론을 벌였다. JK는 다음 세대로 유전되는 유전체 편집을 서구 사회가 왜 반대하는지 이해해 보려고 노력했다. 한번은 자신의 엄지와 검지를 붙여서 동그랗게 만들고는 헐벗에게 크기가 이 정도인 것을 실제 아기만큼 중요하다고 생각하는지 물었다. 헐벗은 JK가 "겸손하고 선의로 일하는 사람"이라 느꼈고, 과학을 발전시키는 동시에 다른 사람들을 도우려 한다고 생각했다. 그러나 그가 이 연구를 임상에 적용하기 위해 진지하게 고민 중이라고는 전혀 생각하지 않았다. "그는 이상주의자다. 경험이 부족하고, 어쩌면 아주 순진하다고도 할 수 있는 낙관론자다. 나는 허젠쿠이가 뭔가 중대한 일을 하려고 한다는 것을 감지했다. 하지만 이런 식으로 일을 벌이다니 유감스럽다. 좋은 의도로 일하는 사람으로 보였기에, 진심으로 안타깝다."[37]

헐벗의 이런 동정 어린 평가에 공감하는 사람은 많지 않았다.

2018년 2월, JK는 대학에서 무급 휴가를 받았다. 그에게는 해야 할 일이 있었다. 세계무대에 이름을 떨치고, 이 세상을 함께 살아가는 사람들 특히 HIV 위험성이 높은 사람들을 돕고 싶었다. 그리고 중국 과학에 승리를 안겨 주고 싶었다. 나중에 JK는 벤 헐벗에게 국제 사회의 사회적 합의를 기다리는 일에 관심이 없으며, 그런 합의는 아마 절대 도출되지 않으리라 생각한다고 말했다. "하지만 한두 명의 과학자가 처음 아이를 만들고, 그 일이 안전하고 건강하게 이루어진다면 과학, 윤리, 법을 비롯한 사회 전체에 가속이 붙을 겁니다. (……) 그렇게 제가 첫발을 떼는 것이죠."

JK 연구진은 임상시험에 참여한 7명의 여성 중 5명에게 체외 수정으로 만든 13개의 배아를 이식했다. 이들 중 두 명이 임신했다. 2018년 4월에 JK는 미국에 있는 몇몇 친구들에게 기쁜 소식을 전했다. 멜로와 퀘이크, 드윗 앞으로 "성공했습니다!"라는 명확한 제목으로 거의 같은 내용의 이메일이 도착했다.

> 좋은 소식이 있어요! 임신이 됐고, 유전체 편집은 성공했습니다! CCR5 유전자가 편집된 배아를 10일 전에 여성들에게 이식했고 오늘 임신이 최종 확인됐습니다.[38]

퀘이크는 JK가 보낸 이메일을 한 동료에게 보여 주기로 결심했다. 하지만 구체적인 조언은 얻지 못했다. 멜로 역시 난처한 상황에 처했다. "기쁜 일이군요. 하지만 저는 이 일에 관한 소식을 더 이상 듣고 싶지 않습니다. 지금 당신은 그 아기의 건강을 위험하게 만들고 있습니다. (……) 대체 왜 이런 일을 하는지 모르겠군요. 임신한 환자에게 큰 운이 따르고 부디 건강하게 지내기를 바랍니다."[39] 그는 이렇게 답장을 보냈다. 그나마 JK를 존중하는 마음이 있었기에 이 정도로 완곡하게 거부 의사를 밝힐 수 있었다. "나는 당신이 좋은 의도로 한 일이라고 생각합니다." 이런 말도 덧붙였다. 드윗은 큰 충격에 빠져 뭘 해야 할지 판단하지 못했다.

2018년 8월, JK는 미국을 다시 짧게 방문했다. 보스턴에서 마침내 장평과 만난 그는 마우스와 사람의 배아에서 표적 외에 발생하는 영향을 줄이려면 어떻게 해야 하는지 조언을 구했다. "이 분야의 다른 연구자들과 마찬가지로 효율성과 정밀성 문제를 이야기했다." 장평은 홍콩의 한 기자에게 말했다.[40] "나는 그에게 현재 기술 수준이 체외 수정을 포함해서 사람의 배아에 적용할 수 있을 만큼 효율적이지도 않고 정밀하지도 않다고 말했다." JK는 뉴욕으로 가서 뉴욕 대학교의 중국인 크리스퍼 학자 청주 롱Chengzu Long을 찾아갔다. 그리고 상당히 깊은 인상을 남겼다. "굉장히 웃겼어요. 남자 개인비서가 따라다니면서 차문을 열어 주고 서류 가방도 들고 다니더군요. 아주 중국식이에요!" 말이 빠른 편인 롱은 당시 일을 이렇게 전했다.[41]

JK는 펜실베이니아로 가서 의료보건 분야의 유명 업체 가이싱어Geisinger 사 경영진과도 만났다. 8월 16일에 2시간 동안 진행된 이 회의는 저명한 유전학자 헌트 윌러드Hunt Willard와 데이비드 레베터David Ledbetter가 주관했다. JK 연구진은 가이싱어의 정밀의학 바이오뱅크인 '마이코드MyCode' 서비스를 토대로 중국에서 '유전자 달성Gene Achieve'이라는 프로그램을 시작할 생각이라고 밝혔다. 프로그램 자원자들에게 개개인의 유전학적 분석 결과와 의학적 검사 결과를 제공하는 프로그램이다. 윌러드는 당시 JK가 배아 연구를 언급하지 않았고 크리스퍼 연구에 관해 논의했다고 전했다. "가이싱어가 다이렉트 지노믹스나 그 회사가 이야기하는 병원 시스템과 어떻게 또는 왜 협력해야 하는지 저로서는 명확하게 와닿지 않았습니다." 윌러드가 내게 전했다.[42]

멜로는 내키지 않았지만, 다이렉트 지노믹스의 과학자문단 회의에 참석하기 위해 중국으로 향했다. 2018년 11월 19일에 그가 회의실에서 JK와 나란히 앉아 회사 직원들과 함께 찍은 사진이 남아 있다. 여느 때와 같이 JK는 이 사진도 위챗에 게시했다. 발표가 예정된 홍콩 정상회의가 10일 남짓 남았던 그때 JK는 엄청난 비밀을 숨기고 있었다.

몇 주 전인 10월 말, JK는 선전에서 비행기를 타고 공개되지 않은 목적지가 있는 북쪽으로 향했다. 떠나는 그의 모습은 긴장한 티가 역력했다. 페렐은 그가 돌아왔을 때 무언가에 안도하는 기색이 뚜렷하다고 느꼈다. JK가 갖고 온 소식은 응급 제왕절개 수술로 크리스퍼 아기가 한 명도 아닌 두 명이 태어났다는 사실이었다.

2018년 11월 27일, 나는 호텔을 나와 제2차 국제 인간 유전체 윤리학 정상회의가 열릴 홍콩 대학 캠퍼스로 걸어갔다. 캠퍼스라고 했지만 땅값이 비싼 홍콩 섬에 겨우 비집고 들어온 곳이라, 사실 그런 표현은 어울리지 않는 것 같다. 대학 안으로 들어서자 천안문 사태를 기념하기 위해 만든 조각상이 눈길을 사로잡았지만, 서둘러 회의장으로 향했다.

멋진 리샤우키 강의센터 건물에 들어서자 부총장이자 이번 정상회의 주최자 중 한 명인 랍치 추이Lap-Chee Tsui의 쾌활한 얼굴이 보였다. 추이는 30년 전 토론토 아동병원에서 일하던 시절에 프랜시스 콜린스와 함께 낭포성 섬유증 유전자를 찾는 연구를 주도했다. 유전자를 찾는 연구 분야를 아우르는 쾌거이자 낭포성 섬유증 환자들에게 구명밧줄이 된 이 성과는 대만 출신인 추이에게도 마법 같은 일이었다. 당시에 같은 유전자를 찾기 위해 경쟁을 벌이던 런던 밥 윌리엄슨 연구실의 대학원생이던 나는 추이와 여러 학회에서 만나 함께 맥주를 마시곤 했다. 그때 나는 우리 연구진보다 한 발 앞서 가는 사람이 나타난다면, 그건 분명 추이일 것이라고 생각했다.

사람들이 점점 모여들었다. 추이는 웅장하고 멋진 회의장 건물을 가리키며 내게 어떠냐고 묻고는 홍콩 대학의 개교 100주년을 맞아 이 캠퍼스를 짓기 위해 10만 명이 넘는 주민들에게 물을 공급하던 저수 시설을 다른 곳으로 옮겨야 했다는 이야기를 들려주었다. 추이는 그야말로 물이 갈라진 놀라운 성공을 거둔 셈이다. 하지만 신의 섭리에 따라 그날 회의에서 드러날 사실로 인해 이런 멋진 성과는 사람들의 관심 밖으로 완전히 밀려났다.

회의 개최지가 홍콩으로 정해진 것은 원래 주최자였던 중국 과학원이 빠지면서 나온 중재안이었다. 장평은 장소가 바뀐 것이 중국 정부가 이미 크리스퍼 아기에 관해 알고 있었다는 단서라고 의심했다. "(중국 과학원이) 500명 정도를 수용할 장소가 없다고 한 것에는 무슨 이유가 있겠죠." 그는 비아냥거리는 투로 말했다.[1] 하지만 이 음모론은 사실 앞뒤가 맞지 않다. 추이가 이 행사를 개최해 달라는 공식 요청을 받은 때는 몇 달간 이어진 예비 회의를 거친 후인 2017년 12월이니, JK가 시도한 운명적 임신이 이루어진 시점보다 한참 전이다.[2]

취재석을 구분하기 위해 줄을 친 곳과 가까운 강당 뒤쪽에 자리를 잡고 앉은 뒤부터 과연 오늘 JK가 나타날까 하는 생각이 머릿속을 꽉 채웠다. 이제 다들 크리스퍼 아기에 관한 뉴스를 접하고 의학의 역사에 큰 어둠이 드리워졌다는 사실을 알고 있을 터였다. 다우드나와 추이를 비롯한 회의 주최자들에게는 두 가지 큰 고민이 생겼다. 하나는 JK가 유튜브를 통해 알린 내용이 사실인지 아니면 너무나 정교한 거짓말인가 하는 문제이고, 다른 하나는 그가 정말로 이 자리에 나타나서 쌍둥이의 출산으로 이어진 그 실험에 관해 이야기할 것인지 여부였다.

다우드나와 알타 채로Alta Charo, 로빈 로벨 배지 그리고 시드니 대학교의 발달 생물학자 패트릭 탬Patrick Tam은 이 고민을 해결하기 위해 이번 행사의 발표자 대다수가 숙소로 정한 르메르디앙 사이버포트 호텔에서 행사 전날 JK와 함께하는 저녁 식사 자리를 마련했다. "도착했을 때 굉장히 반항적인 태도를 느꼈습니다." 나중에 다우드나는 그날을 이렇게 회상했다.[3] 다우드나와 동료 학자들은 한 시간 남짓 JK에게 질문을 퍼부었다. 왜 HIV를 선택했나? 참가자는 어떻게 모집했나? 시험 참가자의 사전 동의 절차는 어떻게 진행됐나? 전임상 실험 데이터는 왜 전혀 공개되지 않았나? JK는 질문마다 답하고 회의에서 발표할 내용을 미리 알려 주었다. 그리고 또 한 명의 여성이 유전자가 편집된 아기를 새로 임신한 상태라는 소식을 전했다.

한 테이블에 둘러앉아 질문을 던지던 사람들은 JK의 퉁명스러운 태도에 크게 실망했다. 다우드나는 오만함과 순진함이 합쳐진 모습을 보았고, 이런 태도에서[4] 고집스러운 자기 확신과 자신이 실수를 하거나 윤리적으로 잘못한 일이 없다고 부정하는 느낌을 받았다고 말했다. "로버트 에드워즈를 일종의 영웅으로 여긴다는 인상을 강하게 받았습니다. 패러다임을 무너뜨린 사람, 파괴자로요. 그리고 그런 모습을 본받고 싶어 했습니다." 채로의 설명이다.[5] 그러나 에드워즈를 본받으려던 JK의 꿈은 빠른 속도로 퇴색됐다. "JK는 쌍둥이가 태어났다는 소식이 자신에게 큰 성공을 가져오길 기대했습니다." 패트릭 탬이 내게 말했다.[6] 그는 JK에게 수요일 오전에 예정된 발표를 할 때 연구 결과를 공개할 것인지 물었다. "우리는 전부 '어, 그렇군요' 이런 상태였습니다." 다우드나가 말했다. 저녁 식사를 가장한 취조를 더 견디기에 인내심이 바닥났는지, JK는 지폐를 몇 장 꺼내 테이블에 올려놓고 레스토랑을 나갔다. 그리고 호텔에서도 체크아웃했다.

행사 기념사진을 찍는 모습이나 홍콩 행정장관인 캐리 람^{Carrie Lam}도 참석한 공식 개회사를 지켜보는 내내 나는 머릿속이 복잡했다. 방 안에 코끼리가 있는데 다들 못 본 척하는 기분이었다. 허젠쿠이나 그와 관련된 스캔들에 관해서는 일절 언급하지 않았다. 이 혼란스러운 드라마와 관련이 있는 말은 회의 개최 위원회의 의장을 맡은 데이비드 볼티모어가 미래에 병원에서 유전자 편집 도구가 사용될 것이라고 간접적으로 말한 것이 전부였다. "우리는 사람의 배아를 이용하여 사람의 유전체를 편집하려고 한다는 소식을 듣게 될지도 모릅니다." 그는 별로 적극적이지 않은 투로 설명했다. 그러더니 무대 뒤에서 오케이 사인이라도 받은 것처럼 정해진 순서대로 《멋진 신세계》를 언급했다. "헉슬리가 유전체 조작까지 떠올리지는 못했을 수 있지만…… 우리는 그 책에 담긴 경고를 진지하게 받아들여야 합니다."

그러나 오전 행사가 더 진행되던 중 나는 연단에서 JK의 행위를 직접적으로 꾸짖는 말을 처음으로 들었다. 말문을 연 주인공은 놀랍게도 JK와 같은 나라 사람인 치우 렌종Qiu Renzong이었다. 여든다섯인 치우는 중국 생명윤리학계의 원로이자 베이징 중국 사회과학원의 일원이다. 그는 서슴없이 비난을 퍼부었다. "HIV 감염은 편리하고 실용적인 예방법이 마련되어 있습니다." 그러면서 생식세포 편집은 "대포로 새를 잡으려는 것"과 같다고 말했다. 이어 JK는 보조 생식기술에 관한 중국 보건부의 규정을 위반했으며 생명윤리위원회의 승인을 받고 연구를 한 것이 맞느냐며 의혹을 제기했다. 치우가 날린 최후의 공격은 등골을 서늘하게 만들었다.

"허 박사와 (그의) 팀은 어째서 다른 인간들과 상의도 없이 인간 전체의 유전자 풀을 바꾸려고 합니까?"[7]

하버드 의과대학의 학장 조지 데일리George Daley는 좀 더 침착하고, 어떤 면에서는 회유하려는 의도까지 느껴지는 다소 놀라운 관점을 제시했다. "(생식세포 편집의) 첫 걸음이 잘못됐다고 해서 전부 물러나 처음부터 다시 시작해야 하는 것은 아닙니다. 타당하고 책임감 있게 임상으로 넘어올 수 있는 방법이 무엇인지 생각해야 합니다." 데일리는 이렇게 설명했다. 이날 장펑과 다우드나도 연설을 했다. 장펑이 연설을 마치고 행사장을 나서자 기자들이 몰렸다. 하지만 그 규모는 다우드나만큼 크지 않았다. 그러나 이 행사에서만은 크리스퍼 기술을 선도한 이 두 사람 모두 가장 뜨거운 관심을 받지 못했다. 주인공은 따로 있었다.

24시간 뒤, 인파로 꽉 찬 강당 내부는 뜨거운 열기로 가득했다. 300여 명의 기자, 사진기자, 촬영 기사가 과학계의 역사적 순간을 담기 위해 홍콩에 모였다. 강당 한쪽 벽을 따라 길게 넓힌 취재 공간은 카메라를 든 기자들로 빼곡히 채워졌다. 2000년 6월에 인간 유전체 프로젝트에서 나온 초안이 발표되던 역사적인 순간과는 사뭇 다른 풍경이었다. 정상회의 주최 측은 점심시간 전 JK가 60분간 단독으로 발표할 수 있도록 행사 일정을 조정했다. JK가 나오기로 되어 있는 시각이 되기 직전에 나는 통로로 얼른 빠져 나가서 사진기자 군단을 지나 질문을 할 수 있도록 마이크가 설치된 무대 앞자리로 이동했다. 계획대로 재빠르게 움직인 덕분에 나는 맨 앞줄에 몇 개 남아 있던 빈자리를 차지할 수 있었다. 바로 옆자리에는 홍콩에서 가장 유명한 유전학자인 데니스 로Dennis Lo가 앉아 있었다. 보안요원이 와서 뭐라고 할 수도 있다고 잠시 생각했지만, 아마 신경 쓸 일이 더 많았을 것이다.

크릭 연구소의 로빈 로벨 배지가 JK를 소개하려고 할 때쯤에는 무대 양쪽 끝에 배치된 보안요원들도 이제 아주 놀라운 사건이 벌어질 것 같다는 낯선 조짐을 감지한 것 같았다. 내가 신입 편집자였던 시절, 〈네이처〉에 로벨 배지의 커리어에 주춧돌이 된 연구 결과가 실린 적이 있다. 1991년에 발표된 이 논문에는 Y 염색체에 존재하는 남성의 성별 결정 유전자를 찾아낸 연구 결과가 담겨 있었다. 연단에 오른 로벨 배지는 영국 기숙학교의 교장 선생님이 떠오르는 말투로 방청석을 향해 예의를 지키고 JK를 존중해 달라고 경고했다. 홍콩 대학은 자유로운 발언을 중시하는 전통을 강력히 지켜 왔다는 점도 언급했다. 그리고 방청석에서 소동이 나면 세션이 도중에 중단될 수 있다고도 말했다. 로벨 배지가 JK를 호명하자 약 30초간 어색한 침묵만 흘렀다. 마지막 순간에 JK가 마음을 바꾸기라도 했나 하는 생각마저 들었다.

무대 옆의 문이 열리자 오늘의 주인공을 누구보다 먼저 눈에 담으려는 수백 명의 시선이 일제히 그쪽을 향했다. JK가 무대 오른쪽 계단을 오르는 동안 강당 전체는 침묵에 잠겼다. 박수는 거의 나오지 않았다. 강당 반대편에 진을 친 취재 구역에서 퍼지는 카메라의 고속 연사 소리와 플래시 터지는 소리밖에 들리지 않았다. 셔츠 목 단추를 푼 편안한 차림의 JK가 갈색 가죽 서류가방을 들고 가벼운 걸음으로 무대를 가로질렀다. 국제사회에 거대한 폭풍을 일으킨 과학자라기보다 홍콩의 습기 찬 날씨 속에서 페리를 놓치지 않으려고 서두르는 직장인 같았다. 연단 앞에 선 그는 로벨 배지와 악수를 나누고 정면을 바라봤다. 수많은 노벨상 수상자들과 무수한 카메라 앞에서 전 세계 청중을 향해 강연하는 순간을 그동안 여러 번 상상했으리라. 하지만 그가 원한 건 이런 광경이 아니었을 것이다.

들고 온 서류가방에서 연설문을 꺼낸 JK는 20여 분간 실험 데이터가 담긴 슬라이드와 함께 표면적으로 아주 평범한 여느 과학 강연과 다를 바 없는 설명을 이어 갔다. 내용도 지극히 평범했다. 우선 사과의 말부터 꺼냈다. 자신이 수행한 연구나 윤리적인 승인 절차를 거쳤는지 여부, 환자를 대하는 방식을 사과한 것이 아니라 이 모든 이야기가 일반에 알려진 방식에 관해 사과했다. "먼저, 이 결과가 예기치 못하게 새어 나간 것에 사과드립니다." JK는 이렇게 말했다. 과학계 주요 학술지를 통해 자신의 성과가 대대적으로 알려질 수 있게끔 꼼꼼하게 세운 계획이 틀어졌음을 인정한 것이다. 이어 JK는 소속 대학에 감사하며, 대학 측은 자신이 유전자 편집 연구를 진행해 온 사실을 몰랐다고 밝혔다. 그때 참다못한 로벨 배지가 자리에서 일어나 사진기자들을 향해 항의했고 JK는 잠시 말을 중단했다. 셔터 소리가 쉴 새 없이 터지는 데다 무대 앞쪽은 음향이 좋지 않아서 말소리가 거의 들리지 않았다. "사진은 그만 찍어요! 이 정도면 쓸 만한 사진을 건졌을 겁니다!" 그러자 카메라 소리가 모두 사라졌다.

JK는 마우스와 원숭이에서 실시한 예비 유전자 편집 연구의 결과를 보여 준 뒤 임상 시험을 요약해서 전했다. 왜 CCR5 유전자를 표적으로 선택했는지는 명확히 이해할 수 없었다. 그는 HIV 감염에 면역력이 있는 사람들 중에는 CCR5 유전자에서 Δ32 결실이 발견되는 경우가 많으므로 이 자연적인 결실을 똑같이 만드는 것이 목표였다고 설명했다. 이어 사람의 손으로 수정 단계에서 조작이 이루어진 루루와 나나의 유전자 염기서열을 조용히 공개했다. 거짓말탐지기 그래프와 비슷한, 색색으로 표시된 뾰족하게 치솟기도 하고 아래로 푹 떨어지기도 하는 그래프에 루루와 나나의 편집된 DNA 염기서열이 나와 있었다. 어설프게 이 쌍둥이의 CCR5 유전자를 변형했다는 사실이 분자 수준까지 상세히 드러난 정보였다. 두 아이나 아이들의 건강에 관한 다른 정보는 사진으로든 어떤 형태로든 공개하지 않았다.

    JK가 전체 인구군 중 다수에서 발견되는 Δ32 결실 돌연변이를 정확히 만들어 내는 연구에 충실히 임했다면 다른 반응을 얻었을지도 모른다. 그랬다면 적어도 지금과는 다르게 반응하는 사람들이 나왔을 가능성이 있다. JK는, CCR5 유전자에서 편집해야 하는 지점은 정확히 표적으로 삼았지만, 편집 과정을 통제하지 못했고, 결국 새로운 염기서열로 이루어진 돌연변이가 생겼다. 이것이 어떤 영향을 일으킬지는 불분명하다. 즉 염기서열 중 32개의 글자를 정밀하게 잘라 낸 것이 아니라, 편집자가 두 눈을 감고서 빨간 펜을 들고 종이에 아무렇게나 휙 긋고는 원하는 단어에 선이 그어지기를 바라는 것과 같은 일이 벌어졌다.

    준비한 발표가 끝나자 JK는 로벨 배지와 매튜 포투스 사이에 앉아서 40분간 질문을 받고 답을 했다. 약간 긴장한 것 같았지만, 냉정하고 당당한 태도를 유지했다. 질의응답으로 드러난 가장 놀라운 사실은 JK가 ("화학적인") 초기 임신을 확인한 시점이었다. 볼티모어가 먼저 비난에 나섰다. "투명하게 진행된 절차라고 생각하지 않습니다. 우리는 일이 다 일어나고 아이가 태어난 후에야 알게 됐습니다. 개인적으로 저는 이것이 의학적으로 필수불가결한 일이라고 생각하지 않습니다. (……) 투명성이 부족했으니 과학계의 자율 규제가 제대로 이루어지지 않았다고 봅니다."

    방청석에서 첫 질문을 한 사람은 하버드의 데이비드 리우였다. 예의를 갖추었지만, 그가 단단히 화가 났다는 사실은 누가 봐도 알 수 있었다. "의학적으로 어떤 수요가 충족되지 않았다고 판단해서 이 연구를 진행한 것입니까?" 리우는 답을 원했다. JK의 프로토콜에는 정자를 세척하는 단계가 포함되어 있었고, 이는 감염되지 않은 배아를 얻을 수 있는 기본적인 방법이다. JK는 중국에서 HIV 환자가 수백만 명에 이를 정도로 공중보건에 심각한 문제라는 점을 강조하며 이 질병을 선택한 이유를 정당화하는 것으로 리우의 질문에 즉답을 피했다. 사실 JK가 보이는 반응을 보면서 자신이 얼마나 엄청난 일을 했는지 제대로 이해하지 못한다는 인상을 받았다. 로벨 배지는 마지막 질문으로 JK에게 자신의 아이에게도 같은 실험을 할 수 있느냐고 물었다. "내 아이가 같은 상황에 놓인다면, 아마 가장 먼저 그 아이에게 시도할 겁니다." JK가 답했다. 계산된 답변이었다. 나는 그 말에 그리 신뢰가 가지 않았다. 그와 만난 적이 있는 청주 룽도 그랬던 것 같다. "HIV는 안중에도 없는 사람입니다. 어떻게 감히 그런 말을 할 수가 있죠!"

잠시 후 드문드문 박수 소리가 들리는 가운데 JK는 자신을 취조한 사람들과 악수를 나누고, 언론사의 질문은 모두 뒤로한 채 60분 전에 들어왔던 문으로 다시 나갔다. 그리고 곧장 국경을 넘어 대학의 공식 조사, 가택연금 조치가 기다리는 선전 시로 돌아갔다. 그를 다시 보거나 소식을 듣게 되는 날이 올까 하는 생각이 들었다. 홍콩과 세계 곳곳에서 그를 향한 비난의 목소리가 이제 막 흘러나오기 시작했다.

JK를 향해 격분하는 반응이 쏟아졌다. 대규모 잔혹 행위가 일어났을 때 나타나는 반응과 비슷할 정도였다. "역겹다.", "혐오스럽다." 같은 표현은 그나마 점잖은 축에 속했다. 과도한 기밀 유지, 최소 수준에 불과한 사전 동의 절차, 의학적 필요성이 거의 없다고 봐도 되는 연구라는 점, 아마추어 수준의 분자 편집 기술, 사기 의혹에 이르기까지 윤리적, 기술적 문제들이 무수히 지적됐다. 중국의 초기 반응은 긍정적이었고 크게 기뻐하는 분위기까지 느껴졌다. 중국 공산당의 공식 소통 창구로 여겨지는 〈인민일보〉에는 11월 26일에 JK가 이룩한 혁신이 국가적으로 자랑스러운 일이라는 기사가 실렸다. "중국이 유전자 편집 기술 분야에서 이정표가 될 만한 성취를 거두었다."[8] 하지만 비난 여론이 강하게 일자 이 기사는 신속히 삭제되고 JK의 행위에 관한 공식 조사가 진행 중이라는 소식이 전해졌다.[9] 전 세계적인 논란이 지속되는 가운데 뜻밖의 움직임도 있었다. 중국인 과학자 120명이 "국제사회에서 중국 과학계, 특히 생물의학 분야 연구의 명성과 발전에 엄청난 타격을 입힌 일"이라고 밝힌 공개서한에 서명한 것이다. 이 서한에는 "성실히 연구와 혁신에 임하며 과학계의 기준을 충실히 지키는 대다수의 중국 과학자들에게 지극히 부당한 일"이라는 내용이 담겨 있었다.[10]

홍콩 대학의 회의장 안팎에서도 기자들과 카메라 군단이 과학계의 반응을 인터뷰하기 위해 바쁘게 움직였다. 로벨 배지도 강당 밖에서 한 무리의 기자단에 둘러싸였다. 즉각 인터뷰 일정이 줄줄이 잡힌 다우드나는 과학계의 양심을 대표하는 인물이 되어 뜨거운 텔레비전 조명 아래에 섰다. 카메라 세례도 부담스럽지만, 같은 과학자에게 비난이 쏟아지는 일이 더더욱 익숙하지 않았던 다우드나는 블룸버그 방송사와의 인터뷰에서 다음과 같은 입장을 밝혔다. "솔직히 좀 끔찍한 일입니다. 혐오감도 들고요. 많은 사람들의 노력으로 어렵게 정립된 국제 사회의 가이드라인을 무시한 것은 굉장히 실망스러운 일입니다." 이어, JK는 역사적인 이정표를 세운 첫 번째 인물이 되고자 했지만 "그것은 이토록 중대한 일을 적절한 감시 없이 진행한 적절한 이유로 볼 수 없습니다."라고 말했다.[11]

당시에 샤르팡티에는 홍콩에 없었지만, 내게 그 일에 관한 입장을 간단히 밝혔다. "인체 세포의 유전자를 편집할 때 발생하는 영향을 파악하는 일에 있어서, 현재 우리는 아주 초기 단계에 머물러 있습니다. 그러므로 이 기술을 사람의 생식세포에 적용하는 것은 무책임한 일입니다." 더불어 샤르팡티에는, 이 일로 인체 배아를 활용하는 기초 연구의 정당성이 사라지지는 않는다고 주장했다.[12] 하지만 JK가 21세기 과학에 지워지지 않는 오점을 남긴 것은 분명한 사실이다. 우르노프도 알자지라 방송사에 동일한 견해를 전했다. "현재 우리는 비유하자면 인체 DNA용 마이크로소프트 워드 프로그램이 존재하는 시대를 살고 있습니다. 비밀이 탄로 나고, 지니는 램프 바깥으로 나온 겁니다."[13]

곳곳에서 비난이 쏟아졌다. 데이비드 리우는 일련의 사태를 "사회에 엄청나게 큰 도움이 될 수 있는 새로운 기술을 가지고 절대 하면 안 되는 일이 무엇인지 제대로 보여 준 끔찍한 사례"라고 묘사했다. 장펑은 "세밀한 안전 요건을 마련하기 전까지" 임상 목적의 배아편집을 잠정 중단해야 한다고 촉구했다.[14] 유럽 지역에서 사람의 배아로 유전체 편집 실험을 진행해 온 유일한 연구자인 캐시 니아칸은

"이번 사태가 얼마나 무모하고 비윤리적이고 위험한 일인지, 현 시점에서는 아무리 강조해도 지나치지 않다."라는 말과 함께 다음과 같이 덧붙였다. "멋대로 하는 과학자 한 명의 행위로 인해 과학계 전체를 향한 대중의 신뢰가 약화되고 책임감 있는 연구가 저해된다는 점이 이 사태로 빚어진 가장 큰 위협이다."[15]

미국 국립보건원의 프랜시스 콜린스 원장은 JK가 윤리적인 기준을 짓밟았다고 비난하는 한편, 국립보건원은 인체 배아에 유전자 편집 기술을 적용하는 행위를 지지하지 않는다고 재차 밝혔다. 콜린스는 "문제가 된 연구가 대부분 비밀리에 진행된 점과 그 아이들의 CCR5 유전자를 불활성시켜야만 하는 의학적 필요성에 설득력이 없다는 점, 연구 참가자의 사전 동의 절차에 의심스러운 부분이 매우 많다는 점, 표적 외에 발생하는 영향이 얼마나 위험할 수 있는지 아직 충분히 밝혀지지 않은 점"을 지적했다.[16] 중국 의학과학원은 소속 원로들의 서명이 담긴 서신을 학술지 〈랜싯〉에 보냈다. JK는 중국 정부가 2003년에 마련한 인간 줄기세포와 정자은행에 관한 윤리 규정을 다수 위반했다고 밝힌 내용이었다.[17]

소셜미디어와 블로그에서는 한층 더 거센 반응이 나왔다. UCLA에서 줄기세포를 연구해 온 생물학자 폴 노플러는 JK가 한 일에 '유전체 편집'이라는 용어를 쓰면 안 된다고 주장했다. "그가 이 아이들에게 한 일은 '유전자 편집'이 아니다. (……) 그는 정상적인 야생형 유전자를 돌연변이형으로 바꾸었으므로 이 쌍둥이 여자아이들에게 '돌연변이를 일으켰다'고 해야 한다. 그렇게 불러야만 한다."[18] 영국에서 방송인, 저술가로 활동해 온 애덤 러더퍼드Adam Rutherford는 JK

가 한 일이 "도덕적으로 악의적인" 행위라고 언급했다. 옥스퍼드 대학교의 철학자 줄리안 사불레스쿠Julian Savulescu는 크리스퍼 아기가 "유전학 연구에 기니피그처럼 쓰이고 있다. 이건 유전학의 러시안 룰렛이다."라는 입장을 밝혔다.[19] 무슨 의미로 한 말인지 아마 여러분도 충분히 납득하리라 생각한다.

미국 식품의약국FDA 총재를 지낸 스콧 고틀립Scott Gottlieb은 정부가 개입해야 한다고 경고했다. "과학계는 이 특정한 사건을 그저 선을 넘은 행위로 판단할 수 있다고 주장할 수 있겠지만, 설득력이 없다." 베테랑 화학자이자 블로거 데렉 로Derek Lowe는 JK가 한 일이 범죄 행위라고 밝혔다. "이제 사람의 유전체는 바뀔 것입니다. 전 그 점에 관해서 의심하지 않아요. 하지만 이런 식으로 이렇게 바꿔야 할 근거는 없습니다. 허젠쿠이는 이 분야에서 일하는 모든 사람들의 인생을 복잡하게 만들었습니다. 대체 뭘 얻자고 이런 일을 한 겁니까?"[20]

❊❊❊

JK가 공개석상에 모습을 드러내기 몇 시간 전에 나는 라이언 페렐이 보낸 이메일을 한 통 받았다. 그는 회의 일정이 다 끝나고 나면 홍콩 섬 남쪽에 있는 어느 호텔에서 만나자고 제안했다. 오전에 JK의 발표가 끝나면 오후 세션은 맥 빠지게 흐지부지 흘러갈 것이라는 생각이 들어서 나는 페렐에게 그냥 오후에 만나자고 했다. 그가 알려 준 호텔은 택시로 30분 거리에 있었다. 홍콩 대학 주변에도 호텔

이 많은데 왜 굳이 거기로 잡았는지 의아했다. 작은 호텔방에 들어서자 중국에서 다큐멘터리를 촬영할 때 만난 사미라 키아니와 코디 쉬히가 침대 위에 앉아 있었다. 두 사람은 몇 시간 전까지 JK의 발표와 인터뷰를 촬영했다. 촬영 장비로 바닥이 거의 발 디딜 틈도 없어서 나도 침대 한쪽에 걸터앉았다. 페렐은 먼 곳까지 오라고 해서 미안하다고 사과했다. 알고 보니 그는 쫓기는 중이었다. 이 사태에 흥미를 느낀 일본 기자들이 페렐이 머물던 호텔을 두 번이나 찾아내서 어쩔 수 없이 다른 곳으로 옮겨야 했다. 홍콩 방문 일정이 영화 〈본 아이덴티티〉의 한 장면처럼 바뀐 것이다.

페렐은 눈에 띄게 지쳐 있었고 감정도 격해진 상태였다. 한 번씩 완전히 제정신이 아닌 사람처럼 보이기도 했다. JK가 이런 상황에 처한 것이 자신의 잘못이라고 생각했다. 그가 선전으로 일자리를 옮길 때는 사명감이 있었다. 유전질환을 앓는 여동생도 페렐이 이 일을 하기로 결심을 굳힌 동기 중 하나였다. JK처럼 유전자 편집 분야에서 새로운 길을 만드는 사람들의 혁신적인 성과를 널리 알리고 싶었다. 몇 주 전에 다큐멘터리 제작진과 레갈라도가 JK와 만나는 자리를 마련한 사람도 페렐이었다. 레갈라도에게 확고한 증거가 된, JK의 CCR5 임상시험에 관한 정보가 중국 임상시험 등록 사이트에 게시되어 있었던 사실을 미리 인지하지 못한 것도 자책했다.

한 시간 정도 방에서 이야기를 나눈 뒤에 우리는 너무나 절실했던 술을 한잔하러 호텔 바로 갔다. 페렐은 내게 서류가방을 가리키며 저 안에 〈네이처〉에 보낼 논문이 들어 있다고 이야기했다. 48시간 전까지만 해도 그는 JK의 논문이 조만간 〈네이처〉에 게재되리라 확신했다. 하지만 JK가 왜 그런 연구를 했는지 설득력 있는 근거를 제시하지 못한 이상, 이제 그럴 가능성은 없었다. '바이오 아카이브 bioRxiv'*처럼 과학자들이 논문 초고를 게시하는 곳으로 잘 알려진 논문 사전 공개 사이트에 JK의 논문을 게시하는 것도 한 가지 방법이 될 수 있지만, 사태가 일파만파로 번지는 상황이라 사이트 관리자들이 윤리적으로 큰 문제가 되고 논란이 일어날 자료를 꺼릴 수도 있었다. 메이오 클리닉의 스티븐 에커Stephen Ekker의 말에도 이런 상황이 집약되어 있다. "사전 공개되는 자료에 열광하는 분들께는 미안한 말이지만, 윤리성 검증이 우선입니다. (허젠쿠이에게) 확성기를 쥐어 주지 마십시오. 한 곳에서 허용하면, 다른 사이트도 다 그렇게 할 겁니다."[21]

나는 이런 의견에 동의하지 않았다. JK의 행위를 굳이 숨겨야 할 이유를 이해할 수 없었다. 그러기에는 너무 늦었으니까.

 ✕◗◖◗◖✕

---

* 바이오 아카이브는 생물학자들이 학술지에 논문을 제출하고 전문가 검토 과정을 거쳐 발표되기 전에 논문 초안을 게시할 수 있는 사전 공개용 저장소다. 2012년에 콜드 스프링 하버 연구소가 만든 물리학 분야의 사전 공개용 서버 '아카이브arXiv'를 본 따서 만든 것이 바이오 아카이브다. 사전 공개를 하면 제출 시점이 기록되고 다른 과학자들로부터 의견을 들을 수 있으며 학술지에 공식 게재되기 전 몇 달 일찍 연구 결과를 알릴 수 있다. 사전 공개를 요청한 자료를 게시하기 전, 자원봉사자들이 외설적인 내용이나 이치에 맞지 않는 내용, 윤리적으로 경계할 만한 내용은 없는지 간단히 점검한다. 코로나19 대유행이 시작된 후에는 자매 사이트 '메드 아카이브medRxiv'도 등장하여 이미 수천 건의 자료가 게시됐다.

다시 아침이 되었다.

정상회의 3일째 행사는 밤새 시끌벅적한 파티를 즐기고 괴로운 숙취로 맞이한 아침과 비슷한 분위기로 시작됐다. 회의장은 절반도 채워지지 않았고 JK가 떠나자 취재진도 대부분 떠났다. 아시아 지역을 취재하는 ABC 뉴스 기자가 내게 혹시 마이클 딤을 봤느냐고 물었다. 딤은 이번 회의에 참석하지 않았고 연구 중인 것으로 안다고 답하자 당황한 눈치였다.

논의가 거의 마무리되면 다우드나, 포투스, 데일리, 러벨 배지가 포함된 조직 위원회가 폐회 성명을 발표하는 것이 3일차 주요 일정 중 하나였다. 위원회 전원이 무대에 오르고, 볼티모어가 전날 저녁에 급히 작성한 성명서를 읽었다.[22] 위원회는 JK의 연구가 "매우 충격적"이고 "무책임한" 일이라고 판단하며 "이 연구에서 나온 주장이 사실인지 검증하고 DNA 변형이 실제로 일어났는지 확인하기 위한" 개별 평가가 필요하다는 입장을 밝혔다. JK의 연구에서 두드러지게 나타난 문제로는 "해결 과제로 지정한 의학적인 문제가 부적절한 점, 연구 프로토콜의 설계가 미흡한 점, 연구 피험자의 복지를 보호해야 한다는 윤리 기준을 충족하지 않은 점, 임상시험 절차의 개발, 검토, 실행 과정이 투명하게 진행되지 않은 점" 등이 꼽혔다.

볼티모어는 해당 기술의 현재 상태를 토대로 할 때 "현 시점에서 생식세포 편집의 임상시험을 허용하기에는 위험성이 너무 크다"고 말했다. 그러나 영원히 그래야 한다는 의미는 아니었다. 엄격하고 독립적인 관리 감독이 가능해지고, 의학적으로 중대한 필요성이 생기면, 또한 환자의 장기적인 후속 조사가 가능할 때, 사회적으로 발생하는 영향을 고려하여 생식세포 편집이 허용될 수 있다고 전했다. 더불어 데일리가 먼저 밝힌 견해와 같이 전임상 연구에서 나온 증거와 편집 기술의 정확성, 연구 담당자의 능력을 평가할 수 있는 기준이 마련되어야 하며 환자, 시민 단체와도 탄탄한 협력 관계가 구축되어야 한다고 밝혔다.

그러나 독립적인 조사가 필요하다는 위원회의 의견은 공허한 소리로 들렸다. 그 조사는 누가 한단 말인가? 위원회는 JK가 조사에 협조하도록 만들 법적인 권한이 전혀 없다. 내가 볼티모어에게 JK가 어떤 조치를 취해야 한다고 생각하는지 묻자, 그는 크리스퍼 아기를 조사하는 것이 중요하다고 강조했다. 그러나 쌍둥이의 신원도, 어디에 있는지도 알려진 것이 없으니 쉽지 않은 일이었다.

얼마 지나지 않아 JK가 외부의 어떠한 요청에도 협조할 수 없는 처지가 됐다는 사실이 알려졌다. 선전으로 돌아간 후 몇 주간 기자들과[23] 학술지 편집진이 이메일로 그와 연락을 주고받았다는 사실이 알려졌지만, JK의 정확한 소재는 밝혀지지 않았다. 일부 언론에서는 JK가 홍콩을 급하게 떠난 점이나, 소속 대학의 웹 사이트에서 그가 세계 최초로 태어난 유전자 편집 쌍둥이의 이메일 계정을 만들어서 공개하고 DearLuluandNana@gmail.com 사람들에게 원하면 편지를 보내도 된다는 메시지가 나와 있었던 페이지가 아무런 예고 없이 사라진 점을 근거로 JK가 사라졌다고 보도했다.

추측은 얼마든지 나올 수 있지만, 처형됐을지도 모른다는 소문은 상상력이 너무 과하게 발휘된 것으로 보인다. 2018년에 중국에서는 인터폴 전 총재였던 멍훙웨이Meng Hongwei와 그 밖에 유명인사

몇 명이 갑자기 '사라지고', 때로는 몇 개월씩 자취를 감추는 일이 있었다. 중국에서 가장 유명한 배우인 판빙빙Fan Bingbing은 9개월간 사라졌다가 2019년 4월에야 모습을 드러냈고 자신에게 제기된 탈세 혐의에 머리 숙여 사과했다.

〈뉴욕타임스〉의 엘시 첸Elsie Chen 기자는 JK가 홍콩에서 폭탄을 투하하고 사라진 지 4주가 지났을 쯤 선전 시 남부과학기술대학으로 그를 직접 찾으러 갔다. 왠지 모를 직감에 보통 대학 교직원과 방문자들이 사용하는 숙박용 건물을 찾아간 첸은 4층 발코니에 나와 있던 JK를 우연히 발견하고 사진을 두어 장 찍었다.[24] 정체 모를 남성 12명이 JK를 지키고 있었고 기자가 가까이 접근하지 못하도록 막았다. 내부에는 아내로 보이는 여성 한 명과 어린 아기도 있었다. 건물 로비는 학회에 참석하러 온 사람들로 혼잡했다. 이로써 다들 찾아 헤매던 중국의 1순위 지명 수배자는 이미 정부 손에 붙들려 가택연금 중이라는 사실이 명확히 드러났다.

비슷한 시기에 JK는 롬바르디에게 연락해 지금 학교 건물에 갇혀 지내고 있으며 자신의 안전을 위한 조치라고 전했다. 롬바르디는 마지막으로 몇 가지 조언을 건넸다. 상업적인 연구비 지원은 더 이상 기대하지 말라는 이야기였다. 최소한 두 아기가 건강하다는 사실을 보여 줄 수 있을 때까지는 그래야 한다고 당부했다. "앞으로 5년간은 자중하고 최선을 다해 윤리적으로 가장 적합한 과학을 해야 합니다. 이제 세상에 나서도 되겠다는 판단이 들 때는 다시 한 해를 더 기다리세요."[25]

2019년 1월 21일, JK의 운명이 전 세계에 알려졌다. 중국 국영 통신사인 신화통신을 통해 JK의 행위에 관한 지역 당국의 조사 결과가 발표된 것이다. 2016년 6월부터 "사적인 명예와 부"를 얻고자 생식기능과 관련된 금지된 실험을 비밀리에 해 온 사실이 드러났다는 것이 당국의 결론이었다. JK의 행동은 "윤리와 과학 연구의 완결성을 심각하게 위반한 행위이며 국가 규정의 중대한 위반이고 중국과 해외에 악영향을 끼쳤다"는 내용도 전해졌다. 조사 책임자는 JK와 그의 동료, 관련 기관이 "법에 따라 엄중하게 처리될 것"이라고 밝혔다. 선전 시 남부과학기술대학은 얼른 JK와의 관계를 끊었다. 대학 홈페이지에는 "본 대학은 허젠쿠이 박사와의 연구 계약을 철회하고 교수 임용, 연구 계약을 모두 종료한다. 이 결정은 즉각 발효된다"는 간략한 성명서가 게시됐다.[26]

나는 JK가 어쩌면 산업계에서 계속 일을 할 수 있다고도 잠시 생각했지만, 6개월 뒤인 2019년 7월에 다이렉트 지노믹스는 JK가 사임하고 지분을 모두 매각했다고 발표했다.[27] 그가 '신뢰 집단'으로 여긴 사람들 중 한 명은 JK가 모습을 감춘 것이 일종의 파우스트 식 거래일 수 있다는 가설을 제기했다. 중국 정부 인사의 잘못을 들추지 않는 대신, 때가 되면 하던 일을 계속하게 해 주겠다는 거래가 이루어졌을지 모른다는 추측이다.

몇 개월 후 뉴욕 시에서 열린 세계 과학 축제에서 다우드나와 윌리엄 헐벗이 포함된 전문가단은 만약 레갈라도가 JK의 행위를 알려서 온 세상이 떠들썩해지지 않았다면 무슨 일이 일어났을지 몇 가지 가능성을 떠올려 보았다. 논문을 학술지에 게재해서 자신의 연구를 조직적으로 알리려고 했던 JK의 계획이 그대로 실행됐다면? 유럽과 미국에서는 비난이 일었겠지만, 중국에서는 그렇지 않았을 것이다. JK가 과학계의 분노를 감지하지 못했다면 "결과는 달라졌을지도 모른다."[28] 헐벗은 JK가 바라던 대로 연구 결과가 발표된 다음 AP 통신의 독점 기사가 나왔다면 "JK는 그렇게 큰 문제를 겪지 않았을 것이라 생각한다"고 밝혔다. "중국에서는 아무런 문제도 없었을 겁니다."

헐벗은 JK의 감정 상태와 그가 뉘우치고 있다는 사실도 살짝 공유했다. 선전에서 갇혀 지낸 직후에 JK가 헐벗에게 보낸 이메일에는 연구 결과가 공개된 방식을 아쉬워한 것이 아니라 자신의 행동을 뒤늦게나마 다소 후회하는 마음이 엿보였다고 전했다. 매우 미안한 마음이 들고 더 기다렸다면, 더욱 신중하게 행동하고 다른 유전자를 표적으로 선택했다면 좋았을 것 같다는 후회도 내비쳤다. 하지만 이를 대중을 향한 사과로 보기는 어렵다. 더 중요한 사실은 과연 그가 루루와 나나 두 쌍둥이와 2019년 5월경 태어났을 세 번째 유전자 편집 아기에게도 미안한 마음이 들었을까 하는 것이다. 우리로서는 알 길이 없다.

대학에서 경질되고 공개석상에서 모습을 감춘 지 3개월이 지났을 때 JK는 〈타임〉이 선정한 '가장 영향력 있는 올해의 인물 100인' 중 한 명으로 선정됐다. '영향력 있는' 이라는 표현이 반드시 칭찬 받을 만한 일을 했다는 의미는 아니지만, 그로서는 거의 받아 본 적이 없는 명예로운 일이다. 일반적으로 이 명단에 포함된 인물의 약력은 전에 선정된 사람들이 간략히 작성한다. JK에 관한 소개 글은 2015년에 영향력 있는 인물로 선정됐던 다우드나가 썼다. 썩 즐거운 내용은 아니었다.

허젠쿠이는 사람의 배아를 편집하는 것이 비교적 쉬운 일이지만, 잘 해내기는 굉장히 어렵다는 사실을 세상에 보여 주었다. 크리스퍼-카스9 기술은 아직 실험 단계이고 사람의 배아에 적용하기에는 너무 위험하다는 과학계의 공통적인 의견을 거슬러, 그는 쌍둥이 여자아이들이 HIV에 면역력을 갖도록 유전체를 영구적으로 바꾸는 데 이 기술을 사용했다. 그가 중국에서 이 아이들에게 자행한 무모한 실험은 과학, 의학, 윤리적 기준을 박살낸 일일 뿐만 아니라 의학적으로 불필요한 일이었다. (……) '해를 가하지 말라'는 의학의 기본 원칙을 무시하고 의도치 않은 결과가 빚어질 위험을 초래한 허젠쿠이의 치명적인 결정은 인류의 역사에 등장한 모든 과학 도구를 통틀어, 이러한 도구를 잘못 활용한 가장 충격적인 사례로 기억될 것이다.[29]

이 해에 〈타임〉의 100인 명단에 이름을 올린 인물 중 상당수가 뉴욕 링컨 센터에서 열린 공식 축하 행사에 정장을 차려입고 참석했다. JK가 〈왕좌의 게임〉 주인공 에밀리아 클라크와 나란히 레드카펫을 밟거나 축구계의 전설로 불리는 리버풀의 모하메드 살라와 함께 사진기자들을 향해 포즈를 취하는 일은 일어나지 않았다. 테일러 스위프트와 함께 춤을 춘다거나 영화 〈램페이지〉의 스타 드웨인 존슨과 크리스퍼에 관해 토론을 벌일 기회도 얻지 못했다. 그런 일은 없었다. 위챗에 유명인사와 함께 찍은 사진을 올릴 일도 더는 없었다. 스타들이 대거 참석한 그날 저녁 행사에서 이름이 JK인 사람은 재러드 쿠슈너Jared Kushner밖에 없었다.

크리스퍼 아기 사건은 엄청난 공분을 샀고 JK를 비난하는 논평도 쏟아졌다. 의사이자 저술가인 에릭 토폴Eric Topol은 JK가 홍콩에서 마지막으로 대중 앞에 모습을 드러낸 뒤 몇 시간 후 〈뉴욕타임스〉에 쓴 글에서 "조만간 일어났을 일"이었다고 언급했다. 스탠퍼드 대학교의 법학 교수 행크 그릴리는 "그 아이들에게 발생할 수 있는 위험보다 그런 일을 한 사람들, 그리고 과학이 얻을 수 있는 이익이 훨씬 더 높게 평가됐다"고 보았다.

JK가 저지른 위반 행위의 범위와 규모를 가장 잘 정리한 사람은 과학 저술가 에드 용Ed Yong이었다. 그는 〈애틀랜틱〉에 쓴 기사에, JK의 연구에서 자신이 의학적, 윤리적으로 중요한 문제라고 생각하는 점과 지역사회가 책임져야 할 부분을 조목조목 나열했다. 흔히 나타나는 '사기꾼 과학자'와 비슷한 사례였다면 위반 사항을 10가지 정도로 충분히 정리할 수 있었을 것이다. 그러나 영은 JK의 행위가 비난 받아 마땅한 '확고한 세부 증거' 15가지를 별 어려움 없이 뽑아 낼 수 있었다. 그가 정리한 것보다 더 잘 다듬을 수는 없다고 생각하므로 그대로 전한다.[1]

1. 허젠쿠이의 연구는 의학적으로 충족되지 않은 수요를 해결하기 위해 실시된 연구가 아니었다.
2. 편집이 제대로 실행되지 않았다.
3. 새로 생긴 돌연변이가 앞으로 어떻게 될 것인지 명확히 알 수 없다.
4. 사전 동의 절차에 문제가 있었다.
5. 허젠쿠이는 연구를 은밀하게 진행했다.
6. 하지만 번드르르하고 체계적인 홍보 계획을 세웠다.
7. 허젠쿠이의 목적을 아는 사람이 일부 있었지만, 그를 저지하지 못했다.
8. 허젠쿠이는 국제사회의 공통 의견에 반하는 행위를 했다.
9. 허젠쿠이는 스스로 밝힌 윤리적 견해와 정반대되는 행위를 했다.
10. 허젠쿠이는 윤리적 조언을 구해 놓고 무시했다.
11. 허젠쿠이의 연구가 선의로 실시됐다고 할 만한 근거는 전혀 없다.
12. 허젠쿠이는 위험을 무릅쓰고 완강히 밀어붙였다.

13. 과학계는 이번 일을 대충 얼버무렸다.

14. 저명한 유전학자(조지 처치)가 허젠쿠이를 감쌌다.

15. 이런 일이 얼마든지 또 일어날 수 있다.

세상에 해결해야 할 일들이 수두룩하다는 말은 이 목록에도 적용할 수 있다. 우리는 인류 역사의 전환점이 될 순간을 맞이했다. 지난 수십 년간 소설과 가설을 통해 사람의 유전자를 조작하는 것은 아주 위험하고 비도덕적인 일이라는 경고가 나왔지만, 어느 날 난데없이 쌍둥이 아기가 태어나는 것으로 현실이 되고 말았다. JK는 인간의 생식세포로 한 벌의 배아를 만들고, 의학과 윤리학이 넘지 말라고 정해 놓은 선을 넘어섰다. 그가 머릿속에 떠오른 생각을 공개 토론에서 제시했거나 과학계에 먼저 드러냈다면, 피펫을 쥐기 전에 저지할 수 있었을지도 모른다.

영의 목록에서 첫 세 가지 항목을 살펴보자. 홍콩에서 데이비드 리우가 JK에게 직접 물어 보았듯이, 그가 의학적으로 충족되지 않았다고 판단한 것은 무엇이었을까? 왜 JK는 HIV와 CCR5 유전자를 골랐을까? JK의 연구진도 체외 수정 단계를 진행하기 전에 HIV 감염 위험성을 없애기 위해 정자 세척을 실시했다. 그런데도 왜 군이 유전체 편집을 해야 했을까? JK는 리우의 물음에 정확히 답하지 못했고 HIV 문제가 심각하다는 더 광범위한 말로 대신했다. "이런 경우뿐만 아니라 수백만 명의 HIV 아동 환자들을 위해서도 이러한 보호 장치가 필요하다고 진심으로 믿습니다. 백신을 구할 수가 없으니까요. 저는 주민의 30퍼센트가 에이즈 감염자였던 '에이즈 마을'의

실태를 직접 확인한 적이 있습니다. 다들 아이들을 친척집에 맡겨야 했어요." JK는 자신의 연구가 자랑스럽다고 말했다. 태어난 쌍둥이의 아버지는 연구에 관한 세간의 평가에 절망했지만, 열심히 일해서 새로 생긴 가족들을 잘 돌보겠다고 약속했다.

에이즈 사망자는 3,500만 명으로 추정된다. 현재 전 세계 HIV 감염자는 3,700만 명으로 집계되고 그중 80만 명 이상이 중국에 있을 것으로 여겨진다. 항레트로바이러스제는 최근에 의학이 거둔 큰 성취다. 이러한 치료제를 이용하면 체내 HIV를 검출 불가능한 수준까지 약화시키고 섹스를 통한 HIV 확산 위험을 효과적으로 없앨 수 있다. 항바이러스제를 만드는 제약업체 길리어드Gilead는 브로드웨이 극장의 전단이 등장하는 광고를 만들었다. 광고 속 전단에는 다음과 같은 문구가 적혀 있다. "HIV에게. 우린 포기하지 않아요. 사랑을 담아, 과학으로부터."

다음 세대로 전달되는 유전자 결함을 바로잡을 수 있는 후보에 관한 초기 논의에서 HIV는 거의 거론되지 않았다. '어쩌면 가능할 수도 있는' 후보에 고정되다시피 한 질병이다. 즉 CCR5 유전자의 활성을 없애서 HIV에 대한 인체의 보호 기능을 강화하는 것은 질병의 원인이 되는 돌연변이를 바로잡는 것과 동일선상에 놓고 볼 수 없다. 그럼에도 JK는 자신이 이 유전자를 택한 주요한 이유로 두 가지를 제시했다. 안전성과 "실생활에서 의학적인 가치"가 있다는 점이다.[2] 이와 관련하여 그는 과거 20여 년간 진행된 CCR5 관련 연구와 임상 시험 결과를 인용했다.[3] 또한 자신이 하려는 유전자 수술이 비교적 간단하다고 보았다. CCR5 유전자가 발현되지 않도록 하여 HIV 수용체를 없애는 것을 근 위축증이나 겸상 세포 질환의 치료 방식처럼 특정 유전자의 염기 하나를 다른 것으로 바꾸는 정밀한 DNA 수술보다 간단하다고 생각한 것이다.

전 세계적으로 CCR5 Δ32 결실 돌연변이를 가진 인구는 1억 명 가량으로 추정되며 북유럽에 가장 많이 몰려 있다. 결실 돌연변이가 무해하다는 사실은 명확한 근거로 입증됐다. JK가 CCR5 유전자를 편집해서 자연적으로 발생하는 Δ32 결실 돌연변이와 동일한 상태로 만들었다면 과학계가 우려할 일도 없었을 것이다. 하지만 JK는 루루와 나나의 유전자에 Δ32 결실이 아니라 사람에게서 한 번도 발견된 적이 없고 실험동물로도 확인된 적이 없는 돌연변이를 인위적으로 만들었다. 그래서 이러한 변형이 어떤 영향을 발생시킬 것인지 심각한 의문이 제기되는 것이다. JK는 CCR5 유전자의 염기서열에서 카스9 핵산분해효소가 자리를 잡을 수 있는 한 지점을 표적으로 삼았다. 문서를 열고 특정 단어에 커서를 갖다 놓는 것과 같다. 그런데 편집이 일어나는 범위를 정확하게 통제하지 못했다. "살아 있는 두 생명이 지금 실험을 당하는 겁니다. 과학적인 호기심이라는 이유로요. 인간의 생명을 이렇게 다룬다는 건 너무나 충격적인 일입니다." 벤 헐벗의 말이다.[4]

매사추세츠 의과대학의 RNA 생물학자 션 라이더Sean Ryder는 홍콩 정상회의 중에 트위터에서 격분한 심정을 토로했고 뒤이어 〈크리스퍼 저널〉에도 그러한 견해를 밝혔다. "다우드나는 우리에게 이런 일이 일어날 수 있다고 경고했었다. 나는 내 동료 과학자들이 배아 유전체 편집을 사람에게 시험할 때 투명하고 윤리적으로 탄탄한 도덕적인 목적을 갖고 수행하리라 믿었다."⁵ 하지만 그렇게 되지 않았다.

나나의 경우 CCR5 유전자 한 벌 모두에 틀 이동 돌연변이 frameshift mutation라 불리는 변이가 생겼다. 한쪽 유전자는 염기 4개가 작게 결실되고 다른 한쪽 유전자에는 염기 하나가 삽입됐다. 모두 유전암호가 해독되는 자연적인 과정에 문제를 일으키는 돌연변이 다.* CCR5 유전자의 기능이 Δ32 돌연변이가 존재할 때와 비슷하게 소실될 수 있고, 심지어 그럴 가능성이 높다고도 볼 수 있지만, 확신할 수는 없다. 라이더의 말대로 이와 같은 돌연변이는 "지금까지 한 번도 본 적이 없고 영향도 밝혀지지 않은 변이"다. "CCR5의 활성이 사라지고 HIV의 유입을 차단할 가능성과 함께 새로운 위험이 발생할 가능성도 있다."

루루의 상황은 이보다 더 불확실하다. CCR5 유전자 한 벌 중 하나는 그대로 남아 있고 다른 한쪽에는 염기 15개가 결실됐다. 정상적으로 만들어져야 할 단백질의 중간 부분에 아미노산 5개가 사라지므로 CCR5의 기능은 사라지겠지만, 이런 상황 역시 지금까지 한 번도 연구가 이루어진 적이 없다. 게다가 이 쌍둥이들에게 적용된 편집은 모자이크 양상을 띤다. 다시 말해 아이들의 몸을 구성하는

---

* 유전암호는 염기 3개가 한 쌍을 이룬다. 따라서 염기 1개나 2개가(몇 개든 3으로 나눌 수 '없는 수가) 삽입되거나 결실되는 돌연변이가 일어나면 염기서열이 정상적으로 해독되지 않고, 이 유전자로 만들어지는 아미노산 서열도 바뀐다. 염기 3개가(또는 3의 배수로) 소규모로 결실되거나 삽입되는 돌연변이도 큰 문제가 될 수 있지만, 그러한 경우는 돌연변이가 생긴 염기서열을 제외한 다른 부분이 정상적으로 해독된다. 낭포성 섬유증에서 가장 많이 발생하는 ΔF508 돌연변이가 대표적인 예로 아미노산 중 페닐알라닌이 암호화된 염기 3개가 결실된다.

모든 세포의 유전자가 이와 같이 편집되지 않았다는 의미다. 모자이크 현상은 자연적으로 발생하는 생물학적 현상이다. 양쪽 눈 색깔이 다른 홍채 이색증도 그러한 경우다. 처음으로 만들어진 이러한 모자이크 현상이 아이들에게 아무런 해가 되지 않는다고는 JK뿐만 아니라 그 어떤 의사도 확신할 수 없다.

JK는 부인했지만, 표적 외에 발생한 영향에도 심각한 의문이 제기된다. 루루에게 그러한 영향이 나타났다는 증거가 일부 확인되었으며, 유전체 염기서열 전체를 더 엄격히 분석하면 다른 영향도 드러날 수 있다. 라이더는 〈크리스퍼 저널〉에 실린 논평을 간절한 탄원으로 마무리했다.

루루와 나나가 부디 오래오래 건강하게 살기를 간절히 바라는 마음이다. CCR5에 관해 알려진 사실을 토대로 하면 그럴 가능성이 있고 그렇게 예상하는 것이 타당하다고도 볼 수 있다. 하지만 이러한 돌연변이가 어떤 기능을 발휘할 것인지, 그 불확실성은 윤리적, 의학적인 문제와 더불어 이 연구를 과학적으로 인정할 수 없다는 사실이 명확할 만큼 충분히 크다. 나는 루루와 나나가 HIV에 절대 노출되지 않기를 기도한다. 이 실험의 '효과가 확인됐다'고 입증되는 일이 절대 없기를 바란다. 내가 생각하는 가장 좋은 결과는, 이 아이들이 허젠쿠이의 연구실에서 하는 어떠한 일에도 영향을 받지 않는 것이다. 그러나 더 나쁜 일이 일어날 가능성이 있다.[6]

CCR5 유전자의 활성이 사라지면 HIV의 감염을 막을 수 있고 건강에 다른 문제가 생기지 않는다는 기본 전제조차 흔들리기 시작했다. Δ32 돌연변이는 북유럽에서 생겨났지만, 로벨 배지는 "중국인중에 Δ32 돌연변이가 있는 사람은 거의 없다"고 지적했다. "그런데왜 이 연구를 해야만 했을까?"[7] 이 결실 돌연변이가 아시아 지역까지 확산되기에는 시간이 충분히 흐르지 않았을 가능성이 높지만, 다른 가능성도 생각할 수 있다. CCR5 유전자의 돌연변이가 건강에 다른 영향을 줄 수도 있다는 점이다. Δ32 돌연변이가 있으면 웨스트나일 바이러스 감염 위험이 높아지고, 인플루엔자 바이러스 감염성도 높아질 수 있다는 사실이 밝혀졌다. CCR5 유전자가 불활성되면HIV 감염을 막을 수 있다는 정설 자체에 의문을 제기하는 사람들도있다. HIV 바이러스에 희귀한 변종이 있는 것도 명확한 사실이다.그중 하나인 X4만 하더라도 세포에 일반적인 HIV와는 다른 경로로침입하므로 CCR5의 활성 여부와 무관하다.[8]

쌍둥이가 태어나고 몇 달이 지난 후에 더욱 불안한 시나리오가뉴스로 전해졌다. '중국의 크리스퍼 쌍둥이, 의도치 않게 두뇌가 향상됐을 가능성 있다'라는 제목으로 레갈라도가 또다시 충격적인 소식을 전했다.[9] UCLA의 신경생물학자 알치노 실바Alcino Silva는 직접수행했던 마우스 연구를 토대로 CCR5에 생긴 돌연변이로 인해 쌍둥이의 인지 기능이 손상됐을 가능성이 있다고 밝혔다. 실바 연구진이 최근에 발표한 데이터를 보면, CCR5가 발현되지 않을 경우 뇌졸중이 일어났을 때 회복 속도가 더 빠르고, CCR5 유전자 중 한 쪽만불활성인 경우 학교에서 우수한 성적을 거둘 가능성도 있다.[10] 한편버클리의 두 연구자는 영국 바이오뱅크Biobank를 집중 분석했다. 정부 기금으로 운영되는 자선 기관인 바이오뱅크에는 영국인 50만 명이상의 유전체와 의료 정보가 보관되어 있다. 분석 결과 CCR5 유전자 한 벌에 모두 Δ32 돌연변이가 있는 사람은 유전자 중 한 쪽만 정상인 사람보다 76세 이전에 사망할 확률이 20 퍼센트 더 높은 것으로 나타났다.[11] 언론은 일제히 크리스퍼 아기의 기대수명에 문제가 생길 수 있다는 보도를 쏟아냈다(이 쌍둥이들에게 적용된 유전자 편집은 Δ32 결실 돌연변이가 아니라는 사실을 간과한 추정이다). 그러나 영국 브리스톨 대학교의 역학자 션 해리슨Sean Harrison은 뛰어난 탐정 능력을 발휘하여 이 분석의 체계상 오류를 찾아냈고, 결국 이 논문을 싣기로 했던 학술지는 게재 결정을 철회했다.[12]

CCR5 유전자를 둘러싼 이 모든 이야기는 매우 중요한 쟁점을 부각한다. '어느' 유전자든, 편집됐을 때 예기치 못한 연쇄 반응이나 부수적인 피해가 발생하지 않는다고 어떻게 확신할 수 있을까? 10조 개에 달하는 인체 세포에는 단백질과 단백질의 결합으로 구성된 네트워크, RNA, 그 밖에 여러 생물분자의 상호작용이 방대하게 얽혀 있고, 세포 내부는 사방으로 연결된 중심부와 소포, 세포막, 분자 수준의 장치들로 꽉 채워져 있다. 내가 대학에서 생화학을 공부하던 시절에는 세포 하나에서 이루어지는 주요 대사경로를 깔끔하게 정리해서 벽에 포스터로 붙일 수 있다는 아주 순진한 생각을 했었다. 이제는 세포 하나에서 2만 개가 넘는 단백질 하나하나가 적게는 수십 개, 많게는 수백 개에 달하는 다른 단백질과 상호작용한다는 사실이 밝혀졌다. 인공지능이 발전하면 톱니바퀴처럼 서로 맞물린 이 중요한 요소들 중 하나를 편집했을 때 무슨 일이 벌어지는지 언젠가는 예측할 날이 올지도 모른다. 하지만 지금은 불가능하다.

그러므로 앞으로 생식세포를 편집하려는 노력은 일절 금지해야 한다는 결론을 내리는 것이 마땅할까? 그전에 한 가지 중요한 안전성 문제를 생각해 보자. 일반적으로 성인에게 체세포 유전자 편집을 실시하면 1억 개 이상의 세포에서 DNA가 바뀐다. "전부 제각기 다른 크리스퍼 사건이 일어나고, 그중 하나가 종양 억제 유전자에 문제를 일으킬 수 있습니다." 임상에 유전체 편집 기술을 적용하기 위한 회사를 공동 설립한 조지 처치는 이렇게 경고한다. 세포가 증식하면서 더욱 심각한 결과가 발생할 수 있다. "하지만 (크리스퍼로 배아를 편집하면) 세포 하나가 바뀌므로 종양 억제 유전자에 문제가 생길 가능성은 10억 분의 1로 낮아집니다. 그런데도 배아 편집이 더 위험하다고 할 수 있을까요?"[13]

크리스퍼 아기 사건으로 드러난 또 다른 터무니없는 문제점은 JK가 연구에 자원한 사람들로부터 사전 동의를 얻은 절차가 의심스럽고 임상시험을 엄격한 기밀을 유지하면서 진행했다는 점이다. "이건 과학의 발전 속도가 윤리적인 지침이나 법이 마련되는 속도를 앞지른 사례로 볼 수 없다." 옥스퍼드 대학교의 윤리학자 도미닉 윌킨슨Dominic Wilkinson은 이렇게 설명했다. "이러한 형태의 연구를 해서는 안 된다고 경고하는 지침이 있었다. 그러므로 이 일은 연구자가 과학 연구에 관한 윤리적인 지침을 준수할 생각이 없었던 것으로 볼 수 있다."[14] UCLA 인간유전학과 대표를 맡고 있는 레오니드 크루글리야크Leonid Kruglyak는 자신의 트위터에 "생식세포 편집을 보는 시각 자체가 틀렸다"고 밝혔다. "종류와 상관없이 *어떠한* 중재 방식을 택하든, 접근 방식에 관해 우리가 정해 놓은 규칙과 관습을 노골적으로 무시하는 행위다."

"태어나지도 않은 아기는 당연히 배아를 변형시키는 일에 동의한다는 의사를 밝힐 수 없다." 뉴욕 대학교의 생명윤리학자 아트 캐플란Art Caplan의 견해다.[15] 물론 태아는 수정을 포함해서 그 어떤 것에도 동의할 수 없다. JK는 일반적으로 수용되는 윤리 기준을 따르지 않고 피험자와 임상시험의 사전 동의 여부를 논의하는 과정에 직접 참여했다. "그가 환자들로부터 동의를 얻기 위한 노력에 직접 관여했다는 이 단순한 사실은 굉장히 심각한 문제점입니다. 해서는 안 되는 일입니다." 로벨 배지의 설명이다. 보통은 연구와 무관한 제 3자가 환자나 연구 자원자에게 연구의 위험성을 설명한다.

그러나 JK가 자신이 추구하던 영광을 얻기 위해 불운한 중국인 부부들이 연구에 참여하도록 어떤 식으로든 압박했으리라는 추정은 이 임상시험에 참여한 한 부부가 밝힌 인상적인 말로 흐려졌다. 이들은 중국 사회에 HIV 환자가 갖은 오명과 차별을 당하는 분위기가 만연하며 이런 이유로 연구에 참가했다고 밝혔다. 벤자민 헐벗에게 공유된 한 편지에는 다음과 같은 내용이 있었다.

우리는 전혀 호도되지 않았습니다. 그건 일종의 타협이었습니다. 타협한 상대는 사회 또는 세상 전체라고도 할 수 있습니다. 우리는 에이즈 환자이고 가족 중에도 환자가 있으므로 예방약으로 건강한 아이를 낳을 수 있다는 사실을 확실하게, 제대로 알고 있습니다. (……) 그 약은 병을 치료할 수 있겠지만, 편견은 해결해 줄 수 없습니다. (……)

우리의 말을 듣고 있는 사람이 있다면 제발 귀 기울여 주세요. 어떤 면에서 우리는 이 연구에 어쩔 수 없이 참여한 것이 맞지만, 강요한 사람은 아무도 없습니다. 우리의 등을 떠민 건 이 사회입니다.[16]

JK는 아주 은밀하게 연구를 진행했다. 2018년 추수감사절 주말까지 소문이 전혀 새어 나오지 않은 것이 놀라울 정도다. 그릴리는 JK가 실험을 비밀리에 실시한 것이 "거의 보편적이라 할 수 있는 과학계의 합의를 어기고, 누구도 이 연구에 관해 의견을 말하거나 한마디 할 기회조차 주지 않고 자신의 윤리적 결론에 특권을 준 것"이라고 분명하게 비난했다.[17] 하지만 JK가 과학계 전체에는 진짜 야망을 숨겼을지언정, 자신의 '신뢰 집단'에는 속내를 털어놓았다는 사실을 우리는 알고 있다. 스탠퍼드 교수진인 퀘이크와 포투스, 헐벗을 비롯해 헐벗의 아들 벤자민과 드윗, 딤, 멜로, 컨설턴트인 스티브 롬바르디가 이 집단의 구성원이었다.

퀘이크는 JK 사건이 터진 직후에는 언론의 취재에 일절 응하지 않았지만, 스탠퍼드 대학교의 공식 조사가 시작됐다는 뉴스가 나오자 마침내 침묵을 깨고 2016년 8월에 오간 대화와 이메일을 〈뉴욕타임스〉에 공개했다. 그는 JK가 스탠퍼드에서 박사 후 연구원으로 일하는 사람들 중에서 드물지 않게 볼 수 있는 영민하고 야망 있는 사람인 동시에 필요하면 절차를 무시할 수 있는 사람이라고 보았다. 그리고 JK가 잘못된 일을 하고 있다는 조짐을 조금이라도 포착하고 그의 의도가 무엇인지 알았다면 "아주 적극적으로 사람들에게 알렸을 것"이라고 주장했다. 실제로 퀘이크는 JK의 연구에서 임신이 이루어진 사실을 알게 됐을 때 저명한 과학자 두 명에게 공유했다. 하지만 "일종의 과학계 경찰에 신고해야 한다"고 제안한 사람은 없었다고 밝혔다. 퀘이크는 JK가 윤리적인 필수 승인 절차를 다 밟았으리라 믿었다고 전하면서도 자신이 더 적극적으로 노력할 수 있었다고 인정했다.[18] 이 기사가 나온 다음 날, 퀘이크의 50번째 생일이기도 했던 날, 스탠퍼드 대학 측은 이 사건에 연루된 교수 세 명 모두 잘못이 없었다고 본다는 공식 입장을 밝혔다.[19]

포투스는 지나고 보니 그때 자신이 더 나섰어야 한다는 생각이 든다고 말했다. 신뢰 관계를 깨는 것이 불편하다고 느꼈지만, 환자가 자신이나 다른 사람을 해치려고 하면 의사는 의사와 환자의 기밀 유지 규칙을 깨고 그런 사실을 알려야 할 의무가 있다. "선을 넘어버린 그 터무니없는 일은 의사와 환자 사이에 일어날 수 있는 그러한 상황과 같았으니 불문율처럼 여겨지는 신뢰 유지의 문화를 충분히 깰 만한 가치가 있었다." 그는 이런 심정을 밝혔다.[20]

드윗은 원래 언론의 취재에 응하지 않는 사람이다. 그래서 이야기를 나누고 싶다는 내 제안에 그가 응했을 때 기분이 좋으면서도 놀라웠다. 드윗은 자신의 커리어가 JK와의 관계만으로 기억되지 않기를 바란다고 전했다. "그 사람에게 '안 됩니다.'라고 말한 사람이 저 하나였던 건 아닙니다. 허젠쿠이는 누구의 말도 듣지 않았어요."

드윗이 말했다.[21] "이 일을 어떻게든 밀고 나가려 한 것은 악의적이고 자기도취에 빠진 것이라 생각합니다. (……) 그 사람은 범죄자에 더 가깝고 그렇게 취급되어야 합니다. 그가 한 일은 전적으로 절대 용인될 수 없는 일이고 매우 비윤리적입니다." 현재 드윗은 로스앤젤레스에서 유전체 편집으로 겸상 세포 질환을 치료할 수 있는 방법을 연구 중이다. 당시의 일을 돌아보면, JK가 하는 일을 더 많이 알렸더라면 좋았으리라는 생각이 든다고 했다. "하지만 정확히 누구에게 말을 해야 할까요?" 누구에게 알려야 했을까? 학장? 세계보건기구 총재나 미국 국립보건원 원장? 안토니오 레갈라도? 그런 상황에 처했을 때 무엇을 해야 하는지 혹은 어떻게 해야 하는지 과연 누가 알 수 있었을까.

AP 통신이 정보공개법을 근거로 요청한 자료를 통해 멜로가 JK의 연구와 관계가 있었다는 사실은 드러났지만,[22] JK의 위챗에는 아무런 흔적도 남아 있지 않다. 노벨상 수상자인 멜로는 크리스퍼 아기의 존재가 드러난 후 JK의 회사 '다이렉트 지노믹스'에서 서둘러 사임했다. "내부 고발은 결코 쉬운 일이 아니다. 하지만 이런 일이 두 번 다시 일어나지 않도록 막을 수 있는 시스템이 필요하다." 유니버시티 칼리지 런던의 조이스 하퍼Joyce Harper는 이런 견해를 전했다.[23]

마이클 딤은 JK 사건이 터진 후로 세간의 이목을 피한 채 거의 투명인간처럼 지내고 있다. 라이스 대학교에서는 비공식 조사를 실시했다. 화이트칼라 범죄를 전문적으로 맡아온 딤의 변호인은 자신의 의뢰인이 JK의 유전자 편집 연구에 직접 관여하지 않았다는 주장으로 이 사건과 거리를 두려고 노력하고 있지만, 딤이 이 임상시험의 사전 동의 절차에 참여했다는 사실은 그가 스스로 인정한 적이 있다(시각 자료 형태의 증거도 있다). 쌍둥이가 태어나고 18개월이 지났을 때 내가 라이스 대학교에 보낸 요청에는 아주 불친절하고 단호한 답변이 돌아왔다. "현재 조사가 진행 중입니다."

✕✕✕

유전자가 편집된 배아를 사람에게 이식한다는 JK의 결정은 생식세포 편집의 윤리에 관한 모든 선언과 보고서를 명백히 거부한 행위였다. 과학자, 윤리학자 들은 연구자가 크리스퍼 기술을 이용해 상상할 수도 없는 방향으로 돌진하고 이로 인해 발생할 수 있는 영향을 막기 위해 4년 가까이 노력했다. 이러한 경고는 크리스퍼가 불쑥 등장하기 전부터 나왔다. 예를 들어 2009년 〈뉴욕타임스〉에 유전체 편집 기술을 이용한 유전자 치료법의 첫 번째 연구에 관한 기사가 실렸을 때도 포투스는 "원칙적으로 이와 비슷한 전략이 사람의 생식세포를 변형시키는 목적으로 사용되지 말라는 법은 없다"는 견해를 밝히고, 사회는 그러한 상황에 대비가 되어 있지 않다고 덧붙였다.[24]

다우드나는 2015년 1월에 캘리포니아 나파에서 소규모 회의를 주최했다. 전원이 미국인으로 구성된 전문가 15명 정도를 초청해서 크리스퍼 기술이 오용될 가능성에 관해 논의하는 자리였다. 사람의 배아에 다음 세대로 유전될 영구적인 조작을 하게 될 가능성도 주제로 다루었다. 아실로마 회의(1975년 미국 캘리포니아 아실로마에서 개최된 회의. 12개국의 전문가가 모여 사상 처음으로 재조합 DNA 기술의 안전성을 논의했

··· 449 ···

다—옮긴이)를 주최한 두 베테랑 과학자이자 노벨상 수상자인 데이비드 볼티모어와 폴 버그Paul Berg, 생명윤리학자 알타 채로, 캐럴, 그릴리, 데일리, 처치가 초청인사에 포함됐다. 다우드나는 많은 사람들에게 이름이 알려지는 사람이 되고 아이를 낳고 싶은 절박한 부모들의 관심이 자신에게 쏠린 후로 이러한 문제를 더 깊이 우려하기 시작했다. 자녀가 희귀 유전질환을 앓고 있으니 치료법이 나올 수 있도록 도와달라고 호소하는 사람들의 이메일에는 불리한 유전자를 갖고 태어난 아이에 대한 부모의 조건 없는 사랑이 가득했다. 다우드나는 크리스퍼 기술이 득보다 해가 되지는 않을까 하는 걱정으로 잠을 설쳤다. "90세가 되어 지난날을 되돌아봤을 때, 과연 우리가 이 기술로 성취한 일들을 기뻐할 수 있을까요? 아니면 내가 이걸 발견하지 말았어야 했는데 하는 생각을 하게 될까요?"[25] 마이클 스펙터Michael Specter와의 인터뷰에서는 이렇게 이야기하기도 했다. 스펙터의 말처럼 "J. 로버트 오펜하이머J. Robert Oppenheimer가 세상을 보호하려고 만든 원자폭탄이 세상을 파괴할 수도 있다는 사실을 깨달은 후부터 과학자들은 자신이 발견한 것이 어떻게 활용될지 크게 염려하기 시작했다."[26]

자신이 책임질 일이 아니라고 회피하거나 자기 연구에만 몰두하는 대신 대화의 물꼬를 튼 노력으로 다우드나의 신망은 더욱 높아졌다. 나파 회의의 내용을 요약한 자료를 보면,[27] 볼티모어와 다우드나를 비롯한 동료들은 일반 국민을 포함한 수많은 이해관계자들 사이에서 더 많은 논의가 진행되고 크리스퍼 유전자 편집 기술의 안전성에 관한 연구도 더 많이 완료될 때까지 사람의 생식세포로 실험하지 말아야 한다고 경고했다. 그러나 이 자리에 참석한 최소 한 명 이상이 지적했듯이 "윤리적인 이유를 근거로 더 이상 '막지 못하는' 때가 올 것"이다.[28]

볼티모어와 다우드나는 이 회의에서 "신중한 경로"라고 칭한 합리적인 타협안을 찾고자 했다. 이들의 결론을 두고 예상대로 찬성하는 쪽과 반대하는 쪽 모두가 비난했다. 컬럼비아 대학교의 유전학자 로버트 폴락Robert Pollack은 이들이 제시한 권고사항이 불충분하며 우생학의 문을 열어 주는 일이라고 주장했다. "생식세포가 변형되고 고통의 요인이 제거된 채로 태어날 수 있는 세상보다 자신의 생식세포에 그런 값비싼 투자를 하지 않는 세상을 만드는 것이 최선이다." 폴락은 이렇게 전했다. 그는 생식세포 변형을 전면 금지해야 "개개인이 가진 '창조주가 부여한 빼앗을 수 없는 고유한 권리'라는 가장 단순한 의미를 없애는" 데에 개인 맞춤형 의학이 강력한 동력이 될 일이 없을 것이라고 밝혔다.[29] 반면 스탠퍼드의 헨리 밀러Henry Miller는 도움이 필요한 환자라면 이런 추상적인 우려를 납득하기 힘들다고 일축했다. 생식세포를 이용한 유전자 치료는 꼭 필요할 때만 활용되어야 하지만, "임시 중단 조치는 필요치 않다"는 것이 밀러의 견해였다. "너무나 끔찍한 유전질환을 앓는 가족들이 없어질 수 있도록 의학의 경계를 넓힐 필요가 있다."[30]

다우드나가 주최한 회의에서 나온 권고사항 중 하나는 논의의 범위를 넓혀야 한다는 것이었다. 같은 해 12월에는 워싱턴 DC의 내셔널 몰이 내려다보이는 곳에 자리한 국립과학원에서 유전체 편집의 윤리성에 관한 대규모 학술회의가 열렸다. 크리스퍼 연구 분야에서 가장 유명한 세 과학자인 다우드나, 샤르팡티에, 장펑이 모두 참석한 보기 드문 행사였다(시상식을 제외하고). "인간의 유전성이 바뀌는 시대가 가까이 다가왔다. 가장 중요한 의문은 유전자 편집 기술로 사람의 유전성을 바꾸는 일이 일어난다면 언제가 될 것인가이다."[31] 볼티모어의 말이다. 그는 헉슬리의 《멋진 신세계》를 인용하며 "사회에서는 특정한 역할을 맡을 사람이 선정되고, 환경은 사회적 유동성과 인구의 행동을 통제할 수 있도록 조작되는 사회"를 떠올렸다. 이어 "헉슬리가 유전체 조작에 관해서는 상상하지 못했을지 모르지만" 우리는 그의 경고에 주의를 기울여야 하며, 그 이유는 "이 새롭고 강력한 수단이 인류 전체의 특성을 통제할 수 있다"는 판단이 가능하기 때문이라고 설명했다.[32]

과학자, 의사, 윤리학자, 철학가 들은 3일간 이어진 이 학회에서 인간 생식세포 편집 기술의 위험성과 잠재적 응용 가능성에 관해 토론을 벌였다. 소수에 불과했지만, 생식세포 편집 기술을 최소한 원칙적인 범위에서 강하게 옹호한 사람들도 있었다. 맨체스터 대학교의 철학자 존 해리스John Harris는 재미있는 말을 던졌다. "섹스가 발명된 것이라면 절대로 허용되거나 허가가 나지 않았을 것입니다. (……) 너무 위험하니까요!" 그러나 이 행사에서 가장 인상 깊었던 일은 무대 위가 아닌 방청석에서 일어났다. 새라 그레이Sarah Gray라는 여성이 자리에서 일어나 무뇌증을 갖고 태어난 아들의 이야기를 꺼냈을 때였다. 그레이는 아이가 일주일간 발작을 겪다가 세상을 떠났다고 전하며 눈물을 흘렸다. 그리고 호소했다. "이런 병을 없앨 수 있는 기술과 지식이 있다면, 제발 써 주세요!"

학회 주최자들은 밤늦은 시각까지 논의한 끝에 두 가지 주요 원칙에 합의하고 폐회 선언문을 발표했다. 첫째, 생식세포 편집을 고려하기 전에 이 기술의 안전성과 효능 문제가 반드시 해결되어야 한다는 것과 둘째, 각각의 활용법에 관한 사회적으로 광범위한 합의가 이루어져야 한다는 내용이었다. 생식세포 편집은 문제가 생기더라도 결함 있는 상품을 회수하듯 해결할 수가 없다. 뒤이어 〈뉴욕타임스〉의 니콜라스 웨이드Nicholas Wade는 '과학자들, 인간 유전체 편집 중단 촉구'라는 제목으로 헤드라인 기사를 썼지만, 주최 측은 생식세포 편집 연구의 전면 금지를 직접적으로 촉구하지는 않기로 했다. 대신 이 기술의 안전성과 가치, 타당성에 관한 보다 넓은 사회적 합의가 이루어지기 전에 배아 편집을 "지속하는 것은 무책임한 행위"라고 밝혔다. 기술의 사용 중단에 관한 논쟁은 몇 년 후에 다시 수면 위로 떠오를 것이다.

워싱턴 DC에서 열린 이 학술회의를 필두로 유럽과 아시아, 북미 과학계와 윤리학계에서 윤리성에 관한 보고서가 오랜 기간에 걸쳐 계속 마련됐다. 60곳이 넘는 기관에서 관련 보고서와 정책 강령을 발표했다. 분량이 200쪽 이상인 자료도 있었다. 전체적으로 상황이 더 명료해지기보다는 혼란이 가중됐다.[33] 이러한 자료의 절반 이상이 안전성과 의학적인 필수불가결성, 사전 동의 절차에 관한 우려를 근거로 임상에서 생식세포 편집이 실시되어서는 안 된다는 결론을 내렸다. 오바마 정부의 수석 과학자 존 홀드런John Holdren이 낸 짤막한 성명도 같은 맥락이었다. "정부는 현 시점에서 임상학적인 목적으로 사람의 생식세포를 변형시키는 것을 넘지 말아야 하는 선을 넘는 일이라고 생각한다."[34]

수많은 의견이 쏟아지는 가운데 미국과 영국에서 나온 두 편의 보고서가 출처와 완전성 면에서 큰 주목을 받았다. 하나는 2017년 2월 밸런타인데이에 발표된 미국 국립 과학공학의학원[NASEM]의 인간 유전체 편집에 관한 세부 보고서다.[35] 미국 과학원의 설립 법안은 남북전쟁이 한창이던 1863년에 링컨 대통령의 최종 재가를 받았다. 밸런타인데이에 나온 자료는 MIT에서 분자생물학자로 활동하던 영국인 릭 하인스[Rick Hynes]와 생명윤리학자 알타 채로가 공동 대표를 맡고 우수한 인재들로 구성된 위원회가 1년 이상 작업해서 내놓은 보고서다.

놀랍게도 NASEM 보고서에는 미래에 생식세포 편집 기술이 임상에서 유전질환을 고치는 용도로 활용될 가능성이 크지 않지만, 분명 존재한다는 견해가 담겼다. 단 신체 기능을 강화하는 용도는 아닐 것이라고 전망했다. 임상시험은 "물러설 수 없을 만큼 필요성이 크다고 판단될 때" 실시될 수 있고, 이 경우 환자와 "그 자손"을 보호할 수 있는 포괄적인 감시 감독이 필요하다고 밝혔다. 또한 필요성이 부족한 목적에 "확대 사용되는 부적절한 일"이 벌어지지 않도록 안전장치가 마련되어야 한다고 주장했다. 이와 함께 위원회는 향후 임상 목적으로 생식세포 편집 기술을 활용할 때 가장 중요하게 고려해야 하는 10가지 요건을 제시했다. 병을 예방할 만한 합당한 대안이 없는 중증 질환이어야 한다는 것, 유전자 편집으로 만드는 변종 DNA는 일반적인 건강을 해치지 않는다고 밝혀진 것이어야 한다는 점, 환자를 적절히 모니터링하고 환자의 사생활을 보호해야 한다는 점이 포함됐다.

이런 전제 조건이 제시되긴 했지만, NASEM 보고서의 어조는 15 개월 전 워싱턴 DC 학술대회와 상당한 차이가 있었다. NASEM 위원회는 생식세포 편집을 무책임한 일이라거나 폭넓은 사회적 합의가 필요한 일이라고 언급하지 않고, 병이나 장애를 치료하기 위해 이 기술을 활용하는 것에는 본질적으로 전혀 문제가 없다고 결론 내렸다. 하인스는 목재 패널이 덧대어진 국립과학원의 집무실에서 이처럼 입장이 바뀐 근거를 다음과 같이 설명했다. "과거에는 다음 세대로 전달될 수 있는 특징을 편집하지 말아야 한다고 보는 이들이 많았고 이들이 그렇게 선을 그어 놓았다. 그러한 편집이 이루어지는 방식 자체를 어떻게 평가해야 하는지 알 수가 없었다는 점이 그와 같은 결론이 나온 가장 큰 이유였다. (……) 반드시 필요한 일이라고 누구도 주장할 수가 없었다."[36] 이전과는 전혀 다른 세상이 됐다는 의미였다.

"위험성이 판명될 때까지는 허용 불가"라는 입장이 "위험성이 정확히 판명되면 허용 가능"으로 바뀌기까지는 우여곡절이 많았다.[37] NASEM 보고서에는 심지어 유전학적인 기능 강화도 가능한 일로 보았다. 다만 반드시 공개적 논의를 거친 후에 생각해 볼 일이라고 밝혔다. "주의할 필요가 있으나, 주의한다는 것이 금지를 의미하지는 않는다." 채로의 설명이다.

1년 뒤에 영국 너필드 생명윤리위원회는 생식세포 편집이, 편집이 실시된 사람의 행복을 존중하고 차별을 가중시키지 않는다면 "윤리적으로 허용 가능"할 수도 있다는 결론을 내렸다. "유전 가능한 유전체 편집이라는 중재 방식이 미래를 살아갈 사람의 행복과 사회정의, 사회의 결속과 일치한다면, 윤리적인 어떠한 단언적 금지 사항에도 위배되지 않는다."[38] 보고서에는 이런 내용이 명시되어 있다. 그리고 세계 전체를 관리할 수 있는 틀을 마련하기 위한 논의가 "일찌감치" 진행되어야 한다고 영국인답게 정중히 제안했다. 학술지 〈랜싯〉의 편집자 리처드 호튼Richard Horton은 환영의 뜻을 밝혔다. "국가적인 유아론이 대두되고 과학의 발전이 때때로 아무런 확인 절차 없이 이루어지는 지금과 같은 세상에서는 낭비할 시간이 없다. 위원회의 권고는 즉각 실현되어야 한다."[39]

NASEM과 너필드 생명윤리위원회의 선언은 두 기관의 위신과 권위, 자격으로 볼 때, 궁극적으로는 서구 사회로 크게 편향된 소규모 전문가들이 합의를 얻기 위해 시도한 일로 압축되었다. 에든버러 대학교의 생명윤리학자 새라 챈Sarah Chan은 유전체 편집에 관한 규칙이 전혀 부족하지 않다고 밝혔다. NASEM의 보고서에는 7가지 원칙이 제시됐고 너필드 위원회가 내놓은 원칙은 그보다 2가지가 더 많다. 챈의 사무실 책상에도 관련 보고서가 50편 넘게 쌓여 있다. "'원칙'이 더 필요한 것이 아닙니다!" 챈의 말이다.[40] 그러나 JK는 명망 있는 두 기관이 이처럼 생식세포 편집을 전면 금지하지 않았다는 사실을 대상에 따라 저마다 다르게 적용되던 기준이 사라진 것으로 받아들였다. 에드 용의 표현을 빌리자면 "빨간불이 꺼진 것을 녹색불이 켜진 것으로 이해한 것"이다.

2018년 10월에 JK는 〈크리스퍼 저널〉에 자신이 직접 만든 윤리 지침이 담긴 에세이를 기고했다. 과거 레갈라도와 키아니에게 보여 준 적 있는 5가지 원리를 토대로 한 내용이었다. 당시에 나는 JK에 관하여 전혀 들어 본 적이 없었지만, 중국의 유전체 편집 연구를 선도하는 사람을 통해 유전체 편집에 관한 중국 내부의 윤리적 관점을 알릴 수 있는 흥미로운 기회가 되리라는 생각으로 라이언 페렐에게 연락해 이 에세이를 요청했다. 임상시험이 진행 중이라거나 사람의 배아를 이식했다는 내용은 전혀 없었고 이해 충돌이 빚어질 만한 사항도 언급되지 않았다. 크리스퍼 아기가 태어났다는 소식이 알려진 후에야 JK가 왜 이런 터무니없는 글을 썼는지 명확해졌다. 마이클 스펙터는 그가 쓴 윤리 지침을 두고 "감탄할 만한 내용이다. (……) 그가 좀 더 시간을 내서 자기 글을 잘 읽어봤다면 지금처럼 온 세상의 이목을 끌 일도 없었을 것"이라고 언급했다.[41] 다 지난 뒤에 생각해 보면, JK의 에세이는 크리스퍼 아기의 탄생을 알리는 초대형 폭탄과도 같은 논문을 발표하기 전에 윤리적인 밑거름을 깔아 두려는 교활한 노력이었던 것 같다. 그 소식이 전해지고 몇 주 뒤 〈크리스퍼 저널〉의 편집장 로돌프 바랑고우는 이 에세이의 출판을 철회하라고 지시했다.[42]

)≬()≬(

허젠쿠이 사건 이후에 우리는 어떤 변화를 겪고 있을까? 아직 우리는 그 자리에 그대로 머물러 있는 것일까? JK의 계획이 대실패로 돌아간 후 아주 믿음직한 두 위원회가 새로 구성됐다. 세계보건기구는 "인간 유전체 편집의 관리와 감시를 위한 세계 표준 개발"을 담당할

··· 457 ···

전문가 자문위원회를 조직했다. 전 세계 다양한 지역 출신의 구성원 18명이 2019년 3월 스위스 제네바에 모여 본격적인 활동에 돌입했다. 남아프리카공화국의 대법관 에드윈 캐머런Edwin Cameron과 FDA 전 국장인 마거릿 햄버그Margaret Hamburg가 총 지휘를 맡았다. 첫 번째 회의에서 생식세포 편집 연구의 전면 중단을 촉구하지는 않았지만, 이와 같은 연구를 등록할 수 있는 국제적 시스템이 필요하다는 제안이 도출됐다.

뛰어난 인물들로 구성된 또 하나의 위원회는 NASEM과 영국 왕립협회가 공동으로 조직하고 케이 데이비스 여사Dame Kay Davies(나와 성이 같지만, 아무 관계가 없다)와 록펠러 대학교 총장 릭 리프턴Rick Lifton이 의장을 맡았다.[43] 새로 조직된 두 위원회 모두 드물게도 미국 상하원으로부터 일제히 지지를 받았다. 다이앤 파인스타인Dianne Feinstein 상원의원은 JK의 행위를 비난하며 위원회의 노력을 지지한다는 내용이 담긴 결의안을 냈다. "유전자 편집 연구의 윤리적 기준을 마련하는 일에 미국은 반드시 앞장서야 한다." 공동 서명한 마르코 루비오Marco Rubio 상원의원은 이렇게 밝혔다.[44]

이러한 단체들로부터 보고서가 나오는 것도 중요한 일이지만, 그것이 최종 결정이 될 가능성은 희박하다. 현재 우리는 인간 배아 편집에 관한 연구를 제대로 이해하지도 못한 채로 이 연구의 장단점을 논의하고 있다. 나는 2018년 8월에 콜드 스프링 하버에서 개최된 학술대회에 참석했다. (후원사 중 한 곳이 야외 공간을 가득 채운 과학자들이 무사히 살아남을 수 있도록 모기 기피제를 나눠 주는 기지를 발휘한 행사였다) 인간 배아 편집에 관한 논의가 이어지던 중에 컬럼비아 대학교에서 인간 배아의 체외 수정을 연구 중인 스위스 출신 발달생물학자 디터 에글리Dieter Egli[45]가 참석자들에게 질문을 하나 할 테니 거수로 답해 달라고 요청했다. "사람의 배아를 한 번이라도 직접 다뤄 보신 분?" 손을 든 사람은 아무도 없었다. 앞으로 나아갈 방향을 논의하고 있으면서도 생명의 첫 단계에 관한 지식이 얼마나 빈약한지 똑똑히 상기시켜 준 일이었다.

JK를 향한 비난이 쏟아질 때 한두 명은 다른 입장을 고수했다. "내가 보기에 이건 따돌림이나 마찬가지입니다." 조지 처치는 이런 의견을 밝혔다. "내가 들은 바로 (JK의) 가장 심각한 문제라곤 서류 작업을 제대로 하지 않았다는 겁니다."[46] 처치는 이 사태가 둘 중 하나로 정리될 수 있다는 결론을 내렸다. 제시 젤싱거의 사망 같은 의학계의 비극으로 남거나, 루이스 브라운의 탄생과 비슷한 의학 기술의 획기적인 발전으로 남을 수 있다는 의미였다. 그리고 "이렇게 태어난 아이들이 건강하고 평범하게 살게 된다면 아이들의 가족들도, 관련 연구 분야에도 아무 문제가 생기지 않을 것"이라고 전했다.

JK와 만난 적이 있는 사미라 키아니도 JK를 비난하는 견해가 계속 쌓이는 것이 "장기적으로 유익하지 않다"는 데 동의했다. "(JK를 비난한다고 해서) 앞으로 연구가 중단될 것도 아닙니다. 오히려 그런 연구를 하려는 사람들을 눈에 띄지 않는 곳으로 내몰 뿐입니다. 비슷한 연구자가 나타나도 드러나지 않을 겁니다."[47] 충분히 납득할 만한 우려였지만, 키아니의 예상은 틀렸다. 곧 알게 되겠지만, 러시아에서 이미 곰 한 마리가 꿈틀대고, 중동 지역에서는 JK가 했던 연구를 똑같이 따라 하려는 시도가 있다는 초기 징후가 감지됐다. 크리스퍼 아기 연구가 세상에 드러나고 일주일이 지난 2018년 12월 5일, JK는 불임 치료와 산부인과 진료를 실시하는 두바이의 한 병원으로부터 이메일을 받았다. 윌리엄 헐벗이 세계 과학 축제에서 공유한 그 이메일의 내용은 다음과 같다.

> 허젠쿠이 씨께,
> 최근에 선생님의 기술로 유전자 편집 아기가 처음 출생했다고 들었습니다. 축하드립니다! (……) 우리 병원의 발생학자 한 사람이 발생학 연구소에서 일하는 데 필요한 크리스퍼 유전자 편집 기술을 배우고자 합니다. 혹시 선생님의 학교에 이런 교육 과정이 마련되어 있나요? (……)

헐벗은 JK에게 답장을 보내지 말라고 충고했다.

19 장

규칙을 저버리다

현재 학술지 〈네이처〉는 독일의 대형 출판 제국인 '스프링거 네이처 Springer Nature'에 속해 있다. 그러나 내가 잔뜩 긴장한 과학 편집자로 처음 일을 시작했던 1990년에는 런던 중심부의 유명한 플리트 스트리트 한쪽에 조용히 자리한 전형적인 영국 회사였다. 출근 첫날, 나는 이탈리아산 더블버튼 정장을 말쑥하게 차려입고 세계에서 가장 명망 있는 과학 학술지 본사가 자리한 멋진 건물에 생기 넘치는 모습으로 일찍 도착했다. 그러나 보도실로 들어서고 초등학교 교실처럼 책상이 가득 들어차 있고 책이며 신문이 바닥에 온통 흩어진, 디킨스 소설에나 나올 법한 풍경을 본 순간 가슴이 철렁 내려앉았다. 나 말고 핀스트라이프 정장을 입은 사람은 편집장인 존 매독스가 유일했다. 사무실 구석에 있는 책상에서 짙게 뿜어져 나오는 담배연기로 존재감을 확실히 드러내는 사람이었다.

이메일도 월드와이드웹도 없던 시대였다. 게재하고 싶은 원고는 총 4부를 인쇄해서 우편으로 우리에게 보내야 했다. 매독스는 매주 편집 마감 회의마다 말보로 한 갑을 다 피우고 와인 한 병(또는 두 병)을 다 비워 냈다. 2018년 5월에 편집장으로 지명된 유전학자 막달레나 스키퍼Magdalena Skipper는 〈네이처〉 최초의 여성 편집장이 되었다. 오픈 액세스(아무 제약 없이 이용할 수 있는) 논문의 출판, 연구 데이터의 재현성 문제, 과학계의 여성과 다양성 문제 등 처리해야 할 일이 산더미였지만, 6개월 뒤 스키퍼의 책상 위에 누구도 예상하지 못한 골칫덩어리가 도착했다.

JK가 왜 〈네이처〉를 크리스퍼 아기에 관한 자신의 논문을 알릴 일종의 시상식장으로 선택했는지는 충분히 이해할 수 있다. DNA 이중나선 구조를 밝힌 연구는 물론 그의 우상인 로버트 에드워즈의 중대한 체외 수정 연구 논문이 발표된 학술지이고, 중국 외 다른 곳에서 진행된 최초의(그리고 유일한) 인간 배아 편집 연구 2건도 모두 〈네이처〉에서 발표됐다. 많은 과학자들이 〈네이처〉에 실린 논문은 유효성이 최종 검증됐다고 여긴다. 과학계의 오스카상으로 여겨지기도 한다. (또한 중국에서는 과학자가 일류 학술지에 논문을 내면 두둑한 포상금을 지급한다)

JK는 2018년 11월, 홍콩 정상회의가 약 일주일 앞으로 다가왔을 때 논문을 제출했다. 11월 22일에는 크레이그 멜로에게 이메일을 보내 전문가 검토를 위해 논문을 보냈다고 알렸다. 〈네이처〉는 검토 과정의 기밀성을 철저히 준수하지만, 이 논문의 일부 내용이 〈MIT

테크놀로지 리뷰)에 실렸고 AP 통신이 JK의 주장을 확인해 보려고 처음 접촉했던 여러 전문가 중 한 명인 키란 무수누루를 통해서도 내용이 공개됐다.[1] JK는 자신의 논문이 금방 학술지에 실리고 전 세계의 칭송을 받을 것이라는 순진한 기대를 품었다. 하지만 몇 개월 후 표도르 우르노프는 이 논문을 "그저 종이 뭉치"일 뿐이라고 맹비난했다.[2]

발표되지 않은 JK의 논문 'HIV 면역력을 위한 유전체 편집 이후 쌍둥이 출생'을 자세히 살펴보면 저자가 얼마나 순진하고 또 오만하게 〈네이처〉 편집진이 의학계의 이정표가 될 성과니 출판하겠다고 얼른 나서리라 예상했는지 고스란히 드러난다. 총 10명이 공동 저자로 이름을 올렸고, JK의 이름은 맨 끝에 나오는 것으로 볼 때 연구 책임자임을 알 수 있다. 그 바로 앞에는 마이클 딤의 이름이 보인다. 그가 이 연구에서 중요한 역할을 맡았다는 의미다. 나중에 딤의 변호인은 이 저자 명단에서 딤의 이름을 뺐다고 주장했다.

논문 맨 첫 부분에 나오는 초록에는 연구 내용이나 연구진의 진짜 의도가 무엇인지 정확히 나와 있지 않다. JK는 "인간 유전자 편집 기술로 이루어진 첫 출생"을 보고하면서 자신의 연구진이 크리스퍼를 이용하여 "CCR5 유전자를 일반적인 변이형 유전자로 만들었다"고 기술했다. 하지만 Δ32 결실 돌연변이를 만들려던 그의 시도는 분명 실패했다. 또한 이 논문에서 JK는 표적 외에 다른 돌연변이나 암을 유발하는 돌연변이는 발견하지 못했다고 주장했다. 그리고 자신의 이 혁신적인 치료가 "HIV 대유행을 억제"할 수 있을 뿐만 아니라 유전질환이 자식에게 유전되지 않기를 절실히 바라는 "수백 만 명의 가족들에게 새로운 희망을 안겨 줄 것"이라고 밝혔다. 우르노프는 "망상과 오만함의 수준이 가히 기겁할 만한 수준"이라며 불쾌감을 숨김없이 드러냈다.[3]

JK는 HIV 항바이러스제가 이미 큰 성공을 거두었다는 사실이나, 한 번에 배아 하나를 편집해서 유행병을 해결하는 방식이 비현실적이라는 점을 고려하지 않고 전 세계적인 HIV 확산을 막겠다는 목표를 세웠다. 체외 수정 과정에서 정자는 "정액의 감염성 물질을 제거하기 위해 철저히 세척된다"는 사실도 깊이 고려하지 않았다. 이 절차는 수정 단계를 지나 발달하게 될 모든 아기가 HIV에 감염되지 않도록 마련된 표준 프로토콜이다.

JK 연구진은 건강한 배아 4개 중 2개의 CCR5 유전자를 편집하고 그 결과를 분석했다. 표적 외에 편집이 일어난 곳은 단 한 곳이고, 이것이 다른 유전자의 활성에 영향을 줄 가능성은 거의 없다고 보고했다. 그러나 그가 은근슬쩍 넘어간 이 부분이 편집된 배아에는 큰 문제가 될 수 있다. 이들은 배반포 상태일 때만 분석을 실시했지만, 배반포는 배아 발달 외에 다른 기능이 없다. 배아가 된 후에는 세포를 분석하지 않았으니 표적 외에 나타나는 영향이 발생했는지도 알 수 없다.

논문에 따르면 쌍둥이는 2018년 11월에 태어났다. 그러나 언론에서는 10월 말에 태어났다고 보도했다. 크리스퍼 아기의 신원을 밝혀내기 위해 아마추어 탐정 노릇을 하려는 사람들을 물리치려는 고의적인 술수였는지도 모른다. JK는 논문에서 아이들이 18세까지 주기적으로 의학적인 검사를 받을 것이며, HIV 감염에 면역력이 생겼는지 확인하는 검사도 포함될 것이라고 밝혔다. 이러한 검사는 루루와 나나를 인간 기니피그처럼 취급하기 전에 실시되었어야 한다. "기초적인 윤리 원칙을 심각하게 위반한 행위이며, 범죄에 가까운 연구다." 우르노프는 분노를 표출했다.

키란 무수누루는 저서 《크리스퍼 세대》에서, JK 연구진을 제외한 외부인 중 이 논문을 처음으로 읽은 사람이 된 심정을 솔직히 이야기했다. 그는 추수감사절 바로 다음 월요일에 마치온으로부터 논문을 전달 받았고, 크리스퍼 기술이 적용된 배아의 CCR5 유전자를 분석한 DNA 염기서열을 본 순간 큰 절망을 느꼈다고 했다. 첫 번째 이미지(루루)에는 두 가지 특징, 즉 염색체 한쪽의 CCR5는 염기서열이 그대로 남아 있고, 다른 한쪽 염색체의 유전자에는 염기 15개가 결실된 결과가 나타나야 하는데, 무수누루는 또 한 가지 특징을 발견했다. 모자이크 현상이 일어났다는 증거였다. 목 안에서부터 깊은 탄식이 나왔다. 나나의 배아도 비슷한 상황이었다. JK는 두 곳을 편집했다고 주장했지만, 무수누루는 세 가지 변화의 흔적을 확인했다.

무수누루는 그 논문에 쓰인 "썰기"라는 표현에도 크게 놀랐다. 아직 경험이 부족한 연구자들이 크리스퍼를 배우고 나면 이런 표현을 쓰는 경우가 드물지 않지만, 사람의 배아에 쓴다는 건 생각할 수도 없는 일이었다. 자연적인 모자이크 현상은 초기 배아에서 세포 하나에 무작위 돌연변이가 일어나고 그 세포가 계속 분열하면서 다른 딸세포로 전달되는 방식으로 발생한다. 원칙적으로 단일 세포 상태의 초기 배아에 크리스퍼 편집을 실시하면 편집된 부분은 모든 딸세포로 전달된다. 그러나 카스9 단백질이 표적 염기서열을 정확하게 찾으려면 시간이 걸리고, 따라서 편집이 일어나기 전에 수정란에서 세포분열이 일어날 가능성이 있다. 크리스퍼-카스 시스템이 분열하는 세포에 전부 포함되지 않으면 발달 중인 배아의 모든 유전자가 동일하게 편집되지 않는다.

루루의 배아에서 표적이 아닌 위치에 모자이크 현상이 일어난 징후를 발견했을 때 무수누루의 절망은 분노로 바뀌었다. "두 아이의 배아 모두 결함이 있다"는 사실을 알게 된 것이다. 그나마 유일한 희소식은, 모자이크 현상이 나타난 것을 보면 루루와 나나의 존재가 거짓은 아니라는 점이었다. 어떤 과학자도 이렇게 엉성한 편집을 했다고 이야기를 지어내서 세상을 충격에 빠뜨리지는 않을 테니까. "누군가가 한 발 앞서서 유전자가 편집된 아기를 최초로 만들어 냈다는 소식은 좋든 싫든 인류의 역사적인 사건이며, 그 과정이 완벽하게 이루어졌더라도 큰 걱정거리가 될 일이다. 하물며 이처럼 부주의한 방식으로 만들어진 결함이 있는 배아로 사상 최초의 유전자 편집 아기가 태어났으니 100배는 더 우려가 된다." 무수누루는 이렇게 정리했다.

전 세계에서 과학적, 윤리적인 문제를 지적하는 의견이 폭발적으로 쏟아지자 〈네이처〉는 JK가 논문을 제출한 지 일주일도 지나지 않아 심사를 종료했다. 원래는 개별 논문의 출판 여부를 일일이 언급하지 않지만, 자매 학술지 중 하나가 마련한 지침에 따라 다음과 같은 내용이 포함됐다.

사람의 배아나 생식세포의 유전학적 변형에 관한 연구 결과를 밝힌 모든 논문은 과학적, 윤리적 지침을 엄격히 준수해야 한다. (······) 확보할 수 있는 정보를 토대로 할 때 허젠쿠이의 연구는 〈네이처〉가 정한 편집 기준에 맞지 않다.[4]

그러자 JK는 〈미국 의학협회지〉에 논문을 다시 재출했다. 편집진은 12월 초에 조지 처치를 비롯한 외부 전문가 11명에게 논문을 보내는 이례적인 행보를 보였고 마찬가지로 게재 거부 의사를 밝혔다.

대학 내 숙박용 건물의 발코니에서 목격된 후 1년이 지나서야 JK의 운명이 전해졌다. 2019년 12월 30일, 선전 시 나산 구 인민법원은 JK와 두 동료의 "불법 의료 행위"에 유죄를 선고했다. (중국에는 인간 배아 편집을 명확히 금지하는 법이 없다) JK는 징역 3년에 300만 위안(미화 약 43만 달러)의 벌금형을 받았다. 더불어 "보조생식기술" 연구를 금지한다는 판결이 내려졌다.* 친진저우(JK 논문의 제1저자)와 장 렌리Zhang Renli는 각각 벌금형과 징역 18개월, 24개월 형을 받았다. "피의자 세명은 의료 행위를 할 수 있는 적절한 의료 자격이 없음에도 명예와 돈을 얻고자 과학 연구와 의학적 치료에 관한 국가 규정을 고의로 위반했다." 판결문에는 이러한 내용이 명시됐다. "이들은 과학 연구의 윤리성과 의료 윤리의 핵심을 위반했다."[5]

---

* 중국에서 '불법 의료행위'는 세 등급으로 구분된다. 해를 입은 사람이 없으면 징역형이 최대 3년까지 부과된다(벌금과 함께). 환자 한 명이 해를 입으면 최대 징역 10년이 구형되나, 환자가 목숨을 잃은 경우 형이 늘어날 수 있다. 크리스퍼 기술로 태어난 아기들이 어떤 식으로든 해를 입었는지 여부는 시간이 지나야 알 수 있다. JK에게 내려진 처벌은 솜방망이에 불과하다. 중국 정부는 그저 돈에 오염된 과학이 위험하다고 경고하고 싶었는지도 모른다.

JK가 징역형을 받았다는 소식이 전해지자 다양한 반응이 나왔다. "JK가 한 일은 범죄 행위다. 오만함 외에 다른 어떤 이유도 없이 윤리와 의학의 법을 어겼고 생명을 위험하게 만들었으며 관련 분야 전체에 오명을 씌웠다." 우르노프는 이렇게 밝혔다. "은유적으로 표현하자면, 사람의 배아를 생식 목적으로 편집한 일 전체가 징역형을 살아야 한다."[6] 다우드나는 좀 더 외교적인 톤으로 입장을 전했다. "과학자의 한 사람으로서 과학자가 감옥에 들어가는 것은 반가운 일이 아니지만, 이번 경우는 예외다."[7] "징역은 (JK에게) 알맞은 처벌이 아니다. 과학으로 무언가를 할 수 있다고 해서 그 일을 반드시 해야 한다는 의미는 아니다." FDA 전 국장 스콧 고틀립은 트위터로 이렇게 밝혔다. 윌리엄 헐벗은 복잡한 감정을 드러냈다. "안타까운 일이다. 이 일로 모두가(JK, 그의 가족, 동료, 그의 국가) 무언가를 잃었다. 한 가지 얻은 것이 있다면 계속 발전 중인 유전학 기술의 중대성을 세계가 깨닫게 됐다는 점이다."[8]

바이오해커 분야의 대표적 인물인 조시아 제이너의 견해도 알려졌다. 제이너는 JK의 죄가 인간 생식세포 조작이라는 도로를 달리다가 생긴 경미한 속도위반과 비슷하다고 묘사하며, 이 중국인 과학자는 동시대에 활동한 어떤 과학자들보다 오래 기억될 것이라 주장했다. "허젠쿠이가 만든 아이들이 이 실험으로 해를 입지 않는 이상, 그는 유전자가 편집된 배아를 이식하게끔 의사를 설득하려고 일부 문서를 위조한 과학자에 지나지 않는다. 인간 유전공학에서 1마일을 4분대에 달리는 기록이 깨진 것과 같다. 앞으로 또 일어날 일이다."[9]

누구의 생각이 옳을까? 이번 세기에 편집된 인간 배아로 수천 명이 태어날 것이라고 믿는 바이오해커 제이너일까, 아니면 유전자 변형 인간을 처음 만든 당사자이자 생식세포 편집은 "문제를 만들어 내는 해결책"의 전형적 사례라고 주장하는 우르노프일까?

)OODOOC

헤드라인에 이름이 걸린 순간부터 허젠쿠이는 부정직한 과학자로 낙인찍혔다. 에릭 토폴은 〈뉴욕타임스〉에 쓴 글에서 JK에게 "그러한 부정직한 시도를 아무 문제없이 마음대로 할 수 있는 방법" 같은 건 없다는 점을 "제대로 알리고" 경고했어야 한다고 밝혔다.[10] 하버드 의과대학의 조지 데일리 학장은 홍콩 회의에서 "부정직한 길로 가는 과학자는 과학계에 큰 짐을 떠안기는 것"이라고 말했다. JK가 소속되어 있던 대학교나 병원 그리고 중국 정부는 그가 저지른 행위를 전혀 몰랐다거나 자신들에게 책임이 없다는 입장을 서둘러 내놓았다. JK는 젊은 시절의 제임스 왓슨처럼 노벨상을 받고 조국에 자랑스러운 영광을 안겨 주겠다는 목표에 집착하고 명예와 부를 얻기 위해 은밀히 움직인 부정직한 사람이라는 이미지가 전 세계로 퍼져 나갔다.

그렇게 정리하면 아주 간단하겠지만, 정말 그게 전부일까? 나는 그렇게 생각하지 않는다.

첫 번째로, JK는 은밀한 곳에서 숨어 지내다가 갑자기 나타난 무명 연구자가 아니라 재능을 크게 인정받고 국가 기금도 듬뿍 제공받았던 연구자다. 그가 상업적으로 거둔 성공이나 유전체 염기서열 분야에서 품은 깊은 야망은 널리 환영 받고 널리 알려졌다. 중국 국영방송에서 방영된 〈비범한 광동〉이라는 프로그램에는 '유전자 세계의 새로운 핵심 인물'이라는 소제목이 붙은 코너에 소개되기도 했다.[11] "그에게 이토록 드문 기회를 선사한 사람은 누구일까?" 중국인 생명윤리학자들로 구성된 한 단체는 지역 정부나 중앙정부가 숨은 조력자로 힘을 보탰을 것이라는 의혹을 제기했다.[12] JK는 자신의 위챗 계정에 과학계의 높은 자리에 있는 유명인사나 중국 고위관리와 만나서 함께 찍은 사진을 지속적으로 업로드했고, 그가 만난 사람들의 규모는 카다시안 못지않았다. 딤, 퀘이크, 멜로 등 수많은 사람들의 사진이 누구나 볼 수 있도록 공개되어 있었다. 롬바르디는 JK가 영리하지만 순진한 사람이라고 보았다. "안됐다는 생각이 듭니다. 누군가에게 배신당한 것 같아요. 이건 혼자 한 일이 아닙니다. 그가 뭘 하는지 정확히 알고 있었던 사람들이 있을 겁니다."[13]

두 번째 이유는 중국이 최첨단 기술을 활용하여 국가 전체를 철저히 감시하기로 유명한 나라라는 점이다. "감시 능력이 러시아의 해킹 능력과 거의 맞먹을 정도입니다." 조지 처치는 반쯤 농담으로 이렇게 설명했다. "이례적일 정도로 감시 능력이 뛰어난 나라에서 생물학 역사에 가장 놀라운 일이 될 만한 연구에 관심을 기울이지 않았다는 건 믿기 힘든 이야기 아닌가요?" 처치는 중국 정부의 고위직에 있는 누군가가 JK의 연구에 은밀히 관여했다고 확신한다.[14] JK는 중국 과학기술부가 자신의 초기 배아 연구를 도왔다는 사실을 공개적으로 밝힌 적이 있다. 또한 저명한 과학자이자 BGI의 공동 설립자이고 중국 과학원의 구성원이기도 한 유 준이 JK가 임상시험 자원자들과 만나 사전 동의서를 받는 자리에 한 번 이상 참석했다는 것도 다 알려진 사실이다. 중국에서는 국가의 요구가 개인의 필요보다 우선시된다. 과연 유전체학이나 생식 연구라고 달랐을까? "지배층은 수천 년 동안 우리를 통치했습니다. 저는 정부가 우리를 항상 지켜본다는 것을 알고 있습니다." BGI의 왕 지안이 전했다.[15] JK가 대담하게 행한 일들은 과연 예외였을까?

세 번째로 중국은 전 세계에서 기술 개발에 앞장서는 국가가 되었다는 점이다. 연구개발의 투자 규모가 2020년에만 3,000억 달러에 이를 만큼 어마어마하고 5G 무선통신과 얼굴 식별 기술, 인공지능, 고속철도, 그 밖에 수많은 기술 분야를 이끌고 있는 곳이 중국이다. 2019년에는 달 뒷면에 탐사선을 착륙시키는 일도 성공적으로 해냈다. "미지의 세계를 탐험하는 것은 인간의 본능이다." 치열한 기술 경쟁에서 중국이 또 한 번 우월한 위치에 오른 이 성과가 나왔을 때 중국 우주개발 프로그램의 대표가 한 말이다.[16]

유전체 편집 기술도 예외가 아니다. 크리스퍼는 중국 과학자의 손에서 개발되지 않았지만, 중국은 "미개한 동양"의 방식으로 유전자 편집을 임상에 도입하려 한다는 우려가 나오는 상황에서도 이 기술을 임상에서 활용하기 위해 지체 없이 움직였다.[17] 크리스퍼 기술로 치료받은 최초 환자도 중국 허페이 소재 인민해방군 105호 병원에서 나왔다. 2017년 말까지 중국에서 간, 폐, 전립선, 혈액 암 등 거의 100명에 가까운 암 환자가 크리스퍼 유전체 편집 기술로 치료받았다. FDA나 그에 상응하는 유럽의 기관에서는 까다로운 규정에 따라 확인 절차를 거쳐야 하지만, 중국에서는 이런 요건이 크게 중시되지 않았다. 환자가 사망해도 크리스퍼 기술이나 임상시험 프로토콜에는 책임이 부과되지 않고 유해 사례로 여기지 않았으므로 보고되지도 않았다.[18] 미국의 경우 2020년이 되어서야 암 환자 세 명이 처음으로 크리스퍼 유전자 치료를 받은 것으로 알려졌다.

네 번째로, 비록 생명윤리학이 과학계에서 시작된 지 비교적 얼마 안 된 신생 학문이지만, 중국에서는 1998년에 보건부가 의료윤리에 관한 국가 지침을 처음 마련한 후에야 이 분야의 노력이 시작됐다는 점이다.[19] 그러나 법을 집행하는 장치도 없고 부패가 만연한 상황이라, 처형된 죄수의 몸에서 장기를 확보하거나 수많은 줄기세포 클리닉이 은밀히 운영되는 문제를 해결하는 데 거의 아무런 도움도 되지 않았다.

앞서 설명했듯이 처음 발표된 인간 배아 편집 연구 논문 10편 중 8편이 중국 연구진에게서 나왔다. 중국 과학원 소속 연구자들은 영장류를 최초로 복제한 연구 결과를 발표했다.[20] 연구진은 '중중', '화화'라는 애국심이 묻어나는(중국, 중국인을 뜻하는 '중화'라는 단어에서 나온 이름이다—옮긴이) 이름이 붙여진 이 두 마리의 복제 원숭이가 앞으로 의학 연구에 유용하게 쓰일 수 있다고 밝혔다. 홍콩 중문대학교 생명윤리학 센터에서 연구 총괄을 맡은 이 후소Yi Huso는 "사람들은 중국 본토에서 질주 중인 유전학 열차를 멈추게 할 방법이 없다고 이야기한다. 속도가 너무 빠르기 때문이다."라고 전한 적이 있다.[21] 그의 예상은 소름끼칠 정도로 정확했다. "일단 시도하고, 잘못을 깨닫고, 그런 다음에 고칠 것이다."

양양 쳉Yangyang Cheng은 '중국의 생명윤리는 영원히 형편없을 것'

이라는 제목의 기사에서 서양과 다른 동양의 커다란 문화적 특징 중 하나가 과학이 독재 정권을 정당화하는 데 쓰인다는 점이라고 주장했다. 쳉은 제시 젤싱거의 죽음으로 유전자 치료 분야가 10년간 제자리걸음을 했지만, 만약 그 일이 중국에서 일어났다면 "은폐됐거나, 젤싱거를 전 국가적인 순교자로 만들어서 선전에 이용했을 것"이라는 견해를 밝혔다.[22]

내가 생각하는 마지막 이유는 마오쩌둥이 인구 제한을 위해 1979년에 시작한 사회공학적인 방법, 악명 높은 한 자녀 정책이다. 2015년에 폐지되기 전까지, 이 정책은 전체주의 원칙에 따라 인구 성장을 억제하고 여성의 생식권을 통제하는 일에 중국이 얼마나 엄격하고 단호하게 관여할 수 있는지 잘 보여 주었다. 1995년에 나온 《우생학과 건강 보호 법률》로 상황은 더욱 악화되었고, 중국의 지도층은 국가의 인구 전체를 줄이는 조치와 함께 "열등한 출산"을 줄이는 조치도 얼마든지 마련할 수 있다는 사실이 드러났다.[23]

BGI를 공동 설립한 억만장자 왕 지안은 미래 사회에 유전자 검사가 보편화되어 수많은 유전질환을 없애는 데 활용되기를 꿈꾼다. "전 세계 모든 아이들이 유전자 검사를 받고 청각장애나 시각장애, 그와 관련된 질환을 예견할 수 있다면 이런 유전질환은 더 이상 존재하지 않을 것이다. 그렇게 되면 인류에 얼마나 큰 영향이 발생할까!"[24] 메이 퐁Mei Fong의 저서 《외동아이One Child》에는 캘리포니아에서 난자 공여 업체를 운영하는 사람의 이야기가 나온다. 중국인 고객들은 "거의 대부분 키가 최소 167센티미터 이상의 큰 사람을 원한다. 눈꺼풀 모양을 질문하기도 한다"는 내용이다. 퐁은 "유전자 편집 기술이 과잉 활용되는 최악의 상황이 실현된 것은 (중국의) 한 자녀 정책이 남긴 가장 불행한 유산일 것"이라고 결론 내렸다.[25]

양양 쳉은 중국이 "국제 정치계와 과학계에서 중국의 지위가 달린 일일 때, 다시 말해 다른 선택의 여지가 없는 경우" 국제사회의 윤리 기준을 준수할 가능성이 가장 높다고 밝혔다.[26] 지금과 같이 서양의 과학자, 윤리학자가 윤리적인 논쟁과 권한을 주도하는 상황에서는 중국을 막을 수 없다. JK는 안전성의 면에서 우려되는 문제가 전부 해결되고 국제 사회가 녹색 불을 켤 때까지 잠자코 기다리지 않았다. 그가 한 말처럼 "내가 아니라도 다른 누군가가 할 것"이라고 생각했기 때문이다.

JK에게 가택연금 조치가 내려진 후 얼마간 그와 여러 차례 연락을 주고받았던 벤저민 헐벗도 그를 "부정직한" 자로 보는 보편적 시각을 반박했다. 그는 JK가 시시하다고 해도 될 만큼 아주 흔한 동기를 품었다고 밝혔다. "허젠쿠이가 '부정직한 자가 되어' 그가 속한 전문가 집단의 표준과 기대를 거부한 것이 아니라, 그 집단이 그를 그러한 방향으로 이끌었다." 헐벗은 "부정직하다"는 딱지를 어딘가에 꼭 붙여야만 한다면 JK가 아니라 "윤리적인 우려나 대중의 논의를 전부 앞질러서 우리가 해야 할 일과 하지 말아야 할 일을 결정할 수 있는 주체가 오직 자신들뿐이라고 주장하는 과학계에 붙여야 한다"고 주장했다.[27]

헐벗은 JK가 "자극적인 연구와 명성, 국가 차원의 과학 경쟁, 1등에 특별한 가치가 부여되는" 흔한 길을 택한 것이라고 결론 내렸다.[28] 그리고 다음과 같이 설명했다.

미국과 중국 모두 현대 생명공학 분야는 활기가 가득했고 그의 의욕도 그러한 환경에서 피어났다. 그 연구가 전 세계 과학 공동체에서 자신의 지위를 높여 줄 것이고, 자신의 조국이 과학과 기술의 치열한 경쟁에서 유리한 고지를 점할 것이며 보수적인 윤리관과 대중의 두려움이라는 역풍을 이겨내고 과학을 더 발전시킬 것이라는 믿음이 그의 내면에 확고히 자리를 잡았다. (……)

JK는 많은 과학자들과 똑같이 명예와 부를 추구했다. 이를 위해 그는 최첨단 기술이 있고 큰 논란이 되는 의학 연구 분야에 전문적인 기술도 없고 능숙하지도 않은 상태로 뛰어들었다. 그가 크리스퍼 아기들의 건강을 해쳤는지는 앞으로도 확인할 수 없을지 모른다. 과학계에서 불멸의 존재가 되고자 했던 그의 꿈은 악명을 남기는 것으로 끝났다.

〉〇〈〇〉〇〈

크리스퍼 아기라는 폭탄이 떨어진 후 과학계에서 나온 반응 중에는 누군가가 JK의 뒤를 이으려고 할 수 있다는 우려도 많았다. "중국뿐만 아니라 의료관광의 열기가 뜨거운 곳이라면 어디에서든 이와 비슷한 실험이 진행되지 않으리라는 법이 있을까요?" 장평의 말이다.[29] 세계 곳곳에서 "미래의 치료를 지금 받을 수 있다"는 말로 환자들을 유혹하며 불법으로 운영되는 민간 줄기세포 클리닉이 수백 곳에 이른다. 이런 곳에서는 만성 요통부터 알츠하이머병까지 온갖 질병을 다룬다. 그러니 JK가 계획했던 크리스퍼 클리닉이 나타나기 시작해도 그리 놀라운 일은 아닐 것이다.

상가모의 CEO 샌디 맥리는 미국 국립과학원 위원회 회의에서 합법적으로 운영되는 생명공학 업체라면 생식세포 편집을 시도하지 않을 것이라고 주장하며 두 가지 근거를 제시했다. 첫째, 아직 사회가 준비되지 않았기 때문이고 둘째, "확실하게 시도해 볼 만한 질병이 없고, 따라서 그 기술을 써야 한다는 설득력 있는 근거를 댈 수 없기 때문"이라는 내용이었다.[30] 그러나 맥리는 성인 환자 한 명을 기준으로 수백만 개의 세포를 편집하는 것보다 세포 하나를 편집하는 배아 편집이 암으로 이어질 오류가 생길 확률을 줄이는 면에서 잠재적으로 크게 유리하다고 언급했다.

2019년 봄, 장펑과 동료 연구자들이 예상했던 섬뜩한 일이 일어났다. 생식세포 편집을 실시할 것이라고 선언한 과학자가 또 나타난 것이다. 러시아 최대 불임 클리닉인 쿨라코프 국립 의학연구소의 데니스 레브리코프Denis Rebrikov 소장은 JK처럼 해외에서는 거의 알려지지 않은 인물이다. 그는 크리스퍼 아기가 태어나기 1년 전에 인간 배아를 편집하겠다는 계획을 처음 공개적으로 밝혔다. 처음에는 JK와 같이 CCR5 유전자를 표적으로 정했다. 구체적으로는 HIV 양성인 여성 환자 중에 항바이러스제가 듣지 않는 환자로부터 배아를 만드는 것이 레브리코프의 계획이었다. "저는 이 일을 꼭 해내고픈 마음이 정말 절실합니다." 그는 〈네이처〉에 이렇게 전했다.[31] 그가 생존이 불가능한 인간 배아에 크리스퍼 기술을 적용한 예비 연구를 진행했다는 사실이 알려지면서 경보음이 울렸다. "그가 이 기술을 활용할 줄 안다는 것은 어떻게 입증할 수 있나? 레브리코프는 해결책을 찾는 환자들에게 헛된 희망을 안겨 주기 전에 과학자, 의사, 윤리학자, 규제 기관의 우려에 귀를 기울여야 한다." 로벨 배지는 이렇게 전했다.[32]

그러나 러시아 무술의 일종인 삼보 챔피언이기도 한 레브리코프는 로벨 배지의 비난에 강력히 응수했다. "종이에 쓴 글로 발전을 막을 수는 없다."[33] 레브리코프는 러시아가 정치적으로 자유로운 나라가 아닐지 몰라도, 과학은 굉장히 자유롭다고 말했다. 그러면서 "성공했으면 옳은 것"이라는 러시아 격언을 인용했다. 루루와 나나가 건강하게 산다면 JK도 명성을 되찾을 수 있다는 말과 함께, 그는 유전체 편집 기술이 기능 향상에 활용되지 말아야 할 이유가 없다고 밝혔다. "(기능 향상에) 반대하는 사람들도 자신의 자녀는 그런 향상된 기능을 전부 다 갖게 되기를 '원한다.' 다만 과학이 아닌 '신의 섭리'로 그렇게 되길 바랄 뿐이다. 다들 거짓말쟁이이거나 멍청한 사람들이다."

레브리코프의 편집 표적은 유전성 청력 상실로 바뀌었다.[34] 코넥신 26이라는 단백질이 암호화된 GJB2 유전자에 돌연변이가 발생하면 선천적인 청력 상실이 발생한다. 러시아에서 발생률이 상당히 높은 이 돌연변이는 수천 년에 걸쳐 서쪽에서 동쪽으로 점점 확산된 것으로 추정된다. GJB2 유전자에 발생하는 가장 흔한 돌연변이는 염기 하나가 결실되는 것이다. 매년 선천적으로 청력이 상실된 채로 태어나는 아이들 중 약 10명은 GJB2 유전자 한 벌에 모두 유전성 돌연변이가 존재한다. 레브리코프는 부부 둘 다 귀가 들리지 않는 사람들 중에 두 사람 모두 GJB2 유전자 돌연변이가 동형접합으로 나타나는 부부 몇 쌍을 찾아냈다. 착상 전 유전자 검사도 청력이 정상인 아이를 낳을 수 있는 방법이지만, 배제하겠다는 의미였다. 크리스퍼 기술로 유전자 한 벌 중 한쪽을 바로잡을 수 있다면 청력이 정상인 아이가 태어날 수 있다. 레브리코프는 이러한 생식세포 편집 비용으로 약 100만 루블, 미화 1만 5,500달러를 책정했다. "광고판이 훤히 보입니다. '현대차 솔라리스와 슈퍼 아기, 어느 쪽을 선택하시겠습니까?'"[35]

홍콩 정상회의가 열리고 6개월 뒤에 러시아의 의학 전문가, 정부 당국자 몇몇이 모여 비공개 회의를 개최하고 레브리코프의 계획을 논의했다. 모스크바에서 열린 이 회의에는 아주 특별한 손님이 초대됐다. 소아내분비학 전문의이자 블라디미르 푸틴의 딸인 마리아 보론초바Maria Vorontsova였다. 몇 달 뒤에는 레브리코프가 러시아 과학원 산하 철학연구소에서 개최된 회의에서 자신의 계획을 직접 변호했다.[36] 예브게니예브나로 알려진 한 여성이 레브리코프의 임상시험에 참여할지 여부를 진지하게 고려 중이라는 사실도 알려졌다. 딸아이가 청력을 잃었다는 진단을 받고 절망한 이 여성은 유전체 편집의 위험성을 알고 있다. "음악을 듣게 될 수도 있지만, 암이 생길 수도 있다면, 어느 쪽이 더 나을까? 중요한 문제다."[37]

JK와 달리 레브리코프는 자신의 의도를 전부 투명하게 밝혔다. 숨겨진 비밀 집단도 없었다. 과학계 학술지와도 연이어 인터뷰했다. 관련 분야의 전문지식도 더 많았다. JK가 택한 질병보다 의학적으로 환자가 얻는 것도 더 많았다. 그러나 2019년 7월에 WHO 테드로스

게브레예수스Tedros Ghebreyesus 사무총장은 "이 분야의 연구에서 발생하는 영향이 충분히 파악될 때까지, 모든 국가의 규제 당국은 더 이상의 연구를 허용하지 말아야 한다"는 입장을 밝혔다. 러시아 보건부가 레브리코프가 생식세포 편집의 임상 활용을 위한 연구를 진행하도록 허용하는 것은 시기상조이고 무책임한 일이라고 밝힌 것을 보면 WHO의 견해를 분명히 따른 것으로 보인다.

레브리코프는 볼셰비키가 권력을 얻지 못했을 때 레닌이 했던 말을 인용하며 자신의 입장이 변함없다는 뜻을 전했다. "어제는 이르고, 내일은 늦다. 힘은 반드시 오늘 확보해야 한다."[38] 힘에 관해서는, 이 논의에 보론초바가 관여했다는 사실을 토대로 혹시 러시아 대통령이 어떤 입장이든 밝힐 수도 있다는 기대감이 고조됐다. 푸틴은 레브리코프의 연구소를 둘러보고 크리스퍼 기술을 잘 안다고 공개적으로 언급한 적이 있다. 소치에서 개최된 19차 세계 청년학생축전에서는 즉석에서 나온 다음 발언이 텔레비전으로 중계됐다.

인류는 자연이 만든, 종교인들에 따르면 신이 만들었다고 하는 유전 암호를 조작하는 능력을 갖게 되었습니다. 실질적으로는 어떤 결과가 생길까요? 사람들이 특정한 형질을 가진 인간을 만들 수 있으리라는 상상을 할 수 있습니다. 천재 수학자가 될 수도 있고, 훌륭한 음악가가 될 수도 있지만, 군인일 수도 있습니다. 두려움도 동정심도 없이, 자비도 없고 고통마저 느끼지 않고 싸울 수 있는 사람이 생길 수도 있겠죠. 가까운 미래에 인간은 인류의 발달과 존재의 측면에서 지금까지와는 상당히 다른 단계로 진입할지도 모릅니다. 그렇게 될 가능성이 매우 높습니다. 이런 시기에는 큰 책임감이 필요합니다. 앞서 이야기했던 일들은 핵폭탄보다 더 무서운 일이 될지 모릅니다. 우리가 무언가를 할 때마다, 무엇을 하든 우리의 행동에 바탕이 되는 윤리적, 도덕적 기반을 결코 잊어서는 안 됩니다. 우리는 사람들에게 이로운 일만 해야 합니다. 인류를 파괴하는 것이 아니라 더 강하게 만들어야 합니다[39]

푸틴은 다음 세기에 차이코프스키나 라흐마니노프 같은 인물이 더 나올 수도 있다는 사실을 잘 알고 있고 그러한 가능성을 흡족하게 받아들인 것이 분명해 보인다. 현실적인 면에서는 슈퍼 군인이 더 유용하다고 전망하는 것 같다. 솔직히 "윤리적, 도덕적 기반"을 언급한 것은 아주 훌륭한 마무리였다.

〰️

JK가 과학계에서 사라지고 투옥된 후에도 과학계 전반에는 후폭풍이 계속됐다. 과학자들은 어떻게 반응해야 할까? 생식세포 편집 연구를 세계 전체가 금지하거나 일시 중단해야 할까? 그렇게 할 경우, 연구자들 중에 이를 어기는 사람은 없는지 확인하는 경찰 노릇은 누가 한단 말인가? 2019년 3월에 에릭 랜더의 요청으로 모인 저명한 과학자 18명은 전 세계가 생식세포 편집 연구를 일시 중단할 것을 촉구했다.[40] 장펑과 리우, 에마뉘엘 샤르팡티에, 키스 정, 생명윤리학자 프랑수아 베일리스Françoise Baylis, 노벨상 수상자 폴 버그가 서명하고 뜻을 함께했다. 랜더 개인으로서는 3년 전에 발표해서 비난을 산 '크리스퍼의 영웅들'[41] 이후 유전체 편집 기술과 관련하여 처음으로 제시한 중대한 선언이었다.

다음 세대로 전달될 수 있는 편집의 장점에 관해서는 랜더와 공동 저자로 이름을 올린 학자들 간에 어느 정도 의견차가 있었지만, 영구적인 금지보다 '일시적인' 유예가 필요하다는 점에는 모두가 동의했다. 이들의 제안서에는 결정을 내릴 권리가 각국에 있지만, 특정한 조건이 충족되기 전까지 생식세포 편집 기술을 임상에 활용하려는 모든 형태의 시도가 중단되어야 한다는 내용이 담겨 있다. 랜더가 5년 정도가 적당하다고 밝힌 유예 기간 동안 "생식세포 편집 기술의 임상 활용을 일절 허용하지 말아야 한다"는 내용이다. 이 기간이 끝나면 각국이 생식세포 편집과 관련된 계획이 수립된 경우 이를 공표하고 의학, 기술, 윤리적 차원에서 모든 쟁점을 토의할 수 있는 협의 기간을 거친 후 이 기술의 활용을 지지하는 사회적 합의가 이루어졌는지 확인하고 자국에 맞는 정책을 수립할 수 있을 것이라고 밝혔다.

생식세포 편집에 관한 결정은 "과학자나 의사, 병원, 업체가 아닌, 그리고 한 덩어리로 움직이는 과학계나 의학계도 아닌" 광범위한 이해관계자를 통해 내려져야 한다고 밝혔다. 일시 중단에 관한 이 제안서에서 체세포 유전자 치료와 관련된 임상 연구는 제한하지 않았다는 점이 중요하다. 랜더는 국제 조약으로 부정직한 일을 행하는 사람이나 국가를 물리적으로 저지할 수 있는, 일종의 유전체 편집 단속을 위한 기동부대 같은 것이 마련되지 않으므로 유효성이 있다고 생각하지 않지만 "생물 종의 하나인 인간을 조작하려는 가장 대범한 계획에 커다란 과속 방지턱" 역할을 할 수 있을 것이라고 보았다. 그리고 뻔히 보고도 눈을 감는 바람에 환자가 피해를 입고 대중의 신뢰를 잃는 것이 훨씬 더 심각한 위험 요소라고 설명했다.

프랜시스 콜린스는 랜더의 견해에 즉각 찬성한다고 밝히며 공동체가 충분히 숙고할 시간이 필요하다고 밝혔다. 더불어 "이 논의에는 전 세계 다양한 인구군이 참여하여 여러 부문에서 발생할 수 있는 장점과 위험성을 실질적으로 논의해야 한다"고 전했다.[42] 한 달 뒤에는 연구자, 윤리학자 60여 명이 비슷한 견해가 담긴 서신을 미국 보건복지부 장관 앞으로 보냈다. 인간의 유전자 조작은 허용되지 말아야 한다는 의견을 전하고 과학, 사회, 윤리적으로 심각한 우려 사항이 해결될 때까지 "전 세계적인 일시 중단 약속을 준수해야 한다"고 촉구한 서신이었다.[43] 진 베넷, 짐 윌슨, 장펑 등 유전자 치료를 선도한 여러 전문가들이 공동으로 서명했다.

일시 중단이 필요하다는 운동에 다우드나가 동참하지 않자 의혹이 제기됐다. 장펑은 다우드나에게 랜더가 쓴 글에 함께 서명하자고 권했다. 그러나 다우드나는 "지난 몇 년간 있었던 일을 그대로 반복하는 것뿐"이라는 입장이었다. "이 일(일시 중단)로 보이지 않는 곳에 숨도록 내몰리는 사람이 생기는 것을 원치 않습니다. 그런 사람들이 터놓고 의논할 수 있다고 느꼈으면 좋겠습니다. 유전자 편집 기술이 사라진 것도 아니고 앞으로 없어지지도 않을 겁니다. 끝나지도 않을 거고요."[44] 조지 데일리는 일시 중단 조치에 너무 많은 의문이 따른다고 보았다. 유예 기간은 어느 정도로 지속되어야 할까? 실행 방식은? 중단 기간이 언제 끝나야 하는지는 누가 결정해야 할까?[45] 처치는 돌려 말하지 않았다. 실행 절차 없이 "유예 기간을 재차 촉구하는 것은 가식적인 행위"라는 것의 그의 견해였다. 그럴 바엔 차라리 FDA 승인 없이 의료 행위를 하면 처벌한다는 식의 더 엄격한 관리가 나을 것이라고 전했다.[46]

다우드나는 크리스퍼 아기들이 태어난 지 1년이 되는 날 이 문제를 다시 거론했다. 〈사이언스〉에 기고한 글을 통해 다우드나는 일시 중단이 그리 강력한 대책이 될 수 없다고 다시 한 번 밝혔다. "사람의 생식세포를 조작하고 싶은 유혹은 사라지지 않을 것"이며, 위반자는 경제적으로 손실을 입고 논문이 출판되는 특권을 누리지 못하게 해야 한다고 설명했다. "유전체 편집 기술이 책임감 있게 쓰여야 크리스퍼 기술로 수백만 명의 행복을 향상시키고 이 기술의 혁신적인 잠재성도 활용할 수 있을 것이다."[47]

이 글이 발표되고 얼마 지나지 않아, 랜더는 하버드 대학교에서 경멸과 곤혹스러움이 뒤섞인 반박 의견을 내놓았다.[48] 일시적인 중단을 촉구한 것은 "이미 그러한 연구가 사실상 '중단된' 상황"이라는 점에서 "너무나 자명한 일"이며, 유예 기간을 갖자는 것은 "임시로 금지하자"는 의미인데 "사전에 나오는 단어임에도 그 뜻을 모르는지 유독 예민하게 반응하는" 사람들이 있다고 언급했다. 그런 사람들은 마치 유예 기간이라는 단어에 마법처럼 신비한 힘이라도 있다고 여기는 것 같아서 굉장히 흥미롭다고도 전했다.

유예 기간을 끝내기가 어려울 수 있다고 보는 사람들을 향해서는 "해제될 겁니다!"라고 주장했다. 또 임시 중단 조치로 이 분야에 새로 유입되는 사람이 줄어들 수 있다고 지적하는 의견에 대해서는 오히려 사람들의 관심이 쏠릴 것이며 "다들 이게 아니었다면 관련 기사를 더 읽지도 않았을 것"이라고 언급했다. 그의 제안으로는 JK와 같은 부정직한 자들을 막지 못한다는 주장에는 반박할 생각이 없으나 "그게 핵심이 아닙니다!"라고 주장했다. 범죄 행위는 일어난다. 살인은 법으로 금지되어 있지만, 그래도 살인을 저지르는 사람들이 있다. 랜더는 자신의 제안이 특정 개인의 행위를 막기 위한 것이 '아니라' "각국이 어떤 선택을 해야 하는가"와 관련이 있다고 설명했다. JK의 행위는 중국의 책임이며, 미국에서는 이런 일이 일어나면 국가가 책임진다고도 전했다.* "영국인들"처럼 국제사회 협의라는 개념 자체에 유보적인 입장인 사람들을 향해 랜더는 다음과 같은 말을 내뱉었다. "음, 그게 핵심이군요! 협의가 이뤄진 후에 소신대로 밀고 나갈 용기가 없다면, 협의해서는 안 됩니다."

　　JK의 실험은 "명백히 무책임한 일"이었으며, 연구가 전적으로 비밀리에 진행될 경우 "엄청난 문제"가 생길 수 있다고 전했다. JK의 경우 지역사회 구성원들이 그가 어떤 의도로 연구를 하는지 알고서도 아무런 조치를 취하지 않았다고 이야기했다. "먼저 나서서 행동하는 사람이라면 절대 그렇게 하지 않았을 겁니다. 그건 구경꾼에 머무른 거예요." 랜더는 누구라도 언론에 알렸다면 좋았을 텐데 아무도 그러지 않았다고 언급했다. "이 점이 굉장히 흥미롭고, 어쩌면

---

* 　미국에서는 2016년부터 인간 생식세포 편집이 금지되었다. 로버트 애더홀트Robert Aderholt 하원의원(앨라배마 주)이 상정한 개정안에 따라, FDA는 인간 배아의 유전자 편집 기술을 활용하기 위한 임상시험에는 연구비를 지원할 수 없다.

그가 한 일보다도 더 충격적인 일일지도 모릅니다." 마지막으로 랜더는 자신과 동료들에게 잠정 중단이 앞으로 나아갈 수 있는 가장 신중한 방법이라고 밝혔다. "나중에 우리 아이들이 세심하게 고민하고 선택한, 자랑스러운 결정이었다고 느끼면 좋겠습니다."

잠정 중단 요청은 정책에 큰 변화를 일으켰다. 2015년에 처음 열린 윤리학 정상회의에서는 생식세포 편집이 특정 조건을 충족하지 않는 한 "무책임한" 행위이라는 결론이 나왔지만, 2017년에 NASAM 보고서에는 조건이 충족된다면 "허용해야 한다"는 결론이 담겼다. 그리고 2018년, 홍콩 정상회의 위원회는, 생식세포 편집이 원칙적으로는 허용되며 전환 과정이 필요하다고 전망했다. 캐나다 출신 생명윤리학자이자 랜더의 임시 중단 촉구에 동참한 베일리스는 이러한 변화에 주의해야 한다고 말했다. "변화를 예견할 수 있었던 단서가 될 만한 일은 전혀 없이 이런 변화가 일어났습니다. 굳이 서둘러야 할 필요가 있을까요?"[49]

×)(×)()(×

중국은 JK에게 징역형을 내린 것과 더불어 유전체 연구로 성공을 꿈꾸는 모든 이들에게 강력한 경고의 메시지를 보냈다. 정부는 중국 내에서 진행되는 유전자 편집 연구 프로그램을 전부 파악하기 위한 조사에 돌입했고, 모든 연구자가 조사에 응해야 했다. 또한 중국은 보건 부처와 과학 부처 사이에서 관할권을 두고 발생하는 빈틈을 메울 수 있도록 뒤늦게 윤리 위원회를 조직했다. 이러한 조치는 얼마나 효과가 있을까? "더 강하고, 더 똑똑하고, 더 매력적인 아기를 낳기 위해 누군가가 유전자 편집을 시도할 것이라는 예측은 거의 확실시되는 일이다. 판도라의 상자는 중국에서 활짝 열렸다." 메이 퐁의 견해다.[50]

2019년 4월, 상하이 생물과학연구소의 젊은 신경과학자 양 후이Yang Hui와 중국 과학원의 생명윤리학자 왕 하오이Wang Haoyi는 JK의 연구를 크게 비난한 논문을 발표했다.[51] 두 사람은 JK가 중국과 전 세계의 의료윤리를 위반하고 "무책임하게 저지른" 일에 "충격"받았고 "격분"했다고 전했다. 그리고 JK는 Δ32 돌연변이를 정확히 만들어 내겠다는 계획을 세운 것이 아니라 CCR5 유전자를 망가뜨리기로 한 것 같다고 추정했다.

양 후이는 JK의 시도에 매서운 비난을 쏟아냈지만, 염기 편집 기술을 사람의 배아에 적용하는 자신의 연구를 계속 진행했다.[52] 이 연구의 결과를 밝힌 논문에는 JK 사건이 전혀 언급되지 않아서 크리스퍼 아기가 태어난 적이 없는 것처럼 느껴질 정도다. 한 중국 신문과의 인터뷰에서 양 후이는 유전자 편집이 무기가 될 수도 있고 약이 될 수도 있다고 솔직하게 밝혔다. 유익하게 쓰일 수도 있지만, 부도덕한 목적으로 쓰일 수도 있다는 의미였다. 생식세포 편집이 허용된다면, 편집 안 된 배아는 하나도 남지 않도록 하는 것이 자신의 목표라고 전했다. "편집이 안 된 배아가 딱 하나만 남아도 윤리적인 문제가 생길 수 있다. 이 기술은 효율성이 거의 100 퍼센트에 이른 뒤에 사람에게 적용되어야 한다."[53]

그런 일은 우리 예상보다 더 일찍 일어날 수도 있다. 양 후이는

"슈퍼 아기"를 만드는 행위를 영구 금지해야 한다고 말했지만, JK의 뒤를 이으려는 그의 열정은 명확히 느낄 수 있다. 냉전이 새로 시작될 조짐이 보인다고 해도 무리가 아닐 정도다. "우리는 미국과의 경쟁에서 앞서고 있다. 현재 우리는 핵폭탄을 처음 개발하는 것과 같은 정신으로 노력하고 있다!" 양 후이의 말이다.

하지만 중국이든 다른 어디에서든 생식세포 편집을 꾀하는 연구진이 있다면, 아주 힘든 과제를 해결해야 한다. 〈네이처〉 헤드라인에 "염색체의 대규모 파괴"라는 표현이 등장하는 경우는 적지 않지만, 2020년 6월에 실린 자료에는 이 말이 전혀 과장되지 않은 의미로 사용됐다.[54] 중국을 제외한 곳에서 인간 배아의 유전체 편집 연구를 선도해 온 니아칸, 에글리, 미탈리포프가 '바이오 아카이브'에 각각 사전 공개한 논문에서, 크리스퍼로 특정 유전자를 편집할 때 "올바른 표적" DNA에 우려할 만한 수준의 문제가 생길 수 있는 것으로 밝혀졌다. 니아칸의 연구진은 일부 배아에서 표적 유전자와 가까운 부위에 의도치 않은 결실과 재배치가 일어난 경우를 발견했고, 에글리와 미탈리포프도 일부 배아에서 심각한 염색체 손상과 재배열이 일어난 것을 확인했다. 배아가 형성되는 가장 초기 단계에 일어나는 DNA 수선 기능의 기본적인 메커니즘에 관해 우리가 아직 얼마나 무지한지 적시에 일깨워 준 결과였다. 또한 이러한 부분이 채워져야 인간의 배아에 유전체 편집 기술을 안전하고 책임감 있게 적용하는 방법을 고민할 수 있음을 상기시켰다.

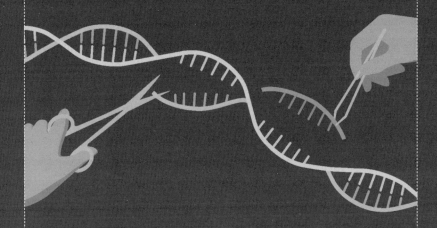

4부

.....

"DNA는 단순히 유전 암호가 아니다.
어떤 면에서는 윤리 암호이기도 하다."
- 싯다르타 무커지

"이제 곧 우리는 자신을 자세히 들여다보고
어떤 존재가 되고 싶은지 결정해야 한다.
어린 시절은 끝났고 메피스토펠레스의 진짜 음성을 듣게 될 것이다."
- E. O. 윌슨 E. O. Wilson

"우리는 모두 돌연변이다.
하지만 남들보다 더 심한 돌연변이가 있다."
- 아먼드 르로이 Armand Leroi

멸종, 그 이후

조지 처치와 만나지 않고는 유전체 편집에 관한 책을 쓸 수가 없다. 처치의 말에 따르면 그렇다. 그래서 나는 하버드 의과대학과 데이비드 오티즈David Ortiz가 홈런을 날리던 보스턴 레드삭스 야구팀의 홈구장인 펜웨이 파크와 더불어 유명한 병원, 기관들이 들어선 복합단지에 자리한 처치의 연구소를 찾아갔다. 처치의 일정은 굉장히 빡빡했다. 나와의 만남은 한 의대생과의 면담과 이스라엘의 기술 업체 창립자들과 만나는 일정 사이에 끼어 있었다.

나는 처치의 사무실 벽 전체를 가득 채운 책장을 가만히 훑어보았다. 그가 쓴 첫 번째 저서 《리제네시스Regenesis》도 여러 권 보였다. 루크 티머만Luke Timmerman이 쓴 DNA 염기서열 분석을 자동화한 발명가의 전기 《후드Hood》와 유전체 염기서열 분석이 임상에 적용된 획기적인 사례를 담은 《10억 분의 1One in a Billion》, 그리고 털매머드를 되살리기 위한 처치의 야심찬 도전을 그린 책이자 영화로도 제작될 예정인 벤 메즈리치Ben Mezrich의 책 《울리Woolly》도 있었다.[1] 처치의 책상에 쌓인 책 더미 속에는 월터 아이작슨Walter Isaacson의 베스트셀러 전기 《스티브 잡스Steve Jobs》와 《레오나르도 다빈치Leonardo Da Vinci》도 보였다. 맨 위에는 같은 작가가 쓴 《이노베이터The Innovators》가 있었다. 문득 궁금해졌다. 《울리》가 영화로 만들어지면, 덥수룩한 턱수염이 트레이드마크인 처치의 역할은 어떤 배우가 잘 어울릴까? 조지 클루니George Clooney나 제프 브리지스Jeff Bridges가 떠올랐다. 처치에게 물어 보면 아내가 좋아하는 배우가 맡게 될 것이라고 하겠지만.

처치는 누구보다 상상력이 풍부하고 부지런하다. 기면증을 앓고 있지만, 현재 활동 중인 어느 과학자들보다 찾는 사람이 많은 사람이기도 하다. 나에게도 전문가단 토의를 할 때 흥미를 돋울 만한 이야기가 나오지 않으면 자신이 금세 곯아떨어지고 말 거라고 한 번 이상 경고한 적이 있다. 2019년에는 유전자 치료에 관한 학술대회의 기조연설을 하러 나와서 자신이 의식을 잃지 않고 끝까지 잘 마치기를 바란다는 말로 시작했다. 우스갯소리로 한 말이 아니었다. 바로 전날에도 사무실에서 손님과 대화하다가 잠들어 버렸기 때문이다. 일하는 데 방해가 되는 문제라서 낮 시간에 금식하고 정신이 흐트러지지 않도록 유지하려고 노력한다.

처치는 "급진적 기술과 급진적 응용"을 하나로 묶어 새로운 분야와 새로운 생명공학 업체를 개척함으로써 자유분방하게 유전학의 경계를 넓히고자 한다. 시스템 생물학과 개인 유전체 염기서열 분석의 선구자이기도 하다. '0달러 유전체 분석' 서비스를 시작한 업체와 유전자 치료에 쓰일 새로운 매개체를 개발 중인 업체, 노화를 거스를 방법을 찾고 있는 업체가 모두 처치의 손에서 탄생했다. 나는 처치의 제자들 몇몇이 뇌의 장기 유사체를 배양하고 있는 실험실 쪽도 힐끗 들여다보았다. 논란이 되고 있는 이 뇌 유사체는 알츠하이머, 조현병 같은 병을 탐구하기 위한 새로운 도구로 개발됐다.

사방으로 뻗친 조지의 사업을 한마디로 정의하자면 "DNA 해독과 제작에 한계는 없다" 내지는 〈쥬라기 공원〉에 나오는 대사이기도 한 "생명은 언제나 길을 찾는 법"이라고 할 수 있다. 처치에게 유전체는 실험을 벌일 수 있는 거대한 놀이터다. 그의 연구실은 세계 각지에서 찾아 온 기발하고 영리한 학생들로 늘 북적인다. 이들은 전설적인 과학자로부터 배움을 얻는 동시에 공상과학 소설을 생물의학의 현실로 바꿀 수 있는 야심차고 창의적인 아이디어를 내야 한다는 압박에도 시달리고 있다.

처치의 강의는 "이해관계의 충돌"을 보여주는 슬라이드로 시작된다. 수많은 업체와 대학 로고가 가득한 그 슬라이드를 보면 그가 산업계와 학계에서 얼마나 다방면으로 관계를 맺고 있는지 알 수 있다. 벤처 사업이 전부 성공한 것은 아니지만, 실패한 경우는 대부분 아이디어가 시대를 앞서간 것이 원인이었다. 즉 사람들이 따라잡으려면 시간이 걸리는 일들을 너무 일찍 떠올린 것이다. 내가 좋아하는 처치의 사업 중 하나는 실리콘밸리에 자리한 차세대 염기서열 분석 업체 '할사이언Halcyon'이다. 이곳에서는 DNA 분자를 풍선껌처럼 펼쳐서 과학자가 이중나선 구조에서 사다리의 가로대 같은 부분을 전자현미경으로 시각화하여 전자 염기서열을 해독한다.

1,000달러에 유전체 전체를 해독하는 일이 현실이 되기 전에 처음으로 등장한 개인 유전체 염기서열 분석 업체 '놈Knome'*도 처치가 세운 회사다. 처음 분석을 의뢰한 고객은 스위스의 생명공학 회사 대표였고, 이 특별한 서비스를 위해 35만 달러라는 거금을 지불했다. 초창기 고객 중에는 영국 왕족과 블랙 사바스의 멤버 오지 오스본Ozzy Osbourne도 있었다.[2] 최근에 설립한 업체 '네뷸라 지노믹스Nebula Genomics'는 처치가 "후원자 염기서열 분석"이라고 묘사한 방식으로 고객에게 무료로 유전체 분석 서비스를 제공한다.[3]

스티븐 콜베어Stephen Colbert가 진행하는 쇼에 게스트로 출연했을 때, 처치는 또 한 가지 초현대적인 연구 주제를 언급했다. DNA를 컴퓨터처럼 활용해서 디지털 정보를 저장한다는 이야기였다. 2012년에는 실제로 처치 연구진이 세균의 유전체를 맞춤형 DNA 염기서열로 설계했다. 이 유전체에는 그의 저서 《리제네시스》의 내용이 전부 암호로 담겼다. 처치가 〈타임〉의 가장 영향력 있는 인물 100명에 선정되었을 때 콜베어가 작성한 소개 글에는 "'신 노릇을 한다'는 의혹을 받아 온 인물. 성경에서 튀어나온 것 같은 수염이 그러한 의혹을 더 부추긴다"는 재미있는 내용도 포함되어 있다.[4] 코미디언이기도 한 콜베어는 자신이 보기에 처치가 "하나님과는 별로 안 닮았고 다윈과 산타를 섞어 놓은 쪽에 더 가깝다"고 말했다.

---

* 대부분 이 업체명을 "크놈"이라고 읽지만 처치는 "노우 미('나를 알다'라는 뜻—옮긴이)"로 읽어야 한다고 주장한다.

DNA의 내용을 '해독'하는 기술에 30년간 매진해 온 처치는 이제 DNA를 쓰고 편집하는 일에 점점 큰 매력을 느끼고 있다. 그래서 합성 생물학을 발전시키기 위한 노력을 주도하고 '유전체 쓰기 프로젝트GP-write'라는 단체의 대표도 맡고 있다.* 하지만 개인 맞춤형 서비스에만 관심을 쏟은 건 아니다. 크리스퍼 유전자 편집 기술의 초기 개발자 중 한 명인 처치는 장평과 얼마간 함께 연구했고, 2013년 1월에는 사람의 세포에서 유전체 편집이 가능하다는 사실을 처음으로 입증한 연구에 참여하여 논문도 발표했다. 처치는 항상 더 저렴하게, 더 우수하게, 더 빠르게 할 방법을 고민한다. 유전체 편집도 예외가 아니다. 자신의 중간 이름 약자가 M인데, 아무래도 "복합성 multiplexing"을 의미하는 것 같다고 농담하기도 했다.

마거릿 앳우드Margaret Atwood의 소설 《인간 종말 리포트Oryx and Crake》에는 돼지구리라는 잡종 생물이 등장한다. "특정 유전자가 불활성화된 형질전환 돼지로부터 인간의 다양한 생체 기관"을 얻어서 돈 많은 엘리트 계층에 제공하기 위해 만들어진 동물로 "거부 반응을 일으키지 않고 장기를 원활히 이식할 수 있는 방법"으로 소개된다.[5] 처치는 이런 생물을 만들지 않아도 유전자 편집 돼지가 환자에게 꼭 맞는 장기를 제공하는 안전한 대안이 될 수 있다고 믿는다. "기이한 과학"이라는 평가도 있지만, 이 목표를 위해 처치가 세운 회사 '이제네시스eGenesis'가 성공적으로 목표를 달성한다면 미국에서

---

* Genome Project-Write를 줄인 GP-write는 원래 HGP-write였다가 곧바로 Hhuman(사람)를 빼기로 했다. 사람의 유전체 전체를 합성으로 만든다는 것을 불편하게 느끼는 사람들도 있기 때문이다.

장기 이식 대기자 명단에 이름을 올리고 기다리는 11만 5,000명에게 희망을 안겨 줄 것이다.

미국에서는 매일 100명 정도가 장기를 이식 받고 20명은 적합한 장기를 기다리다 사망한다. "장기 이식을 누가 받을 것인지 결정하는 일은 이 나라에 사망 선고 위원회가 조직되어 있는 것과 아주 비슷하다는 생각이 든다." 처치는 이렇게 언급한 적이 있다. 감염질환을 앓거나 약물 중독인 환자는 장기를 이식 받아도 도움이 안 된다고 여겨져 이식수술이 거부되는 경우가 많다. "하지만 이들도 당연히 장기를 이식받으면 도움이 될 수 있다. 이식할 수 있는 장기가 많아지면 모두가 이식 수술을 받을 수 있게 될 것이다."[6]

처치의 대학원 제자였고 박사 후 연구원 과정도 그의 연구실에서 마친 루한 양Luhan Yang이 처치와 함께 이제네시스를 공동 설립하고 최고기술책임자를 맡고 있다. 양은 중국의 4대 불교 명산 중 한 곳으로 꼽히는 쓰촨성의 아메이산과 가까운 곳에서 자랐다. 양의 설명에 따르면 "와호장룡", 즉 엎드린 호랑이와 숨은 용이 많은 곳이라고 한다. 베이징 대학교를 우수한 성적으로 졸업하고 2008년에 보스턴으로 온 양은 처치의 연구실에서 프라샨트 말리와 함께 인체 세포에서 크리스퍼 유전자 편집이 가능하다는 사실을 입증하기 위한 연구에 매달렸다. 양이 합류하고 얼마 지나지 않아 처치는 매사추세츠 종합병원의 의사들과 이종 이식의 가능성을 높이기 위한 방법을 찾기 시작했다.

이제네시스도 켄들 스퀘어에 자리하고 있다. 멋진 스타트업과 안정적으로 자리잡은 생명공학 회사들이 즐비한 이곳에 들어선 또 하나의 야심찬 생명공학 회사다. 대부분의 회사가 노바티스, 화이자, 암젠, 바이오젠 같은 대형 제약회사 못지않은 상업적인 성공을 열망한다. 이제네시스에 들어서면 접수처에 걸린 평면 TV 화면으로 전 직원이 멕시코 칸쿤으로 휴가를 떠났을 때 찍은 사진을 볼 수 있다. 연구진이 개발한 새끼돼지의 탄생을 축하하며 투자자들이 선물한 휴가였다.

나를 맞아 준 사람은 웨닝 친^{Wenning Qin}이었다. 커리어의 대부분을 마우스 유전자의 기능을 불활성화하는 연구로 채우던 제약업계의 베테랑인 친은 자신이 보유한 기술을 돼지에 적용해 볼 기회라는 생각으로 이곳에 합류했다. 미니 돼지는 생물학적인 특징상 인체 장기를 공여할 수 있는 이상적 대체 생물이라고 보는 사람들이 많다. 돼지의 심장 판막과 각막은 이미 이식에 쓰이고 있다. 그러나 신장과 간, 그 밖에 다른 기관을 인체에 이식하려면 반드시 해결해야 하는 두 가지 큰 문제가 있다. 첫 번째는 돼지의 유전체에 바이러스(돼지 내인성 레트로바이러스, 줄여서 PERV) 염기서열이 수십 군데 묻혀 있다는 점이다. 돼지의 건강에는 아무런 문제가 되지 않는 것으로 보이나, 인체에서 기존에 알려지지 않은 활성이 나타날 경우 굉장히 위험할 수 있다. 특히 장기 수혜자는 면역 반응이 억제된 상태에서 이식을 받으므로 더욱 중요한 문제다.

이제네시스는 2017년에 크리스퍼로 돼지 세포주의 DNA에서 총 62개의 PERV 염기서열을 제거하는 데 성공했다. 이 기록적이고 복합적인 성과는 '크리스퍼 돼지'라는 멋진 제목과 함께 〈사이언스〉 표지를 장식했다.[7] 양이 이끈 연구진은 소련에서 떠돌이 개로 살다가

우주로 간 최초의 살아 있는 동물이 된 개 라이카의 이름을 크리스퍼 기술로 탄생한 첫 번째 돼지에게 그대로 붙여 주었다.[8] 이후 친 연구진은 미국에서 PERV 염기서열이 없는 개별 미니 돼지를 개발하고 이리스, 헤스티아, 마이아 그리고 승리의 여신 니케까지 여러 그리스 여신의 이름을 붙였다. 임상시험을 진행하려면 수십 가지 유전자를 추가로 편집해야 한다. 연구진의 목표는 돼지의 장기를 이식했을 때 인체 면역계에서 발생하는 거부반응을 없애는 것 또는 최소화하는 것이다. 가령 돼지와 다른 포유동물의 세포 표면에는 있지만, 사람의 세포에는 없는 당 분자를 만드는 효소가 암호화된 돼지 유전자도 추가로 편집해야 할 유전자 목록에 포함되어 있다.

귀중한 돼지 세포는 대형 액체질소 탱크에 얼려서 보관한다. 혹시라도 전기 공급이 중단되면 친을 비롯한 여러 사람의 전화기로 비상 연락이 오도록 되어 있다. "돼지 세포를 보시겠어요?" 친은 내게 이렇게 묻고는 대답하기도 전에 인큐베이터에서 칸이 96개로 나뉜 플라스틱 배양접시를 꺼내 현미경 렌즈 아래에 올렸다. 크리스퍼 기술이 적용된 이 세포에서 언젠가는 사람의 생명을 살릴 장기가 만들어질 수도 있다. 연구소와 가까운 곳에는 면역세포가 편집된 상태로 처음 태어난 새끼돼지들이 《톰 소여의 모험》과 영화 〈라스트 모히칸〉의 등장인물 이름을 달고 이미 여기저기 걸어 다니고 있는 농장도 마련되어 있다.

현재 보스턴에서는 매사추세츠 종합병원 이식외과의 제임스 마크먼James Markmann이 원숭이에 돼지 장기를 이식하는 전임상시험을 이끌고 있다. 그 사이 루한 양은 중국 항저우 시에 들어선 이제네시스 자매 회사 '치한 바이오테크Qihan Biotech'의 새로운 CEO가 되었다. 친은 회사 이름이 "배움을 통해 이해하다", "꽃이 피어나기 직전"이라는 뜻이라고 설명해 주었다.

)()()()(

하지만 처치가 연구하는 포유동물 중에 언론의(그리고 할리우드의) 관심을 사로잡은 동물은 따로 있다. 바로 멸종동물을 되살리는 혁신적인 연구의 주력 대상인 털매머드(학명 Mammuthus primigenius)다. 이 프로젝트의 지지자 중 한 명인 벤처 투자자 피터 틸Peter Thiel은 2015년에 죽음을 초월하려는 이 연구에 써 달라며 10만 달러를 기부했다.

이야기는 약 1,300만 제곱킬로미터 면적의 시베리아 영구동토층에서 시작된다. 그냥 시작된다기보다 다시 시작된다고 하는 것이 더 적절한지도 모르겠다. 이곳의 두꺼운 지층 아래에는 동물과 식물, 그 밖에 수많은 것들이 얼어 있고, 그 양은 탄소 약 1조 4,000억 톤 분량으로 추정된다. 메탄가스로 방출될 경우 지구 전체의 온도가 상승하여 기후에 악영향이 발생할 수 있다. 부자지간인 세르게이 지모프Sergey Zimov와 니키타 지모프Nikita Zimov는 이 문제를 해결하기 위한 방법으로 4,000에이커 면적의 '홍적세 공원'을 만들자고 제안했다. 쥬라기 공원과 이름은 비슷해 보여도 사실 별로 비슷한 점이 없는 이 공원에 매머드를 비롯한 고대 생태계를 복원한다는 것이 이들의 계획이다. 공원에는 단열 처리가 된 눈이 계속 깔려 있도록 만들고 그 위를 동물들이 꾹꾹 밟으며 돌아다니면 북극처럼 지층 깊숙한 곳까지 냉기가 파고들어 홍적세에 형성된, '예도마'라는 영구동토층이 땅속 깊은 곳에 만들어질 수 있다는 것이다. 이렇게 하면 땅이 녹아서 메탄이 외부로 방출되는 시기를 미룰 수 있다. 어쨌든 이론상으로는 그렇다고 한다.

털매머드는 인간과 10만 년 이상 지구에 공존했으나, 약 3,000년 전에 사라졌다. 멸종의 원인은 인간이었던 것으로 추정된다. 얼어붙은 툰드라는 사체가 보존되기에 아주 좋은 환경이고, 실제로 지금까지 수많은 털매머드 사체가 발견됐다. 시베리아 땅속 깊은 곳에서 수 세기를 잠들어 있느라 고대 생물의 DNA는 다 조각났지만, 조심스럽게 절편을 모아서 염기서열을 분석할 수 있을 만한 길이로 복원됐다. 처치는 털매머드의 핵심 유전자를 아시아 코끼리의 유전체에 도입하면 털매머드 또는 이 동물과 거의 비슷한 동물을 '부활'시킬 수 있다고 믿는다. 털매머드와 아시아 코끼리의 DNA는 서로 다른 곳이 약 0.4퍼센트에 불과하다. 인간과 가장 가까운 친척뻘인 침팬지의 유전학적 차이(약 1퍼센트)보다 적은 셈이다.

처치는 2018년 8월에 박사 후 연구원인 에리오나 하이솔리[Eriona Hysolli]를 포함한 소규모 연구진을 이끌고 지모프 부자를 만나러 홍적세 공원을 처음 방문했다. 북쪽을 향해 무려 50시간을 날아가느라 지칠 대로 지친 일행은 시베리아 동부의 야쿠츠크에 도착했다. 그곳의 폴라베어 호텔 로비에는 실제 크기와 동일하게 만들어진 털매머드 모형이 서 있었다. 처치는 크리스퍼라고 적힌 티셔츠 차림으로 이 모형과 나란히 서서 사진을 찍었다.[9] 콜리마 강변을 따라 베링 해협에서 서쪽으로 약 1,280킬로미터 떨어진 북극 마을 체르

스키까지 이동하는 여정은 결코 쉽지 않았다. "사방에서 흩뿌리는 눈을 맞고 같은 날 모기떼에 산 채로 먹히는 일을 겪어도 상관이 없다면, 아주 멋진 곳입니다." 처치가 전했다.[10] 심지어 이 정도 고생으로 끝난다면 아주 괜찮은 편이란다. "모기가 살아 있지도 못할 만큼 춥거나 어린 순록의 목숨을 빼앗을 만큼 모기가 엄청나게 많은 날이 최악입니다."[11]

그곳에서 처치는 몸 전체를 가린 보호복과 장갑으로 단단히 무장하고 6개의 멋진 털매머드 표본을 전기 드릴로 잘라서 지방과 골수, 근육에서 DNA를 추출했다. 헤모글로빈 유전자를 포함한 두 가지 유전자는 벌써 소위 말하는 부활을 마친 상태다. 지모프 부자는 '엘리모스(코끼리를 뜻하는 영어 단어 elephant와 매머드[mammoth]를 합친 단어—옮긴이)'가 나타날 날을 기다리면서 전쟁 때 쓰고 버려진 탱크로 나무를 제거하고 다른 생물들이 잘 자랄 수 있는 환경을 만들고 있다. 순록, 야크, 양, 들소, 말이 이미 곳곳을 돌아다니고 있다. 2020년에 북극권 한계선 안쪽에 자리한 시베리아 북동부의 한 지역에서 기온이 거의 38°C까지 치솟는 일이 생겼는데, 혹시 처치가 땅속의 메탄가스를 건드린 건 아닌지 모르겠다.

산타크루즈 캘리포니아 대학교의 홍적세 고유전학자 베스 샤피로Beth Shapiro는 현실적인 면을 고려해야 한다는 견해를 밝혔다. 샤피로의 저서 제목이 《매머드를 복제하는 법How to Clone a Mammoth》임을 감안하면 흥미로운 의견이다.[12] 유전체 편집 기술로 150만 개에 이르는 염기 전체를 바꾸거나 주요한 염기를 바꿀 수 있게 될지도 모른다는 점에는 동의하지만, "만들어진 개체를 암컷 코끼리로 만드는 방법을 찾아야 한다"고 설명했다. "그런 다음에는 새끼가 태어나고, 그 새끼를 코끼리들이 키우도록 해야 합니다. 이 모든 일이 가능할 것이라고는 생각하기 힘듭니다. 그저 털이 약간 더 많은 코끼리로 끝나지 않을까요?"[13]

샤피로는 코끼리가 갇힌 환경에서 잘 살아가지 못한다는 점도 지적했다. 유전자가 편집된 코끼리의 물리적, 정서적, 심리적 요건을 충족해 줄 방법을 찾을 때까지는 유전자 편집 연구에 이용하지 말아야 한다는 것이 샤피로의 의견이다. 또한 멸종 위기에 처한 코끼리의 생존을 돕는 방향으로 기술을 적용해서 진화의 적합성을 향상시키는 것이 더 실효성 있는 방법이라는 견해도 밝혔다.

샤피로는 되살린 생물을 동물원이나 지질학적 시대명이 이름으로 붙여진 공원에 두려고 멸종된 생물을 되살리는 엄청난 일을 굳이 해야 하는지, 필요성을 잘 모르겠다고 이야기했다. 검치호랑이나 마스토돈(제3기 중기에 번성한 멸절 코끼리-편집자)을 부활시킨 다음에는? 나그네비둘기가 수백만 마리 다시 등장한다고 해서 지금과 같은 도시 환경을 견딜 수 있을까? 현대에 들어 인간의 무지함이나 인간이 악화시킨 문제로 생물의 멸종이 일어나는 경우가 너무나 많다는 점을 감안해서, 인간이 보유한 기술적 독창성으로 과거에 저지른 이런 실수를 만회하면 어떨까?

〉〈Ⅱ〉〈Ⅱ〉〈

최근에 멸종된 동물로는 '터피'로 불렸던 랩스 프린지 림드 나무 개구리와 2018년에 케냐에서 안락사 처리된 수컷 흰 코뿔소 '수단', 갈라파고스 섬에서 건너와 2012년 핀타섬의 마지막 땅거북이 된 '론섬 조지' 등을 꼽을 수 있다.[14] 털매머드가 멸종동물 복원 사업의 기발한 대상이라면 유전자 편집은 생태계 보존 운동에 한 줄기 희망이 될 수 있다.

동물학자 데이비드 플리David Fleay는 1933년에 호주 호바트에서 붙잡힌 마지막 태즈메이니아 주머니늑대 '벤저민'의 모습을 영상에 담았다. 그리 선명하지 않은 흑백 영상이지만 이 동물의 전형적인 특징인 등 아래쪽 줄무늬와 놀라울 정도로 기다란 턱, 우리 안에서 한껏 드러낸 맹수다운 모습을 생생히 확인할 수 있다. 그로부터 3년 뒤에는 마지막 태즈메이니아 주머니늑대가 죽었다. '벤저민'은 '론섬 조지'나 1914년에 신시내티 동물원에서 죽은 마지막 나그네비둘기 '마사'처럼 생물 종 전체를 통틀어 마지막으로 남은 개체였다.[15] 에드 용은 마지막 개체라는 표현에서 "연약한 아름다움과 가슴 아픈 고독, 싸늘한 최후"를 느낀다고 이야기했다.[16]

현재 '양서류 재단'의 대표를 맡고 있는 마크 맨디카Mark Mandica는 애틀랜타 식물원에서 '터피'를 돌본 장본인이다. 그는 이 개구리가 죽기 2년 전부터 노래하는 모습을 영상으로 기록하기 시작했다. "친구를 불러 보았지만, 지구상 어디에도 터피의 친구가 없었다." 맨디카의 설명이다. 마지막 개체만 남는 지점에 도달한 생물에게는 멸종이라는 마지막 작은 단계 외에 갈 곳이 없다. 하와이 오하우에는 트레일러 한 대가 플라스틱 용기가 관이 되어 생을 마감할 수도 있었을 달팽이 10여 종을 위한 최후의 피난처로 활용되고 있다.

환경운동가 스튜어트 브랜드Stewart Brand는 마지막 남은 나그네비둘기 '마사'의 죽음이 가족의 죽음처럼 느껴진다고 이야기한다. 나그네비둘기는 한때 세계에서 개체 수가 가장 많은 새였다. 한 무리로 뭉치면 너비가 1.6킬로미터에 길이가 무려 640킬로미터가 넘어서 생물 폭풍, 깃털 폭풍, 장거리 천둥 같은 다양한 표현으로 묘사되기도 했다. 그런데 개체수가 줄기 시작했고, 고작 10년을 조금 넘는 기간 동안 북미 대륙 전체에 50억 마리가 넘던 새들이 1914년에는 한 마리도 남지 않았다.* 사냥꾼들이 수만 마리씩 죽인 결과였다. 나그네비둘기가 사라진 대신 멸종 위기에 처했던 아메리카들소가 살아남을 수 있었는지도 모르지만, 그런 운이 따르지 않은 생물도 있다. 미국 마서스 빈야드 섬에 살다 1932년에 죽은 마지막 초원 뇌조, '멋진 벤'의 죽음은 지역 신문 1면에 실렸다. 진정한 부고라고 할 만한 기사였다. "살아남은 개체도, 미래를 살아갈 개체도 없다. 되살릴 수 있는 개체도 없다. 지금 우리는 글로 전할 수 있는 극도의 최후를 목격하고 있다."17

현재 인간은 멸종 위기의 한복판에 있다. 여섯 번째로 찾아온 멸종 위기다.18 1900년 이후 전체 포유동물의 절반 이상이 멸종됐다. 보존도 꼭 필요한 일이지만, 유전학적인 구조 방안도 중요한 도구가 될 수 있다. 유전학적인 방법으로 캘리포니아 산속에 사는 사자부터 플로리다의 판다까지, 생물 종의 적응력과 DNA 다양성을 높일 수 있다. 특히 유전체 염기서열 분석은 멸종 위기 종을 표시하고 번식시킬

---

* '마사'는 워싱턴 DC의 스미소니언 협회에 보관되어 있다. 전시되어 있지는 않다.

수 있는 중요한 도구다. 구강을 통해 전염되는 악성 암으로 멸종 위기에 처한 태즈메이니아 데빌이라는 유대목 동물에서 인상적인 사례를 확인할 수 있다. 연구진은 데빌의 개체군이 안정적으로 유지될 수 없는 상황이 되자 암에 걸리지 않는 개체들을 태즈메이니아와 가까운 작은 섬에 데려다 풀어 놓았다. 북미 대평원에 서식하는 검은 발 족제비는 세균에 의한 삼림형(가래톳) 페스트로 심각한 멸종 위기에 처했다. 가둬 기르는 동물에게 백신을 접종한 후에 자연으로 돌려보내는 것도 한 가지 방법이지만, '리바이브 앤 리스토어Revive & Restore'라는 비영리단체의 라이언 펠런Ryan Phelan 연구진은 크리스퍼 편집 기술로 페스트에 면역력을 갖는 족제비를 만들고 이 개체를 풀면 야생 개체에도 그러한 형질이 전달될 수 있다며 제안했다.[19]

미국의 몇 가지 대표적인 식물과 야생동물도 비슷한 전략으로 보존해야 하는 상황이다. 미국에서는 밤나무가 브롱크스 동물원에서 처음 발견된 밤나무 줄기마름병으로 큰 피해에 시달려 왔다. 줄기마름병은 일본 진균류에 의해 확산된다. 윌리엄 파월William Powell 연구진은 문제의 진균에서 만들어지는 산성 물질을 중화하는 밀 유전자가 포함되도록 유전학적으로 변형된 혼종 밤나무를 개발했다. 파월은 유전자 변형 나무의 영향을 우려하는 환경 보호운동가들의 반대에도 불구하고 미국 정부에 형질전환 산림 종을 만들어야 한다는 청원을 진행 중이다.[20] 생물학적으로 가장 가까운 종의 DNA를 자르고 이어 붙이는 전략이 항상 가능한 것은 아니다. 스텔라 바다소는 약 200년 전에 과도한 사냥으로 멸종됐다. 이 독특한 생물을 되살리면 참 좋겠지만, 샤피로는 대리모로 활용할 수 있는 대부분의 동물보다 새끼 스텔라 바다소의 몸 크기가 더 클 것이라고 지적했다. 도도새도 전망이 어둡다. 도도새를 되살려 봤자, 과거에 그랬듯이 여러 동물들 (인간을 포함해서)이 알을 잡아먹을 것이라는 것이 샤피로의 전망이다.

2017년에 샤피로 연구진은 박물관에 보관되어 있던 나그네비둘기의 표본 조직을 활용하여 유전체를 분석한 결과 특이한 패턴을 발견했다. 염색체 말단 부분은 다양성이 높지만, 중간 부분은 깜짝 놀랄 정도로 거의 차이가 없었다. 이것이 나그네비둘기가 급속도로 사라진 원인일 가능성이 있다.[21] 샤피로의 동료이자 십대 시절부터 나그네비둘기에 푹 빠져 살았다는 벤 노박Ben Novak은 이 새의 "위대한 귀환"을 위한 노력을 이끌고 있다. 나그네비둘기를 되살리기 위한 계획은 가장 가까운 친척인 띠무늬꼬리 비둘기로부터 시작된다.

호주 모나시 대학교에서 연구 중인 노박은 첫 단계로 카스9 단백질이 발현되는 비둘기를 만들었다. 이 비둘기의 자손에서는 선택적인 유전자 편집이 일어나 가까운 사촌 격인 나그네비둘기의 유전자를 갖게 된다.[22] 이 과정이 가장 잘 이루어지는 경우 30여 개의 유전자가 편집되어 털 색깔 등 나그네비둘기의 주요 형질이 다수 발현되는 비둘기가 된다. 하지만 유전자 편집은 시작에 불과하다. 새들이 무리를 지을 수 있을 만큼 개체수를 충분히 확보하는 것도 노박이 해결해야 할 과제다.[23] 처음 태어난 혼종 새끼 새의 털을 이 연구에서 대리모 역할을 하는 전서구 새끼와 같은 색으로 칠해서 대리모가 외면하지 않고 계속 기르도록 하는 것도 한 가지 아이디어다. 자연 서식지도 복원해야 한다. 미국 북동부 지역의 숲이 후보지로 꼽힌다. 노박은 이렇게 새로 만들어진 나그네비둘기의 학명을 "미국의 새로운 방랑 비둘기"라는 의미가 담긴 '파타기오이나스 네오엑토피스테스Patagioenas neoectopistes'로 짓자고 제안한다.

"인간은 지난 1만 년 동안 자연에 거대한 구멍을 만들었습니다." 브랜드의 말이다. "이제 우리는 이 피해의 일부를 복구할 수 있는 능력이 있고, 어쩌면 그렇게 하는 것이 윤리적인 의무인지도 모릅니다." '리바이브 앤 리스토어'는 처치와 샤피로를 비롯한 여러 학자들이 추진하는 프로젝트를 지원한다. 이들은 스페인의 산을 떠돌던 부르카도라는 산양의 마지막 개체 '셀리아'의 사례와 같은 멸종 복원 운동이 진행되기를 희망한다. 셀리아는 야생에서 죽음을 맞이했지만, 귀 조직 일부를 동결 보존해 두었고 나중에 살아 있는 동물을 만드는 데 쓰였다. 역사상 처음으로 멸종된 동물이 살아난 사례였지만, 안타깝게도 새로 태어난 동물은 폐 기형으로 곧 숨을 거두었다.[24]

하와이에서는 계두와 말라리아를 옮기는 모기로 인해 100여 종에 달하는 토종 새의 절반 이상이 사라졌다. 남은 새들도 멸종 위기에 처한 상황이다. 열대집모기Culex quinquefasciatus는 19세기 초, 선박을 통해 하와이에 들어왔다. 꿀먹이새를 비롯한 토종 새들에게는 조류 말라리아를 견딜 수 있는 선천적인 면역력이 없었다. 게다가 기후 변화로 모기의 서식지가 더 높은 지대까지 확장되는 바람에 살아남은 새들의 자연 보존 구역이었던 고원 지대도 위험에 처했다. 리바이브 앤 리스토어는 곤충 불임화 기술과 모기의 자연 포식자 역할을 하는 볼바키아Wolbachia라는 세균의 도입 등 모기 개체를 줄일 수 있는 다양한 전략을 고민 중이다. 크리스퍼를 활용한 기술은 가장 효과적인 전략이 될 수 있지만, 가장 위험한 선택이 될 수도 있다.

라임병, 뎅기열, 무엇보다 말라리아 같은 병을 없애는 일은 세계 전체가 당면한 커다란 과제다. 그리고 크리스퍼가 근본적인 해결책이 될 수 있다. 현재 지구상에서 가장 많은 목숨을 앗아 가는 악명 높은 질병에 크리스퍼가 영향을 줄 수 있다면? 모기는 생태계에서 중요한 역할을 하지 않는다. 식물의 수분을 돕지도 않고, 모기가 필수 먹이인 생물도 없다. 그러니 모기가 사라진다고 해서 그리워할 생물은 거의 없을 것이다. 특히 사하라 사막 이남 지역은 더더욱 그럴 것이다. "이 뾰족한 포식자가 인류가 살아 온 긴 여정을 내내 함께하는 동안 인간과의 관계에서 맡은 역할은 제멋대로 늘어나는 인구 증가를 억제시키는 것으로 보인다." 티모시 와인가드Timothy Winegard는 이런 견해를 밝혔다.[25]

　유전자 드라이브로 불리는 전략이 해결책으로 제시된다. 멘델의 유전 법칙에 따라 유전되는 형질이 자연적으로 정해지도록 두는 것이 아니라 연구자가 파괴적인 감염질병이 확산되지 않을 확률을 높이는 기술이다. 납을 넣어서 유리한 숫자가 나오도록 주사위를 조작하는 것과 비슷한 전략이다. 즉 다음 세대로 전달되는 유전자가 50:50의 확률로 정해지는 것이 아니라, 특정 유전자 또는 특정 버전의 유전자가 전달될 확률을 높인다. 왜 이런 기술에 관심이 쏠릴까? 지난 수십 년간 생물학자들은 감염질환의 확산을 막고 그 밖에 여러 해충을 없애려고 독성 화학물질을 다량 살포하거나 포식 생물을 도입했지만, 결국 끔찍한 결과로 끝나는 경우가 많았다.

유전자 드라이브는 매년 약 65만 명의 목숨을 앗아 가는 말라리아를 포함한 치명적인 질병을 물리칠 수 있는 훨씬 더 정교한 전략이다. 과학자들은 감비아학질모기에게 독약처럼 작용하는 특수한 DNA 단위를 도입할 수 있다. 그러면 이 단위가 자가 복제되어 한 벌로 존재하는 다른 염색체에도 복사본이 삽입된다. 이러한 방식은 크리스퍼 기술이 등장하기 전인 2003년에 런던 임페리얼 칼리지의 오스틴 버트Austin Burt가 처음 제시했다. 버트는 유전자 드라이브를 일으킬 단위를 아프리카에 서식하는 모기 개체군의 1퍼센트에 도입하면, 연쇄반응으로 급속히 확산되어 20세대 만에 99퍼센트가 이 단위를 가질 것이라고 밝혔다.

그러나 많은 사람들이 유전자 드라이브가 야생 환경에서 엉뚱한 영향을 일으킬 수 있다고 우려한다. 충분히 납득할 만한 우려다. 지리적인 경계를 넘어 다른 곳까지 영향을 주거나 의도치 않은 다른 생물 종까지 퍼지고 적도를 넘어가서 여러 나라의 생태계 균형이 깨질 수도 있다. 이에 맞서 매년 말라리아로 숨을 거두는 어린이가 40만 명이 넘는 현실을 고려한다면 이런 절박한 조치가 필요하다는 주장도 큰 힘을 얻고 있다.

과학자들의 손으로 말라리아가 국가적인 규모로 퇴치된 사례가 있다. 1944년에 록펠러 재단과 국제연합은 매년 2,000명이 말라리아로 목숨을 잃는 이탈리아 사르데냐 섬에서 이 병을 옮기는 모기를 박멸하기 위한 프로그램을 시작했다. 기원전 502년, 카르타고가 이 섬을 침략한 후 북아프리카 노예들을 섬에 들이면서 말라리아도 함께 유입됐다. 1948년 여름, 사르데냐 섬에서는 노르망디 상륙 작전에 맞먹는 대대적인 공격이 실시됐다. 3만 명의 인력이 투입되어 265톤이 넘는 DDT를 살포한 것이다. 이 일로 이 지역의 토종 모기인 잔자레 zanzare 4종 중 3종도 박멸됐다. 그리고 말라리아는 사라졌다.[26]

2009년에 영국의 생명공학 회사 옥시텍Oxitec은 케이맨 제도에서 유전학적인 방법으로 불임화한 수컷 모기 300만 마리를 활용하여 뎅기열의 확산을 막는 실험을 시작했다. 이어 브라질과 말레이시아에서도 비슷한 실험을 진행한 후 플로리다키스 제도에도 이 모기를 방출해 보자고 제안했으나, 일부 주민들은 변형된 모기가 예기치 못한 결과를 가져올 수 있다고 우려했다.*

크리스퍼를 이용한 유전자 드라이브는 외인성 유전자가 모기의 유전체에 삽입되지 않으므로 이와 같은 우려를 어느 정도 가라앉힐 수 있다. 연구자들은 손쉽게 활용할 수 있으면서도 정밀한 크리스퍼의 장점을 살려 실험실에서 사육할 수 있는 수준의 소규모 모기 개체군에서 유전자 드라이브를 일으키는 데 성공했다. 그러나 런던 또는 샌디에이고의 지하 곤충 실험실과 같은 통제된 환경에서 실험을 하는 것과 실제 환경에 이를 적용하는 것은 완전히 다른 일이다. 그리고 실제 적용을 가로막는 것은 기술적 문제가 아닌 사회적 요인이다.

〉〈⬤〉〈

---

*   옥시텍은 물지 않는 모기에 '프렌들리Friendly™'라는 이름을 붙였지만(친근하다는 뜻—옮긴이), 뎅기열 피해를 입고 있는 모든 주민을 설득하지는 못했고, 미국 환경보호청의 확신도 얻지 못했다.

케빈 에스벨트Kevin Esvelt는 MIT 미디어랩에서 '스컬프팅 에볼루션'이라는 연구진을 이끌고 있다. 그는 미디어랩이 어디에서도 적응하지 못하는 사람들을 위한 연구소라고 소개한다.[27] 다양한 전략에 활용될 수 있는 크리스퍼-카스9의 잠재력을 널리 알리는 일에 앞장서고 있는 에스벨트는 유전자 드라이브에도 주목하고 있다. 그는 진드기와 모기로 전파되는 병을 크리스퍼를 이용한 유전자 드라이브로 없앨 수 있다고 본다. 다만 이러한 접근 방식은 영향력이 강력하므로 막중한 책임감이 필요하다는 입장이다. 옅은 갈색 머리의 소년 같은 외모는 이러한 문제를 유창하고 열띠게 이야기하는 모습과 다소 어울리지 않는다는 생각이 들지만, 그는 이 사안을 굉장히 중요한 문제라고 여긴다.

에스벨트는 6학년 때 갈라파고스 섬을 다녀온 후부터 진화에 관심을 가졌다. "이렇게 놀라운 생명체들이 어떻게 이토록 다양하게 생겨날 수 있었는지 알고 싶었습니다. 우리가 그 과정을 알아내고 그런 놀라운 생물을 직접 만들 수도 있을까요?" 에스벨트는 이 의문을 해결할 답을 찾고 있다. 이 과정에서 자연에서 일어나는 진화 방식은 "고통 받는 동물에 전적으로 무관심하며 옳고 그름에 관한 어떠한 개념도 적용되지 않으므로" 윤리적 관점에서 이러한 방식에 반대하는 몇 가지 견해를 제시했다. "진화에는 윤리 관념이 없습니다. 그렇다고 비윤리적이라는 의미는 아닙니다. 진화는 물리적 과정이니까요. 하지만 진화가 행복에는 관심이 없다는 것, 또는 행복을 최적화하는 것과는 무관하다는 점이, 저는 우주의 근본적인 결함이라고 생각합니다." 이것이 내가 그와 인터뷰를 시작하고 1분도 지나기 전에 들은 말이다.

이에 따라 에스벨트는 다음과 같은 모토를 정했다. "진화에는 윤리의 나침반이 없지만, 우리에게는 있다." 그리고 MIT의 여러 말썽꾸러기 중 한 명으로서 "인간과 환경의 행복을 지속적으로 개선"하는, 인류의 건강에 해가 될 수 있는 덫을 피하는 기술을 개발하기 위해 노력 중이다. 그는 "인간은 자기 자신에게 이익이 되는 선택을 하고, 자연은 보살피는 생물에게 이익이 되는 선택을 한다."라는 찰스 다윈의 말을 인용했다.

에스벨트는 하버드 대학교의 화학 교수인 데이비드 리우와 함께 연구하고 박사 학위를 받았다. 당시 두 사람은 큰 아이디어 하나를 떠올렸다. 시험관에서 진화를 빠른 속도로 진행시키면 단백질과 다른 생물 분자의 기능을 최적화할 수 있다는 아이디어다. 단백질을 구체적으로 어떻게 변형시켜야 원하는 기능을 제대로 발휘하는지 충분히 알지 못한다면, 10억 가지 또는 그 이상 변종을 만들어서 시험해 보고 가장 기능이 뛰어난 것을 골라낸 후 나머지는 버리는 과정을 반복하면 된다는 것이다. '유도 진화'로 불리는 이 방식의 선구자는 2018년에 노벨 화학상을 수상한 프랜시스 아놀드^{Francis Arnold}다. 에스벨트는 자신이 "게으른 방식을 굉장히 좋아하는 편"인데 이렇게 하려면 엄청난 노력이 필요하다고 설명했다.

에스벨트와 리우는 연구를 시작하고 6년 만에 '박테리오파지를 이용한 지속적인 진화(줄여서 PACE)'라는 시스템을 개발했다.* 보통

---

*   PACE는 원하는 유전자가 활성화되는 진화가 일어난 박테리오파지만 생명 주기가 유지되는 데 필요한 필수 단백질을 만들 수 있는 시스템이다. 이 박테리오파지는 한 시간 동안 두 세대가 진화하고 한 번에 10억 가지 변종이 생겨난다.

이 시스템으로 일주일간 수백 회의 주기가 돌아가고 나면 연구진이 원하는 형질을 갖는 변종을 얻을 수 있다.[28] 이후 에스벨트는 처치의 연구실에 합류했다. 그러나 이곳에는 박테리오파지를 대량으로 배양하는 다른 과학자들이 많고 에스벨트가 배양하는 세포에 자꾸 감염이 일어나서 PACE 실험은 번번이 실패했다. 그래서 에스벨트는 크리스퍼-카스 시스템을 활용하기로 했다. 처음에는 그저 공기 중에 떠다니는 박테리오파지의 영향을 받지 않으려고 선택한 방식이었다.

2013년에 에스벨트는 프라샨트 말리와 루한 양, 처치와 함께 크리스퍼로 인체 세포의 유전자 편집이 가능하다는 사실을 처음 증명한 연구에 참여했다. 이 연구가 성공하자 새로운 의문이 생겼다. 세포가 스스로 유전체 편집을 하도록 만들어서 다음 세대에도 편집이 계속 일어난다면 어떨까? 이런 기능이 자연적으로 나타나는 유전자가 있을까? 세균에서 발견되는 호밍 핵산 내부 분해효소를 활용하는 것도 한 가지 방법이다. 이 효소는 DNA 염기서열을 매우 특이적으로 절단하고, 효소가 암호화된 유전자가 잘린 틈에 삽입된다. 에스벨트는 2003년부터 발표된 오스틴 버트의 논문을 발견하고, 그가 효모의 I-SceI 유전자를 모기에게 옮겨서 모기의 자연적인 DNA 수선 메커니즘을 이용해 유전자가 복제되도록 만드는 시도를 해 왔다는 사실을 확인했다. "와우, 이 사람 천재잖아, 라고 생각했습니다. 이걸 10년 전에 이미 생각한 거잖아요!" 에스벨트는 당시를 떠올리며 말했다.

버트는 수억 년 전부터 존재했을 것으로 추정되는 자연적인 유전자 드라이브를 활용하여 모기 유전자를 편집한다는 파격적인 아이디어를 제시했다.[29] (가령 소의 유전체만 하더라도 유전자 드라이브로 전달된 뱀의 유전학적 요소가 다량 포함되어 있다) 이 방식으로 감비아학질모기를 수십 억 마리 없애도 그 지역의 생태계에는 거의 또는 전혀 영향이 발생하지 않는다. 같은 지역에 서식하고 말라리아를 옮기지 않는 수백 종의 모기도 영향을 받지 않는다. 버트와 안드레아 크리산티Andrea Crisanti는 기술을 완벽하게 정비하기 위해 수년간 노력한 끝에 마침내 2011년, 실험실 환경에서 모기에 유전자 드라이브를 일으키는 데 성공했다.[30]

에스벨트는 유전자 드라이브로 말라리아를 퇴치하는 일에 핵산 내부 분해효소보다 크리스퍼를 이용하는 것이 더 낫다는 사실을 깨달았다. 크리스퍼가 개발되기 전까지는 야생 종 전체의 유전자를 편집할 수 있다는 생각을 누구도 할 수 없었다. "공상과학에서도 등장한 적이 없는 개념입니다. 이런 일이 가능하다는 생각을 누구도 하지 못한 겁니다. 그러다 갑자기 짠! 하고 가능해진 거죠." 에스벨트의 설명이다.

그는 모기를 연구해 온 생물학자들과 팀을 이뤄 2014년에 크리스퍼 기술을 기반으로 한 유전자 드라이브의 개념을 논문으로 발표했다.[31] 그 내용은 다음과 같다. 유전체에 돌연변이를 일으키도록 암호화된 크리스퍼 시스템을 만들고, 이를 이용하여 모기 유전체를 변형시킨다. 이 모기가 다른 모기와 짝짓기를 하면 자손은 편집된 유전자의 복사본 하나와 유전자 편집에 이용된 크리스퍼 시스템을 함께 물려받는다. 즉 야생형 유전자를 절단하고 다른 변이형으로 대체하는 장치를 물려받는 것이다. 이렇게 하면 50:50의 확률로 형질이 전달되는 멘델의 법칙을 거슬러 편집 기능이 다음 세대로 계속 전달된다.

이들과 거의 같은 시기에 샌디에이고 캘리포니아 대학교의 이선 비어Ethan Bier와 발렌티노 갠츠Valentino Gantz 연구진도 과실파리에서 크리스퍼로 유전자 드라이브를 일으키는 시스템을 개발했다. 이들은 UC 어바인 캠퍼스의 앤소니 제임스Anthony James와 협력하여, 인도에서 말라리아를 일으키는 아노펠레스 스테펜시Anopheles stephensi 모기에 이 크리스퍼 시스템을 도입했다.[32] 그 사이 버트와 크리산티, 토니 놀란Tony Nolan이 이끄는 연구진도 감비아학질모기에서 비슷한 연구를 진행하고 성공적인 결과를 얻었다.[33]

초기 곤충 실험에서는 유전자 드라이브의 전망이 밝은 것으로 확인됐지만, 에스벨트는 이것이 엉뚱한 방향으로 흘러서 다른 생물종에도 영향을 줄 수 있다는 윤리적 위험성과 함께 반대로 아무런 기능도 하지 못할 수 있다는 우려를 나타낸 적이 있다.

크리스퍼 기반 유전자 드라이브 시스템을 세상에 도입하려는 사람 중 한 명으로서, 나는 이 기술에서 비롯될 수 있는 모든 결과에 내가 도의적인 책임이 있다고 생각한다. 일이 잘못되고 그것이 내가 예측할 수 있는 일이었다면 그건 내 잘못이다. 나의 행동이나 말로 의도치 않게 다른 사람들이 유전자 드라이브를 유익하게 활용하지 못하게 만든다면 그것도 내 책임이다. 내가 이 기술로 생명을 구하지 못한다면 그것 또한 내 책임이다[34]

크리스퍼를 이용한 유전자 드라이브는 다음 세대로 확산되는 속도가 비교적 느리고 탐지하기가 쉽다는 장점이 있다. "크리스퍼의 표적이 될 수 없는 유전자에는 유전자 드라이브를 일으킬 수 없다는 점이 이 기술의 탁월한 부분입니다. 잘못되더라도 막을 수가 있다는 의미예요." 에스벨트는 이렇게 설명했다. 그는 유전자 드라이브가 사고로 방출되거나 승인 없이 마음대로 활용될 가능성을 더 우려한다. 이 분야의 연구가 투명하게, 책임감 있게 이루어지도록 강력히 노력하는 것도 그런 이유에서다. "스스로 깨닫지도 못한 사이에 유전자 드라이브를 일으킬 수도 있습니다." 에스벨트는 이를 통해 야생 개체군에 유입될 수도 있다고 전했다. 연구실 한 곳에서 그런 사고가 일어나면 과학과 과학의 관리 방식에 관한 대중의 신뢰가 무너지고, 젤싱거의 비극이 유전자 치료에 끼친 영향처럼 유전자 드라이브 연구에도 차질이 빚어질 수 있다. 만약 유전자 드라이브 시험이 성공하고 뒤이어 다른 곳에서도 활용되다가 일이 잘못된다면, 맨 처음 그 시험을 승인한 곳은 어떤 책임을 져야 할까?[35]

오스틴 버트는 '빌 앤 멜린다 게이트 재단'이 후원하는 '타깃 말라리아' 프로젝트를 이끌고 있다. 런던 사우스켄싱턴과 그다지 어울리지 않는 지하 곤충 연구실에는 하얀 그물망이 씌워진 통마다 수천 마리의 모기가 온도와 습도가 정밀하게 조절되는 환경에서 자라고 있다. 수컷 모기에게는 설탕물이 먹이로 제공되고 암컷 모기에게는 따뜻한 피가 제공된다. '사형 집행 장치'라는 별칭이 붙여진 모기 잡는 장치가 마련되어 있고, 용케 이 장치를 피해서 이중 철문과 전자 보안장치까지 달린 통제 구역을 벗어난다고 해도 모기가 맞닥뜨리는 건 결코 살기에 호락호락하지 않은 축축한 영국의 날씨다. 말라리아에서 효과가 확인된 시스템은 뎅기열과 황열병, 라임병, 유행병이 된 지카바이러스 감염증에도 비슷하게 적용할 수 있다.

인간의 목숨을 빼앗는 유전자에 적용하도록 철저한 계획에 따라 구축된 이러한 유전자 드라이브 모형은 과연 실제 환경에서도 기능을 발휘할까? 2018년에 버트와 크리산티, 놀란은 이를 확인하기 위한 큰 걸음을 내딛었다. 런던의 연구실에서 감비아학질모기가 11세대 미만으로 유지되도록 만든 것이다.[36] 모기의 성염색체를 조작해서 각 세대에 생식 가능한 암컷의 비율을 줄이고, 개체군 전체가 종말을 맞이하도록 만든 결과였다. 사우스켄싱턴에서 나온 결과를 나이지리아, 콩고공화국 다음으로 말라리아 사망자 수가 많은 아프리카 부르키나파소의 상황에 적용할 경우 약 4년이면 야생 모기의 개체수를 대폭 줄일 수 있다는 예측이 나온다. 샌디에이고에서는 오마르 아크바리Omar Akbari 연구진이 전도유망한 또 다른 표적을 발견했다. 몇 가지 바이러스 매개 질환을 옮기는 이집트 숲모기Aedes aegypti의 암컷에서 특정 유전자를 불활성화하면 날지 못한다는 사실을 알아낸 것이다(수컷에서는 이와 같은 영향이 나타나지 않는다).

버트는 유전자 드라이브를 일으키는 모기가 각 마을에 딱 몇 백 마리 정도만 도입되어야 한다고 이야기한다. 사회적, 정치적인 우려가 해결되어 모기장 사용과 같은 다른 공중보건 조치와 함께 이와 같은 크리스퍼 유전자 드라이브 기술을 적용하면 15년 내에 아프리카 대부분의 지역에서 말라리아를 퇴치할 수 있다는 것이 버크의 견해다. 곤충학자(그리고 말라리아 생존자)인 압둘라예 디아바테Abdoulaye

Diabaté가 개발한 깔때기 모양의 '레만 덫'도 함께 활용할 수 있다. 저기술 장치인 레만 덫은 창문과 문에 설치하면 걸려든 모기가 빠져나가지 못한다.

부르키나파소의 국립 생물안전청은 첫 단계로 '타깃 말라리아' 사업단이 디아바테와 협력하여 불임화된 수컷 모기를 제한적으로 방출할 수 있도록 허가했다(유전자 드라이브는 제외됐다). 이에 따라 2019년 7월, 형광물질이 칠해진 유전자 변형 모기 1만 마리가 바나라는 마을에 방출됐다. 야생 모기 개체의 규모에 비하면 말 그대로 양동이에 물 한 방울 떨어뜨린 수준이지만, 큰 첫 걸음이 된 것은 분명하다.

그러나 부르키나파소 사람들은 이러한 변화에 격렬히 저항한다. "우리는 기니피그가 되고 싶지 않습니다." GMO 반대 운동을 벌여온 알리 탑소바Ali Tapsoba의 말이다. 그는 유전자 드라이브를 되돌릴 수 없다는 점과 부르키나파소에 그런 문제가 생겼을 때 대처할 자원이 부족하다는 점을 두려워한다.[37] 아프리카 생물다양성 센터의 미리암 마예트Mariam Mayet 이사는 타깃 말라리아의 사업을 "서양에서 설계하고 고안한 후 다 우리를 위한 일이라고 이야기하는 신식민지주의 프로젝트"라고 칭했다.[38] 이러한 주장은 몬산토를 중심으로 한 거대 농업 생명공학 업체에 강력히 반대해 온 아프리카의 사회운동가들이 제기해 온 문제다.

"모기는 국경을 지키지 않습니다." 나이지리아의 직업 환경운동가이자 부르키나파소에서 시행되는 모기 퇴치 사업을 비판해 온 니모 배시Nnimmo Bassey의 말이다. 배시는 이 모두가 말라리아를 없애기 위한 노력인 것을 알지만, 크리스퍼 기술이 다른 용도로 활용될 가능성을 우려한다. "힘 센 나라들, 기업들은 자신들과 비슷하지 않은 사람들을 신경 쓰지 않습니다." 배시는 말했다. "평등하지 않은 세상에서 그 정도의 힘과 통제권을 갖고 있으면, 겉보기에 아주 괜찮아 보이는 과학적인 발명도 극히 위험한 것이 될 수 있습니다." 배시는 위생이나 사회복지 서비스 등 기술 수준이 낮은 평범한 해결책이 더 낫다고 본다.

유전자가 편집된 모기가 방출되면 그에 따른 위험성은 당연히 존재한다. 장펑은 유전자 드라이브를 일으킬 수 있는 요소를 야생 환경에 방출할 때 반드시 그 영향을 억제할 수 있는 조치가 함께 마련되어야 한다는 입장이다.* "언젠가 모기가 완전히 사라지는 날이 온다면 정말 좋을 것 같다는 기분이 들지만" 생태학적인 결과도 유념해야 한다는 것이 장펑의 생각이다. "엄청난 양의 생물량이 없어지는 일인 만큼 신중해야 합니다."[39]

하지만 아무런 시도도 하지 않을 때의 위험성이 훨씬 더 크지 않을까? "되돌릴 수 없다는 말은 허위 주장이라는 생각이 듭니다." 처치는 이렇게 밝혔다. "되돌릴 수 없는 기술은 수도 없이 많지만, 유전학 기술은 그렇지 않습니다." 처치는 일이 잘못되면 고칠 수 있다고 설명했다. 실제로 에스벨트와 처치는 효모에서 이것이 가능하다는 사실을 증명했다.[40]

처치의 하버드 동료인 아밋 차우다리의 어릴 적 꿈은 크리스퍼

---

*　브로드 연구소와 카리부 사는 지적재산권을 유전자 드라이브에 활용할 수 없다는 부칙이 포함되지 않으면 크리스퍼 라이선스를 제공하지 않는다.

과학자가 아닌 인도에서 크리켓 종목의 베이브 루스로 불리는 사친 텐둘카르Sachin Tendulkar의 뒤를 잇는 선수가 되는 것이었다. 차우다리의 집은 가난했고 늘 모기에 시달렸지만, '굿 나이트Good Knight'라는 장치 덕분에 말라리아를 피할 수 있었다. 저녁에 켜 두면 살충제 피레드린이 방출되는 장치다.

화학을 전공한 차우다리는 크리스퍼 기술을 불이나 인터넷만큼 인류의 역사를 크게 바꿔 놓은 발견이라고 본다. 더불어 이 기술도 정밀한 통제가 가능할 것이라고 전망한다. 인류는 불을 조절할 수 있게 되었고, 인터넷이 정교하게 통제되지 않아서 생긴 혼란으로도 그러한 필요성이 드러났다.[41] 크리스퍼도 통제력이 필수다. 이러한 생각으로 차우다리 연구진은 카스9 단백질이 DNA에서 염기서열을 인식하기 전에 절단 기능을 억제할 수 있는 일종의 약물과 같은 물질을 발견했다.[42]

차우다리는 어린 시절에 사용했던 살충제 방출기의 용도를 바꿔서 유전자 드라이브의 활성을 조절할 수 있는 맞춤형 화학물질이 방출되도록 하면 유전자 드라이브의 영향을 조절하는 데 도움이 될 수 있으리라 생각한다. 인도에는 거의 집집마다 이 장치가 있으므로 굳이 헬리콥터를 띄워서 약을 살포할 필요가 없다.[43] 아프리카는 물론 밖에서 저녁 식사를 준비하는 모든 곳에서 효과를 얻을 수 있는 방법이다.

UN 생물 다양성 협약은 2018년 말에 유전자 드라이브에 관한 타협점을 찾았다. 임시 중단 조치는 거부하되 유전자 드라이브 물질의 방출을 고려하는 국가와 지역사회의 사전 동의를 얻어야 한다는 내용이다.[44] 유전자 드라이브가 국경과 생물 종의 경계를 넘어 확산될 가능성이 있을까? 가능한 일이다. 하지만 인류의 목숨을 가장 많이 빼앗아 가는 문제를 없애기 위한 일이라면, 이 생물전에 작은 위험이 따르더라도 감수할 만한 가치가 있지 않을까? 에스벨트의 말을 빌리자면 "말라리아로 인한 피해 규모는 현재까지 알려진, 발생 가능한 모든 생태학적인 부작용이 전부 한꺼번에 일어나는 것보다 훨씬 크다."[45]

버트, 크리산티, 에스벨트를 비롯한 여러 과학자들은 매년 수천 명의 목숨을 구하기 위해 노력하고 있다. 크리산티는 유전자 드라이브를 활용하려는 시도가 비윤리적이라는 비난에 다음과 같이 응수했다. "아무것도 하지 않는 것은 윤리적으로 아무 문제가 없다고 할 수 있을까?"[46]

)◎(

몇 년 전에 나는 가족들과 함께 보스턴 남부 해안에 자리한 시추에이트 시의 어느 해변에서 일광욕을 즐긴 적이 있다. 다 놀고 난 후 짐을 챙기고 있을 때 한 여성이 내게 다가왔다. "저기요, 지금 다리가 어떤지 알고 계시죠?" 나는 물론 안다고 대답했다. 내 종아리에 생긴 둥근 반점을 보고 하는 말이었다. 거미에 물린 자국이라고 생각했는데, 그분이 고개를 가로젓더니 보스턴 사람 특유의 억양으로 알려 주었다. "아뇨. 그건 진드기에 물린 자국이에요. 라임병이에요."

"어떻게 아시죠?" 나는 못미더운 투로 되물었다.

"제 직업이 응급실 간호사거든요."

나는 서둘러 주치의를 찾아갔고 그 말이 옳았다는 사실을 확인했다. 적절한 항생제를 투여 하자 문제는 말끔히 해결됐다. 사실 그렇게 의아하게 생각할 일이 아니었다. 라임병은 내가 사는 매사추세츠에서 특히 흔한 병이다. 우리 집 반려견인 비글과 복서 혼종 개를 데리고 가까운 숲을 산책하고 오면 사슴 진드기가 딸려 오는 일이 다반사였다.

진드기 매개 질환은 말라리아에 비하면 공중보건에 그리 큰 문제가 아닌 것처럼 보이지만, 에스벨트는 아주 설득력 있는 말로 반박했다. "서부 해안에는 지진이 생기고 남부에는 허리케인이 분다. 미국 중앙 지역에는 회오리바람이 찾아온다. 그리고 북동부의 자연재해는 라임병이다."[47] 해마다 미국인 30만 명 정도가 라임병 진단을 받는다. 감염되면 피부에 과녁처럼 중앙에 둥근 점이 있는 선명한 발진이 나타난다. 치료를 받지 않고 그냥 두면 크게 악화될 수 있다. 난터켓 섬 그리고 마서스 빈야드 섬과 가까운 케이프 코드에서 라임병을 비롯한 진드기 매개 질환의 발생률이 특히 높다.

난터켓 섬은 뉴잉글랜드 지역민들과 유명 인사들의 여름 휴가지다. 생태학적으로 라임병이 생기기에 딱 좋은 환경이다. 사슴 개체수는 많은데, 늑대는 없고, 사냥이 허가된 곳이 별로 없는 데다 자동차 사고로 사슴이 피해를 입는 경우도 적어서 개체수가 줄어들 만한 요소가 거의 없다. 사슴이 많으면 진드기도 많다. 사슴 털을 살짝 문질러 보기만 해도 금방 알 수 있다. 하지만 진드기의 주요 숙주이자 진드기 매개 질환의 잘 드러나지 않는 진짜 원천은 따로 있다. 바로

흰발붉은쥐다.

에스벨트는 크리스퍼 기술로 쥐가 진드기에 면역력을 갖도록 만드는 방안에 관해 지역사회와 의견을 교환하고자 조애나 부크탈Joanna Buchthal과 함께 '쥐 진드기 감염 방지 프로젝트'를 시작했다.[48] 라임병에 면역력이 생기도록 유전자가 편집된 쥐를 자연에 충분히 방출하면 생태계에서 이 병이 계속해서 돌고 도는 흐름을 끊을 수 있다. 에스벨트 연구진은 쥐 생식세포에 포함된 항체 유전자가 새로 태어나는 쥐에서 발현되도록 하여 라임병에 대한 면역력이 다음 세대로 전달되도록 만들었다. 유전학적으로 백신을 접종 받은 것과 같은 특징을 갖게 된 쥐를 자연에 충분히 풀면 다음 세대로 면역력이 빠르게 확산되고, 진드기의 생활 주기에도 타격을 줄 수 있다.

그러려면 먼저 난터켓 섬 주민들의 허락을 받아야 한다. 에스벨트는 섬 주민들에게 자신의 아이디어를 공유하는 것이 중대한 윤리적 의무라고 느낀다. 또한 최종 결정은 여론을 따라야 한다는 입장을 고수한다. 이를 위해 난터켓 보건위원회가 개최한 공공 회의에 참석해서 설명을 하고, 종류와 상관없이 유전자가 변형된 생물을 자연에 방출하는 것에 대한 사람들의 불안감을 직접 접했다. 난터켓 사업의 운영위원회에는 과거 미국 국립 알레르기·전염병 연구소의 감염질환 분과를 총괄했던 하워드 딕클러Howard Dickler와 면역학 분야 학술지 편집자인 존 골드먼John Goldman 등 충분한 자격 요건을 갖춘 사람들도 참여한다. 그러나 회의적인 견해도 있다.[49] 흥미로운 생각이지만, 외인성 DNA를 가진 변형된 쥐를 우리 땅에서 쓰지 말라는 것이 이들의 공통적인 견해다.

이 세상에서 벌어지는 비극적인 일들에 관하여, 다윈은 이런 글을 남겼다. "덕을 베푸시는 전지전능하신 하나님이, 맵시벌로 하여금 살아 있는 애벌레의 몸속에서 살면서 애벌레를 먹이로 삼도록 창조한 것도 모두 계획된 일이며 어떤 목적이 있는 일이라고 믿기에는 도저히 납득할 만한 이유를 찾을 수가 없다."[50] 말라리아와 라임병 외에도 최신 유전체 편집 기술로 해결할 수 있는 무서운 재앙이 많다. 사막 메뚜기 떼의 개체수를 조절하는 일도 그중 하나로 꼽을 수 있다.

맵시벌은 애벌레를 마비시킨 후 그 속에 알을 낳고, 알에서 부화한 맵시벌은 살아 있는 애벌레를 속에서부터 잡아먹으면서 자라난다. 신세계 나선구더기도 이와 비슷한 일을 벌인다. 콜롬비아로 수학여행을 다녀온 후 종아리에 극심한 통증을 느끼고 돌아오자마자 곧장 병원부터 찾은 열두 살 소녀도 이 구더기의 희생양이 된 것으로 드러났다. 의료진은 모르핀을 주사한 후 새로운 치료법을 시도해 보기로 했다. 진료 보고서에 적힌 내용을 보면 다음과 같다. "환자가 입원 치료를 받는 동안 총 142마리의 유충을 직접 분리했다. 생 베이컨을 유인 물질로 활용했고 유충이 나온 곳은 석유 젤리로 막았다." 의료진은 아이의 종아리에 난 상처에 암컷 파리가 알을 낳아서 이 같은 일이 벌어진 것으로 추정했다.[51] 소름끼치는 사례는 또 있다. 한 영국인 여성은 페루에서 휴가를 보내다 파리 떼를 만나 그 사이를 뚫고 지나온 후 외이도에 감염이 일어났다. 영국에 돌아와서 찾아간 병원 의료진은 외이도를 1센티미터 넘게 파고든 구더기를 발견하고, 올리브유로 익사시킨 후 분리했다.

신세계 나선구더기는 오렌지색을 띄는 커다란 눈에 몸은 청록색이라 꼭 집파리에 화려한 형광 염료를 묻힌 것처럼 보인다. 학명인 코클리오미아 호미니보락스Cochliomyia hominivorax에는 '식인충'이라는 의미가 담겨 있다. 이 식인충이 임신하면 개방된 상처 등이 알을 낳을 수 있는 틈새가 된다. 소와 다른 가축도 부지불식간에 숙주가 된다. 다행히 1960년대 말, 곤충 불임화 기술로 북미 전역에서는 나선구더기가 자취를 감추었다. 방사선 조사로 만든 불임 수컷 파리가 플로리다의 한 공장에서만 일주일에 5,000만 마리씩 생산됐고, 이렇게 수많은 불임 파리가 방출되자 개체군은 사라졌다. 레이건 정부 시절에는 이 구더기에 감염된 양을 남미에서 수입한 리비아에서 감염 질환이 발생한 적이 있다. 미국 정부는 불임 파리 수백만 마리를 공중에서 방출하는 작전을 은밀히 추진했다. 미국이 리비아에 내린 무역제재 조치를 자진해서 위반한 일이었다. 2016년에는 플로리다 키스 제도에서 또다시 감염 사례가 발생했다. 이곳에 서식하던 사슴 수십 마리가 폐사하자 정부는 본토로 확산되지 않도록 이번에도 불임 수컷 방출 방법을 활용하여 나선구더기를 없앴다.

문제는 나선구더기가 주로 남미에 서식하는 양에서 발생하지만, 지형이 험난한 남미에는 이 방법을 적용할 수 없다는 것이다. 남아메리카 경제공동체 소속 국가들이 동의한다면 유전자 드라이브 기술을 대신 활용할 수 있다. 에스벨트는 범위가 보다 한정적인 '데이지 드라이브' 방식, 즉 자체 소진되는 크리스퍼 기반 유전자 드라이

브를 제안한다.[52]

유전자 드라이브 물질이 사고로 방출되거나 생태계에 예기치 못한 결과를 가져오는 것보다 더 끔찍한 악몽은 크리스퍼가 생물무기로 악용되는 것이다. "서구 국가와 규제나 윤리적인 기준이 다른 국가들에서 실시하는 유전체 편집 연구에서 잠재적으로 위험한 생물학적 물질이나 산물이 생겨날 위험성이 높다." 미국 국가안보국의 2016년 위협보고서에 담긴 설명이다.[53] 크리스퍼 기술을 북한의 핵무기, 시리아의 화학무기와 동급으로 본 것이다.

빌 게이츠Bill Gates도 우려의 목소리를 보탰다. "다음에 찾아올 유행병은 유전공학을 이용하여 천연두 바이러스를 인위적으로 만들거나 전염성이 극히 높고 치명적인 독감을 만들어 보기로 결심한 어느 테러리스트의 컴퓨터에서 시작될 확률이 매우 높다." 게이츠는 안보 관련 학술회의에서 이와 같이 밝히고, 이 경우 핵무기보다 더 많은 사람이 목숨을 잃을 것이라고 예견했다.[54] 그가 가장 크게 우려한 문제는 크리스퍼 기술이 강력한 병독성과 극도의 감염력을 갖춘 새로운 독감 바이러스를 만드는 사악한 용도에 활용되는 것이다. 결코 지나친 불안감이라고 할 수 없다. 크리스퍼 기술은 값비싼 실험장비나 특수한 교육을 받지 않아도 쉽게 활용할 수 있다. 바이오해커인 조시아 제이너가 만든 웹 사이트 오딘Odin처럼 크리스퍼 키트를 판매하는 업체도 있고 500달러도 안 되는 가격에 판매되는 경우도 있다. 랜드 연구서 보고서에 따르면, 병원균에 특화된 키트는 "슈퍼마켓에 온 것처럼 선택할 수 있는 제품이 다양하다."[55]

모두 타당한 우려지만, 최근에 일어난 사태는 이런 걱정을 다 무색하게 만들었다. 2020년 전 세계가 똑똑히 확인한 것처럼, DNA를 마음대로 설계하려는 폭군이나 크리스퍼로 대유행병을 만들려고 몰래 움직이는 바이오해커만이 문제를 일으키는 것은 아니다. 자연도 얼마든지 그런 사태를 일으킬 수 있다.

마크 라이너스^{Mark Lynas}는 1990년대 말, 자부심 넘치는 환경운동가로 활약했다. '어스 퍼스트!^{Earth First!}'라는 단체에서 활동하면서 한밤중에 긴 칼을 들고 밭에 들어가 유전자 변형 작물을 싹둑 잘라서 못 쓰게 만들어 버린 적도 많다. 1998년에는 성공하기만 하면 전 세계에 이름이 알려질 만한 계획을 세웠다. 도청당할 수도 있다는 우려 속에서 라이너스와 동료들이 극비밀리에 추진한 이 계획은 바로 복제 양 돌리를 훔치는 일이었다. 키스 캠벨^{Keith Campbell}과 이언 윌머트 경^{Sir Ian Wilmut}이 이끄는 스코틀랜드 로슬린 연구소의 연구진이 양의 젖샘 세포를 복제해서 만든 돌리는 1996년 7월에 태어났고 처음에는 6LL3으로 불렸다. 이후 어느 기술자가 붙인 애칭인 돌리로 불리게 된 이 양은 에든버러 바로 외곽에 위치한 로슬린 연구소에 있었다. 태어나고 6개월이 지나 연구 결과가 발표되고 전 세계가 환호와 불안으로 떠들썩해지기 전까지는 돌리가 세상에 태어난 사실이 극비였다. 라이너스는 이 연구소에 연구원으로 취직해 도서관을 드나들 수 있는 자격을 얻고 세계에서 가장 유명한 양이 살고 있는 헛간을 덮칠 준비를 했다. 그와 이 일을 함께 꾀한 여성 중 한 명은 연구소 주변에서 길 잃은 미국인 관광객들을 안내하는 직원으로 취직했다. 돌리의 소재가 명확했다면, 이들의 대담한 계획은 성사됐을지도 모른다. 수백 마리의 양들 중에서 돌리를 확실하게 구분할 수만 있었다면 그랬을 것이다. "로슬린 연구소의 과학자들은 뻔히 보이는 곳에 돌리를 숨겨 두는 한 수 앞선 전략을 썼다." 라이너스는 나중에 이렇게 고백했다.[1]

스코틀랜드에서 돌출 행동을 계획한 후 몇 년이 지났을 때 라이너스에게 계시가 찾아왔다. 유전자 변형 생물GMO과 관련된 과학적인 사실을 조사하고 《6도Six Degrees》를 포함한 여러 권의 저서를 쓰느라 기후 변화를 연구할수록 자신이 얼마나 맹목적인 무지함에 빠져 있었는지 깨달았다. 미국 국립 과학공학의학원은 2016년, GMO가 동물에 해를 끼치지 않으며 사람의 건강이나 식량 공급에도 문제를 일으키지 않는다는 결론을 밝힌 중대한 보고서를 발표했다.[2] 100명이 넘는 노벨상 수상자들로 구성된 단체는 그린피스에 GMO 반대 운동을 중단할 것을 촉구했다.[3]

2013년, 대규모 농업 학술대회에 기조연설자로 나온 라이너스가 자신이 그동안 착각했다고 밝히자 청중은 큰 충격에 빠졌다.[4] 그는 유전자 변형 작물을 베어 버린 일이나 환경에 큰 도움이 되는 기술을 해로운 기술로 오해한 것에 대해 사과했다. 그가 몬산토의 앞잡이가 된 것이 아니냐는 의심과 그보다 더한 의혹이 제기됐다. 인터뷰를 하기 위해 옥스퍼드 근처 라이너스의 집으로 찾아간 한 기자는 과거에 환경을 지키는 전사로 활약했던 사람치고는 준수한 외모에 이름이 잘 기억나지 않는 콜드플레이의 어느 멤버가 떠오를 만큼 꽤 멋진 모습이었다고 전했다.[5]

크리스퍼 기술이 가장 큰 영향을 발휘할 분야는 제약 산업이 아닌 농업이라고 생각하는 과학자들이 많다. 다우드나도 "크리스퍼가 사람들의 일상생활에 끼치는 가장 큰 영향은 농업 분야에서 나타날 것"이라고 예측했다.[6] "크리스퍼 기술을 향한 열광적인 반응은 농생물학을 휩쓸었다." 미네소타 대학교의 교수이자 칼릭스트Calyxt 사의 공동 창립자인 댄 보이타스Dan Voytas도 동의했다.[7] 중국 국영 기업인 화공집단공사ChemChina는 2017년, 독일의 바이엘Bayer, 미국 코르테바Corteva에 이어 세계 3대 농업 생명공학 업체로 꼽히는 신젠타Syngenta를 430억 달러에 사들였다. 현재 중국에서는 크리스퍼 기술로 여러 핵심 작물의 품질을 향상시키기 위한 대대적인 시도가 진행되고 있다.[8]

2012년부터 2013년까지 크리스퍼 혁명이 막 시작됐을 때부터 일각에서 이와 같은 일이 벌어질 것이라는 전망이 나왔다. 이 기술에 열광하는 사람들 대다수가 크리스퍼로 사람의 질병을 치료할 수 있다는 잠재력에 주목했지만, 영국의 저술가이자 정치인 맷 리들리Matt Ridley 등 작물에 끼칠 영향을 떠올린 사람들도 있었다. 지금으로부터 1만 년 전에 현재 터키 땅에서 농사를 짓던 사람들은 낟알이 덜 부스러지고 겉껍질이 수확하기에 더 편리한 모양으로 형성되는 밀을 선별하는 육종법을 활용했다. 밀의 5A 염색체에 있는 Q 유전자의 무작위 돌연변이로 인한 형질이 나타나는 밀을 선별한 것이다.[9]

1798년에 영국의 정치경제학자 토머스 맬서스Thomas Malthus는 인구 증가세가 농업 생산성 증대를 앞지를 것이라고 밝힌 유명한 논문을 발표했다. 한정된 자원을 차지하기 위한 경쟁은 전쟁과 기근, 전염병의 영향으로 심화되어, 맬서스가 예측한 붕괴는 불가피한 결과가 되는 듯했다. 그러나 MIT 명예 총장 수전 혹필드Susan Hockfield는 저서《살아 있는 기계의 시대The Age of Living Machines》에서 새로운 기술이 계속 발명되면 농업 생산성도 계속 증대될 것이므로 맬서스의 예측이 틀렸다고 주장했다. 18세기에 밭을 3등분해서 돌려짓기를 하는 방식이 등장한 데 이어 밭을 4등분하는 돌려짓기가 도입된 것도 그런 예 중 하나로 제시됐다. 윌리엄 보그트William Vogt와 구아노의 놀라운 이야기도 마찬가지다.

생태학자이자 조류학자, 환경운동가인 보그트는 찰스 만Charles Mann의 저서《마법사와 예언자The Wizard and the Prophet》에도 소개된 인물이다.[10] (이 책에서 예언자로 분류된) 보그트는 페루 인근의 친차 섬에서 새들이 올라 앉아 있던, 구아노라는 새의 배설물 더미가 천연자원이라는 사실을 발견했다. 구아노는 질소 함량이 높아 비료로 쓸 수 있어서 페루의 국가 수입 중 상당 부분을 차지하게 되었다. 1948년에 쓴 저서에서 보그트는 생태계의 근본적인 과정으로 지구의 "수용력"이 정해지며, 이것이 인간이 할 수 있는 일의 한계선이 된다고 밝혔다. 찰스 만은 "이제 우리는 망했다"는 사실을 처음으로 밝힌 책이라고 이야기한다. 가마우지와 날씨 패턴을 연구한 후 보그트는 "배설물의 증가폭을 늘려서" 구아노를 더 많이 채취하는 것이 불가능하다는 결론을 내렸다. 그러나 혹필드가 지적한 것처럼 영국으로 수출된 구아노는 농업 생산성을 크게 높이는 데 일조했다.

보그트가 예언자라면 식물 유전학자이자 녹색혁명의 아버지라 불리는 노먼 볼로그Norman Borlaug는 마법사다. 종간 잡종 개발의 전문가였던 볼로그는 1950년대 중반 반왜성 밀을 개발했다. 1960년, 인도에 도입된 후 수백만 명의 목숨을 살린 이 밀로 볼로그는 노벨상을 수상했다. 현재 전 세계에서 재배되는 밀의 99퍼센트가 이 품종이다.

루이스 스태들러Lewis Stadler는 1928년에 돌연변이가 발생하는 속도를 높이기 위해 처음으로 식물에 방사선을 적용하여 새로운 돌연변이를 일으킨 사람이다. 그로부터 반세기 후에는 과학자들이 보리 종자의 DNA에 무수한 무작위 돌연변이를 일으키기 위해 원자로를 활용하여 감마선을 조사하기 시작했다. 이 과정에서 생산량이 높고 나트륨 함량이 작아서 (아이러니하게도) 유기농법으로 농사를 짓는 사람들과 맥주 만드는 사람들이 좋아하는 '골든 프로미스Golden Promise'라는 품종이 나왔다.

1970년대 말, 세인트루이스 워싱턴 대학교의 연구자였던 메리 델 칠튼Mary-Dell Chilton은 식물에 생기는 종양인 뿌리혹병을 발견했다. 아그로박테리움Agrobacterium이라는 세균의 DNA 일부가 식물에 삽입되면 발생하는 병이다. 이 발견을 계기로 칠튼은 아그로박테리움을, 원하는 유전자를 식물에게 옮기는, 일종의 유전자 치료용 운반체로 사용할 수 있다는 아이디어를 떠올렸다. 1983년 1월, 칠튼은 연례 마이애미 겨울 심포지엄에서 다른 두 명의 연구자와 함께 스스로 "유전공학 시대의 도래를 입증한 상징적인 일"이라고 묘사한 연설을 했다.[11] 실제로 칠튼은 현재 농업 생명공학과 작물 개량의 선구자로 여겨진다. 당시에는 칠튼이 말한 방법이 유전자 편집으로 불리지 않았고 '유전자 자리다툼'이라고 칭하는 사람들이 있었다. DNA가 코팅된 텅스텐 또는 금 입자와 유전자 총으로 유전자를 쏘는 더욱 직접적인 방식으로도 유전자를 도입할 수 있다는 사실도 밝혀졌다.

20년 후 신젠타의 과학자들은 4가지 효소가 암호화된 옥수수 유전자를 벼에 도입해서 비타민A가 합성되는 '금빛' 형질전환 쌀을 개발했다. 방글라데시의 경우 어린이 다섯 명 중 한 명꼴로 비타민A 결핍을 겪고 있다. 방글라데시 정부는 지지부진한 과정을 거쳐 조만간 이 벼를 승인할 것으로 보인다.

GMO 반대운동을 벌여 온 사람들은 완전한 천연 식품인 줄 알고 즐겨 먹던 식품 중 상당수가 사실 수세기 전에 자연의 손으로 유전자가 변형된 것이라는 사실을 알면 기겁할지도 모른다. 2015년에 과학자들은 농작물로 재배되는 모든 감자에 아그로박테리움의 DNA가 포함되어 있다는 사실을 우연히 발견했다. "우리가 먹는 고구마는 전부 GMO입니다." 존스홉킨스 대학교의 스티븐 잘츠버그Steven Salzberg는 이렇게 설명했다.[12] 바나나, 크랜베리, 땅콩, 호두, 그리고 내가 제일 좋아하는 두 가지 음료인 차와 맥주(홉)도 마찬가지다.

2050년까지 100억 명에 이를 것으로 전망되는 전 세계 인구를 먹여 살릴 새로운 기술을 개발하려면, 계속 늘어나는 인구 문제에 대처하는 동시에 작물이 기후 변화를 견디고 살아남을 수 있도록 도와야 한다. 혹필드는 우리가 스스로 살아갈 방도를 찾아내야 한다고 표현했다.[13] 크리스퍼는 농업 과학자들이 사용하는 유전자 편집 도구상자에서 ZFN과 탈렌보다 우수한 도구, 또는 최소한 기능을 보완하는 새롭고 정밀한 도구로 여겨진다. 크리스퍼 기술을 활용하면 버섯의 갈변을 막고, 좀 더 오래 보관할 수 있는 딸기를 생산하고, 줄기에 붙은 채로 좀 더 오래 두었다가 수확할 수 있는 토마토를 만들 수 있다. 아이오와 주립대학교의 빙 양Bing Yang 연구진은 프로모터 부위에 돌연변이를 일으켜 흰잎마름병에 내성을 갖는 벼를 개발했다.[14] 그러나 현재까지 나온 이러한 연구 성과는 전부 아이오와의 옥수수 밭이나 뉴욕의 온실, 베이징의 논에서만 나온 것이고, 과학자들은 규제기관과 정치인들의 생각에 자연스러운 변화가 일어나기를, 특히 유럽에서 그러한 변화가 나타나기만을 바라고 있다.

〰〰〰

르네상스 시대에 활동한 이탈리아의 화가 조반니 스탄치Giovanni Stanchi의 작품에서 식물에서 원하는 형질을 얻고자 조작하는 인간의 능력이 먼 옛날부터 발휘된 뜻밖의 가보임을 보여 주는 확실한 증거를 발견할 수 있다. 1600년대 중반에 탄생한 스탄치의 걸작에는 복숭아와 배, 수박 등 몇 가지 과일이 등장한다. 그런데 속이 보이도록 잘린 수박의 형태는 지금 봐서는 정말 수박이 맞는지 알아보기가 힘들다. 과육이 대부분 하얗고, 붉은 기는 흐릿하게 작은 소용돌이 모양으로 군데군데 나타날 뿐이며 씨는 새까맣다. 과육에 라이코펜 함량이 높은 수박이 선별되어 재배되는 현대 사회에서 우리가 알고 있는 물기 가득하고 붉은 수박의 단면(또는 '태좌'로 불리는 수박의 씨가 붙어 있는 부위의 모습)과는 상당히 다른 형태다.[15]

그보다 더 먼 옛날로, 수천 년 전으로 거슬러 올라가 자그마한 과일을 돌로 내리쳐서 쪼개 먹던 아프리카 남부로 가 보자. 종류가 겨우 여섯 가지였던 과일은 현재 대략 1,200가지로 늘어났다. 인류가 거의 1만 년 전에 농업이 시작된 때부터 늘 해 온 일에서 나온 결과다. 중앙아메리카에 자라던 테오신트teosinte라는 야생종 옥수수는 지금의 멕시코 지역에 살던 농부들이 선별 육종을 실시하여 인위적으로 만든 것이다. 현재 재배되는 옥수수는 '야생' 옥수수와 전혀 다르다. 복숭아, 토마토, 그 밖에 우리가 흔히 접하는 과일과 채소는 다 그렇다.

그러나 선별 육종에는 한계가 있다. "자연은 우리에게 충분히 많은 돌연변이를 주지 않습니다." 콜드 스프링 하버 연구소의 대표적인 식물 유전학자(그리고 하워드 휴스 의학연구소 소속 연구자)인 자크 립먼 Zach Lippman의 설명이다. 립먼은 십대 시절에 코네티컷의 한 농가에서 일해 본 후부터 토마토에 특별한 관심을 쏟기 시작했다. 동네 슈퍼마켓에서 흔히 볼 수 있는 토마토의 색은 희끄무레한 편이고 별로 인기가 없다. 립먼은 유전자 편집으로 이런 상황에 큰 변화를 일으킬 수 있다고 믿는다.

1923년에 플로리다의 한 경작지에서 자연적인 돌연변이가 발견됐다는 연구 결과가 발표됐다. 무작위로 발생하는 이 희귀한 돌연변이가 있는 토마토에서는 '자연 낙지落地'로 불리는, 가지가 자연적으로 말라서 토마토가 가지에서 떨어지는 특징이 나타났다. 이런 특징이 나타나는 식물로 '귀중한 새로운 품종'을 만들 수 있을 것이라는 예측이 나왔다. 키가 작고 어느 정도 크면 생장이 중단되는 '유한 생장'의 특징도 함께 나타나는 이 돌연변이 토마토는 3~4개월이 지나면 완전히 자라서 열매가 다 익는다. 단시간에 생장이 끝나고 약 9킬로그램의 열매가 열리므로 케첩이나 토마토페이스트 생산에 적합하다고 여겨졌다.

토마토는 한 줄로 길게 재배된다. 초록색이던 열매에서 붉은빛이 돌기 시작하면 수확해서 전부 창고에 넣고 에틸렌 기체로 숙성시킨다. 그러나 립먼의 말대로 자연은 농부들이 활용할 수 있는 돌연변이를 충분히 제공하지 않는다. 적어도 현실적인 시간 제약을 생각하면 그렇다. 다른 돌연변이가 추가되면 키가 작은 돌연변이 토마토가 더 높이 자라도록 만들고 그만큼 수확량도 더 늘릴 수 있다. 크리스퍼 기술을 알기 전에는 토마토의 DNA에 무작위 돌연변이를 일으키기 위해 씨앗을 화학물질로 처리하고 밭에서 자라는 토마토 식물을 일일이 확인해서 유용한 돌연변이가 생겼는지 직접 확인해야 했다. 그렇게 4년간 새로 나타난 돌연변이를 확인하고 정리해 본 결과, 립먼은 몇 가지 돌연변이가 한꺼번에 일어나면 토마토의 수확량을 더 늘릴 수 있다는 사실을 깨달았다. 그러려면 그런 변화를 좀 더 수월하게 일으킬 방법이 필요했다.

크리스퍼는 외래 DNA를 도입하는 것이 아니라 식물의 고유한 DNA에 일어나는 자연적 수선 과정을 강화하는 기술이다. 예를 들어 토마토에서는 마디가 생기지 않는 것이 유리한 형질로 여겨진다. 열매가 열리는 줄기에 불룩 튀어나온 부분이나 마디가 생기지 않는 형질이다. 교차교배로 이렇게 마디가 없는 형질이 나타나도록 재배된 토마토는 수확량이 많고 취급 과정에서 손상도 덜 발생한다. 립먼의 연구진은 크리스퍼를 이용하여 서로 다른 종을 교차 교배하지 않고도 마디가 없는 토마토를 만드는 방법을 개발했다. 그밖에 어떤 형질에든 적용할 수 있다.[16] 또한 연구진은 토마토 자연낙지 유전자의 프로모터 부위에 돌연변이를 일으켜 일종의 유전학적 가변 저항기가 설치된 것과 같은 기능을 부여했다. 북반구에서 위도가 높은 지역은 재배일수는 길지만 전체적인 재배 기간이 더 짧으므로 이런 환경에 맞게 이 유전자의 불활성도를 조정할 수 있도록 한 것이다.[17]

야생꽈리(딸기 토마토로도 불린다)에도 이 같은 기술이 적용될 수 있다. 중앙아메리카 지역의 토종 식물인 야생꽈리는 주요 작물로 재배된 적이 없는 외톨이 작물이다. 립먼의 설명에 따르면 가뭄을 잘 견디고 "열대과일 특유의 멈출 수 없는" 맛이 장점이지만, 가지가 길고 열매를 얻기가 까다롭다. 이에 립먼은 크리스퍼 기술로 유전자 편집을 실시하여 수천 년은 걸렸을 선별 육종의 과정을 건너뛰고 식물의 전체적 크기와 구조, 열매의 크기, 꽃이 열리는 특성과 같은 형질을 바꾸었다.[18] 초록색 야생꽈리는 원래 크기가 구슬만 한 정도지만 CLAVATA1 유전자를 조작하면 열매가 25퍼센트 더 커진다. 토마토의 자연 낙지 유전자에 해당하는 유전자를 변형시키면 더 작게 자라는 식물로 만들 수 있으므로 열매를 수확하기가 수월해진다.[19]

크리스퍼 편집은 GMO와 다르다. 유전체에서 원하는 부위를 정확히 자르는 것은 크리스퍼 기술이지만, 잘린 부위가 다시 봉합되는 과정은 세포에서 자연적으로 일어나는 DNA 수선 기능으로 발생한다. 돌연변이를 유발하는 화학물질을 처리하거나 X선을 조사해서 만든 돌연변이는 자연적으로 생기는 돌연변이와 다르지 않다. 미국 농무부도 이런 사실을 깨닫고, 크리스퍼를 이용한 유전자 편집 기술을 다른 돌연변이 유발 기술과 동일하게 취급하기로 결정했다고 밝혔다.

그러나 유럽에서는 이 의견에 동의하지 않는다. 2018년에 유럽 사법재판소는 유전자가 편집된 작물이 GMO 지침을 따라야 한다고 판결했다. 다양한 분야에서 "비논리적", "불합리한 결과", "비극적인 결정"이라는 비난이 쏟아졌다. 라이너스는 이 판결이 "의사에게 나팔총은 사용해도 되지만 메스는 안 된다"고 한 것이나 마찬가지라고 밝혔다. 영국의 저명한 유전학자 이완 버니Ewan Birney는 크리스퍼와 GMO를 동급으로 취급하는 것은 "오리를 물고기로 분류하는 가톨릭교회나 할 법한 일"이라고 한탄했다. 옥스퍼드 나노포어Oxford Nanopore 사의 최고기술책임자 클라이브 브라운Clive Brown은 분노를 쏟아냈다. "그 멍청한 사람들(유럽 사법재판소)은 자신들이 사랑해마지 않는 채소와 축산 동물이 대부분 드러나지 않았을 뿐 전부 돌연변이라는 사실을 알아야 한다." 영국 보수당의 오웬 패터슨Owen Paterson 하원의원은 유럽연합이 스스로 "농업 세계 박물관"이 되어야 한다는 선고를 내린 것이라고 밝혔다.[20]

현재 중국에서도 유전체가 편집된 작물을 GMO로 관리하지만,

중국 정부와의 논의를 거쳐 이런 상황은 바뀔 것으로 전망된다. 베이징 중국 과학원의 식물 생물학자 가오 카이시아Gao Caixia는 "유럽보다 더 나은 해결책이 나오기를 바라고 있다"고 전했다.[21]

우리에게는 해결해야 할 전 세계적인 식량 문제가 있다. 로슬린 연구소의 유전학자 믹 왓슨Mick Watson은 현재 전 세계 비만 인구가 약 10억 명이고 굶주리는 인구도 10억 명이므로 "비만인 사람들에게서 음식을 빼앗는 식으로 아주 간단히 해결되는 문제여야 한다"고 밝혔다.[22] 왓슨의 익살맞은 농담이 별로 마음에 안 드는 사람도 있겠지만, 이 말에 담긴 중요한 메시지는 명확하다. 세계 인구가 지금과 같이 증가하면 앞으로 50년간 전 세계 농부들은 지난 1만 년 동안 생산된 식량을 전부 합친 것보다 더 많은 양의 식량을 생산해야 한다. 이 점은 크리스퍼 기술이 크게 주목 받게 된 이유이기도 하다. 왓슨은 크리스퍼나 다른 혁신적인 의학 기술로 모든 병을 다 치료할 수 있게 되더라도 결국 먹을 것이 없어 죽게 될 것이므로, 모두가 영원히 사는 일은 없을 것이라고 전망했다.

크리스퍼 전문가들도 식물의 유전체 편집이 가져올 상업적 잠재성에 주목해 왔다. 미국의 경우 지난 50년간 일부 종류를 제외하고 과일과 채소 소비량은 늘지 않았다. 생명공학과 무관하게 이런 흐름을 거스른 예외가 몇 가지 있다. 1986년에 미니 당근이 처음 등장한 후 매년 170만 톤이 소비될 정도로 전 국민의 당근 소비량이 대폭 늘었다. 2008년에는 블루베리 경작법이 개선되어 연중 내내 미국 전역에 공급할 수 있게 되면서 연간 소비량이 6억 톤으로 두 배 늘어났다.

에디타스 사의 공동 창립자인 장평과 데이비드 리우, 키스 정은 2017년에 다시 뭉쳐서 유전체 편집 기술을 식물에 적용해 보기로 했다. 이들이 설립한 페어와이즈 플랜츠Pairwise Plants 사는 몬산토의 소유주인 바이엘과 5년 계약을 맺고 줄뿌림 작물을 개량하고 농업 생산성을 향상시킬 방법을 찾는 동시에 보다 저렴한 가격에 편리하고 지속적으로 식량을 얻을 수 있는 방법을 모색하기로 했다.

유전자 편집은 GMO처럼 외래 유전자를 도입하지 않고 DNA에 세부적인 변화를 일으킨다. 주로 자연적으로 이미 존재하는 염기서열에 그러한 변화가 일어난다. 유전자 편집은 신속하고 특이적인 작용이 가능하다는 점 외에도 다른 장점이 있다. 전통적인 선별 방식은 다른 종끼리 교배하거나 역교배하는 과정에서 유전학적인 다양성이 소실된다. 유전자 편집은 역교배 없이 새로운 형질을 도입할수 있으므로 원래 가지고 있던 형질이 보존되고 소실된 형질도 다시 도입할 수 있다. 옥수수와 대두에서는 크리스퍼-카스12로 유전자를 절단하는 초기 연구가 진행됐다.

2019년 3월, 유전자가 편집된 식물이 미국에서 뜨거운 열기와 함께 조용히 첫 선을 보였다. 미네소타 주 박람회에서 도넛을 튀기는 기름으로 등장한 것이다. 프랑스 생명공학 업체 셀렉티스의 자회사 칼릭스트는 유전자가 편집된 대두로 올레산 함량이 높은 대두유 '칼리노Calyno'를 개발했다. 트랜스지방이 전혀 들어 있지 않은 이 대두유는 다른 식용유보다 포화지방이 20퍼센트 적다. 현재 미국에서 생산되는 대두유는 대부분 유전자 변형 대두가 원료로 사용되지만, 칼릭스트는 크리스퍼가 아닌 탈렌 기술로 유전자를 변형시켜 만든 칼리노가 건강에 좋고 음식 맛에 영향을 주지 않는 올리브유 대용품으로 인정받을 것으로 예상한다.

칼릭스트는 자사의 유전자 편집 방식으로 미국 국민들에게 "좋아하는 맛을 해치지 않고 건강에는 더 유익한 식품 성분"을 제공할 수 있다고 이야기한다. 공동 창립자인 댄 보이타스는 각 가정의 주식으로 쓰일 수 있다는 의미라고 설명했다. "한 조각만 먹으면 식이섬유 일일 필요량이 다 충족되는 '원더 브레드'와 같은 제품이 될 것이다."[23] 농무부가 정한 규정에 따라 칼리노는 '비GMO 제품'이라는 문구를 당당히 내걸고 판매된다. 그러나 유전체 편집과 형질전환이 다를 바 없다고 보는 환경 단체들은 이런 상황을 받아들이지 않는다. 칼릭스트가 사우스다코타에서 재배하는 유전자 편집 대두, 코르테바가 유화제, 풀 제품에 사용할 수 있도록 전분 함량을 높인 "기름진" 옥수수, 그 밖에 가축과 밀, 감자, 알팔파 등 앞으로 등장할 무수한 유전자 편집 작물과 식품의 시작일 뿐이다.

가오 카이시아는 중국에서 밀 개량에 전념하고 있다. 밀의 유전체는 사람의 유전체보다 3배 더 크고 옥수수, 대두, 쌀보다 커서 두배는 더 까다로운 연구다. 게다가 밀은 염색체가 한 쌍으로(이배체) 존재하는 것이 아니라 세 쌍으로 존재하는 6배체 식물이다. 염색체가 더 많다는 것은 유전자 편집을 위해 특정 유전자를 표적으로 정하기가 세 배나 힘들다는 의미다. 이런 상황에서도 가오의 연구진은 흰가루병에 내성을 나타내는 밀을 개발했다.[24] 또 아세토락테이트 합성효소가 암호화된 유전자를 불활성화시켜 제초제에 저항성을 갖도록 만들었다.[25] 이와 함께 가오는 립먼처럼 토마토의 구조와 개화 시점, 비타민C 함량을 바꿀 수 있는 방법을 연구 중이다.

✕✦✕

유전체 편집 기술은 수확량을 늘리는 데 활용되는 경우가 많다. 그러나 생존을 위해 유전자 편집이 반드시 필요한 경우도 있고 이것이 우려를 낳기도 한다. 브라질 다음으로 오렌지 생산량이 세계에서 두 번째로 많은 플로리다에서는 오렌지 재배 농민들이 계절이 바뀔 때마다 큰 문제에 부딪힌다. 극지방의 소용돌이로 인해 북극의 공기가 쏟아져 들어오기도 하고 대서양에서 불어온 허리케인이 과수원을 다 엎는 사태가 일어나는가 하면 이주 노동자들을 뒤흔드는 정치권의 역풍도 견뎌야 한다. 하지만 2005년에 이 햇살 가득한 지역에 처음 등장한, 눈에 보이지 않는 문제만큼 크나큰 위협은 없었다.

많은 사람들이 아침마다 즐겨 마시는 갓 짜낸 주스의 원료인 오렌지는 4,000여 년 전 중국에서 처음 재배됐다. 유럽에는 약 500년 전부터 수입되기 시작됐다. 황룡병, 감귤 그린병으로도 불리는 황룡빙huanglongbing이라는 세균성 식물 병은 플로리다는 물론 캘리포니아의 감귤류 산업에 엄청난 피해를 입힌다.* 황룡빙의 원인인 칸디다

---

*   처음에 이 병은 '싹이 노랗게 되는 병'이라는 뜻인 '황렝빙huanglengbing'으로 불렸으나 사람마다 다르게 발음하는 문제 때문에 1995년부터 황룡빙이 공식 명칭으로 결정됐다.

투스 리베리박터 아시아티쿠스Candidatus Liberibacter asiaticus(줄여서 CLas)라는 세균은 모기가 피를 뽑아 먹듯이 나무의 체관부를 먹이로 삼는 아시아 감귤나무이라는 해충을 통해 다른 식물에게로 확산된다.

황룡빙에 걸린 나무는 뿌리가 부풀어 올랐다가 수분과 영양분이 빠지면서 쪼그라든다. 또한 체관부에서 물질 이동이 차단되어 잎에서 광합성으로 만들어진 당류가 식물의 다른 부분으로 전달되지 못한다. 기아와 폐색이 동시에 일어나는 것이다.[26] 이로 인해 오렌지 열매는 초록색의 기형으로 열리며 신맛이 나서 먹을 수 없고 농축액으로도 만들 수 없다. 플로리다 농민들은 이 병을 '감귤류 에이즈'라고 부른다.[27]

약 100년 전에 중국 남부에서 처음 발견된 황룡빙은 1990년대에 조용히 미국 땅에 도달했을 것으로 추정된다. CLas는 실험실에서 배양하기 어려운 균이라 연구도 쉽지 않다. 중국과 남미, 플로리다에 황룡빙으로 발생한 경제적 피해는 대유행병 수준에 이른 상황이다. 지난 10년간 오렌지 나무와 과일 생산량은 20~30퍼센트나 감소했다. 전 세계적으로 수천 만 그루에 달하는 오렌지 나무가 소실되고 수만 명이 일자리를 잃었다. 플로리다에서 집계된 피해 규모만 약 50억 달러 정도다.

전통적인 해결책은 아무 효과가 없다. 황룡빙의 원인균은 수많은 살충제에도 끄떡없을 만큼 강하다. 항생제를 쓰면 일부 효과가 나타나지만, 약을 살포하는 방식으로는 오렌지 나무속으로 깊이 파고드는 균까지 잡지 못한다. 그래서 많은 농민들이 황룡빙과 감귤 궤양병을 없애기 위해 제초제와 살충제, 비료를 섞어서 한꺼번에 살포하는 일종의 화학요법에 기대고 있다.

최근까지 이 병에 타고난 면역력이 있는 오렌지 나무나 다른 감귤류 작물은 없는 것으로 추정됐다. 그러다 몇 년 전 귤과 미네올라 탄젤로를 교배해 만든 '슈거 벨Sugar Belle'이라는 품종은 체관부가 더 크게 형성되고 CLas의 감염이 차단되는 자연적 내성을 보인다는 사실이 확인되면서 희망이 생겼다. CLas처럼 식물의 체관부에 감염되는 박테리오파지를 이용하면 원인균을 없앨 수 있다는 아이디어도 나왔다. 크리스퍼의 활용성도 제시됐다.[28] 크리스퍼로 식물이 보유한 여러 가지 단백질 분해효소 유전자의 프로모터를 변형시켜 활성을 증대시키면 세균을 물리칠 수 있다는 의견이 나왔지만, 그러려면 감귤류 같은 다배체 식물의 유전자를 편집하는 문제부터 해결해야 한다.[29] 고민이 이어지는 사이, 지금도 캘리포니아 남부는 상업 농가가 황룡병의 위협에 시달리고 있다.[30]

U.S. 슈거U.S. Sugar 사의 자회사인 '서던 가든스 시트러스Southern Gardens Citrus'는 오렌지 산업 전체를 붕괴시킬 수 있는 이 문제를 해결하기 위해 수백만 달러를 들여 형질전환 오렌지를 개발 중이다. "우리는 과학의 광팬입니다." 웹 사이트에서도 이런 당당한 선언을 볼 수 있다. 물론 전이 유전자를 삽입한 식물에는 '100퍼센트 자연산'이라는 강조 문구를 사용할 수 없다. 한 과학자는 이런 상황을 두고 "이제 사람들은 형질전환 오렌지로 만든 주스를 마시거나 사과 주스로 대체해야 할 것"이라고 말했다.[31]

세균이나 해충이 견디기 더 힘든 환경을 조성하는 '형질전환 나무'도 전략이 될 수 있다. 식물학자 에릭 미르코프Erik Mirkov는 전갈의

독이나 딱정벌레의 독, 심지어 돼지 유전자도 떠올렸지만, 큰 풍뎅이류의 독소 DNA를 이용해 만든 오렌지의 즙을 흔쾌히 좋아해 줄 소비자가 없다는 것쯤은 박사 학위가 없어도 누구나 알 수 있다.[32] 입맛을 해치지 않을 다른 방법으로 떠오른 것이 시금치의 디펜신이라는 항균성 단백질 유전자를 이용하는 것이다. 구멍을 뚫는 이 단백질의 특성을 이용해 CLas의 외피에 구멍을 뚫을 수 있다. 서던 가든스 시트러스 사가 승인 절차를 밟으면, 형질전환 오렌지 나무의 재배도 시작될 것이다.*

✕❰❙❱✕

에디 캔터Eddie Cantor가 1923년에 발표한 프랭크 실버Frank Silver와 어빙 콘Irving Cohn의 곡 '네! 바나나 없어요Yes! We Have No Bananas'는 엄청난 인기를 누렸다. 실버는 롱아일랜드에서 그리스인이 운영하는 채소 가게에 들렀다가 주인장이 한탄하는 소리를 듣고 이 곡을 만들었다. 그로 미셸Gros Michel이라는 맛이 뛰어난 품종의 바나나가 팔리던 시기였다. 그러나 1900년대 초 중앙아메리카와 남아메리카의 바나나 재배지에 곰팡이 병인 파나마 병이 덮쳤고 1950년대에 이르자 그로 미셸 바나나는 자취를 감추었다. 이 병을 일으키는 곰팡이는 뿌리를 통해 식물에 감염되며 토양에 오염되면 사실상 없앨 방법이 없다. 바나나에 관한 책을 쓴 댄 코펠Dan Koeppel은 2009년에 콩고

---

* 안타깝게도 에릭 미르코프는 그동안 연구한 결실을 보지 못하고 짧은 기간 동안 병을 앓다가 2018년에 세상을 떠났다.

공화국에서 누군가가 강 건너로 바나나를 운반하는 모습을 우연히 목격했다. 그런데 놀랍게도 그 사람들이 운반 중인 바나나는 더 이상 볼 수 없게 된 희귀한 그로 미셸 바나나였다. 마침내 이 바나나의 맛을 볼 수 있게 된 코펠은 두꺼운 껍질을 벗기고 한 입 베어 물고는 빈티지 샤토 마고 와인을 음미하듯 천천히 맛보았다. 그리고 풍성하면서 부드럽고 "더욱더 바나나 같은 맛"이라고 묘사했다.[33]

영국에서 붕괴할 뻔했던 바나나 산업은 1830년대 영국의 우아하고 위엄 넘치는 저택 '채스워스 하우스'에서 재배했던 캐번디시 Cavendish라는 품종의 바나나 덕분에 겨우 살아났다. 캐번디시 바나나는 거의 모든 면에서 열등하지만, 파나마 병을 일으키는 곰팡이에 내성이 있는 강력한 특징 덕분에 주요 상품으로 자리 잡았다. 적어도 '바나나게돈'이 닥치기 전까지는 그랬다. 그리고 그런 일이 벌어진다고 해도 절대 경고가 없었다고는 말할 수 없으리라.

캐번디시 바나나는 단일 작물 재배 방식으로 생산되고 열매 하나하나가 전부 유전학적 클론이라 진화가 불가능하다. 파나마병을 일으키는 곰팡이가 감염되기 힘든 조건이지만, 푸사리움 열대종 4(줄여서 TR4)라는 새로운 종류는 이 바나나의 아킬레스건을 공격할 수 있는 것으로 밝혀졌다. 1980년대에 대만에서 나타난 TR4는 호주로 퍼졌고, 2014년에는 아프리카, 중동까지 확산됐다. 5년 뒤인 2019년 8월에 콜롬비아 농업부는 전 세계로 수출되는 바나나의 4분의 3이 생산되는 남미에 TR4가 덮치자 국가 비상사태를 선포했다.[34]

바나나의 종류는 1,000종이 넘지만 연간 1,000억 개의 바나나를 먹는 소비자들이 익숙한 모양과 다르게 생긴 대체 종을 과연 받아들일 것인지는 큰 숙제로 남았다. 유전자가 변형된 바나나를 더 반길 가능성은 없을까? 영국의 트로픽 바이오사이언스Tropic Biosciences 사는 크리스퍼를 이용하여 식물의 고유한 RNA 간섭 기능 중 일부를 변형시켜 문제의 곰팡이로부터 식물을 보호하는 방법을 연구 중이다.[35] 이 회사는 카페인 성분을 유전학적으로 없앤 커피 식물도 만들고 있다.

오렌지와 바나나 산업이 맞이한 위기는 농민들, 농업 생명공학 산업계 전체가 맞닥뜨린 딜레마를 잘 보여 준다. 잘못된 정보와 가짜 뉴스가 넘쳐나는 시대, GMO에 관한 허위 정보 속에서 유전자가 변형된, 더 정확히는 유전자가 편집된 과일과 작물이 안전하다는 사실을 대중이 확신할 수 있도록 해야 한다. 식품이며 과일에 전부 '비 GMO' 라벨을 붙이는 방법으로 사람들의 두려움과 무지를 이용해 돈을 버는 뻔뻔한 업체들도 있다. 심지어 유전자 변형 자체가 불가능한 식품에도 이런 전략을 쓴다. 가령 산소 원자가 수소 원자 두 개 사이에 끼어 있는 물이나 나트륨 이온과 염소 이온이 결합한 단순한 구조의 소금까지도 GMO가 아니라고 광고한다. 물과 소금은 이 지구상에서 가장 오래된 자연 물질이고 유전자가 없으니 유전자 변형도 불가능하다.

뉴욕 주에서 유기농법 전문가로 활동 중인 클라스 마텐스Klaas Martens는 오랫동안 GMO에 반대하는 입장을 고수해 왔다. 충분히 관리할 수 있는 문제를 라운드업Roundup 같은 제초제와 유전공학 기술로 해결하는 방식에도 반대한다. "갖고 있는 도구가 망치밖에 없을 때는 전부 못으로 보인다." 마텐스의 말이다. 그는 크리스퍼로 자연계의 기능이 강화될 수 있다면, 일부 경우에 유기농법과 공존할 수 있는 유망한 도구가 될 수 있다고 본다.[36]

)0(XII)0(C

아프리카와 아시아는 기후 변화와 질병, 정치적인 혼란으로 인해 농업도 엄청난 위기에 처했다. 아프리카의 경우 상황이 크게 엇갈린다. 대륙 맨 끝에 자리한 남아프리카공화국은 오래전에 GMO 옥수수 재배를 시작했다. 짐바브웨의 루라미소 마슘바Ruramiso Mashumba라는 농부는 이제 유전체 편집 외에 달리 선택할 방법이 없다고 이야기한다. 기후 변화와 해충, 질병의 영향으로 농업이 더 이상 불가능한 지경에 이르렀기 때문이다. "농업이 지속되려면 작물을 개량시키는 방법밖에 없습니다. 가장 중요한 것은 식량입니다."[37]

아프리카와 아시아, 라틴아메리카 지역에서 8억여 명이 주식으로 삼는 덩이줄기 작물에서 좋은 예를 찾을 수 있다. 유카로도 불리는 카사바는 뿌리에 탄수화물이 풍부해서 주식으로 활용된다. 그러나 이 단단한 식물에는 시안화물과 관련 있는 독성 화학물질이 존재하고, 제대로 가공하지 않으면 곤조라는 운동뉴런 질병에 걸려 몸이 마비될 수 있다. 크리스퍼를 이용하면 이 독성 물질인 시아노겐의 생합성 경로에 관여하는 두 가지 효소의 유전자를 불활성화하여 시아노겐을 없앨 수 있다. 즉 효소 유전자 두 가지가 불활성화된 식물로 만들면 곤조에 걸릴 위험이 없다. 이와 함께 연구자들은 크리스퍼로 카사바에 갈색 줄무늬병을 일으키는 RNA 바이러스에 내성을 부여하는 방법도 찾고 있다.[38] 현재까지 나온 초기 결과는 희망적이지만, 바이러스의 진화 능력을 고려할 때 만만치 않은 일이 될 것이다.

크리스퍼 기술이 별로 특별하지 않다고 보는 아프리카 국가들이 많다. 2012년에 케냐는 큰 논란을 일으킨 프랑스의 생물학자 길에릭 세랄리니Gilles-Éric Séralini의 논문이 발표된 후 즉각 GMO 식품의 수입 금지 조치를 내렸다.[39] 몬산토 사가 만든 유전자 변형 옥수수를 래트에게 먹이자 커다란 종양이 생겼다는 충격적인 연구 결과였다.[40] 장 폴 조Jean-Paul Jaud 감독의 다큐멘터리 〈우리는 기니피그인가?Tous Cobayes?〉는 유전자 변형 작물이 건강에 끼치는 위해성을 비난하는 한편 사람들에게 원전 사고에 대한 두려움을 증폭시켰다. 이 다큐멘터리에서는 후쿠시마에서 일어난 것과 같은 폭발이 또 일어나는 엄청난 재앙이 일어나 수백만 명이 대피하고 보르도 지방의 포도밭이 전부 방사능에 오염되는 사태가 생길 수 있다고 경고했다.

세랄리니의 논문은 두 달 뒤에 실험동물의 수가 충분하지 않은 점 등 근거가 부족하다는 설명과 함께 학술지 게재가 철회됐다.[41] 그러나 2년 뒤에 다른 학술지에 다시 게재됐다.[42] 그의 주장에 많은 사람들이 등을 돌렸지만, 케냐에서는 큰 영향력을 발휘하고 있다. 케냐 정부는 2019년에 마침내 유전자 변형 면화의 재배를 제한적으로 허용했다.[43] 우간다의 경우 생물안전성 법안이 상정되고 광범위한 논의가 진행되고 있지만, GMO가 공중보건에 부정적 영향을 줄 것이라는 여론이 우세하다. GMO가 미국과 같은 비만 문제를 일으킬 것이라는 (잘못된) 주장을 펼치는 사람들도 있다.

나이지리아의 환경운동가 니모 배시는 기후 변화 문제를 심각하게 우려한다. 특히 해양의 산성화와 해안 침식으로 나라 전체에 갈등이 빚어질 수 있다고 경고한다. 그러나 배시는 지구를 오염시키는 자들과 아프리카 대륙 전반에 유전자가 편집된 작물을 확산시키려고 하는 산업체가 다를 바 없다고 주장한다. 그는 그러한 업체들이 가난하고 굶주린 아프리카 사람들을 이용해서 판로를 뚫으려 한다고 비난했다. "그 사람들이 원하는 건 새로운 방식의 통제력, 새로운 식민지 건설입니다. 어떤 상황이든 대안은 있습니다. 식량은 그저 삼키는 것이 아닙니다. 생명이고 축복이며 문화적인 활동입니다."[44] 배시의 설명이다.

바이엘/몬산토와 화공집단공사/신젠타, 그리고 2017년 다우와 듀폰의 합병으로 탄생한 코르테바까지 "농업계의 3대 대기업"은 힘든 싸움과 마주한 상황이다. 코르테바의 최고기술책임자 닐 거터슨 Neal Gutterson은 내게 미국의 기업가들이 아프리카에 우르르 몰려가서 최신 기술을 들이밀 것이 아니라 아프리카 과학자들이 직접 연구를 추진하는 것이 중요하다고 설명했다.[45] 크리스퍼는 무수히 많은 방식으로 응용되고 있고, 조기 출하가 가능하도록 유전자가 편집된 작물을 비롯해 질병 저항성을 갖거나 영양학적인 가치가 향상되도록 개량된 그보다 더 중요한 품종이 나올 수도 있다.[46] 유럽 시장은 생산 과정에서 말레이시아와 인도네시아 생태계에 큰 악영향을 발생시키는 팜유의 대체물을 찾고 있다. 해바라기의 유전자를 신중히 편집하면 팜유를 대체할 만한 성과가 나올 수도 있다. 거터슨은 "크리스퍼 기술의 장점은 사회의 중대한 요구가 있을 때 새로운 기술로 그 요구를 해결할 수 있다는 점"이라고 이야기한다.

심리학자 조너선 하이트Jonathan Haidt는 저서 《행복의 가설》에서 코끼리와 그 코끼리에 올라탄 기수를 우리 뇌의 감정적 기능과 이성적 기능에 각각 비유했다. 코끼리에 올라탄 기수가 중심을 잘 잡은 상태에서는 갈등이나 다툼이 벌어져도 코끼리가 잘 헤쳐 나갈 가능성이 높다. 크리스퍼를 불신하는 분위기, 심한 경우 GMO라면 무조건 적대적으로 맞서는 사람들이 크리스퍼와 그 밖에 다른 신생 기술의 안전성을 확신할 수 있도록 만드는 일은 여전히 막중한 과제로 남아 있다.

⬤⬤⬤

크리스퍼가 인구 전체를 먹여 살리는 데 도움이 될 수 있다면 그 영향은 식물계로 한정되지 않을 것이다. 가축과 다른 동물에도 유전체 편집으로 질병을 물리치는 면역력과 다른 유익한 영향을 줄 수 있다. 최근까지 수십 년 동안 실시된 가축의 선별 육종은 총생산량과 식육 생산량을 해마다 평균 20~30퍼센트 향상시키는 놀라운 성과를 낳았다. 그러나 전 세계 인구는 2050년까지 90억 명을 넘어설 것으로 예상되는 만큼, 이 정도로는 좋게 말해서 불충분하고 최악의 경우 미미한 수준에 그칠 수 있다.

유전체 편집 기술은 농업과 축산업 생산량을 향상시켜 실질적으로 식량안보를 지키는 유일한 해결책이라 할 수 있다. 그러나 규제 당국의 관점은 그렇지 않다. 미국의 경우 농무부가 마련한 식물 유전자 편집 규정이 FDA가 관리하는 가축의 유전자 편집 규정보다 훨씬 제약이 적다. 법이 기술의 발전 속도에 보조를 맞추지 못하면 규제 기관은 둥근 구멍에 네모난 못을 끼워 넣어야만 하는 상황에 봉착한다. 기존의 규제 틀에 과학을 끼워 맞추려고 한다는 의미다.

2017년에 FDA는 동물의 편집된 DNA는 전부 약으로 간주하고 규제한다고 밝혔다.[47] 농민들이 전통적인 육종 방식으로 오랜 시간을 들여서 뿔이 없는 소를 만드는 것은 괜찮지만, 크리스퍼 기술로 단시간 내에 똑같은 변화가 일어나도록 만들면 FDA가 당장 쫓아오는 터무니없는 상황이 된 것이다. 유럽의 상황은 정반대다. 유전자 편집을 지지하는 사람들은 식품의 유전자 편집을 변형 방식이 아닌 최종 결과에 따라 평가해야 한다고 주장한다. "이 기술은 상당 부분 공공 자금으로 개발됐다. 따라서 대중은 이 기술을 영민하고 신중하게 적용할 때 얻을 수 있는 혜택을 누릴 수 있어야 한다." 2016년에 유전자 편집을 지지하는 단체가 한 말이다.[48]

유전자 변형 어류의 상황도 매우 비슷하다. 처음 개발된 유전자 변형 연어는 출시되기까지 고단한 과정을 거쳤다. 형질전환 연어 '아쿠아어드밴티지AquaAdvantage'는 매사추세츠의 아쿠아바운티 AquaBounty 사의 연구소에서 탄생했다. 성장호르몬 유전자의 프로모터 유전자를 연어 난자에 주입해서 일반 연어보다 빨리 자라도록 만든 이 형질전환 연어는 약 250일 만에 500그램까지 자란다. 일반 연어의 경우 그 정도 무게가 되려면 400일이 걸린다. 거의 두 배 빠르게 성체가 되는 이 연어가 개발된 후 실내외에 설치된 7만 갤런 크기의 유리섬유 탱크에서 상업적인 목적으로 연어를 기르는 것이 가능해졌다. (연어의 건강 면에서도 더 좋을 뿐만 아니라 유전자 변형 어류가 야생 환경에 섞일 위험도 방지할 수 있는 방법이고 사방이 육지인 인디애나 주에서도 연어를 키울 수 있다. 아쿠아어드밴티지의 경우 야생 환경에 유출되더라도 생식 능력이 없다)

아쿠아어드밴티지 연어가 안전하다는 FDA의 평가 결과가 나오고 1년 뒤인 2016년에 캐나다에서 판매가 승인됐다. 2019년 5월에는 캐나다 프린스에드워드 섬을 출발한 9만 개의 알이 시카고 세관을 통해 인디애나 주 올버니에 도착했다. 가장 가까운 바다가 1,600킬로미터나 떨어진 곳이다. 20년의 세월과 1억 달러가 넘는 규제 비용을 들인 후에야 비로소 아쿠아어드밴티지의 미국 판매가 가능해진 것이다. 그러나 GMO라고 명시된 큼직한 라벨이 붙은 생선을 판매하겠다고 나설 업체가 나타날지는 아직 두고 봐야 할 일이다. 아쿠아바운티는 자사의 대형 연어가 지속 가능한 생물이라고 홍보하지만, 현재는 그리 설득력을 얻지 못하고 있다. 유전자 편집이 GMO와 분리되지 않는 한 크리스퍼가 식량 생산에 가져올 수 있는 크나큰 가능성도 짓밟혀 사라질 것이다. 아쿠아바운티는 크리스퍼 기술로 성장 속도가 빠른 틸라피아(우리나라에서 '역돔'이라 불리는 민물고기-편집자)를 개발 중이며 규제의 문턱이 낮은 아르헨티나를 생산지로 택했다.

크리스퍼를 가축에 적용하면 축산 농민들이 수세대에 걸쳐 활용해 온 육종을 보다 단기간에, 더욱 통제된 조건에서 실시할 수 있다. 농무부는 이러한 가능성을 고려하고 있지만, FDA는 유전체 편집에 GMO라는 더 화려한 명칭을 붙인다. 유전자 편집으로 암컷 소가 수컷의 성 결정 유전자인 SRY 유전자를 갖도록 하면 농민들이 선호하는 수컷 생산량을 늘릴 수 있다. '무각' 유전자도 마찬가지다.

전 세계에서 2억 7,000만 마리가 넘는 젖소가 매년 7,000억 리터 이상의 우유를 생산한다. 그런데 젖소의 사촌인 앵거스 육우에서 지난 1,000년 동안 뿔이 없는 돌연변이가 자연적으로 발생했다. 이 '무각' 돌연변이는 앵거스 소의 선별 육종에 활용됐다. 뿔이 없으면 축사에서 키울 때나 소를 다룰 때 더 수월하고 다른 동물이나 사람의 입장에서 더 안전하기 때문이다.* 젖소에는 대부분 이러한 변이 유전자가 없어서 뜨겁게 달군 쇠로 뿔을 제거하거나 화학물질로 없애는 고통스러운 과정을 거쳐야 한다. 그럼에도 소를 키우는 농민들은 우유 생산을 포함해 젖소의 다른 형질에 문제가 생길까 봐 무각 유전자가 있는 동물과의 교차 교배를 거부한다.

미네소타의 리콤비네틱스Recombinetics 사는 탈렌 기술로 젖소의 DNA에 무각 돌연변이를 도입했다.[49] 이 정밀 육종법으로 처음 태어난 송아지에는 ('점박이'라는 뜻으로) '스포티지'라는 이름이 붙여졌다. 원래 뿔이 있어야 할 자리에 까만 점이 생겼기 때문이다. 새크라멘토와 가까운 캘리포니아 대학교 데이비스 캠퍼스에서 가축에 유전자 편집 기술을 적용해야 한다고 주장해 온 앨리슨 밴 에넌나암Alison Van Eenennaam은 '쇠고기 헛간'이라는 곳에서 무각 소를 돌보고 있다. 유전자 편집 동물을 체내에서 수의약품이 생산되는 유전자 변형 동물과 동일하게 분류한다는 FDA 지침이 발표됐을 때도 밴 에넌나암

---

* 켈틱 변종으로 분류되는 무각 돌연변이는 소의 1번 염색체에서 두 유전자 사이에 있는 염기 212개가 중복되어 암호화된 글자 중 10개가 다른 것으로 바뀌는 것을 가리킨다. 이로 인해 뿔이 나지 않는 형질이 나타나고 우성 유전된다는 것까지는 밝혀졌으나, 자세한 메커니즘은 알려지지 않았다.

은 유전자가 편집된 무각 황소 두 마리를 키우고 있었다. "뿔이 없는 황소 두 마리를 데리고 있었는데 졸지에 이 동물들이 몸무게 2,000 파운드짜리 약이 된 겁니다." 밴 에넨나암은 이렇게 말했다.[50]

상황은 더욱 악화됐다. 2019년에 FDA 생물정보학자 알렉시스 노리스Alexis Norris는 유전자 편집 시 표적 외에 다른 영향이 발생할 가능성이 있는지 컴퓨터 검색으로 조사했다. 처음에 찾던 결과는 얻지 못했지만, 대신 무각 돌연변이 염기서열에서 이상한 점을 발견했다. 유전자 편집에 쓰인 플라스미드 벡터에서 유래된 외래 DNA의 흔적이 발견된 것이다. 항생제 내성 유전자도 포함되어 있었다.[51] 안토니오 레갈라도가 쓴 헤드라인에 이 상황이 정확히 요약되어 있다. "유전자 편집 소의 DNA에서 중대한 문제 발견."[52]

난감하고 금전적으로도 큰 손실을 가져온 사건이었다. 당시 리콤비네틱스 사는 스포티지의 이복형제로 태어난 소 '뷰리'의 정자로 브라질에서 뿔 없는 젖소를 만드는 연구가 막바지에 이른 상황이었다. 그러나 뷰리의 자손으로 태어날 송아지들의 유전자에 외인성 항생제 내성 유전자가 포함되어 있을 수 있다는 우려가 제기되면서 GMO의 대표적인 문제가 실현된 것이라는 주장이 나왔다. 당분간은 브라질에서 태어난 유전자 편집 소가 원료로 사용된 식품을 식탁에서 접할 일이 없겠지만, 리콤비네틱스 사를 비롯한 기업들이 크리스퍼 기술을 이용한다면 무각 젖소나 여름철 무더위를 견디는 육우 등을 보다 정밀하게 만들 수 있을 것이다.

크리스퍼는 병에 저항성을 갖는 가축 개발에도 필수 도구로 활용될 수 있다. 미주리 대학교의 랜달 프레이더Randall Prather는 지금까지 수십 가지 유전자를 편집하거나 변형한 형질전환 돼지 수천 마리를 생산했다. 돼지의 유전체는 사람의 유전체와 크기가 동일하고 앞서 이제네시스 사의 사례로 설명했듯이 크리스퍼 기술을 이용한 유전자 편집에 매우 적합하다. "우리가 DNA 염기 몇 개를 변형시켰다고 하면 '그럼 그 돼지는 못 먹겠네요?'라고 말하는 사람들이 있습니다. 그런 말들 때문에 정말 힘들어요." 충분히 화가 날 만한 일이다. 세포분열이 한 번 일어날 때마다 자연적으로 약 30가지의 무작위 돌연변이가 일어나지만, 그게 악영향을 주는지 좋은 영향을 주는지는 알 수 없다.

프레이더가 중점을 두는 문제는 돼지 호흡기생식기증후군(줄여서 PRRS)이라는 병이다. 바이러스가 폐의 백혈구에 감염되어 혈류를 통해 퍼지는 이 질병은 1987년에 미국에서 처음 발견됐고, 3년 뒤에는 유럽에서도 발견됐다. 미국과 유럽에서는 PRRS로 매년 약 25억 달러라는 어마어마한 경제적 손해가 발생하고 있다. 하루에 발생하는 피해만 600만 달러가 넘는다. 프레이더와 다른 연구자들은 PRRS 바이러스의 유입을 막는 문지기 역할을 하는 CD163이라는 세포 표면 단백질을 발견했고 (HIV와 CCR5의 관계처럼) 이 단백질은 PRRS 저항성을 부여하는 주요 표적이 되었다. 프레이더 연구진은 크리스퍼 기술을 활용하여 단 6개월 만에 유전자가 편집된 새끼돼지를 만들어 냈다.

프레이더는 자신이 만든 유전자 편집 돼지 일부를 캔자스 주립대학교의 밥 롤랜드Bob Rowland에게 보내 맹검 방식으로 CD163의 기능을 확인했다. 실험은 유전자 편집 돼지와 대조군을 같은 우리에 두고 PRRS 원인 바이러스에 노출시키는 방식으로 진행됐다. 그리고 한 달 후, 롤랜드는 플로리다 해변에서 휴가를 즐기던 프레이더에게 폐 검사 결과를 이메일로 전달했다. "40번, 43번, 55번 돼지에서 음성이 나왔습니다." 롤랜드는 어떤 돼지가 유전자 편집 돼지인지 알지 못했다. 롤랜드와 함께 일한 연구원들은 실험에 분명히 무슨 문제가 생겼다고 생각했다. PRRS 바이러스에 내성이 있는 돼지는 한 번도 본 적이 없었다. 중국의 여러 연구진과 로슬린 연구소에서도 비슷한 결과가 나왔다. 다만 로슬린 연구소의 과학자 크리스티네 부르카르트Christine Tait-Burkhard는 "우리가 PRRS 내성 돼지로 생산된 베이컨이 들어간 샌드위치를 먹게 될 날"은 아직 한참 남았다고 전했다. 영국의 지너스Genus 사는 이 기술의 라이선스를 취득하고 현재 허가 절차를 밟고 있다.

이 사례는 겨우 동물 질병 한 가지와 연구소 한 곳의 이야기일 뿐이다. 크리스퍼 기술이 힘을 보탤 수 있는 질병은 아프리카 돼지 열병을 비롯해 소 호흡기 질병, 돼지 독감, 조류 독감 등 훨씬 많다.[53] 2018년과 2019년 사이에 중국과 아시아 다른 지역에서 1억 5,000만 마리에서 2억 마리에 이르는 돼지가 치명적인 아프리카 돼지 열병에 걸렸다. 수만 마리의 동물이 살처분되고 돼지고기 값은 두 배로 껑충 뛰었다. 병은 유럽까지 번졌고 미국에도 곧 들이닥칠 것으로 전망된다. 프레이더의 제자 중 한 명인 자오지엔궈Zhao Jianguo는 현재 중국 과학원에서 RELA 유전자를 표적으로 삼아 아프리카 돼지 열병에 내성이 있는 돼지를 개발하기 위한 연구를 이끌고 있다. 앞서 자오지엔궈는 크리스퍼 기술로 마우스의 UCP1 유전자를 치환시

켜* 연소되는 지방을 늘려서 추운 날씨를 더 잘 견디는 돼지를 개발하며 실력을 입증했다.[54]

)O(O(

지금까지 크리스퍼가 농업을 변화시키고 전 세계 인구를 먹여 살리는 데 기여할 수 있는 잠재성을 살펴보았다. 현 시점에서 실현 가능한 것으로 확인된 몇 가지 초기 성과다. 녹색혁명과 20세기 초에 이루어진 농업 발전은 당시 폭발적으로 등장한 새로운 기술이 남긴 결과 중 한 부분이다. 그리고 새로운 기술은 상당 부분 물리학과 공학의 결합에서 나왔다. 20세기에 들어 과학자들이 물리학의 세부적인 구성요소를 밝혀냈듯이 생물학의 구성요소, 즉 DNA 이중나선 구조의 발견에서 시작된 분자생물학의 중대한 발견과 유전체 혁명이 다가오는 새로운 세기를 이끌 것이다. 21세기의 첫 20년 동안, 우리는 20억 달러에 달하는 비용을 들여서 사람의 유전체 염기서열을 처음으로 밝혀낸 성과를 백악관에서 기념하던 것에서 브로드 연구소와 같은 유전체 분석 센터가 1,000달러도 채 안 되는 비용으로 5분마다 사람 한 명의 유전체를 전부 해독하는 수준의 발전을 이뤘다.

크리스퍼 혁명이 녹색혁명과 맞먹는 변화가 될지는 알 수 없다. 유전체 편집이 전 지구의 식량을 해결할 해답이라고 단언하는 것도 아니다. 그러나 과도한 규제나 유전자 변형 기술에 반대하는 예민한

---

* 돼지도 UCP1 유전자가 있지만, 아무런 기능을 하지 않는다. 이들 중국 연구진은 이 유전자를 기능이 나타나는 마우스의 동일한 유전자로 치환했다.

반응으로 이 기술을 가로막아서는 안 된다. "인간은 특별하지 않습니다." 찰스 만이 진지하게 한 말이다. 영양분을 한도 끝도 없이 먹어 치우는 원생동물처럼 우리도 배양접시의 끄트머리에 다다를 것이다. 그것도 머지않아 그렇게 될 것이다. 찰스 만이 저서에서 '마법사'로 칭한 사람들은 유전자 변형 작물과 궁극적으로 유전체가 편집된 작물이 인류를 위한 해결 방안이 될 수 있다고 믿고, '예언자'로 칭한 사람들은 자연의 보존과 사람 간의 유대를 설파한다. 그러나 이 마법사들은 사람들이 유전자 변형 기술을 수용하도록 설득하는 일에 처참히 실패했고, 크리스퍼의 앞에는 고생길이 열렸다.

찰스 만은 이 두 집단이 각자 생각하는 것보다 공통점이 훨씬 많다고 이야기한다. 산업화로 인한 피해를 정확히 인지하는 동시에 유전자 편집 작물을 포용하는 미래를 만들 수 있다. 식물학자들이 밀과 같은 곡류보다 나무와 카사바, 감자 같은 덩이줄기 작물에 먼저 관심을 기울이는 노력도 필요하다.

로돌프 바랑고우는 노스캐롤라이나 주립대학교 캠퍼스에 마련된 온실로 나를 안내했다. 우리는 3.6미터쯤 되는 높이로 줄지어 자라고 있는 어린 포플러 나무 사이를 함께 걸었다. 모두 크리스퍼로 편집된 유전자를 보유한 나무였다. 바랑고우와 동료 교수 잭 왕Jack Wang이 최근에 '노스캐롤라이나 나무 회사'로 설립한 '트리코TreeCo'의 첫 번째 결실이다. 세계적인 주요 목재 생산지인 노스캐롤라이나와 잘 어울리는 회사다. 포플러 나무는 합판과 가구, 종이에 많이 쓰인다. 유전체 편집 기술을 적용하면 펄프 생산량을 높이고 폐기물을 줄일 수 있다. 나무가 기후에 잘 견디도록 만드는 것부터 목재 생산, 생물연료 생산까지 다양한 용도로 이 기술을 활용할 수 있다. 바랑고우는 아직 세계 식량 공급까지는 고려하지 않는다. 우선 목재와 임업 분야에서 연구개발을 북돋우는 엔진이 되는 것이 그의 목표다. 식량 문제는 바랑고우가 아니더라도 분명 누군가가 관심을 쏟을 것이다.

인류가 배양접시의 끄트머리에 다다를 즈음에는 지금보다 나은 유전자 편집 도구가 필요할 것이다. 다행히 놀라울 정도로 빠르게 혁신이 이루어지는 분야답게, 이미 그러한 도구가 모습을 드러냈다.

22 장

크리스퍼의 전성기, 프라임 편집

큰 키에 점잖은 분위기가 느껴지는 존스홉킨스 대학교의 의학 유전학자 빅터 맥쿠식Victor McKusick은 1960년에 유전 형질과 유전질환을 멋지게 정리한 책《인간의 멘델 유전법칙》초판을 발표했다. 전 세계 유전학자들의 교과서가 된 이 책에는 인체에 발생하는 유전질환과 그 원인이 되는 돌연변이에 관한 정보가 총망라되어 있다. 열두 번째 개정판까지 나온 후에는 온라인 자료로 변환됐다. 현재까지 7,000가지가 넘는 유전질환과 형질이 정리됐다. 맥쿠식은 1956년에 자신이 처음으로 유전학적 특성을 밝혀낸 마판 증후군에 가장 깊은 관심을 기울였다. 35년 후 존스 홉킨스의 동료 연구자들과 다른 두 연구진은 마판 증후군을 일으키는 유전자를 발견했다. 나는 맥쿠식에게 이러한 연구 결과들에 관한 의견을 〈네이처〉에 싣고 싶다고 요청했다.[1] 그만한 적임자도 없었다. 맥쿠식은 의견서에서 에이브러햄 링컨 대통령도 마판 증후군이었을 가능성이 있다고 밝혔다.

의학 유전학의 아버지라 불리는 맥쿠식이 지금도 살아 있다면, 인체의 유전학적 소프트웨어가 어떤 방식으로 망가질 수 있는지 그 무수한 과정이 밝혀지고 심지어 그와 같은 오류를 바로잡을 수 있는 방법까지 발견됐다는 사실에 깜짝 놀랄 것이다. 웨일스 출신의 유전학자 스티브 존스Steve Jones는 생명의 책에 "어휘에 해당하는 유전자, 유전된 정보가 배열되는 방식에 해당하는 문법, 그리고 인간이 만들어지려면 반드시 필요한 수천 가지 지시문에 해당하는 글이 있다"고 설명했다.[2] 이 생명의 책에 페이지마다 적힌 글자에는 치환, 결실, 삽입, 확장, 중복, 재배치 등 다양한 문제가 발생한다. 지금까지 전 세계 유전학자들은 맥쿠식이 남긴 유산을 토대로 사람의 유전체를 구성하는 전체 유전자 중 약 3분의 1에 발생하는 돌연변이를 밝혀냈다. 이 숫자는 앞으로 더 늘어날 것이다.

유전질환 중에는 우리가 떠올릴 수 있는 가장 사소한 돌연변이, 가령 유전 암호의 글자 한 개가 다른 것으로 바뀌고 그것이 병의 원인이 되는 경우도 있다. 겸상 세포 질환도 베타글로빈 유전자의 아데닌 염기(A)가 티민(T)으로 바뀌는 것이 원인이다. 유전성 조기 노화에 해당하는 조로증은 라민 A 유전자의 시토신(C)이 티민으로 바뀐 결과다. 낭포성 섬유증은 유전자 하나에 생기는 수백 가지 각기 다른 돌연변이로 인해 발생하며 아미노산 한 개를 만드는 염기 3개가 한꺼번에 사라지는 경우가 가장 많다. 테이-삭스병은 이와 반대로 베타-헥소사미니데이즈β-hexosaminidase라는 효소 유전자에 염기 4

개TATC가 추가되는 것이 가장 흔한 원인이다. 헌팅턴병, 취약 X 증후 군에 의한 지적 장애, 그 밖에 수십 가지 질환이 DNA에 염기가 그 보다 길게 삽입되거나, 중복되거나, 결실되어 발생한다. 다운증후군 또는 21번 삼염색체증은 이름에서도 알 수 있듯이 아예 염색체 하 나가 통째로 문제가 경우다. 양친으로부터 물려받은 한 벌의 유전자 중 한쪽의 활성이 사라지는 후생학적 돌연변이처럼 더 미세하게 나 타나는 유전학적 결함도 많다.

유전자와 유전체 공학자가 유전질환을 치료하거나 해결하려면 바로잡아야 하는 돌연변이가 이렇게 많은 만큼, 크리스퍼-카스9 외 에 더 훌륭한 도구상자가 필요하다. 2012년부터 2013년까지 달성된 놀라운 발전 이후, 크리스퍼 기술의 도구상자는 가장 먼저 개발된 크리스퍼 유전자 편집 도구에 관한 분석을 토대로 새로 개발된 도 구가 추가되는 대규모 업그레이드가 진행되고 있다. 카스9 단백질 은 DNA를 완전히 잘라내는 데 쓰이고, 원하는 염기서열을 이어 붙 이거나 수선하는 기능도 빠른 속도로 개선되고 있다. 그러나 아직은 대부분의 치료 목적을 충족할 수 있을 만큼 정밀하지 않다. 전통적 인 크리스퍼 기술이 치료에 활용될 수 있는 유전질환은 극히 일부에 지나지 않는다.

이러한 상황을 해결하려면, DNA를 절단하지 않고 유전암호의 글자 하나까지 바꿀 수 있는 기술이 유전체 편집의 궁극적인 성배 가 되어야 한다. 학계는 크리스퍼 기술이 처음 적용된 대표적인 연 구 결과가 나온 직후부터 이 기술의 기초단위를 분석하고 바꾸거 나 조정할 방법을 고민했다. 수많은 연구자가 같은 목표로 노력해

왔지만, 아주 정밀한 분자 편집기를 만들겠다는 이 임무에서 유난히 눈에 띄는 인물이 있다. 비상한 재능을 가진 아시아 출신의 이 과학자는 하버드 입학 전 고등학교 시절부터 남다른 재능을 드러냈고 캘리포니아에서 뛰어난 성적으로 박사 학위를 딴 데 이어 브로드 연구소에서 성공 가도를 달렸다. 혹시 장평을 떠올렸다면 잘못 짚었다.

장평보다 열 살 더 많은 데이비드 리우가 지금까지 쌓아 온 커리어는 장평과 굉장히 비슷한 부분이 많다. 리우는 대만인인 부모에게서 태어나 캘리포니아 리버사이드에서 나고 자랐다. 어머니는 물리학 교수, 아버지는 엔지니어였다. 장평과 마찬가지로 고등학교 재학 시절에 과학적 재능이 훤히 드러났다. 리우는 "미성숙한 경쟁심"이 계기가 되었다고 밝힌 적이 있다. 1990년에는 전국 규모로 실시된 '웨스팅하우스 과학 재능 발굴 대회'에 참가해 2위를 차지했다. 같은 학교 학생들 중에서는 1위였다.

하버드 대학교에 진학하고 신입생 시절에는 화학보다 물리학에 더 관심이 많았다. 그러다 1990년 12월, 미국 전체에서 최우수 학생 5명을 선발하여 새로 노벨상을 수상한 사람들이 참석하는 스톡홀름 강연에 보내 주는 프로그램에 선발된 후 관심이 바뀌었다. 당시 강연을 맡은 수상자 중에는 하버드의 화학 교수 E. J. 코리E. J. Corey도 포함되어 있었다. 레고 블록을 조립하듯 새로운 분자를 만들어 내는 코리의 연구를 접하고 완전히 매혹된 리우는 강연이 끝난 후 코리에게 연구실에 들어가고 싶다는 뜻을 전했다. 그의 소망은 이루어졌고, 1994년에 1,600명이 넘는 전교생 중 수석으로 대학을 졸업했다.

코리는 〈보스턴 글로브〉와의 인터뷰에서 리우는 "슈퍼스타가 될 것"
이라고 말했다.[3]

졸업 후 리우는 버클리의 재능 넘치는 분자생물학자 피터 슐츠
Peter Schultz의 제자로 박사 과정을 밟기 위해 고향인 캘리포니아로 돌
아왔다. 슐츠는 유전암호를 다시 쓰는 사람이었다. 리우는 이후 몇
년간 유전암호를 구성하는 알파벳을 확장하는 방법에 관해 연구했
다. 즉 정보를 암호로 바꾸고 (인체에 자연적으로 존재하는 20가지 외에 추가
로) 합성된 아미노산에 담는 방법을 탐구했다. 대학원생의 이 획기
적인 연구 결과를 하버드에서 강의할 기회도 주어졌는데, 사실상 신
임 교수 면접이나 다름없었다. 과학자들 중에는 박사 학위 과정을
밟는 중에 놀라운 실력이 드러나는 사람이 있다. 프로 농구 팀이 고
등학생 선수들 중에서 영재를 발굴해 영입하는 것과 마찬가지로, 이
런 경우 대학이 교수직을 미리 제안하기도 한다. 하버드는 리우에게
보통 4년에서 5년간 이어지는 박사 후 연구원 과정을 건너뛰고 바로
교수로 일해 달라고 요청했다. 거부할 수 없는 유혹이었다. 하지만
리우는 다른 사람들에게 권하고 싶은 일이 아니었다고 밝혔다. "그
때 나는 내가 뭘 하고 있는지도 몰랐다."[4]

그리하여 1999년 가을에 리우는 겨우 스물여섯의 나이로 1964년
부터 노벨상 수상자를 일곱 명 배출한 하버드의 명망 있는 화학과에
교수로 합류했다. 생명의 기초단위에 분자 수준의 혁명을 일으킬 수
있다는 사실을 입증하기 위해, 리우는 굉장한 일을 벌이기로 결심했
다. 시험관에서 단백질을 진화시키는 연구였다. 하버드 교수로 일한
첫 10년간 리우의 연구실은 분자 진화의 새로운 기술을 구축하고 이

를 사람의 질병에 적용하는 방법을 탐구하며 명성을 떨쳤다. 그 중심에는 케빈 에스벨트가 개발한 '박테리오파지를 이용한 지속적 진화PACE'라는 기술이 있었다.[5] 1999년에는 유전체 편집에도 살짝 발을 담갔다. DNA(또는 RNA) 삼중나선 구조 형태로 유전자 활성 인자를 만들어서 유전체의 여러 부위에서 유전자의 활성을 조절하거나 DNA를 절단할 수 있는 방법을 찾아보려고 했다. 리우는 이 연구가 "완전한 실패"로 끝났다고 인정했다. 그러나 금방 털고 원래 자신의 관심사인 유전체에 관한 화학적 연구에 다시 매진했다.[6]

뛰어난 학생들을 얻기 위해 슈라이버, 쇼스택, 조지 화이트사이드George Whitesides 같은 화학계의 거장들과 경쟁을 벌여야 했던 리우는 매년 연구실 개방 행사마다 단번에 눈길을 사로잡는 포스터를 준비했다. 리우의 모습이 TV 프로그램 〈백만장자가 되고 싶은 사람?〉의 진행자 레지스 필빈Regis Philbin처럼 등장한 적도 있고, 영화 〈매트릭스〉의 등장인물처럼 묘사되거나 〈스파이더맨〉의 악당인 닥터 옥토퍼스처럼 그려진 적도 있다. 이런 전략은 분명 효과가 있었던 것 같다. 리우의 연구는 승승장구했고, 2005년에는 겨우 서른한 살의 나이로 정교수가 됐다. 같은 해에 리우는 다우드나와 함께 미국 생명의료 분야 연구 기관 중 최고로 꼽히는 하워드 휴스 의학 연구소에 소속된 300여 명의 연구자 중 한 명이 되었다(채용이 됐다는 의미다).

리우는 연구에 탁월한 능력을 발휘하고 헌신하려면 일과 개인적인 삶의 균형이 건강하게 유지되어야 한다고 믿고, 그렇게 하기 위해 노력한다. "화학은 인생입니다. 하지만 인생은 화학보다 훨씬 큽니다." 그는 이런 말을 한 적이 있다.[7] 리우가 즐기는 취미 중에는 엔지니어인 아버지 밑에서 자란 영향이 고스란히 반영된 것도 있었다. 드론이 널리 알려지기 전인 2000년 초에는 깃털처럼 가벼운 몸체에 집 안을 거의 구석구석 돌아다닐 수 있는 비행기를 제작했다. 자신이 키우는 고양이들과 놀아 줄 장난감으로 '쥐 투석기'라 이름 붙인 레고 로봇도 만들었다. 도난 경보기에 달려 있던 센서를 가져다 만든 이 로봇은 열이 감지되는 방향으로 고양이 장난감을 집어던진다.

하지만 가장 열정적으로 빠져들고 꽤 짭짤한 수익까지 올린 취미는 따로 있었다. 대학생 시절에 처음 접한 블랙잭이다. (속임수가 아닌 범위에서) 수학적 재능을 발휘하여 게임을 금방 익힌 리우는 거의 집착에 가까울 만큼 블랙잭에 푹 빠졌다. 나중에는 같은 열정을 가진 학생들에게 일주일에 한 번씩 블랙잭을 가르치고 가장 열심히 배우는 14명을 일명 '블랙잭 닌자'로 키웠다. 이 젊은 교수는 몇 개월에 한 번씩 사람들을 이끌고 라스베이거스에 가서 주말 내내 도박을 즐기고 돌아오곤 했다. 한 자리에서 15시간이나 연달아 게임을 한 적도 있었다. 리우는 아내에게 멋진 귀걸이를 사 주고 싶어서 그만한 돈이 모일 때까지 계속 한 것뿐이라고 농담 삼아 이야기했지만, 리우의 패거리는 "돈을 말도 안 될 정도로 쓸어 가는" 자들로 유명했다.[8]

일요일 밤이면 라스베이거스에서 출발하는 제트블루 야간 비행편에 몸을 싣고 보스턴으로 돌아와서 피곤에 절어 있는 모습 그대로 다음 날 오전 화학과 강의실에 모습을 드러냈다. 그 순간에는 왜 학생들을 데리고 도박을 하러 비행기까지 타고 카지노를 다녀왔을까 자문하곤 했다고 한다.[9] 하지만 유난히 게임이 잘 풀려서 많은 돈을 따고 돌아온 날이면 화학 교수가 되길 참 잘했다고 생각했다. 하지만 어쩔 수 없이 그만둬야 하는 때가 찾아왔다. 라스베이거스의 MGM 그랜드 카지노가 그의 출입을 금지한 것이다. 하지만 리우의 지갑에는 반짝이는 계산 카드가 언제 또 찾아올지 모르는 기회를 기다리고 있다.

브로드 연구소 3층에 있는 리우의 사무실에는 그가 직접 그린 그림과 뛰어난 솜씨가 돋보이는 사진 작품, 수집품으로 모아둔 광물들과 함께 모든 방문자의 시선을 한 몸에 받는 물건이 하나 놓여 있다. 1미터에 달하는 높이에 무게가 거의 14킬로그램이나 나가는 아이언맨의 '헐크버스터' 모형이다. 리우에게 꼭 어울리는 모형이 아닐 수 없다. 헐크는 엄청난 양의 감마선에 노출되어 생겨난 존재이고, 헐크 버스터는 헐크의 공격을 막기 위해 만들어졌다. 리우는 토니 스타크처럼 멋진 기술로 사람들을 유전자 돌연변이로부터 보호하는 일에 매진하고 있다. 그런 기술이 나올 수 있도록 승률을 높이고, 자신이 어디까지 날 수 있는지 시험한다. 노바티스 연구재단의 유전체 연구소 소장인 제럴드 조이스Jerald Joyce는 리우가 "크리스퍼 2.0 시대의 대부가 될 것"이라고 전망했다.[10] 2020년 초에 나는 캐나다 로키산맥 지역에서 청중을 완전히 사로잡은 리우의 강의를 들은 적이 있다. 바로 옆에 앉아 있던 한 과학자가 내 귀에 대고 속삭였다. "저 사람은 천재예요!"

니콜 가우델리Nicole Gaudelli는 뉴욕 북부에서 자랐다. 아버지와 할아버지의 영향으로 과학과 자연을 사랑하게 되었다. 동물원에 놀러가거나 낚시를 하고, 얼음 결정을 만들고, 물 로켓을 제작하면서 어린 시절을 보냈다. 장래희망은 의사였지만, 아버지는 연구자가 되면 더 많은 사람들을 도울 수 있다고 이야기했다. 존스 홉킨스 대학교에서 박사 과정을 밟던 어느 날, 한 세미나에 초청된 리우가 박테리오파지를 이용한 지속적인 진화와 분자 진화에 관해 설명하는 강연을 듣고 깜짝 놀란 가우델리는 당시에 누구나 가고 싶어 했던 리우의 연구실에서 박사 후 연구원 과정을 마치리라 마음먹었다.

2014년에 리우의 연구실에 합류한 직후, 가우델리는 캘리포니아 공과대학교에서 막 박사 학위를 따고 역시나 박사 후 연구원으로 온 캘리포니아 남부 출신 알렉시스 코머Alexis Komor와 금세 친해졌다. 코머는 이곳의 연구원이 되기 전 수 개월간 리우와 이메일을 주고받으며 의논했던 연구 프로젝트를 맡았다. 박사 과정이 18개월 남았을 때 이 유명한 화학자와 만나 면접을 본 코머는 연구에 큰 보탬이 되고 싶고 그럴 수 있다고 열심히 설득했다.

이후 코머는 리우에게 박사 후 연구를 할 때 시도해 보고 싶은 몇 가지 프로젝트를 이메일로 보내기 시작했다(리우는 "서로가 서로를 이끄는 브레인스토밍"이었다고 설명했다). 그중 하나는 캘리포니아 공과대학교의 졸업 요건을 채우기 위해 제출한 자료에서도 밝힌 것으로, 리보핵산 가수분해효소를 실험을 통해 진화시켜서 RNA의 특정 염기서열을 분해하도록 만든다는 내용이었다. 리우는 괜찮은 아이디어지만 DNA 편집 기술, 특히 크리스퍼와 결합된 핵산 분해효소인 카스

9을 활용하는 방법을 찾아보라고 제안했다. "사람의 유전체에서 (예를 들어) 염기 A를 G로 바꿀 수 있는 방법을 찾는다면, 유전체 공학은 물론 인체 질병의 치료에도 큰 변화가 일어날 수 있습니다." 2013년 11월 1일에 리우가 코머에게 보낸 이메일에는 이런 내용이 담겨 있었다.

코머는 뛸 듯이 기쁘면서도 혼란스러웠다. "왜 이분은 카스9인지 뭔지에 이렇게 열광할까?!"라는 생각이 들었다.[11] 그럼에도 아이디어를 계속 다듬었고, 마침내 보스턴에 도착한 2014년 9월에는 염기 편집의 기초적인 토대가 마련됐다. 리우는 코머와 가우델리를 직접 보기 전까지 두 사람을 잘 구분하지 못하고 누가 무슨 연구를 진행 중인지 혼동할 때도 많았다. 코머가 연구실에 처음 온 날 리우는 구성원 대부분이 남자인 연구실 식구들과 먼저 인사를 나누도록 한 후 먼저 합류한 가우델리에게도 소개했다. "이쪽은 니콜입니다. 내가 계속 두 사람을 혼동했는데 보면 왜 그런지 알 겁니다!" 서로 마주본 두 사람은 웃음을 터뜨렸다. 가우델리는 머리카락도 눈도 모두 짙은 색인 전형적인 이탈리아인의 외모인 반면, 코머는 금발에 푸른 눈을 가진 전형적인 캘리포니아인의 외모였기 때문이다. 둘은 금방 친구가 되었다.

첫 6개월간 코머는 그리 편한 마음으로 지내지 못했다. 캘리포니아에서 아직 박사 과정을 밟고 있는 남편과 너무 멀리 떨어져 살아야 했기 때문이다. 그래서 보스턴에서 박사 후 연구원 과정을 되도록 빨리 마치고 가족들과 환한 햇살이 기다리는 캘리포니아로 돌아가고 싶었다. "기술 개발은 엄청난 위험을 감수해야 하는 일이에요.

하지만 처음에 저는 제가 뭘 하고 있는지도 몰랐다니까요!" 코머는 내게 말했다. 연구실 전체 회의에서 동료 연구원들이 놀란 눈으로, 때로는 회의적인 투로 코머의 연구 계획을 아주 세세한 부분까지 따져 묻는 것도 정말 골치 아픈 일이었다.

다우드나는 정통 화학자지만, 크리스퍼 유전체 편집 기술은 대부분 생물학을 토대로 발전했다. 각자 전혀 다른 기술을 보유한 코머와 리우의 만남은 큰 성과로 이어졌다. "DNA 단일 가닥은 이중 가닥보다 반응성이 훨씬 큽니다." 코모의 설명이다. 카스9 단백질이 DNA에 결합하면 이중나선 구조를 열고 염기 다섯 개 정도 길이의 단일 가닥 DNA가 노출된다. 이 틈은 화학이 놀라운 능력을 발휘하는 무대가 된다. 코머는 시토신(C)을 우라실(U)로 변환하는 효소인 사이티딘 탈아미노효소에 주목했다. 단일 가닥 DNA에만 작용하는 이 효소를 불활성('죽은') 카스9 단백질과 연결시키면, 원하는 DNA 염기서열을 찾아서 (가닥을 절단하지 않고) 짤막한 가닥을 열어서 사이티딘 탈아미노효소가 작용할 수 있는 상태로 만들 수 있다.

8개월여간의 연구 끝에 코머는 C와 G로 이루어진 염기쌍을 원래는 짝이 될 수 없는 U와 G로 바꾸는 염기 편집 장치의 원형을 개발했다. 여기서 코머는 새로운 문제와 맞닥뜨렸다. 세포의 DNA 수선 장치는 이런 잘못된 조합을 발견하면 그냥 넘어가지 않고 정상적으로 돌려놓으려고 한다. 직소 퍼즐에 정확한 조각을 찾아서 끼우려고 하는 것과 같다. 코머는 이러한 반응을 유리한 방향으로 활용해서 해결책으로 만들기로 했다. 세포가 U와 G의 잘못된 염기쌍 중에 G를 수선하도록 유도하여 최종적으로 염기쌍이 T와 A로 바뀌도록 만들기로 한 것이다.* 그러려면 세포의 DNA 수선 기능에 의해 공들여 U로 바꿔 놓은 염기가 다시 본래대로 돌아가지 않고 염기 편집이 완료될 수 있는 일종의 속임수를 찾아야 했다.

코머가 떠올린 첫 번째 속임수는 "우라실 염기가 눈에 띄면 바로 없애 버리는" 효소의 활성을 차단하는 것이다. 이를 위해 코머는 이 무자비한 효소인 우라실 DNA 글리코실화효소의 활성을 저해하는 요소를 염기 편집기의 세 번째 구성요소로 추가했다. 그러자 어느 정도 균형이 잡히는 듯했지만, 바라던 만큼 큰 효과는 나타나지 않았다. 그러던 어느 날, 코머는 연구실 주방에서 동료와 대화를 나누다가 번뜩 아이디어가 떠올랐다. "정말 갑자기 떠올랐어요. 세상에, 우리가 다루고 있는 것이 핵산 내부 분해효소라는 걸 새삼스럽게 깨달은 거예요!" 코머는 그때를 회상하며 전했다. 코머가 개발한 염기 편집기에는 '죽은' 카스9 단백질이 포함되어 있지만, 이 단백질이 DNA를 절단하는 핵산 분해효소라는 사실에는 변함이 없다. 코머는 이 카스9 단백질에서 아미노산 한 개를 다른 것으로 교체하여 DNA 이중나선 중 한 가닥을 잘라 "틈을 만들어 내는" 틈내기 효소의 기능을 발휘하도록 만들었다. 즉 (U가 포함된 가닥은 그대로 두고) G가 포함된 가닥을 잘라서 틈을 만들면 세포의 DNA 수선 기능이 활성화되어 U

---

* 이 예시는 염기 C를 바꾸는 편집기에 관한 내용이다. 이 편집기의 표적은 C와 G로 된 염기쌍이고, 탈아미노효소가 작용하여 C를 U로 바꿔 U와 G로 된 염기쌍을 만들어 낸다. 세포의 DNA 수선 기능은 이 맞지 않는 염기쌍을 두 가지 방식으로 해결할 수 있다. U를 다시 C로 돌려놓거나, G를 A로 바꾸는 것이다. 후자의 경우 U와 A, 또는 T와 A로 된 염기쌍이 생긴다. 코머는 둘 중 후자와 같은 수선이 일어나도록 유도해서 처음에 C와 G였던 염기쌍을 T와 A로 바꾼다는 목표를 정했다.

가 아닌 G를 U와 짝이 맞는 염기로 바꾼다.

이 기발한 아이디어를 리우에게 전하자, 리우는 혼잣말로 마구 욕을 뱉기 시작했다. 그리고는 누가 가로챌 수 있으니 서둘러 논문을 내야 한다고 이야기했다. 코머의 아이디어는 충분히 그럴 만한 가치가 있었다. "최대한 빨리 써 보세요." 코머는 2015년 크리스마스 연휴를 캘리포니아의 집에서 보내는 동안 논문 초안을 썼다. 크리스마스 날에도 원고를 다듬었다. 심지어 고등학교 졸업 10주년 기념 모임도 포기했다. 처음에 〈네이처〉의 검토 담당자들은 기술적으로 부족한 부분을 지적하고 게재 거절 의사를 밝혔다. 그러나 코머는 물러서지 않고 지적된 부분을 하나하나 반박했고 리우도 편집자였던 앤젤라 이글스톤Angela Eggleston에게 전화를 걸어 열심히 설명했다. 결국 수정된 논문은 승인됐고 2016년 3월에 출판됐다.[12] 내가 코머에게 논문을 발표할 학술지로 왜 〈네이처〉를 선택했느냐고 묻자, 이런 대답이 돌아왔다. "거기가 아니면 어디에 내죠?"

코머가 최초의 C-T 염기 편집기 개발에 한창일 때 가우델리도 친구의 연구에 점점 관심을 갖기 시작했다. 내부적으로 오래 논의한 끝에 가우델리는 원래 하던 프로젝트를 접고 코머가 개발한 것과 정반대되는 기능을 가진 새로운 염기 편집기를 개발하기로 했다. A를 G로 바꾸는 염기 편집기를 만들기로 한 것이다. 사람의 유전자에 발생하는 돌연변이 중 질병을 일으키는 것으로 알려진 것의 약 절반은 G가 A로 바뀌는 돌연변이이므로, 의학적인 응용 면에서 더욱 유용한 도구가 될 수 있다. (실제로 시토신에 탈아미노 반응이 일어나 우라실로 바뀌는 자연발생적인 돌연변이의 빈도가 높다. 이 경우 T와 A 염기쌍이 잘못 형성된

다) 인체에서 흔히 발생하는 이 돌연변이를 바로잡을 수 있는 시스템이 개발되면 의학적으로 큰 도움이 될 가능성이 있다. 하지만 한 가지 중요한 문제가 있었다. 연구를 시작할 수 있는 재료가 없었다.

리우의 연구실에서는 15년 넘게 철저히 지켜진, 절대 깰 수 없는 규칙이 있었다. 새로운 연구를 시작할 때, 연구 초기 재료부터 진화를 유도하면 안 된다는 것이다. 하지만 가우델리에게는 선택할 수 있는 것이 없었다. 자연에는 DNA의 A 염기를 G로 바꾸는 효소가 없기 때문이다.* 가우델리는 의연하게 세균의 효소로 눈을 돌렸다. 가우델리가 주목한 것은 DNA가 아닌 RNA에 작용하는 tRNA 아데노신 탈아미노효소(줄여서 tadA)였다. 그리고 실패해도 잃을 것이 없다는 생각으로 다소 정신 나간 실험을 시작했다. 시험관에서 이 효소가 연구에 필요한 특성을 갖도록 진화를 유도한 것이다.** 첫 단계 진화 후 변형된 효소가 RNA가 아닌 단일 가닥 DNA를 반응 기질로 삼을 수 있다는 사실이 확인됐다. 또한 이 돌연변이는 가우델리가 예상한 곳에 정확히 일어났다. 이 모든 결과가 담긴 슬라이드를 리우에게 보여 주자, 그는 이번에도 혼자 욕을 뱉고는 대답했다. "젠장, 이건 뭐 확실한 증거군요."

가우델리는 효소의 진화를 몇 차례 더 진행한 끝에 강력한 염기 A 편집기를 만들어 냈다. 이 편집기로 혈색소 침착증, 겸상 세포 질

---

* A에 탈아미노 반응이 일어나면 이노신(I)이 되고 이것이 G로 해독된다.

** 나중에 리우는 다섯 곳의 연구진이 사이티딘 탈아미노효소 대신 RNA 아데닌 탈아미노효소를 결합하는 실험을 실시했지만, 누구도 염기 편집에 성공하지 못했다는 사실을 알게 됐다. "우리 연구진처럼 이 효소를 진화시켜서 사용한다는 별난 결심을 하고 그대로 밀고 나간 사람은 아무도 없었습니다."

환 등 유전질환을 일으키는 유전자의 돌연변이를 바로잡을 수 있다는 사실도 증명했다. 코머처럼 가우델리도 이 염기 편집기 연구 덕분에 처음으로 〈네이처〉에 실린 논문의 제1저자가 되었다.[13] 다른 경쟁 학술지 편집자들은 먼저 리우에게 연락해 가우델리의 연구처럼 큰 화제가 될 만한 결과가 나오면 자신들에게 보내 달라고 요청했다. 길게만 느껴졌던 주말 동안 검토가 진행된 후 가우델리의 논문은 무사히 통과됐다. 이 논문이 발표된 직후부터 세계 곳곳에서 염기 편집 연구에 뛰어드는 연구자들이 속속 늘어났다.[14]

되돌아보면 가우델리는 무모한 도박을 한 것이나 다름없다. 가우델리는 자신이 거둔 성과가 구성원들의 성장에 힘을 실어 주는 리우 연구실의 환경과 "내가 정말 천하무적인 것처럼 느끼게 만들어주는" '헐크버스터' 같은 리우 덕분에 나왔다고 이야기한다.[15] 가우델리는 어느 대학이든 원하는 곳에 교수로 갈 수 있었지만, 리우가 동료 장펑, 키스 정과 공동 설립한 새로운 생명공학 회사 '빔 테라퓨틱스Beam Therapeutics'에 합류하기로 했다. 그리고 염기 편집 기술로 도움을 받을 수 있는 사람들을 생각하기 시작했다. "내 아버지가 이런 기술이 꼭 필요한 경우라면 어떨까요? 우리 할아버지가 그렇다면? 아직은 없지만, 내 아이가 그런 병에 걸렸다면?"

회사 이름은 리우의 친구인 스탠퍼드 대학교의 소아 종양학자 아그니에슈카 체호비치Agnieszka Czechowicz에게서 나왔다. 체호비치는 리우에게 '빔Beam'은 정밀 기술인 레이저를 떠올리게 하고, '염기 편집 그리고 그 이상Base Editing And More'을 줄인 말로도 볼 수 있다고 설명했다. 제대로 짚은 것이다.

"'그 이상'이라는 건 뭘까요?" 리우가 묻자 체호비치는 이렇게 답했다. "그건 직접 찾아낼 거라고 확신해요."[16]

가우델리에 이어 페이 앤 랜 등 리우와 장펑의 연구실에서 일하던 박사 후 연구원 몇 명도 과거 네코 사탕 공장이 있던 곳, 노바티스 연구개발 본부 바로 옆에 자리잡은 빔 테라퓨틱스로 출근하기 시작했다. CEO 존 에반스John Evans는 2019년에 회사를 증권 시장에 상장하고 1억 8,000만 달러를 확보했다. 많지 않은 돈이지만, 언젠가 켄들 스퀘어 중심부로 옮기는 데 도움이 될 것이다.

박사 후 연구원의 과감한 가설에서 시작된 염기 편집 기술은 두 건의 연구 결과가 명망 있는 학술지 〈네이처〉에 실리고 채 5년도 지나기 전에 전 세계 연구실과 생명공학 분야 공개기업들의 연구 과제가 되었다. 염기 편집기 개발은 화학이 거둔 놀라운 성취다. "이러한 분자 장치는 유전체에서 표적 한 곳을 정확히 찾고, DNA를 열고, 염기 하나에 직접 화학적인 수술을 실시해서 원자 배열을 바꿔야 합니다. 그런 다음에는 이 변화를 원상태로 되돌리려는 세포의 적극적인 기능으로부터 편집된 결과를 보존하는 것 외에 다른 건 아무것도 하지 않습니다."[17] 리우의 설명이다.

코머는 최초로 개발된 이 두 가지 염기 편집기가 "간단한 돌연변이는 전부" 편집할 수 있는 도구가 되었다고 밝혔다. 리우는 "이제 염기 편집기가 종류별로 나올 것이고, 필요한 변화와 정확히 일치하는 편집기를 골라서 쓸 수 있는" 때가 올 것이라 전망한다. 편집하려는 부분, 그 염기서열의 환경, 표적 외에 다른 곳에 편집이 일어날 경우 발생하는 영향 등이 그 선택에 영향을 줄 것이다. 2020년 3

월에 리우는 이 예측이 현실이 될 것임을 보여 주었다. 제니퍼 다우드나의 연구진이 또 다른 박사 후 연구원인 미첼 리처Michelle Richter와 함께 가우델리가 처음 개발한 편집기보다 활성이 600배 더 우수한, 더욱 진화된 새로운 버전의 염기 A 편집기를 공개한 것이다.[18] 염기 편집기도 크리스퍼-카스9 시스템과 마찬가지로 표적이 아닌 곳을 절단하는 경향이 나타나므로 과학자들은 특이성을 개선하려고 계속 노력 중이다. 인체를 이루는 10조 개 세포 하나하나에서 유전체에 돌연변이가 끊임없이 발생한다는 점도 고려해야 한다. 하루 동안에만 C가 U로 바뀌는 일이 수백 번 일어나고, 수정 과정 없이 그대로 남아서 C가 T로 바뀌는 돌연변이가 된다.

염기 편집 기술로 치료제가 나오려면 수년이 걸릴 것이다. 거기까지 가려면 넘어야 할 장애물이 많다. 이제 그토록 바라던 캘리포니아 남부로 돌아가 대학 교수가 된 코머는 증상을 치료하는 수준에 그치지 않고 "병을 치료"하는 기술이 될 가능성이 높다고 밝혔다. 내가 예상했던 답변이었다. 리우 연구진은 이미 마우스 실험에서 염기 편집 기술로 환자에게 큰 피해를 발생시키는 희귀 유전질환을 바로잡는 데 성공했다. 조로증으로 불리는 허친슨 길포드 증후군은 라민A 유전자의 염기 하나에 돌연변이가 생겨서 발생하는 우성 유전질환으로, 이 병에 걸리면 급격한 조기 노화가 진행된다. 이 돌연변이로 만들어진 프로제린Progerin이라는 단백질은 대동맥과 인체 여러 조직을 손상시킨다. 조로증으로 태어난 아이들은 대부분 15세를 넘기지 못한다.

리우는 수 년 앞서 인체 조로증 돌연변이가 발현된 마우스 모델을 개발한 미국 국립보건원의 프랜시스 콜린스 원장과 협력하기로 했다. 리우 연구진은 AAV 벡터 한 쌍을 이용하여 염기 편집기를 세포 내부로 운반하고, 일종의 분자 벨크로로 각 구성요소를 이어 붙였다. 염기 A 편집기는 조로증의 원인이 되는 돌연변이를 바로잡아 프로제린이 만들어지지 않도록 한다. 이렇게 치료받은 마우스에서는 세포가 정상적인 형태를 되찾고 대동맥도 거의 정상적인 상태로 회복된다는 사실이 확인됐다. 또한 치료 받은 마우스는 조로증에 걸린 마우스보다 겉으로 보기에도 더 건강하고 수명도 길어진다는 놀라운 결과가 나타났다. 내게 이 결과에 관해 이야기할 때도 마우스가 죽지 않고 살아 있었으므로 정확히 얼마나 더 오래 사는지는 말할 수 없었다. "다들 얼마나 기뻐하는지 모릅니다." 리우는 이 혁신적인 치료가 마우스에서 어린 환자들에게 적용될 수 있도록 "신중하게 그러나 신속하게" 노력할 것이라고 밝혔다.[19]

더 흔한 질병은 어떨까? 유전체 편집 전문 스타트업 '버브 테라퓨틱스Verve Therapeutics'는 빔 테라퓨틱스의 가우델리 연구진과 협력하여 두 종류의 원숭이 모형에서 심장 질환을 단번에 해결할 수 있는 전략을 시험 중이다. 게잡이원숭이로도 불리는 마카크원숭이의 간에 지질 나노입자로 염기 A 편집기를 전달해서 콜레스테롤 조절 유전자로 알려진 유전자 한 쌍의 활성을 없애는 것이 이들의 전략이다. 버브 테라퓨틱스의 CEO 섹 캐서레산Sek Kathiresan은 PCSK9 유전자와 ANGPTL3 유전자를 표적으로 치료한 결과 '나쁜' 콜레스테롤로 불리는 LDL 콜레스테롤과 트리글리세리드가 각각 크게 감소했다고 밝혔다.[20] 이러한 결과가 확실하게 입증되고 사람까지 확대 적용되려면 몇 년이 걸릴 것이다. 그러나 염기 편집 기술은 "심장 질환을 단번에 해결하는 유전체 편집 치료제"를 개발해서 평생 스타틴을 복용해야 하는 환자들, 매년 1,800만 명에 이르는 심혈관 질환 사망자를 줄이겠다는 캐서레산의 꿈을 현실로 만드는 데 분명 일조할 것이다.

)(I)(I)(

욕조에 앉아 있던 아르키메데스부터 사과에 맞아 이마가 멍든 아이작 뉴턴에 이르기까지, 과학의 역사에는 전설로 전해지는 깨달음의 순간이 많다. 이제는 세상을 떠난 캐리 멀리스 Kary Mullis는 중합효소 연쇄반응 기술로 노벨상을 수상한 후 기념 강연에서 상당히 인상적인 말을 남겼다. 이 자리에서 그는 굉장히 희한했던 깨달음의 순간을 회상했다. 여러분에게도 꼭 소개하고 싶은 놀라운 이야기다.

어느 금요일 밤에 저는 평소대로 버클리에서 멘도시노까지 차를 운전해서 가는 중이었습니다. 세상 모든 것과 단절된 깊은 숲속에 있는, 제 통나무집으로 가는 길이었죠. 한밤중에 산속을 운전하다 보니 꽃이 만발한 캘리포니아 말밤나무 가지가 도로를 향해 드리워져 있었습니다. 습기가 가득하고 서늘한 공기에는 이 꽃들의 강렬한 향기가 가득 했어요…… 유레카!!!! 다시 한 번 유레카!!!! …… 저는 128 고속도로에서 46.7마일이라는 표식이 찍힌 지점에 차를 멈췄습니다. 앞좌석 서랍을 열어 종이와 펜을 꺼내고…… "천둥의 신이시여!" 하고 외쳤습니다. DNA의 화학적 특징 때문에 가장 골치 아팠던 문제가 마치 번개가 내려친 것처럼 싹 해결된 겁니다…… 통나무집에 도착한 저는 작은 도식을 그리기 시작했습니다. 그리고 마지막 한 병 남아 있던, 아주 훌륭한 멘도시노 카운티 카베르네 와인의 기운으로 의식이 반쯤 남은, 멍한 상태에 빠져들었습니다…… 실험이 처음 성공한 날짜는 12월 16일입니다. 전처인 신시아의 생일이라 지금도 날짜를 기억합니다. 우리 뇌에는 '지나간 관계가 남긴 비애'가 새겨지는 공간이 따로 있다고 생각합니다. 이 비애는 삶이 흘러가면 함께 커지고 번성해서 본래 취향과는 전혀 맞지도 않는 컨트리 음악을 듣게 만들죠.[21]

앤드류 안잘론Andrew Anzalone이 '프라임 편집' 기술을 처음 떠올린 이야기도 이에 못지않게 흥미롭다. 안잘론은 카베르네 와인 대신 카페인의 힘으로, 한밤중에 나파 밸리가 아닌 로어 맨해튼의 거리를 돌아다니다가 깨달음의 순간을 맞이했다. 운전을 하고 있지 않았으니 훨씬 덜 위험한 순간이었다고 할 수 있으리라. 리우의 연구실로 자리를 옮기기 전 2017년에 아직 컬럼비아 대학교에 있을 때 처음 떠올린 안잘론의 아이디어는 새로운 유전체 편집 플랫폼 개발에 결정적인 역할을 했다. 화학자가 아닌 의사 겸 과학자인 안잘론은 리우의 염기 편집 연구에 큰 흥미를 느끼고 이 기술을 더 크게 확장시킬 기회가 있을 것이라고 생각했다. "염기 편집은 네 가지 염기를 바꾸는 기능이 매우 우수하지만, 염기 여덟 개가 바뀌거나 소규모로 삽입, 결실이 일어나는 돌연변이는 해결하지 못한다." 안잘론의 설

명이다.[22]*

2019년 10월, 리우는 안잘론과 연구실의 다른 연구원들이 개발한 새로운 유전체 편집 기술을 공개했다. 기존의 염기 편집 기술을 잠재적으로 모든 DNA를 변형시킬 수 있도록 확장시킨 기술이다. "살아 있는 세포나 생물의 모든 곳에서 어떠한 DNA 변화도 일으킬 수 있으리라는 열망이 이제 시작되었다." 리우는 이렇게 밝혔다.[23] (이번에도 역시) 〈네이처〉에 이 논문이 발표되기 불과 10일 전[24], 리우는 콜드 스프링 하버 연구소에서 프라임 편집 기술을 처음으로 공개했다. 400여 명의 과학자들이 모여 넋을 잃고 리우의 발표를 들었다. 나도 그 자리에 있었다. "프라임 편집 기술은 사실 다소 복잡합니다." 리우도 인정했다. 하지만 효과는 확실하다. 또한 총 네 단계가 꼼꼼하게 진행되어야 한다는 점은 이 기술의 중요한 장점으로 여겨진다.

사람의 유전체에서 병을 일으킨다고 밝혀진 돌연변이는 7만 5,000가지가 넘는다. 그중에 약 절반은 점 돌연변이이지만, 대부분 크리스퍼-카스9 시스템이나 염기 편집의 표적 조건에 부합하지 않는다. 염기 편집 기술은 몇 종류의 염기에 전이로도 알려진 치환 기능을 발휘하는 것이 강점이지만, 총 12가지의 돌연변이 중 4가지 치환만 가능하다. 지금까지 밝혀진 점 돌연변이 중 C 염기 편집기로 해결할 수 있는 것은 14퍼센트이고 A 염기 편집기로 바로잡을 수 있

---

* 염기는 총 4종류이고 이론상으로는 염기 하나당 다른 3가지 염기 중 하나로 바뀌는 돌연변이가 일어날 수 있으므로, 염기 치환 돌연변이는 총 12가지다. 리우의 연구진이 개발한 C 편집기와 A 편집기는 이 중 염기 전이로 불리는 4가지 염기 치환 돌연변이를 만든다(C 염기 편집기는 C를 T로, G를 A로 만들고, A 염기 편집기는 A를 G로, T를 C로 만든다).

는 것은 그보다 많은 48퍼센트 정도다.

전이와 전환을 포함한 단일 염기의 모든 변화를 만들 수 있는 기술을 개발해 보자는 것이 안잘론의 목표였다.[25] 그가 개발한 새로운 편집 시스템은 염기의 종류나 위치와 상관없이 DNA에서 원하는 지점을 찾아 다른 염기로 교체하는, 진정한 편집 기능에 과학자들이 더 가까이 다가가게 만들었다. 이러한 시스템은 우선 프로그래밍 가능한 단일 가이드 RNA를 활용해서 편집하려는 DNA 부위로 카스9 단백질을 옮기는 것으로 시작한다. 하지만 교체할 염기서열을 DNA 주형이 제공하는 대신 이 단일 가이드 RNA 분자가 편집할 염기서열을 제공한다면? 안잘론은 이런 아이디어를 떠올렸다. 편집 시스템에서 프로그래밍이 가능한 요소는 두 가지다. 하나는 편집하려는 표적 부위이고, 다른 하나는 편집기 자체다. 이 아이디어대로라면 가이드 RNA가 제공할 염기서열을 DNA로 바꿔야 하는데, 운 좋게도 이 기능을 맡을 수 있는 아주 유명한 효소가 하나 있다. 바로 역전사효소다.*

그리하여 표적과 더불어 편집으로 바꾸고자 하는 염기서열까지 포함된, 길이가 더 긴 가이드 RNA가 만들어졌다. 이 RNA에는 '프라임 편집-가이드 RNA(줄여서 pegRNA)'라는 새로운 명칭이 붙여졌다. 안잘론은 다른 염기 편집기를 만드는 방법과 비슷하게 먼저 역전사효소에 활성이 없는 카스9을 결합하고 편집된 DNA가 표적 염기서

---

* 안잘론은 구글 검색창에 '카스9-역전사효소 융합'이라고 넣고 검색을 하다가 세균의 방어 시스템인 크리스퍼에서 바이러스 염기서열을 포획하는 카스1 단백질이 자연적으로 역전 사효소 활성을 나타낸다는 사실을 알게 됐다. 용도는 다르지만, 자연계에서도 프라임 편집과 비슷한 기능이 존재한다는 것을 알 수 있다. 당연한 사실이라고 할 수 있다.

열에 끼어 들어가도록 세포를 구슬릴 방법을 연구했다. 첫 단계로 역전사효소가 pegRNA의 DNA 복사본을 만들도록 한다. 이 단계가 완료되면 DNA 이중나선에 끼워 넣을 작은 DNA 절편이 생긴다. (세포에 있는 '플랩 핵산분해효소'라는 효소를 이 단계에 활용할 수 있다) 마지막 단계에서는 이 조각과 일치하는 상보적인 가닥에 틈이 생기게 만들고, 세포의 수선 기능으로 이 가닥의 염기서열이 편집된 작은 절편의 염기서열과 완전히 일치하도록 만든다.

안잘론의 이 같은 접근 방식은 처음에 그리 순조롭지 않았다. 역전사효소와 카스9을 융합해도 편집이 전혀 일어나지 않은 것이다. 여러 종류의 역전사효소로 실험을 반복하자 곧 바라던 결과가 나왔다. 리우는 기존의 크리스퍼 기술이 분자가위이고 염기 편집 기술은 그보다 정밀한 지우개라면, 프라임 편집 기술은 DNA의 알파벳에서 어떤 오자든 찾아 바꾸기가 가능한 워드프로세서라고 설명한다. 또한 프라임 편집으로 몇 가지 삽입과 결실도 유도할 수 있다. 낭포성 섬유증의 가장 흔한 원인이 되는 문제(염기 3개가 결실되는 것)와 테이-삭스병 원인(염기 4개가 삽입되는 것)도 그렇게 해결할 수 있다.

리우와 안잘론이 〈네이처〉에 제출한 논문을 검토한 익명의 심사위원 세 명은 거의 이견이 없었다. 그중 한 명이 누구인지는 쉽게 드러났다. "돈키호테 같은"이라는 표현을 쓸 만한 사람은 우르노프밖에 없다. 그는 팸PAM이나 DNA 공여자를 찾아 헤맬 필요도 없고, 표적 외에 다른 곳에 발생하는 영향은 거의 없는 데다 초기 연구에서 신경세포의 DNA를 수정한 데이터가 나왔다는 점을 강조하며 표적 부위의 유연성이 향상됐으므로 충분히 게재할 만한 결과라는 의견을 밝혔다.

리우 연구진은 이 논문에서 프라임 편집 기술의 기량을 전부 보여 주었다. 발생 가능한 모든 점 돌연변이 중 100가지를 포함해 총 175가지 편집이 가능하다는 점, 사람의 세포에서 밝혀진 질병 돌연변이의 수선이 가능하다는 점, 염기 40개에서 80개의 범위에서 삽입과 결실이 가능하다는 점, 그리고 염기 두 개를 없애고 그 위치에서 염기 몇 개가 떨어진 곳에 있는 G를 T로 바꾸는 편집을 동시에 실시할 수 있다는 사실까지 모두 담겨 있었다. 리오넬 메시가 수비를 전부 헤치고 상대편 골대까지 미끄러지듯 나아가서 골키퍼 앞에서 공을 골대 안으로 툭 차 넣는 광경을 지켜볼 때와 같은 기분이 드는 결과였다. 샤런 베글리Sharon Begley는 "당구 게임 '풀 샤크pool shark'에서 9번 공으로 7번 공을 없애고 1번, 5번, 6번 공도 연속으로 없애는 일이 유전체에서 일어난 것과 같다"고 묘사했다.[26]

콜드 스프링 하버 연구소에서 리우가 프라임 편집 기술을 처음 공개한 그날은 과학계 행사에서 보기 드물게 참석한 사람들이 진심으로 깜짝 놀라는 광경을 목격할 수 있었다. 리우도 그런 효과를 노렸는지, 행사 관계자들에게는 프로그램에 실릴 발표 내용을 일부러 모호하게 요약해서 제공했다. 연단에 오른 그가 인체 질병과 관련된 돌연변이를 분류한 원 그래프를 펼치고 프라임 편집을 이용하면 이론상으로 이 중 89퍼센트를 해결할 수 있다고 차분히 이야기할 때, 나는 깜짝 놀라 무의식적으로 고개를 저었다. 30분쯤 이어진 강연의 말미에 리우는 미소를 지으며 안잘론이 이 연구에 어떤 공헌을 했는지 전하고 발표를 마무리했다. "앤드류가 이제 두 번째 해를 맞이하는 박사 후 연구원 기간에는 무엇을 할지, 정말로 기대가 됩니다!" 맨 앞줄에 앉아서 강연을 들은 다우드나는 나중에 "정말로 등골을 타고 소름이 쫙 끼쳤다"고 이야기하면서, 크리스퍼 도구상자가 이토록 강력한 최신 기술로 업그레이드된 것을 기뻐했다.

언론의 반응도 뜨거웠다. 같은 주에 구글이 '양자 우월성'에 관한 연구 결과를 발표했지만, 다 묻힐 정도였다. 수많은 전문가와 기자들이 '크리스퍼3.0'으로 칭해진 이 매력적인 새 기술에 관한 의견을 쏟아냈다. 일론 머스크도 트위터에서 〈뉴 사이언티스트〉가 보도한 기사를 리트윗한 것을 보면 그도 이 혁신적 기술에 관심을 가진 것으로 보인다. 우르노프를 찾는 곳은 더 많아졌다. 그는 인터뷰하는 언론사마다 제각기 다른 비유를 제시하는 성실함을 보였다. 〈사이언티픽 아메리칸〉에는 프라임 편집 기술이 지금껏 본 적 없는 새로운 종류의 개가 발견된 것 같다고 이야기하고, 〈STAT〉에서는 어벤저스 군단에 새로운 슈퍼히어로가 온 것과 같다고 묘사했다. 또 〈유전공학 & 생명공학 기술〉에는 대학 축구팀의 스타 선수가 이제 프로 리그에 합류한 것이라고 설명했다. "당연히 우리는 이 기술이 알렉스 모건Alex Morgan이나 애론 로저스Aaron Rodgers 같은 선수가 되기를 바라고 있습니다. 곧 알게 되겠죠."[27]

우르노프는 프라임 편집이 2년 내에 임상에서 실시되는 면역요법의 한 부분이 될 수 있을 것으로 전망했다. 반면 이 기술로 해결할 수 있는 돌연변이가 무려 89퍼센트라고 밝힌 리우의 주장에 이의를 제기한 사람들도 있었다. 하지만 리우는 자신이 얻은 결과를 과도하게 떠벌리는 경향이라곤 전혀 없는, 아주 꼼꼼한 과학자다. 그럴 필요가 없기 때문이다. 한 달 뒤에 바르셀로나에서 열린 어느 강연에서, 리우는 그러한 견해에 예의바르면서도 분명히 반박했다. "여기에 모인 여러분은 모두 똑똑한 분들입니다. 돌연변이를 바로잡는 것과 실제로 환자를 치료하는 일이 다르다는 것쯤은 다 알고 계시죠." 그는 1,500여 명의 유전자 치료 전문가들에게 이렇게 이야기했다.[28]

프라임 편집 기술을 치료법으로 어떻게 활용할 수 있을까? 이 편집기에는 수천 개의 원자로 구성된 단백질과 RNA가 포함되어 있어서, 일반적으로 활용되는 AAV 벡터에 포함시키기에는 크기가 너무 크다. 안잘론은 대신 렌티바이러스를 활용해서 마우스의 뇌 피질에 있는 신경세포에 프라임 편집을 실시했다. 편집하려는 위치에 따라 유연하게 적용할 수 있으므로 팸 부위가 희박해도 큰 문제가 되지 않는다. 프라임 편집 기술은 전통적인 카스9 편집보다 적용 범위가 훨씬 넓고, 표적 외에 영향이 발생할 확률이 낮다. 안전성도 카스9보다 우수한 것으로 보인다. 이를 뒷받침하는 몇 가지 근거가 있다. 즉 크리스퍼-카스9 시스템은 (가이드 RNA와 표적 염기서열이 일치할 때) 염기쌍 결합이 한 번만 일어나지만, 프라임 편집에서는 염기쌍 결합이 두 번 더 추가로 일어난다. pegRNA가 표적 부위에 결합할 때, 그리고 RNA 가이드에서 나온 DNA 절편이 DNA의 기존 염기서열에 연결될 때다. 그만큼 표적이 아닌 다른 염기서열에서 편집이 일어날 가능성은 더욱 줄어든다. "총 세 번의 염기쌍 결합 중 어느 하나라도 실패하면, 프라임 편집은 진행되지 않습니다." 리우의 설명이다.

먼저 개발된 크리스퍼 유전체 편집 기술들과 마찬가지로 이 시스템을 세포 내로 전달하는 것이 넘어야 할 큰 산이 되겠지만, 리우는 프라임 편집을 동물에 도입할 수 있으리라 자신한다. AAV 벡터를 한 벌로 사용하는 것도 한 가지 방법이다(조로증 마우스 모형에 이 방법이 적용됐다). 안전성 문제에 관하여, 리우는 모든 유전체 편집 기술이 표적 외 다른 곳에 작용할 수 있다는 점을 강조했다. 그리고 화학적인 결합은 불완전하며, 처방약은 전부 부작용과 표적 외의 영향이 동반되는 것과 같다고 설명했다. "편집 플랫폼마다 상호보완적인 강점이 있습니다. 그런 점들이 모두 기초 연구와 치료법 개발에 활용될 것입니다." 리우는 에디타스 메디슨이나 빔 테라퓨틱스 같은 자신이 설립한 초기 플랫폼 업체에서 깨달은 교훈도 활용할 것이라고 밝혔다. 실제로 이 기술이 발표됐을 때 리우가 가장 최근에 설립한 회사 '프라임 메디슨Prime Medicine'은 문서상으로 이미 모든 형태를 다 갖추고 구글 펀드, F-프라임 캐피털F-Prime Capital로부터 자금을 확보하는 한편 빔 테라퓨틱스에서 몇 가지 라이선스도 취득했다.[29]

프라임 편집이 유전체 편집 기술의 최종 성과는 아닐 것이다. 한 예로 '호몰로지 메디슨Homology Medicines' 사는 크리스퍼를 활용하지 않고 바이러스에 유전자 하나를 통째로 실어서 유전체 표적 부위로 이동시켜 페닐케톤뇨증을 치료하는 방법을 개발 중이다. 또 이스라엘에 설립된 스타트업 '타깃진 바이오테크놀로지TargetGene Biotechnologies'에서는 "세계 최고의 치료용 유전체 편집 플랫폼"을 개발 중이라고 겸손하게 알렸다. 테세라 테라퓨틱스Tessera Therapeutics의 경우 '유전자 쓰기' 기술로 '수천 가지 질병을 근원부터 치료한다'고 광고한다.[30] 리우는 2020년 7월에 또 한 가지 놀라운 염기 편집 기술을 공개했다. 세균 독소를 정밀한 유전자 편집기로 활용하여 미토콘드리아에서 미토콘드리아 DNA를 편집할 수 있는 기술이다. 이 기술에는 크리스퍼가 아닌 탈렌의 구성요소인 전사 활성자 유사 효과기TALE가 가이드로 사용된다.[31]

앞으로 5년이 걸릴지 50년이 걸릴지는 모르지만, 유전체에 변이 유전자를 정확하고 안전하게 만들어 낼 수 있게 되리라는 것은 자명한 사실이 되었다.[32] 유전암호를 다시 써서 청력 상실이나 당뇨, 겸상 세포 질환, 조현병을 치료할 날이 더욱 가까워졌다.[33] 그럼에도 이런 흐름을 중단시켜야 할까?

앤 모리스Anne Morriss와 파트너는 2007년에 가족을 꾸리기로 결심했다. 둘은 정자은행에 가서 몇 가지 기준에 맞는 공여자를 선정했다 ('운동을 좋아하는 사람'도 중요한 기준 중 하나였다). 일반적으로 정자 은행에서 확인하는 공여자의 유전질환은 낭포성 섬유증과 척추성 근 위축증 두 가지가 전부고, 모리스는 그것 외에 더 확인해 봐야 한다는 생각을 하지 않았다. 그러나 남자아이를 출산하고 며칠이 지난 후, 매사추세츠 공중보건 기관에서 걸려온 전화 한 통은 엄청난 절망을 몰고 왔다.

"아이는 괜찮나요? 아직 살아 있어요?"

온몸이 그대로 굳어 버린 모리스는 더듬더듬 답했다. "네, 그런데요. 조금 전에 낮잠을 재웠어요."

"아이한테 가서 괜찮은지 확인해 보시겠어요?"

모리스의 아들 알렉은 태어났을 때 신생아 표준 검사법인 발뒤꿈치 채혈 검사를 받았다. 발뒤꿈치에서 혈액 한 방울을 채취한 후 수십 가지 중증 유전질환을 확인하는 검사다. 그런데 모리스와 신원을 알 수 없는 정자 공여자 둘 다 희귀한 열성 유전질환의 원인 유전자를 갖고 있다는 사실이 드러났다. 1만 7,000명당 한 명꼴로 나타나는, 중쇄 아실-코에이 탈수소효소^{MCAD} 결핍증이다. MCAD는 인체가 지방을 에너지로 전환하는 과정을 돕는 효소다. 모리스와 파트너는 이 사실을 전해들은 즉시 심각한 문제가 생기지 않도록 알렉의 식단부터 조정했다. 그 전화 한 통이 아이의 생명은 살렸지만, 모리스의 집 현관문 앞에는 언제든 응급실로 달려갈 수 있도록 챙겨 놓은 가방이 항상 놓여 있다.

이 일을 계기로, 모리스는 프린스턴 대학교의 유전학자 리 실버 Lee Silver(《다시 만드는 에덴Remaking Eden》의 저자)와 손을 잡고 다음 세대를 위한 유전자 진단 회사 '진피크스GenePeeks'를 설립했다. 이 회사에서는 실버가 개발한 '매치라이트Matchright'라는 알고리즘으로 고객의 DNA와 잠재적인 정자 공여자의 DNA를 가상으로 결합시켜 '디지털 아기'를 만든다. 고객은 이 가상의 아기를 통해 수백 가지 유전질환 중 배아에 발생할 위험성이 높은 병이 있는지 예측할 수 있다. 배아를 선별하고 여분의 배아를 냉동 보관하는 과정까지 가기 전에 공여자 목록에서 그런 위험성이 있는 사람을 제외할 수 있는 방법이다.

실버와 모리스의 사업은 TV 프로그램 〈60분〉에도 소개됐다. 이 방송으로 두 사람은 단 15분 만에 유명인사가 되었다. 실버는 유전성이 확률에 따라 정해지도록 내버려 두기에는 너무나 위험한 일이므로, 미래에는 "사람들이 섹스로 자손을 낳지 않을 것"이라고 전망했다. 나는 포유동물 세포를 크리스퍼로 편집할 수 있다는 사실이 처음으로 입증된 2013년 1월 같은 주에 진피크스 사의 서비스를 처음 소개한 적이 있다.[1] 실버와 모리스가 하는 일은 유전체 편집과 거리가 멀지만, 두 사람은 임신 과정에서 무작위로 유전학적 다양성이 정해지는 확률에 개입할 수 있는 나름의 방법을 찾았다. "부모가 통찰력과 정보를 갖추고 미래의 자녀를 고통스러운 질병으로부터 보호할 수 있도록 하는 것이 우리의 미션입니다." 모리스는 내게 이렇게 설명했다. 자금 부족으로 진피크스의 사업이 종료되기 전까지 수백 쌍의 커플이 수정 전에 미리 짝짓기를 해 볼 수 있는 서비스를 이용했다. 이런 결말을 보면 세상은 아직 디지털 아기를 받아들일 준비가 되지 않은 것이 분명해 보인다. 그렇다면 #크리스퍼아기는 어떨까?

유전자 편집 아기와 관련된 연구를 일시 중단하자는 합의가 광범위한 지지를 얻고 있는 만큼, 앞으로 수 년 동안은 그렇게 만들어진 아기가 태어났다는 소식을 들을 일이 없을지도 모른다. 하지만 이런 상태가 영원히 지속되지는 않을 것이다. 다음에 또 누군가가 같은 시도를 했을 때, 정부 승인을 받고 하는 일이건 어느 머나먼 나라의 크리스퍼 클리닉에서 비밀리에 진행된 일이건 그때는 성공할 수도 있다. 그렇다면 생식세포 편집은 정당화될 수 있을까? 정당화될 수 있다면, 어떤 경우가 그렇다고 할 수 있을까?

사람의 배아에서 크리스퍼-카스9 시스템으로 유전자 편집을 실시하면 '표적 부위' DNA에 재배열이 일어날 위험이 있다는 증거가 확인됐지만, 연구가 진행되는 속도로 볼 때 몇 년 내로 인간 배아의 DNA를 정밀하고 안전하게 수술할 수 있는 수준으로 기술력이 향상될 것으로 보인다.* 표도르 우르노프는 한 가지 사고 실험을 제안했다. 10억 달러의 사업 자금을 확보하고 생명공학 분야의 최정예 전문가들로 구성된, 유전체 공학계의 어벤저스라고 할 만한 드림팀을 꾸렸다고 상상해 보자. 이런 조건이 모두 충족되면 배아 편집 기술이 유전체 재배열이 일어나지 않고 표적 외에 다른 영향이 없으며 모자이크 현상도 발생하지 않는 수준에 도달할 수 있을까? "우리는 단시간에 그 지점까지 갈 수 있습니다. 하지만 핵심은 그 기술을 어디에 쓸 것인가 하는 것입니다."[2] 우르노프는 이런 견해를 내놓았다.

재조합 DNA가 일으킨 대대적 변화가 있기 전부터 우리는 수십 년간 이러한 딜레마를 겪어 왔다. 그러나 사람의 배아를 편집했다는 사실이 처음 보고된 이후, 이 문제에 새로운 긴급성이 부가됐다. 에릭 랜더는 2015년에 처음 개최된 국제 유전체 편집 학술회의에서 이 문제를 정면으로 다루었다. 당시 그는 착상 전 유전자 진단이라는 방법이 이미 마련되어 있고 이것으로 병을 유발하는 유전자가 자손에게 전달될 가능성을 줄일 수 있다고 주장했다. "사실 유전질환을 없애는 일에 정말로 관심이 있다면 생식세포 편집은 최우선적으로 필요한 기술이 아니라 두 번째, 세 번째 또는 네 번째로 고려해야

---

* 2020년 6월에 유명한 세 연구진(영국 연구진 하나, 미국 연구진 둘)이 크리스퍼-카스9으로 실험실에서 편집을 실시한 인간 배아 중 일부에서 '표적 부위' DNA 재배열이 일어나는 손상이 발생했다는 사실을 처음 발표했다. 배아 발생 과정에는 아직 우리가 충분히 밝혀내지 못한 DNA 수선과 재조합 과정이 많이 남아 있다.

할 기술입니다."[3]

착상 전 유전자 진단은 1990년에 앨런 핸디사이드Alan Handyside와 로버트 윈스턴Robert Winston이 런던에서 다른 연구자들과 함께 처음 개발한 이후 현재까지 수요가 폭발적으로 증가했다.[4] 수많은 병원에서 체외 수정을 시도하는 부부들에게 배아가 5일 정도 되면(세포 수 약 250개) 배아의 세포를 채취하여 검사해 볼 수 있는 기회를 제공한다. 이 검사는 발생학자가 다발 형태로 구성된 배반포에서 세포를 두 개 내지 세 개 조심스럽게 채취해 증식시킨 후 표적 유전자의 염기서열을 분석하는 방식으로 실시된다. 이를 통해 배아가 건강한지, 아니면 돌연변이 유전자가 한쪽에 또는 양쪽 모두에 존재하는지 확인할 수 있다. 부부는 이 결과를 토대로 착상을 시도할 배아와 냉동 보관할 배아를 선택한다(남은 배아를 연구용으로 제공하기도 한다). 부부 두 사람이 모두 열성 유전질환의 원인 유전자를 보유한 경우 아이는 4분의 1의 확률로 같은 병을 물려받는다. 이론적으로는 착상 전 유전자 진단으로 수정란이 형성된 후 배아를 분석해서 착상시킬 건강한 배아를 선별하면 그러한 위험성을 없앨 수 있다. 헌팅턴병 같은 우성 유전질환의 경우 병을 앓고 있는 환자가 부모라면 평균적으로 체외 수정된 배아의 절반에 질병 유전자가 포함되어 있다. 지난 20여 년간 착상 전 유전자 진단은 약 100만 회 실시됐고 그중 약 10분의 1은 단일 유전자 질환을 확인하는 것이 목적이었다.[5]

그러나 착상 전 유전자 검사가 도움이 안 되는 드문 경우가 있다. 부부가 모두 낭포성 섬유증 같은 열성 유전질환 환자이거나, 레브리코프가 연구 중인 청력 상실 유전자를 부부 두 사람이 모두 갖고 있을 때다. 이런 경우에는 크리스퍼 기술을 이용하면 수정된 배아에서 문제가 되는 유전자 중 한쪽 또는 한 벌을 전부 건강하게(즉 야생형으로) 바꿀 수 있다. 환자가 병을 일으키는 우성 유전자를 한 벌 다 물려받은 희귀한 경우도 마찬가지다. 성별과 상관없이 환자가 자식에게 반드시 질병 유전자를 물려주는 상황에서는 착상 전 유전자 진단이 아무 도움이 되지 않는다. 이런 경우 생식세포 편집(문제가 있는 유전자 한 벌을 모두 고치는 기술)으로만 생물학적으로 건강한 아이를 만들 수 있다.

"수요가 아주 많지는 않지만, 그렇다고 의미가 없는 일은 아닙니다." 랜더의 설명이다. "불필요한 유전질환을 제대로 예방하고 싶다면 배아를 편집할 것이 아니라 가족들이 유전자 진단을 더 많이 활용할 수 있도록 해야 합니다." 로스앤젤레스의 어느 불임 클리닉 연구진은 "의미 없는 일이 아니다."라는 말이 구체적으로 어느 정도인지 직접 확인해 보기로 했다.[6] 그 결과 착상 전 유전자 진단이 무의미한 경우는 흔치 않은 것으로 나타났다. 미국의 경우 1년에 수십 건 정도다. 그러나 체외 수정은 결코 만만한 일이 아니다. 돈이 많이 들고, 큰 고통이 따르며 실패할 확률도 높다. 건강한 임신을 위해서 건강한 배아가 불필요하게 다량 만들어지는 것도 문제다.

인간 유전체 연구가 계속 진행되고 유전자 변이와 발생 빈도가 높은 질환의 경로가 더 많이 밝혀질수록 착상 전 유전자 진단으로 확인해야 할 질병의 목록은 계속 늘어날 것이다. 의학적인 목적을 벗어나는 일도 벌어질 수 있다. 사실 그런 일은 이미 일어나고 있다. 뉴욕 '퍼니 불임 클리닉The Ferny Fertility Clinic'에서는 배아 선별로 아이의 눈 색깔을 선택할 수 있는 미용 목적의 유전자 검사 서비스를 제공한다. "인류가 처음 등장했을 때부터, 오직 엄마와 아빠가 가진 고유한 유전자로 새로 태어날 아이의 눈 색깔을 '만들 수' 있습니다." 이 클리닉의 창립자 제프리 스타인버그^{Jeffrey Steinberg}의 설명이다.[7] 심지어 퍼니 클리닉에서는 눈 색깔이 푸른색과 녹색, 녹갈색인 사람들에게는 할인까지 제공한다.

미래에는 배아의 유전자를 편집할 필요가 없을지도 모른다. 수정 전에 난자나 정자를 편집하는 방법도 현재 관심을 모으고 있는 대안 중 하나다. 예를 들어 뉴욕 웨일 코넬 의학센터의 발생학자 장피에로 팔레르모^{Gianpiero Palermo}는 (연구용으로 기부된 여분의 정자를 활용하여) 크리스퍼로 BRCA2 유전자를 변형시키는 연구를 진행 중이다.[8] 이 연구진의 기술자 준 왕^{June Wang}은 정자에 짧게 전기 충격을 가해서 정자 머리 부분에 크리스퍼 분자를 전달한다. 이를 위해 정자 5,000만 마리가 들어 있는 유리용기를 전기 천공 장치에 넣고 11볼트에서 1,100볼트의 전기를 가한다. 펄스가 가해지면 정자 머리 부분에 빽빽하게 뭉쳐 있던 DNA가 풀어지고 카스9 단백질이 표적을 찾아갈 수 있는 틈이 생긴다.

※※※

"생식세포 조작 기술은 2020년이 되기 전에 인체 배아에 적용되어 중증 유전질환의 치료법으로 뿌리내릴 것이다."[9] 변호사이자 저술가인 필립 레일리^{Philip Reilly}는 2000년에 이렇게 예견했다. 그의 예상은 아직 구체적으로 실현되지 않았지만, 생식세포라는 경계를 넘어 사람의 배아에 포함된 유전학적인 기본 정보에 손을 뻗어서 생명의 책을 다시 쓰는 단계에 이를 것이라는 레일리의 확신은 정확했다. 인류가 그 경계를 지나 생식세포를 향해 과감히 나아간 지금, 사람을 설계하는 일, 인간의 특성을 편집하는 것은 더 이상 황당한 소리로 여겨지지 않는다. 진화생물학자인 마크 페이글Mark Pagel은 JK 사태가 벌어지기 전에 쓴 글에서 "세밀하게 설계된 최초의 인간은 공상과학 소설에나 나오는 존재를 넘어, 우리의 대문 앞까지 다가와 들여보내 주길 기다릴 것"이라고 이야기했다.[10] 레일리는 2050년이 되면 생식세포 편집이 성형수술만큼 일상적인 일이 될 것이라고 전망한다.

이 지점에서 나는 1932년에 나온 고전 소설《멋진 신세계》를 이야기해야 한다는 의무감을 느낀다. 지금까지 살펴보았듯이 배아 선별이나 유전자 변형, 맞춤형 아기에 관한 논의는 헉슬리가 이 소설에서 그린 디스토피아를 자동으로 떠올리게 한다. 출산에 의학 기술이 개입하는 것, 우생학, 시험관 아기, 복제 양 돌리까지 실제로 이 소설과 연결 짓는 견해는 지난 수십 년간 꾸준히 나왔다. 레온 카스Leon Kass가 2001년에 쓴 글처럼 "헉슬리는 이런 일이 벌어질 것임을 알고 있었다."[11]

하지만 데렉 소Derek So가 지적한 것처럼《멋진 신세계》에서 유전체 편집과 같은 기술을 경고하려는 의도는 찾을 수 없다.[12] 헉슬리는 이 소설에서 어떠한 형태로든 유전공학이나 유전자 검사를 전혀 언급하지 않았다. 소설에 등장하는 상위 계층은 나머지 계층보다 똑똑한 사람들로 그려지지만, 이들이 똑똑한 이유는 특정 기능이 강화되어서가 아니라 하위 계층의 기능이 고의로 소실되었기 때문이다. 부모가 원하는 특징을 가진 아이를 고르는 맞춤형 아기 문제가 구체적으로 묘사된 것도 아니다. 헉슬리는 생식 과정에 적용되는 새로운 선별 기술보다는 전체주의를 훨씬 더 우려했다. 그도 형제인 줄리안과 함께 '우생학 교육협회'의 일원이었고, 영국이 불임을 의무화하는 제도를 실시하지 않으면 멍청한 자들에게 나라를 맡겨야 하는 상황이 될 것이라 믿었다.

최근에 나는 우리 아이들의 모교이기도 한 매사추세츠 렉싱턴의 한 고등학교에서 크리스퍼 기술에 관해 강의를 한 적이 있다. 강의가 끝난 후 학생 한 명이 나를 찾아와서 마거릿 앳우드Margaret Atwood의 3부작 소설 《미친 아담MaddAddam》을 읽어 본 적이 있는지 물었다. 과격한 자본주의에 물든 21세기 후반의 사회를 무대로 한 이 시리즈의 1권인 《인간 종말 리포트》에는 크레이크라는 이름의 명석한 유전학자가 등장한다. 그는 자연 생식으로 자연선택이 일어날 기회를 없애고, 지구 전체를 덮친 기후 변화의 영향과 대유행병이 휩쓸고 지나간 사회에서도 잘 적응하고 번성할 수 있는 슈퍼 생물 종을 만들어 낸다. 크레이크의 주장을 신봉하는 사람들 사이에서는 번식과 생존에 유리한 특징을 가질 수 있는 짝짓기 방식이 사회적으로 통용되는 관습으로 여겨진다. 이렇게 태어난 사람들은 태양광 손상을 견딜 수 있고 벌레에 물리지 않으며 감염되지도 않는 다양한 색깔의 멋진 피부를 갖고 있다. 또한 소와 비슷한 소화기관을 갖고 있어서 어디서든 쉽게 구할 수 있는 잡초에서도 영양소를 공급 받을 수 있다.

잡초를 먹을 수 있는 능력은 (아직까지) 누구나 간절히 바라는 특징이 아니겠지만, 실제로 '슈퍼인간'인가 싶은 비범한 형질을 가진 사람들이 있다. 스코틀랜드 네스 호 근처에 사는 70세 조 캐머런Jo Cameron도 그런 인물이다. 평생 통증과 불안을 전혀 느낀 적이 없는 캐머런은 크게 멍들고 화상을 입은 적이 많지만, 아이를 낳을 때도 통증을 거의 느끼지 않았다. 60대에 고관절 수술을 받고도 아세트아미노펜 소량으로 통증을 견딜 수 있다는 사실을 깨닫기 전까지는 자신의 이런 놀라운 능력을 그리 대단하게 여기지도 않았다. 2019년에 한 연구진은 캐머런이 FAAH-OUT이라는 유전자의 변이형을 갖고 있으며, 이로 인해 내인성 카나비노이드에 해당하는 아난다미드의 수치가 높아서 통증을 거의 느끼지 않는다는 사실을 밝혀냈다.

통증 내성 돌연변이는 2006년에 근친결혼으로 형성된 파키스탄의 어느 가족에서 처음 보고됐다. 이 가족들 중 일부가 신경 신호의 확산을 담당하는 NaV1.7이라는 나트륨 이온 채널이 암호화된 유전자에 변화가 생긴 것으로 발견되었다.[13] 이들 중 거리 예술가로 유명한 한 소년은 뜨겁게 달군 석탄 위를 걷거나 칼로 팔을 찔러도 통증을 느끼지 않을 정도였다. 이 소년은 열네살 생일에 지붕에서 뛰어내려 사망했다. 통증은 인간이 위험을 파악하고 내면화하도록 만드는 기능이 있다. 영국의 한 연구진은 이탈리아 시에나에서 또 다른 희한한 가족을 발견하고 관련된 유전자를 찾았다. 이들 역시 극심한 통증이나 온도를 느끼지 못했다. 가령 레티지아 마실리Letizia Marsili라는 사람은 스키를 타다가 심하게 부딪치고도 아무렇지 않게 지내다가 저녁이 되어서야 어깨뼈가 부러졌다는 사실을 깨달았다.[14] 이 마실리 가문의 사람들은 ZFHX2라는 유전자에 돌연변이가 있는 것으로 밝혀졌고, 이후 이들에게서 나타나는 특징에는 '마실리 증후군'이라는 이름이 붙여졌다. 중독성이 없는 강력한 진통제 개발로 이어질 수 있는 발견이다.

TV 시리즈로 방영된 마블의 창작자 스탠 리Stan Lee는 소리를 내고 되돌아오는 음파로 방향을 찾는 능력이나 극도의 지구력, 극단적인 온도를 견디는 능력, 비상한 수학 능력, 사진을 찍은 것처럼 정확히 기억하는 능력 등 실제로 존재하는 유전학적인 슈퍼인간의 특징을 가진 존재들이 등장하는 시리즈를 만들었다.[15] 마릴루 헨너Marilu Henner라는 배우는 과잉 기억 증후군으로 불리는, 자전적 기억력이 매우 우수한 사람으로 가장 많이 알려졌다(이런 특징이 나타나는 사람은 전 세계에 열두어 명 정도라고 한다). 과학자들은 이런 비상한 능력의 신경학적 기반을 찾고 혹시라도 유전학적 요인이 있는지 알아내기 위해 열심히 노력 중이다.

옥스퍼드 대학교의 철학자 줄리안 사불레스쿠Julian Savulescu는 인위적인 방식으로 사람에게 부여하면 좋을 것이라고 생각하는 형질을 정리했다. 스탠 리가 들었다면 당황할 만한 목록이다. 박쥐처럼 음파를 활용하는 능력, 매와 같은 시력, 강화된 기억력, 대폭 늘어난 수명, 다른 생물 종과 완전히 다른 종이 될 수 있을 만큼 높은 IQ 등이 포함된다. 인류는 삶의 질을 높일 수 있는 방법을 오랫동안 탐구해 왔다. 소금에 요오드를 첨가하고, 우유에 비타민D를 넣고, 오렌지주스에 칼슘을 넣는다. 집중력을 개선하려고 리탈린을 복용하고,

활력을 높이려고 호르몬을 투여하고, 안경 대신 라식 수술을 받는다. 체외 수정, 산전 검사, 그리고 일부 사람들은 자유주의 우생학이라고 이야기하는 착상 전 유전자 진단도 활용한다. "부모가 배아 편집을 받을 수 있도록 허용해야 하지만, 자녀나 다른 사람들에게 해를 끼치지 않아야 한다는 전제 조건이 지켜져야 한다." 사불레스쿠는 이렇게 제안했다.

조지 처치는 생식세포 편집에 다소 불가지론자의 시각을 유지하면서도 인체를 보호하는 효과가 있다고 알려진 변이 유전자를 인간의 건강과 수명을 향상시키는 데 도움이 되도록 활용하는 것이 마땅한 일이라고 본다. 결과가 수단보다 중요하다는 입장이다. 처치는 오래전부터 물리적으로나 의학적으로, 또는 행동 면에서 잠재적 이점이 될 수 있는 유전자 변이를 정리해 왔다. 이를 두고 트랜스휴먼의 희망 사항이라고 이야기하는 사람들도 있다(다음 쪽에 표로 정리해 두었다). 그중 일부는 이미 신약 개발의 토대가 되었다. 미래에 생식세포 편집이 가능해진다면, 이 목록의 첫 머리에 나오는 몇 가지 유전자가 병원 메뉴판에 가장 먼저 등장할 것이다.

CCR5는 JK 사건이 일어나기 훨씬 전부터 이 목록에 포함되어 있었다. 바이러스에 감염되지 않는 특성은 두말 할 것 없이 누구나 원하는 형질이다. 코로나19가 대유행하기 전부터 그런 바람은 존재했다.[16] 코로나19에 면역력이 생기는 변이 유전자는 아직 밝혀지지 않았지만, 그와 같은 보호 효과가 나타나는 유전적인 다형성이 존재할 가능성이 높다. 병원과 유람선에서 수시로 집단 감염을 일으키는 노로바이러스의 경우 FUT2라는 수용체가 세포에 침입하는 발판으로 작용한다. 겨울철 대표적인 식중독 원인으로 꼽히는 이 바이러스에 면역력을 갖게 된다면 참 좋겠지만, FUT2 수용체를 없애면 크론병과 대장암 발생 위험이 증가하는 것으로 보인다. 인간이 지닌 모든 유전자를 통틀어 아무 대가 없이 편히 활용할 수 있는 건 거의 없다.

의학적인 이점, 또는 다른 이점이 될 수 있는 유전자 변이 목록

유전자	돌연변이	효과
CCR5	-/-	HIV 저항성
FUT2	-/-	노로바이러스 저항성
PCSK9, ANGPTL3	-/-	관상동맥 질환 발병률 감소
APP	A673T/+	알츠하이머병 발병률 감소
GHR, GH	-/-	암 발병률 감소
SLC30A8	-/+	제2형 당뇨 발병률 감소
IFIH1	E627X/+	제1형 당뇨 발병률 감소
LRP5	G171V/+	매우 튼튼한 뼈
MSTN	-/-	근육 증가
SCN9A, FAAH-OUT, ZFXH2	-/-	통증에 무감각해짐
ABCC11	-/-	냄새 발생 감소
DEC2	-/-	필요 수면 시간 감소

치매나 조기 노화를 막을 수 있다면 어떨까? 19번 염색체에 있는 아포지단백 E^{APOE} 유전자 중 APOE4로 불리는 버전을 가진 사람은 알츠하이머병 발생 위험이 약 10배 증가한다는 사실이 이미 밝혀졌다. 이 E4 변이 유전자를 E2나 E3형으로 편집하면 발병률이 감소할 수 있으므로 탐구할 만한 가치가 있다. 콜롬비아에서는 어느 대가족

에서 프레세닐린이라는 단백질을 만드는 유전자의 돌연변이형으로 인해 희귀 유전질환으로 발생하는 조기 발병 알츠하이머병에 시달리는 사례가 발견됐다. 그런데 1,200여 명에 달하는 이 대가족이 전부 문제의 돌연변이 유전자를 보유한 반면 이 유전자가 없는 사람이 딱 한 명 있는 것으로 드러났다.[17] 유일한 예외로 밝혀진 이 73세 여성은 APOE 크라이스트처치로 불리는 APOE 유전자의 또 다른 돌연변이형을 가진 것으로 확인됐다. 1980년대에 한 연구진이 뉴질랜드 크라이스트처치에서 처음 발견한 변이형이다.[18] 이 변이형 APOE 유전자는 정상적인 단백질의 성질이 그대로 유지되면서도 서로 달라붙지 않는 보호 기능이 나타나 뇌에서 단백질이 서로 엉겨 붙을 확률이 낮아진다.

수명 유전자로도 불리는 유전자에 암호화된 클로토Klotho 단백질의 농도가 높으면 인지 능력이 향상되고 알츠하이머병으로부터 인체를 보호하는 기능이 나타난다는 증거도 확인됐다. 최소한 마우스에서는 그렇다. 일본의 한 연구진은 이 단백질이 암호화된 유전자에 제우스의 딸이자 그리스신화에 등장하는 세 운명의 여신 중 한 명인 클로토Clotho라는 이름을 붙였다. 현재 몇몇 생명공학 회사가 노화 과정을 늦출 수 있는 유전자를 열심히 찾고 있다. 이런 연구는 아마도 자신의 수명에 관심이 많을 실리콘밸리의 억만장자들로부터 촉발된 것으로 추정된다.

미래에 유전자 변형이 가능해진다면 최우선 목록에 오를 만한 또 다른 유전자로는 비만과 심혈관 질환, 당뇨, 고혈압 발병률을 줄이는 종류를 꼽을 수 있다. 지방 흡입술이며 위 우회술, 매년 스타틴과 그와 같은 종류의 약에 수십억 달러를 쏟아붓는 상황을 보면 인간이 체중과 심장 건강을 지키기 위해 극단적인 노력까지 할 수 있다는 사실이 이미 훤히 드러났다. 비만과 심장 질환은 여러 유전자와 환경적인 요인이 상호작용하면서 나타나는 복잡한 특성이지만, 몇 가지 희귀한 돌연변이가 체중과 심장 건강에 큰 영향을 줄 수 있다는 사실이 밝혀졌다.

텍사스 대학교 사우스웨스턴 의학센터의 유전학자 헬렌 홉스 Helen Hobbs는 1990년대 중반에 심장 질환을 막는 희귀한 돌연변이를 가진 사람들을 찾는 연구를 시작했다. 홉스가 찾아낸 사람 중에는 혈중 콜레스테롤 수치가 평균치인 데시리터당 100밀리그램보다 훨씬 낮은 데시리터당 14밀리그램에 불과한 흑인 요가 강사도 있었다. 이 여성은 LDL 콜레스테롤 수용체를 조절하는 PCSK9 단백질의 유전자 한 벌에 유전적 결함이 있는 것으로 확인됐다. PCSK9 유전자가 발현되지 않으면 간에서 '나쁜' 콜레스테롤과 결합해서 이 콜레스테롤을 없애는 LDL 수용체가 증가한다. "인간 유전체 프로젝트와 이 프로젝트에서 출발한 부수적인 여러 연구로 밝혀진 DNA 염기서열을 토대로 나온 모든 결과를 통틀어, PCSK9만큼 사람의 건강에 급속히, 대대적인 영향을 줄 가능성이 높은 후보는 없다." 스티븐 홀 Stephen Hall은 이런 견해를 밝혔다.[19]

그러니 PCSK9 억제제로 개발된 프랄런트Praluent와 레파타Repatha가 2015년에 FDA 승인을 받은 것은 당연한 수순이었을 것이다. 심장의학 전문가인 세카르 캐서레산Sekar Kathiresan과 키란 무수누루는 (앞 장에도 나온) '버브 테라퓨틱스'를 공동 설립하고 PCSK9, ANGPTL3

같은 유전자의 희귀 변이형에서 자연적으로 나타나는 보호 효과를 그대로 본 따는 방식으로 유전자 편집을 실시하여 심장 질환 발생 위험이 높은 환자들을 치료하는 방법을 개발 중이다. 이 회사는 혼동을 피하기 위해 "우리는 배아와 정자, 난자를 편집하지 않는다"고 명확히 밝혔다.

수면 시간을 짧게 줄이는 것도 많은 사람들이 갈망하는 형질일 것이다. 샌프란시스코 캘리포니아 대학교에서 일주율을 연구하는 유전학자 잉 후이 푸Ying-Hui Fu는 2009년에 하루에 6시간만 자도 아무 이상이 없는(뚜렷하게 드러나는 문제가 없는), "선천적으로 잠을 별로 자지 않는" 한 엄마와 딸에게서 DEC2 유전자의 돌연변이를 발견했다고 보고했다. 이 모녀는 매일 새벽 4시 반이면 잠에서 완전히 깨어나 하루를 시작한다. 잉 후이 푸가 발견한 돌연변이가 생기면 각성과 연관된 오렉신이라는 호르몬 생산에 브레이크가 듣지 않는 상태가 되는 것으로 보인다.

앞서 흉터와 상처는 있지만, 통증을 느끼지 않는 희귀한 유전자 돌연변이를 가진 사람들을 소개했다. 통증 감각을 없애라고 권하는 의사는 없겠지만, 유전자 편집으로 완벽한 엘리트 집단을 만들 수 있다고 생각하는 강경파 정치인들의 환상은 그러한 우려를 아랑곳하지 않을 것이다.* 실제로 의회에서 이런 가능성이 거론된 적도 있다. 크리스퍼 기술에 관한 첫 공청회에서 언급된 것이다. 2015년에 제니퍼 다우드나가 국회 연구·기술 분과위원회 회의에 증인으로 참석한다

---

* 〈왕좌의 게임〉에는 거세된 사람들로 구성된 군대가 이러한 집단으로 그려지지만, 여기서는 통증에 저항성이 있는 사람들을 의미한다.

는 소식이 전해지자 모두의 관심이 의회로 쏠렸다. 캘리포니아 민주당 의원인 브래드 셔먼Brad Sherman은 원자력 에너지가 개발되고 원자폭탄이 투하되기까지 겨우 6년밖에 걸리지 않았다고 말했다. 용기와 활력, 체력이 강화된 '슈퍼 군인'을 만드는 것은 비윤리적인 일이 될 수 있으나, 일부 국가에서는 그런 기회를 얼른 붙잡을 것이라고도 언급했다. 그러면서 회의에 참석한 전문가들에게 이런 슈퍼 군인을 만든다면 시간이 얼마나 걸릴지 예상할 수 있느냐고 물었다. 분명 진지하게 던져진 질문이었지만, 다우드나를 비롯한 동료 학자들은 어떻게 대답해야 할지 몰라 신경질적인 웃음을 터뜨렸다.[20]

말기 암 환자에게는 통증을 낮추는 것이 의학적으로 도움이 될 수 있다. 그러나 배아를 편집해서 암을 막는 일종의 백신 같은 효과를 부여하는 것은 어떨까? 그런 일이 현실적으로 가능할까? 가능하다면 과연 그렇게 하는 것이 현명한 일일까? 현재 우리는 자궁경부암과 다른 바이러스 감염에 따른 암 발생 위험을 줄일 수 있도록 십대 아이들에게 HPV 백신을 맞도록 하지만, 태어날 때부터 그런 면역력을 갖고 있거나 그 이상의 능력을 갖추도록 한다면 어떨까? '유전체의 수호자'로 불리는 종양 억제 유전자 p53의 수를 늘리는 것도 유전체 조작으로 면역력을 부여할 수 있는 흥미로운 아이디어 중 하나다. "코끼리는 결코 잊지 않는다."라는 유명한 말이 있지만 코끼리에게는 암에도 절대 걸리지 않는 특징도 나타난다. 동물을 구성하는 세포의 수(그리고 세포 분열의 규모)에 따라 암 위험성이 좌우된다고 생각하면 코끼리는 위험성이 극히 높아야 하므로 어쩐지 앞뒤가 맞지 않는 소리로 들린다. 하지만 모든 동물을 통틀어 보면 암 발생률과

몸집은 아무런 연관성이 없다. 이 수수께끼 같은 현상은 이러한 사실을 처음 밝힌 영국의 역학자 리처드 페토Richard Peto의 이름을 따서 '페토의 역설'로 불린다.

시카고 대학교의 빈센트 린치Vincent Lynch는 2012년에 코끼리의 유전체에 p53 유전자가 무려 20개나 존재한다는 놀라운 사실을 발견했다.[21] 암 환자에게서 돌연변이가 가장 빈번하게 발견되는 유전자가 p53이다.* 나는 인체에 p53 유전자 수가 늘어나면(5개에서 10개 정도) 평생 암에 걸리지 않을 수 있다는 추측을 들은 적이 있다. 방사능의 영향을 막는 유전학적인 방어막으로 p53 단백질을 증가시키는 방안을 연구 중인 학자들도 있다. 미국에 새로 창설된 우주군은 "당신이 이 지구에 온 목적은 이곳 지구에 없을지도 모른다"고 광고하지만, 우주비행사가 위험할 정도로 과도한 방사능에 노출되지 않도록 막을 방법을 과학자들이 찾지 않는 한 그리 멀리 가지는 못할 것이다(화성 탐사에서도 계속 문제가 되고 있다). IGI의 우르노프 연구진은 미국 방위고등연구계획국의 지원을 받아 크리스퍼 기술로 병사들이 방사능에 노출되는 경우 생존에 도움이 될 만한 변이 유전자를 찾는 연구를 진행 중이다. 우르노프의 말을 빌리자면 "분자로 된 갑옷을 입히는" 방법이 될 수 있다.[22]

하지만 다른 유전자나 더 그럴 듯한 아이디어가 더욱 현실적인 방안으로 떠오르지 않으리란 법은 없다. 암 세포의 자살 메커니즘은

---

* p53 돌연변이형을 물려받은 사람은 리프라우메니 증후군이 나타난다. 다양한 암에 걸릴 위험성이 증가하는 것이 이 증후군의 특징으로, p53이 인체 여러 조직과 여러 종류의 세포에서 세포 성장에 중요한 역할을 한다는 사실을 알 수 있다.

어떤가? 이 메커니즘을 이용하는 것도 유전자를 변형시키는 나쁜 사례라고 할 수 있을까? "인류에 해가 될 것이라는 생각으로 생식세포 유전체 편집을 절대 허용하면 안 된다고 이야기하는 사람들이 있다." 허젠쿠이의 행동을 소리 높여 비판한 로빈 러브 배지의 말이다. 그다음에 이어진 말은 다소 놀라웠다. "그건 무서운 일이라고 생각한다. 문을 걸어 잠그는 건 적절치 않다. 지구 온난화 문제만 생각하더라도, 인류는 변형될 필요가 있을지도 모른다."[23]

정상 유전자 또는 맞춤형으로 조작된 DNA 염기서열이 유전자 카세트라는 단위로 추가될 수도 있다. 합성 생물학을 향한 관심은 점점 고조되고 있고, 분자 생물학자들은 맞춤형 유전자 회로를 설계한다. 이러한 회로는 실험에 흔히 쓰이는 효모나 초파리, 마우스에서 실험해 볼 수 있다. 이번 세기가 끝나기 전에 인류는 다음 세대의 유전체에 새로운 DNA 회로를 설치할 수 있게 될지도 모른다. 하지만 그러한 변화에 휩쓸리기 전에 해결해야 할 문제가 있다. "두 세대가 만난다고 상상해 보십시오. 해리가 샐리와 만났는데, 해리에게는 선천적으로 가진 한 가지 회로가 있고 샐리에게도 똑같이 선천적으로 갖고 태어난 또 다른 멋진 회로가 있다고 칩시다. 이 두 사람이 자녀를 낳고 두 가지 회로가 공존할 때 무슨 일이 일어날지는 아무도 모릅니다……. 이건 복잡한 문제입니다."[24] 랜더의 설명이다.

✳✳✳

맞춤형 아기에 관한 논란은 대부분 지능이나 그 밖에 사람들이 원한다고 여겨지는 신체와 행동 관련 형질에 관한 논란으로 빠르게 압축된다. 하지만 유토피아를 꿈꾸는 것과도 같은 이러한 환상에는 그와 같은 형질이 유전학적으로 엄청나게 복잡하게 형성된다는 사실이나 유전학적인 이형성에 관한 고민이 빠져 있다. 처치를 비롯한 여러 학자들이 수백 가지 유전자를 동시에 편집할 수 있는 놀라운 기술을 선보였지만, 사람의 배아에서 특정 유전자를 정밀하게 조작해서 원하는 결과를 얻는 것은 현 시점에서 아직 불가능한 일이다. 이런 상황이 영원하지는 않을 것이다. 하지만 이와 같은 개입을 허용해야 하는지 고민하고 결론을 도출하기 전에 우선 사람의 행동이나 성격, 인지 능력을 변화시키는 유전자가 무엇인지부터 찾아야 한다. 이건 결코 간단한 일이 아니다.

유전학의 멋진 신세계가 열리고 크리스퍼 클리닉에서 키나 수학적인 능력, 피부색, 심지어 지능까지 메뉴판에 포함시킨다면 어떻게 될까? 아직은 이런 일이 공상과학의 영역에 남아 있다. 이러한 형질은 유전자 하나로 결과가 크게 좌우되는 것이 아니라 수백 개의 유전자에 복합적으로 영향을 준다. 키도 그러한 대표적인 예로, 수백 가지에 이르는 관련 유전자의 변이형에 따라 결정되는 다유전자 형질이다.

인간 유전체 프로젝트가 시작되기 전에는 다들 유전자 하나가 심각한 정신질환이나 복잡한 행동학적 형질을 좌우한다고 순진하게 믿었다. 등잔 밑이 어둡다는 속담과 딱 들어맞는 일이었다. 1988년에 〈네이처〉에는 한 영국 연구진이 조현병 유전자를 찾았다고 주장했으나 나중에 사실이 아닌 것으로 밝혀졌고, 〈사이언스〉에는 X

염색체에서 '게이 유전자'의 증거를 찾았다는 연구 결과가 실린 적이 있다. 50쌍도 채 안 되는 게이 커플에게서 수집한 신빙성 없는 증거였고, 한 번도 재현된 적이 없다.

25년의 세월이 흐르고 브로드 연구소의 벤저민 닐Benjamin Neale 연구진은 약 50만 명에게서 얻은 데이터에 최신 기술을 적용하여 유전체 전체에서 100만 가지 DNA 표지를 분석하는 연구를 실시했다. 그 결과 성별이 동일한 사람에게서 나타나는 행동이 너무나 복잡하다는 사실이 더욱 명확하게 확인됐다. 특정 유전자의 변이형 한 가지는 그 유전자와 관련된 다양한 형질과의 연관성이 절반도 되지 않는 것으로 나타났다. 가장 큰 영향을 주는 '인기' 유전자 5가지만 추려도 이 유전자들로 좌우되는 부분은 전체적인 다양성의 1퍼센트에도 미치지 않았다. 반대로 굉장히 다양한 유전자가 관여하는 질병이나 형질도 그 유전자 스위치는 단순할 수 있다. "다유전성 형질이라고 해서 단일 유전자가 해결책이 될 수 없다고는 할 수 없다." 처치의 설명이다. 예를 들어 키는 수많은 유전자에 좌우되는 형질이지만, 키가 작은 사람 중 상당수가 인체 성장호르몬으로 도움을 받을 수 있다.

음악가가 자신이 가진 미스터리한 절대음감을 자녀도 물려받도록 만들고 싶다면? 내 아버지는 절대음감을 가진 분이셨고, 이 능력은 웨스트엔드에서 〈카바레〉, 〈지붕 위의 바이올린〉 등을 만든 뮤지컬 연출가로 성공하는 발판이 되었다. 어린 시절에 나는 토요일 낮 공연이 끝난 후 젊은 시절의 주디 덴치Judi Dench나 하임 토폴Chaim Topol과 만난 적도 있다. 절대음감을 좌우하는 유전자가 있다면 나는 물려받지 않은 것이 분명하다.* 예전에 함께 일한 적 있는 알리사 포Alissa Poh라는 동료는 절대음감을 가진 사람이 일상생활에서 어떤 일을 겪는지 상세히 이야기해 준 적이 있다. 자동차 경적 소리가 E와 F 사이인 것을 알고, 휴대전화 벨소리는 A 마이너이고 냉장고는 B 플랫으로 울린다는 것을 다 알고 산다는 것이다.[25] 제인 기치어 Jane Gitschier의 연구 결과를 보면 선천적으로 타고나는 것과 후천적으로 획득하는 것이 '모두' 중요하다는 사실을 명확히 알 수 있다. 절대음감의 경우, 아직 밝혀지지 않은 유전자와 관련이 있지만, 이와 더불어 생애 초기 음악 교육도 영향을 준다.[26] 절대음감이 있는 사람이 무조건 음악가가 될 수 있는 것은 아니며, 위대한 음악가가 전부 절대음감을 타고나지도 않는다.

앞으로 50년에서 100년 내로 예술적 특징이나 수학적 능력을 부여하는 유전체 수술이 가능해질 것으로 전망된다. 처치의 예상처럼 유전자 하나를 조작해서 그러한 기능을 성공적으로 얻을 수 있게 된다면 여러 유전자를 동시에 안전하게 편집할 수 있는 방법도 개발될 것이다.

※◇※◇※

나는 2019년 초에 디칠리 저택에서 열린 독특한 회의에 초청 받았

---

* 변성기가 오기 전에는 노래 실력이 꽤 괜찮은 편이었다. 열두 살 때는 코벤트 가든에서 열린 행사에서 엘리자베스 왕대비가 지켜보는 가운데 오페라 〈카르멘〉에 나오는 '거리 소년들의 합창'을 큰 소리로 부른 적도 있다. 그때는 〈카르멘〉 마지막 장에서 플라시도 도밍고 못지않게 아리아를 소화할 수 있는 실력이었다.

다. 옥스퍼드와 인접한 외곽에 위풍당당하게 서 있는 이 전형적인 영국식 저택을 보는 순간 드라마 〈다운튼 애비〉가 떠올랐다. 표면적으로는 유전자 편집과 인공지능의 결합을 논의하는 자리였다. 윈스턴 처칠도 제2차 세계대전 기간에 이 저택에서 몇 주간 지낸 적이 있다고 한다(영국 총리의 공식적인 휴가지 '체커'가 따로 정해져 있지만, 그곳에서는 독일 공군의 눈을 피하기가 힘들었다). 이날 모인 40여 명의 참석자는 차와 비스킷을 곁들인 개회 행사를 마친 후 오래된 서재에 마련된 긴 회의 테이블에 둘러앉았다. 미시건 주립대학교의 이론 물리학자 스티븐 수Stephen Hsu가 첫 발표자로 소개됐다. 논의 주제와 무슨 상관이 있기에 불렀을까, 의아하다는 생각이 들었다. 그가 발표를 시작하기 전까지는 그랬다.

수는 〈스타트렉〉에 심취해서 커크와 칸의 열정적인 팬이 되고 특히 '우생학 전쟁Eugenics War' 편을 좋아했던 어린 시절부터 유전학에 관심이 많았다. "공상과학에 나오는 멋진 군대를 실제로 만들 수 있는 과학자가 되었다면, 제게는 세상에서 가장 멋진 일이 됐을 겁니다."[27] 라디오 방송 〈라디오랩Radiolab〉에서 이렇게 말한 적도 있다. 나중에는 물리학에 더 흥미를 느끼게 되었지만, 유전학과 지능의 연관성에 계속 흥미를 느꼈다. 중국 베이징 유전체 연구소BGI에서 진행해 논란으로 중단된 '인지 유전체 프로젝트'의 자문가로도 활동했다. 수는 인공지능을 활용하면 인지 능력 같은 복잡한 다유전성 형질을 예측할 수 있다고 믿는다. 인간이 가질 수 있는 월등한 지능이 어떤 형태라고 생각하느냐는 질문에 수는 존 폰 노이만John von Neumann을 예로 들었다. 20세기에 활동한 박학다식한 학자이자 게임이론과 컴퓨터과학을 만든 주인공인 존 폰 노이만은 모든 것을 기억하고 기억력이 사진처럼 선명했던 인물이다. "그가 일반적인 사람의 능력을 벗어난 것처럼, 저는 각각의 유전형에 상응하는 표현형이 유전형의 범위를 크게 벗어난다고 생각합니다." 수의 설명이다.

수는 뉴저지 턴파이크 외곽에 착상 전 유전자 진단 서비스를 제공하는 '지노믹 프레딕션Genomic Prediction'이라는 클리닉을 공동 설립했다. 맨해튼에서 차로 멀지 않은 거리에 있는, 특별할 것 없는 건물에 자리한 클리닉이다. 내가 방문했을 때 이곳의 최고의료책임자 네이선 트레프Nathan Treff가 티셔츠에 찢어진 청바지 차림으로 나와서 록밴드 펄 잼Pearl Jam과 '아이언맨' 포스터가 액자에 걸려 있는 작은 사무실로 안내했다.[28] 지노믹 프레딕션에서 제공하는 서비스는 일반적인 착상 전 유전자 진단과 마찬가지로 염색체 이상과 다발성 경화증, 테이-삭스병, 헌팅턴병 같은 유전질환 검사를 제공한다. 하지만 여기서 한 걸음 더 나아가 심장질환과 비만, 당뇨, 단신 같은 다유전성 형질 검사 서비스가 제공된다. 그리고 또 한 가지, 인지 능력이 낮은지 확인할 수 있는 검사도 이 회사의 메뉴에 포함되어 있다.

2007년 웰컴 트러스트 생어 연구소에서 획기적인 연구 결과가 나온 후부터 학자들은 수백 가지 복잡한 형질에 영향을 주는 수천 가지 유전자 변이를 찾아냈다.* 제2형 당뇨나 비만을 결정하는 유전자

---

*   수십만 명의 환자와 대조군을 대상으로 100만 가지 단일염기 다형성SNP을 조사하는 전장 유전체 연관 분석이 진행되고 있다. 분석 결과는 '맨해튼 플롯'으로도 알려진, 사람 유전체를 하나로 연결한 지도 위에 표시한다. 맨해튼 플롯은 그래프의 형태가 뉴욕의 들쭉날쭉한 스카이라인과 비슷해서 붙여진 이름이다. 가장 높은 지점은 연관성이 가장 강하게 나타난 곳을 의미한다.

한 개를 콕 집어 낼 수는 없지만, 이러한 문제나 다른 질병에 영향을 주는 수십 가지 또는 수백 가지 DNA 변이는 분명히 알 수 있다.

보다 최근에는 영국의 바이오뱅크처럼 정부 자금으로 운영되는 데이터베이스에서 약 50만 명의 자원자가 제공한(대부분 유럽인) 유전체 전체 데이터와 의료 정보를 확인할 수 있다. 연구자들은 머신러닝 프로그램을 이러한 데이터로 '훈련'시켜 의학적 형질이나 행동 관련 형질의 유전학적 예측 인자를 찾도록 만들 수 있다. 하버드 의과대학의 캐서레산 연구진은 심장 질환과 제2형 당뇨, 유방암 등 다섯 가지의 복잡한 질환에 관한 '다유전성 위험성 점수'를 개발했다.[29] 스티븐 수는 의학적인 질환에 국한되지 않고 범위를 더 확장했다. 그는 키에 영향을 주는 약 2만 가지 DNA 변이를 찾은 다음 알고리즘을 만들어서 이 위험성 점수를 계산하면 오차 1인치 범위로 키를 예측할 수 있다고 주장한다.[30]

다유전성 위험성 점수는 대부분 환자를 대상으로 연구가 진행되고 있지만, 수는 태어나기 전 개별 배아에서 이 점수를 계산할 수 있다는 주장을 펼쳐서 논란이 되고 있다. 게다가 그가 만든 회사 '지노믹 프레딕션'에서 제공하는 다유전성 위험요소 메뉴에는 작은 키와 낮은 인지 능력도 포함되어 있다. 수는 이에 관한 비난을 강하게 일축하고, 동료들이 가축이나 옥수수에 무슨 짓을 하고 있는지 유전학자들이 전혀 모른다는 사실이 더 충격적인 일이라고 말했다.

지능의 유전학적 특성은 논란과 우려가 많은 문제다. 최근 캐나다 연구진은 2만 4,000명 이상을 대상으로 DNA 결실이나 삽입(즉 유전자 복제수 변이)이 지능에 어떤 영향을 주는지 조사했다. 연구진은 지능에 영향을 주는 유전자가 약 1만 개라고 밝혔다. 사람의 유전체에 있는 모든 유전자의 절반에 해당한다.[31] 스티븐 수는 이런 결과도 개의치 않는다. 영국 바이오뱅크 등이 실시한 연구에서는, IQ 검사를 실시하지는 않았으나, 자원자의 교육 수준에 관한 정보는 수집했다. 수의 연구진은 이 데이터를 IQ의 근사치로 볼 수 있다고 판단하고, 인지 능력과 관련된 DNA 표지를 찾기 위한 분석에 돌입했다. 그리고 30~40 퍼센트의 정확도로 인지 능력을 예측할 수 있다고 밝혔다. 또한 대학에서 입학시험 점수가 좋지 않은 학생을 썩 달가워하지 않는다는 점에서 "자녀에게 지적장애가 발생할 위험이 매우 높다는 사실이 배아에서 확인된다면, 부모도 그런 사실을 미리 알아야 할 자격이 있다"는 입장을 전했다.[32]

트레프 연구진은 부부의 "자유로운 생식 활동"을 보장하기 위해 체외 수정된 배아의 유방암과 제1형 당뇨 검사를 실시하는 것에 관한 연구 결과를 발표했다.[33] 수는 더 나아가 배아에서 인지 능력이 낮을 가능성이 있는지도 예측할 수 있다고 말했다. IQ가 임상학적 기준보다 낮은 것과 관련이 있는 DNA 변이가 과도하게 존재하는지 확인할 수 있다는 의미다. 그는 자신의 회사가 고객에게 지능이 월등히 우수한 배아를 선별할 수 있는 서비스를 제공하는 것이 아니며 사회가 그런 상황에 대비되어 있지 않고 아직 기술도 그 정도 수준에 이르지 않았다고 설명했다. 만약 여러분이 가족을 꾸리려고 할 때, 4번 배아가 나중에 인지 능력이 상위권에 들 것으로 예측된다는 이야기를 들으면 어떨까? 그런 정보를 알게 된다면 여러분은 어떻게 할 것 같은가? 배아의 모양과 형태학적인 특징을 토대로 발생학자가 배아의 건강 상태를 판단한 결과와(현재와 같은 방식) DNA 분석 결과 중에 어느 쪽에 의존할 것인가?

수는 또 한 가지 소름끼치는 시나리오를 제시했다. 예를 들어 싱가포르 정부가 자신의 회사에 연락해서, 배아 검사 결과 지능이 평균보다 높을 가능성이 크다고 판명된 경우 부모에게 미리 알려줄 것을 요청한다면? 수는 "싱가포르에서는 이런 상황이 가능하리라 생각하지만, 미국은 준비가 되어 있지 않다고 생각한다"고 밝혔다.[34] 미국인들이 준비가 되면, 수가 기꺼이 도움을 줄 것이라 생각한다. 배아를 편집해서 지능을 조작하는 일은 아직 환상의 영역에 머물러 있지만, 다유전성 위험성 점수로 배아의 순위를 정할 날은 그리 머지않았다.[35]

수의 견해에 반대하는 사람들은 다유전성 위험성 점수로 배아를 선별하는 것은 통계적인 모호함과 지리적 편향, 윤리적 취약성이 큰 위험한 시도라고 주장한다. "별자리 점보다는 정확할 수 있지만, 그것조차 확신할 수 없다. 지노믹 프레딕션도 둘 중에 어느 쪽이 정확한지 모를 것이라 생각한다." 행크 그릴리의 의견이다.[36] 이스라엘 연구진은 다유전성 위험성 점수를 계산해서 "최상위권" 배아를 분류해 봤자, 키는 평균치보다 약 2.5센티미터 정도, IQ는 평균치보다 2.5 정도 높은 수준에 불과하다는 결론을 내렸다.[37] 체외 수정에 드는 비용과 온갖 번거로운 절차를 감수할 만큼 큰 이점이라고는 보기 힘들다. "개별 배아에서 특정한 형질이 어떻게 나타나는지 알 수 있을 만큼 예측이 그리 정확하지 않습니다." 캐서레산이 내게 설명했다. "점수와 실제 결과가 1:1로 일치하지는 않습니다. 그건 예측

모형이에요. 저는 배아 선별에 적용하기에 적절치 않다고 생각합니다."[38]

　여러분의 생각은 어떨지 모르겠지만, 유전학자 하우라 헤르체 Laura Hercher는 수의 회사가 부모들에게 아이가 병이 들거나 사망 가능성이 있는지 여부를 정확히 예측해 알리지 못한다는 점에 유의해야 한다고 경고한다. "그런 환상을 믿는다면 분노를 느낄 것이다. 부디 그 분노가 자녀가 아닌 그쪽(지노믹 프레딕션)으로 향하길 바란다." 헤르체의 말이다.[39]

⟩⟨⟩⟨⟩⟨

크리스퍼 기술이나 염기 편집, 또는 프라임 편집이 안전하다고 한다면(또는 자연 방사선으로 발생하는 돌연변이보다 위험성이 낮다면), 그것이 이러한 기술을 우리가 적절하다고 판단하는 용도로 사람의 배아에 적용할 수 있게 허용해야 하는 근본적인 이유가 될 수 있을까? 인간 유전체 프로젝트가 절반쯤 진행된 1997년에 유네스코는 사람의 유전체를 값을 매길 수 없는 가보라고 선언했다. "인간의 유전체는 인간이 이루는 가족 전체에 나타나는 근본적인 통일성의 기반이며 고유한 존엄성과 다양성을 인식할 수 있는 바탕이다. 상징적인 의미로 유전체는 인간성의 유산이다."[40]

　아주 멋진 말이지만, 정말 사람의 유전체가 인간성의 유산일까? 신성불가침의 영역에 해당하는 인류의 특성이므로 보존되어야 하고 값을 매길 수 없을 만큼 귀중한 명작 예술품처럼 보호해야 할까?

'눈으로만 보고 손대지 마세요'라는 팻말이 붙은 것처럼? "언약궤와 같다고 볼 수 있다"는 것이 그릴리의 견해다. 영화 인디애나 존스 시리즈 중 〈레이더스〉를 본 사람이라면 "부적절한 자의 손에 들어가도록 내버려 둘 수 없는 것"이라고도 할 수 있으리라.[41] 프랑수아 베일리스Françoise Baylis는 인간의 유전체가 우리 모두의 것이며 완벽한 염기서열로 분류해서 전시할 만한, 때 묻지 않은 원형의 유전체 같은 건 없다고 주장한다. 75억 명이 가진 75억 개의 유전체에는 지나간 세대가 남긴 것, 미래 후손들에게 전해질 것들이 반복적으로 나타난다.

인간 유전체 프로젝트로 얻은 결과가 인간의 대표적인 염기서열이 아니라면 누구의 유전체일까? 2000년 6월 클린턴 대통령의 발표 후 전설적인 참조 유전체가 된 이 분석 결과는 익명으로 자원한 12명의 유전체 분석 결과를 짜깁기한 것이다. 한 사람의 유전체를 모두 해독하는 일은 그로부터 10년이 더 지나 DNA 염기서열 분석 기술이 크게 발전한 이후에나 가능해졌다. 2010년에 나는 짐 왓슨, 하버드 대학교의 헨리 '스킵' 게이츠Henry "Skip" Gates, 조지 처치 등 유전체 분석을 최초로 이끈 20명의 전문가가 한자리에 모인 MIT 학술회의에 참석했다.[42] 크레이그 벤터와 블랙 사바스의 멤버 오지 오스본 등 초창기 유전체 분석에 선구적인 역할을 한 인물 중에 몇몇은 불참했지만, 나는 지구상에서 유전체가 몽땅 다 분석된 사람들이 이렇게 한곳에 (거의) 다 모이는 일은 절대 없을 것 같다는 생각이 들었다. 인류를 대표하는 개별 유전체란 이런 것이라고 제시하고 주장한 사람은 아무도 없었다. 베컴이나 비욘세의 유전체도 여러분과 내 유전체와 마찬가지로 각종 돌연변이가 가득하다.

인간의 유전체가 신성불가침의 영역은 아니라고 해도, 생식세포를 조작한다는 개념, 인간의 손으로 염기서열에 미래 세대까지 전달될 수 있는 영구적 변화를 일으키는 것을 반대하는 견해가 넓게 형성되어 있다. 실질적인 면에서는 아이나 성인을 치료하는 것보다 사람의 배아를 편집하는 것이 훨씬 안전하다. 처치는 생식세포 편집에 세 가지 본질적인 장점이 있다고 주장한다. 첫째는 다른 전달 시스템과 비교할 때 인체 모든 세포에 편집 시스템이 전달되는 효율이 우수하다는 점이다. 두 번째 장점은 편집을 한 번 실시하면 미래에 태어나는 모든 아이와 그 후손이 자동으로 그 편집의 결과를 얻게 되고, 체세포 유전자 치료에 들여야 할 수백만 달러를 아낄 수 있다는 점이다. 세 번째 장점은 생식세포 편집이 세포 하나에 실시된다는 점이다. 체세포 유전자 치료의 경우 뇌나 그 밖에 닿기 힘든 기관까지 유전자를 전달할 방법을 찾게 된다고 가정할 때 세포 수백만 개를 조작하게 되며 그중 하나가 암이 될 가능성이 높은 세포로 바뀔 가능성이 있다.[43] "체세포 유전자 치료는 가망이 없는 치료법입니다. 치료가 이루어지려면 수십억 개 세포로 유전자가 전달되어야 하니까요." 사불레스쿠의 설명이다.[44]

그러므로 우리가 생식세포 편집을 고려하지 말아야 하는, 무조건 지켜야 할 이유는 없다. 의학적 관점이나 경제적 관점에서 찬성하는 견해도 있다. 하지만 그렇다고 해도 왜 이 기술이 필요한지, 언제 실시되어야 하는지는 여전히 알 수 없다. 의학이나 보조 생식 기술에 변화를 가져올 것으로 예상되는 새로운 유전학적 기술이 등장할 때마다 자제하라는 말 대신 '신중하게 진행한다'는 표현이 흔히 쓰인다. 1980년대에 닐 홀츠만Neil Holtzman이 쓴, 산전 DNA 진단 검사의 위험성을 경고한 저서의 제목이기도 하다. 학술지〈란셋〉의 편집자 리처드 호튼Richard Horton도 크리스퍼 아기가 태어나기 직전에 이 표현을 쓰며 공감한다는 뜻을 전했다.[45]

합리적인 접근법이 될 수도 있지만, 사람의 유전체를 변형시키는 행위를 고의로 거부할 경우 생식세포에 개입하는 행위를 허용할 때와 마찬가지로 인류의 미래에 영향이 발생한다면 어떻게 해야 할까? "예를 들어 낭포성 섬유증을 일으키는 유전자를 없앨 수 있는데 그렇게 하지 않는다면, 미래 세대가 불필요하게 이 끔찍한 병으로 고통 받게 된다." 케난 말릭Kenan Malik의 견해다. "더 나아지도록 바꿀 수 있는데 그대로 내버려 두는 것이 윤리적으로 더 훌륭한 일이라고 할 수는 없다."[46]

파괴적인 결과를 낳는 유전자 돌연변이를 바로잡고 싶다면? 헌팅턴병의 경우 발생 확률이 5만 명당 한 명 정도에 그치지만, 치료 방법이 없다. 헌팅턴병을 앓는 사람은 자녀가 원인 유전자를 물려받을 확률이 50:50이다. 켄 번스Ken Burns의 다큐멘터리 〈유전자The Gene〉에서 제니 알렌Jenny Allen은 자신의 운명을 유전자 검사로 확인해 본다는 힘든 결정을 내린다. 제니의 어머니와 어머니의 두 자매는 헌팅턴병 환자다. 의사가 검사 결과 결함이 있는 문제의 유전자를 물려받지 않았다고 알려 주자 제니는 눈물을 터뜨리며 기뻐하고 안도하면서도 살아남은 사람의 죄책감을 느꼈다. 언젠가는 생식세포 편집으로 헌팅턴병과 관련된 유전자의 결함이 있는 염기서열을 정상적인 버전으로 복구해서 이 돌연변이를 영원히 없앨 수 있는 날이 올지도 모른다. "5만 명당 한 명이 정상적인 염기서열을 가질 수 있다는데 반대할 사람이 있을까?" 그럴리는 합리적인 의문을 제기했다.[47]

사불레스쿠는 더 나아가 자녀의 잠재성을 최대로 키우는 것은 전적으로 부모의 의무라고 주장한다. 유전질환을 없애는 것 자체는 나쁜 일이 아니지만, 기술은 건강한 유전자로 바꾸는 선에서 멈추지 않으리라는 것이다. 인류에 이전까지 한 번도 나타난 적 없는 새로운 변이를 인류가 스스로 만들 가능성도 있다.

✖✖✖

2015년 여름, 크리스퍼 기술과 인간 배아를 조작한 연구를 향한 큰 분노가 한 차례 휩쓸고 지나간 후 〈보스턴 글로브〉에는 하버드 대학교 스티븐 핑커Steven Pinker 교수의 강경한 주장이 담긴 사설이 실렸다. 사람의 건강과 수명을 향상시킬 수 있는 생물의학적인 절호의 기회가 넘쳐나는 세상에서 "오늘날 생명윤리학의 일차적인 윤리적 목표는 한마디로 요약할 수 있다. 앞길을 막지 말라는 것"이라는 주장이었다.[48] 개개인이 해를 입지 않도록 보호를 받아야 하고, 더불어 "진짜 윤리를 생각하는 생명윤리학이라면" 불필요한 형식과 임시 중단 조치로 연구를 저지하지 말아야 하며, 향후 해로운 일이 될 수 있다는 불안감을 심지도 말아야 한다고도 주장했다. 또한 나치 독재정권이나 공상과학 소설에서 묘사하는 디스토피아처럼 비뚤어진 비유를 들어 가며 나쁜 분위기로 몰고 가지 말아야 한다고 밝혔다. 여러분도 충분히 예상하겠지만, 《멋진 신세계》와 앤드류 니콜Andrew Niccol 감독의 공상과학 영화 〈가타카〉도 예로 언급됐다.

"과학의 속도가 윤리적인 이해 수준을 넘어서면, 사람들은 각자가 느끼는 불편함을 표현하느라 애를 먹게 된다." 2004년 하버드 대학교의 철학자 마이클 샌델Michael Sandel이 쓴 글이다. 그는 유전체 혁명이 "윤리적인 현기증"을 일으켰다고 묘사했다.[49] 이런 불편함은 이중나선 구조의 발견과 유전암호를 푸는 방법, 재조합 DNA가 일으킨 대대적인 변화, 산전 유전자 진단, 배아 줄기세포, 복제 양 돌리의 탄생 등 유전공학 혁명이 일어나기 전과 후에 여러 번 발생했다. 많은 사람들이 체외 수정을 '시험관 아기'라고 부르며 보조 생식 기술을 비판했지만, 현재까지 이 기술로 500만 명의 아기가 태어났다는 사실은 그러한 비판에 충분한 반박이 될 것이다.

크리스퍼 기술의 역사도 반복되고 있다. 차이가 있다면 유전자가 조작된 세 명의 사람이 실제로 태어나서 우리의 총체적 양심을 짓누르고 있다는 것이다. 루루와 나나, 그리고 세 번째 크리스퍼 아기 중에 자신의 유전자를 바꿔 달라고 요청한 사람은 아무도 없다. "우리 모두 두 어린 아이들이 무사하길 바라고 기도해야 한다." 프랜시스 콜린스의 말이다. "그 아이들은 아무 잘못이 없다. 그렇게 만들어도 된다고 동의하지도 않았다."[50] 하지만 배아나 사람도 임신이 이루어지는 상황이나 수정 후에 유전물질이 뒤섞이는 과정을 충분히 이해하고 동의하지 않는 건 마찬가지다.

크리스퍼 아기가 탄생하기 훨씬 전부터 유전공학 기술로 아이의 인지 능력이나 음악적 재능, 운동 능력을 강화할 경우 아이가 특정한 운명을 향해 나아가도록 만드는 것이므로 자유의지를 고갈시키는 일이라는 주장이 제기됐다. 그러나 샌델의 말처럼 이 주장에는 원래 아이들이 자신의 운명을 자유롭게 선택할 수 있다는 전제가 깔려 있다. "자신이 물려받을 유전자를 선택한 사람은 아무도 없다." 샌델은 이렇게 설명했다. 유전학적으로 특정 기능을 강화하는 대신 선택할 수 있는 것은 "특정 재능에 미래가 묶이지 않는 것이 아니라 유전학적인 복권이 추첨되는 대로 사는 것"이라는 설명도 덧붙였다.[51] 유전자 편집은 인간의 존엄성을 위협한다. 월등한 운동 능력을 갖추는 것이든 악기를 다루는 능력이나 인지 능력을 갖추는 것이든 완벽을 추구하다 인류의 성취가 흐려질 수 있다. 샌델은 기능을 강화하면 그 대가로 교육과 힘든 일을 피하려는 경향이 생길 수 있다고 지적했다. "아이를 귀한 선물로 여긴다면, 아이가 찾아온 그대로 받아들여야 한다."라는 윌리엄 메이William May의 말도 인용했다.

스포츠의 세계에서 프로 선수나 성공을 열망하는 선수들이 경쟁에서 우위를 점하기 위해 스테로이드나 성장 호르몬, 테스토스테론, 적혈구 생성인자로 기회를 훔치는 사례가 가끔 드러나는 것을 보면 이제 공정한 경쟁은 한물 간 가치라는 생각이 든다. 화학적인 금지 약물을 이용했는지 여부는 몸에 남아 있는 물질을 검사해서 알아낼 수 있지만, 유전체 편집은 판도라의 상자를 여는 기술이 될 수 있다. "(JK가 했던) 연구를 이어 가려는 사람들이 등장하고 완벽한 운동선수를 만드는 방법을 찾으려고 몰래 돈을 대는 사람들이 나타날 수 있습니다." 영국의 콜린 모이니안Colin Moynihan 남작이 상원 회의에서

한 말이다. "유전자 편집은 분명 큰 장점이 있습니다. 유전질환의 부담을 덜어 주는 것도 포함되겠죠. 하지만 스포츠에서 공정한 경쟁이 지켜지려면 이 분야로는 유입되지 않아야 합니다."[52]

유전체 편집이 사회 분열과 불평등을 악화시킬 수 있다는 더 큰 우려도 제기된다. 생식세포 편집 기술이 수단으로 이용되지 않고 필요성이 인정될 때 활용되도록 하려면 어떻게 해야 할까? 최초 승인된 유전자 치료는 전부 어마어마한 가격이 책정됐다. 노바티스의 졸겐스마만 하더라도 200만 달러에 이른다. 복제의약품의 가격도 한껏 높아지는 상황에서, 일부 제약업체 대표들은 자신들이 짊어진 책임감을 호소하지만, 환자보다 회사 주주들의 이익에 더 큰 관심을 기울인다는 인상을 지울 수 없다. 체세포 치료법을 개발하는 유전체 편집 회사들도 연구개발과 치료제 제조에 들어간 엄청난 비용을 회수해야 하므로 귀중한 약을 쉽게 내놓지 않는다. 생식세포 치료법을 개발하는 회사는 이들과 달리 보다 합리적인 가격에 치료를 제공할 수 있다. 크리스퍼 시스템은 세포 한 개(생식세포 한쪽)에만 공급되면 되는 일이기 때문이다.

처치도 21세기에 치료 접근성의 평등을 찾는 일이 중대한 문제라고 본다. 그리고 랜더와 마찬가지로 유전자 치료의 대안은 유전자 상담이라는 입장을 밝혔다. 유전체 염기서열 비용이 고작 100달러로 떨어진 만큼 "이제는 누구나 자신의 유전체 염기서열을 분석할 수 있고 유전자 상담으로 값비싼 희귀의약품이나 유전자 치료를 줄일 수 있다"는 것이 그의 견해다.[53] 처치는 가진 자와 못 가진 자의 상황이 나뉘는 사회가 되어서는 안 된다고 밝혔다. "크리스퍼의 윤리성을 이야기할 때, 그 논의의 90퍼센트는 값비싼 기술의 동등한 분배에 관한 것이 되어야 하며, 실제로도 그런 논의가 진행되리라 생각한다."

✕✕

인위적인 유전자 변형으로 유전자 풀이 지저분해지고 인류의 다양성이 강화될 수 있다는 생각에 혐오감을 느끼는 사람들도 있다. 모든 사람이 인위적인 도움으로 IQ가 높아진다면 사회의 기능도 향상될까? 많은 국가에서 IQ 점수가 높은 것과 재산 수준, 건강, 전반적인 행복에 상관관계가 있는 것으로 확인됐다. 하지만 자궁에서 자랄 때부터 유전체 수술이 실시되는 방식에 의존하지 않고도 이러한 불균형을 해소하는 방법은 분명히 존재한다. 애초에 지능과 재산, 직업 상태가 인생의 최종 결과를 크게 좌우한다고 생각할 필요가 있을까? 영국의 철학자 굴자르 반Gulzaar Barn의 말처럼 "이건 구체화해야 하는 일이 아니라 해결이 필요한 일"이다.[54]

신체적인 매력이 인생에 장애가 되는 경우는 드물다. 굴자르 반은 크리스퍼 클리닉에서 여성들이 외모에 큰 가치를 둘 것이라는 추측으로 아이의 얼굴 생김새를 예측하는 서비스를 제공할 수 있고, 이는 사회 분열과 특권 의식을 부추길 것이라고 지적했다. 또한 부의 불평등이 심화되는 지금과 같은 세상에서는 이러한 기술이 부유층에서 시작되어 가난한 사람들에게로 흘러가는 양상이 나타날 것이라고 보았다. 실제로 예술가 헤더 듀이해그보그Heather Dewey-

Hagborg와 크레이그 벤터의 DNA로 태어날 아이의 얼굴 특징을 예측해 보려는 시도가 있었고[55] 큰 비난을 받았다.[56] 그러나 이런 기술도 계속 개선될 것이다. 공정한 사회라면 이러한 유전학적 특성과 관련된 기술을 (원한다면) 누구나 이용할 수 있어야 하지만, 그건 허황된 꿈일 뿐이다. 굴자르 반은 사람의 인생이 그러한 요소에 좌우되지 않도록 사회 제도와 구조를 바꿔야 한다고 주장한다. "사회 전체를 대표한다고 볼 수 없는 소수의 부유한 연구 지원자와 과학자들이 사회 전체에 전례 없이 급격한 변화를 일으킬 수 있는 기술을 실행하도록 내버려 둬야 하는지, 우리는 깊이 고민해야 한다."

생식세포 편집에 반대하는 사람들은 이 기술이 실행되면 인류의 다양성이 사라지고 장애나 유전질환에 시달리는 사람들이 겪은 오명과 차별이 더욱 심화될 것이라 주장한다. 호튼은 〈란셋〉에 실린 글에서 "장애를 없앨 수 있게 되면 인간의 취약성에 내포된 가치도 사라질 것"이라고 밝혔다.[57] 장애를 '잡초처럼 제거하는' 행위와 관련된 우생학적인 우려는 이미 시행되고 있는 착상 전 유전자 진단에서 더욱 시급히 해결해야 하는 문제다. 매년 수십만 개의 배아가 선별되고, 부적합으로 판정된 배아는 활성이 중단된 상태로 보관된다. 서구 사회에서는 산모의 나이가 많을수록 발병률이 높아지는 다운증후군(21번 삼염색체증)과 그 밖에 다른 삼염색체증 검사가 많이 실시된다. 아이슬란드와 덴마크에서는 매년 다운증후군을 갖고 태어나는 아기의 수가 한 자리 수로 줄었다. 큰아들이 다운증후군 환자인 칼럼리스트 조지 윌George Will은 아이슬란드가 이 질병에 "최후의 해결책"을 적용하고 있다고 비난했다.[58] 그 사이 미국 일부 주에서는 21번 삼염색체증 진단을 받은 태아의 낙태를 막는 것을 법으로 금지한다는 내용의 법안이 통과됐다.

유전체 편집으로 가까운 미래에 당장 사회가 크게 변하지는 않겠지만, 유전학적인 기능 강화가 불평등을 뿌리 뽑기보다는 사회적 차별을 강화할 것이라는 전망이 우세하다. 굴자르 반의 말처럼 우리는 누구나 병이 들 수 있고 살다가 언제든 다른 사람의 도움이 필요할 수 있으므로, 공공 서비스에 더 많이 투자하고 불행한 이들을 더 많이 돕는 것이 분명 더 확실한 투자가 될 것이다. "더 많이 공감하는 태도가 유지되어야 한다. 사회 구성원 모두에게 도움이 되는, 원만히 기능하는 사회가 되려면 모든 인간의 삶이 귀중하게 여겨질 것이라는 믿음이 형성되어야 한다." 철학자 마이크 파커^{Mike Parker}는 모든 것이 잘 흘러가는 삶이 꼭 최상의 삶은 아니라고 이야기한다. 인간은 강점과 약점이 모두 있을 때 번성한다.

"정상의 범주에 속하지 않는 사람들을 향한 사회의 두려움"을 체감해 온 많은 장애인들은 유전체 편집에 큰 공포를 느낀다. 장애인을 위한 사회운동을 벌여 온 인물이자 오바마 정부에서 일했던 레베카 코클리^{Rebecca Cokley}는 사회의 장애인 차별주의가 "사회적 이상에 맞지 않는다는 이유로 우리 같은 장애인의 인간성을 부인하고 존재할 권리가 없다고 여기는" 인식이라고 설명했다. 코클리는 왜소증의 한 종류인 연골무형성증 환자다. 코클리는 이 병이 "문화를 풍성하고 다양하게 만든다"고 생각하며 자식들에게도 그런 문화를 물려주고 싶다고 이야기한다. "반드시 그런 문화를 만들어야 한다." 2017년 〈워싱턴 포스트〉에 실린 '나를 편집하지 마세요'라는 제목의 사설에

서도 이렇게 밝혔다.[59]

샌프란시스코 캘리포니아 대학교의 의사 겸 과학자 이던 와이즈 Ethan Weiss와 아내는 머리카락이 쨍하게 밝은 금발인 딸아이 루시에게 '빌리 아이돌'이라는 별명을 붙였다(영국의 록 뮤지션 이름—옮긴이). 결국 루시는 OCA2 유전자에 돌연변이가 있는 선천성 색소 결핍증이라는 진단을 받았다. "언젠가는 출생 직후에 병이 있다고 진단 받은 아이들을 유전공학이 도울 수 있는 날이 올 것이라는 생각을 했다. 하지만 나는 내가 바라는 아이보다, 지금 나와 함께 있는 아이를 그저 사랑하고 지지하는 일에 중점을 둘 것이다."[60] 와이즈가 쓴 글에는 이런 내용이 있다. 생식세포 편집 같은 기술을 접하면 마음이 끌리는 것이 사실이지만, 기술의 용도를 생각해 보면 "루시와 같은 아이들을 더 이상 볼 수 없게 된다면, 정말 그런 상황이 된다면 세상이 더 불친절해지고, 연민이 사라지고, 인내심도 줄어들 것"이라는 우려에 공감할 수 있다. 와이즈는 자신과 아내가 딸아이를 잘 키울 수 있는 더 나은 부모가 될 것이라고 강조하면서 "이 세상이 루시와 같은 아이들이 소속되어 살아가기에 더 나은 곳이리라 믿는다"는 것이 그보다 중요한 사실이라고 언급했다. "세상이 루시 같은 아이들을 없애는 용도로 기술을 활용하는 방향으로 나아가기를 진심으로 바라는지, 진지하게 생각해 봤으면 좋겠다."

인간의 유전암호를 인간이 직접 설계하는 것에 관한 논의는 위험천만한 비탈길을 떠올리게 한다. "비탈길은 미처 깨닫지 못한 사이에 비탈인 것을 깨달았을 때, 그리고 제대로 된 장비를 갖추지 않고 내려가려고 할 때만 미끄럽고 위험하다."[61] 영국의 철학자 존 해리스는 이렇게 말했다.

1970년대 초 유전자 치료가 처음 등장한 이후부터 우리는 체세포 유전자 치료를 생명을 살리는 귀중하고 이상적인 기술로 여기고, 생식세포 치료(또는 편집)를 위험하고 비윤리적인 행위로 치부하는 경향이 있다. 특정 유전자의 기능을 강화하려고 하는 사람들은 우생학을 신봉하고 인간을 완벽한 존재로 만들려고 한다는 비난에서 벗어나지 못했다. 하지만 지난 50년간 벌어진 일을 되짚어 보면, 우리는 비탈길을 내려오다가 절반쯤 왔을 때 거대한 벽을 만난 것과도 같은 상황에 놓였다. 돌아갈 수 있는 다른 길도, 지하로 통과할 수 있는 굴도 없다. 샌디에이고 캘리포니아 대학교의 사회학자 존 에반스John Evans의 말을 빌리자면 이 벽은 "인간의 의도가 반영된 것만 존재하는, 모든 것이 합성된 자연계"라는 디스토피아로 쭉 미끄러져 내려가지 않도록 우리를 막고 있다. 에반스는 체세포 유전자 치료와 생식세포 치료를 더 이상 구분할 수 없는 지점에 이르렀다고 주장한다. 20세기에 단일 유전자 질환을 이러한 기술로 치료하려는 시도는 아리아인을 특별한 인종으로 구분하려는 우생학적인 환상과 극명히 대비되는 일로 여겨졌고, 이는 비탈 중간에 서 있는 벽이 제 기능을 발휘한 것으로 볼 수 있다. 그러나 유전자와 질병에 관한 훨씬 많은 정보가 밝혀진 새로운 유전체 시대가 찾아온 후 이 벽은 점차 허물어지고 있다. 논쟁의 핵심은 사람이라는 생물 종을 바꾸는 것에서 개인을 바꾸는 것으로 옮겨 갔다.

에반스는 후손이 살아갈 미래를 생각할 때, 몇 가지 다른 방어막이 존재한다고 본다. 하나는 생식세포 편집을 가로막는 벽과 동일한 위치에 세워진 안전벽이다. 기술과 정밀성이 발전하여 비탈을 미끄러져 내려갈 때 과속 방지기와 같은 기능을 하는 벽이다. 생물학적인 현실의 벽도 있다. 유전학적 특징은 너무나도 복잡해서 유전자 편집으로 절대음감이나 더 높은 지능을 만들 수 없다는 생각이 만들어 내는 벽이다. 에반스는 이것을 "패자의 사고방식"이라고 이야기한다. 1980년대 초, 저명한 유전학자 아르노 모툴스키Arno Motulsky는 생식세포 편집이 50년에서 300년은 지나야 가능해질 것이라 주장하며 이 기술에 관한 논의 자체를 거부했다. 에반스가 생각하는 마지막 또 하나의 벽은 '인간성의 경계'다. 이 경계는 인체에 자연적으로 생기는 변이 유전자와 어떤 인류에서도 나타난 적 없는 새로운 돌연변이를 구분한다.

생식세포 편집의 윤리성에 관한 논쟁은 앞으로 수년간, 길게는 수십 년간 계속 뜨겁게 이어질 것이다. 미국 국립과학원이나 WHO 같은 권위 있는 기관에서 나온 보고서도 중요하지만, 그런 자료가 최종 결론이 될 수는 없다. 나는 생식세포 편집을 강력히 촉구할 생각도 없고 윤리, 종교, 과학 모든 면에서 반대하지도 않는다. 다만 적어도 일부 상황에서는 이 기술의 단점보다 장점이 더 인정받는 때가 오리라 생각한다.

그 사이 의학의 다른 분야와 외과수술도 무섭게 발전하고 있다. 자신이 키우던 골든 레트리버 탄야에게 물려 얼굴이 크게 훼손된 이자벨 디누아르Isabelle Dinoire라는 프랑스 여성은 2005년 처음으로 안면 이식을 받은 환자가 되었다(자살로 생을 마감한 사람이 공여자였다). 의학, 윤리적 면에서 논란이 불거졌지만, 이후 수십 건의 안면 이식이 이어졌다. 이제는 태아가 자궁 안에 있을 때 이분척추 같은 선천성 기형을 수술로 바로잡을 수 있다. DNA 수술은 그다음 순서로 고려해야 할 경계선인 것 같다.

유니버시티 칼리지 런던의 임상 유전학자 헬렌 오닐Helen O'Neill 은 이렇게 결론 내렸다. "완벽한 기술은 없다. 체외 수정도, 유전체 편집도 마찬가지다. 그러나 이러한 기술을 결합해서 사람의 생물학적 시스템에 생긴 가장 큰 결함에 적용할 때, 우리는 이렇게 자문할 수 있다. '충분하다고 할 수 있을 만큼 충분한 때는 언제일까?'"[62]

크리스퍼 유전체 편집은 아직 10년도 되지 않은 기술이지만, 이 책에서 내가 보여 주려고 노력한 것은 이것이 과학과 의학, 농업의 수많은 부분을 변화시킬 만반의 태세를 갖춘 기술이라는 점이다. 그러나 과학, 규제, 윤리적 면에서 해결해야 할 문제가 많다. 유전자 치료가 그랬던 것처럼, 임상시험에서 한 번 차질이 생기면 10여 년간 암흑기가 찾아올 수 있다. 과거 에디타스에서 사업 부문 총괄을 맡았던 팀 헌트^{Tim Hunt}는 이 분야의 사업이 넘어야 할 산이 "돈 먹는 기계"가 될 것이라는 신선한 표현으로 솔직하게 이야기했다. 에디타스가 체세포 유전체 편집 기술을 상용화할 때 실제로 겪은 일이다. "우리가 모은 돈은 5~6억 달러였습니다. 하지만 시장에 제품을 내놓기 전에 필요한 돈은 10~15억 달러였죠." 2020년 초에 그가 한 말이다.

"크리스퍼는 신속하고 저렴하고 쉬운 기술이라고들 이야기합니다. 하지만 치료제 개발은 신속하지도 저렴하지도 쉽지도 않습니다. 긴 여정입니다."[1]

회사를 설립하고, 전임상 연구를 실시하고, 이어 임상시험을 진행하고, 자금을 마련해서 생산하고, 약물의 전달 효율을 높이고, 불필요한 절차가 가득한 규제 절차를 밟아야 하는 등 상업적 성공으로 가는 길은 굉장히 길고 구불구불하다. 유전체 편집 기술이 표적으로 삼는 질병이 규모가 너무나 작은 틈새시장인 경우도 있다. 희귀 질환처럼 치료를 받는 환자의 숫자가 얼마 되지 않는 질병도 있다. 이러한 요소는 전부 목숨을 살릴 수 있는 치료제의 가격을 대폭 상승시키는 요인으로 작용한다. 로스 윌슨과 다나 캐럴은 유전체 편집 회사와 규제 기관에 "유전체 편집을 활용한 치료를 적정 가격에 쉽게 이용할 수 있는 치료법으로 만드는 일은 힘든 일이지만, 그렇게 하려고 노력해야 한다"고 촉구한다. 두 사람은 "이는 전 세계의 건강 형평성을 바로잡는 데 엄청난 도움이 될 것"이라고 밝혔다.[2]

생식세포 편집을 실시하는 것이 이치에 맞는 일이라고 판단하게 되는 때가 올 수도 있다. 하지만 지금은 아니다. 아직 멀었다. 앞으로 10년 혹은 20년 뒤에는 다음 세대로 유전되는 유전체 편집이 기술적으로 안전하고, 윤리적으로도 적합하고, 의학적으로도 정당하다고 여겨지고 지지하는 여론이 형성될 수도 있다. 나는 언젠가 반드시 그런 날이 올 것이라고 생각한다. 《멋진 신세계》가 출판 100주기를 맞이하는 2032년이 될 수도 있고, DNA 이중나선 구조가 밝혀진 업적이 100주년을 맞는 2053년이 될 수도 있다. 또는 루이스 브라운이 100세 생일을 맞이할 2078년이나 우리가 인간의 유전체 염기서열을 처음으로 해독한 성과가 100주년을 맞는 2100년이 될 수도 있다.

부작용이 없는 약은 없다. 완벽하게 안전한 수술도 없다. 유전체 편집도 마찬가지지만, 과학자들은 이러한 문제를 충분히 극복할 수 있을 만큼 발전하고 있다. 윤리적으로 합당한 일인가 하는 문제는 과학자, 의사에 국한되지 않고 다양한 이해관계자가 참여하여 가치와 신념에 관한 심층적인 토의를 해야 한다. 착상 전 유전자 진단이 대대적으로 활용되고 있는 반면 유전체 편집의 활용 방식이 장난치는 것 같은 인상을 주거나 소설에나 나올 법한 이야기처럼 여겨진다는 점을 생각하면 유전질환에 이 기술이 반드시 필요하다는 정당성을 인정받을 가능성은 희박해 보인다. 과연 여론이 수용하는 쪽으로 기울고 정부 기관이 승인할 것인지도 의문이다. 크리스퍼 클리닉이 새롭게 형성된 의료관광 산업의 한 줄기가 될 수 있다는 점도 감안해야 한다. 전 세계 대다수가 아직 준비가 안 된 상황에서 자국 국민들이 유전체 편집 기술을 활용할 수 있도록 승인하는 국가가 나타날 수도 있다.

과학자, 의사, 윤리학자, 변호사, 사회학자, 정치인 모두가 2015년부터 크리스퍼의 장점과 위험성에 관해 논의해 왔다. 지금도 매일 수많은 아기, 어린이, 성인이 치명적인 유전질환에 걸렸다는 진단을 받는다. 이러한 환자와 가족들에게 유전자 편집 기술은 한계가 없는, 생명을 구해 줄 강력한 의학 기술이다. 2019년 말 미국 국립보건원의 프랜시스 콜린스 원장이 워싱턴 DC의 호텔에서 공개 연설을 마친 후, 방청석에 있던 니나 나이자^{Neena Nizar}라는 여성이 자신이 탄 휠체어를 밀고 마이크 앞으로 나왔다. 나이자는 얀센 재단의 대표이자 전 세계에 환자가 24명뿐인 얀센형 골간단연골 이형성증 환자 중 한 명이다(이 중 성인 환자 두 명이 미국에 있다). 이 병을 앓는 환자는 뼈와 연골이 약해져서 나이자처럼 수많은 봉과 핀, 클램프로 약한 뼈를 고정시킨 채 살아야 한다.

이 자리에서 나이자는 콜린스에게 자신이 앓는 것과 같은 수천 가지 유전질환으로 고통 받는 사람들을 왜 더 적극적으로 돕지 않는지 이유를 알고 싶다고 따져 물었다. 콜린스는 "과학과 의학은 희귀 질환의 해결책을 찾기 위해 노력할 책임이 있다"고 답했다. 그러나 생식세포 편집의 필요성은, 얀센형 골간단연골 이형성증을 포함한 다른 수많은 질환 모두에 "설득력이 없다고 생각한다"는 입장을 밝혔다. 배아가 형성될 때 착상 전 유전자 진단으로 검사를 받을 수 있기 때문이라는 이유였다. "검사를 받은 후에 배아를 이식하면 되지 않습니까? 유전자 편집은 필요하지 않습니다."[3]

나중에 나는 나이자에게 원하던 답을 들었느냐고 물었다. 나이자의 얼굴에 서글픈 미소가 떠올랐다. 나이자의 아들 둘도 같은 병을 물려받았다. "우리와 같은 일을 겪어 보질 않았으니 그렇게 거들먹거리기도 쉽겠죠. 체외 수정으로 배아를 만들고 편집하는 것이, 그냥 내버려 두면 아이가 시달리게 될 고통을 줄이는 최선의 방법이라면, 선택할 수 있게 해 주세요." 나이자의 말이다. "우리가 신 놀음을 하려 한다고 이야기한다면, 마음대로 생각하라고 하세요."[4] 윤리학, 우생학적 논쟁을 넘어 인간의 과도한 행위 주체성과 인류의 번성에 관한 논의도 상당히 깊이 있게 진행되고 있다. 그러나 환자들이 원하는 건 그저 정상적으로 사는 것, 건강한 삶이다. 현대 의학이 희망을 줄 수 있다면 감히 누가 그 희망을 빼앗을 자격이 있을까?

고도의 맞춤의학이 활용되는 새로운 시대가 시작된 후 희망의 조짐이 나타났다. 굉장히 희귀하게 발생하는 돌연변이 때문에 병을 앓는 환자들이 FDA가 승인한 맞춤형 치료를 받을 수 있게 된 것도 그러한 조짐에 해당된다. 보스턴 아동병원의 소아 신경학자 팀 유Tim Yu는 바텐병5과 모세혈관 확장성 운동실조증6을 앓는 아동 환자를 위한 맞춤형 치료제를 개발했다. 이와 함께 유는 예일 대학교의 몬콜 렉Monkol Lek이 포함된 연구진이 듀센형 근이영양증 환자인 24세 테리 호건Terry Horgan에게 맞춤형 크리스퍼 치료법을 마련할 수 있도록 자문을 제공하고 있다. 호건의 경우 디스트로핀 단백질을 만드는 유전자의 첫 번째 엑손에 돌연변이가 발생했다. 현재 시중에 판매되거나 병원에서 처방할 수 있는 치료제로는 해결이 불가능한 돌연변이다. 테리의 형제인 리치는 비영리단체 '희귀질환을 치료하라'를 설립하고 고도의 맞춤형 의학을 지지하는 일에 앞장서고 있다. 호건이 치료를 받게 된 것은 고무적인 일이지만, 이러한 맞춤형 치료제를 이용하는 데 드는 비용은 최소 100만~200만 달러다.

✕✕✕✕

크리스퍼 연구로 주목받은 다른 여러 연구자들처럼, 제니퍼 다우드나도 절박하게 희망을 찾는 환자들, 그 가족들로부터 수시로 이메일을 받는다. (우르노프를 통해 공개된) 한 이메일을 예로 들면, 서른여섯 살의 여성이 "안녕하세요, 다우드나 박사님"이라는 밝은 인사로 첫 마디를 시작하고는 곧 "저에게 남은 시간이 얼마 없습니다."라고 호소한다. 이 여성은 자신이 뉴클레오티드 하나에 돌연변이가 생겨서 발생하는 극심하고 치명적인 병을 앓고 있다고 밝혔다. 분명 쉽게 고칠 수 있으리라는 말과 함께 "박사님이 해 온 연구가 계속 발전을 거듭하는 과정을 지켜보았다"고 전했다. 잡지에 실린 다우드나의 프로필도 읽었다면서 이렇게 이야기했다. "저는 크리스퍼 시험에 아주 적합한 후보입니다. 시험 참가자가 될 수 있다면 정말 기쁠 것 같아요"[7]

절망에 빠진 환자들이 보낸 이메일을 능숙하게 처리하는 일은 다우드나가 2012년을 기점으로 바뀐 세상에서 직접 해결해야 하는 여러 새로운 과제 중 하나일 뿐이다. 함께 연구하는 학생들, 박사 후 연구원들과 함께하는 시간은 더욱 귀중해졌다. 다우드나는 자신의 연구실에서 가장 큰 몫을 하는 중요한 구성원을 넘어 팀의 대표이자 코치, 전체 관리자 역할도 해야 한다. 연구자, 교사, 연구비 신청서 작성자, 멘토, 행정가, 회계사, 전도사, 윤리학자, 기업가, 저술가, 비평가, 자문가, 공공 연설가까지 무수한 역할을 수행하고 때로는 하루에 이 모든 역할을 몽땅 다 해내기도 한다. 여러 명의 보조 인력이 예산 관리와 연구실 운영 관리, 언론의 요청 사항을 확인하는 작업을 돕고 있다. 일일 달력에는 다우드나의 하루 일정이 시간 단위로 기재된다. 그룹 회의, 자문단 회의, 예산 계획, 그리고 크리스퍼 혁명을 더욱 발전시키고 다음 세대 연구를 이어 갈 학생들과 박사 후 연구원을 확보하기 위한 면접이 일정표에 빈틈없이 채워진다. 그렇게 정신없이 하루를 보내고 나면 남편에게 퇴근길에 태워 달라는 문자를 보내곤 한다.

다우드나는 2019년 말에 아주 중요한 일정을 위해 워싱턴 DC로 날아갔다. 하워드 휴스 의학연구소는 5년에서 7년 주기로 250여 명의 소속 연구자 전원을 한자리에 불러 모아 10명 이상의 과학계 엘리트 인사들로 구성된 패널이 보는 앞에서 중요한 연구 성과를 평가하고 향후 계획을 수립하는 비공개 회의를 실시한다. 다시 공항으로 데려다 줄 리무진이 대기하는 가운데, 질의응답 시간이 끝나고 다음 연도에도 연구비를 계속 지급할 것인지(연간 100만 달러 이상) 결정하기 위한 자문위원단의 투표가 진행됐다. 대부분 90분 정도가 소요되는 이 시간을 연구자로서 가장 피가 마르는 시간이라고 이야기한다. 다우드나도 회의실에 들어서면서 속이 몇 번이나 울렁거렸지만, 하워드 휴스 의학연구소가 세계에서 가장 유명한 과학자 중 한 명과 연을 끊는 건 상상하기 힘든 일이었다.

그로부터 몇 달 후, 다우드나는 바이러스 하나가 일으킨, 예기치 못한 새로운 공중보건 위기에 직면했다. 새로운 코로나바이러스다.[8] 감염이 대유행병으로 번지고 다우드나도 동료들과 함께 연구실 문을 닫을 준비를 하는 동안, 지역 사회에 보탬이 되어야 한다는 큰 책임감을 느꼈다. 3월 13일에 다우드나는 이노베이티브 지노믹스 연구소 동료들에게 열정과 마음을 가득 담아 지금은 한 발 더 나아갈 때라고 선언했다. "여러분, 저는 우리 회사가 이 대유행 상황에서 일어나 역할을 해야 한다는 결론을 내렸습니다."[9] 코로나19 검사

역량이 부족한 문제를 해결하기 위해, 다우드나와 동료들은 회사 공간 중 230제곱미터 면적을 코로나19 검사 센터로 전환하기로 했다. 깜짝 놀랄 만큼 많은 사람들이 힘을 보태겠다고 나섰다. 수백 명이 무슨 일이든 돕겠다고 자원했다.

3주도 지나지 않아 버클리와 산업계 동료들 수십 명이 합류했고 회사 1층에 24시간 동안 진단 검사를 1,000건 이상 처리할 수 있는 새로운 유전자 검사소가 마련됐다.[10] 다우드나의 제자들 중 최고 실력자로 꼽히는 박사 후 연구원 제니퍼 해밀턴Jennifer Hamilton과 린 시아오Lin Shiao가 검사소의 기술 책임자를 맡았다. 메건 몰테니Megan Molteni는 시아오로부터 "지난 수 년 동안 아주 작은 양의 액체를 이리 옮기고 저리 옮기면서 보낸 시간이, 누군가의 삶을 더 나은 방향으로 바꿀 수 있다는 것"을 생전 처음 느꼈다는 말을 전해 들었다.[11] 우르노프는《반지의 제왕》의 한 부분을 인용하며 이들의 노력을 응원했다.

"내가 사는 동안에는 그런 일이 없었으면 좋겠어요." 프로도가 말했다. "나도 마찬가지다." 간달프가 답했다. "그런 일을 겪는 모든 사람들도 그럴 거다. 하지만 그 사람들이 결정한 일이 아니야. 우리가 결정할 수 있는 건 우리 앞에 주어진 시간에 무엇을 할 것인가일 뿐이지."

버클리 소방서의 화재 예방 조사관 도리 티우Dori Tieu는 2020년 4월 6일에 커다란 폴리스티렌 상자에 얼음과 함께 담긴 코로나19 첫 번째 진단 검체를 초조하게 기다리던 우르노프에게 전달했다. 몇 주가 걸릴지, 몇 달이 걸릴지 알 수 없지만, 크리스퍼는 기다릴 수 있을 것이다.

코로나19 대유행으로 연구실 업무가 모두 중단되기 18개월 전, 장평은 2013년에 이룩한 크리스퍼 편집이라는 위대한 성과가 과학자로서의 커리어에 가장 큰 발견으로 끝날 것이라 생각하느냐는 질문을 받았다. "그렇지 않기를 바랍니다!" 최고의 전성기를 이미 지났을지도 모른다는 건 생각하기도 싫은 듯, 장평은 이렇게 답했다. "지금 이 위치에 오를 수 있었던 건 아주 운이 좋은 일이었습니다. 앞으로 우리가 풀어야 할 문제가 아주 아주 많습니다."[12] 장평의 부모님은 어릴 때부터 "스스로 쓸모 있는 사람이 되도록 노력해야 한다"고 충고했다. 코로나19 사태에서 어떤 변화를 만들어 낼 수 있을까?

장평은 짬이 날 때마다 자신이 개발한 '셜록' 진단법을 코로나19를 비교적 간단하게 진단할 수 있는 검사법으로 바꿀 수 있는 방법을 연구했다. 이렇게 탄생한 진단법은 크리스퍼 진단법 중 최초로 2020년 5월에 FDA의 긴급 승인을 받았다.[13] 가정에서 10달러도 안 되는 가격에 한 시간 정도면 검사 결과를 확인할 수 있는 '스탑코비드STOPCovid'*도 개발했다(검사소에서 쓰는 수조 대신 검체를 물에 담글 수 있는 장비에 드는 비용은 빼고 계산한 금액이다).[14] 이와 함께 장평은 핀터레스트의 CEO 벤 실버먼Ben Silbermann과 협력하여 단 3주 만에 '하우 위 필How We Feel'이라는 애플리케이션을 개발했다. 사람들이 자신의 건

---

* 여기서 스탑STOP은 '한 번에 끝내는 셜록 검사SHERLOCK Testing in One Pot'를 줄인 말이다.

강 상태와 증상을 실시간으로 추적할 수 있는 애플리케이션이다.[15] 오래전 아이오와 주 디모인에서 고등학교 동창으로 만난 두 사람이 힘을 모은 성과였다.

유전자 편집 분야의 다른 전문가들도 코로나19 위기를 극복하기 위한 노력에 동참했다. 2020년 3월에 보스턴에서 벤처 투자자로 활동해 온 톰 카힐Tom Cahill은 피터 틸Peter Thiel, 프로 농구팀 보스턴 셀틱스의 공동 소유주 스티븐 팔리우카Stephen Pagliuca를 비롯한 소수의 억만장자들로부터 후원을 받아 1억 2,500만 달러의 기금을 마련하고 코로나19 상황을 논의하기 위한 전화 회담을 개최했다. 소식은 빠르게 전해졌다. 수백 명의 참가자가 너도나도 전화를 걸어 대는 통에 통화가 연결되지 않는 상황이 벌어지자, 카힐은 상황이 정말 심각하다는 사실을 깨달았다. 롭 코플랜드Rob Copeland는 코로나19가 자신의 가족들, 사업에 가져온 위기가 "세계에서 손꼽히는 전문가들도 절박하게 만들었다"고 전했다.[16]

카힐은 코로나19를 없애기 위해 21세기형 맨해튼 프로젝트라고 할 만한, 과학자들로 구성된 '저스티스 리그'를 구성하기로 결심했다. 이 히어로 군단의 대장은 하버드의 저명한 화학자이자 '코로나19 해결을 위한 과학자 모임'을 만든 스튜어트 슈라이버가 맡기로 했다. 슈라이버의 동료인 데이비드 리우와 자신이 이 팀에 들어올 자격이 가장 부족하다고 밝힌 노벨상 수상자 마이클 로스배시Michael Rosbash도 12명의 전문가단에 포함됐다. 이들은 200명의 후보들로부터 얻은 데이터를 토대로 코로나19 바이러스를 물리칠 수 있는 최상의 방안을 정리해 보고서를 작성했다.[17] 이 자료는 믿을 수 있는 경로를 통해 백악관에 전달됐다. 슈라이버는 팀원들에게 실제로 슈퍼히어로의 이름을 붙였다. 벤 크라바트Ben Cravatt는 배트맨, 아키코 이와사키Akiko Iwasaki는 원더우먼이다. 아이언맨은 이들과 다른 세계의 슈퍼히어로이므로 반은 인간이고 반은 기계처럼 천재적인 지능을 가진 사이보그 같은 리우의 별명이 되었다.

하지만 인간에게는 코로나바이러스를 없애는 슈퍼 파워 같은 크리스퍼 기능이 없다. 언젠가는 이 능력이 생길지도 모른다. 스탠퍼드 대학교의 스탠리 치Stanley Qi는 크리스퍼-카스13 시스템을 활용하여 가이드 RNA가 코로나바이러스의 RNA 염기서열을 찾아서 파괴할 수 있는 '팩맨'이라는 기술을 만들 방법을 찾고 있다.[18] 생명공학 분야에서 가장 유명하고 다양한 용도에 활용할 수 있는 크리스퍼라는 도구를 코로나바이러스를 무찌르는 무기로 쓰지 못할 이유는 없다.

다우드나, 장펑, 그리고 이 두 사람의 동료들 모두 이와 같은 비상소집에 내포된 아이러니를 잘 알고 있다. 크리스퍼는 세균에서 박테리오파지라는, 바이러스 중에서도 특정한 종류를 물리칠 수 있도록 진화한 기능이다. 지금은 고약한 특정 바이러스가 새로운 숙주의 기도에 침입하기 위해 공기를 타고 세계 곳곳을 누비고 있다. "세균은 항상 바이러스의 침입을 해결하기 위해 애를 써 왔다. 그리고 바이러스를 물리칠 수 있는 창의적인 방법을 찾아냈다. 지금 우리가 겪는 이 대유행병은 인간이 그와 같은 문제에 봉착한 것으로 볼 수 있다." 다우드나의 설명이다.[19]

유전체 편집의 미래를 생각하면 유전학자들이 짧게는 50여 년, 길게는 75년간 이룩한 놀라운 발전이 자동으로 떠오른다. 카스 단백질과 같은 효소로 이중나선을 열 수 있다는 사실을 비롯한 유전자와 유전체의 비밀이 그렇게 밝혀졌다. 1953년에 프랜시스 크릭과 짐 왓슨이 〈네이처〉에 보낸 서신은 800여 단어와 그림 하나가 전부였다. 크릭의 아내 오딜 크릭Odile Crick이 연필로 이중나선 구조를 명쾌하게 나타낸 멋진 그림이다. 크리스퍼는 우리에게 오딜이 지우개로 그림을 쓱싹 지우는 것처럼 DNA 암호를 (거의) 손쉽게 바꿀 수 있는 도구가 되었다.

오딜 크릭은 누드화를 즐겨 그린 전문 화가다. 남편처럼 이중나선 구조를 밝히는 일에 매혹되지도 않았다. "집에 오면 늘 그 이야기를 하니까, 자연히 나는 그 연구에 관하여 아무것도 생각하지 않게 되었다." 오딜은 당시를 이렇게 떠올렸다. 그럼에도 오딜이 남긴 그림은 과학계에서 20세기 가장 유명한 그림이 되었을 뿐만 아니라 DNA를 읽고 쓰고 편집해서 생명의 암호를 이해하고, 고치고 조작하고 통제하려는 인류의 탐구를 나타내는 보편적인 상징이 되었다.

오딜이 평생 동안 남긴 과학 관련 그림은 딱 하나가 더 있다.[20] 예술가로 성공한 오딜의 손녀 킨드라는 내게 그 그림을 어디에서 볼 수 있는지 알려주었다. 신경학자 크리스토프 코흐Christof Koch의 저서 《의식의 탐구The Quest for Consciousness》였다.[21] 어깨에 닿을 정도로 긴 머리를 늘어뜨린 여성이 짙은 색 짧은 드레스를 입고 달리고 있는 간단한 그림이다. 움직이는 모습을 정지된 그림으로 표현한 이 그림 속 여성이 어디로 갈 것인지는 각자의 상상에 달려 있다.

크리스퍼는 사회가 따라잡을 수 있는 수준을 넘어 빠르게 변화하고 있다. 어디로 향할 것인지는 우리 모두에게 달려 있다.

◦ 감사의 말 ◦

콜드 스프링 하버 연구소의 바에서 맥주잔을 앞에 놓고 수다를 떨었던 그날이 없었다면 이 책은 나오지도 않았을 것이다. 〈네이처〉에서 함께 일했던 동료 알렉스 간Alex Gann이 뜻밖의 연구비를 받게 되어 책을 쓰게 됐다는 흥미로운 이야기를 들려주었고, 그 계획을 관심 있게 들었던 나는 18개월 뒤 존 사이먼 구겐하임 기념재단에 크리스퍼에 관한 책을 써 보고 싶다는 제안서를 제출했다. 그리고 2017년에 구겐하임 재단으로부터 과학 저술 지원금을 받게 됐다는 기쁜 소식을 들었다. 책을 써 볼 만한 주제라는 사실을 인정받았다는 뿌듯함은 내가 이 책의 모든 내용을 채울 수 있었던 큰 자극제가 되었다.

2018년 〈크리스퍼 저널〉을 처음 만들었을 때 든직한 힘이 되어 준 동료 매리 앤 리버트Mary Ann Liebert와 마리앤 러셀Marianne Russell에게 깊은 감사 인사를 전한다. 이 일은 내가 크리스퍼 분야에 뛰어든 멋진 기회가 되었고 덕분에 크리스퍼 이야기의 기점이 된 2018년 홍콩 정상회의를 비롯한 여러 중요한 행사와 회의에도 참석할 수 있었다. 빌 레빈Bill Levine, 소피 레이즈Sophie Reisz, 존 스털링John Sterling, 크리스 앤더슨Chris Anderson, 그 밖에 리버트가 이끄는 팀원들에게도 고맙다는 인사를 전한다.

안토니오 레갈라도Antonio Regalado, 샤런 베글리Sharon Begley, 존 코헨Jon Cohen, 라이언 크로스Ryan Cross, 데이비드 시라노스키David Cyranoski, 리사 자비스Lisa Jarvis, 줄리아나 르미유Julianna LeMieux, 매릴린 마치온Marilynn Marchione, 에이미 맥스멘Amy Maxmen, 메건 몰테니Megan Molteni, 에밀리 뮬린Emily Mullin, 마이클 스펙터Michael Specter, 롭 스타인Rob Stein, 에드 용Ed Yong, 새라 장Sarah Zhang, 그리고 칼 짐머Carl Zimmer 까지, 수많은 과학 저술가, 기자 들이 쓴 탁월한 글이 이 책에 얼마나 큰 도움이 되었는지 모른다. 무한한 격려를 보내 준 월터 아이작슨Walter Isaacson에게도 특별히 감사드린다.

이 책에 소개한 드라마의 등장인물들 중에는 감사 인사를 받아 마땅한 인물들이 있다. 표도르 우르노프의 통찰력과 기지 넘치는 견해, 그리고 러시아 속담은 이 책 전반에 걸쳐 곳곳에 등장한다. 유전체 편집 기술에 관한 한 그보다 박식한 사람은 없다. 이분이 가족 전통을 지켜서 꼭 책을 썼으면 좋겠다. 로돌프 바랑고우와는 지난 3년간 가까이 지내면서 협력했다. 크리스퍼 기술의 탁월한 홍보대사인 그는 내게 많은 통찰과 의견을 제공했다. 이 책에 전부 다 싣지 못한 것이 안타까울 뿐이다. 사미라 키아니, 니콜라스 샤딧, 코디 쉬히는 중국의 생식세포 편집과 관련 연구에 관한 홍미진진한 정보를 제공해 준 분들이다. 출판되기도 전에 내게 저서를 먼저 건네 준 키란 무수누루도 감사 인사를 빼놓을 수 없다. 제이콥 셔코우는 지금도 계속되고 있는 특허 전쟁의 완벽한 가이드다.

전문적인 지식을 제공해 준 다나 캐럴Dana Carroll, 에마뉘엘 샤르팡티에Emmanuelle Charpentier, 조지 처치George Church, 르 콩Le Cong, 케빈 에스벨트Kevin Esvelt, 라이언 페렐Ryan Ferrell, 니콜 가우델리Nicole Gaudelli, 마이클 길모어Michael Gilmore, 필립 호바스Philippe Horvath, 마틴 지넥Martin Jínek, 알렉시스 코머Alexis Komor, 데이비드 리우David Liu, 스티븐 롬바르디Steve Lombardi, 루시아노 마라피니Luciano Marraffini, 프란시스코 모히카Francisco Mojica, 앤 랜Ann Ran, 비르기니유스 식스니스Virginijus Šikšnys, 에릭 손테이머Erik Sontheimer, 로스 윌슨Ross Wilson, 앤드류 우드Andrew Wood에게도 감사드린다. 나는 이분들의 재능에 큰 경외심을 느꼈다. 능력을 인정받은 분들, 그리고 제대로 인정받지 못한 모든 분들을 포함하여 크리스퍼 혁명을 일으킨 모든 영웅들에게 경의를 표한다. (팟캐스트에서 나의 채널 '가이드포스트Guidepost'를 검색하면 이들 중 일부와 나눈 인터뷰를 전부 들을 수 있다)

이만하면 잘 썼다고 자평했던 초고를 따끔하게 평가해 준 로리 굿맨Laurie Goodman과 베트 피미스터Bette Phimister, 너무나 귀중한 의견을 주신 T. J. 크래딕T. J. Cradick과 팀 헌트Tim Hunt께도 감사드린다. 비범한 재능을 보유한 미생물학자 우나 스노예노보스 웨스트Oona Snoyenobos-West는 내게 크리스퍼에 관한 책을 쓰라고 끈질기게 설득한 사람이다(그리고 미생물은 '원시적이지 않다!'는 사실을 일깨워 주었다). 체코어 번역은 마틴 쿠벡Martin Koubek의 친절한 도움을 받았다. 아디 아리안포어Ardy Arianpour, 주디 첸Judy Chen, 폴린 패리Pauline Parry, 어맨다 렌Amanda Wren의 소중한 격려도 큰 힘이 됐다. 이 책에 남아 있는 오류는 모두(편집의 문제든 그 밖의 어떤 문제든) 나의 책임임을 밝혀 둔다.

제시카 케이스Jessica Case, 그리고 페가수스 출판사와 나를 연결시켜 준 에비타스 크리에이티브Aevitas Creative의 내 담당 에이전트 제니퍼 게이츠Jennifer Gates께 무한한 감사를 드린다. 제시카는 이 책이 나오기까지 진정한 파트너가 되어 주었고 내가 편집자에게 기대한 인내심과 책임감을 더할 나위 없이 발휘했다. 조판 작업을 멋지게 완성해 준 마리아 페르난데스Maria Fernandez를 비롯해 드류 휠러Drew Wheeler(감수), 대니얼 오코너Daniel O'Connor(교정) 등 페가수스의 팀원들에게 감사 인사를 전한다. 몽 우 예Mon Oo Yee는 개성과 예술 감각을 발휘해서 이 책의 표지를 만들어 주었다. 책에 들어간 사진을 제공해 준 애덤 볼트Adam Bolt, 엘시 첸Elsie Chen, 에리오나 하이솔리Eriona Hysolli, 다나 코센Dana Korsen, 리 맥과이어Lee McGuire, 히로시 니시마수Hiroshi Nishimasu께도 감사드린다.

마지막으로, 이 책을 2018년 호주 퍼스에서 세상을 떠난 나의 친구 마이클 화이트Michael White에게 바친다. 마이크가 아니었다면, ('컬러 미 팝[Colour Me Pop]'과 함께) 내 첫 번째 앨범이 나오지도 않았을 것이고, 첫 번째 저서도 없었을 것이다. 끝으로 내 아이들과 아내 수전에게 사랑과 감사를 전한다. 가족의 애정과 응원이(그리고 보너스로 교정까지) 없었다면 이 책은 나올 수 없었을 것이다.

Misha Angrist. *Here is a Human Being: At the Dawn of Personal Genomics.*New York: Harper, 2010.

Margaret Attwood. *Oryx and Crake.* New York: Doubleday, 2003.

Philip Ball. *Unnatural: The Heretical Idea of Making People.* London: Bodley Head, 2011.

———. *How to Grow a Human: Adventures in How We Are Made and Who We Are.* Chicago: University of Chicago Press, 2019.

Francoise Baylis. *Altered Inheritance: CRISPR and the Ethics of Human Genome Editing.* Cambridge, MA: Harvard University Press, 2019.

George Church and Ed Regis. *Regenesis: How Synthetic Biology Will Reinvent Nature and Ourselves.* New York: Basic Books, 2012.

Kevin Davies. *Cracking the Genome: Inside the Race to Unlock Human DNA.* New York: Free Press, 2001.

———. *The $1,000 Genome: The Revolution in DNA Sequencing and the New Era of Personalized Medicine.* New York: Free Press, 2010.

Jennifer A. Doudna and Samuel H. Sternberg. *A Crack in Creation: Gene*

Editing and the Unthinkable Power to Control Evolution. Boston: Houghton Mifflin Harcourt, 2017.

John H. Evans. *The Human Gene Editing Debate*. New York: Oxford University Press, 2020.

Mei Fong. *One Child: The Story of China's Most Radical Experiment*. London: Oneworld Publications, 2016.

Jonathan Glover. *What Sort of People Should There Be?* London: Pelican Books, 1984.

Henry T. Greely. *The End of Sex and the Future of Human Reproduction*. Cambridge, MA: Harvard University Press, 2016.

———. CRISPR *People: The Science and Ethics of Editing Humans*. Cambridge, MA: MIT Press, 2021.

Robin Marantz Henig. *Pandora's Baby: How the First Test Tube Babies Sparked the Reproductive Revolution*. Cold Spring Harbor, NY: Cold Spring Harbor Laboratory Press, 2006.

Susan Hockfield. *The Age of Living Machines: How Biology Will Build the Next Technology Revolution*. New York: W. W. Norton, 2019.

J. Benjamin Hurlbut. *Experiments in Democracy: Human Embryo Research and the Politics of Bioethics*. New York: Columbia University Press, 2017.

Aldous Huxley. *Brave New World*. New York: Harper, 2017. [Originally published in 1932]

Steve Jones. *The Language of Genes: Solving the Mysteries of Our Genetic Past, Present and Future*. New York: Anchor Books, 1994.

Horace Freeland Judson. *The Eighth Day of Creation: The Makers of the Revolution in Biology*. Cold Spring Harbor, NY: Cold Spring Harbor Laboratory Press, 1996.

Sam Kean. *The Violinist's Thumb: And Other Lost Tales of Love, War, and Genius, as Written by Our Genetic Code*. New York: Little, Brown and Company, 2012.

Daniel J. Kevles. *In the Name of Eugenics: Genetics and the Uses of Human Heredity.* New York: Knopf, 1985.

Paul Knoepfler. *GMO Sapiens: The Life-Changing Science of Designer Babies.* Hackensack: World Scientific, 2015.

Dan Koeppel. *Banana: The Fate of the Fruit That Changed the World.* New York: Hudson St Press, 2007.

Jim Kozubek. *Modern Prometheus: Editing the Human Genome with Crispr-Cas9.* New York: Cambridge University Press, 2016.

Ricki Lewis. *The Forever Fix: Gene Therapy and the Boy Who Saved It.* New York: St. Martin's Press, 2012.

Peter Little. *Genetic Destinies.* New York: Oxford University Press, 2002.

Mark Lynas. *The Seeds of Science: Why We Got It So Wrong On GMOs.* New York: Bloomsbury Sigma, 2018.

Jeff Lyon and Peter Gorner. *Altered Fates: Gene Therapy and the Retooling of Human Life.* New York: W. W. Norton, 1995.

Kerry Lynn Macintosh. *Enhanced Beings: Human Germline Modification and the Law.* New York: Cambridge University Press, 2018.

John Maddox. *What Remains to Be Discovered: Mapping the Secrets of the Universe, the Origins of Life, and the Future of the Human Race.* New York: Free Press, 1998.

Charles C. Mann. *The Wizard and the Prophet: Two Groundbreaking Scientists and Their Conflicting Visions of the Future of Our Planet.* New York: Picador, 2018.

Jamie Metzl. *Hacking Darwin: Genetic Engineering and the Future of Humanity.* Chicago: Sourcebooks, 2019.

Ben Mezrich. *Woolly: The True Story of the Quest to Revive One of History's Most Iconic Extinct Creatures.* New York: Atria Books, 2017.

Siddhartha Mukherjee. *The Gene: An Intimate History.* New York: Knopf, 2017.

Kiran Musunuru. *The CRISPR Generation: The Story of the World's First Gene-*

Edited Babies. Pennsauken, NJ: BookBaby, 2019.

Erik Parens and Josephine Johnston, eds. *Human Flourishing in an Age of Gene Editing*. New York: Oxford University Press, 2019.

Philip R. Reilly. *Abraham Lincoln's DNA and Other Adventures in Genetics*. Cold Spring Harbor, NY: Cold Spring Harbor Lab Pres, 2000.

Matt Ridley. *Genome: An Autobiography of a Species in 23 Chapters*. New York: HarperCollins, 2000.

———. *How Innovation Works: And Why It Flourishes in Freedom*. New York: Harper, 2020.

Michael J. Sandel. *The Case against Perfection: Ethics in the Age of Genetic Engineering*. Cambridge: Belknap Press, 2009.

Beth Shapiro. *How to Clone a Mammoth: The Science of De-Extinction*. Princeton, NJ: Princeton University Press, 2015.

Lee M. Silver. *Remaking Eden: How Genetic Engineering and Cloning Will Transform the American Family*. New York: Ecco, 2007.

Gregory Stock. *Redesigning Humans: Our Inevitable Genetic Future*. Boston: Houghton Mifflin, 2002.

Larry Thompson. *Correcting the Code: Inventing the Genetic Cure for the Human Body*. New York: Simon & Schuster, 1994.

Luke Timmerman. *Hood: Trailblazer of the Genomics Age*. Seattle: Bandera Press, 2016.

James D. Watson. *The Annotated and Illustrated Double Helix*. New York: Simon & Schuster, 2012.

James D. Watson, Andrew Berry, and Kevin Davies. *DNA: The Story of the Genetic Revolution*. New York: Knopf, 2017.

Timothy C. Winegard. *The Mosquito: A Human History of Our Deadliest Predator*. New York: Dutton, 2019.

Carl Zimmer. *She Has Her Mother's Laugh: The Powers, Perversions, and Potential of Heredity*. New York: Dutton, 2018.

Addgene: Educational Tools and Resources. www.addgene.org/crispr/*Many useful educational tools available at the non-profit repository.*

The CRISPR Journal. www.crisprjournal.com
Peer-review journal dedicated to CRISPR and genome editing research (published by Mary Ann Liebert Inc.).

Guidepost: A podcast series from The CRISPR Journal. home.liebertpub.com/lpages/crispr-guidepost-podcast/215/
In-depth interviews with leading practitioners in the world of CRISPR and genome editing.

HHMI BioInteractive: CRISPR-Cas9 Mechanism & Applications. www.biointeractive.org/classroom-resources/crispr-cas-9-mechanism-applications.
Outstanding web animation of CRISPR-Cas9 gene targeting.

Human Nature film (2019). wondercollaborative.org/human-nature-documentary-film/
Superb full-length documentary directed by Adam Bolt.

Innovative Genomics Institute: Education. innovativegenomics.org/education/

A variety of educational tools and engaging digital resources.

Synthego. The Bench blog. www.synthego.com/blog

Useful source of interviews, blog posts and educational materials from California biotech company.

머리말

1 Jon Cohen, "What now for human genome editing?," *Science* 362, (2018): 1090–1092. http://science.sciencemag.org/content/362/6419/1090.

2 Antonio Regalado, "Exclusive: Chinese scientists are creating CRISPR babies," *MIT Technology Review*, November 25, 2018, https://www. technologyreview.com/s/612458/exclusive-chinese-scientists-are-creating-crispr-babies/.

3 Marilynn Marchione, "Chinese researcher claims first gene-edited babies," Associated Press, November 26, 2018, https://www.apnews.com/4997bb7aa 36c45449b488e19ac83e86d.

4 Sui-Lee Wee, "Chinese Scientist Who Genetically Edited Babies Gets 3 Years in Prison," *New York Times* December 31, 2019, https://www.nytimes. com/2019/12/30/business/china-scientist-genetic-baby-prison.html.

5 "The era of human gene-editing may have begun. Why that is worrying," *Economist*, December 1, 2018, https://www.economist.com/ leaders/2018/12/01/the-era-of-human-gene-editing-may-have-begun-why-

that-is-worrying.

6   Elizabeth Pennisi, "The CRISPR Craze," *Science* 341, (2013): 833–836, https://science.sciencemag.org/content/341/6148/833.

7   "Editing Humanity," *Economist*, August 22, 2015, https://www.economist.com/leaders/2015/08/22/editing-humanity.

8   Fraser Nelson, "The return of eugenics," *The Spectator*, April 2016, https://www.spectator.co.uk/article/the-return-of-eugenics.

9   Antonio Regalado, "Who Owns the Biggest Biotech Discovery of the Century?," *MIT Technology Review*, December 4, 2014, https://www.technologyreview.com/s/532796/who-owns-the-biggest-biotech-discovery-of-the-century/.

10 Amy Maxmen, "The Genesis Engine," *WIRED*, August 2015, https://www.wired.com/2015/07/crispr-dna-editing-2/.

11 Kevin Davies, "Nature, genetics and the Niven factor," *Nature Genetics* 39, (2007): 805–806, https://www.nature.com/articles/ng0707-805.

12 Kevin Davies and Michael White, *Breakthrough: The Race to Find the Breast Cancer Gene* (New York: John Wiley & Sons, 1995).

13 Adam Liptak, "Justices, 9–0, Bar Patenting Human Genes," *New York Times*, June 13, 2013, https://www.nytimes.com/2013/06/14/us/supreme-court-rules-human-genes-may-not-be-patented.html.

14 Kevin Davies, *Cracking the Genome* (New York: Free Press, 2001).

15 Kevin Davies, *The $1,000 Genome* (New York: Free Press, 2010).

16 Fastest genetic diagnosis, Guinness World Records, February 3, 2018, https://www.guinnessworldrecords.com/world-records/413563-fastest-genome-sequencing/.

17 Julianna LeMieux, "MGI Delivers the $100 Genome at AGBT Conference," *Genetic Engineering and Biotechnology News*, February 26, 2020, https://www.genengnews.com/news/mgi-delivers-the-100-genome-at-agbt-conference/.

18 Gina Kolata, "Who Needs Hard Drives? Scientists Store Film Clip in DNA," *New York Times*, July 12, 2017, https://www.nytimes.com/2017/07/12/ science/film-clip-stored-in-dna.html.

19 Y. Shao et al., "Creating a functional single-chromosome yeast," *Nature* 560, (2018): 331–335.

20 Matthew Warren, "Four new DNA letters double life's alphabet," *Nature*, February 21, 2019, https://www.nature.com/articles/d41586-019-00650-8.

21 James D. Watson, Andrew Berry, and Kevin Davies, *DNA: The Story of the Genetic Revolution* (New York: Knopf, 2017).

22 Rob Stein, "In a 1st, Doctors in U.S. Use CRISPR Tool To Treat Patient With Genetic Disorder," *NPR*, July 29, 2019, https://www.npr.org/sections/ health-shots/2019/07/29/744826505/sickle-cell-patient-reveals-why-she-is-volunteering-for-landmark-gene-editing-st.

23 Michael Specter, "How the DNA Revolution Is Changing Us," *National Geographic*, August 2016, https://www.nationalgeographic.com/ magazine/2016/08/dna-crispr-gene-editing-science-ethics/.

1장. 크리스퍼 열풍

1 Bill Whitaker, "CRISPR: The gene-editing tool revolutionizing biomedical research," *60 Minutes*, April 29, 2018, https://www.cbsnews.com/news/ crispr-the-gene-editing-tool-revolutionizing-biomedical-research/.

2 William Kaelin, "Why we can't cure cancer with a moonshot," *Washington Post*, February 11, 2020, https://www.washingtonpost. com/opinions/the-problem-with-trying-to-cure-cancer-with-a-moonshot/2020/02/11/87632bba-2d84-11ea-9b60-817cc18cf173_story.html.

3 Lesley Goldberg, "Jennifer Lopez Sets Futuristic Bio-Terror Drama at NBC (Exclusive)," *Hollywood Reporter*, October 18, 2016, https://www. hollywoodreporter.com/live-feed/jennifer-lopez-sets-futuristic-bio-939509.

4   Neal Baer, "Covid-19 is scary. Could a rogue scientist use CRISPR to conjure another pandemic?," *STAT*, March 26, 2020, https://www.statnews.com/2020/03/26/could-rogue-scientist-use-crispr-create-pandemic/.

5   Walter Isaacson, "Should the rich be allowed to buy the best genes?," *Air Mail*, July 27, 2019, https://airmail.news/issues/2019-7-27/should-the-rich-be-allowed-to-buy-the-best-genes.

6   Mary-Claire King, "Emmanuelle Charpentier and Jennifer Doudna: Creators of Gene-Editing Technology," *Time*, April 16, 2015, https://time.com/collection-post/3822554/emmanuelle-charpentier-jennifer-doudna-2015-time-100/.

7   Jean-Eric Paquet, Kavli banquet speech, September 4, 2018, http://kavliprize.org/events-and-features/video-2018-kavli-prize-banquet.

8   Leah Sherwood, "Genome editing pioneer and Hilo High graduate Jennifer Doudna speaks at UH Hilo about her discovery: CRISPR technology," *UH Hilo Stories*, September 19, 2018, https://hilo.hawaii.edu/news/stories/2018/09/19/genome-editing-pioneer-and-hilo-high-graduate-jennifer-doudna-speaks-at-uh-hilo-about-her-discovery-crispr-technology/.

9   Katie Hasson, "Senate HELP Committee holds hearing on gene editing technology," *Center for Genetics and Society*, November 15, 2017, https://www.geneticsandsociety.org/biopolitical-times/senate-help-committee-holds-hearing-gene-editing-technology.

10 U.S. Senate Committee on Health, Education, Labor & Pensions, "Gene Editing Technology: Innovation and Impact," November 14, 2017, https://www.help.senate.gov/hearings/gene-editing-technology-innovation-and-impact.

11 Pope Francis, "Address of His Holiness Pope Francis to participants at the International Conference organized by the Pontifical Council for Culture on Regenerative Medicine," April 28, 2018, http://w2.vatican.va/content/francesco/en/speeches/2018/april/documents/papa-francesco_20180428_

conferenza-pcc.html.

12 C. Brokowski, "Do CRISPR Germline Ethics Statements Cut It?," *CRISPR Journal* 1, (2018): 115–125, https://www.liebertpub.com/doi/10.1089/crispr.2017.0024.

13 April Glaser and Will Oremus, "Tomorrow's Children, Edited," *Slate*, November 28, 2018, https://slate.com/technology/2018/11/if-then-podcast-antonio-regalado-crispr-human-gene-editing-china.html.

14 Francis Collins, "Experts debate: Are we playing with fire when we edit human genes?," *STAT*, November 17, 2015, https://www.statnews.com/2015/11/17/gene-editing-embryo-crispr/#Collins.

15 E. S. Lander et al., "Adopt a moratorium on heritable genome editing," *Nature*, March 13, 2019, https://www.nature.com/articles/d41586-019-00726-5.

16 Rachel Cocker, "This Harvard scientist wants your DNA to wipe out inherited diseases—should you hand it over?," *Telegraph*, March 16, 2019, https://www.telegraph.co.uk/global-health/science-and-disease/harvard-scientist-wants-dna-wipe-inherited-diseases-should/.

17 Sarah Marsh, "Essays Reveal Stephen Hawking Predicted Race of 'Superhumans'," *Guardian*, October 14, 2018, https://www.theguardian.com/science/2018/oct/14/stephen-hawking-predicted-new-race-of-superhumans-essays-reveal.

18 Rob Stein, "First U.S. Patients Treated With CRISPR As Human Gene-Editing Trials Get Underway," *NPR*, April 16, 2019, https://www.npr.org/sections/health-shots/2019/04/16/712402435/first-u-s-patients-treated-with-crispr-as-gene-editing-human-trials-get-underway.

2장. 한 수 위

1 White House, "Announcing the Completion of the First Survey of the Entire

Human Genome at the White House," YouTube video, 40:32, last viewed June 26, 2020, https://www.youtube.com/watch?v=Y_8XRkb-wbY.

2 Nicholas Wade, "Genetic Code of Human Life Is Cracked by Scientists," *New York Times*, June 27, 2000, http://movies2.nytimes.com/library/national/science/062700sci-genome.html.

3 Kevin Davies, "Deanna Church on the Reference Genome Past, Present and Future," *Bio-IT World*, April 22, 2013, http://www.bio-itworld.com/2013/4/22/church-on-reference-genomes-past-present-future.html.

4 R. Chen and A. J. Butte, "The reference human genome demonstrates high risk of type 1 diabetes and other disorders," *Pacific Symposium on Biocomputing*, 2011 (2010): 231–242, https://www.worldscientific.com/doi/abs/10.1142/9789814335058_0025.

5 John Maddox, *What Remains To Be Discovered* (New York: Free Press, 1999).

6 Fyodor D. Urnov, "Genome Editing B.C. (Before CRISPR): Lessons from the 'Old Testament,'" *CRISPR Journal* 1, (2018): 115–125, https://www.liebertpub.com/doi/10.1089/crispr.2018.29007.fyu.

7 Shirley Tilghman, in *The Gene*, PBS, 2020, https://www.pbs.org/kenburns/the-gene/.

8 Rebecca Robbins, "The best and worst analogies for CRISPR, ranked," *STAT*, December 8, 2017, https://www.statnews.com/2017/12/08/crispr-analogies-ranked/.

9 Lina Dahlberg and Anna Groat Carmona, "CRISPR-Cas Technology In and Out of the Classroom," *CRISPR Journal* 1, (2018): 107–114, https://www.liebertpub.com/doi/10.1089/crispr.2018.0007.

10 C. LaManna and R. Barrangou, "Enabling the Rise of a CRISPR World," *CRISPR Journal* 1, (2018): 205–208, https://www.liebertpub.com/doi/10.1089/crispr.2018.0022.

11 K. Davies and R. Barrangou, "MasterChef at Work: An Interview with Rodolphe Barrangou," *CRISPR Journal* 1, (2018): 219–222, https://www.

liebertpub.com/doi/full/10.1089/crispr.2018.29015.int?url_ver=Z39.88-2003&rfr_id=ori:rid:crossref.org&rfr_dat=cr_pub%20%200pubmed.

12   Hank Greely, quoted in Mark Shwartz, "Target, Delete, Repair," *Stanford Medicine*, Winter 2018, https://stanmed.stanford.edu/2018winter/CRISPR-for-gene-editing-is-revolutionary-but-it-comes-with-risks.html.

13   Luciano Marraffini, "CRISPR Frontiers" (discussion, New York Academy of Sciences, February 24, 2020).

14   S. Wiles, "Monday micro—200 million light years of viruses?!," *Infectious Thoughts* August 5, 2014, https://sciblogs.co.nz/infectious-thoughts/2014/08/05/monday-micro-200-million-light-years-of-viruses/.

15   S. Klompe and S. H. Sternberg, "Harnessing A Billion Years of Experimentation: The Ongoing Exploration and Exploitation of CRISPR-Cas Immune Systems," *CRISPR Journal* 1, (2018): 141-158.

16   Fyodor Urnov in *Human Nature* (2019), https://wondercollaborative.org/human-nature-documentary-film/.

17   CSHL Leading Strand, "CSHL Keynote, Dr Blake Wiedenheft, Montana State University," YouTube video, 21:21, last viewed June 26, 2020, https://www.youtube.com/watch?v=2x5VoReHV_4&t=.

18   F. Jiang and J. A. Doudna, "CRISPR-Cas9 Structures and Mechanisms," *Annual Review of Biophysics* 46, (2017): 505–529, https://www.annualreviews.org/doi/full/10.1146/annurev-biophys-062215-010822.

19   HHMI BioInteractive, "CRISPR-Cas9 Mechanism & Applications," https://www.biointeractive.org/classroom-resources/crispr-cas-9-mechanism-applications.

20   M. Shibata et al., "Real-space and real-time dynamics of CRISPR-Cas9 visualized by highspeed atomic force microscopy," *Nature Communications* 8, (2017): 1430, https://www.nature.com/articles/s41467-017-01466-8.

21   D. Lawson Jones et al., "Kinetics of dCas9 target search in Escherichia coli," *Science* 357, (2017): 1420–1424, https://science.sciencemag.org/

content/357/6358/1420?.

22 Andrew Wood, phone interview, August 28, 2019.

23 Rodolphe Barrangou, "CRISPR-Cas: From Bacterial Adaptive Immunity to a Genome Editing Revolution," *XBio*, September 2019, https://explorebiology. org/summary/genetics/crispr-cas:-from-bacterial-adaptive-immunity-to-a-genome-editing-revolution

24 S. Hwang and K. L. Maxwell, "Meet the Anti-CRISPRs: Widespread Protein Inhibitors of CRISPR-Cas Systems," *CRISPR Journal* 2, (2019): 23–30, https:// www.liebertpub.com/doi/full/10.1089/crispr.2018.0052.

25 M. Adli, "The CRISPR tool kit for genome editing and beyond." *Nature Communications* 9, (2018): 1911, https://www.nature.com/articles/s41467-018-04252-2.

26 P. T. Harrison and S. Hart, "A beginner's guide to gene editing," *Experimental Physiology* 103, (2018): 439–448, https://physoc.onlinelibrary. wiley.com/doi/full/10.1113/EP086047.

27 Jennifer Doudna, Keystone Symposium, Banff, Canada, February 9, 2020.

3장. 영웅들

1 Fyodor Urnov, "Genome Engineering," Keystone Symposium, Victoria Island, Canada, February 21, 2019.

2 Francisco Mojica, interview, Santa Pola, Spain, May 1, 2018.

3 Ed Yong, "The Unique Merger That Made You (and Ewe, and Yew)," *Nautilus*, February 6, 2014, http://nautil.us/issue/10/mergers--acquisitions/the-unique-merger-that-made-you-and-ewe-and-yew.

4 Manuel Ansede, "Francis Mojica, de las salinas a la quiniela del Nobel," *El País*, May 18, 2017, https://elpais.com/elpais/2017/05/18/ eps/1495058731_149505.html.

5 F. J. M. Mojica et al., Transcription at different salinities of Haloferax

mediterranei sequences adjacent to partially modified PstI sites. *Molecular Microbiology* 9, (1993): 613–621.

6   Y. Ishino et al., "Nucleotide sequence of the iap gene, responsible for alkaline phosphatase isozyme conversion in Escherichia coli, and identification of the gene product," *Journal of Bacteriology* 169, (1987): 5429–5433, https://jb.asm.org/content/jb/169/12/5429.full.pdf.

7   F. J. M. Mojica et al., "Long stretches of short tandem repeats are present in the largest replicons of the *Archaea Haloferax mediterranei and Haloferax volcanii* and could be involved in replicon partitioning," Molecular Microbiology 17, (1995): 85–93, DOI: 10.1111/j.1365-2958.1995.mmi_17010085.x.

8   Clara Rodriguez Fernandez, "Interview with Francis Mojica, the Spanish scientist that [sic] discovered CRISPR," *Labiotech*, November 13, 2017, https://labiotech.eu/francis-mojica-crispr-interview/.

9   B. Masepohl et al., "Long tandemly repeated repetitive (LTRR) sequences in the filamentous cyanobacterium Anabaena sp. PCC 7120," *Biochimica et Biophysica Acta* 1307, (1996): 26–30, https://www.sciencedirect.com/science/article/abs/pii/0167478196000401.

10 K. S. Makarova et al., "A DNA repair system specific for thermophilic Archaea and bacteria predicted by genomic context analysis," *Nucleic Acids Research* 30, (2002): 482–496, https://www.ncbi.nlm.nih.gov/pmc/articles/PMC99818/.

11 K. Davies and F. Mojica, "Crazy About CRISPR: An Interview with Francisco Mojica," *CRISPR Journal* 1, (2018): 29–33, https://www.liebertpub.com/doi/10.1089/crispr.2017.28999.int.

12 Ibid.

13 Molly Campbell, "Francisco Mojica: The Modest Microbiologist Who Discovered and Named CRISPR," *Technology Networks*, October 14, 2019, https://www.technologynetworks.com/genomics/articles/francis-mojica-the-

modest-microbiologist-who-discovered-and-named-crispr-325093.

14 K. Davies and F. Mojica, "Crazy About CRISPR: An Interview with Francisco Mojica," *CRISPR Journal* 1, (2018): 29–33, https://www.liebertpub.com/doi/10.1089/crispr.2017.28999.int.

15 César Díez-Villaseñor, email, October 28, 2017.

16 F. J. M. Mojica et al., "Intervening Sequences of Regularly Spaced Prokaryotic Repeats Derive From Foreign Genetic Elements," *Journal of Molecular Evolution* 60, (2005): 174–182, https://link.springer.com/article/10.1007%2Fs00239-004-0046-3.

17 F. J. M. Mojica and F. Rodriguez-Valera, "The discovery of CRISPR in archaea and bacteria," *FEBS Journal* 283, (2016): 3162–3169, https://febs.onlinelibrary.wiley.com/doi/full/10.1111/febs.13766.

18 C. Pourcel et al., "CRISPR elements in Yersinia pestis acquire new repeats by preferential uptake of bacteriophage DNA, and provide additional tools for evolutionary studies," *Microbiology* 151, (2005): 653–663, https://mic.microbiologyresearch.org/content/journal/micro/10.1099/mic.0.27437-0.

19 A. Bolotin et al., "Clustered regularly interspaced short palindrome repeats (CRISPRs) have spacers of extrachromosomal origin," *Microbiology* 151, (2005): 2551–2661.

20 Philippe Horvath, interview, Vilnius, Lithuania, June 21, 2018.

21 K. Davies and R. Barrangou, "MasterChef at Work: An Interview with Rodolphe Barrangou," *CRISPR Journal* 1, 219–222 (2018), https://www.liebertpub.com/doi/10.1089/crispr.2018.29015.int.384 ENDNOTES

22 K. Davies and S. Moineau, "The Phage Whisperer: An Interview with Sylvain Moineau," *CRISPR Journal* 1, (2018): 363–366, https://www.liebertpub.com/doi/10.1089/crispr.2018.29037.kda.

23 R. Barrangou et al., "CRISPR Provides Acquired Resistance Against Viruses in Prokaryotes," *Science* 315, (2007): 1709-1712, DOI: 10.1126/science.1138140.

24 Philippe Horvath, "New Hot Papers—2008," *Science Watch*, July 2008, http://archive.sciencewatch.com/dr/nhp/2008/pdf/08julnhpHorvath.pdf.

4장. 델마와 루이스

1 Jennifer Kahn, "The CRISPR Quandary," *New York Times Magazine*, November 9, 2015, https://www.nytimes.com/2015/11/15/magazine/the-crispr-quandary.html.

2 Colin Tudge, *The Engineer in the Garden* (New York: Hill and Wang, 1994).

3 Melissa Marino, "Biography of Jennifer A. Doudna," *Proceedings of the National Academy of Sciences* 101, (2004): 16987–16989, https://www.pnas.org/content/101/49/16987.

4 Vic Myer, Keystone symposium, Banff, Canada, February 9, 2020.

5 K. Makarova et al., "A putative RNA-interference-based immune system in prokaryotes: computational analysis of the predicted enzymatic machinery, functional analogies with eukaryotic RNAi, and hypothetical mechanisms of action," Biology Direct 1, (2006): 7, https://www.ncbi.nlm.nih.gov/pmc/articles/PMC1462988/.

6 Jennifer Doudna, "Jennifer Doudna on the future of gene editing," *Berkeley News*, April 10, 2019, https://news.berkeley.edu/2019/04/10/berkeley-talks-transcript-jennifer-doudna-future-of-gene-editing/.

7 K. D. Seed et al., "A bacteriophage encodes its own CRISPR/Cas adaptive response to evade host innate immunity," *Nature* 494, (2013): 489–491, https://www.ncbi.nlm.nih.gov/pmc/articles/PMC3587790/.

8 B. Al-Shayeb et al., "Clades of huge phages from across Earth's ecosystems," *Nature* 578, (2013): 425–431, https://www.nature.com/articles/s41586-020-2007-4.

9 Jill Banfield, in *Human Nature*, 2019, https://wondercollaborative.org/human-nature-documentary-film/.

10 Ross Wilson, interview, San Francisco, March 13, 2019.

11 B. Wiedenheft et al., "Structural basis for DNase activity of a conserved protein implicated in CRISPR-mediated genome defense," *Structure* 17, (2009): 904–912, https://doi.org/10.1016/j.str.2009.03.019.

12 Lisa Jarvis, "A day in the life of Jennifer Doudna," *Chemical & Engineering News*, March 8, 2020, https://cen.acs.org/biological-chemistry/gene-editing/A-day-with-Jennifer-Doudna-Trying-to-keep-up-with-one-of-the-world-most-sought-after-scientists/98/i9.

13 Press release, "Genentech announces vice president appointment in research," January 21, 2009, https://www.gene.com/media/press-releases/11787/2009-01-21/genentech-announces-vice-president-appoi.

14 M. Jínek and J. A. Doudna, "A three-dimensional view of the molecular machinery of RNA interference," *Nature* 457, (2009): 405–412, https://www.nature.com/articles/nature07755.

15 Katrin Koller, "You should always have something crazy cooking on the back burner," *BaseLaunch*, October 17, 2017, https://www.baselaunch.ch/you-should-always-have-something—crazy-cooking-on-the-back-burner-2/.

16 H. Deveau et al., "Phage Response to CRISPR-Encoded Resistance in *Streptococcus thermophilus*," *Journal of Bacteriology* 190, (2008): 1390–1400, https://www.ncbi.nlm.nih.gov/pmc/articles/PMC2238228/.

17 F. J. M. Mojica et al., "Short Motif Sequences Determine the Targets of the Prokaryotic CRISPR Defence System," *Microbiology* 155, (2009): 733740.

18 A. F. Andersson and J. F. Banfield, "Virus Population Dynamics and Acquired Virus Resistance in Natural Microbial Communities," *Science* 320, (2008): 1047–1050, https://science.sciencemag.org/content/320/5879/1047.abstract.

19 S. J. J. Brouns et al., "Small CRISPR RNAs guide antiviral defense in prokaryotes," *Science* 321, (2008): 960–964, https://www.ncbi.nlm.nih.gov/pmc/articles/PMC5898235/.

20 Mark van der Meijs, "'Without John van der Oost, CRISPR-Cas would never

have become this big,'" *Resource*, June 19, 2019, https://resource.wur.nl/en/science/show/Without-John-van-der-Oost-CRISPR-Cas-would-never-have-become-this-big-.htm.

21 L. A. Marraffini and E. J. Sontheimer, "CRISPR interference limits horizontal gene transfer in Staphylococci by targeting DNA," *Science* 322, (2008): 1843–1845, https://www.ncbi.nlm.nih.gov/pmc/articles/PMC2695655/.

22 Will Doss, "The CRISPR Revolution," *Northwestern Medicine*, February 16, 2018, https://magazine.nm.org/2018/02/16/the-crispr-revolution/.

23 K. Davies and S. Moineau, "The Phage Whisperer: An Interview with Sylvain Moineau," *CRISPR Journal* 1, (2018): 363–366, https://www.liebertpub.com/doi/10.1089/crispr.2018.29037.kda.

24 J. E. Garneau et al., "The CRISPR/Cas bacterial immune system cleaves bacteriophage and plasmid DNA," *Nature* 468, (2010): 67–71, https://www.nature.com/articles/nature09523.

25 Pauline Freour, "Emmanuelle Charpentier: 'Des qu'on manipule le vivant, il y a un risqué de derive,'" *Le Figaro*, March 22, 2016, http://sante.lefigaro.fr/actualite/2016/03/22/24766-emmanuelle-charpentier-quon-manipule-vivant-il-y-risque-derive.

26 Alison Abbott, "The quiet revolutionary: How the co-discovery of CRISPR explosively changed Emmanuelle Charpentier's life," *Nature*, April 27, 2016, https://www.nature.com/news/the-quiet-revolutionary-how-the-co-discovery-of-crispr-explosively-changed-emmanuelle-charpentier-s-life-1.19814.

27 Florence Rosier, "Emmanuelle Charpentier, le 'charmant petit monstre' du génie génétique," *Le Monde*, January 9, 2015, https://www.lemonde.fr/sciences/article/2018/05/31/emmanuelle-charpentier-le-charmant-petit-monstre-du-genie-genetique_4559167_1650684.html.

28 N. Herzberg, "Les nouvelles icones de la biologie," *Le Monde*, August 1, 2018, https://www.lemonde.fr/festival/article/2016/08/01/la-piste-aux-

etoiles_4977125_4415198.html.

29 The annual lecture is given in honor of the son of Columbia University chemistry professor Stephen Lippard, who died age seven of a neurological disease. Emmanuelle Charpentier, "The 44th Annual Andrew Mark Lippard Memorial Lecture," (lecture, Columbia University, New York, September 26, 2018), http://www.columbianeurology.org/44th-annual-andrew-mark-lippard-memorial-lecture.

30 Jacques Monod, *Chance and Necessity* (New York: Vintage Books, 1972).

31 E. Charpentier, "The Kavli Prize: An autobiography by: Emmanuelle Charpentier," 2018, http://kavliprize.org/sites/default/files/%25nid%25/autobiagraphies_attachments/Emmanuelle%20Charpentier_autobiography.pdf.

32 K. Davies and E. Charpentier, "Finding Her Niche: An Interview with Emmanuelle Charpentier," *CRISPR Journal* 2, (2019):17–22, https://www.liebertpub.com/doi/10.1089/crispr.2019.29042.kda

33 Ibid.

5장. DNA 수술

1   E. Deltcheva et al., "CRISPR RNA maturation by trans-encoded small RNA and host factor RNase III," *Nature* 471, (2011): 602–607, https://www.ncbi.nlm.nih.gov/pmc/articles/PMC3070239/.

2   Jennifer Kahn, "The Crispr Quandary," *New York Times Magazine*, November 9, 2015, https://www.nytimes.com/2015/11/15/magazine/the-crispr-quandary.html.

3   K. Davies and M. Jínek, "The CRISPR-RNA World: An Interview with Martin Jínek," *CRISPR Journal* 3, (2020): 68–72, https://www.liebertpub.com/doi/10.1089/crispr.2020.29091.mji.

4   Jennifer Doudna, "Why genome editing will change our lives," *Financial*

Times, March 14, 2018, https://www.ft.com/content/582d382c-2647-11e8-b27e-cc62a39d57a0.

5 M. Jínek et al., "A programmable dual-RNA—guided DNA endonuclease in adaptive bacterial immunity," *Science* 337, (2012): 816–821, https://science.sciencemag.org/content/337/6096/816/tab-article-info.

6 DOE/Lawrence Berkeley National Laboratory, "Programmable DNA scissors found for bacterial immune system," *Science Daily*, June 28, 2012, https://www.sciencedaily.com/releases/2012/06/120628193020.htm.

7 A. Pollack, "A powerful new way to edit DNA," *New York Times*, March 3, 2014, https://www.nytimes.com/2014/03/04/health/a-powerful-new-way-to-edit-dna.html.

8 S. M. Lee, "Editing DNA could be genetic medicine breakthrough," *San Francisco Chronicle*, September 7, 2014, https://www.sfchronicle.com/technology/article/Editing-DNA-could-be-genetic-medicine-breakthrough-5740320.php.

9 S. J. J. Brouns, "A Swiss Army Knife of Immunity," *Science* 337, (2012): 808–809, https://science.sciencemag.org/content/337/6096/808.

10 Fyodor Urnov in *Human Nature* (2019), https://wondercollaborative.org/human-nature-documentary-film/.

11 R. Barrangou, "RNA-mediated programmable DNA cleavage," *Nature Biotechnology* 30, (2012): 836–868, https://www.nature.com/articles/nbt.2357.

12 Rodolphe Barrangou, interview, Victoria, Canada, February 21, 2019.

13 D. Carroll, "A CRISPR Approach to Gene Targeting," *Molecular Therapy* 20, (2012): 1656–1660, https://www.cell.com/molecular-therapy-family/molecular-therapy/fulltext/S1525-0016(16)32156-6.

14 R. Sapranauskas et al., "The *Streptococcus thermophilus* CRISPR/Cas system provides immunity in *Escherichia coli*," *Nucleic Acids Research* 39, (2011): 9275–9282, doi.org/10.1093/nar/gkr606.

15 "*Cool*," vol. 1, number 1, July 30, 1990, http://cell.com/pb/assets/raw/

journals/research/cell/cell-timeline-40/spoof.pdf.

16 K. Davies and V. Siksnys, "From Restriction Enzymes to CRISPR: An Interview with Virginijus Siksnys," *CRISPR Journal* 1, (2018): 137–140, https://www.liebertpub.com/doi/10.1089/crispr.2018.29008.vis.

17 G. Gasiunas et al., "Cas9–crRNA ribonucleoprotein complex mediates specific DNA cleavage for adaptive immunity in bacteria," *Proceedings of the National Academy of Sciences* 109, (2012): E2579–E2586, https://www.pnas.org/content/109/39/E2579?iss=39.

18 Sarah Zhang, "The Battle Over Genome Editing Gets Science All Wrong," *WIRED*, April 18, 2015, https://www.wired.com/2015/10/battle-genome-editing-gets-science-wrong/.

19 R. Dahm, "Friedrich Miescher and the Discovery of DNA," *Developmental Biology* 278, (2005); 274–288, https://doi.org/10.1016/j.ydbio.2004.11.028.

20 Stuart Firestein, "Fundamentally Newsworthy," *The Edge.org*, 2016, " Youtube, https://www.edge.org/response-detail/26718.

21 TEDx Talks ,"O(ü)pravy lidské DNA | Martin Jínek | TEDx Třinec," YouTube video, 21:07, last viewed June 26, 2020, https://www.youtube.com/watch?v=d7kPcjD3PUU.

22 Jin-Soo Kim, email to Doudna and Charpentier, October 3, 2012. PTAB Interference 106048. UC exhibit 1558, https://acts.uspto.gov/ifiling/PublicView.jsp?identifier=106048.

23 George Church, email to Doudna, November 14, 2012. PTAB Interference 106048. UC exhibit 1559, https://acts.uspto.gov/ifiling/PublicView.jsp?identifier=106048.

24 Lisa Jarvis, "A day in the life of Jennifer Doudna," *Chemical & Engineering News*, March 8, 2020, https://cen.acs.org/biological-chemistry/gene-editing/A-day-with-Jennifer-Doudna-Trying-to-keep-up-with-one-of-the-world-most-sought-after-scientists/98/i9.

25 M. Jínek et al., "RNA programmed genome editing in human cells," *eLife* 2,

(2013): e00471. https://elifesciences.org/articles/00471.

26 Feng Zhang, email to Doudna, January 2, 2013, PTAB Interference 106048, UC exhibit 1620, https://acts.uspto.gov/ifiling/PublicView. jsp?identifier=106048.

6장. 꿈의 구장

1 M. Boguski, "A Molecular Biologist Visits *Jurassic Park*," *BioTechniques* 12, (1992): 668–669, http://markboguski.net/docs/publications/ BioTechniques-1992.pdf.

2 Alice Park, "The editor of life's building blocks," *Time*, October 6, 2016, https://time.com/4518815/feng-zhang-next-generation-leaders/.

3 Carey Goldberg, "CRISPR Wizard Feng Zhang: The Making Of A Sunny Science Superstar," *WBUR*, April 26, 2018, https://www.wbur.org/ commonhealth/2018/04/26/feng-zhang-crispr-profile.

4 Ingfei Chen, "The beam of light that flips a switch that turns on the brain," New York Times, August 14, 2007, https://www.nytimes.com/2007/08/14/ science/14brai.html.

5 John Colapinto, "Lighting the Brain," *New Yorker*, May 18, 2015, https:// www.newyorker.com/magazine/2015/05/18/lighting-the-brain.

6 Kerry Grens, "Feng Zhang: The Midas of Methods," *The Scientist*, August 1, 2014, https://www.the-scientist.com/?articles.view/articleNo/40582/title/ Feng-Zhang--The-Midas-of-Methods/.

7 F. Zhang, L. Cong et al., "Efficient construction of sequence-specific TAL effectors for modulating mammalian transcription," *Nature Biotechnology* 29, (2011): 149–153, https://www.nature.com/articles/nbt.1775.

8 Le Cong, phone interview, July 18, 2019.

9 Michael Gilmore, email, July 7, 2019.

10 K. L. Palmer and M. S. Gilmore, "Multidrug-resistant enterococci lack

CRISPR-*cas*," mBio (2010): 1:e00227–10, https://mbio.asm.org/content/1/4/ e00227-10/article-info.

11 P. Horvath and R. Barrangou, "CRISPR/Cas, the Immune System of Bacteria and Archaea," *Science* 327, (2010): 167–170, https://science.sciencemag.org/ content/327/5962/167.long.

12 J. E. Garneau et al., "The CRISPR/Cas Bacterial Immune System Cleaves Bacteriophage and Plasmid DNA," *Nature* 468, (2010): 67–71, https://www. nature.com/articles/nature09523.

13 Broad Institute, https://www.broadinstitute.org/files/news/pdfs/ BroadPriorityStatement.pdf.

14 MIT McGovern Institute, "Meet Feng Zhang," YouTube video, 4:12, last viewed January 3, 2020, https://www.youtube.com/watch?v=EjolOzkYNlk&t=.

15 Luciana Marraffini, personal communication, September 23, 2019.

16 D. Altshuler and D. Cowan, "Isogenic Human Pluripotent Stem Cell-Based Models of Human Disease Mutations," Grant ID: R01-DK-097768, https:// commonfund.nih.gov/TRA/recipients12.

17 Sharon Begley, "Meet one of the world's most groundbreaking scientists. He's 34." *STAT*, November 6, 2015, https://www.statnews.com/2015/11/06/ hollywood-inspired-scientist-rewrite-code-life/.

18 Amy Maxmen, "Easy DNA editing will remake the world. Buckle up," *WIRED*, December 2015, https://www.wired.com/2015/07/crispr-dna- editing-2/.

19 Le Cong, phone interview, July 18, 2019.

20 Fei Ann Ran, interview, Boston, August 2, 2019.

21 TEDx Talks, "Inspired by nature: harnessing tools from microbes to engineer biology | Fei Ann Ran | TEDxVienna," YouTube video, 15:55, last viewed November 10, 2019, https://www.youtube.com/watch?v=dcD0G1- BPGE.

22 Fei Ann Ran, interview, Boston, August 2, 2019.

23 George Church, interview, Boston, August 2, 2019.

24 K. Davies and K. Esvelt, "Gene Drives, White-Footed Mice, and Black Sheep: An Interview with Kevin Esvelt," *CRISPR Journal* 1, (2018): 319–324, https://www.liebertpub.com/doi/10.1089/crispr.2018.29031.kda.

25 Rodolphe Barrangou, interview, Victoria, Canada, February 21, 2019.

26 L. Cong, F. A. Ran et al., "Multiplex genome engineering using CRISPR/Cas systems," *Science* 339, (2013): 819–823, http://science.sciencemag.org/content/339/6121/819.full.

27 P. Mali et al., "RNA-guided human genome engineering via Cas9," *Science* 339, (2013): 823–826, https://www.ncbi.nlm.nih.gov/pmc/articles/PMC3712628/.

28 S. W. Cho et al., "Targeted genome engineering in human cells with the Cas9 RNA-guided endonuclease," *Nature Biotechnology* 31, (2013): 230–232, https://www.nature.com/articles/nbt.2507.

29 W. Y. Hwang et al., "Efficient genome editing in zebrafish using a CRISPR-Cas system," *Nature Biotechnology* 31, (2013): 277–279, https://www.ncbi.nlm.nih.gov/pmc/articles/PMC3686313/.

30 W. Jiang et al., "CRISPR-assisted editing of bacterial genomes," *Nature Biotechnology* 31, (2013): 233–239, https://www.ncbi.nlm.nih.gov/pmc/articles/PMC3748948/.

31 Hannah Devlin, "Jennifer Doudna: 'I have to be true to who I am as a scientist,'" *Guardian*, July 2, 2017, https://www.theguardian.com/science/2017/jul/02/jennifer-doudna-crispr-i-have-to-be-true-to-who-i-am-as-a-scientist-interview-crack-in-creation.

32 Matt Ridley, "Editing Our Genes, One Letter at a Time," *Wall Street Journal*, January 11, 2013, https://www.wsj.com/articles/SB10001424127887323482504578227661405130902.

33 Matthew Herper, "This protein could change biotech forever," *Forbes*, March 19, 2013, https://www.forbes.com/sites/matthewherper/2013/03/19/the-

protein-that-could-change-biotech-forever/.

34 K. Karczewski, "Progress in genomics according to bingo: 2013 edition," *Genome Biology* 14, (2013): 143, https://genomebiology.biomedcentral.com/articles/10.1186/gb4148.

35 Q. Ding et al., "Enhanced Efficiency of Human Pluripotent Stem Cell Genome Editing through Replacing TALENs with CRISPRs," *Cell Stem Cell* 12, (2013): 393–394, https://www.cell.com/cell-stem-cell/fulltext/S1934-5909(13)00101-X

36 T. J. Cradick, online interview, June 30, 2020.

37 Jon Cohen, "The Birth of CRISPR Inc.," *Science* 355, (2017): 680–684, https://science.sciencemag.org/content/355/6326/680.summary..

38 R. Coontz, "*Science*'s top ten breakthroughs of 2013," *Science*, December 19, 2013, https://www.sciencemag.org/news/2013/12/sciences-top-10-breakthroughs-2013.

39 John Travis, "Breakthrough of the Year: CRISPR makes the cut," *Science*, December 17, 2015, https://www.sciencemag.org/news/2015/12/and-science-s-2015-breakthrough-year.

7장. 수상 경쟁

1 Patrick Gillooly, "Lander named to Obama's science team," *MIT News*, December 22, 2008, http://news.mit.edu/2008/lander-named-obamas-science-team.

2 Veronique Greenwood and Valerie Ross, "How Feng Zhang modified a cell's genome on the fly," *Popular Science*, October 23, 2013, https://www.popsci.com/science/article/2013-09/feng-zhang/.

3 Eric S. Lander, "The heroes of CRISPR," *Cell* 164, (2016): 18–28, https://www.cell.com/cell/pdf/S0092-8674(15)01705-5.pdf.

4 Michael Eisen, "The villain of CRISPR," *It is NOT Junk* (blog), January 25,

2016, http://www.michaeleisen.org/blog/?p=1825.

5   Nathaniel Comfort, "A Whig history of CRISPR," *Genotopia, January* 18, 2016, https://genotopia.scienceblog.com/573/a-whig-history-of-crispr/.

6   Jennifer Doudna, "PubMed Commons," 2016, posted by Richard Sever, https://twitter.com/search?q=pubmed%20commons%20charpentier&src=typd.

7   Bob Grant, "Credit for CRISPR: A Conversation with George Church," *The Scientist*, December 29, 2015, https://www.the-scientist.com/news-analysis/credit-for-crispr-a-conversation-with-george-church-34306.

8   George Church, interview, Boston, August 2, 2019.

9   Samuel Sternberg, "Humans By Design: Covering the Genome Editing Revolution," New York University, March 6, 2018, https://journalism.nyu.edu/about-us/event/2018-spring/humans-by-design-covering-the-gene-editing-revolution/.

10 Jennifer A. Doudna and Samuel H. Sternberg, *A Crack in Creation* (Boston: Houghton Mifflin Harcourt, 2017).

11 CanadaGairdnerAwards, "Jennifer Doudna-2016 Canada Gairdner Awards Gala," YouTube video, 5:31, last viewed May 1, 2020, https://www.youtube.com/watch?v=jLOSMcQ2iec&t=.

12 Rodolphe Barrangou, interview, Victoria, Canada, February 21, 2019.

13 Ibid.

14 Albany Med, "Albany Medical Center Prize in Medicine and Biomedical Research panel discussion," YouTube video, 1:23:27, last viewed May 10, 2020, https://www.youtube.com/watch?v=oNlukM56bsY.

15 Clara Rodriguez Fernandez, "Francis Mojica, the Spanish Scientist Who Discovered CRISPR," *Labiotech*, April 8, 2019, https://labiotech.eu/interviews/francis-mojica-crispr-interview/.

16 Jennifer A. Doudna, "The promise and challenge of therapeutic genome editing," *Nature* 578, (2020): 229–236, https://www.nature.com/articles/s41586-020-1978-5?proof=true.

17 L. S. Qi et al., "Repurposing CRISPR as an RNA-guided platform for sequence-specific control of gene expression," *Cell* 152, (2013): 1173–1184, https://www.cell.com/fulltext/S0092-8674(13)00211-0.

18 H. A. Rees and D. R. Liu, "Base editing: Precision Chemistry on the Genome and Transcriptome of Living Cells," *Nature Reviews Genetics* 19, (2018): 770–788, https://pubmed.ncbi.nlm.nih.gov/30323312/.

19 B. L. Oakes et al., "CRISPR-Cas9 Circular Permutants as Programmable Scaffolds for Genome Modification," *Cell* 176, (2019): 254–267, https://pubmed.ncbi.nlm.nih.gov/30633905/.

20 D. Burstein et al., "New CRISPR–Cas systems from uncultivated microbes," *Nature* 542, 2017: 237–241.

21 B. Zetsche et al., "Cpf1 Is a Single RNA-guided Endonuclease of a Class 2 CRISPR-Cas System," *Cell* 163, (2015): 759–771, https://www.ncbi.nlm.nih.gov/pmc/articles/PMC4638220/.

22 J. S. Chen et al., "CRISPR-Cas12a target binding unleashes indiscriminate single-strand DNase activity," *Science* 360, (2018): 436–439, https://science.sciencemag.org/content/360/6387/436.

23 J. P. Broughton et al., "CRISPR-Cas12-based detection of SARS-CoV-2," *Nature Biotechnology*, 2020, https://www.nature.com/articles/s41587-020-0513-4.

24 J. S. Gootenberg et al., "Nucleic acid detection with CRISPR-Cas13a/C2c2," *Science* 356, (2017): 438–442, https://science.sciencemag.org/content/356/6336/438.

25 John Carreyrou, *Bad Blood* (New York: Knopf, 2018).

26 M. B. Nourse et al., "Engineering of a miniaturized, robotic clinical laboratory," *Bioeng. Transl. Med.* 3, 58–70 (2018), https://www.ncbi.nlm.nih.gov/pmc/articles/PMC5773944/.

27 O. O. Abudayyeh et al., "Nucleic acid detection of plant genes using CRISPR-Cas13," *CRISPR Journal* 2, (2019): 165-171, https://www.liebertpub.

com/doi/10.1089/CRISPR.2019.0011.

28 Elie Dolgin, "The kill-switch for CRISPR that could make gene-editing safer,"
    Nature January 15, 2020, https://www.nature.com/articles/d41586-020-
    00053-0.

29 S. E. Klompe et al., "Transposon-encoded CRISPR–Cas systems direct RNA-
    guided DNAintegration," *Nature* 571, (2019): 219–225, https://www.nature.
    com/articles/s41586-019-1323-z.

8장. 유전체 편집 이전 시대.

1   Fyodor Urnov, TRI-CON, San Francisco, February 15, 2018.

2   Editorial, "Method of the Year 2011," *Nature Methods* 9, (2012): 1, https://doi.
    org/10.1038/nmeth.1852.

3   Mario R. Cappechi, "The making of a scientist," *HHMI Bulletin*, May 1997,
    https://healthcare.utah.edu/capecchi/HHMI.pdf.

4   Ibid.

5   F. D. Urnov, "Genome Editing B.C. (Before CRISPR): Lasting Lessons from the
    'Old Testament,'" *CRISPR Journal* 1, (2018): 34–46, https://www.liebertpub.
    com/doi/10.1089/crispr.2018.29007.fyu.

6   Fyodor Urnov, interview, Florence, Italy, June 27, 2018.

7   http://sangamoncountyhistory.org/wp/?p=1410.

8   Ed Lanphier, interview, Ross, California, March 4, 2019.

9   S. Hacein-Bey-Abina et al., "Sustained Correction of X-Linked Severe
    Combined Immunodeficiency by Ex Vivo Gene Therapy," *New England
    Journal of Medicine* 346, (2002): 1185–1193, https://www.nejm.org/doi/
    full/10.1056/NEJMoa012616.

10 Douglas Birch, "Hamilton Smith's second chance; Scientist's journey; He
    won the Nobel, but lost his way. Could he put his family together? And
    could he crack one of life's great puzzles?," *Baltimore Sun*, April 11, 1999,

https://www.baltimoresun.com/news/bs-xpm-1999-04-11-9904120283-story.html.

11 Ibid.

12 Y. G. Kim, J. Cha, and S. Chandrasegaran, "Hybrid restriction enzymes: zinc finger fusions to Fok I cleavage domain," *Proceedings of the National Academy of Sciences USA* 93, (1996): 1156–1160, https://www.ncbi.nlm.nih.gov/pmc/articles/PMC40048/.

13 S. Chandrasegaran and J. Smith, "Chimeric Restriction Enzymes: What is Next?," *Biological Chemistry* 380, (1999): 841–848, https://www.ncbi.nlm.nih.gov/pmc/articles/PMC4033837/.

14 M. Bibikova et al., "Targeted Chromosomal Cleavage and Mutagenesis in Drosophila Using Zinc-Finger Nucleases," *Genetics* 161, (2002): 1169–1175, https://www.genetics.org/content/161/3/1169.long.

15 M. Bibikova et al., "Stimulation of Homologous Recombination through Targeted Cleavage by Chimeric Nucleases," *Molecular and Cellular Biology* 21, (2001): 289–297, https://mcb.asm.org/content/21/1/289.

16 K. Davies and D. Carroll, "Giving Genome Editing the Fingers: An Interview with Dana Carroll," *CRISPR Journal* 2, (2019): 157–162, https://www.liebertpub.com/doi/10.1089/crispr.2019.29058.dca.

17 M. H. Porteus and D. Baltimore, "Chimeric nucleases stimulate gene targeting in human cells," *Science* 5620, (2003): 763, http://science.sciencemag.org/content/300/5620/763.

18 F. D. Urnov et al., "Highly Efficient Endogenous Human Gene Correction Using Designed Zinc-Finger Nucleases," *Nature* 435, (2005): 646–651, https://www.nature.com/articles/nature03556.

19 S. Jaffe, "Giving Genetic Disease the Finger," *WIRED*, July 5, 2005, https://www.wired.com/2005/07/giving-genetic-disease-the-finger/.

20 K. Kandavelou et al., "'Magic' scissors for genome surgery," *Nature Biotechnology* 23, (2005): 686–687, https://www.nature.com/articles/nbt0605-

686.

21 B. J. Doranz et al., "A dual-tropic primary HIV-1 isolate that uses fusin and the betachemokine receptors CKR-5, CKR-3, and CKR-2b as fusion cofactors," *Cell* 85, (1996): 1148–58, https://www.cell.com/cell/fulltext/S0092-8674(00)81314-8.

22 M. Parmentier, "CCR5 an HIV infection, a view from Brussels," *Frontiers in Immunology* 6, (2015): 295, https://www.ncbi.nlm.nih.gov/pmc/articles/PMC4459230/.

23 M. Samson et al., "Resistance to HIV-1 infection in caucasian individuals bearing mutant alleles of the CCR-5 chemokine receptor gene," *Nature* 382, (1996): 722–725, https://www.nature.com/articles/382722a0.

24 Stephen J. O'Brien, *Tears of the Cheetah* (New York: Thomas Dunne, 2003).

25 T. R. Brown, "I am the Berlin patient: a personal reflection," *AIDS Research and Human Retroviruses* 31, (2015): 2–3, https://www.ncbi.nlm.nih.gov/pmc/articles/PMC4287108/.

26 G. Hutter et al., "Long-term control of HIV by CCR5 delta32/delta32 stem-cell transplantation," *New England Journal of Medicine* 360, (2009): 692–698, https://www.nejm.org/doi/full/10.1056/NEJMoa0802905.

27 F. Urnov, "AWESOME interview with Dr. Fyodor Urnov," *The Sangamo Domain* (blog), December 12, 2015, http://sangamodomain.blogspot.com/2015/12/awesome-interview-with-dr-fyodor-urnov.html.

28 P. Tebas et al., "Gene editing of CCR5 in autologous CD4 T cells of persons infected with HIV," *New England Journal of Medicine* 370, (2014): 901–910, https://www.nejm.org/doi/full/10.1056/nejmoa1300662.

29 Emily Mullin, "Back to the Future: Pre-CRISPR Systems are Driving Therapies to the Clinic," *Genetic Engineering & Biotechnology News*, February 7, 2019, https://www.genengnews.com/insights/back-to-the-future-pre-crispr-systems-are-driving-therapies-to-the-clinic/.

30 CNBC, "Sangamo Biosciences CEO Edward Lanphier | Mad Money |

CNBC," YouTube video, 8:19, March 7, 2019, https://www.youtube.com/watch?v=c3dT1sH1PNM.

31 Brian Madeux quoted in M. Marchione, "US scientists try 1st gene editing in the body," AP News, November 15, 2017, https://apnews.com/4ae98919b52 e43d8a8960e0e260feb0a.

32 C. Hunter, "A rare disease in two brothers," *Journal of the Royal Society of Medicine* 10, (1917): 104–116, https://www.ncbi.nlm.nih.gov/pmc/articles/PMC2018097/pdf/procrsmed00727-0110.pdf.

33 Sandy Macrae, Genome Editing summit, National Academy of Sciences, Washington, DC, August 13, 2019, https://vimeo.com/showcase/6229550/video/354892447.

34 B. Zeitler et al., "Allele-specific transcriptional repression of mutant HTT for the treatment of Huntington's disease," *Nature Medicine* 25, (2019): 1131–1142, https://www.nature.com/articles/s41591-019-0478-3.

35 Ed Rebar, "Genome Engineering," (lecture, Keystone Symposium, Victoria, Canada, February 2019).

9장. 구원인가, 재앙인가

1 Anon, "Mount Hope geneticists get more milk from cows by selective breeding," *Life* 5, 50–53 (1938).

2 J. A. Wolff and J. Lederberg, "An early history of gene transfer and therapy," *Human Gene Therapy* 5, (1994): 469–480, https://www.liebertpub.com/doi/abs/10.1089/hum.1994.5.4-469.

3 Derek So, "The Use and Misuse of *Brave New World* in the CRISPR Debate," *CRISPR Journal* 2, (2019): 316–323, https://www.liebertpub.com/doi/10.1089/crispr.2019.0046.392 ENDNOTES

4 Jack Williamson, *Dragon's Island* (New York: Simon & Schuster, 1951).

5 Francis Crick, letter to Michael Crick, March 15, 1953, Wellcome Library,

https://wellcomelibrary.org/item/b1948799x.

6   J. D. Watson, correspondence: Letter to Max Delbruck, March 12, 1953, http://scarc.library.oregonstate.edu/coll/pauling/dna/corr/corr432.1-watson-delbruck-19530312-transcript.html.

7   Brenda Maddox, "DNA's double helix: 60 years since life's deep molecular secret was discovered," *Guardian*, February 22, 2013, https://www.theguardian.com/science/2013/feb/22/watson-crick-dna-60th-anniversary-double-helix.

8   J. D. Watson and F. H. C. Crick, "Molecular Structure of Nucleic Acids: A Structure for Deoxyribose Nucleic Acid," *Nature* 171, (1953):737–738, http://dosequis.colorado.edu/Courses/MethodsLogic/papers/WatsonCrick1953.pdf.

9   Brenda Maddox, "DNA's double helix: 60 years since life's deep molecular secret was discovered," *Guardian*, February 22, 2013, https://www.theguardian.com/science/2013/feb/22/watson-crick-dna-60th-anniversary-double-helix.

10 Symposium held at Ohio Wesleyan University, Delaware, on April 6, 1963. The proceedings were published in *The Control of Human Heredity and Evolution* (1965).

11 S. E. Luria, *The Control of Human Heredity and Evolution*, ed. T. M. Sonneborn (New York: Macmillan, 1965).

12 E. M. Witkin, "Remembering Rollin Hotchkiss (1911–2004)," *Genetics* 170, (2005): 1443–1447, https://www.ncbi.nlm.nih.gov/pmc/articles/PMC1449782/.

13 R. Hotchkiss, *The Control of Human Heredity and Evolution*, ed. T. M. Sonneborn (New York: Macmillan, 1965).

14 R. Sinsheimer, "The End of the Beginning," (lecture, Caltech, October 26, 1966). Excerpt in *Human Nature* (2019).

15 R. Sinsheimer, "The Prospect of Designed Genetic Change," *American Scientist* XXXII, (1969): 8–13, http://calteches.library.caltech.edu/2718/1/genetic.pdf.

16 M. Nirenberg, "Will society be prepared?," *Science* 157, (1967): 633, https://science.sciencemag.org/content/157/3789/633.

17 J. Lederberg, "Molecular biology, eugenics and euphenics," *Nature* 198, (1963): 428–429, https://www.nature.com/articles/198428a0.pdf.

18 J. A. Wolff and J. Lederberg, "An early history of gene transfer and therapy," *Human Gene Therapy* 5, (1994): 469–480, https://www.liebertpub.com/doi/abs/10.1089/hum.1994.5.4-469.

19 J. Lederberg, "DNA breakthrough points way to therapy by virus," *Washington Post*, January 13, 1968, https://profiles.nlm.nih.gov/ps/access/BBABSP.pdf.

20 J. Lederberg, in J. A. Wolff and J. Lederberg, "An early history of gene transfer and therapy," *Human Gene Therapy* 5, (1994): 469–480, https://www.liebertpub.com/doi/abs/10.1089/hum.1994.5.4-469.

21 N. A. Wivel and W. F. Anderson, "Human Gene Therapy: Public Policy and Regulatory Issues," in *The Development of Human Gene Therapy*, ed. T. Friedmann (Cold Spring Harbor, NY: Cold Spring Harbor Laboratory Press, 1999), pp 671–689.

10장. 유전자 치료의 흥망성쇠

1 S. Rogers, "Shope papilloma virus: A passenger in man and its significance to the potential control of the host genome," *Nature* 212, (1966): 1220–1222, https://www.nature.com/articles/2121220a0.

2 T. Friedmann and R. Roblin, "Gene therapy for human genetic disease?," *Science* 175, (1972): 949–955, https://science.sciencemag.org/content/175/4025/949.long.

3 JapanPrize, "2015 Japan Prize Commemorative Lecture: Dr. Theodore Friedmann & Prof. Alan Fischer," YouTube video, 1:07:56, last viewed June 7, 2020, https://www.youtube.com/watch?v=Z5SLxpPLxcw&t=136s.

4   David Baltimore, "Limiting science: A biologist's perspective," *Daedalus*, 107, (1978): 37–45, https://www.jstor.org/stable/20024543?seq=1.

5   M. J. Cline, "Perspectives for gene therapy: inserting new genetic information into mammalian cells by physical techniques and viral vectors," *Pharmacology & Therapeutics* 29, (1985): 69–92.

6   P. Jacobs, "Doctor tried gene therapy on 2 humans," *Washington Post*, October 8, 1980, https://www.washingtonpost.com/archive/politics/1980/10/08/doctor-tried-gene-therapy-on-2-humans/c95d4b44-3e5c-4a48-904c-4bbefe52391b/?utm_term=.b867c1010e22.

7   D. Bartels, "Gene therapy: scientific advances and socio-ethical considerations," *Journal of Social & Biological Structures* 9, (1986) 105–113, https://psycnet.apa.org/record/1987-32279-001.

8   E. Beutler, "The Cline affair," *Molecular Therapy* 4, (2001): 396–397. https://www.cell.com/action/showPdf?pii=S1525-0016%2801%2990486-1.

9   R. Williamson, "Gene therapy," *Nature* 298, (1982): 416–418, https://www.nature.com/articles/298416a0.

10 W. F. Anderson, "Prospects for human gene therapy," *Science* 226, (1984): 401–409, https://science.sciencemag.org/content/226/4673/401.long.

11 P. Gorner and J. Lyon, "Altered Fates," *Chicago Tribune*, March 7, 1986, https://www.chicagotribune.com/news/ct-xpm-1986-03-07-8601170568-story.html.

12 Jonathan Gardner, "New estimate puts cost to develop a new drug at $1B, adding to long-running debate," *BioPharma Dive*, March 3, 2020, https://www.biopharmadive.com/news/new-drug-cost-research-development-market-jama-study/573381/.

13 Larry Thompson, "Human gene therapy debuts at NIH," *Washington Post*, September 15, 1990, https://www.washingtonpost.com/archive/politics/1990/09/15/human-gene-therapy-debuts-at-nih/f98ffb56-aa7f-4529-a5f6-c57cb845a7cd/?utm_term=.82d9fd43ca22.

14 Jeff Lyon and Peter Gomer, *Altered Fates: Gene Therapy and the Retooling of Human Life* (New York: W. W. Norton & Co., 1996).

15 Robin Marantz Henig, "Dr. Anderson's gene machine," *New York Times*, March 31, 1999, https://www.nytimes.com/1991/03/31/magazine/dr-anderson-s-gene-machine.html.

16 Peter Gorner, "Doctors begin world's first gene therapy," *Chicago Tribune*, September 15, 1990, http://articles.chicagotribune.com/1990-09-15/news/9003170543_1_dr-w-*french*-anderson-gene-therapy-adenosine-deaminase.

17 L. M. Muul et al., "Persistence and expression of the adenosine deaminase gene for 12 years and immune reaction to gene transfer components: long-term results of the first clinical gene therapy trial," *Blood* 101, (2003): 2563–2569, https://pubmed.ncbi.nlm.nih.gov/12456496/.

18 J. M. Wilson, "Recollections from a Pioneer Who Provided the Foundation for the Success of Gene Therapy in Treating Severe Combined Immune Deficiencies," *Human Gene Therapy* 27, (2016): 53–56, https://www.liebertpub.com/doi/10.1089/humc.2016.29013.int.

19 T. Friedmann, "A brief history of gene therapy," *Nature Genetics* 2, (1992): 93–98, https://www.nature.com/articles/ng1092-93.

20 Natalie Angier, "Gene experiment to reverse inherited disease is working," *New York Times*, April 1, 1994, https://www.nytimes.com/1994/04/01/us/gene-experiment-to-reverse-inherited-disease-is-working.html.

21 S. H. Orkin and A. G. Motulsky, "Report and recommendations of the panel to assess the NIH investment in research on gene therapy," *OSP*, December 7, 1995, https://osp.od.nih.gov/wp-content/uploads/2014/11/Orkin_Motulsky_Report.pdf.

22 T. Friedmann, "Preface," in *The Development of Human Gene Therapy* (Cold Spring Harbor, NY: Cold Spring Harbor Laboratory Press, 1999).

23 Paul Gelsinger, "Jesse's Intent," http://www.jesse-gelsinger.com/jesses-intent.

html.

24 Rick Weiss and Deborah Nelson, "Teen dies undergoing experimental gene therapy," *Washington Post*, September 29, 1999, https://www.washingtonpost.com/wp-srv/WPcap/1999-09/29/060r-092999-idx.html?noredirect=on.

25 Sheryl Gay Stolberg, "The biotech death of Jesse Gelsinger," *New York Times*, November 28, 1999, https://www.nytimes.com/1999/11/28/magazine/the-biotech-death-of-jesse-gelsinger.html.

26 S. E. Raper et al., "Fatal systemic inflammatory response syndrome in a ornithine transcarbamylase deficient patient following adnoviral gene transfer," *Molecular Genetics and Metabolism* 80, (2003): 148–158, https://pubmed.ncbi.nlm.nih.gov/14567964/.

27 Peter Little, *Genetic Destinies* (Oxford, UK: Oxford University Press, 2002).

28 Siddhartha Mukherjee, *The Gene: An Intimate History* (New York: Simon & Schuster, 2017).

29 *The Gene*, PBS 2020, https://www.pbs.org/show/gene/.

30 H. F. Judson, "The Glimmering Promise of Gene Therapy." *MIT Technology Review*, November 1, 2006, https://www.technologyreview.com/s/406797/the-glimmering-promise-of-gene-therapy/.

31 Ibid.

32 K. Davies, "From the Cultural Revolution to the Gene Therapy Revolution: An Interview with Guangping Gao, PhD," *Human Gene Therapy*, February 14, 2020, https://www.liebertpub.com/doi/abs/10.1089/hum.2020.29109.int.

33 Ryan Cross, "The redemption of James Wilson." *Chemical & Engineering News*, September 2019, https://cen.acs.org/business/The-redemption-of-James-Wilson-gene-therapy-pioneer/97/i36.

34 David Schaffer, TRI-CON, San Francisco, March 2, 2019.

35 Julianna LeMieux, "Going Viral: The Next Generation of AAV Vectors," *Genetic Engineering & Biotechnology News*, September 3, 2019, https://www.genengnews.com/insights/going-viral-the-next-generation-of-aav-vectors/.

36 Editorial, "Gene therapy deserves a fresh chance," *Nature* 461, (2009): 1173, https://www.nature.com/articles/4611173a.

37 Melinda Wenner, "Gene therapy: An interview with an unfortunate pioneer," *Scientific American*, September 1, 2009, https://www.scientificamerican.com/article/gene-therapy-an-interview/?redirect=1.

38 Carl Zimmer, "Gene therapy emerges from disgrace to be the next big thing, again," *WIRED*, August 13, 2013, https://www.wired.com/2013/08/the-fall-and-rise-of-gene-therapy-2/.

39 JapanPrize, "2015 Japan Prize Commemorative Lecture: Dr. Theodore Friedmann & Prof. Alain Fischer," YouTube video, 1:07:56, last viewed June 30, 2020, https://youtu.be/Z5SLxpPLxcwe.

11장. 하루아침에 찾아온 성공

1 Ricki Lewis, "Luxturna: A giant step forward for blindness gene therapy—a conversation with Dr. Kathy High," *DNA Science Blog*, July 20, 2017, https://blogs.plos.org/dnascience/2017/07/20/luxturna-a-giant-step-forward-for-blindness-gene-therapy-a-conversation-with-dr-kathy-high/.

2 David Dobbs, "Why there's new hope about ending blindness," *National Geographic*, September 2016, https://www.nationalgeographic.com/magazine/2016/09/blindness-treatment-medical-science-cures/.

3 ASGCT, "Seeing the Light with Retinal Gene Therapy: From Fantasy to Reality—Jean Bennett," YouTube video, 45:37, last viewed June 30, 2020, https://youtu.be/jDdFmBxNfUE.

4 J. M. Wilson, "Interview with Jean Bennett, MD, PhD," *Human Gene Therapy* 29, (2018): 7–9, https://doi.org/10.1089/humc.2018.29032.int.

5 A. W. Taylor, "Ocular immune privilege," *Eye* 23, (2009): 1885–1889, https://www.nature.com/articles/eye2008382.

6 Jean Bennett, "My Career Path for Developing Gene Therapy for Blinding

Diseases: The Importance of Mentors, Collaborators, and Opportunities," *Human Gene Therapy* 25, (2014): 663–670, https://www.ncbi.nlm.nih.gov/pmc/articles/PMC4137328/.

7   J. M. Wilson, "Interview with Jean Bennett, MD, PhD," *Human Gene Therapy* 29, (2018): 7–9, https://doi.org/10.1089/humc.2018.29032.int.

8   A. Maguire et al., "Safety and efficacy of gene transfer for Leber's Congenital Amaurosis," *New England Journal of Medicine* 358, (2008): 2240–2248, https://www.ncbi.nlm.nih.gov/pmc/articles/PMC2829748/.

9   J. Bennett et al., "Safety and durability of effect of contralateral-eye administration of AAV2 gene therapy in patients with childhood-onset blindness caused by RPE65 mutations: a follow-on phase 1 trial," *Lancet* 388, (2016): 661–672, https://www.ncbi.nlm.nih.gov/pmc/articles/PMC5351775/.

10 Sharon Begley, "Out of prison, the 'father of gene therapy' faces a harsh reality: a tarnished legacy and an ankle monitor," *STAT*, July 23, 2018, https://www.statnews.com/2018/07/23/w-french-anderson-father-of-gene-therapy/.

11 David Schaffer, TRI-CON conference, San Francisco, March 2, 2019.

12 S. Cannon, "Sickle cell disease advocate & precision medicine leader remembered," *Black Doctor*, April 8, 2016, https://blackdoctor.org/my-story-any-day-without-pain-is-a-good-day/.

13 M. Friend, "Shakir Cannon, patient advocate," *CRISPR Journal* 1, (2018): 24–25, https://www.liebertpub.com/doi/10.1089/crispr.2018.29005.mfr.

14 D. Shriner and C. N. Rotimi, "Whole-genome-sequence-based haplotypes reveal single origin of the sickle allele during the Holocene Wet Phase," *American Journal of Human Genetics* 102, (2018): 547–556, https://www.cell.com/ajhg/fulltext/S0002-9297(18)30048-X.

15 T. L. Savitt and M. F. Goldberg, "Herrick's 1910 case report of sickle cell anemia," *Journal of the American Medical Association* 261, (1989): 266–271,

https://doi.org/10.1001/jama.1989.03420020120042.

16 Editorial, "Sickle cell anemia, a race specific disease," *Journal of the American Medical Association* 133, (1947): 33–34, https://jamanetwork.com/journals/jama/article-abstract/290758.

17 A. C. Allison, "Two lessons from the interface of genetics and medicine," *Genetics* 166, (2004): 1591–1599, http://www.genetics.org/content/genetics/166/4/1591.full.pdf.

18 V. M. Ingram, "Gene mutations in human haemoglobin: the chemical difference between normal and sickle cell haemoglobin," *Nature* 180, (1957): 326–328, https://www.nature.com/articles/180326a0.

19 J. Lapook, "Could gene therapy cure sickle cell anemia?," *60 Minutes*, March 10, 2019, https://www.cbsnews.com/news/could-gene-therapy-cure-sickle-cell-anemia-60-minutes/.

20 J-A. Ribeil et al., "Gene therapy in a patient with sickle cell disease," *New England Journal of Medicine* 376, (2017): 848–855, https://www.nejm.org/doi/full/10.1056/NEJMoa1609677.

21 J. Lapook, "Could gene therapy cure sickle cell anemia?," *60 Minutes*, March 10, 2019, https://www.cbsnews.com/news/could-gene-therapy-cure-sickle-cell-anemia-60-minutes/.

22 J. Watson, "Sickling in negro newborns: Its possible relationship to fetal hemoglobin," *American Journal of Medicine* 5, (1948): 159–160, https://doi.org/10.1016/0002-9343(48)90029-1.

23 R. Daggy et al., "Health and disease in Saudi Arabia: The Aramco experience, 1940s–1990s," University of California, 1998, http://texts.cdlib.org/view?docId=kt8m3nb5g6&doc.view=entire_text.

24 V. G. Sankaran et al., "Human fetal hemoglobin expression is regulated by the developmental stage-specific repressor *BCL11A*," *Science* 322, (2008): 1839–1842, http://science.sciencemag.org/content/322/5909/1839.long.

25 K. Weintraub, "New gene therapy shows promise for patients with sickle

cell disease," *WBUR*, March 8, 2019, https://www.wbur.org/commonhealth/2019/03/08/gene-therapy-sickle-cell.

26 Sharon Begley, "NIH and Gates Foundation launch effort to bring genetic cures for HIV, sickle cell disease to world's poor," *STAT*, October 23, 2019, https://www.statnews.com/2019/10/23/nih-gates-foundation-genetic-cures-hiv-sickle-cell/.

27 Sean Nolan, "Unite to Cure," The Vatican, April 26, 2018.

28 K. Foust et al., "Intravascular AAV9 preferentially targets neonatal-neurons and adultastrocytes in CNS," *Nature Biotechnology* 27, (2009): 59–65, https://www.ncbi.nlm.nih.gov/pmc/articles/PMC2895694/.

29 J. R. Mendell et al., "Single-dose gene-replacement therapy for spinal muscular atrophy," *New Engl. J. Med.* 377, (2017): 1713–1722, https://www.nejm.org/doi/full/10.1056/NEJMoa1706198.

30 Larry Luxner, "With Zolgensma's approval, debate shifts to pricing and availability of world's costliest drug," *SMA News Today*, May 29, 2019, https://smanewstoday.com/2019/05/29/zolgensma-approval-shifts-debate-pricing-availability-worlds-costliest-drug/1.

31 Nathan Yates, "I have spinal muscular atrophy. Critics of the $2 million new gene therapy are missing the point," *STAT*, May 31, 2019, https://www.statnews.com/2019/05/31/spinal-muscular-atrophy-zolgensma-price-critics/.

32 E. Mamcarz et al., "Lentiviral Gene Therapy Combined with Low-Dose Busulfan in Infants with SCID-X1," *New England Journal of Medicine* 380, (2019); 1525–1534, https://www.nejm.org/doi/full/10.1056/NEJMoa1815408.

33 M. Cortez, "'Bubble boys' cured in medical breakthrough using gene therapy," *Bloomberg* April 17, 2019, https://www.bloomberg.com/news/articles/2019-04-17/-bubble-boys-cured-in-medical-breakthrough-using-gene-therapy.

34 V. Montazerhodjat, D. M. Weinstock, and A. W. Lo, "Buying cures versus renting health: Financing health care with consumer loans," *Science*

Translational Medicine 8, (2016): 327, https://stm.sciencemag.org/content/8/327/327ps6.

35 George Church, interview, Boston, August 3, 2019.

36 Sarah Boseley, "Dismay at lottery for $2.1m drug to treat children with muscle-wasting disease," *Guardian*, December 20, 2019, https://www.theguardian.com/society/2019/dec/20/lottery-prize-zolgensma-drug-zolgensma-children-muscle-wasting-disease.

37 F. W. Twort, "An investigation on the nature of ultra-microscopic viruses," *Lancet* 186, (1915): 1241–1243.

38 A. Dublanchet, "The epic of phage therapy," *Canadian Journal of Infectious Diseases and Medical Microbiology* 18, (2007): 15–18, https://www.ncbi.nlm.nih.gov/pmc/articles/PMC2542892/.

39 Richard Martin, "How ravenous Soviet viruses will save the world," *WIRED*, October 1, 2003, https://www.wired.com/2003/10/phages/.

40 M. Rosen, "Phage therapy treats patient with drug-resistant bacterial infection," Howard Hughes Medical Institute, May 8, 2019, https://www.hhmi.org/news/phage-therapy-treats-patient-with-drug-resistant-bacterial-infection.

41 Julianna LeMieux, "Phage therapy win: Mycobacterium infection halted," *Genetic Engineering & Biotechnology News*, May 8, 2019, https://www.genengnews.com/insights/phage-therapy-win-mycobacterium-infection-halted/.

42 Ben Fidler, "How an Ohio kids' hospital quietly became ground zero for gene therapy," *Xconomy*, April 15, 2019, https://xconomy.com/national/2019/04/15/how-an-ohio-kids-hospital-quietly-became-ground-zero-for-gene-therapy/.

43 Ryan Cross, "The redemption of James Wilson," *Chemical & Engineering News*, September 2019, https://cen.acs.org/business/The-redemption-of-James-Wilson-gene-therapy-pioneer/97/i36.

44 Ibid.

45 C. Hinderer et al., "Severe Toxicity in Nonhuman Primates and Piglets Following High-Dose Intravenous Administration of an Adeno-Associated Virus Vector Expressing Human SMN," *Human Gene Therapy* 29, (2018): 285–298.

46 Ben Fidler, "Two patients die in now-halted study of Audentes gene therapy," *BioPharma Dive*, June 26, 2020, https://www.biopharmadive.com/news/audentes-gene-therapy-patient-deaths/580670/

47 Nicole Paulk, "Gene Therapy: It's Time to Talk about High-Dose AAV," *Genetic Engineering & Biotechnology News*, July 7, 2020, https://www.genengnews.com/topics/genome-editing/gene-therapy-its-time-to-talk-about-high-dose-aav/.

12장. 당신을 고쳐 줄게요

1 Rebecca Robbins, "Billionaire Sean Parker is nerding out on cancer research. Science has never seen anyone quite like him," *STAT*, July 9, 2019, https://www.statnews.com/2019/07/09/sean-parker-cancer-research-science/.

2 F. Baylis and M. McLeod, "First-in-human Phase 1 CRISPR gene editing cancer trials: Are we ready?," *Current Gene Therapy* 17, (2017): 309–319, https://www.ncbi.nlm.nih.gov/pmc/articles/PMC5769084/.

3 Preetika Rana, Amy Dockser Marcus, and Wenxin Fan, "China, Unhampered by Rules, Races Ahead in Gene-Editing Trials," *Wall Street Journal*, January 21, 2018, https://www.wsj.com/articles/china-unhampered-by-rules-races-ahead-in-gene-editing-trials-1516562360.

4 E. A. Stadtmauer et al., "CRISPR-engineered T cells in patients with refractory cancer," *Science* 367, (2020): eaba7365, https://science.sciencemag.org/content/367/6481/eaba7365.

5 Carl June, Keystone Symposium, Banff, Canada, February 9, 2020.

6   G. E. Martyn et al., "Natural regulatory mutations elevate the fetal globin gene via disruption of BCL11A or ZBTB7A binding," *Nature Genetics* 50, (2018): 498–503, https://www.nature.com/articles/s41588-018-0085-0.

7   M. H. Porteus, "A New Class of Medicines through DNA Editing," *New England Journal of Medicine* 380, (2019): 947–959, https://www.nejm.org/doi/full/10.1056/NEJMra1800729.

8   Matthew Porteus, International Human Genome Editing Summit, Hong Kong, November 29, 2018.

9   David Sanchez in *Human Nature* (2019), https://wondercollaborative.org/human-nature-documentary-film/.

10 Rob Stein, "In a 1st, doctors In U.S. use CRISPR tool to treat patient with genetic disorder," *NPR*, July 29, 2019, https://www.npr.org/sections/health-shots/2019/07/29/744826505/sickle-cell-patient-reveals-why-she-is-volunteering-for-landmark-gene-editing-st.

11 Rob Stein, "A Patient Hopes Gene-Editing Can Help With Pain Of Sickle Cell Disease," *NPR*, October 10, 2019, https://www.npr.org/sections/health-shots/2019/10/10/766765780/after-a-life-of-painful-sickle-cell-disease-a-patient-hopes-gene-editing-can-hel.

12 Rob Stein, "A Young Mississippi Woman's Journey Through a Pioneering Gene-Editing Experiment," *NPR*, December 25, 2019, https://www.npr.org/sections/health-shots/2019/12/25/784395525/a-young-mississippi-womans-journey-through-a-pioneering-gene-editing-experiment.

13 Rob Stein, "A Year In, 1st Patient To Get Gene Editing For Sickle Cell Disease is Thriving," *NPR*, June 23, 2020, https://www.npr.org/sections/health-shots/2020/06/23/877543610/a-year-in-1st-patient-to-get-gene-editing-for-sickle-cell-disease-is-thriving.

14 K. Davies and E. Charpentier, "Finding Her Niche: An Interview with Emmanuelle Charpentier," *CRISPR Journal* 2, (2019): 17–22, https://doi.org/10.1089/crispr.2019.29042.kda.

15 Bill Gates, "Gene Editing for Good," *Foreign Affairs*, May/June 2018, https://www.foreignaffairs.com/articles/2018-04-10/gene-editing-good.

16 Kevin Davies, "Avila Therapeutics Targets the Covalent Proteome," *Bio-IT World*, January 28, 2010, http://www.bio-itworld.com/2010/01/28/avila.html.

17 M. L. Maeder et al., "Development of a gene-editing approach to restore vision loss in Leber congenital amaurosis type 10," *Nature Medicine* 25, (2019): 229–233, https://www.nature.com/articles/s41591-018-0327-9.

18 Marilynn Marchione, "Doctors try 1st CRISPR editing in the body for blindness," AP News, March 4, 2020, https://apnews.com/17fcd6ae57d39d0 6b72ca40fe7cee461.

19 Rob Wright, "A CEO's most formative leadership experience," *Life Science Leader*, February 25, 2019, https://www.lifescienceleader.com/doc/a-ceo-s-most-formative-leadership-experience-0001.

20 Rob Wright, "John Leonard's latest adventure—readying Intellia Therapeutics for the long haul," *Life Science Leader*, March 1, 2019, https://www.lifescienceleader.com/doc/john-leonard-s-latest-adventure-readying-intellia-therapeutics-for-the-long-haul-0001.

21 Alliance for Regenerative Medicine, "2017 Annual Dinner," YouTube video, 1:10:07, last viewed May 2, 2020, https://www.youtube.com/watch?v=wPKyr092HlE.

22 Amy Dockser Marcus, "A year of brutal training for racing in the Andes," *Wall Street Journal*, February 10, 2017, https://www.wsj.com/articles/a-year-of-brutal-training-for-racing-in-the-andes-1486814400.

23 Rodolphe Barrangou, interview, Victoria, Canada, February 21, 2019.

24 U. A. Neil, "A conversation with Eric Olson," *Journal of Clinical Investment* 127, (2017): 403–404, https://www.ncbi.nlm.nih.gov/pmc/articles/PMC5272177/.

25 L. Amoasii et al., "Gene editing restores dystrophin expression in a canine

model of Duchenne muscular dystrophy," *Science* 362, (2018): 86–91, https://science.sciencemag.org/content/362/6410/86.

26 V. Iyer et al., "No unexpected CRIPR-Cas9 off-target activity revealed by trio sequencing of gene-edited mice," *PLOS Genetics*, July 9, 2018, https://doi.org/10.1371/journal.pgen.1007503.

27 J. H. Hu et al., "Chemical Biology Approaches to Genome Editing: Understanding, Controlling and Delivering Programmable Nucleases," *Cell Chemical Biology* 23, (2016): 57–73, https://doi.org/10.1016/j.chembio.2015.12.009.

28 M. Kosicki et al., "Repair of double-strand breaks induced by CRISPR-Cas9 leads to large deletions and complex rearrangements," *Nature Biotechnology* 36, (2018): 765–771, https://www.nature.com/articles/nbt.4192.

29 C. T. Charlesworth et al., "Identification of preexisting adaptive immunity to Cas9 proteins in humans," *Nature Medicine* 25, (2019): 249–254, https://www.nature.com/articles/s41591-018-0326-x.

30 A. Mehta and O. M. Merkel, "Immunogenicity of Cas9 Protein," *Journal of Pharmaceutical Sciences* 109, (2020): 62–67, https://pubmed.ncbi.nlm.nih.gov/31589876/.

31 T. Ho and D. P. Lane, "Guardian of Genome Editing," *CRISPR Journal* 1, (2018): 258–260, https://www.liebertpub.com/doi/10.1089/crispr.2018.29021.dal.

13장. 특허 출원 중

1 Jennifer Doudna, "How CRISPR lets us edit our DNA," TED, September 2015, https://www.ted.com/talks/jennifer_doudna_how_crispr_lets_us_edit_our_dna.

2 Jacob Sherkow, "How much is a CRISPR patent license worth?," *Forbes*, February 21, 2017, https://www.forbes.com/sites/jacobsherkow/2017/02/

21/how-much-is-a-crispr-patent-license-worth/#184e0a0d6b77.

3   M. Jínek, J. A. Doudna, E. Charpentier, and K. Chyliński, "Methods and Composition for RNA-directed site-specific DNA modification," USPTO application, submitted May 25, 2012.

4   Jacob Sherkow, "The CRISPR patent landscape: Past, present, and future," *CRISPR Journal* 1, (2018): 9–11, https://www.liebertpub.com/doi/abs/10.1089/crispr.2018.0044.

5   Erik Sontheimer, NIH grant application, January 2009. Personal communication.

6   Jon Cohen, "How the battle lines over CRISPR were drawn," *Science*, February 15, 2017, https://www.sciencemag.org/news/2017/02/how-battle-lines-over-crispr-were-drawn.

7   "Broad Institute Priority Statement," Exhibit A, May 2016, https://www.broadinstitute.org/files/news/pdfs/BroadPriorityStatement.pdf.

8   Broad Communications, "For journalists: Statement and background on the CRISPR patent process," January 16, 2020, https://www.broadinstitute.org/crispr/journalists-statement-and-background-crispr-patent-process.

9   Ibid.

10 Joe Stanganelli, "Interference: A CRISPR Patent Dispute Roadmap," *Bio-IT World*, January 9, 2017, http://www.bio-itworld.com/2017/1/9/interference-a-crispr-patent-dispute-roadmap.aspx.

11 Sarah Zhang, "An Outdated Law Will Decide the CRISPR Patent Dispute," *Atlantic*, December 7, 2016, https://www.theatlantic.com/science/archive/2016/12/crispr-patent-hearing/509747/.

12 Dana Carroll, "A CRISPR Approach to Gene Targeting," *Molecular Therapy* 20, (2012): 1658–1660, https://www.ncbi.nlm.nih.gov/pmc/articles/PMC3437577/.

13 Lin Shuailiang, email to Doudna, February 28, 2015, https://s3.amazonaws.com/files.technologyreview.com/p/pub/docs/CRISPR-email.pdf.

14 Antonio Regalado, "Patent Office hands win in CRISPR battle to Broad Institute," *MIT Technology Review*, February 16, 2017, https://www.

technologyreview.com/s/603662/patent-office-hands-win-in-crispr-battle-to-broad-institute/.

15 K. Davies, "The Evolving Law of CRISPR: Interview with Professor Jacob Sherkow of New York Law School," *Biotechnology Law Report* 37, (2018): 126–130, https://www.liebertpub.com/doi/10.1089/blr.2018.29068.kd.

16 Andrew Pollack, "Harvard and M.I.T. scientists win gene-editing patent fight," *New York Times*, February 15, 2017, https://www.nytimes.com/2017/02/15/science/broad-instituteharvard-mit-gene-editing-patent.html.

17 Sharon Begley, "University of California appeals CRISPR patent setback," *STAT*, April 13, 2017, https://www.statnews.com/2017/04/13/crispr-patent-uc-appeal/.

18 Chuck Stanley, "Berkeley Defends Bid to Overrule PTAB in CRISPR row," *Law360*, April 30, 2018, https://www.law360.com/ip/articles/1038721.

19 Michael Barnes, "The CRISPR revolution," *Catalyst* 9, (2014): 18–20, https://issuu.com/ucb-catalyst/docs/catalyst-sp14?e=8644787/8584210.

20 Jacob Sherkow, "The CRISPR-Cas9 Patent Appeal: Where Do We Go From Here?," *CRISPR Journal* 1, (2018): 309–311, https://www.liebertpub.com/doi/abs/10.1089/crispr.2018.0044.

21 Richard Harris, "East Coast Scientists Win Patent Case Over Medical Research Technology," *NPR*, September 10, 2018, https://www.npr.org/2018/09/10/646422497/east-coast-scientists-win-patent-case-over-medical-research-technology.

22 Sharon Begley, "University of California to be granted long-sought CRISPR patent, possibly reviving dispute with the Broad Institute," *STAT*, February 8, 2019, https://www.statnews.com/2019/02/08/the-university-of-california-gets-its-key-crispr-patent/.

23 Sharon Begley, "Patent office reopens major CRISPR battle between Broad Institute and Univ. of California," *STAT*, June 25, 2019, https://www.statnews.

com/2019/06/25/crispr-patents-interference/.

24 H. T. Greely, "CRISPR, Patents, and Nobel Prizes," *Los Angeles Review of Books*, August 23, 2017, https://lareviewofbooks.org/article/crispr-patents-and-nobel-prizes/#!.

25 Christie Rizk, "CRISPR Patent Fight Turns Ugly as UC Accuses Broad Researchers of Lying About Claims," *Genomeweb*, August 1, 2019, https://www.genomeweb.com/business-news/crispr-patent-fight-turns-ugly-uc-accuses-broad-researchers-lying-about-claims#.Xvv3VkVKg2w.

26 Kerry Grens, "That Other CRISPR Patent Dispute," *The Scientist*, August 31, 2016, https://www.the-scientist.com/daily-news/that-other-crispr-patent-dispute-32952.

27 Press release, "The Rockefeller University and Broad Institute of MIT and Harvard nnounce update to CRISPR-Cas9 portfolio filed by Broad," Broad Institute, January 15, 2018, https://www.broadinstitute.org/news/rockefeller-university-and-broad-institute-mit-and-harvard-announce-update-crispr-cas9.

28 Jef Akst, "UC Berkeley receives CRISPR patent in Europe," *The Scientist*, March 24, 2017, https://www.the-scientist.com/?articles.view/articleNo/48987/title/UC-Berkeley-Receives-CRISPR-Patent-in-Europe/.

29 Alex Philippidis, "Rejecting Broad Institute Opposition, EPO Affirms CRISPR Patent Issued to Charpentier, UC, and U. Vienna," *Genetic Engineering & Biotechnology News*, February 10, 2020, https://www.genengnews.com/news/rejecting-broad-institute-opposition-epo-affirms-crispr-patent-issued-to-charpentier-uc-and-u-vienna/.

30 Hannah Kuchler, "Jennifer Doudna, CRISPR scientist, on the ethics of editing humans," *Financial Times*, January 31, 2020, https://www.ft.com/content/6d063e48-4359-11ea-abea-0c7a29cd66fe.

31 Sharon Begley, "Fight for coveted CRISPR patents gets knottier, as MilliporeSigma makes new claims," *STAT Plus*, July 22, 2019, https://www.statnews.com/2019/07/22/milliporesigma-crispr-patent-denial-challenge-

university-california/.

32 Joe Stanganelli, "Interference: A CRISPR Patent Dispute Roadmap," *Bio-IT World*, January 9, 2017, http://www.bio-itworld.com/2017/1/9/interference-a-crispr-patent-dispute-roadmap.aspx.

33 Jacob Sherkow, online interview, May 5, 2020.

14장. #크리스퍼아기

1 Marilynn Marchione, "AP Exclusive: US scientists try 1st gene editing in the body," AP News, November 15, 2017, https://apnews.com/4ae98919b52e43d8a8960e0e260feb0a.

2 Aging Reversed, "AP—CRISPR babies in China," YouTube video, 2:50, November 26, 2018, https://youtu.be/qUiNG1iW4Ww.

3 Jill Adams, "A conversation with Marilynn Marchione," *Open Notebook*, June 25, 2019, https://www.theopennotebook.com/2019/06/25/storygram-marilynn-marchiones-chinese-researcher-claims-first-gene-edited-babies/#qanda.

4 Marilynn Marchione, email, July 25, 2019.

5 K. Musunuru, *The Beagle Has Landed*, December 7, 2018, https://beaglelanded.com/podcasts/kiran-musunuru/.

6 Antonio Regalado, Precision Medicine & Society Conference, Columbia University, April 24, 2019.

7 Hank Greely, TRI-CON, San Francisco, March 3, 2020.

8 M. Araki and T. Ishii, "International regulatory landscape and integration of corrective genome editing into in vitro fertilization," *Reproductive Biology and Endocrinology* 12, (2014): 108, https://doi.org/10.1186/1477-7827-12-108.

9 Cody Sheehy, "A Unique Partnership: Code of the Wild," *CRISPR Journal* 1, (2018): 135–136, https://www.liebertpub.com/doi/10.1089/crispr.2018.29009.csh.

10 Antonio Regalado, "Years before CRISPR babies, this man was the first to edit human embryos," *MIT Technology Review*, December 11, 2018, https://www.technologyreview.com/s/612554/years-before-crispr-babies-this-man-was-the-first-to-edit-human-embryos/.

11 E. Lanphier et al., "Don't Edit the Human Germline," *Nature*, March 12, 2015, https://www.nature.com/news/don-t-edit-the-human-germ-line-1.17111.

12 P. Liang et al., "CRISPR/Cas9-mediated gene editing in human tripronuclear zygotes," *Protein & Cell* 6, (2015): 363–372, https://www.ncbi.nlm.nih.gov/pmc/articles/PMC4417674/.

13 Samira Kiani, phone interview, January 29, 2019.

14 He Jiankui, "Evaluation of the safety and efficacy of gene editing with human embryo CCR5 gene," Chinese Clinical Trial registry, November 8, 2018 (withdrawn November 30, 2018), http://www.chictr.org.cn/showprojen.aspx?proj=32758.

15 Nie Jing-Bao, "He Jiankui's genetic misadventure: Why him? Why China?," *Hastings Center*, December 5, 2018, https://www.thehastingscenter.org/jiankuis-genetic-misadventure-china/. (Additional translation courtesy of Nicholas Shadid.)

16 Antonio Regalado, "Exclusive: Chinese scientists are creating CRISPR babies," *MIT Technology Review*, November 25, 2018, https://www.technologyreview.com/s/612458/exclusive-chinese-scientists-are-creating-crispr-babies/.

17 Marilynn Marchione, "Chinese researcher claims first gene-edited babies," Associated Press, November 26, 2018, https://www.apnews.com/4997bb7aa36c45449b488e19ac83e86d.

18 The He Lab, "About Lulu and Nana: Twin Girls Born Healthy After Gene Surgery As Single-Cell Embryos," YouTube video, 4:43, last viewed June 30, 2020, https://www.youtube.com/watch?v=th0vnOmFltc.

19 Living MacTavish, "In Conversation With Scientist and CRISPR Pioneer Jennifer Doudna," YouTube video, 47:30, November 30, 2017, https://www.

youtube.com/watch?v=YVoPRSPEpvU&list=PLdT7Y4C6bsoSUdt2PB1NQlV QgKULTARXk&index=47&t=1898s.

20 Paul Knoepfler, TEDx Vienna, October 2015, https://www.ted.com/talks/ paul_knoepfler_the_ethical_dilemma_of_designer_babies?language=en.

21 University of California Television, "Jennifer Doudna in Conversation with Joe Palca," YouTube video, 58:54, last viewed June 30, 2020, https://youtu. be/0nMbNPb3CLc.

22 Pam Belluck, "How to stop rogue gene-editing of human embryos?," *New York Times*, January 23, 2019, https://www.nytimes.com/2019/01/23/health/ gene-editing-babies-crispr.html.

15장. 신화에서 온 소년

1 Yangyang Cheng, "Brave new world with Chinese characteristics," *Bulletin of the Atomic Scientists*, December 21, 2018, https://thebulletin.org/2018/12/ brave-new-world-with-chinese-characteristics/.

2 Zoe Low, "China's gene editing Frankenstein He Jiankui, dubbed 'mad genius' by colleagues, had early dreams of becoming Chinese Einstein," *South China Morning Post*, November 27, 2018, https://www.scmp.com/ news/china/society/article/2175267/chinas-gene-editing-frankenstein- dubbed-mad-genius-colleagues-had.

3 Yangyang Cheng, "Brave new world with Chinese characteristics," *Bulletin of the Atomic Scientists*, December 21, 2018, https://thebulletin.org/2018/12/ brave-new-world-with-chinese-characteristics/.

4 J. He and M. W. Deem, "Heterogeneous diversity of spacers within CRISPR (clustered regularly interspaced short palindromic repeats)," *Physical Review Letters* 105, (2010): 128102, https://journals.aps.org/prl/abstract/10.1103/PhysRevLett .105.128102#fulltext.

5 Kevin Davies, *The $1,000 Genome* (New York: Free Press, 2010).

6   Patrick Hoge, "Stephen Quake is 'out to hunt death down and punch him in the face,'" *San Francisco Business Times*, June 8, 2017, https://www.bizjournals.com/sanfrancisco/news/2017/06/08/biotech-2017-stephen-quake-chan-zuckerberg-biohub.html.

7   D. Pushkarev et al., "Single-molecule sequencing of an individual human genome," *Nature Biotechnology* 27, (2009): 847–850, https://www.ncbi.nlm.nih.gov/pmc/articles/PMC4117198/.

8   Kevin Davies, "Quake Sequences Personal Genome Using Helicos Single-Molecule Sequencing," *Bio-IT World*, August 10, 2019, http://www.bio-itworld.com/news/08/10/09/stephen-quake-personal-genome-single-molecule-sequencing.html.

9   E. A. Ashley et al., "Clinical evaluation incorporating a personal genome," *Lancet* 375, (2010): 1525–1535, https://www.ncbi.nlm.nih.gov/pmc/articles/PMC2937184/.

10   Kevin Davies, "The Medical Utility of Genome Sequencing," *Bio-IT World*, June 8, 2011, http://www.bio-itworld.com/2011/issues/may-jun/medical-utility-genome-sequencing.html.

11   Steve Lombardi, phone interview, July 23, 2019.

12   H. C. Fan et al., "Noninvasive diagnosis of fetal aneuploidy by shotgun sequencing DNA from maternal blood," *Proceedings of the National Academy of Sciences* 105, (2008): 16266–16271, https://www.ncbi.nlm.nih.gov/pmc/articles/PMC2562413/.

13   N. Jiang, J. He, J. A. Weinstein et al., "Lineage Structure of the Human Antibody Repertoire in Response to Influenza Vaccination," *Science Translational Medicine* 5, (2013): 171ra19, https://www.ncbi.nlm.nih.gov/pmc/articles/PMC3699344/.

14   Kevin Davies, "The bedrock of BGI: Huanming Yang," *Bio-IT World*, September 27, 2011, http://www.bio-itworld.com/issues/2011/sept-oct/bedrock-bgi-huanming-yang.html.

15 Allison Proffitt, "Sequencing the human secret," *Bio-IT World*, September 28, 2010, http://www.bio-itworld.com/2010/issues/sep-oct/bgi-hk.html.

16 R. Li et al., "*The sequence and de novo* assembly of the giant panda genome," Nature 463, (2010): 311–317, https://www.nature.com/articles/nature08696.

17 Julianna LeMieux, "MGI Delivers the $100 Genome at AGBT," *Genetic Engineering & Biotechnology News*, February 26, 2020, https://www.genengnews.com/topics/omics/mgi-delivers-the-100-genome-at-agbt-conference/.

18 Michael Specter, "The Gene Factory," *New Yorker*, December 29, 2013, https://www.newyorker.com/magazine/2014/01/06/the-gene-factory.

19 Karen Zhang, "Before gene-editing controversy, Chinese scientist He Jiankui was rising star who received 41.5 million yuan in government grants," *South China Morning Post*, December 3, 2018, https://www.scmp.com/news/hong-kong/health-environment/article/2176131/gene-editing-controversy-chinese-scientist-he?onboard=true.

20 Aaron Krol, "Direct Genomics' new clinical sequencer revives a forgotten DNA technology," *Bio-IT World*, October 29, 2015, http://www.bio-itworld.com/2015/10/29/direct-genomics-new-clinical-sequencer-revives-forgotten-dna-technology.html.

21 Ibid.

22 Ibid.

23 Steve Lombardi, phone interview, July 23, 2019.

24 Hannah Devlin, "Britain's House of Lords approves conception of three-person babies," *Guardian*, February 24, 2015, https://www.theguardian.com/politics/2015/feb/24/uk-house-of-lords-approves-conception-of-three-person-babies.

25 Jessica Hamzelou, "Exclusive: World's first baby born with new '3 parent' technique," *New Scientist*, September 27, 2016, https://www.newscientist.

com/article/2107219-exclusive-worlds-first-baby-born-with-new-3-parent-technique/.

26 Ariana Eunjung Cha, "This fertility doctor is pushing the boundaries of human reproduction, with little regulation," *Washington Post*, May 14, 2018, https://www.washingtonpost.com/national/health-science/this-fertility-doctor-is-pushing-the-boundaries-of-human-reproduction-with-little-regulation/2018/05/11/ea9105dc-1831-11e8-8b08-027a6ccb38eb_story.html.

27 Megan Molteni, "A Controversial Fertility Treatment Gets Its First Big Test," *WIRED*, January 28, 2019, https://www.wired.com/story/a-controversial-fertility-treatment-gets-its-first-big-test/.

28 Emily Mullin, "Despite Calls for a Moratorium, More 'Three-Parent' Babies Expected Soon," *One Zero*, September 16, 2019, https://onezero.medium.com/despite-calls-for-a-moratorium-more-three-parent-babies-expected-soon-8a2464165423.

29 Ian Sample, "World's first baby born from new procedure using DNA of three people," *Guardian*, September 27, 2016, https://www.theguardian.com/science/2016/sep/27/worlds-first-baby-born-using-dna-from-three-parents.

30 Emily Mullin, "U.S. researcher says he's ready to start four pregnancies with 'three-parent' embryos," *STAT*, April 18, 2019, https://www.statnews.com/2019/04/18/new-york-researcher-ready-to-start-pregnancies-with-three-parent-embryos/.

31 Kang Ning, "The Village That AIDS Tore Apart," *Sixth Tone*, May 31, 2016, http://www.sixthtone.com/news/897/village-aids-tore-apart.

32 Roger Gosden, "Robert Edwards (1925–2013)," *Nature* 497, (2013): 318, https://www.nature.com/articles/497318a.

33 R. G. Edwards et al., "Early stages of Fertilization *in vitro* of Human Oocytes Matured *in vitro*," *Nature* 221, (1969): 632–635, https://www.nature.com/articles/221632a0.

34 R. G. Edwards and D. J. Sharpe, "Social Values and Research in Human Embryology," *Nature* 231, (1971): 87–91, https://www.nature.com/articles/23 1087a0?proof=trueInJun.

35 K. Dow, "'The men who made the breakthrough': How the British press represented Patrick Steptoe and Robert Edwards in 1978," *Reproductive Biomedicine & Society Online* 4, (2017): 59–67, https://www.sciencedirect. com/science/article/pii/S2405661817300199.

36 Nicole Karlis, "More than 8 million IVF infants have been born worldwide: report," *Salon*, July 5, 2018, https://www.salon.com/2018/07/05/more-than-8-million-ivf-infants-born-worldwide-report/.

37 Gina Kolata, "Robert G. Edwards dies at 87; Changed rules of conception with first 'test tube baby,'" *New York Times*, April 10, 2013, https://www. nytimes.com/2013/04/11/us/robert-g-edwards-nobel-winner-for-in-vitro-fertilization-dies-at-87.html.

38 J. Benjamin Hurlbut, "Imperatives of Governance," *Perspectives in Biology and Medicine* 63, (2020): 177–194, https://muse.jhu.edu/article/748059/pdf.

16장. 되돌릴 수 없는 첫걸음

1 Pam Belluck, "Gene-edited babies: What a Chinese scientist told an American mentor," *New York Times*, April 14, 2019, https://www.nytimes. com/2019/04/14/health/gene-editing-babies.html.

2 He Jiankui, "Cold Spring Harbor Gene Editing Conference," *Science Net* (blog), August 24, 2016, http://blog.sciencenet.cn/home.php?mod=space&uid=514 529&do=blog&id=998292.

3 M. DeWitt et al., "Selection-free Genome Editing of the Sickle Mutation in Human Adult Hematopoietic Stem/Progenitor Cells," *Science Translational Medicine* 8, (2016): 360ra134, https://www.ncbi.nlm.nih.gov/pmc/articles/ PMC5500303/.

4   Mark DeWitt, phone interview, July 2, 2019.

5   He Jiankui, "The safety of gene-editing of human embryos to be resolved," *Science Net* (blog), February 19, 2017, http://blog.sciencenet.cn/home.php?m od=space&uid=514529&do=blog&id=1034671.

6   George Church, "Future, Human, Nature: Reading, Writing, Revolution," IGI, January 26, 2017, last viewed June 30, 2020, https://vimeo.com/209623759.

7   J. Benjamin Hurlbut, "Imperatives of Governance: Human Genome Editing and the Problem of Progress," *Perspectives in Biology and Medicine* 63, (2020): 177–194, https://muse.jhu.edu/article/748059.

8   Ibid.

9   Preetika Ran, Amy Dockser Marcus, and Wenxin Fan, "China, unhampered by rules, races ahead in gene-editing trials," *Wall Street Journal*, January 21, 2018, https://www.wsj.com/articles/china-unhampered-by-rules-races-ahead-in-gene-editing-trials-1516562360.

10 P. Liang et al., "CRISPR/Cas9-mediated gene editing in human tripronuclear zygotes," *Protein & Cell* 6, (2015): 363–372, https://www.ncbi.nlm.nih.gov/pmc/articles/PMC4417674/.

11 X. Kang et al., "Introducing precise genetic modification into human 3PN embryos by CRISPR/Cas-mediated genome editing," *Journal of Assisted Reproduction and Genetics* 33, (2016): 581–586, https://www.ncbi.nlm.nih.gov/pmc/articles/PMC4870449/.

12 L. Tang et al., "CRISPR/Cas9-mediated gene editing in human zygotes using Cas9 protein," *Molecular Genetics and Genomics* 292, (2017): 525–533, https://link.springer.com/article/10.1007%2Fs00438-017-1299-z.

13 G. Li et al., "Highly efficient and precise base editing in discarded human tripronuclear embryos," *Protein & Cell* 8, (2017): 776–779, https://link.springer.com/article/10.1007/s13238-017-0458-7.

14 P. Liang et al., "Correction of B-thalassemia mutant by base editor in human embryos," *Protein & Cell* 8, (2017): 811–822, https://link.springer.com/

article/10.1007/s13238-017-0475-6.

15 C. Zhou et al., "Highly efficient base editing in human triplonuclear zygotes," *Protein & Cell* 8, (2017): 772–775, https://www.ncbi.nlm.nih.gov/pmc/articles/PMC5636752/.

16 L. Tang et al., "Highly efficient ssODN-mediated homology-directed repair of DBSs generated by CRISPR/Cas9 in human 3PN zygotes," *Molecular Reproduction and Development* 85, (2018): 461–463, https://onlinelibrary.wiley.com/doi/abs/10.1002/mrd.22983.

17 Y. Zeng et al., "Correction of the Marfan syndrome pathogenic FBN1 mutation by base editing in human cells and heterozygous embryos," *Molecular Therapy* 26, 2631–2637, https://www.cell.com/molecular-therapy-family/molecular-therapy/fulltext/S1525-0016(18)30378-2.

18 K. S. Bosley et al., "CRISPR-Germline Editing—The Community Speaks," *Nature Biotechnology* 33, (2015): 478–486, https://www.nature.com/articles/nbt.3227.

19 Kathy Niakan, "Human embryo genome editing license," The Francis Crick Institute, https://www.crick.ac.uk/research/labs/kathy-niakan/human-embryo-genome-editing-licence.

20 N. M. E. Fogarty et al., "Genome editing reveals a role for OCT4 in human embryogenesis," *Nature* 550, (2017): 67–73, https://www.nature.com/articles/nature24033.

21 Steve Connor, "First human embryos edited in U.S.," *MIT Technology Review*, July 26, 2017, https://www.technologyreview.com/s/608350/first-human-embryos-edited-in-us/.

22 H. Ma et al., "Correction of a pathogenic gene mutation in human embryos," *Nature* 548, (2017): 413–419, https://www.nature.com/articles/nature23305.

23 Megan Molteni, "US scientists edit a human embryo—but superbabies won't come easy," *WIRED*, August 2, 2017, https://www.wired.com/story/

first-us-crispr-edited-embryos-suggest-superbabies-wont-come-easy/.

24 Ewan Callaway, "Did CRISPR really fix a genetic mutation in these human embryos?," *Nature* 8, August 2018, https://www.nature.com/articles/d41586-018-05915-2.

25 Pam Belluck, "In breakthrough, scientists edit a dangerous mutation from genes in human embryos," *New York Times*, August 2, 2017, https://www.nytimes.com/2017/08/02/science/gene-editing-human-embryos.html.

26 T. Schmid, "A Portlander was the first scientist to successfully edit human embryos. You can hear how he did it," *Willamette Week*, March 5, 2018, https://www.wweek.com/promotions/2018/03/05/a-portlander-was-the-first-scientist-to-successfully-edit-human-embryos-you-can-hear-how-he-did-it/.

27 J. Benjamin Hurlbut, "Imperatives of Governance: Human Genome Editing and the Problem of Progress," *Perspectives in Biology and Medicine* 63, (2020): 177–194, https://muse.jhu.edu/article/748059.

28 Steven Lombardi, phone interview, July 23, 2019.

29 He Jiankui, "Informed consent form," https://www.sciencemag.org/sites/default/files/crispr_informed-consent.pdf.

30 Jon Cohen, "The untold story of the 'circle of trust' behind the world's first gene-edited babies," *Science*, August 1, 2019, https://www.sciencemag.org/news/2019/08/untold-story-circle-trust-behind-world-s-first-gene-edited-babies.

31 Shu-Ching Jean Chen, "Genomic Dreams Coming True In China," *Forbes*, August 28, 2013, https://www.forbes.com/sites/forbesasia/2013/08/28/genomic-dreams-coming-true-in-china/#85db5162760a.

32 JK He, "Jiankui He talking about human genome editing," YouTube video, 14:45, July 29, 2017, https://www.youtube.com/watch?v=llxNRGMxyCc&t=723s.

33 Sharon Begley, "'CRISPR babies' lab asked U.S. scientist for help to disable cholesterol gene in human embryos," *STAT*, December 4, 2018, https://

www.statnews.com/2018/12/04/crispr-babies-cholesterol-gene-editing/.

34 Teng Jing Xuan, "Found: CCTV's glowing 2017 coverage of gene-editing pariah He Jiankui," *CX Live*, November 30, 2018, https://www.caixinglobal.com/2018-11-30/found-cctvs-glowing-2017-coverage-of-gene-editing-pariah-he-jiankui-101353981.html.

35 A. Lash, "'JK Told Me He Was Planning This': A CRISPR Baby Q&A with Matt Porteus," *Xconomy*, December 4, 2018, https://xconomy.com/national/2018/12/04/jk-told-me-he-was-planning-this-a-crispr-baby-qa-with-matt-porteus/.

36 Jon Cohen, "The untold story of the 'circle of trust' behind the world's first gene-edited babies," *Science*, August 1, 2019, https://www.sciencemag.org/news/2019/08/untold-story-circle-trust-behind-world-s-first-gene-edited-babies.

37 Elena Shao, "Former Stanford postdoc criticized for creating the world's first gene-edited babies," *The Stanford Daily*, December 5, 2018, https://www.stanforddaily.com/2018/12/05/former-stanford-postdoc-criticized-for-creating-the-worlds-first-gene-edited-babies/.

38 Pam Belluck, "Gene-edited babies: What a Chinese scientist told an American mentor," *New York Times*, April 14, 2019, https://www.nytimes.com/2019/04/14/health/gene-editing-babies.html?module=inline.

39 Candice Choi and Marilynn Marchione, "AP exclusive: US Nobelist was told of gene-edited babies," AP, January 28, 2019, https://apnews.com/3f3bdc73e7c84fe685f2813510329d62.

40 A. Joseph, R. Robbins, and S. Begley, "An Outsider Claimed to Make Genome-Editing History—And the World Snapped to Attention," *STAT*, November 26, 2018, https://www.statnews.com/2018/11/26/he-jiankui-gene-edited-babies-china/.

41 Chengzu Long, interview TRI-CON, San Francisco, March 2, 2019.

42 Hunt Willard, email, June 29, 2019.

17장. 더럽혀진 잉태

1 Broad Institute, "Genome editing and the germline: A conversation," YouTube video, 1:01:03, last viewed May 2, 2020, https://www.youtube. com/watch?v=POIeIILDo7k&t=.

2 Lap-Chee Tsui, email, July 6, 2019.

3 Jon Cohen, "After last week's shock, scientists scramble to prevent more gene-edited babies," *Science*, December 4, 2018, https://www.sciencemag. org/news/2018/12/after-last-weeks-shock-scientists-scramble-prevent-more-gene-edited-babies.

4 Sharon Begley and Andrew Joseph, "The CRISPR shocker: How genome-editing scientist He Jiankui rose from obscurity to stun the world," *STAT*, December 17, 2018, https://www.statnews.com/2018/12/17/crispr-shocker-genome-editing-scientist-he-jiankui/.

5 Jon Cohen, "After last week's shock, scientists scramble to prevent more gene-edited babies," *Science*, December 4, 2018, https://www.sciencemag. org/news/2018/12/after-last-weeks-shock-scientists-scramble-prevent-more-gene-edited-babies.

6 Patrick Tam, email, July 29, 2019.

7 Qiu Renzong, 2nd International Human Genome Editing Summit, Hong Kong, November 28, 2018.

8 Jing-Bao Nie, "He Jiankui's genetic misadventure: Why him? Why China?," *Hastings Center*, December 5, 2018, https://www.thehastingscenter.ojrg/jiankuis-genetic-misadventure-china/.

9 "Chinese ministry to investigate gene-edited babies claim," *People's Daily*, November 28, 2018, http://en.people.cn/n3/2018/1128/c90000-9523145. html.

10 Open letter, "122 scientists issued a joint statement: strongly condemned 'the first immune AIDS gene editor,'" November 26, 2018, https://www.yicai. com/news/100067069.html.

11 Bloomberg QuickTake News, "CRISPR Co-Inventor Slams Claims of Gene-Edited Babies," YouTube video, 2:02, last viewed June 2, 2020, https://www.youtube.com/watch?v=bk-1UEkxzVo.

12 Emmanuelle Charpentier, email, December 7, 2018.

13 Al Jazeera English, "#CRISPRbabies: What's the future of gene editing? | The Stream," YouTube video, 25:40, last viewed June 2, 2020, https://www.youtube.com/watch?v=E989S8P0pKc.

14 Antonio Regalado, "CRISPR inventor Feng Zhang calls for moratorium on gene-edited babies," *MIT Technology Review*, November 26, 2018, https://www.technologyreview.com/2018/11/26/66361/crispr-inventor-feng-zhang-calls-for-moratorium-on-baby-making/.

15 Kathy Niakan, "Expert reaction to Jiankui He's defence of his work," Science Media Centre, November 28, 2018, http://www.sciencemediacentre.org/expert-reaction-to-jiankui-hes-defence-of-his-work/.

16 Francis Collins, "Statement on claim of first gene-edited babies by Chinese researcher," *The NIH Director* (blog), November 28, 2018, https://www.nih.gov/about-nih/who-we-are/nih-director/statements/statement-claim-first-gene-edited-babies-chinese-researcher.

17 C. Wang et al., "Gene-edited babies: Chinese Academy of Medical Sciences' response and action," *Lancet* 393, (2019): 25–26, https://www.thelancet.com/journals/lancet/article/PIIS0140-6736(18)33080-0/fulltext.

18 Paul Knoepfler, "He Jiankui didn't really gene edit those girls; he mutated them," *The Niche*, December 4, 2018, https://ipscell.com/2018/12/he-jiankiu-didnt-really-gene-edit-those-girls-he-mutated-them/.

19 J. Savulescu, "Monstrous gene editing experiment," *Practical Ethics* (blog), November 26, 2018, http://blog.practicalethics.ox.ac.uk/2018/11/press-statement-monstrous-gene-editing-experiment/.

20 Derek Lowe, "After Such Knowledge," *In the Pipeline* (blog), November 28, 2018, https://blogs.sciencemag.org/pipeline/archives/2018/11/28/after-such-

knowledge.

21 Kevin Davies, "CRISPR's China Crisis," *Genetic Engineering & Biotechnology News*, January 11, 2019, https://www.genengnews.com/insights/crisprs-china-crisis/.

22 Organizing Committee of the Second International Summit on Human Genome Editing, "On Human Genome Editing II," National Academies of Sciences, Engineering, Medicine, November 29, 2018, http://www8.nationalacademies.org/onpinews/newsitem.aspx?RecordID=11282018b.

23 Luke W. Vrotsos, "Chinese Researcher Who Said He Gene-Edited Babies Breaks Week of Silence, Vows to Defend Work," *Harvard Crimson*, December 7, 2018, https://www.thecrimson.com/article/2018/12/7/harvard-profs-react-to-human-gene-edit/.

24 E. Chen and P. Mozur, "Chinese scientist who claimed to make genetically edited babies is kept under guard," *New York Times*, December 28, 2018, https://www.nytimes.com/2018/12/28/world/asia/he-jiankui-china-scientist-gene-editing.html.

25 Steve Lombardi, phone interview, July 23, 2019.

26 Kevin Davies, "He Jiankui Fired in Wake of CRISPR Babies Investigation," *Genetic Engineering & Biotechnology News*, January 21, 2019, https://www.genengnews.com/news/he-jiankui-fired-in-wake-of-crispr-babies-investigation/.

27 Zach Coleman and Michelle Chan, "Chinese 'baby editing' scientist retreats from flagship company," *Nikkei Asian Review*, July 16, 2019, https://asia.nikkei.com/Business/Biotechnology/Chinese-baby-editing-scientist-retreats-from-flagship-company.

28 Dan Cloer, "Genetically modified babies: An insider's view," *Vision*, August 13, 2019, https://www.vision.org/interview-william-hurlbut-genetically-modified-babies-insiders-view-8975.

29 Jennifer Doudna, "He Jiankui," *Time* 100, April 2019, http://time.com/

collection/100-most-influential-people-2019/5567707/he-jiankui/.

18장. 경계를 넘어 생식세포로

1 Ed Yong, "The CRISPR baby scandal gets worse by the day," *Atlantic*, December 3, 2018, https://www.theatlantic.com/science/archive/2018/12/15-worrying-things-about-crispr-babies-scandal/577234/.

2 The He Lab, "Why we chose HIV and CCR5 first," YouTube video, 2:59, last viewed June 2, 2020, https://www.youtube.com/watch?v=aezxaOn0efE.

3 P. Tebas, "Gene Editing of CCR5 in Autologous CD4 T Cells of Persons Infected with HIV," *New England Journal of Medicine* 370, (2014): 901–910, https://www.nejm.org/doi/full/10.1056/NEJMoa1300662.

4 Rick Mullin, "On crossing an ethical line in human genome editing," *Chemical & Engineering News*, December 12, 2018, https://cen.acs.org/biological-chemistry/genomics/crossing-ethical-line-human-genome/96/web/2018/12.

5 Sean Ryder, "#CRISPRbabies: Notes on a scandal," *CRISPR Journal* 1, (2018): 355–357, https://doi.org/10.1089/crispr.2018.29039.spr.

6 Ibid.

7 R. Lovell-Badge, "CRISPR babies: a view from the centre of the storm," *Development*, (February 2019): 146, http://dev.biologists.org/content/146/3/dev175778.

8 H. Greely, "He Jiankui, embryo editing, CCR5, the London patient, and jumping to conclusions," *STAT*, April 15, 2019, https://www.statnews.com/2019/04/15/jiankui-embryo-editing-ccr5/.

9 Antonio Regalado, "China's CRISPR twins might have had their brains inadvertently enhanced," *MIT Technology Review*, February 21, 2019, https://www.technologyreview.com/s/612997/the-crispr-twins-had-their-brains-altered/.

10 M. T. Joy et al., "CCR5 Is a Therapeutic Target for Recovery after Stroke and Traumatic Brain Injury," *Cell* 176, (2019): 1143–1157, https://www.cell.com/cell/pdf/S0092-8674(19)30107-2.pdf.

11 X. Wei and R. Nielsen, "Retraction Note: CCR5-Δ32 is deleterious in the homozygous state in humans," *Nature Medicine* 25, (2019): 1796, https://www.nature.com/articles/s41591-019-0637-6.

12 Rebecca Robbins, "Major error undermines study suggesting change introduced in the CRISPR babies experiment shortens lives," *STAT*, September 27, 2019, https://www.statnews.com/2019/09/27/major-error-undermines-study-suggesting-change-introduced-in-the-crispr-babies-experiment-shortens-lives/.

13 George Church, interview, Boston, August 3, 2019.

14 Dominic Wilkinson in Editorial, "CRISPR-Cas9: a world first?," *Lancet*, December 8, 2018, https://www.thelancet.com/journals/lancet/article/PIIS0140-6736(18)33111-8/fulltext.

15 Arthur Caplan, "He Jiankui's Moral Mess," *PLOS Biologue* (blog), December 3, 2018, https://blogs.plos.org/biologue/2018/12/03/he-jiankuis-moral-mess/.

16 J. B. Hurlbut, "Imperatives of Governance: Human Genome Editing and the Problem of Progress," *Perspectives in Biology and Medicine* 63, (2020): 177–194, https://muse.jhu.edu/article/748059/pdf.

17 Hank Greely, "How can we decide if a biomedical advance is ethical?," *Leapsmag*, February 1, 2019, https://leapsmag.com/how-can-we-decide-if-a-biomedical-advance-is-ethical/.

18 Pam Belluck, "Gene-edited babies: What a Chinese scientist told an American mentor," *New York Times*, April 14, 2019, https://www.nytimes.com/2019/04/14/health/gene-editing-babies.html.

19 Pam Belluck, "Stanford Clears Professor of Helping With Gene-Edited Babies Experiment," *New York Times*, April 16, 2019, https://www.nytimes.com/2019/04/16/health/stanford-gene-editing-babies.html.

20 Alex Lash, "'JK told me he was planning this': A CRISPR baby Q&A with Matt Porteus," *Xconomy*, December 4, 2018, https://xconomy.com/national/2018/12/04/jk-told-me-he-was-planning-this-a-crispr-baby-qa-with-matt-porteus/?single_page=true.

21 Mark DeWitt, phone interview, July 2, 2019.

22 Candice Choi and Marilynn Marchione, "US Nobelist was told of gene-edited babies, Emails show," *US News*, January 28, 2019, https://www.usnews.com/news/world/articles/2019-01-28/chinese-scientist-told-us-nobelist-about-gene-edited-babies.

23 Hannah Osborne, "China's He Jiankui told Nobel winner Craig Mello about gene-edited babies months before birth," *Newsweek*, January 30, 2019, https://www.newsweek.com/craig-mello-he-jiankui-gene-editing-experiment-babies-nobel-prize-1311524.

24 N. Wade, "In new way to edit DNA, hope for treating disease," *New York Times*, December 28, 2009, https://www.nytimes.com/2009/12/29/health/research/29zinc.html.

25 Michael Specter, "The Gene Hackers," *New Yorker*, November 9, 2015, https://www.newyorker.com/magazine/2015/11/16/the-gene-hackers.

26 Ibid.

27 D. Baltimore et al., "A prudent path forward for genomic engineering and germline gene modification," *Science* 348, (2015): 36–38, https://www.ncbi.nlm.nih.gov/pmc/articles/PMC4394183/.

28 Jennifer Kahn, "The Crispr Quandary," *New York Times Magazine*, November 9, 2015, https://www.nytimes.com/2015/11/15/magazine/the-crispr-quandary.html.

29 R. Pollack, "Eugenics lurk in the shadow of CRISPR," *Science* 348, (2015): 871, https://science.sciencemag.org/content/348/6237/871.1.full.

30 H. Miller, "Germline gene therapy: We're ready," *Science* 348, (2015): 1325, https://science.sciencemag.org/content/348/6241/1325.1.

31 David Baltimore, "Why we need a summit on human gene editing," *Issues in Science and Technology*, Spring 2016, https://issues.org/why-we-need-a-summit-on-human-gene-editing/.

32 B. Baker, "The ethics of changing the human genome," *Bioscience* 66, (2016): 267–273, https://academic.oup.com/bioscience/article/66/4/267/2464097.

33 C. Brokowski, "Do CRISPR germline editing statements cut it?," *CRISPR Journal* 1, (2018): 115125, https://www.liebertpub.com/doi/10.1089/crispr.2017.0024.

34 John Holdren, "A note on genome editing," The White House, May 26, 2015, https://obamawhitehouse.archives.gov/blog/2015/05/26/note-genome-editing.

35 NASEM, *Human Genome Editing: Science, Ethics and Governance* (Washington, DC: The National Academies Press, 2017), https://www.nap.edu/catalog/24623/human-genome-editing-science-ethics-and-governance.

36 J. B. Hurlbut, "Imperatives of Governance: Human Genome Editing and the Problem of Progress," *Perspectives in Biology and Medicine* 63, (2020): 177–194, https://muse.jhu.edu/article/748059/pdf.

37 C. Brokowski, "Do CRISPR germline editing statements cut it?," *CRISPR Journal* 1, (2018): 115125, https://www.liebertpub.com/doi/10.1089/crispr.2017.0024.

38 "Genome editing and human reproduction: social and ethical issues," Nuffield Council on Bioethics, July 17, 2018, http://nuffieldbioethics.org/wp-content/uploads/Genome-editing-and-human-reproduction-FINAL-website.pdf.

39 Editorial, "Genome editing: proceed with caution," *Lancet* 392, (2018): 253, https://www.thelancet.com/journals/lancet/article/PIIS0140-6736(18)31653-2/fulltext.

40 Sarah Chan, 2nd International Human Genome Editing Summit, Hong Kong, November 28, 2018.

41 Michael Specter, "He Jiankui and the implications of experimenting with genetically edited babies," *New Yorker*, 2018, https://www.newyorker.com/news/daily-comment/he-jiankui-and-the-implications-of-experimenting-with-genetically-edited-babies.

42 Julianna LeMieux, "He Jiankui's Germline Editing Ethics Article Retracted by *The CRISPR Journal*," *Genetic Engineering & Biotechnology News*, February 20, 2019, https://www.genengnews.com/insights/he-jiankuis-germline-editing-ethics-article-retracted-by-the-crispr-journal/.

43 National Academies Genome Editing commission, http://nationalacademies.org/gene-editing/international-commission/index.htm.

44 Andrew Joseph, "Following 'CRISPR babies' scandal, senators call for international gene editing guidelines," *STAT*, July 16, 2019, https://www.statnews.com/2019/07/15/crispr-scandal-senators-guidelines/.

45 Rob Stein, "New U.S. Experiments Aim to Create Gene-Edited Human Embryos," *NPR*, February 1, 2019, https://www.npr.org/sections/health-shots/2019/02/01/689623550/new-u-s-experiments-aim-to-create-gene-edited-human-embryos.

46 Jon Cohen, "'I feel an obligation to be balanced.' Noted biologist comes to defense of gene editing babies," *Science*, November 28, 2018, https://www.sciencemag.org/news/2018/11/i-feel-obligation-be-balanced-noted-biologist-comes-defense-gene-editing-babies.

47 Samira Kiana, phone interview, January 30, 2019.

19장. 규칙을 저버리다

1 Antonio Regalado, "China's CRISPR babies: Read exclusive excerpts from the unseen original research," *MIT Technology Review*, December 2, 2019, https://www.technologyreview.com/f/614779/chinas-crispr-babies-read-exclusive-excerpts-from-the-unseen-original-research/.

2 NAS Colloquium, "Fyodor Urnov: The next generation of edited humans," YouTube video, 25:53, last viewed March 2, 2020, https://youtu.be/XzSWVzRSfnYt.

3 Ibid.

4 Editorial, "Brave new dialogue," Nature Genetics 51, (2019): 365, https://www.nature.com/articles/s41588-019-0374-2.

5 "Chinese court sentences 'gene-editing' scientist to three years in prison," Reuters, December 29, 2019, https://www.reuters.com/article/us-china-health-babies/chinese-court-sentences-gene-editing-scientist-to-three-years-in-prison-idUSKBN1YY06R.

6 Hannah Osborne, "Chinese scientist He Jiankui jailed for creating world's first gene edited babies 'in the pursuit of personal fame and gain,'" Newsweek, December 30, 2019, https://www.newsweek.com/he-jiankui-jailed-gene-editing-1479614.

7 Ken Moritsugu, "China convicts 3 researchers involved in gene-edited babies," AP, December 30, 2019, https://apnews.com/7bf5ad48696d24628e49254df504e3ee.

8 Dennis Normille, "Chinese scientist who produced genetically altered babies sentenced to 3 years in jail," Science, December 30, 2019, https://www.sciencemag.org/news/2019/12/chinese-scientist-who-produced-genetically-altered-babies-sentenced-3-years-jail.

9 Josiah Zayner, "CRISPR babies scientist He Jiankui should not be villainized—or headed to prison," STAT, January 2, 2020, https://www.statnews.com/2020/01/02/crispr-babies-scientist-he-jiankui-should-not-be-villainized/.

10 Eric Topol, "Editing Babies? We Need to Learn a Lot More First," New York Times, November 27, 2018, https://www.nytimes.com/2018/11/27/opinion/genetically-edited-babies-china.html.

11 Jane Qiu, "Chinese government funding may have been used for 'CRISPR

babies' project, documents suggest," STAT, February 25, 2019, https://www.
statnews.com/2019/02/25/crispr-babies-study-china-government-funding/.

12 X. Zhai et al., "Chinese Bioethicists Respond to the Case of He Jiankui,"
Hastings Center, February 7, 2019, https://www.thehastingscenter.org/
chinese-bioethicists-respond-case-jiankui/.

13 Steve Lombardi, phone interview, July 23, 2019.

14 George Church, interview, Boston, August 3, 2019.

15 Michael Specter, "The gene factory," New Yorker, December 30, 2013,
https://www.newyorker.com/magazine/2014/01/06/the-gene-factory.

16 Steven Lee Myers, "China's Moon Landing: Lunar Rover Begins Its
Exploration," New York Times, January 3, 2019, https://www.nytimes.
com/2019/01/03/world/asia/china-change-4-moon.html.

17 Preetika Rana, Amy Dockser Marcus, and Wenxin Fan, "China, unhampered
by rules, races ahead in gene-editing trials," Wall Street Journal, January
21, 2018, https://www.wsj.com/articles/china-unhampered-by-rules-races-
ahead-in-gene-editing-trials-1516562360.

18 Rob Stein, "First U.S. patients treated with CRISPR as human gene-editing
experiments get underway," NPR, April 16, 2019, https://www.npr.org/
sections/health-shots/2019/04/16/712402435/first-u-s-patients-treated-with-
crispr-as-gene-editing-human-trials-get-underway.

19 Yangyang Cheng, "China will always be bad at bioethics," Foreign Policy,
April 13, 2018, https://foreignpolicy.com/2018/04/13/china-will-always-be-
bad-at-bioethics/.

20 Z. Liu et al., "Cloning of Macaque Monkeys by Somatic Cell Nuclear
Transfer," Cell 172, (2018): 881–887, https://www.cell.com/fulltext/S0092-
8674(18)30057-6.

21 Didi Kirsten Tatlow, "A Scientific Ethical Divide Between China and West,"
New York Times, June 29, 2015, https://www.nytimes.com/2015/06/30/
science/a-scientific-ethical-divide-between-china-and-west.html.

22　Yangyang Cheng, "China will always be bad at bioethics," Foreign Policy, April 13, 2018, https://foreignpolicy.com/2018/04/13/china-will-always-be-bad-at-bioethics/.

23　Ibid.

24　Lin Yang, "Exploring the Future Of Life Economy With BGI Co-Founder Wang Jian," Forbes, June 16, 2016, https://www.forbes.com/sites/linyang/2016/06/16/exploring-the-future-of-life-economy-with-bgi-co-founder-wang-jian/#6ed2f3cd75e0.

25　Mei Fong, "Before the Claims of CRISPR Babies, There Was China's One-Child Policy," New York Times, November 28, 2019, https://www.nytimes.com/2018/11/28/opinion/china-crispr-babies.html.

26　Yangyang Cheng, "China will always be bad at bioethics," Foreign Policy, April 13, 2018, https://foreignpolicy.com/2018/04/13/china-will-always-be-bad-at-bioethics/.

27　J. B. Hurlbut, "Imperatives of governance," Perspectives in Biology and Medicine 63, (2020): 177–194, https://muse.jhu.edu/article/748059.

28　Sharon Begley, "He took a crash course in bioethics. Then he created CRISPR babies," STAT, November 27, 2018, https://www.statnews.com/2018/11/27/crispr-babies-creator-soaked-up-bioethics/.

29　Broad Institute, "Genome editing and the germline: A conversation," YouTube video, 1:01:03, last viewed June 3, 2020, https://youtu.be/POIeIILDo7k.

30　Sandy Macrae, "Workshop on Genome Editing," National Academy of Sciences, Washington, DC, August 2019.

31　David Cyranoski, "Russian biologist plans more CRISPR-edited babies," Nature, June 10, 2019, https://www.nature.com/articles/d41586-019-01770-x.

32　"Expert reaction to New Scientist exclusive reporting that five deaf Russian couples (and scientist Denis Rebrikov) want to try CRISPR to have a

child who can hear," Science Media Centre, July 4, 2019, https://www.
sciencemediacentre.org/expert-reaction-to-new-scientist-exclusive-reporting-
that-five-deaf-russian-couples-and-scientist-denis-rebrikov-want-to-try-crispr-
to-have-a-child-who-can-hear/.

33 Jon Cohen, "Russian geneticist answers challenges to his plan to make
gene-edited babies," Science, June 13, 2019, https://www.sciencemag.org/
news/2019/06/russian-geneticist-answers-challenges-his-plan-make-gene-
edited-babies.

34 Michael Le Page, "Exclusive: Five couples lined up for CRISPR babies to
avoid deafness," New Scientist, July 4, 2019, https://www.newscientist.com/
article/2208777-exclusive-five-couples-lined-up-for-crispr-babies-to-avoid-
deafness/.

35 Stepan Kravchenko, "Future of Genetically Modified Babies May Lie in
Putin's Hands," Bloomberg, September 29, 2019, https://www.bloomberg.
com/news/articles/2019-09-29/future-of-genetically-modified-babies-may-
lie-in-putin-s-hands.

36 Jon Cohen, "Embattled Russian scientist sharpens plans to create gene-
edited babies," Science, October 21, 2019, https://www.sciencemag.org/
news/2019/10/embattled-russian-scientist-sharpens-plans-create-gene-
edited-babies.

37 Jon Cohen, "Deaf couple may edit embryo's DNA to correct hearing
mutation," Science, October 21, 2019, https://www.sciencemag.org/
news/2019/10/deaf-couple-may-edit-embryo-s-dna-correct-hearing-
mutation.

38 David Cyranoski, "Russian 'CRISPR-baby' scientist has started editing genes
in human eggs with goal of altering deaf gene," Nature, October 18, 2019,
https://www.nature.com/articles/d41586-019-03018-0.

39 Russia Insight, "SCARY: Putin Warns Of GM Super Human Soldiers That Are
Worse Than Nukes," YouTube video, 2:13, October 24, 2017, https://www.

youtube.com/watch?v=9v3TNGmbArs.

40 E. Lander, F. Baylis, F. Zhang et al., "Adopt a moratorium on heritable genome editing," Nature 367, (2019): 165–168, https://www.nature.com/articles/d41586-019-00726-5.

41 Eric S. Lander, "The Heroes of CRISPR," Cell 164, (2016): 18–28, https://www.cell.com/cell/pdf/S0092-8674(15)01705-5.pdf.

42 C. D. Wolinetz and F. S. Collins, "NIH supports call for moratorium on clinical use of germline gene editing," Nature 567:175 (2019), https://www.ncbi.nlm.nih.gov/pmc/articles/PMC6688589/.

43 ASGCT, "Scientific leaders call for global moratorium on germline gene editing," April 24, 2019, https://www.asgct.org/research/news/april-2019/scientific-leaders-call-for-global-moratorium-on-g.

44 Joel Achenbach, "NIH and top scientists call for moratorium on gene-edited babies," Washington Post, March 13, 2019, https://www.washingtonpost.com/science/2019/03/13/nih-top-scientists-call-moratorium-gene-edited-babies/.

45 Sharon Begley, "Leading scientists, backed by NIH, call for a global moratorium on creating 'CRISPR babies,'" STAT, March 13, 2019, https://www.statnews.com/2019/03/13/crispr-babies-germline-editing-moratorium/.

46 George Church, interview, Boston, August 3, 2019.

47 Jennifer Doudna, "CRISPR's unwanted anniversary," Science 366, (2019): 777, https://science.sciencemag.org/content/366/6467/777.

48 Giro Studio, "Editorial Humility: A Moratorium on Heritable Genome Editing?," YouTube video, 2:17:43, May 6, 2019, https://www.youtube.com/watch?v=s7p4D31aLTI&list=PLdT7Y4C6bsoRyqh-mpBZBCIPsOKey5YsJ&index=11&t=994s.

49 Françoise Baylis, Keystone Symposium, Banff, Canada, February 9, 2020.

50 Mei Fong, "Before the Claims of CRISPR Babies, There Was China's One-

Child Policy," New York Times, November 28, 2019, https://www.nytimes.com/2018/11/28/opinion/china-crispr-babies.html.

51 H. Wang and H. Yang, "Gene-edited babies: What went wrong and what could go wrong," PLOS Biology 17: e3000224, https://doi.org/10.1371/journal.pbio.3000224.

52 M. Zhang et al., "Human cleaving embryos enable robust homozygotic nucleotide substitutions by base editors," Genome Biology 20, (2019): 101, https://genomebiology.biomedcentral.com/articles/10.1186/s13059-019-1703-6#Decs.

53 Stephen Chen, "Gene-editing breakthrough in China comes with urgent call for global rules," South China Morning Post, June 1, 2019, https://www.scmp.com/news/china/science/article/3012615/gene-editing-breakthrough-china-comes-urgent-call-global-rules.

54 Heidi Ledford, "CRISPR gene editing in human embryos wreaks chromosomal mayhem," Nature, June 25, 2020, https://www.nature.com/articles/d41586-020-01906-4.

20장. 멸종, 그 이후

1 Ben Mezrich, *Woolly: The True Story of the Quest to Revive One of History's Most Iconic Extinct Creatures* (New York: Atria Books, 2017).

2 *Ozzy* Osbourne, "The Osbourne Identity," *Sunday Times*, October 24, 2010, https://www.thetimes.co.uk/article/the-osbourne-identity-d9kjh3cxmql.

3 G. M. Church, "Sponsored sequencing: our vision for the future of genomics," *Genetic Engineering & Biotechnology News*, June 11, 2019, https://www.genengnews.com/commentary/sponsored-sequencing-our-vision-for-the-future-of-genomics/.

4 Stephen Colbert, "George Church," *Time*, April 20, 2017, https://time.com/collection/2017-time-100/4742749/george-church/.

5   Constance Grady, "It's Margaret Atwood's dystopian future, and we're just living in it," *Vox*, June 8, 2016, https://www.vox.com/2016/6/8/11885596/margaret-atwood-dystopian-future-handmaids-tale-maddaddam-pigoons.

6   Michael Specter, "How the DNA revolution is changing us," *National Geographic*, August 2016, https://www.nationalgeographic.com/magazine/2016/08/dna-crispr-gene-editing-science-ethics/.

7   D. Niu et al., "Inactivation of porcine endogenous retrovirus in pigs using CRISPR-Cas9," *Science* 357, (2017): 1303–1307, https://science.sciencemag.org/content/357/6357/1303.

8   Alice George, "The sad, sad story of Laika, the space dog, and her one-way trip into orbit," *Smithsonianmag.com*, April 11, 2018, https://www.smithsonianmag.com/smithsonian-institution/sad-story-laika-space-dog-and-her-one-way-trip-orbit-1-180968728/.

9   Eriona Hysolli, "An American-Russian collaboration to repopulate Siberia with woolly mammoths . . . or something similar," *Medium*, December 31, 2018, https://medium.com/@eriona.hysolli/an-american-russian-collaboration-to-repopulate-siberia-with-woolly-mammoths-or-something-similar-9cbac4e985cb.

10 George Church, interview HMS, Boston, August 3, 2019.

11 Ross Andersen, "The Arctic Mosquito Swarms Large Enough to Kill a Baby Caribou," *Atlantic*, September 16, 2015, https://www.theatlantic.com /science/archive/2015/09/arctic-mosquitoes-and-the-chaos-of-climate-change /405322/.

12 Beth Shapiro, *How to Clone a Mammoth* (Princeton, N.J.: Princeton University Press, 2015).

13 The Royal Institution, "How to Clone a Mammoth: The Science of De-Extinction—with Beth Shapiro," YouTube video, 54:10, last viewed June 15, 2020, https://www.youtube.com/watch?v=xO043PSBnKU.

14 Ben Jacob Novak, "De-Extinction," *Genes* 9, (2018): 548, https://www.mdpi.

com/2073-4425/9/11/548/htm.

15 Steven Salzberg, "The Loneliest Word, And The Extinction Crisis," *Forbes*, July 8, 2019, https://www.forbes.com/sites/stevensalzberg/2019/07/08/is-this-the-loneliest-word/#1d02e2bd2367.

16 Ed Yong, "The last of its kind," *Atlantic*, July 2019, https://www.theatlantic.com/magazine/archive/2019/07/extinction-endling-care/590617/.

17 Stewart Brand, "The dawn of de-extinction. Are you ready?," TED, February 2013, https://www.ted.com/talks/stewart_brand_the_dawn_of_de_extinction_are_you_ready?language=en.

18 Elizabeth Kolbert, *The Sixth Extinction: An Unnatural History* (New York: Henry Holt & Co., 2014).

19 B. J. Novak et al., "Advancing a New Toolkit for Conservation: From Science to Policy," *CRISPR Journal* 1, (2018): 11–15, https://www.liebertpub.com/doi/10.1089/crispr.2017.0019.

20 Gabriel Popkin, "To save iconic American chestnut, researchers plan introduction of genetically engineered tree into the wild," *Science*, August 29, 2018, https://www.sciencemag.org/news/2018/08/save-iconic-american-chestnut-researchers-plan-introduction-genetically-engineered-tree.

21 G. G. R. Murray et al., "Natural selection shaped the rise and fall of passenger pigeon genomic diversity," *Science* 358, (2017): 951–954, https://science.sciencemag.org/content/358/6365/951.

22 Amy Dockser Marcus, "Meet the Scientists Bringing Extinct Species Back from the Dead," *Wall Street Journal*, October 11, 2018, https://www.wsj.com/articles/meet-the-scientists-bringing-extinct-species-back-from-the-dead-1539093600.

23 Ibid.

24 Charles Q. Choi, "First extinct-animal clone created," *National Geographic*, February 10, 2009, https://www.nationalgeographic.com/science/2009/02/news-bucardo-pyrenean-ibex-deextinction-cloning/.

25 Timothy Winegard, "People v mosquitoes: what to do about our biggest killer," *Guardian*, September 20, 2019, https://www.theguardian.com/environment/2019/sep/20/man-v-mosquito-biggest-killer-malaria-crispr.

26 E. Tognotti, "Program to eradicate Malaria in Sardinia, 1946–1950," *Emerging Infectious Diseases* 15, (2009): 1460–1466, https://www.ncbi.nlm.nih.gov/pmc/articles/PMC2819864/.

27 K. Davies and K. M. Esvelt, "Gene Drives, White-Footed Mice, and Black Sheep: An Interview with Kevin Esvelt," *CRISPR Journal* 1, (2018): 319–324, https://www.liebertpub.com/doi/abs/10.1089/crispr.2018.29031.kda.

28 K. M. Esvelt et al., "A system for the continuous directed evolution of biomolecules," *Nature* 472, (2011): 499–503, https://www.ncbi.nlm.nih.gov/pmc/articles/PMC3084352/.

29 A. Burt, "Site-specific selfish genes as tools for the control and genetic engineering of natural populations," *Proceedings of the Royal Society Biological Sciences* 270, (2003): 921–928, https://www.ncbi.nlm.nih.gov/pmc/articles/PMC1691325/.

30 N. Windbichler et al., "A synthetic homing endonuclease-based gene drive system in the human malaria mosquito," *Nature* 473, (2011): 212–215, https://www.ncbi.nlm.nih.gov/pmc/articles/PMC3093433/.

31 K. M. Esvelt et al., "Emerging technology: Concerning RNA-guided gene drives for the alteration of wild populations," *eLife* 3, (2014): e03401, https://elifesciences.org/articles/03401.

32 V. Gantz et al., "Highly efficient Cas9-mediated gene drive for population modification of the malaria vector mosquito *Anopheles stephensi*," *Proceedings of the National Academy of Sciences USA* 112, (2015): E6736–6743, https://www.pnas.org/content/112/49/E6736.

33 A. Hammond et al., "A CRISPR-Cas9 gene drive system targeting female reproduction in the malaria mosquito vector *Anopheles gambiae*," *Nature Biotechnology* 34, (2016): 78–83, https://www.nature.com/articles/nbt.3439.

34   Kevin M. Esvelt, "Gene drive should be a nonprofit technology," *STAT*, November 27, 2018, https://www.statnews.com/2018/11/27/gene-drive-should-be-nonprofit-technology/.

35   Sharon Begley, "In a lab pushing the boundaries of biology, an embedded ethicist keeps scientists in check," *STAT*, February 23, 2017, https://www.statnews.com/2017/02/23/bioethics-harvard-george-church/.

36   K. Kyrou et al., "A CRISPR–Cas9 gene drive targeting *doublesex* causes complete population suppression in caged *Anopheles gambiae mosquitoes*," *Nature Biotechnology* 36, (2018): 1062–1066, https://www.nature.com/articles/nbt.4245.

37   Anna Pujol-Mazzini, "'We don't want to be guinea pigs': How one African community is fighting genetically modified mosquitoes," *Telegraph*, October 8, 2019, https://www.telegraph.co.uk/global-health/science-and-disease/dont-want-guinea-pigs-one-african-community-fighting-genetically/.

38   Martin Fletcher, "Mutant mosquitoes: Can gene editing kill off malaria?," *Telegraph*, August 11, 2018, https://www.telegraph.co.uk/news/0/mutant-mosquitoes-can-gene-editing-kill-malaria/.

39   Feng Zhang, CRISPRcon, Boston, June 4, 2018.

40   J. E. DiCarlo et al., "Safeguarding CRISPR-Cas9 gene drives in yeast," *Nature Biotechnology* 33, (2015): 1250–1255, https://www.ncbi.nlm.nih.gov/pmc/articles/PMC4675690/.

41   Michael Eisenstein, "A toolbox for keeping CRISPR in check," *Genetic Engineering & Biotechnology News*, July 11, 2019, https://www.genengnews.com/insights/a-toolbox-for-keeping-crispr-in-check/.

42   B. Maji et al., "A High-Throughput Platform to Identify Small-Molecule Inhibitors of CRISPR-Cas9," *Cell* 177, (2019): 1067–1079, https://www.cell.com/cell/pdf/S0092-8674(19)30395-2.pdf.

43   Julianna LeMieux, "CRISPR-accelerated gene drives pump the brakes," *Genetic Engineering & Biotechnology News*, July 1, 2019, https://www.

genengnews.com/topics/genome-editing/crispr-accelerated-gene-drives-pump-the-brakes/.

44 "Synthetic Biology," Convention on Biological Diversity, November 28, 2018, https://www.cbd.int/doc/c/2c62/5569/004e9c7a6b2a00641c3af0eb/cop-14-l-31-en.pdf.

45 Nicholas Wade, "Giving Malaria a Deadline," *New York Times*, September 24, 2018, https://www.nytimes.com/2018/09/24/science/gene-drive-mosquitoes.html.

46 Martin Fletcher, "Mutant mosquitoes: Can gene editing kill off malaria?," *Telegraph*, August 11, 2018, https://www.telegraph.co.uk/news/0/mutant-mosquitoes-can-gene-editing-kill-malaria/.

47 K. Davies and K. M. Esvelt, "Gene Drives, White-Footed Mice, and Black Sheep: An Interview with Kevin Esvelt," *CRISPR Journal* 1, (2018): 319–324, https://www.liebertpub.com/doi/abs/10.1089/crispr.2018.29031.kda.

48 J. Buchtal et al., "Mice against ticks: an experimental community-guided effort to prevent tick-borne disease by altering the shared environment," *Proceedings of the Royal Society Biological Sciences* 374, (2019): 20180105, https://www.ncbi.nlm.nih.gov/pmc/articles/PMC6452264/.

49 Allison Snow, "Gene editing to stop Lyme disease: caution is warranted," *STAT*, August 22, 2019, https://www.statnews.com/2019/08/22/gene-editing-to-stop-lyme-disease-caution-is-warranted/.

50 Charles Darwin, Letter to Asa Gray, May 22, 1860, https://www.darwinproject.ac.uk/letter/DCP-LETT-2814.xml.

51 Rebecca Kreston, "The special brand of horror that is the New World Screwworm," *Discover Body Horrors* (blog), July 22, 2013, http://blogs.discovermagazine.com/bodyhorrors/2013/07/22/screwworm-myiasis/#.XSqhFuhKg2w.

52 C. Noble et al., "Daisy-chain gene drives for the alteration of local populations," *Proceedings of the National Academy of Sciences* 116, (2019):

8275–8282, https://www.ncbi.nlm.nih.gov/pmc/articles/PMC6486765/.

53 Antonio Regalado, "Top U.S. Intelligence Official Calls Gene Editing a WMD Threat," *MIT Technology Review*, February 9, 2016, https://www.technologyreview.com/2016/02/09/71575/top-us-intelligence-official-calls-gene-editing-a-wmd-threat/.

54 Ewen MacAskill, "Bill Gates warns tens of millions could be killed by bio-terrorism," *Guardian*, February 18, 2017, https://www.theguardian.com/technology/2017/feb/18/bill-gates-warns-tens-of-millions-could-be-killed-by-bio-terrorism.

55 Daniel M. Gerstein, "Can the bioweapons convention survive Crispr?," *Bulletin of the Atomic Scientists*, July 25, 2016, https://thebulletin.org/2016/07/can-the-bioweapons-convention-survive-crispr/.

21장. 농업의 보조 기술

1 Mark Lynas, *Seeds of Science* (New York: Bloomsbury Sigma, 2018).

2 Kelly Servick, "Once again, U.S. expert panel says genetically engineered crops are safe to eat," *Science*, May 17, 2016, https://www.sciencemag.org/news/2016/05/once-again-us-expert-panel-says-genetically-engineered-crops-are-safe-eat#.

3 Brad Plumer, "More than 100 Nobel laureates are calling on Greenpeace to end its anti-GMO campaign," *Vox*, June 30, 2016, https://www.vox.com/2016/6/30/12066826/greenpeace-gmos-nobel-laureates.

4 Issues Ink Media, "Mark Lynas on his conversion to supporting GMOs—Oxford Lecture on Farming," YouTube video, 51:52, last viewed June 22, 2020, https://www.youtube.comwatch?v=vf86QYf4Suo.

5 Will Storr, "Mark Lynas: Truth, Treachery and GM food," *Observer*, March 9, 2013, https://www.theguardian.com/environment/2013/mar/09/mark-lynas-truth-treachery-gm.

6   Erin Brodwin, "We'll be eating the first Crispr'd foods within 5 years, according to a geneticist who helped invent the blockbuster gene-editing tool," *Business Insider*, April 20, 2019, https://www.businessinsider.com/first-crispr-food-5-years-berkeley-scientist-inventor-2019-4.

7   Sarah Webb, "Plants in the CRISPR," *BioTechniques*, March 16, 2018, https://www.future-science.com/doi/10.2144/000114583.

8   Jon Cohen, "To feed its 1.4 billion, China bets big on genome editing of crops," *Science*, July 29, 2019, https://www.sciencemag.org/news/2019/07/feed-its-14-billion-china-bets-big-genome-editing-crops.

9   Matt Ridley, "Editing Our Genes, One Letter at a Time," *Wall Street Journal*, January 11, 2013, http://www.mattridley.co.uk/blog/precision-editing-of-dna/.

10 Charles Mann, *The Wizard and the Prophet* (New York: Knopf, 2018).

11 Paula Park, "Mary-Dell Chilton," *The Scientist*, April 29, 2002, https://www.the-scientist.com/news-profile/mary-dell-chilton-53389.

12 Steven Salzberg, "Surprise! Your Beer and Tea Are Actually Transgenic GMOs," *Forbes*, January 20, 2020, https://www.forbes.com/sites/stevensalzberg/2020/01/20/surprise-here-are-12-organic-foods-that-are-transgenic-gmos/#6a9e43ab427f.

13 Susan Hockfield, *The Age of Living Machines* (Norton: New York, 2019).

14 R. Oliva et al., "Broad-spectrum resistance to bacterial blight in rice using genome editing," *Nature Biotechnology* 37, (2019): 1344–1350, https://www.nature.com/articles/s41587-019-0267-z.

15 Phil Edwards, "A Renaissance painting reveals how breeding changed watermelons," *Vox*, August 3, 2016, https://www.vox.com/2015/7/28/9050469/watermelon-breeding-paintings.

16 Stephen S. Hall, "Crispr Can Speed Up Nature—and Change How We Grow Food," *WIRED*, July 17, 2018, https://www.wired.com/story/crispr-tomato-mutant-future-of-food/.

17 S. Soyk et al., "Variation in the flowering gene SELF PRUNING 5G promotes day-neutrality and early yield in tomato," *Nature Genetics* 49, (2017): 162–168, https://www.nature.com/articles/ng.3733.

18 Z. H. Lemmon et al., "Rapid improvement of domestication traits in an orphan crop by genome editing," *Nature Plants* 4, (2018): 776–770, https://www.nature.com/articles/s41477-018-0259-x.

19 C-T. Kwon et al., "Rapid customization of Solanaceae fruit crops for urban agriculture," *Nature Biotechnology* 38, (2019): 182–188, https://www.nature.com/articles/s41587-019-0361-2.

20 Rodolphe Barrangou, "CRISPR craziness: A response to the EU Court ruling," *CRISPR Journal* 1, (2018): 4, https://www.liebertpub.com/doi/full/10.1089/crispr.2018.29025.edi.

21 Jon Cohen, "To feed its 1.4 billion, China bets big on genome editing of crops," *Science*, July 29, 2019, https://www.sciencemag.org/news/2019/07/feed-its-14-billion-china-bets-big-genome-editing-crops.

22 Oxford Nanopore Technologies, "Mick Watson | The MinION: Applications in Animal Health and Food Security," YouTube video, 25:30, last viewed February 11, 2019, https://youtu.be/UK8KHlkHhhc.

23 Megan Molteni, "The First Gene Edited Food Is Now Being Served," *WIRED*, March 20, 2019, https://www.wired.com/story/the-first-gene-edited-food-is-now-being-served/.

24 Y. Wang et al., "Simultaneous editing of three homoeoalleles in hexaploid bread wheat confers heritable resistance to powdery mildew," *Nature Biotechnology* 32, (2014): 947-951, https://www.nature.com/articles/nbt.2969.

25 R. Zhang et al., "Generation of herbicide tolerance traits and a new selectable marker in wheat using base editing," *Nature Plants* 5, (2019): 480–485, https://www.nature.com/articles/s41477-019-0405-0.

26 Roger Williams, "Green is Florida's new orange," *Florida Weekly*, August 23, 2018, https://charlottecounty.floridaweekly.com/articles/green-is-floridas-

new-orange/.

27 Ibid.

28 Cici Zhang, "Citrus greening is killing the world's orange trees. Scientists are racing to help," *Chemical & Engineering News*, June 9, 2019, https://cen.acs.org/biological-chemistry/biochemistry/Citrus-greening-killing-worlds-orange/97/i23.

29 L. Sun et al., "Citrus Genetic Engineering for Disease Resistance: Past, Present and Future," *International Journal of Molecular Sciences* 20, (2019): 5256, https://www.ncbi.nlm.nih.gov/pmc/articles/PMC6862092/.

30 Cici Zhang, "Citrus greening is killing the world's orange trees. Scientists are racing to help," *Chemical & Engineering News*, June 9, 2019, https://cen.acs.org/biological-chemistry/biochemistry/Citrus-greening-killing-worlds-orange/97/i23.

31 Amy Harmon, "A race to save the orange by altering its DNA," *New York Times*, July 27, 2013, https://www.nytimes.com/2013/07/28/science/a-race-to-save-the-orange-by-altering-its-dna.html.

32 Paul Voosen, "Can genetic engineering save the Florida orange?," *National Geographic*, September 13, 2014, https://news.nationalgeographic.com/news/2014/09/140914-florida-orange-citrus-greening-gmo-environment-science/.

33 Dan Koeppel, "Yes, we will have no bananas," *New York Times*, June 18, 2008, https://www.nytimes.com/2008/06/18/opinion/18koeppel.html.

34 Myles Karp, "The banana is one step closer to disappearing," *National Geographic*, August 12, 2019, https://www.nationalgeographic.com/environment/2019/08/banana-fungus-latin-america-threatening-future/.

35 Emiko Terazono and Clive Cookson, "Gene editing: how agritech is fighting to shape the food we eat," *Financial Times*, February 10, 2019, https://www.ft.com/content/74fb67b8-2933-11e9-a5ab-ff8ef2b976c7.

36 Sam Bloch, "At CRISPRcon, an organic luminary embraces gene editing.

Will the industry follow?," *The Counter,* June 6, 2018, https://thecounter.org/klaas-martens-organic-gene-editing-crispr-gmo/.

37 Ruramiso Mashumba, CRISPRcon 2018, Boston, June 4, 2018.

38 M. A. Gomez et al., "Simultaneous CRISPR/Cas9-mediated editing of cassava eIF4E isoforms nCBP-1 and nCBP-2 reduces cassava brown streak disease symptom severity and incidence," *Plant Biotechnology Journal* (2018): 1–14, doi: 10.1111/pbi.12987.

39 Emily Willingham, "Seralini Paper Influences Kenya Ban of GMO Imports," *Forbes,* December 9, 2012, https://www.forbes.com/sites/emily willingham/2012/12/09/seralini-paper-influences-kenya-ban-of-gmo-imports/#1d951b2268a0.

40 Marcel Kuntz, "The Seralini Affair. The Dead-End of an Activist Science," *Fondation pour l'Innovation Politique,* September 2019, https://www.support precisionagriculture.org/165_LaffaireSERALINI_GB_2019-09-25_w.pdf.

41 Anon, "Smelling a rat," Economist, December 7, 2013, https://www.economist.com/science-and-technology/2013/12/07/smelling-a-rat.

42 "Controversial Seralini study linking GM to cancer in rats is republished," *Guardian,* June 24, 2014, https://www.theguardian.com/environment/2014/jun/24/controversial-seralini-study-gm-cancer-rats-republished.

43 Verenardo Meeme, "Kenya picks 1,000 farmers to grow GMO cotton," Cornell Alliance for Science, March 9, 2020, https://allianceforscience.cornell.edu/blog/2020/03/kenya-picks-1000-farmers-to-grow-gmo-cotton/.

44 Nnimmo Bassey, CRISPRcon, Boston, June 4, 2018.

45 K. Davies and N. Gutterson, "Planting Progress: An Interview with Neal Gutterson," *CRISPR Journal* 1, (2018): 270–273, https://www.liebertpub.com/doi/full/10.1089/crispr.2018.29023.int.

46 Y. Zhang et al., "A CRISPR way for accelerating improvement of food crops," *Nature Food* 1, (2020): 200–205, https://www.nature.com/articles/s43016-020-0051-8.

47 Nick Stockton, "The FDA Wants to Regulate Edited Animal Genes as Drugs," *WIRED*, January 24, 2017, https://www.wired.com/2017/01/fda-wants-regulate-edited-animal-genes-drugs/.

48 D. Carroll et al., "Regulate genome-edited products, not genome editing itself," *Nature Biotechnology* 34, (2016): 477–479, https://www.nature.com/articles/nbt.3566.

49 D. F. Carlson et al., "Production of hornless dairy cattle from genome-edited cell lines," *Nature Biotechnology* 34, (2016): 479–481, https://www.nature.com/articles/nbt.3560.

50 Carolyn Y. Johnson, "Gene-edited farm animals are coming. Will we eat them?," *Washington Post*, December 17, 2018, https://www.washingtonpost.com/news/national/wp/2018/12/17/feature/gene-edited-farm-animals-are-coming-will-we-eat-them/.

51 A. L. Norris et al., "Template plasmid integration in germline genome-edited cattle," *Nature Biotechnology* 38, (2020): 163–164, https://www.nature.com/articles/s41587-019-0394-6.

52 Antonio Regalado, "Gene-edited cattle have a major screwup in their DNA," *MIT Technology Review*, August 29, 2019, https://www.technologyreview.com/s/614235/recombinetics-gene-edited-hornless-cattle-major-dna-screwup/.

53 C. Tait-Burkhard et al., "Livestock 2.0—genome editing for fitter, healthier, and more productive farmed animals," *Genome Biology* 19, (2018): 204, https://genomebiology.biomedcentral.com/articles/10.1186/s13059-018-1583-1.

54 Q. Zheng et al., "Reconstitution of *UCP1* Using CRISPR/Cas9 in the White Adipose Tissue of Pigs Decreases Fat Deposition and Improves Thermogenic Capacity," *Proceedings of the National Academy of Sciences USA* 114, (2017): E9474–9482, https://www.ncbi.nlm.nih.gov/pmc/articles/PMC5692550/.

22장. 크리스퍼의 전성기, 프라임 편집

1 Victor A. McKusick, "The defect in Marfan syndrome," *Nature* 352, (1991): 279–281, https://www.nature.com/articles/352279a0.pdf.

2 Steve Jones, *The Language of Genes* (New York: Anchor Books, 1994).

3 K. O'Brien, "He is blazing his own molecular trials," Boston Globe, February 13, 2006, http://archive.boston.com/news/science/articles/2006/02/13/he_is_blazing_his_own_molecular_trails/.

4 Megan Molteni, "Inside a chemist's quest to hack evolution and cure genetic disease," *WIRED*, June 12, 2018, https://www.wired.com/story/inside-a-chemists-quest-to-hack-evolution-and-cure-genetic-disease/.

5 K. M. Esvelt et al., "A System for the Continuous Directed Evolution of Biomolecules," *Nature* 472, (2011): 499–503, https://www.ncbi.nlm.nih.gov/pmc/articles/PMC3084352/.

6 Asher Mullard, "An audience with David Liu," *Nature Reviews Drug Discovery* 18, (2019): 330–331, https://www.nature.com/articles/d41573-019-00067-y.

7 CEN Online, "David Liu—Advice to the future of chemistry," YouTube video, 30:12, last viewed March 3, 2020, https://www.youtube.com/watch?v=cnf1C8Qf4hw.

8 Ibid.

9 Ibid.

10 Ryan Cross, "Inventor, chemist, and CRISPR craftsman: Inside David Liu's evolution workshop," *Chemical & Engineering News*, April 16, 2018, https://cen.acs.org/biological-chemistry/biotechnology/Inventor-chemist-CRISPR-craftsman-Inside/96/i16.

11 K. Davies, N. Gaudelli, and A. C. Komor, "The Beginning of Base Editing: An Interview with Alexis C. Komor and Nicole M. Gaudelli," *CRISPR Journal* 2, (2019): 81–90, https://www.liebertpub.com/doi/full/10.1089/crispr.2019.29050.kda.

12 A. C. Komor et al., "Programmable editing of a target base in genomic

DNA without double-stranded DNA cleavage," *Nature* 533, (2016): 420–424, https://www.nature.com/articles/nature17946.

13 N. M. Gaudelli et al., "Programmable base editing of A•T to G•C in genomic DNA without DNA cleavage," *Nature* 551, (2017): 464–471, https://www.nature.com/articles/nature24644.

14 H. A. Rees and D. R. Liu, "Base editing: precision chemistry on the genome and transcriptome of living cells," *Nature Reviews Genetics* 19, (2018): 770–788, https://www.nature.com/articles/s41576-018-0059-1.

15 Megan Molteni, "Inside a chemist's quest to hack evolution and cure genetic disease," *WIRED*, June 12, 2018, https://www.wired.com/story/inside-a-chemists-quest-to-hack-evolution-and-cure-genetic-disease/.

16 Kevin Davies, "All about that base editing," *Genetic Engineering & Biotechnology News*, May 1, 2019, https://www.genengnews.com/insights/all-about-that-base-editing/.

17 David Liu, phone interview, March 8, 2019.

18 M. F. Richter et al., "Phage-assisted evolution of an adenine base editor with improved Cas domain compatibility and activity," *Nature Biotechnology*, March 20, 2020, https://www.nature.com/articles/s41587-020-0453-z.

19 Kevin Davies, "Base Editing Promise in Treating a Mouse Model of Progeria," *Genetic Engineering & Biotechnology News*, February 14, 2020, https://www.genengnews.com/news/base-editing-promise-in-treating-a-mouse-model-of-progeria/.

20 Sharon Begley, "In its first tough test, CRISPR base editing slashes cholesterol levels in monkeys," *STAT*, June 27, 2020, https://www.statnews.com/2020/06/27/crispr-base-editing-slashes-cholesterol-in-monkeys/.

21 Kary Mullis, Nobel lecture, December 8, 1993, https://www.nobelprize.org/prizes/chemistry/1993/mullis/lecture/.

22 Andrew Anzalone, *Nature* press conference, October 17, 2019.

23 David Liu, *Nature* press conference, October 17, 2019.

24 A. Anzalone et al., "Search-and-replace genome editing without double-strand breaks or donor DNA," *Nature* 576, (2019): 149–157, https://www.nature.com/articles/s41586-019-1711-4.

25 Megan Molteni, "A New Crispr Technique Could Fix Almost All Genetic Diseases," *WIRED*, October 21, 2019, https://www.wired.com/story/a-new-crispr-technique-could-fix-many-more-genetic-diseases/.

26 Sharon Begley, "New CRISPR tool has the potential to correct almost all disease-causing DNA glitches, scientists report," *STAT*, October 21, 2019, https://www.statnews.com/2019/10/21/new-crispr-tool-has-potential-to-correct-most-disease-causing-dna-glitches/.

27 Julianna LeMieux, "Genome Editing Heads to Primetime," *Genetic Engineering & Biotechnology News*, October 21, 2019, https://www.genengnews. com/insights/genome-editing-heads-to-primetime/.

28 David Liu, ESGCT conference, Barcelona, Spain, October 24, 2019.

29 Antonio Regalado, "The newest gene editor radically improves on CRISPR," *MIT Techology Review*, October 21, 2019, https://www.technologyreview.com/s/614599/the-newest-gene-editor-radically-improves-on-crispr/.

30 Megan Molteni, "This Company Wants to Rewrite the Future of Genetic Disease," *WIRED*, July 7, 2020, https://www.wired.com/storythis-company-wants-to-rewrite-the-future-of-genetic-disease/.

31 B. Y. Mok, M. H. de Moraes, et al., "A bacterial cytidine deaminase toxin enables CRISPRfree mitochondrial base editing," *Nature*, 2020, https://doi.org/10.1038/s41586-020-2477-4.

32 A. V. Anzalone, L. W. Koblan, and D. R. Liu, "Genome editing with CRISPR–Cas nucleases, base editors, transposases and prime editors," *Nature Biotechnology*, 2020, https://www.nature.com/articles/s41587-020-0561-9.

33 Katie Jennings, "This Startup Might Finally Cure Sickle Cell Disease—After A Century Of Racist Neglect," *Forbes*, July 10, 2020, https://www.forbes.com/sites/katiejennings/2020/07/10/this-startup-might-finally-cure-sickle-cell-

disease-after-a-century-of-racist-neglect/#43b401104d3e.

23장 의지가 반영된 진화

1   Kevin Davies, "GenePeeks' Sperm Bank Acquisition Heralds Genome Screening of 'Virtual Progeny,'" *Bio-IT World*, January 4, 2013, http://www.bio-itworld.com/2013/1/4/sperm-bank-acquisition-heralds-genome-screening-virtual-progeny.html.

2   Fyodor Urnov, Keystone symposium, Banff, Canada, February 9, 2020.

3   Eric Lander, International Summit on Human Gene Editing, Washington, DC, December 1, 2015.

4   A. H. Handyside et al., "Pregnancies From Biopsied Human Preimplantation Embryos Sexed by Y-specific DNA Amplification," *Nature* 344, (1990): 768–770, https://www.nature.com/articles/344768a0.

5   M. Viotti et al., "Estimating Demand for Germline Genome Editing: An In Vitro Fertilization Clinic Perspective," *CRISPR Journal* 2, (2019): 304–315, https://doi.org/10.1089/crispr.2019.0044.

6   Ibid.

7   Jeffrey Steinberg, "Choose Your Baby's Eye Color," The Fertility Institutes, https://www.fertility-docs.com/*programs*-and-services/pgd-screening/choose-your-babys-eye-color.php (accessed January 27, 2020).

8   Rob Stein, "Scientists attempt controversial experiment to edit DNA in human sperm using CRISPR," *NPR*, August 22, 2019, https://www.npr.org/sections/health-shots/2019/08/22/746321083/scientists-attempt-controversial-experiment-to-edit-dna-in-human-sperm-using-cri.

9   Philip R. Reilly, *Abraham Lincoln's DNA* (Cold Spring Harbor, NY: Cold Spring Harbor Lab Press, 2000).

10 M. Pagel, "Designer Humans," *The Edge*, 2016, https://www.edge.org/response-detail/26605.

11 Leon Kass, "Preventing a Brave New World," *The New Republic*, June 21, 2001, https://web.stanford.edu/~mvr2j/sfsu09/extra/Kass3.pdf.

12 Derek So, "The Use and Misuse of Brave New World in the CRISPR Debate," *CRISPR Journal* 2, (2019): 316–322, https://www.liebertpub.com/doi/10.1089/crispr.2019.0046.

13 J. J. Cox et al., "An SCN9A channelopathy causes congenital inability to experience pain," *Nature* 444, (2006): 894–898, https://www.ncbi.nlm.nih.gov/pubmed/17167479.

14 Matthew Shaer, "The family that feels almost no pain," *Smithsonian Magazine*, May 2019, https://www.smithsonianmag.com/science-nature/family-feels-almost-no-pain-180971915/.

15 Michael Segalov, "Meet the super humans," *Observer*, January 26, 2020, https://www.theguardian.com/society/2020/jan/26/meet-the-super-humans-four-people-describe-their-extraordinary-powers.

16 Helen Branswell, "Experts search for answers in limited information about mystery pneumonia outbreak in China," *STAT*, January 4, 2020, https://www.statnews.com/2020/01/04/mystery-pneumonia-outbreak-china/.

17 J. F. Arboleda-Velasquez et al., "Resistance to autosomal dominant Alzheimer's disease in an APOE3 Christchurch homozygote: a case report," *Nature Medicine* 25, (2019): 1680–1683, https://www.nature.com/articles/s41591-019-0611-3.

18 Tony Kettle, "Christchurch discovery holds promise for Alzheimer's disease," *Stuff*, December 16, 2019, https://www.stuff.co.nz/science/118119856/christchurch-discovery-holds-promise-for-alzheimers-disease.

19 Stephen S. Hall, "Genetics: A gene of rare effect," *Nature* 9, (April 2013), https://www.nature.com/news/genetics-a-gene-of-rare-effect-1.12773.

20 knoepflerp, "The Science and Ethics of Genetically Engineered Human DNA," YouTube video, 1:43:45, June 19, 2015, https://www.youtube.com/watch?v=FLne4CnMXzo.

21 M. Sulak et al., "TP53 copy number expansion is associated with the evolution of increased body size and an enhanced DNA damage response in elephants," *eLife* 5, (2016): e11994, https://elifesciences.org/articles/11994.

22 Emily Mullin, "The Defense Department Plans to Build Radiation-proof CRISPR Soldiers," *OneZero*, September 27, 2019, https://onezero.medium.com/the-government-aims-to-use-crispr-to-make-soldiers-radiation-proof-3e18b00c9553.

23 Anjana Ahuja, "Crossing ethical red lines in gene editing," *Financial Times*, December 27, 2019, https://www.ft.com/content/6218346c-258d-11ea-9f81-051dbffa088d.

24 Eric Lander, International Summit on Human Gene Editing, Washington, DC, December 1, 2015.

25 Alissa Poh, "My Cell Phone Rings in A Minor," *Science Notes*, 2008, http://sciencenotes.ucsc.edu/0801/pages/pitch/pitch.html.

26 E. Theusch et al., "Genome-wide Study of Families with Absolute Pitch Reveals Linkage to 8q24.21 and Locus Heterogeneity," *American Journal of Human Genetics* 85, (2009): 112–119, https://www.ncbi.nlm.nih.gov/pmc/articles/PMC2706961/.

27 Stephen Hsu, "G: Unnatural selection," *Radiolab*, July 25, 2019, https://www.wnycstudios.org/story/g-unnatural-selection.

28 Julianna LeMieux, "The risky business of embryo selection," *Genetic Engineering & Biotechnology News*, April 1, 2019, https://www.genengnews.com/magazine/april-2019-vol-39-no-4/the-risky-business-of-embryo-selection/.

29 A. V. Khera et al., "Genome-wide polygenic scores for common diseases identify individuals with risk equivalent to monogenic mutations," *Nature Genetics* 50, (2018): 1219–1224, https://www.ncbi.nlm.nih.gov/pmc/articles/PMC6128408/.

30 L. Lello et al., "Genomic Prediction of 16 Complex Disease Risks Including

Heart Attack, Diabetes, Breast and Prostate Cancer," *Scientific Reports* 9, (2019), 15286, https://www.nature.com/articles/s41598-019-51258-x.

31 G. Huguet, "Estimating the effect-size of gene dosage on cognitive ability across the coding genome," *bioRxiv*, April 5, 2020, https://www.biorxiv.org/content/10.1101/2020.04.03.024554v1.

32 Julianna LeMieux, "Polygenic risk scores and Genomic Prediction: Q&A with Stephen Hsu," *Genetic Engineering & Biotechnology News*, April 1, 2019, https://www.genengnews.com/topics/omics/polygenic-risk-scores-and-genomic-prediction-qa-with-steven-hsu/.

33 N. R. Treff et al., "Preimplantation Genetic Testing for Polygenic Disease Relative Risk Reduction: Evaluation of Genomic Index Performance in 11,883 Adult Sibling Pairs," *Genes* 11, 648 (2020), https://doi.org/10.3390/genes11060648.

34 Julianna LeMieux, "Polygenic risk scores and Genomic Prediction: Q&A with Stephen Hsu," *Genetic Engineering & Biotechnology News*, April 1, 2019, https://www.genengnews.com/topics/omics/polygenic-risk-scores-and-genomic-prediction-qa-with-steven-hsu/.

35 Erik Parens, Paul S. Appelbaum, and Wendy Chung, "Embryo editing for higher IQ is a fantasy. Embryo profiling for it is almost here," *STAT*, February 12, 2019, https://www.statnews.com/2019/02/12/embryo-profiling-iq-almost-here/.

36 Julianna LeMieux, "The risky business of embryo selection," *Genetic Engineering & Biotechnology News*, April 1, 2019, https://www.genengnews.com/magazine/april-2019-vol-39-no-4/the-risky-business-of-embryo-selection/.

37 E. Karavani et al., "Screening Human Embryos for Polygenic Traits has Limited Utility," *Cell* 179, (2019): P1424–1435, https://www.cell.com/cell/pdf/S0092-8674(19)31210-3.pdf.

38 Sek Kathiresan, "Settling the Score with Genetic Diseases," GEN Keynote

webinar, April 16, 2020, https://www.genengnews.com/resources/
webinars/settling-the-score-with-genetic-diseases/.

39 Julianna LeMieux, "The risky business of embryo selection," *Genetic Engineering & Biotechnology News*, April 1, 2019, https://www.genengnews. com/magazine/april-2019-vol-39-no-4/the-risky-business-of-embryo-selection/.

40 UNESCO, "Universal Declaration on the Human Genome and Human Rights," November 11, 1997, https://en.unesco.org/themes/ethics-science-and-technology/human-genome-and-human-rights.

41 Henry T. Greely, "Human Germline Genome Editing: An Assessment," *CRISPR Journal* 2, (2019): 253–265, https://www.liebertpub.com/doi/abs/10.1089/crispr.2019.0038.

42 Misha Angrist, *Here Is a Human Being* (New York: Harper, 2010).

43 K. Davies and G. Church, "Radical Technology Meets Radical Application: An interview with George Church," *CRISPR Journal* 2, (2019): 346–351, https://www.liebertpub.com/doi/full/10.1089/crispr.2019.29074.gch.

44 Doha Debates, "Gene Editing & the Future of Genetics. FULL DEBATE. Doha Debates," YouTube video, 1:38:50, March 31, 2020, https://www.youtube.com/watch?v=6-imA51Qk0M.

45 Editorial, "Genome editing: proceed with caution," *Lancet* 392, (2019): 253, https://www.thelancet.com/journals/lancet/article/PIIS0140-6736(18)31653-2/fulltext.

46 Kenan Malik, "Fear of dystopian change should not blind us to the potential of gene editing," *Guardian*, July 22, 2018, https://www.theguardian.com/commentisfree/2018/jul/21/designer-babies-gene-editing-curing-disease.

47 Henry T. Greely, "Human Germline Genome Editing: An Assessment," *CRISPR Journal* 2, (2019): 253–265, https://www.liebertpub.com/doi/abs/10.1089/crispr.2019.0038.

48 Steven Pinker, "The moral imperative for bioethics," *Boston Globe*, August

1, 2015, https://www.bostonglobe.com/opinion/2015/07/31/the-moral-imperative-for-bioethics/JmEkoyzlTAu9oQV76JrK9N/story.html.

49 Michael J. Sandel, "The case against perfection," *Atlantic*, April 2004, https://www.theatlantic.com/magazine/archive/2004/04/the-case-against-perfection/302927/.

50 Lev Facher, "NIH director says there's work to do on regulating genome editing globally," *STAT*, November 29, 2018, https://www.statnews.com/2018/11/29/nih-director-says-theres-work-to-do-on-regulating-genome-editing-globally/.

51 Michael J. Sandel, "The case against perfection," *Atlantic*, April 2004, https://www.theatlantic.com/magazine/archive/2004/04/the-case-against-perfection/302927/.

52 Lord Moynihan, House of Lords, Hansard, January 30, 2020, https://hansard.parliament.uk/lords/2020-01-30/debates/637E3108-D287-445B-8460-4B739A24CCF8/GeneEditing.

53 K. Davies and G. Church, "Radical Technology Meets Radical Application: An interview with George Church," *CRISPR Journal* 2, (2019): 346–351, https://www.liebertpub.com/doi/full/10.1089/crispr.2019.29074.gch.

54 Gulzaar Barn, "Don't genetically enhance people—improve society instead," *Economist*, April 30, 2019, https://www.economist.com/open-future/2019/04/30/dont-genetically-enhance-people-improve-society-instead.

55 C. Lippert et al., "Identification of individuals by trait prediction using whole-genome sequencing data," *Proceedings of the National Academy of Sciences* 114, (2017): 10166–10171, https://www.pnas.org/content/114/38/10166.

56 Y. Erlich, "Major flaws in 'Identification of individuals by trait prediction using whole-genome sequencing data,'" *bioRxiv*, September 7, 2017, https://doi.org/10.1101/18533.

57 Editorial, "Genome editing: proceed with caution," *Lancet* 392, (2019): 253,

https://www.thelancet.com/journals/lancet/article/PIIS0140-6736(18)31653-2/fulltext.

58 George Will, "The real Down syndrome problem: Accepting genocide," *Washington Post*, March 14, 2018, https://www.washingtonpost.com/opinions/whats-the-real-down-syndrome-problem-the-genocide/2018/03/14/3c4f8ab8-26ee-11e8-b79d-f3d931db7f68_story.html.

59 Rebecca Cokley, "Please don't edit me out," *Washington Post*, August 10, 2017, https://www.washingtonpost.com/opinions/if-we-start-editing-genes-people-like-me-might-not-exist/2017/08/10/e9adf206-7d27-11e7-a669-b400c5c7e1cc_story.html.

60 Ethan J. Weiss, "Billy Idol," *Project Muse*, vol. 63, Winter 2020, https://muse.jhu.edu/article/748051.

61 John Harris, *The Value of Life* (Abingdon-on-Thames, UK: Routledge, 1985).

62 Helen C. O'Neill, "Clinical Germline Genome Editing," *Perspectives in Biology and Medicine* 63, (2020): 101–110, https://muse.jhu.edu/article/748054.

24장. 만루

1 Tim Hunt, Keystone Symposium, Banff, Canada, February 9, 2020.

2 R. C. Wilson and D. Carroll, "The Daunting Economics of Therapeutic Genome Editing," *CRISPR Journal* 2, (2019): 280–284, https://www.liebertpub.com/doi/full/10.1089/crispr.2019.0052.

3 Kevin Davies, "NIH Director Backs Moratorium for Heritable Genome Editing," *Genetic Engineering & Biotechnology News*, November 8, 2019, https://www.genengnews.com/topics/genome-editing/nih-director-backs-moratorium-for-heritable-genome-editing/.

4 Sharon Begley, "As calls mount to ban embryo editing with CRISPR, families hit by inherited diseases say, not so fast," *STAT*, April 17, 2019, https://www.

statnews.com/2019/04/17/crispr-embryo-editing-ban-opposed-by-families-carrying-inherited-diseases/.

5   Gina Kolata, "Scientists Designed a Drug for Just One Patient. Her Name Is Mila," *New York Times*, October 9, 2019, https://www.nytimes.com/2019/10/09/health/mila-makovec-drug.html.

6   Erika Check Hayden, "If DNA is like software, can we just fix the code?," *MIT Technology Review*, February 26, 2020, https://www.technologyreview.com/2020/02/26/905713/dna-is-like-software-fix-the-code-personalized-medicine/.

7   Fyodor Urnov, Keystone Symposium, Banff, Canada, February 9, 2020.

8   Ed Yong, "How the Pandemic Will End," *Atlantic*, March 25, 2020, https://www.theatlantic.com/health/archive/2020/03/how-will-coronavirus-end/608719/.

9   Megan Molteni and Gregory Barber, "How a Crispr Lab Became a Pop-Up Covid Testing Center," *WIRED*, April 2, 2020, https://www.wired.com/story/crispr-lab-turned-pop-up-covid-testing-center/.

10 Matthew Herper, "CRISPR pioneer Doudna opens lab to run Covid-19 tests," *STAT*, March 30, 2020, https://www.statnews.com/2020/03/30/crispr-pioneer-doudna-opens-lab-to-run-covid-19-tests/.

11 Megan Molteni and Gregory Barber, "How a Crispr Lab Became a Pop-Up Covid Testing Center," *WIRED*, April 2, 2020, https://www.wired.com/story/crispr-lab-turned-pop-up-covid-testing-center/

12 "First rounders: Feng Zhang," *Nature Biotechnology*, podcast audio, October 1, 2018, https://www.nature.com/articles/nbt0918-784.

13 J. Achenbach and L. McGinley, "FDA gives emergency authorization for CRISPR-based diagnostic tool for coronavirus," *Washington Post*, May 7, 2020, https://www.washingtonpost.com/health/fda-gives-emergency-authorization-for-crispr-based-diagnostic-tool-for-coronavirus/2020/05/07/f98029bc-9082-11ea-a9c0-73b93422d691_story.html.

14 Carl Zimmer, "With Crispr, a Possible Quick Test for the Coronavirus," *New York Times*, May 5, 2020, https://www.nytimes.com/2020/05/05/health/crispr-coronavirus-covid-test.html.

15 Darrell Etherington, "Pinterest CEO and a team of leading scientists launch a self-reporting COVID-19 tracking app," *TechCrunch*, April 2, 2020, https://techcrunch.com/2020/04/02/pinterest-ceo-and-a-team-of-leading-scientists-launch-a-self-reporting-covid-19-tracking-app/.

16 Rob Copeland, "The Secret Group of Scientists and Billionaires Pushing a Manhattan Project for Covid-19," *Wall Street Journal*, April 27, 2020, https://www.straitstimes.com/world/united-states/scientists-and-billionaires-drive-manhattan-project-seeking-to-combat-covid-19.

17 Alex Philippidis, "COVID-19 Drug & Vaccine Candidate Tracker," *Genetic Engineering & Biotechnology News*, May 18, 2020, https://www.genengnews.com/covid-19-candidates/covid-19-drug-and-vaccine-tracker/.

18 T. R. Abbott et al., "Development of CRISPR as a prophylactic strategy to combat novel coronavirus and influenza," *bioRxiv*, March 14, 2020, https://www.biorxiv.org/content/10.1101/2020.03.13.991307v1.

19 Jennifer Doudna, "Biochemist Explains How CRISPR Can Be Used to Fight COVID-19," *Amanpour*, March 30, 2020, http://www.pbs.org/wnet/amanpour-and-company/video/biochemist-explains-how-crispr-can-be-used-to-fight-covid-19/.

20 Lorrie Moore, "Bioperversity," *New Yorker*, May 12, 2003, https://www.newyorker.com/magazine/2003/05/19/bioperversity.

21 Christof Koch, *The Quest for Consciousness* (Englewood, CO: Roberts & Co., 2004).

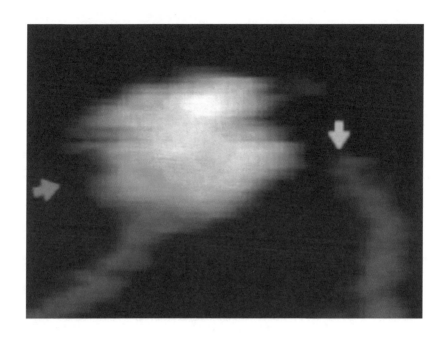

위 크리스퍼 반응이 진행 중일 때 촬영된 사진. 카스9 단백질이 DNA 가닥을 절단한 모습이다. 일본 연구진이 고속 원자력 현미경으로 촬영했다. 제공: 히로시 니시마수(Hiroshi Nishmasu)

아래 카스9과의 결합. 가이드 RNA(파란색)와 결합된 카스9 단백질(청록색)이 먼저 팸 부위(노란색)를 인식하고 표적 DNA(붉은색)를 확인하는 과정을 나타낸 그림이다. 하워드 휴스 의학센터 바이오인터랙티브(BioInteractive) 제공.

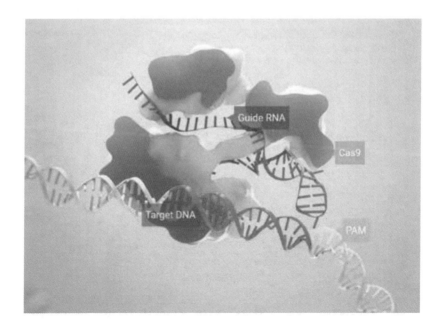

위 2019년 스페인 산타폴라에서 프란시스코 모히카와 저자.

아래 미생물학자 루시아노 마라피니. 2012년에 장평과 함께 일했던 학자다. 뉴욕 록펠러 대학교의 마라피니 연구실에서 촬영한 사진(2019년 9월).

위 UC 버클리의 질 밴필드 교수. 제니퍼 다우드나에게 크리스퍼 기술을 처음 소개한 사람이다. '휴 먼 네이처'의 데렉 라이히(Derek Reich) 제공.

아래 식물 생물학자 가오 카이시아. 크리스퍼로 편집된 밀(흰가루병에 잘 걸리는 성질이 약화되도록 편집을 실시했다)이 자라는 중국 베이징의 밭에 서 있는 모습. 스테펜 초우(Stefen Chow) 제공.

위 표도르 우르노프. 유전체 편집의 전문가이자 타고난 이야기꾼. 현재 이노베이티브 지노믹스 연구소 소속이다. '휴먼 네이처'의 데렉 라이히 제공.

아래 다나 캐럴. 아연 손가락 핵산분해효소 기술을 선도한 생화학자.

위 생명보다 큰 것. 조지 처치가 지구상에서 가장 추운 도시로 알려진 시베리아 동부 야쿠츠크의 한 호텔 로비에서 지금은 멸종된 털매머드 모형과 포즈를 취한 모습. 에리오나 하이솔리 제공.

아래 조지 처치, 하버드 의과대학 사무실에서.

제니퍼 다우드나(UC 버클리와 하워드 휴스 의학연구소 소속), 2019년 5월 뉴욕에서 개최된 세계 과학 축제 개막식에서 유전체 편집에 분자 가위로 쓰이는 카스9 단백질 모형을 들고 있는 모습.

에마뉘엘 샤르팡티에. 베를린의 막스 플랑크 병원체 과학 연구소 초대 소장. 뉴욕에 방문했을 때의 모습 (2018년 9월).

위 워싱턴 DC에서 한자리에 모인 다우드나와 샤르팡티에 팀. 2011년 UC 버클리 스탠리 홀 계단에서 찍은 사진이다. (왼쪽부터 차례로) 샤르팡티에, 다우드나, 마틴 지넥, 크르지츠토프 칠린스키, 이네스 폰파라. 마크 지넥 제공.

아래 비르기니유스 식스니스가 다우드나, 샤르팡티에와 함께 2018년 카블리상 시상식에서 노르웨이 왕 하랄 5세로부터 상을 받는 모습(2018년 9월). NTB scanpix의 프레드릭 하겐(Fredrik Hagen) 제공.

위 〈60분〉 기자 빌 휘태커 앞에서 크리스퍼가 담긴 튜브를 들어 보이는 장펑. MIT 하버드 브로드 연구소 제공.

아래 2016년 캐나다 가드너 상 수상자들. (왼쪽부터 차례로) 앤소니 파우치, 장펑, 샤르팡티에, 로돌프 바랑고우, 다우드나, 필립 호바스.

위 염기 편집을 비롯해 수많은 연구를 해 온 데이비드 리우. 브로드 연구소의 사무실에서 찍은 이
사진에는 토니 스타크의 매서운 시선도 함께 담겼다. MIT 하버드 브로드연구소의 줄리아나 손
(Juliana Sohn) 제공.

아래 제1저자들. 알렉시스 코머와 니콜 가우델리. 둘은 캐나다 브리티시컬럼비아 주 빅토리아에 있는
리우의 연구실에서 박사 후 연구 과정을 마쳤다. 2019년 2월의 모습.

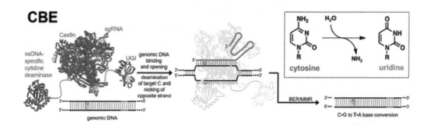

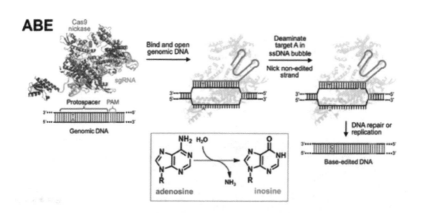

염기 조정 리우 연구진이 처음 개발한 염기 편집 시스템은 DNA에서 바로 화학적인 반응이 일어난다(22장 참고). 시토신 염기 편집 시스템은 총 세 단위로 나뉜 분자 장치로, 시토신을 (우리딘을 거쳐) 구아닌으로 바꾼다. 아데닌 염기 편집 시스템은 아데닌이 (이노신을 거쳐) 티민으로 바뀌는 반응을 촉매한다.

위   2018년 4월 바티칸에서 프란치스코 교황이 연설 중에 크리스퍼 기술의 활용에 유의할 것을 촉구하는 모습. 큐라 재단 제공.

아래   미국 상원위원회 청문회에서 엘리자베스 워런 상원의원이 에디타스의 전 CEO 캐트린 보슬리와 스탠퍼드 대학교의 매튜 포투스에게 질문하는 모습(2017년 11월).

2018년 11월 홍콩에서 개최된 유전체 편집 정상회의가 시작되기 전 홍콩 대학교 부총장 랍치추이가 저자를 맞아 주었다.

홍콩 회의에서 장펑이 크리스퍼로 광범위한 유전질환을 치료할 수 있다고 설명하는 모습.

위 2018년 11월 홍콩 정상회의에서 허젠쿠이가 크리스퍼 기술로 태어난 쌍둥이 루루와 나나의 DNA 편집 후 상세 결과를 소개하는 모습. 미국 국립 과학원의 윌리엄 커니(William Kearney) 제공.

아래 CCR5 변이형. 왼쪽은 정상적인 CCR5 수용체와 Δ32 돌연변이형의 구조이고 오른쪽은 루루와 나나가 보유한 변이형의 구조다(비정상적인 아미노산 서열이 붉은색으로 표시되어 있다). 〈크리스퍼 저널〉의 션 라이더 제공.

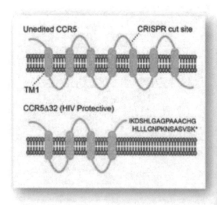

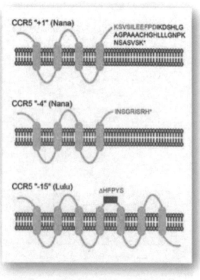

위 취재 열기. 200명이 넘는 취재진이 홍콩 정상회의에서 허젠쿠이가 모습을 드러내기를 기다렸다. 미국 국립 과학원의 윌리엄 커니 제공. 오른쪽 사진은 로빈 로벨 배지가 취재진에게 둘러싸인 모습.

아래 나 홀로 집에. 2018년 12월 선전 시에서 가택연금 중이던 허젠쿠이가 발코니에 나온 모습이 포착됐다. 엘시 첸 제공.

위 데이비드 산체스. 겸상 세포 질환을 앓고 있는 산체스는 크리스퍼가 치료법이 되기를 기대하고 있다. 〈휴먼 네이처〉의 데릭 라이히 제공.

아래 유전 가능한 유전체 편집 기술 관련 국제 위원회의 공동 의장을 맡은 케이 데이비스 여사(옥스퍼드 대학교)와 저자의 모습(개인적인 관계는 없다).